KB021320

TUNNELLING
MECHANICS and ENGINEERING
터널 역공학

TUNNELLING
MECHANICS and ENGINEERING

터널 역공학

신 종 호

전 세계적으로 해마다 수천 킬로미터의 터널이 건설되고 있고, 우리나라도 매해 수백 킬로미터의 터널이 더해지고 있다. 터널은 시공 기록을 매년 갱신하며 대표적 토목구조물로서 자리매김 해왔으며, 이에 따라 유지관리 수요도 크게 늘어나고 있다. 지상공간 부족문제에 대한 대안, 그리고 갈등의 해소책으로서 터널의 확대는 앞으로 더욱 가속화할 것으로 예상된다.

이런 상황이 시사하는 바는 대부분의 건설 분야 전공자들이 향후 직간접으로 터널과 지하공간의 계획, 설계, 시공 및 유지관리 업무를 접할 수밖에 없으며, 우리 사회와 산업이 터널지식을 기초소양으로서 예비할 것을 요구하고 있다는 것이다.

여러 형태로 기술혁신이 일어나고, 수많은 현장경험이 축적되며 지식의 양이 기하급수적으로 증가하는데, 기존의 공학 교육체계가 산업이 요구하는 수준의 인력을 길러내지 못하고 있다는 현장 불만이 일곤 했다. 가르치는 입장에서도 기술에 대한 정보와 조각지식은 넘쳐나지만 기초 지식과 전문 지식이 혼재되어, 터널역학과 공학에 있어서도, 무엇을 어떤 순서로 어떻게 가르쳐야 할지 난망하다고들 한다.

터널지식은 응용지질학, 고체역학, 토질 및 암반역학, 지하수 수리학 및 구조역학 등의 역학적 요소와 지보설계, 굴착시공, 기계 및 설비와 관련한 공학적 요소를 포함한다. 기하학적 경계의 불명확, 비선형 탄소성거동 및 대변형, 구조-수리 상호거동, 지반-라이닝 구조상호작용, 굴착(건설) 중 안전율이 최소가 되는 특성 등은 터널거동의 대표적 특징이라 할 수 있다. 이에 따라 터널의 형성 원리, 소성론, 비선형 수치해석 등 선행하여 이수하여야 할 과목이 다양하고, 학부의 학습 범위를 넘는 부분도 많다. 지반에 따라 다른 터널의 거동, 터널공법에 따른 굴착 및 지보 메커니즘의 차이, 터널 프로젝트의 계획, 설계, 시공, 유지관리 단계별로 요구되는 터널관련 지식들이 광범위하여, 우선 이를 체계적으로 정리해낼 필요가 있다.

1980년대 초반부터 터널을 접하였고, 이후 터널의 계획과 공사 관리 실무를 담당하였으며, 그리고 터널관련 연구와 자문을 수행하며 방대한 터널관련 자료와 경험을 축적해왔지만, 이를 체계화하여 한정된 시간 내 효과적으로 학생들을 가르치는 일은 쉽지 않았다. 그동안의 현장실무, 강의와 연구를 토대로 터널 학습체계를 터널의 형성원리 및 터널거동이론인 '터널역학(mechanics)', 그리고 터널의 계획, 조사, 시공, 유지관리 실무를 포함하는 '터널공학(engineering)'으로 구분함으로써, 터널 학습의 목적과 내용, 이론적 전개순서와 공학적 구현과정을 비로서 학제적 틀로 정리할 수 있었다. 이러한 터널지식체계를 '터널 역공학(tunnelling mechanics and engineering)'이라 칭하고, 터널거동에 대한 직관력을 기르는 동시에 현장의 설계 및 터널실무에 대한 전문가적 기초소양을 담은 학습체계를 제안하게 되었다.

원하는 지식을 온라인 공간에서 얻을 수 있는 기회가 충분히 제공되고 있고, 전혀 알지 못하던 영역의 지식도 비대면 학습을 통해 섭렵이 가능한 시대가 되었다. 이제, 모든 학생을 한자리에 모아 놓고, 교과서를 반복하는 산업시대의 집합강의형태는 궁극적으로 소멸할 것이라고들 전망한다. 강의의 미래는 궁극적으로 알려진 지식에 대한 자기 학습을 온라인으로 완성하고, 질문과 토론, 그리고 실험과 실습에 해당하는 오프라인 학습으로 보완하는 형태로 진화할 것이라고들 전망한다. 이는, 같은 강의를 세계의 모든 대학에서 동시 개설하는 비효율에 대한 대안일 수 있으며, 학습효과를 극대화할 수 있는 Flipped Learning 추세와도 부합하는 방향이라고도 생각된다. 본《**터널 역공학**(tunnelling mechanics and engineering)》은 이러한 학습 환경 변화를 고려하여 독자의 자기 학습을 돕는 역할을 목표로 하였다.

이 책의 저술에 도움이 된 기존의 터널 연구, 그리고 현장에서 많은 정보를 생산하여 터널지식의 축적에 기여해오신 많은 분들께(특히, 출처가 확인되지 않아 표현하지 못한 많은 지식의 생산자들께도) 감사드리며, 이 책의 독해와 검증에 참여해준 학생들, 그리고 현업의 소중한 정보를 제공해주신 터널 전문가 여러분들께도 깊이 감사드린다. 또한 이 책 저술에 도움이 된 연구재단의 지원(2022R1A2 C1003139)에도 감사드린다. 마지막으로 특별한 애정으로《**터널 역공학**》출판을 지원해주신 김성배 사장님, 그리고 한 글 한 글 꼼꼼하게 살펴봐주신 최장미 님을 비롯한 에이퍼브 출판부 여러분들께도 감사드리며, 앞으로 부족한 부분을 지속 보완하여, 체계화된 터널 지식의 훌륭한 교육 기반이 될 수 있도록 독자제현의 많은 지도와 편달을 부탁드립니다.

著者 신 종 호

터널 역공학 구성

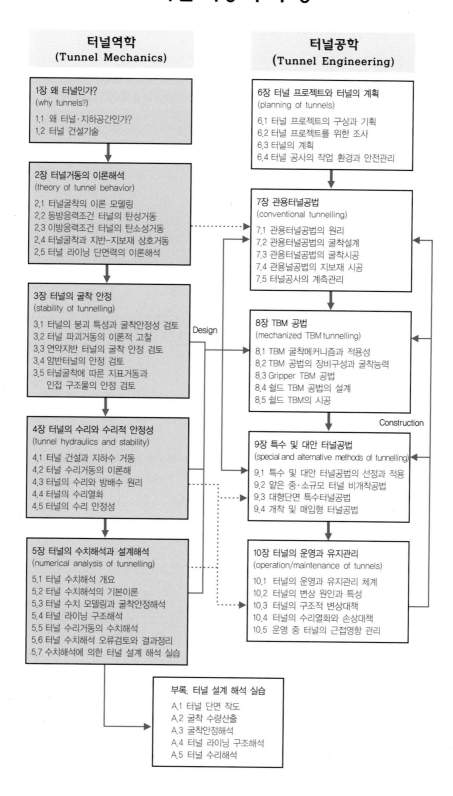

터널역학
(Tunnel Mechanics)

1장 왜 터널인가?
(why tunnels?)
1.1 왜 터널·지하공간인가?
1.2 터널 건설기술

2장 터널거동의 이론해석
(theory of tunnel behavior)
2.1 터널굴착의 이론 모델링
2.2 등방응력조건 터널의 탄성거동
2.3 이방응력조건 터널의 탄소성거동
2.4 터널굴착과 지반-지보재 상호거동
2.5 터널 라이닝 단면력의 이론해석

3장 터널의 굴착 안정
(stability of tunnelling)
3.1 터널의 붕괴 특성과 굴착안정성 검토
3.2 터널 파괴거동의 이론적 고찰
3.3 연약지반 터널의 굴착 안정 검토
3.4 암반터널의 안정 검토
3.5 터널굴착에 따른 지표거동과
  ·인접 구조물의 안정 검토

4장 터널의 수리와 수리적 안정성
(tunnel hydraulics and stability)
4.1 터널 건설과 지하수 거동
4.2 터널 수리거동의 이론해
4.3 터널의 수리와 방배수 원리
4.4 터널의 수리열화
4.5 터널의 수리 안정성

5장 터널의 수치해석과 설계해석
(numerical analysis of tunnelling)
5.1 터널 수치해석 개요
5.2 터널 수치해석의 기본이론
5.3 터널 수치 모델링과 굴착안정해석
5.4 터널 라이닝 구조해석
5.5 터널 수리거동의 수치해석
5.6 터널 수치해석 오류검토와 결과정리
5.7 수치해석에 의한 터널 설계 해석 실습

터널공학
(Tunnel Engineering)

6장 터널 프로젝트와 터널의 계획
(planning of tunnels)
6.1 터널 프로젝트의 구상과 기획
6.2 터널 프로젝트를 위한 조사
6.3 터널의 계획
6.4 터널 공사의 작업 환경과 안전관리

7장 관용터널공법
(conventional tunnelling)
7.1 관용터널공법의 원리
7.2 관용터널공법의 굴착설계
7.3 관용터널공법의 굴착시공
7.4 관용널공법의 지보재 시공
7.5 터널공사의 계측관리

8장 TBM 공법
(mechanized TBM tunnelling)
8.1 TBM 굴착메커니즘과 적용성
8.2 TBM 공법의 장비구성과 굴착능력
8.3 Gripper TBM 공법
8.4 쉴드 TBM 공법의 설계
8.5 쉴드 TBM의 시공

9장 특수 및 대안 터널공법
(special and alternative methods of tunnelling)
9.1 특수 및 대안 터널공법의 선정과 적용
9.2 얕은 중·소규모 터널 비개착공법
9.3 대형단면 특수터널공법
9.4 개착 및 매입형 터널공법

10장 터널의 운영과 유지관리
(operation/maintenance of tunnels)
10.1 터널의 운영과 유지관리 체계
10.2 터널의 변상 원인과 특성
10.3 터널의 구조적 변상대책
10.4 터널의 수리열화와 손상대책
10.5 운영 중 터널의 근접영향 관리

Design

Construction

부록. 터널 설계 해석 실습
A.1 터널 단면 작도
A.2 굴착 수량산출
A.3 굴착안정해석
A.4 터널 라이닝 구조해석
A.5 터널 수리해석

• 길이(length) : m (SI unit)

    1 m = 1.0936 yd = 3.281 ft = 39.7 in

    1 yd = 0.9144 m ; 1 ft = 0.3048 m ; 1 in = 0.0254 m

• 힘(force) : N

    1 N = 0.2248 lb = 0.00011 ton = 100 dyne = 0.102 kgf = 0.00022 kip

    1 kgf = 2.205 lb = 9.807 N

    1 tonne (metric) = 1,000 kgf = 2,205 lb = 1.102 tons = 9.807 kN

    1 lbf = 0.4536 kgf

• 응력(stress) : $1\ Pa = 1\ N/m^2$

    $1\ Pa = 1\ N/m^2 = 0.001\ kPa = 0.000001\ MPa$

    $1\ kPa = 0.01\ bar = 0.0102\ kgf/cm^2 = 20.89\ lb/ft^2 = 0.145\ lb/in^2$

    $1\ lb/ft^2 = 0.04787\ kPa$

    $1\ kg/m^2 = 0.2048\ lb/ft^2$

    $1\ psi(lb/in^2) = 6.895\ kPa = 0.07038\ kgf/cm^2$; $1\ bar = 100\ kPa$

• 단위중량(unit weight)

    $1\ kN/m^3 = 6.366\ lb/ft^3 = 0.003585\ lb/in^3 = 0.102\ t/m^3 = 1.0133\ bar$

    $1\ lb/ft^3 = 0.1571\ kN/m^3$

• 대기압(p_a) : $1\ atm = 101.3\ kPa = 1.033\ kg/cm^2 = 1.696\ lb/in^2$, $1\ bar = 100\ kPa$

• 물의 단위중량 : $1\ g/cm^3 = 1.0\ Mg/m^3 = 62.4\ lb/ft^3 = 9.807\ kN/m^3$

• 심볼과 명칭

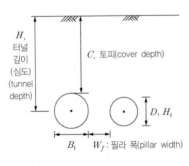
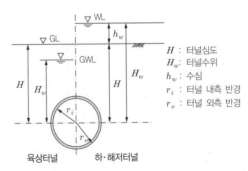

H : 터널심도
H_w : 터널수위
h_w : 수심
r_i : 터널 내측 반경
r_o : 터널 외측 반경

육상터널   하·해저터널

Chapter 04 터널의 수리와 수리적 안정성

Chapter 10 터널의 운영과 유지관리

APPENDIX 터널 설계 해석 실습

왜 터널인가 ?
Why Tunnels ?

CHAPTER
01

왜 터널인가?
Why Tunnels?

터널은 지중에 형성되는 연속된 아치형 구조물로서 토지의 입체적 이용, 외부영향(충격) 보호에 따른 안전성 증대, 정온유지에 따른 에너지 소비 절감, 소음 차폐, 방사능 차폐, 지상 환경 영향 저감(mitigation) 등 다양한 이점(benefits)을 갖는 대표적 토목구조물로서 자리매김해왔다.

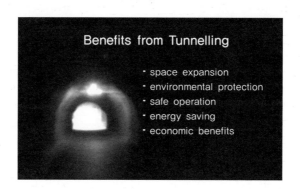

터널은 얼마 전까지만 해도, 다양한 장점에도 불구하고, 교량, 토공 등 지상 구조물에 비해 훨씬 더 많은 건설비용이 소요되어, 경제적 비교우위를 갖지 못했다. 따라서 도로와 철도 프로젝트에서 터널이 차지하는 비율도 비교적 낮았다. 하지만 사회의 고도화에 따른 지가 상승으로 지하공간을 사용하는 터널이 경제적으로 유리한 환경이 조성되어왔고, 굴착 및 지보(support)기술의 발달로 경제성은 물론 공기와 품질관리 수준도 비약적으로 향상되었다. 또한 지하공간 이용이 지상 환경 보전의 유리한 측면이 확인되면서 대안 구조물로서의 경쟁력도 크게 높아졌다. 최근 들어 **터널 건설에 따른 민원과 갈등에 대한 사회비용 저감 효과가 부각**되면서 시설의 지하화에 대한 시민의 요구가 높아져, 터널의 건설 수요가 급격히 증가하는 추세에 있다.

1.1 왜 터널·지하공간인가?

터널의 생태적 기원

두더지나 진흙새우(mud shrimp)는 자신의 입이나 발로 땅을 파고, 파낸 흙을 다져 지지하는 공학적 기술을 발휘한다. 곤충이 나무 그루터기에 굴을 파는 기술은 오늘날의 TBM(tunnel boring machine)으로 터널을 굴착하고 세그먼트(segment) 부재로 터널벽면(라이닝)을 조성하는 인간의 터널 건설과정과 매우 흡사하다.

굴착 기술만으로 지하건설의 위험과 문제가 모두 해결되는 것은 아니다. 배설물로 인한 악취, 공기순환 제약에 따른 오염과 온도 상승은 해결해야 할 지하생활의 난제이다. 무엇보다도 땅속 터널의 공기 질(air quality)을 관리하는 일이 중요하다. 주거지를 둔덕 형태로 짓는 아프리카 흰개미는 자연의 원리를 이용한 환기 지혜를 가지고 있다. 공기흐름 속도에 따른 압력 차이로 둔덕의 상부 공기는 하부보다 빠르게 이동하는데, 둔덕의 아래와 위를 연결하는 내부 통로를 만들어 아래쪽에서 흡입된 공기가 위로 빨려 나오는 원리로 내부공기를 배출하고, 산소를 공급한다. 이때 환기뿐 아니라 습도 조절도 이루어진다. 흰개미의 이러한 환기방식은 현대의 기계공학에서 사용하는 터널의 환기원리와 매우 유사하다.

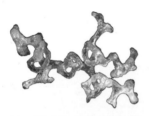 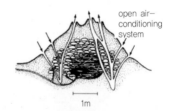

(a) 진흙새우 지하주거시스템　　　　　(b) 흰개미 자연환기시스템

그림 1.1 터널의 생태적 기원(after M Hansell et al., 1999)

인류의 최초 거주지도 터널(동굴)이었음이 북경원인, 크로마뇽인의 동굴생활과 네안델탈인의 혈거(穴居) 흔적으로부터 확인된다. 호모 데우스(Homo Deus, 도구를 사용하는 인간)의 역사도 자연 동굴에서 시작되었다. 문명화가 진전되면서 인류는 자연 동굴을 떠나 보다 적극적으로 터널을 건설하기 시작하였다. 생태계의 구성인자로서 서로 배우고 가르친 경험 없이 곤충이나 인간의 생태계는 아주 많이 닮아 있다. 지하공간을 이용하여 멸종환경에서도 생존을 계속해온 **자연계의 곤충과 동물의 지하 생존기술은 인류가 지속적으로 생존해갈 대안공간기술로** 관심을 가질 만하다.

터널·지하공간의 사회적 진화

인류가 정착생활을 시작하고, 도시화가 진행되면서 **지하 사용은 보다 광범위하고 적극적으로 진화하여, 생태적 주거에서 공공 인프라(infrastructure)로** 확장되었다. 도시 내 지가 상승으로 지상 토지 구득에 따른 비용의 한계와 지형이라는 물리적 제약, 그리고 누구나 반대하는 지상의 비선호시설의 대안 입지로서 수많은 갈등문제를 지하공간을 이용해 풀어나가고 있다. 지하공간이 제공하는 **외부 보호, 정온성, 소음 차단, 주변 환경 영향 저감(친환경성)** 등도 지상시설을 지하로 유인하는 매력적인 요인이다.

(a) 지하도시(Turkey, Cappadocia Derinkuyu)   (b) 수로터널(Rome, waterway tunnel)

그림 1.2 인류의 지하 공간 : 주거공간에서 인프라로

터널·지하공간은 그간, 교통 인프라를 구성하는 대표적 구조물로서 견고한 입지를 다져왔다. 산업혁명 전까지 기간 교통로 역할을 했던 운하(canal) 터널부터, 도로와 철도는 물론, 최근 방수로, 대피시설 등 재난과 방재 시설로도 활용되고 있다. 과거의 터널·지하공간이 주로 빠른 이동을 위한 교통로였다면, 이제는 **비선호시설의 대안 공간, 재난 대응을 위한 대안시설,** 그리고 **정온성과 안전성을 보장하는 기능성 공간**으로서의 지위를 더하게 되었다. 터널·지하공간 확충에 대한 사회적 요구의 증가와 함께 지하건설 수요도 빠르게 성장해왔다. 지하공간은 지상의 많은 문제를 해결해줄 거의 유일한 대안공간으로서, 우리에게 남겨진 마지막 **공간자원**이라고들 한다.

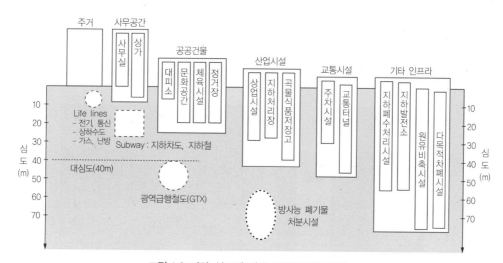

그림 1.3 지하 심도에 따른 지하공간의 활용

터널·지하공간의 미래 전망

터널·지하공간은 친환경성, 편의성, 안정성이 탁월하며, 무장애 연결, 갈등관리의 해소책 등으로서 유용한 역할을 담당해왔다. 그림 1.4는 터널 지하공간이 갖는 다양한 공학적 이점(benefits)을 예시한 것이다.

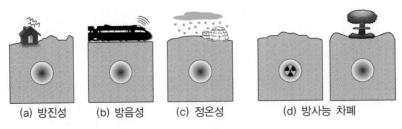

(a) 방진성   (b) 방음성   (c) 정온성   (d) 방사능 차폐

그림 1.4 터널 구조의 공학적 장점 예

터널 지하공간의 친환경성. 터널 건설은 지상 건설이 초래하는 대부분의 환경적인 문제를 피하거나 저감할 수 있다. 터널 건설로 야기되는 지하수 환경에 대한 우려인 지하수 유출문제는 비배수 구조를 채택함으로써 해결 가능하다. 경부고속철도 천성산 원효터널 건설 당시 터널상부 생태습지의 파괴우려에 대한 논란이 엄청난 사회적 파장을 일으키고, 사회적 비용을 초래한 바 있다. 터널 건설로 인한 지하수 환경영향에 대한 우려가, 다만 기우였다는 사실이 터널 건설 후 사후 환경조사로 밝혀졌음을 주지할 필요가 있다.

지하공간의 안전성. 지하 핵실험이 지상에 미치는 방사능 영향을 차단하기 위한 것이라면, 지상 핵폭발에 대하여 안전을 확보할 수 있는 공간도 지하일 것이다. 우리 주변의 대부분의 터널·지하공간은 지진과 같은 재해 시 대피시설로 지정되어 있다. 재난과 위기 대응을 위한 지하공간 활용은 앞으로 더욱 확대될 전망이다.

무제약 인적·물적 소통을 위한 연결 공간. 지형의 고저는 인적·물적 소통을 어렵게 하며, 태풍과 풍랑은 육지와 섬 간 교통을 폐쇄시키고, 눈·비는 산악 교통로의 출입을 통제한다. 한편 대도시 권역에서는 도시의 확대와 자동차 수 증가에 따라 지상교통의 정체가 날로 심해지고 있다. 이러한 소통의 제약을 극복하는 시간과 공간의 무장애(barrier free) 연결로가 터널 건설을 통해 현실로 구현되고 있다. 무장애 교통로의 안전성 증진과 시간 단축은 우리의 삶의 질 향상에 기여하며, 국가의 산업 경쟁력 강화에 이바지한다.

그림 1.5 도시 교통체증, 지하철 건설을 견인하다!

Box 1.1   터널의 환경편익

반경이 R인 반구형 산지를 넘어가는 도로를 계획한다고 할 때, 터널을 이용한 직선 통과 길이는 $2R$이지만, 이를 우회하는 반구(半球)의 지표 도로는 πR로서 터널보다 1.57배 더 길다. 지상도로의 산림훼손은 별도로 하고, 오염 배출이 도로연장에 비례한다고 단순 가정하면, 지표 우회도로가 오염물질을 1.57배 더 배출한다. 또한, 터널의 경우, 발생된 오염물질을 환기시스템을 이용하여 포집 · 처리가 가능하므로 오염물 방출의 획기적 저감이 가능하다.

인제-양양터널. 강원도 인제군 기린면 진동리와 양양군 서면 서림리를 잇는 10.96km 터널로서 2017년 6월 개통되었다. 기존 통행로인 국도 44호선 이용 시보다 운행거리는 25km, 주행시간은 40분 단축되었으며, 연간 이산화탄소 배출량을 83,610톤(tonf) 감소시켜 소나무 27,870,000그루를 심은 효과(30년생 소나무 1그루가 연간 6.6kg 흡수하는 것으로 가정), 연간 약 33억 원의 '대기오염 감소'라는 환경편익을 주고 있다.

인제-양양 터널(10.96km)

사패산 터널(4km)

가지산 터널(4.58km)

환경편익을 실현한 터널 건설 사례

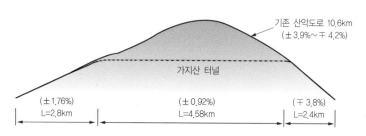

가지산 터널(기존 도로 : 지상, 신설 도로 : 터널)
(연장 10.6km의 기존 산악도로 구간을 4.58km의 터널로 단축)

사패산 터널. 사패산 터널(4km, 4차로)은 도봉산 자락을 통과하는 서울외곽순환도로의 북부구간으로 일산에서 퇴계원까지 주행거리를 11km, 차량운행시간을 50분 단축시켰다. 사패산 터널은 세계 최장 광폭 도로 터널로서, 연간 운행손실 시간비용 2,600억 원과 8,300ℓ의 연료를 절감하는 것으로 분석되었다. 특히 터널 내부에 전기집진 시설을 설치하여 대기오염을 처리하는 친환경 개념을 구현한 사례로 소개되고 있다.

가지산 터널. 기존 국도 24호선은 가지산 도립공원(울산광역시 울주군 소재)을 지나가는 산악도로로서 급격한 종단경사에 구불구불한 평면 선형으로 교통사고의 위험이 높고, 우기에는 낙석 및 산사태가 빈발하였다. 또한 겨울철에는 결빙과 폭설로 도로의 전면통행 금지도 빈번하였다. 가지산 터널은 가지산 도립공원을 관통하는 연장 4.58km의 병렬 터널로서, 기존 국도 24호선(산악도로)의 통행거리를 약 6km 단축하고, 통행시간도 약 15분 단축하였다. 이산화탄소 배출량을 연간 4,200kg 이상 감소시키는(소나무 1,400그루의 효과) 환경편익이 산정되었다.

(한국터널지하공간학회 정책연구자료, 문훈기, 2018)

도시의 입체적 이용 – 지상을 보다 쾌적하게. 도시에서 비선호(혐오) 시설의 지하화 요구가 거세지고 있다. 이의 대표적 해결책은 폐기물 적환장, 하수처리시설, 소음이 심한 통과 교통로 등 시민이 기피하는 시설을 지하에 두어 토지 부족 문제의 해결은 물론, 지상공간을 보다 쾌적하게 유지하는 것이다. 기피시설의 지하화는 결국 지상공간에 대한 삶의 질을 개선해 달라는 시민의 요구이므로, 지속 확대될 수밖에 없을 것이다.

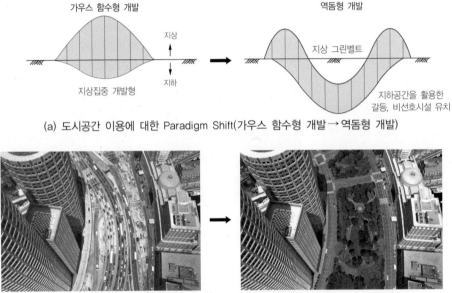

(a) 도시공간 이용에 대한 Paradigm Shift(가우스 함수형 개발 → 역돔형 개발)

(b) 미국 보스턴 Big-Dig Project 전후 비교(지상도로를 지하화하고 지상은 녹지로)

그림 1.6 도시개발 패러다임의 전환개념과 사례

지하공간의 편의성과 경제성. 지하공간은 온도의 급격한 변화가 거의 없어 산업적으로 유용하다. 위해한 환경으로부터 보호, 온도·습도 조절 용이, 청정상태 유지에도 유리하다. 반면, 취득가격은 지상에 비해 현저히 저렴하다. 지하공간의 건설 및 운영비의 저감은 산업시설을 지하로 유인하는 매력적인 요인이다.

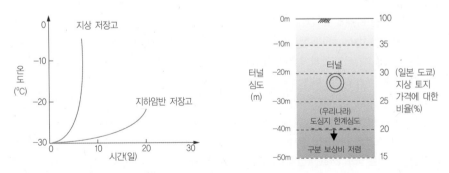

(a) 정전사고 후 시간 경과에 따른 온도 상승 추이   (b) 건설 깊이에 따른 토지(보상) 비용

그림 1.7 지하공간의 개발 편의성과 경제성

갈등의 해소 대안으로서의 지하공간. 지상의 많은 국토개발 사업 및 인프라 계획이 주민 민원, 재산권 침해에 따른 반대로 난항을 겪는 상황이 증가하고 있다. 일례로 몇 년 전 소요를 겪은 밀양 송전탑과 같은 지상 부담시설과 관련한 갈등은 앞으로 더욱더 늘어나, 지하화 요구가 더 높은 강도로 제기될 것으로 예상된다. 신속하고 경제적인 터널 건설기술의 개발로 사회적 갈등 극복에 기여할 수 있다면, 터널·지하공간 공학의 사회적 위상제고는 물론, 공학기술이 사회통합에 기여하는 좋은 선례가 될 것이다.

| (a) 지상 송전선로 지중화 민원 | (b) 지상 송전선 | (c) 지중 전력구 터널 |

그림 1.8 전력 송전선로의 지하화 요구 민원

터널 지하공간 분야의 과제

터널과 지하공간은 이제 생활편의 제공은 물론, 지상의 삶을 보다 쾌적하게 이끌어줄 대안으로서의 사회적 역할을 부여받고 있다. 그간 지하개발의 가장 큰 걸림돌이 되었던 비용, 안전성 등의 문제도 다기능(multi-purpose) 터널 등의 혁신(innovation)을 통해 해소되고 있다. 터널 공학 분야의 궁극적 목표는 지하공간을 안전하고 지속가능하며, 친환경적인 삶의 공간으로 구현해내는 것이다. 하지만 지하공간이 미래 공간 자원이라는 데 많은 이들이 동의함에도 불구하고, 여전히 다양한 우려와 제약이 따르고 있다. 그 주된 이유는 지하에 대한 정서적 거부감, 안전성 우려 그리고 고가의 건설비에 기인한다.

정서적 거부감의 극복. 지하공간의 생활이 지상의 생활과 아무런 생리학적 차이를 야기하지 않는다는 연구 결과가 있었다. 하지만, 지하공간의 폐쇄성, 단조롭고 지루한 구조, 사회적 접촉 제약 등 좁고 답답함에 따른 심리적·정서적 문제는 지하공간 활용 확대의 제약요인이 되고 있다. 이러한 문제들을 해결하기 위하여 태양광의 유입, ITC 기술의 적용, 창의적 설계를 통한 폐쇄성의 완화 등 다양한 노력이 경주되어야 한다.

안전에 대한 신뢰 확보. 지하공간 이용에 대한 가장 큰 우려는 안전문제에서 나온다. 터널 붕괴사고가 간혹 보도되지만, 이는 대부분 운영과 무관한 건설 중의 문제라 할 수 있다. 운영 중 사고나 화재 발생 시 대피로 등 진출입 동선 제약으로 지상보다 훨씬 더 큰 재난으로 이어질 가능성이 있기 때문이다. 지하 안전문제는 지상의 고층건물에 적용하는 기준 이상으로 엄격히 다루어, 어떠한 재난이나 재해에도 지하안전을 신뢰할 수 있도록 기준을 정비할 필요가 있고, 이를 경제적으로 구현할 수 있도록 하는 연구도 절실하다.

비용 저감과 기술개발. 지하공간의 안전확보, 에너지, 상수도, 통신 등의 공급시설과 하수, 폐기물 등의 처리 시설은 지상에 비해 요구되는 기술 수준이 높고, 비용 소요도 크다. 따라서 지하공간에 대한 공급과 처리 비용의 부담을 경제적으로, 그리고 효율적으로 처리할 아이디어와 기술개발이 요구된다.

보다 근본적인 비용 저감을 위해서는 터널사업의 경제적 타당성을 획기적으로 향상시키는 노력이 필요하다. 최근, 고밀도 개발이 이루어지는 대도시에서는 인프라의 효율적 건설이 중요한 이슈로 대두되고 있다. 이와 관련하여 지하구조물 건설도 다기능, 친환경, 지속가능성을 충족하도록 요구받고 있어, 이를 구현하기 위한 학제적 융합 노력이 필요하다. 교통터널 기능과 방수로 기능을 조합한 말레이시아 쿠알라룸푸르의 SMART 터널, 그리고 재난이나 전쟁 상황의 대피 기능을 부여한 다기능·다목적 인프라 터널이 그 대표적 예라 할 수 있다.

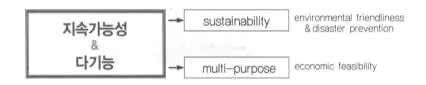

그림 1.9 터널과 지하공간의 미래 코드 : 지속가능한 다목적 터널

터널 학습의 필요성과 이 책의 의의

전 세계적으로는 해마다 수천 킬로미터의 터널이 건설되고 있고, 우리나라도 해마다 수백 킬로미터의 터널이 더해지고 있다. 터널은 건설 물량기록을 매년 갱신해 왔으며, 지상공간 부족 문제에 대한 대응 및 갈등의 해소책으로서 터널 건설 수요는 앞으로 더욱 가속화될 것으로 예상된다. 이런 상황이 시사하는 바는 **대부분의 건설 분야 전공자들이 향후 직간접으로 터널의 계획, 설계, 시공 및 유지관리 업무를 접할 수밖에 없으며, 터널지식을 엔지니어의 기초소양으로서 갖출 것을 사회와 산업이 요구하고 있다**는 것이다.

날로 늘어나는 터널과 지하공간의 건설수요에 부응하고, 고품질의 터널·지하공간을 신속하게 건설하기 위해서는 무엇보다도 체계적으로 터널을 학습한 전문가(엔지니어)가 필요하다. 하지만, 터널지식은 응용지질학, 고체역학, 토질 및 암반역학, 지하수 수리학 및 구조역학 등의 역학적 요소와 기계 및 설비 관련 공학적 요소의 융합체이며, 기하학적 경계의 불명확, 비선형 탄소성의 대변형 지반거동, 구조-수리 상호거동, 지반-라이닝 구조 상호작용 등 학문적 복합성 때문에 아직까지 적절한 학습체계가 마련되지 못한 감이 있다.

이 책은 터널의 거동과 안정을 다루는 '**터널 역학**', 그리고 터널의 계획, 조사, 굴착 및 지보 시공과 관련한 실무를 다루는 '**터널 공학**'으로 구분하여 터널 지식의 체계화를 시도하였으며, 건설공학 전공자가 향후 터널과 지하공간의 계획, 설계, 시공 및 유지관리 등의 직업 활동에서 마주하게 될 터널거동의 이해와 기초 실무 지식의 함양을 목표로 저술되었다.

1.2 터널 건설기술 tunnelling technologies

터널공사의 특징

일반적으로 건설이라 함은 건축 재료를 이용하여 필요한 시설을 축조함을 의미한다. 그러나 터널 건설은 그림 1.10에 보인 바와 같이 흙이나 암석을 파내어 조성하므로 통상적인 건설과 반대되는 개념으로 이루어진다. 또한 콘크리트와 같은 구조 재료를 이용하여 기하학적 형상과 공간적 범위를 결정하는 지상 구조물과 달리, 주변 지반과 일체화된 연속된 구조로 형성되므로 '터널' 구조물의 경계가 명확하게 정해지지 않으며, **터널 구조물과 지반 및 지하수와의 상호작용이 설계수명기간 동안 지속되는 특징**을 갖는다.

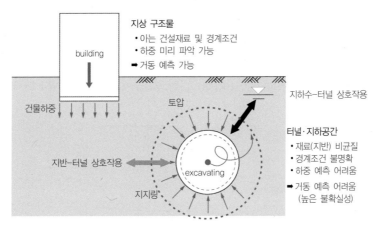

그림 1.10 지상 구조물과 터널의 건설 개념 비교

무엇보다도, 지상 구조물이 설계수명기간 중의 태풍, 지진 등 최악의 하중조건에 대하여 설계 안정 검토가 이루어지는 데 비해, 터널은 **굴착 중에 안전율이 최소가 되는 특징**을 가지며, 따라서 굴착 중 터널 주변 인접 구조물의 안정성 확보가 중요한 설계이슈가 된다. 그림 1.11에 터널 설계이슈와 요구조건을 예시하였다.

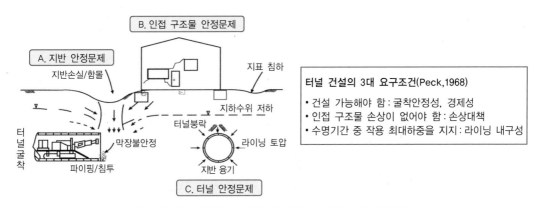

그림 1.11 터널 건설과 관련한 설계이슈와 터널 건설 요구조건

터널의 기하구조

터널의 배치와 위치. 터널 프로젝트는 지반특성과 터널 용도에 따라, 선형, 배치, 단면을 결정하고, 접속 터널, 기능시설을 포함하여 계획된다. 이 중 터널의 본래 목적, 즉 주 기능을 담당하는 터널을 '**본선터널(main line tunnel)**'이라 한다. 본선을 건설하기 위한 공사용 터널 또는 환기 및 대피 등의 기능 유지를 위한 수직갱(shaft), 사갱(inclined tunnel), 횡갱(cross passage tunnel) 등의 접속 터널이 함께 계획된다.

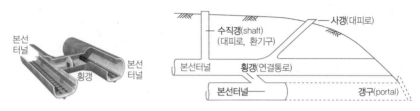

그림 1.12 터널의 명칭

터널의 지중 위치와 규모를 나타내는 심도(depth), 토피, 폭, 높이의 정의는 그림 1.13과 같다.

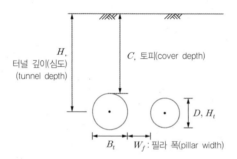

그림 1.13 터널의 위치와 크기의 기하학적 정의

- 터널 토피(cover depth, C) : 터널의 상부 토(암)층 두께로서, 터널 천장 외곽에서 지표까지의 최단거리
- 터널 심도(깊이)(tunnel depth, H) : 터널 중심에서 지표까지의 최단거리
- 터널 폭(width of tunnel, B_t) : 터널 단면을 수직 투영했을 때 수평 최대 폭
- 터널 높이(height of tunnel, H_t) : 터널 바닥에서 천장까지의 수직 거리
- 터널 중심 : 원형 터널의 경우 원의 중심, 비원형(non-circular)은 주 원호곡선의 중심
- 필라(piller width, W_f) : 두 개 이상의 터널이 위치할 때 터널 굴착면 간 최소거리

터널 단면. 터널 단면은 노선의 시(작)점에서 종점을 바라보는 방향으로, 그림 1.14와 같이 표기한다.

- 천장(또는 천단, crown) : 터널의 최상부 정점. 천장부는 터널의 천장의 좌우 어깨 사이의 구간
- 스프링 라인(spring line) : 터널 단면 중 최대 폭을 형성하는 점을 종방향으로 연결한 선
- 터널 어깨(tunnel shoulder) : 터널의 천장(단)과 스프링 라인의 사이 또는 중앙부를 지칭
- 측벽(side wall) : 터널 어깨 하부로부터 바닥부(인버트) 이전까지의 구간
- 인버트(invert) : 터널 단면 하반의 바닥 부분(원형 터널은 바닥부 90° 구간의 원호)

- 라이닝(lining) : 터널의 굴착주면에 연해 타설되는 지반 변형 지지 구조물
- 막장(tunnel face, tunnel heading) : 터널 굴착면, 터널 굴착부(지보가 설치되기 전의 굴착면)
- 갱구(portal) : '갱문'이라고도 하며, 터널 입구(경사지형의 표토층에 위치하여 안정유의 대상)

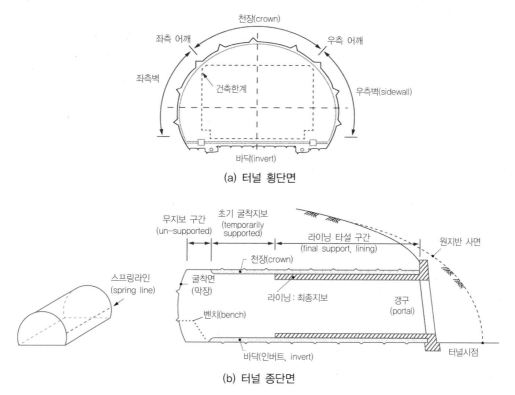

(a) 터널 횡단면

(b) 터널 종단면

그림 1.14 터널 단면의 주요 명칭

터널 기술의 역사

터널링(tunnelling)이란 지하 땅속에서 필요한 단면을 연속적으로 굴착해나가는 작업을 말한다. 19세기 말에서 20세기 초까지 터널은 목재지보로 임시지지(timbering)하며 굴착하고, 벽돌(brick) 또는 석재(masonry)로 라이닝 구조물을 설치하는 방식으로 건설되었다.

지역 혹은 국가마다 특색 있는 단면분할과 Timbering(목재지지) 방식은 각각 English, Belgian, French, German, Austrian(그림 1.15) 및 Italian 공법으로 불렸다. 제1차 세계대전 이후 **강재(steel)**가 산업현장에 활용되기 시작하면서, 더 넓은 지간(span)의 광폭 터널 굴착이 가능해졌다. 특히, 1867년 다이너마이트가 개발되고, 발파기술이 정교해지면서 암반터널에 대한 굴착기술이 획기적으로 발전하였다.

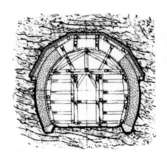

그림 1.15 The Old Austrian Tunnelling Method(1848)와 ASSM의 Steel Supports

초기의 터널공법은 굴착으로 이완된 지반하중을 지보재가 지지하는 '**수동지지**(passive support)' 개념을 기반으로 하였다. 대표적 수동지지 터널 설계법은 'ASSM(American Steel Support Method)'이며, Terzaghi (1949)는 지반에 따라 지보로 지지하여야 할 이완하중(범위)을 제시하였다. 하지만, 수동지지 개념은 **지반과 지보의 상대적 강성에 따른 상호작용을 고려하지 않아 대체로 과다하게 하중이 산정**되므로, 경암반에서는 보수적 설계법으로 평가되었다. 반면, 연약 암반(weak rock, or soft rock)에서는 터널의 잦은 붕괴가 심각한 기술적 문제였는데, 1900년대 Simplon 터널과 같은 대심도(약2km) 파쇄 암반터널에서 지지토압이 지나치게 과다하게 작용되는 현상을 경험한 이후 수동지지 개념은 회의적 상황을 맞는다.

관용터널공법 conventional tunnelling

1900년대 초중반을 지나며, 굴착 직후 지반이완을 제어할 수 있는 **록볼트**, 그리고 **숏크리트**가 도입되면서 암반이 보유하는 지지능력을 이용하는 지지링(bearing ring) 개념이 터널 건설에 도입되기 시작하였다.

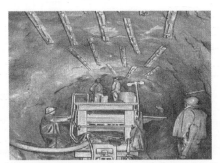

(a) 숏크리팅(Ulmberg Tunnel, 1927)　　　　(b) 록볼팅(East Delaware, 1952)

그림 1.16 록볼트와 숏크리트를 터널에 접목하다!

특히, 스위스 기술자들은 암반의 자립능력과 숏크리트를 이용한 신속한 지보설치의 중요성을 인지하기 시작하였고, 1960년대 오스트리아의 Rabcewicz가 이를 기술적으로 정리하여, 록볼트와 숏크리트로 신속하게 초기(굴착)지보(initial support)를 설치하는 '**암반이 스스로 지지하도록 돕는**' 암반 지지링 개념의 New Austrian Tunnelling Method(NATM)를 제안하였다. 같은 시기에 노르웨이의 Barton 등은 고성능 숏크리트와 내부식성 록볼트를 도입하여 굴착 지보재를 최종지보(final support)로 하는 단일구조 라이닝의 Norwegian Method of Tunnelling(NMT)을 제안하였다. NATM 및 NMT 공법은 주로 발파로 굴착하며, TBM 등의 기계 굴착공법과 구분하여, 이를 **관용터널공법(conventional tunnelling)**으로 부른다.

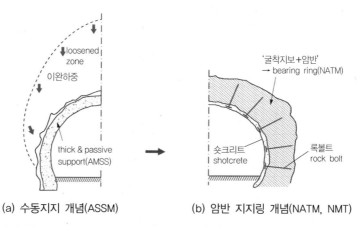

(a) 수동지지 개념(ASSM) (b) 암반 지지링 개념(NATM, NMT)

그림 1.17 터널 형성 개념의 진화 : '수동지지' 개념에서 '암반 지지링'으로(after Louis, 1972)

그림 1.17에 보인 지지링 개념의 도입은 **기존의 터널 설계(ASSM)가 붕괴 방지(수동지지) 개념에서 변형 제어 개념으로의 전환**되는 기술사적 의미를 갖는다. 터널 설계 개념이 **'지지능력의 부여(support)'**에서 **'지지능력의 보존(retain)'**으로 전환된 것이다. 이는 20세기 후반, 지반공학을 풍미했던 '큰 비용을 들여 인공 구조물로 불량지반을 지지하기보다는 원지반의 지지능력을 향상시켜 스스로 지지하게 하는 원리'를 터널 공학에 도입한 것이라 할 수 있다.

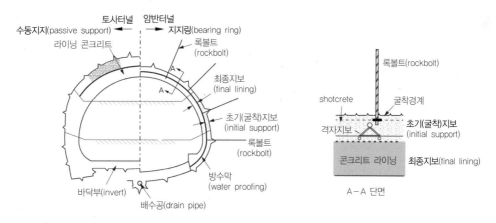

그림 1.18 관용터널공법(NATM)의 단면 및 라이닝 구조(이중구조 라이닝(two pass lining), 왼쪽 Maidl et al., 2013)

관용터널의 주류공법인 NATM은 지반변형을 허용함으로써 지압을 감소시켜 라이닝의 역학적 부담을 줄여 경제적 설계를 추구한다. NATM의 원리는 1990년대에 들어 프랑스 기술자들(Panet 등, 1962)에 의해 제안된, 지반과 지보재의 상호작용을 고려하는 내공변위-제어 이론(Convergence-Confinement Theory)을 통해 더 잘 이해될 수 있었다.

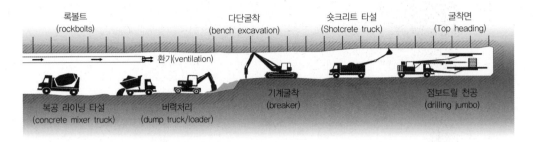

그림 1.19 관용터널공법(NATM) 작업 전개도

NATM은 1970~1980년대에 독일, 스위스, 이탈리아, 일본, 중국, 프랑스 그리고 우리나라로 확산되어 성공적으로 적용되었다. 하지만, 1994년 9월 독일 뮌헨, 서울 지하철(5~8호선) 사업 그리고 같은 해 10월 영국 런던 히드로 공항의 터널 붕괴사고는 NATM의 대표적 실패 사례로 기록되었으며, NATM의 도심의 연약지반 터널에 적용의 한계를 드러내어, 이의 적용성에 대한 많은 기술적 논쟁을 촉발하였다.

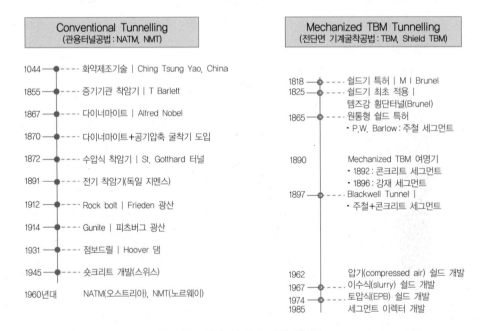

그림 1.20 터널기술의 공법별 발전사

TBM 및 쉴드 TBM mechanized TBM tunnelling

터널굴착기술발전의 또 다른 한 축은 전단면 터널굴착기계(Tunnel Boring Machine)의 개발이었다. 프랑스혁명의 난민이자 기술모험가인 I.M. Brunel이 1818년 영국에서 쉴드(Shield TBM)의 개념적 원형이라 할 수 있는 굴착기 특허를 제출하였고, 이 장치를 이용하여 난관 끝에 런던 템즈강 횡단터널을 건설하였다. 이후 증기기관의 발명, 그리고 **전단면 기계 굴착기인 TBM**이 개발됨으로써 터널공법의 새로운 한 축인 기계굴착공법 발전의 전기가 마련되었다.

1990년대에 들어 기계화 터널공법은 더욱 발전하여 막장압으로 안정을 유지하고, **프리캐스트 세그먼트 라이닝(precast segment lining)**으로 굴착면을 지지하는 쉴드(shield) TBM 공법이 개발되었다. 쉴드 TBM 은 막장압 방식에 따라 유동성 굴착토로 막장을 지지하는 EPB(earth pressure balanced) 형식과 슬러리 액을 이용하는 Slurry 형식으로 대별된다. 쉴드 TBM 공법은 환경문제 및 지하수 대응에 유리하고, 투입 인력 감소에 따른 경제성 개선으로 도시지역을 중심으로 기존의 관용터널공법을 빠른 속도로 대체해나가고 있다.

우리나라도 최근 쉴드 TBM 도입현장이 크게 늘어나고 있다. TBM의 확대는 그간의 터널공사가 인력 집약적인 관용터널 공사에서 장비위주의 현장으로 전환되고 있음을 의미하며, 이에 따라 터널 건설기술자에게 요구되는 기술적 소양도 장비와 설비가 강조되고 있다.

쉴드터널은 관용터널공법으로 굴착안정을 확보하기 어려운 연약지반 터널 건설에 주로 적용된다. 디스크 커터(disc cutter) 또는 커터비트(cutter bit)가 장착된 전면의 커터헤드를 돌려 지반을 굴착한다. 그림 1.21 은 이(泥)토압으로 막장을 지지하는 EPB 쉴드를 예시한 것이다. 쉴드 TBM은 철제 원통체로 토압을 지지하며, 쉴드 후미에서 지상의 공장에서 제작된 라이닝 조각 부재(6~8개)인 세그먼트(segment)를 조립하여 터널 구조물을 형성하므로, 이를 터널을 제조 생산하는 **'터널 건설 플랜트'**라 할 수 있다.

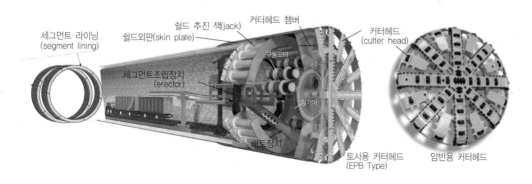

그림 1.21 쉴드 TBM과 세그먼트 라이닝

쉴드터널의 발전은 터널의 굴착직경의 크기와 관련된다. 2016년까지 직경 15 m 내외의 수준이었으나, 최근 직경 약 17 m의 터널을 굴착한 사례가 있으며, 직경 약 20 m의 터널 프로젝트도 구상되고 있다.

Box 1.2   터널의 분류

분류 기준	명칭 구분	개념도
터널 용도 (usage)	• 철도(도시철도)터널 • 도로터널(road tunnel) • 수로터널(상하수, 도수) • 산업용(통신, 전력) 유틸리티 터널	철도터널 railway tunnel 도로터널 road tunnel 전력구 터널(개착터널) utility tunnel
시공 방법 (construction method)	• 개착식 터널(cut & cover) • 굴착식 터널(bored tunnel) • 침매 터널(immersed tunnel) • 추진관 터널(pipe jacking)	개착터널 cut & cover tunnel 굴착식 터널 bored tunnel 침매 터널 submerged tunned 비개착(추진관) pipe jacking
건설 위치 (tunnel location)	• 도심지터널(urban tunnel) • 산악터널(mountain tunnel) • 해(하)저터널(subsea tunnel)	도심터널 하저터널 산악터널 urban tunnel sub-river tunnel mountain tunnel
터널 깊이 (tunnel depth)	• 대심도(토피 > 40m) (deep tunnel) • 천층(얕은)터널(토피 < 40m) (shallow tunnel)	천층터널 shallow tunnel 대심도터널 40m 이상
길이(연장) (tunnel length)	• 짧은 터널(1km 이하) • 보통 터널(1~3km) • 장대 터널(3~10km) • 초장대 터널(10km 이상)	< 1km < 1~3km < 3~10km > 10km
단면 크기 (sectional area)	• 초대단면 터널(100m^2 이상) • 대단면 터널(50~100m^2) • 중단면 터널(10~50m^2) • 소단면 터널(< 10m^2)	도로 터널 A=77m^2 철도 터널 A=87m^2 지하철 터널 A=89m^2 고속도로 터널 A=94m^2 고속철도 터널 A=141m^2
단면 형상 (tunnel shape)	• 원형 터널(circular tunnel) • 마제형(horseshoe-shaped) 터널 • 란(계란)형(egg-shaped) 터널	원형(circular) 마제형(horse-shoe shaped) 란형(egg-shaped) 비원형(non-circular)
지질(반) 조건 (ground conditions)	• 연약지반터널(토사 터널) (soft ground tunnel) • 암반터널(rock tunnel)	rock soft ground tunnel soil rock tunnel
기울기 (tunnel alignment)	• 수평터널(horizontal tunnel) • 경사터널(사갱)(inclined tunnel) • 수직터널(수직구(갱), shaft)	수직(구)갱 (shaft) 사갱 수평터널 본선(main line tunnel)
궤도(軌道)의 배치(철도)	• 복선 터널(double track tunnel) • 단선 터널(single track tunnel) • 단선 병렬 터널(twin tunnel)	복선 터널(약80m^2) 단선터널(약38m^2) 단선 병렬터널

Box 1.3 지하공간 활용 예

지하방수로 및 빗물 저장터널 : 강우 시 빗물을 저류하였다가 배출함으로써 홍수 예방에 기여

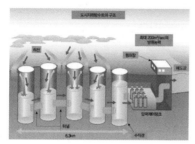

일본 사이타마현

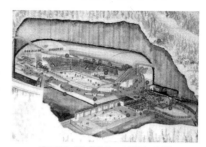

올림픽 경기장 노르웨이 요빅

지하 편의시설

방사능 폐기물 지하 처분장(경주, 수직구 직경 27.3m, 높이 50m)

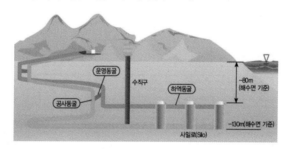

원유비축기지

도심지하공간 이용(빗물저류조), 해저터널

CHAPTER 02

터널거동의 이론해석
Theoretical Analysis of Tunnelling

CHAPTER
02

터널거동의 이론해석
Theoretical Analysis of Tunnelling

터널은 지반, 지하수, 구조물 등 여러 매질이 관련되고, 다양한 경계조건, 흐름과 변위의 결합거동 등으로 인해 이론적으로 다루기가 용이하지 않다. 터널을 기하학적, 재료적으로 단순화하여야 터널거동의 연속해 (closed-form solution)를 유출해 볼 수 있다. 고체역학 이론인 탄성원통이론(elastic cylinder theory)과 평판 내 공동이론으로 터널 라이닝과 주변지반거동을 고찰할 수 있으며, 내공변위-구속이론(CCM)으로부터 지반과 터널 지보재 간 상호작용에 의한 터널 형성의 원리를 이해할 수 있다.

이론해는 터널거동에 대한 공학적 직관을 체득하는 데 유용하다. 터널거동의 이론 학습을 통해 터널거동에 대한 역학적 기반지식(fundamentality)을 갖출 수 있다. 터널거동이론의 주요 내용은 다음과 같다.

- 등방응력조건의 터널의 탄성 거동 : 탄성 원통이론 : Elastic Cylinder Theory
- 이방성 응력조건의 터널의 탄소성 거동 : 평판 내 공동이론 : Theory of Plate with a Circular Hole
- 터널의 지반 – 지보 상호거동 : 내공변위 – 구속 이론 : Convergence Confinement Theory
- 터널 라이닝 구조 거동 : Structural Analysis of Linings

2.1 터널굴착의 이론 모델링

2.1.1 터널의 이론모델

지반에 터널을 굴착하고자 할 때, 터널 형성 가능성, 그리고 굴착이 미치는 영향과 관련한 주요 관심 거동은 다음과 같다.

- 굴착에 따른 지반의 거동(응력과 변형)
- 굴착에 따른 지하수 거동
- 터널 지보재(라이닝)의 구조적 거동(단면력)

실제 터널은 공간적으로 변화하는 지반 내에 비원형(non-circular)으로 건설되는 경우가 대부분이며, 경계조건이 불명확하다. 또한, 다양한 굴착공법과 여러 종류의 지보재를 복합적으로 이용하여 3차원 시간의존적 거동을 한다.

터널거동을 이론적으로 다루기 위해서는 터널을 수학적 표현이 가능한 경계치 문제로 정의하여야 하므로 거동을 연속함수로 다룰 수 있도록 형상의 단순화와 매질의 등방 및 균질조건의 가정이 필요하다. 따라서 터널 형상 등의 기하학적 조건, 지반 및 지보재 재료조건, 초기응력 및 하중조건, 굴착 및 지보설치 건설과정 등에 대한 **상당한 단순화가 필요하다.**

터널거동을 이론적으로 다루기 위해서는 터널이 포함하는 재료인 지반, 지하수, 지보재는 물론, 터널형상, 지층경사 등 기하학적 요소, 그리고 시공과정인 굴착, 설치 등이 고려되어야 한다. 터널거동은 그림 2.1에 보인 바와 같이 터널의 위치, 공법에 따라 달라지므로, 모델링 요소가 복합적이고, 다양하다.

(a) 관용터널

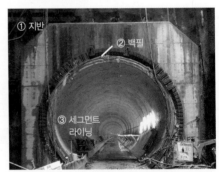
(b) 쉴드터널

그림 2.1 터널의 구성요소

터널거동을 이론적으로 다루기 위해서는 먼저, 터널 굴착과 관련한 요소와 과정을 역학적으로 다룰 수 있도록 단순화된 모델을 도입하여야 한다.

지반 모델링

실제 터널은 그림 2.2(a)와 같이 반무한체(semi-infinite)인 지반에 한정된 깊이로 건설된다. 지반의 연속성 때문에 터널의 지반범위를 한정하는 것은 쉽지 않다. 지반 없이 터널은 유지될 수 없으며, 지반은 터널의 지보(또는 라이닝)를 일정 위치에 유지되도록 구속한다. 지반은 터널구조물에 하중을 유발하는 동시에, 지반의 자체강도로 터널 형성을 돕는 자립능력을 제공하며, 터널이 외측으로 변형하려고 할 때는 이를 구속 지지한다.

지반 영향을 단순화하는 이론 모델에서는 최소의 지반영역을 고려하고, 지반 전체 영향을 지반하중으로 단순화한다. 일반적으로 터널을 구성하는 지반은 터널 주변의 한정된 지반영역과 그 외곽에 지중응력을 도입하는 방식으로 모델링한다(지반과 라이닝의 상호작용을 고려하기 위하여 지반 스프링을 도입하기도 한다). 지반하중은 등방 또는 직교 이방성(수직 및 수평응력)으로 단순가정한다.

그림 2.2(b)는 지반을 터널 주변영역과 외부하중으로 모델링한 예로서 터널의 기초이론으로 사용되는 고체역학(solid mechanics)의 원통이론(cylinder theory)과 평판 내 공동이론(plate thoery with a hole)의 해석 모델을 보인 것이다.

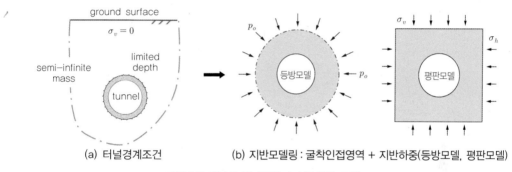

(a) 터널경계조건   (b) 지반모델링 : 굴착인접영역 + 지반하중(등방모델, 평판모델)

그림 2.2 터널의 경계조건과 이론해석 모델

이론모델에서 수학적으로 다룰 수 있는 지반하중 형태는 등방 혹은 직교 이방성 조건이다. 터널이 직경에 비해 심도가 작은 경우 지표 경계조건으로 인해 이론의 전제조건인 응력의 등방성이 확보되기 어렵다. 일반적으로 **터널 심도가 직경의 5배 이상**($H > 5D$)이며, $K_o \simeq 1.0$인 경우에 등방응력조건을 가정할 수 있다.

터널 형상과 지보재 모델링

가장 단순한 터널 형상은 원형이며, **원형터널을 가정할 경우 축대칭이므로 극좌표계를 이용하면, 거동 표현이 단순해진다.** 따라서 터널의 기하학적 이론 모델은 대부분 원형으로 가정한다.

이론해석에서 지보는 굴착 전 이미 설치되어 있다고 가정하며, 내압(p_i)으로 모사하는데, 이는 지반과 라이닝의 상대강성에 따른 상호작용에 의해 평형을 이루는 터널의 실제 거동을 크게 단순화한 것이다. 여기서

언급된 지보는 굴착 직후 설치되어 지반하중을 지지하는 지보로서, **관용터널공법의 굴착지보인 숏크리트 라이닝과 록볼트 그리고 강지보가 이에 해당하며, 쉴드 터널은 세그먼트 라이닝이 여기에 해당**한다고 할 수 있다.

(a) 관용터널과 쉴드터널의 (굴착)지보   (b) 지보의 모델링(지보압)

그림 2.3 터널공법에 따른 지보와 지보의 이론 모델링

2.1.2 터널 굴착과정의 모델링

터널 건설과정은 '굴착 → 지보 설치(관용터널의 경우 굴착지보, 쉴드 터널의 경우 세그먼트 라이닝)' 과정의 반복으로 이루어지며, 그림 2.4에 보인 바와 같이 굴착 막장은 **기하학적으로 3차원 조건이다.** 따라서 **터널의 굴착과정 모델링은, 막장의 3차원 응력상태가 2차원 응력조건으로 수렴해가는 굴착 진행 과정을 고려하여야 한다.**

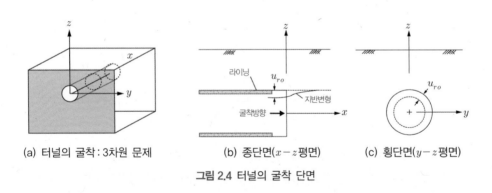

(a) 터널의 굴착 : 3차원 문제   (b) 종단면($x-z$ 평면)   (c) 횡단면($y-z$ 평면)

그림 2.4 터널의 굴착 단면

터널이 통과하는 특정 위치의 단면에 대하여 굴착 전부터 굴착 후 안정화가 이루어질 때까지의 상황을 그림 2.5에 나타내었다. 굴착면이 접근해옴에 따라 응력해방의 영향이 미치는 굴착면 전방(①)에서도 지반변형이 발생하기 시작한다. 굴착 통과 단계(②)에서 터널 주변 지반의 변형이 빠른 속도로 진전되며, 이어 라이닝이 설치되면서 변형이 구속되기 시작한다. 터널 굴착이 계속 진행되면, 굴착면과의 거리가 멀어지면서 더 이상 굴착영향을 받지 않는 평형조건(③), 즉 안정 상태에 도달한다.

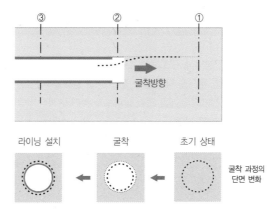

그림 2.5 터널 굴착면 3차원 조건의 2차원적 고찰

　　따라서 터널 굴착과정을 2차원으로 모델링하는 경우, 그림 2.5에 보인 바와 같이, **초기 정지 지중응력 상태가 굴착과 라이닝 타설 과정을 거쳐 평형에 이르는 순차적 과정이 고려되어야 한다.** 하지만 횡단면 이론모델로는 이 과정을 고려하기 어렵다. 이론 모델은 내압제어만 가능하다.

　　앞에서 살펴본 터널굴착의 실제조건과 이론모델을 그림 2.6에 정리하였다.

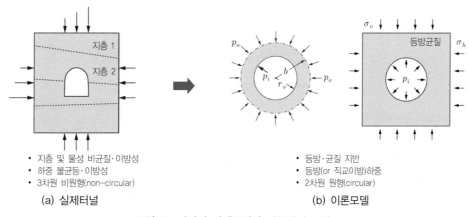

그림 2.6 터널의 경계조건과 이론해석 모델

　　이론해는 실제조건을 크게 단순화한 조건의 해이므로 실무적용에 한계는 있으나, 터널거동에 대한 직관을 함양할 수 있어 엔지니어의 터널거동에 대한 기술적 소양을 쌓는 데 매우 유용하다. 터널거동에 대한 직관은 터널을 계획하는 데 있어서 기본가정을 확인하는 유용한 도구일 뿐 아니라, 터널 현장에서 발생한 문제의 원인을 추론하는 데도 필수적으로 요구되는 전문가적 기초소양이다.

Box 2.1   터널거동의 해석법

터널설계는 지반변형 및 안정해석, 구조해석, 수리해석 등의 설계해석(design analysis)을 포함한다. 거동은 연속체로서의 변형과 응력(수압) 문제를 다루며, 안정은 붕괴 문제를 다룬다. 각 해석의 적용 이론과 모델링 방법이 다양하므로 터널거동해석의 전반적 얼개를 먼저 살펴보는 것이 단계적 학습에 도움이 될 것이다. 이 책에서 다루는 터널해석이론을 정리하면 아래와 같다.

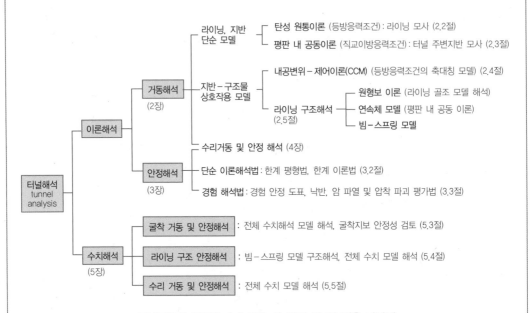

터널거동의 해석법 : ( ) 안은 이 책의 장 및 절을 나타냄

터널해석은 방법론을 기준으로 크게 이론해석(2장, 3장, 4장)과 수치해석(5장)으로 구분할 수 있다. 이론해석은 다시 지반과 터널의 변형거동(2장), 굴착 안정(3장), 수리거동(4장)으로 나눌 수 있다. 터널거동해석(2장) 중 탄성 원통이론(2.2절)과 탄소성 평판 내 공동이론(2.3절)은 연속체 내 터널거동에 대한 가장 기본적인 이론이며, 지반-라이닝 상호작용이론(2.4절) 등을 이해하기 위한 기초이론이기도 하다. 2.5절은 라이닝을 보(beam)부재로 모델링하고, 지반 굴착영향을 하중으로 고려하는 전통적 개념의 라이닝 설계해석이다. 2장, 3장, 4장에서 다룬 터널의 거동과 안정에 대한 이론해석은 수치해석으로도 다룰 수 있다. 수치해석은 (지반)굴착안정해석(5.3절), 라이닝 구조해석(5.4절) 그리고 터널수리해석(5.5절)을 포함한다.

이론해석 중 내공변위 제어이론(2.4절)은 여전히 관용터널공법의 유용한 설계·시공 도구이며, 라이닝-지반 상호작용 이론(2.5절)은 실무에서 원형 쉴드 터널 라이닝의 단면력 검토에 여전히 사용되고 있다. 현재 실무의 터널의 설계해석에서 지반거동 및 안정 검토(굴착안정해석), 라이닝 구조해석은 대부분 코드화된 상업용 해석프로그램을 이용한 수치해석법(5장)을 사용한다. 수치해석은 대상문제의 기하학적 다양성, 지반물성의 공간적 변화, 경계조건 등 실제 터널조건을 상당히 사실적으로 고려할 수 있는 장점이 있어, 실무에서 대부분의 터널설계해석은 수치해석적 방법으로 이루어지고 있다.

이 책에서 다루는 기초 터널역학이론은 터널거동의 직관을 함양하는 데 유용하며, 2.5절의 라이닝 구조해석, 3장의 굴착안정해석, 그리고 5장의 수치해석은 터널설계해석의 실무적 소양으로 학습이 필요하다.

2.2 등방응력조건 터널의 탄성거동 : 탄성원통이론

고체역학(solid mechanics)의 탄성원통이론(elastic cylinder theory)은 터널거동 모사에 활용할 수 있는 가장 기본적인 고체역학 이론이다. 원통이론을 이용하여 탄성지반 내에 설치되는 원형터널의 굴착 지보재 (라이닝) 및 주변 지반의 거동을 유추할 수 있다.

2.2.1 탄성원통이론 elastic cylinder theory

그림2.7과 같이 터널의 심도가 충분히 깊고, 수직 수평응력의 편차가 크지 않은 탄성지반의 경우, **터널굴 착의 영향범위를 일정 영역의 실린더(cylinder, 원통)로 가정**할 수 있다. 직경에 비해 심도가 깊은 경우, 원통 주면에 작용하는 응력은 등방(isotropic)으로 가정할 수 있다. 터널 형상을 원형으로 가정하면, 극좌표계를 적용할 수 있는 축대칭 문제가 된다.

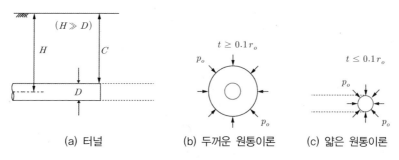

(a) 터널   (b) 두꺼운 원통이론   (c) 얇은 원통이론

그림 2.7 탄성원통이론과 터널 유추

원통의 두께에 따라 실린더 단면에 발생하는 반경응력을 고려하거나 무시할 수 있다. **원통 두께가 내측 반경의 10%**($t < 0.1 r_o$, r_o : 터널반경, t : 원통 두께) 이내이면, 반경방향(radial direction) 응력은 무시 ($\sigma_r \ll \sigma_\theta$)할 수 있고 접선(축)응력($\sigma_\theta$)만 고려하면 되므로, 이 조건의 터널 모델은 얇은 원통이론(thin-walled cylinder theory)을 적용할 수 있다. 지보재(라이닝)의 두께는 터널의 크기에 비해 무시할 정도로 얇으 므로, 얇은 원통이론으로 터널의 '**지보재(라이닝)**' 거동을 유추할 수 있다.

반면, 원통의 두께(t)가 내측 반경의 10% 이상인 원통의 경우, 원통 두께에 따른 응력의 변화를 무시할 수 없으며, 이 조건의 터널 모델은 두꺼운 원통이론(thick-walled cylinder theory)을 적용할 수 있다. 두꺼운 원 통이론으로는 **터널의 주변지반거동**을 유추할 수 있다.

원통이론은 방사형(radial) 등방응력조건을 가정하므로, 토피(H)가 직경(D)의 5배($H > 5D$) 이상이며, 측압계수가 $K_o \approx 1.0$ 조건인 탄성지반의 원형 터널거동 유추에 부합하다. **원통이론은 지반의 탄소성거동 및 (직교)이방성 응력조건을 고려하지 못한다.**

2.2.2 등방응력조건의 터널 지보재(라이닝) 거동

얇은 원통이론 thin-walled cylinder theory

터널이 축대칭 등방압을 받는 원형 탄성체이고, **라이닝의 두께(t)가 내측 반경의 10분의 1이하**라면, 반경 응력은 무시($\sigma_r \ll \sigma_\theta$)할 수 있어, 접선응력($\sigma_\theta$)만 고려하는 얇은 원통이론을 적용할 수 있다. 라이닝 두께는 터널의 크기에 비해 무시할 정도로 얇으므로, 얇은 원통이론으로 터널의 라이닝 거동을 유추할 수 있다.

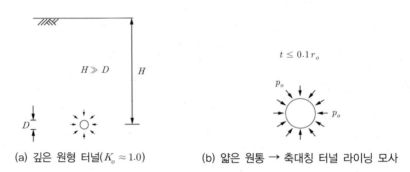

(a) 깊은 원형 터널($K_o \approx 1.0$)   (b) 얇은 원통 → 축대칭 터널 라이닝 모사

그림 2.8 얇은 원통이론과 터널 라이닝 유추

얇은 원통의 응력거동 stress solutions

축대칭 응력상태에 있는 무한(infinite) 길이의 탄성 원통에서, 두께가 충분히 얇은 경우 단면에 발생하는 전단응력은 무시할 만하다. 즉, $\tau_{r\theta} \approx 0$. 그림 2.9와 같이 내압과 외압이 각각 p_i와 p_o인 원통의 반 단면을 고려하고, 원통의 단면에 작용하는 축 응력을 σ_θ라 하자.

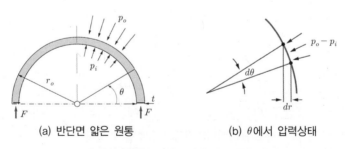

(a) 반단면 얇은 원통   (b) θ에서 압력상태

그림 2.9 내압과 외압이 작용하는 얇은 원통

그림 2.9(a)의 원통 반단면 자유물체에 대하여 수직방향 내압과 외압의 합은 다음과 같다.

$$\Sigma p_v = 2\left(\int_0^{r_o} \int_0^{\pi/2} (p_o dr)\sin\theta \, d\theta - \int_0^{r_o} \int_0^{\pi/2} (p_i dr)\sin\theta \, d\theta \right) = 2r_o(p_o - p_i) \tag{2.1}$$

내압과 외압이 평형을 이루므로, $\Sigma F = \Sigma p_v$이다. $\Sigma F = 2\sigma_\theta t$와 식(2.1)을 이용하면,

$$2\sigma_\theta t = 2r_o(p_o - p_i) \tag{2.2}$$

$$\sigma_\theta = (p_o - p_i)\frac{r_o}{t} \tag{2.3}$$

얇은 원통의 변형거동 displacement solutions

변형해는 적합방정식, 응력평형방정식, 그리고 구성방정식을 이용하여 구할 수 있다(Box 2.2 참조). 그림 2.10의 원통의 좌표계에서 $\epsilon_l = 0$ 조건을 이용하면, $\sigma_l = \nu\sigma_\theta$이 얻어진다.

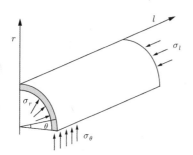

$$\epsilon_l = -\frac{1}{E}(\sigma_l - \nu\sigma_\theta - \nu\sigma_r)$$

평면변형률 조건에서, $\epsilon_l = 0$이므로

$$\sigma_l = \nu(\sigma_\theta - \sigma_r)$$

단면이 얇으므로 $\sigma_r \approx 0$으로 가정하면

$$\sigma_l = \nu\sigma_\theta$$

그림 2.10 얇은 원통의 평면변형률 조건

변형률 정의(Box 2.2)인 식 $\epsilon_\theta = u_r/r_o$와 식(2.3), 그리고 $\sigma_r \ll \sigma_\theta$ 조건 및 $\sigma_l = \nu\sigma_\theta$관계를 이용하면

$$\epsilon_\theta = \frac{1}{E}(\sigma_\theta - \nu\sigma_r - \nu\sigma_l) \approx \frac{1}{E}(\sigma_\theta - \nu\sigma_l) = \frac{1}{E}(1-\nu^2)\sigma_\theta \tag{2.4}$$

$$u_r = \epsilon_\theta r_o = \frac{1}{E}(1-\nu^2)r_o\sigma_\theta = \frac{(1-\nu^2)}{E}\frac{r_o^2}{t}(p_o - p_i) \tag{2.5}$$

터널 라이닝 거동 유추

얇은 원통이론의 터널 내압(혹은 지지압)이 p_o(초기응력조건)에서 '0'(굴착완료조건)으로 변화한다면, 이는 마치 굴착진행에 따라 굴착 경계면 지압이 $p_o \to 0$ 로 감소해가는 거동과 유사하다. 원통에 작용하는 압력을 분할하면, 라이닝거동은 그림 2.11과 같이 내·외압의 차($p_s = p_o - p_i$)에 지배됨을 알 수 있고, 이로부터 하중 p_s가 작용하여 u_{ro}의 내공변형을 유발하는 터널거동을 유추할 수 있다($0 \le p_s \le p_o$).

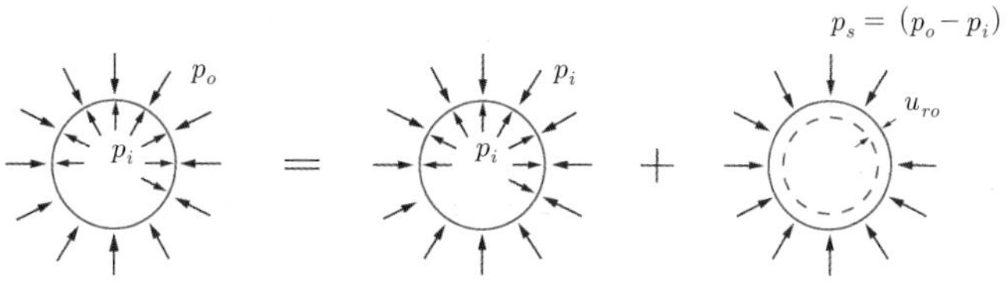

$$p_s = (p_o - p_i)$$

그림 2.11 얇은 원통이론과 터널 라이닝 거동 유추

라이닝의 내공변형 u_{ro}를 유발하는 외부압력은 $p_s = p_o - p_i$ 로서, 굴착 전 $p_s = 0$ 에서 굴착완료 시 $p_s = p_o$ 가 되는 굴착 이완하중 거동과 유사하다. 따라서 **얇은 원통이론의 식(2.5)는** 물성이 E_l 및 ν_l 인 터널 라이닝에 **반경방향으로 작용하는 압력(p_s)과 내공변형(u_{ro})의 관계**라 할 수 있으며, 다음과 같이 정리할 수 있다.

$$p_s = \frac{E_l}{(1-\nu_l^2)}\left(\frac{t}{r_o^2}\right)u_{ro} \tag{2.6}$$

식(2.6)을 $p_s = K_r u_{ro}$ 로 나타내면, K_r 은 원형 터널 라이닝의 등방응력에 대한 반경방향 강성(혹은 링 강성, radial stiffness, ring stiffness; kN/m²/m)이라 할 수 있다. 반경방향 강성 K_r 은 식(2.6)으로부터

$$K_r = \frac{E_l}{(1-\nu_l^2)}\left(\frac{t}{r_o^2}\right) \tag{2.7}$$

$p_s - u_{ro}$ 관계는 그림 2.12와 같이 나타낼 수 있다. 여기서 E_l, ν_l 는 지보재(라이닝) 물성이다. 이 관계를 **지보특성곡선**(support characteristic curve, or ground reaction curve, 2.4.3절)이라고 한다. 만일, u_{roi} 의 내공변위가 발생 후 지보가 설치되었다면 지반응력곡선은 원점에서 u_{roi} 만큼 오른쪽으로 이동하게 된다.

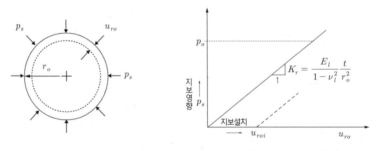

그림 2.12 라이닝 작용하중 – 내공변위 관계($p_s - u_{ro}$)

예제 터널의 반경을 r_o 에서 $2r_o$ 로 증가시켰을 때, 라이닝 축응력과 내공변위의 변화 정도를 알아보고, 변형을 같은 크기로 제어하고자 할 때 라이닝 두께 또는 재료물성을 얼마로 해야 할지 알아보자.

풀이 ① 라이닝 접선응력(축응력), $\sigma_\theta = (p_o - p_i)(r_o/t)$ 이므로, $r_o \rightarrow 2r_o$ 이면 축응력은 2배로 증가

② 라이닝 내공변위, $u_{ro} = \frac{(1-\nu_l^2)}{E_l}(p_o - p_i)\frac{r_o^2}{t}$ 이고, $r_o \rightarrow 2r_o$ 이므로 내공변위는 4배로 증가

③ 변형을 같은 크기로 제어하려면 라이닝 두께는 r_o^2/t 값이 일정하여야 하므로, 반경이 2배 증가하면, 두께는 4배 증가시켜야 한다.

④ 단면 제약상 두께를 증가시키기 어렵다면, 탄성계수 E_l 를 $4E_l$ 로 증가시켜야 한다.

원형 터널은 축대칭이므로 극좌표계(polar coordinate system)를 사용하는 것이 편리하다.

A. 평형방정식

직교좌표계와 극좌표계의 변수 관계 : $r^2 = x^2 + y^2$; $\theta = \tan^{-1}\dfrac{y}{x}$, $\sin\theta \approx \theta$

옆의 축대칭 요소에서
체적력(body force, f_r, f_θ)을 무시하면

r - 방향 평형조건,

$$\frac{\partial \sigma_r}{\partial r} + \frac{1}{r}\frac{\partial \tau_{r\theta}}{\partial \theta} + \frac{\sigma_r - \sigma_\theta}{r} = 0 \qquad (2.8)$$

θ - 방향 평형조건,

$$\frac{1}{r}\frac{\partial \sigma_\theta}{\partial \theta} + \frac{\partial \tau_{r\theta}}{\partial r} + \frac{2\tau_{r\theta}}{r} = 0 \qquad (2.9)$$

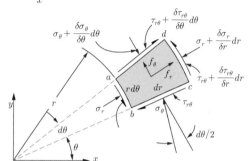

B. 적합방정식

r, θ 방향의 변형을 각각 u_r, u_θ라 하면, 반경방향 변형률, $\epsilon_r = \dfrac{\partial u_r}{\partial r}$ (2.10)

접선변형률은 u_r로 인한 변형률과 u_θ로 인한 변형률이 기여하므로

$$\epsilon_\theta = \left(\epsilon_\theta\right)_{u_r} + \left(\epsilon_\theta\right)_{u_\theta} = \frac{(r+u_r)d\theta - rd\theta}{rd\theta} + \frac{(\partial u_\theta/\partial\theta)d\theta}{rd\theta} = \frac{u_r}{r} + \frac{1}{r}\frac{\partial u_\theta}{\partial\theta} \approx \frac{u_r}{r} \qquad (2.11)$$

전단변형률(반경길이의 회전각)은 u_r로 인한 변형률과 u_θ로 인한 변형률이 기여하므로

$$\gamma_\theta = \left(\gamma_\theta\right)_{u_r} + \left(\gamma_\theta\right)_{u_\theta} = \frac{(\partial u_r/\partial\theta)d\theta}{rd\theta} + \left(\frac{\partial u_\theta}{\partial r} - \frac{u_\theta}{r}\right) = \frac{\partial u_\theta}{\partial r} + \frac{1}{r}\frac{\partial u_r}{\partial\theta} - \frac{u_\theta}{r} \qquad (2.12)$$

직교좌표계의 적합방정식을 극좌표계에서 변형률 및 응력의 함수로 나타내면 다음과 같다.

$$\frac{\partial^2 \epsilon_\theta}{\partial r^2} + \frac{1}{r^2}\frac{\partial^2 \epsilon_r}{\partial \theta^2} + \frac{2}{r}\frac{\partial \epsilon_\theta}{\partial r} - \frac{1}{r}\frac{\partial \epsilon_r}{\partial r} = \frac{1}{r}\frac{\partial^2 \gamma_{r\theta}}{\partial r \partial \theta} + \frac{1}{r^2}\frac{\partial \gamma_{r\theta}}{\partial \theta} \qquad (2.13)$$

$$\frac{\partial^2 (\sigma_r + \sigma_\theta)}{\partial r^2} + \frac{1}{r}\frac{\partial (\sigma_r + \sigma_\theta)}{\partial r} = 0 \qquad (2.14)$$

C. 축대칭조건(axi-symmetric condition)의 응력-변형률 관계 : Hooke's Law 이용

$\epsilon_l \approx 0$ 이면, $\sigma_r = \dfrac{E}{1-\nu^2}\left(\epsilon_r + \nu\epsilon_\theta\right)$, $\epsilon_r = \dfrac{1}{E}\{\sigma_r - \nu(\sigma_\theta + \sigma_l)\} = \dfrac{1+\nu}{E}\{(1-\nu)\sigma_r - \nu\sigma_\theta\}$

$\qquad\qquad \sigma_\theta = \dfrac{E}{1-\nu^2}\left(\nu\epsilon_r + \epsilon_\theta\right)$, $\epsilon_\theta = \dfrac{1+\nu}{E}\{(1-\nu)\sigma_\theta - \nu\sigma_r\}$, $\sigma_l = \nu(\sigma_r + \sigma_\theta)$ (2.15)

$\sigma_l \approx 0$ 이면, $\sigma_r = \dfrac{E}{1-\nu^2}\left(\epsilon_r + \nu\epsilon_\theta\right)$, $\epsilon_r = \dfrac{1}{E}\left(\sigma_r - \nu\sigma_\theta\right)$

$\qquad\qquad \sigma_\theta = \dfrac{E}{1-\nu^2}\left(\nu\epsilon_r + \epsilon_\theta\right)$, $\epsilon_\theta = \dfrac{1}{E}\left(\sigma_\theta - \nu\sigma_r\right)$

$\tau_{r\theta} = G\gamma_{r\theta}$, $\gamma_{r\theta} = \dfrac{1}{G}\tau_{r\theta}$

2.2.3 등방응력조건의 터널 주변 지반거동

두꺼운 원통이론 thick-walled cylinder theory

원통 두께(t)가 **내측 반경의 10분의 1 이상**($t \geq 0.1 r_o$)인 경우, 원통의 두께(t)에 따른 응력의 변화를 고려하는 두꺼운 원통이론을 이용하여 **터널 주변의 지반거동을 유추**할 수 있다. G. Lame가 최초로 이론해를 유도하였다.

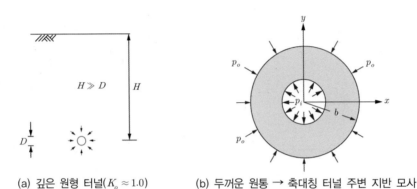

(a) 깊은 원형 터널($K_o \approx 1.0$)   (b) 두꺼운 원통 → 축대칭 터널 주변 지반 모사

그림 2.13 두꺼운 원통이론과 터널 주변 지반거동의 유추

두꺼운 원통의 응력거동 stress solutions

내경과 외경이 각각 r_o, b인 두꺼운 원통이 등방의 내·외압 p_i 및 p_o를 받는 경우, 변형은 축대칭으로 일어날 것이다. **축대칭 평면변형조건**을 가정($\epsilon_l = 0$)하면, $r_o \leq r \leq b$ 구간에서(Box 2.2 참조)

반경 및 접선방향 응력, $\quad \sigma_r = \dfrac{E}{1-\nu^2}\left(\epsilon_r + \nu\epsilon_\theta\right) \quad$ 및 $\quad \sigma_\theta = \dfrac{E}{1-\nu^2}\left(\nu\epsilon_r + \epsilon_\theta\right)$ (2.16)

r-방향 평형방정식, $\quad \dfrac{d\sigma_r}{dr} + \dfrac{\sigma_r - \sigma_\theta}{r} = 0$ (2.17)

식(2.17)에 (2.16)을 대입하여 변형률 식으로 나타내고, $\epsilon_r = \partial u_r / \partial r$, $\epsilon_\theta = u_r / r$을 대입하면

$$\frac{d^2 u_r}{dr^2} + \frac{1}{r}\frac{du_r}{dr} - \frac{u_r}{r^2} = 0$$ (2.18)

위 미분방정식의 해는 다음의 형태로 가정할 수 있다.

$$u_r = c_1 r + \frac{c_2}{r}$$ (2.19)

식(2.19)를 다시 Box 2.2의 변형률 식(2.10) 및 (2.11)에 대입하여 응력식으로 다시 전개하면

$$\sigma_r = \frac{E}{1-\nu^2}(\epsilon_r + \nu\epsilon_\theta) = \frac{E}{1-\nu^2}\left[c_1(1+\nu) - c_2\left(\frac{1-\nu}{r^2}\right)\right] \tag{2.20}$$

$$\sigma_\theta = \frac{E}{1-\nu^2}(\epsilon_\theta + \nu\epsilon_r) = \frac{E}{1-\nu^2}\left[c_1(1+\nu) + c_2\left(\frac{1-\nu}{r^2}\right)\right] \tag{2.21}$$

$r = r_o$에서 $\sigma_r = p_i$, 그리고 $r = b$에서 $\sigma_r = p_o$인 경계조건을 이용하면, 상수 c_1, c_2를 결정할 수 있다. 상수 c_1, c_2를 식(2.20) 및 (2.21)에 대입하면, 두꺼운 원통 단면의 응력은 다음과 같다.

$$\sigma_r = -\frac{p_i r_o^2 - p_o b^2}{b^2 - r_o^2} + \left(\frac{p_i - p_o}{b^2 - r_o^2}\right)\frac{r_o^2 b^2}{r^2} \tag{2.22}$$

$$\sigma_\theta = -\frac{p_i r_o^2 - p_o b^2}{b^2 - r_o^2} - \left(\frac{p_i - p_o}{b^2 - r_o^2}\right)\frac{r_o^2 b^2}{r^2} \tag{2.23}$$

무한두께의 원통. 원통두께가 무한한 경우($b \to \infty$), 원통 주변의 응력은 다음과 같다.

$$\sigma_r = p_o + (p_i - p_o)\left(\frac{r_o^2}{r^2}\right) \tag{2.24}$$

$$\sigma_\theta = p_o - (p_i - p_o)\left(\frac{r_o^2}{r^2}\right) \tag{2.25}$$

무한두께 원통의 원통 내면($r = r_o$)의 응력은 각각 다음과 같다.

$$\sigma_{ro} = p_i$$
$$\sigma_{\theta o} = 2p_o - p_i \tag{2.26}$$
$$\tau_{r\theta o} = 0$$

원통 내면($r = r_o$)에서, 전단응력 $\tau_{r\theta} \approx 0$, σ_θ와 σ_r는 각각 **최대**($\sigma_\theta = \sigma_1$), **최소**($\sigma_r = \sigma_3$) **주응력**이다. 반면, 원통의 외곽경계가 충분히 먼 거리($r \to \infty$)면, $\sigma_r = \sigma_\theta = p_o$. 즉, 원래의 등방응력 상태가 된다. 그림 2.14에 원통 단면 내 응력분포를 예시하였다. $p_i = 0$이고, $p_o = \gamma H$이면, $\sigma_{\theta o} = \sigma_1 = 2\gamma H$이다.

원통의 축방향 응력 σ_l은 평면변형률 조건($\epsilon_l \approx 0$)으로부터 다음과 같이 계산된다.

$$\sigma_l = \nu(\sigma_r + \sigma_\theta) = 2\nu p_o \tag{2.27}$$

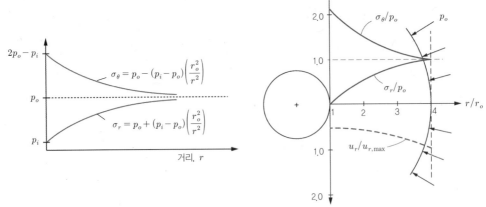

(a) 무한두께 원통의 탄성 응력해   (b) 외압만 있는 경우 정규화 거동

그림 2.14 두꺼운 원통의 거동해

두꺼운 원통의 변형거동 displacement solutions

반경 및 접선변형률 ϵ_r 및 ϵ_θ는 식(2.22) 및 (2.23)을 이용하면(ϵ_o는 p_o에 대응하는 값)

$$\epsilon_r = \epsilon_o + \Delta\epsilon = \frac{1+\nu}{E}\left\{(1-\nu)\sigma_r - \nu\sigma_\theta\right\} = \frac{1+\nu}{E}\left\{-\frac{p_i r_o^2 - p_o b^2}{b^2 - r_o^2}(1-2\nu) + \frac{p_i - p_o}{b^2 - r_o^2}\frac{r_o^2 b^2}{r^2}\right\} \tag{2.28}$$

$$\epsilon_\theta = \epsilon_o + \Delta\epsilon = \frac{1+\nu}{E}\left\{(1-\nu)\sigma_\theta - \nu\sigma_r\right\} = \frac{1+\nu}{E}\left\{-\frac{p_i r_o^2 - p_o b^2}{b^2 - r_o^2}(1-2\nu) - \frac{p_i - p_o}{b^2 - r_o^2}\frac{r_o^2 b^2}{r^2}\right\} \tag{2.29}$$

무한두께 원통. $(b\to\infty)$의 경우, 변형률은

$$\epsilon_r = \epsilon_o + \Delta\epsilon = \frac{1+\nu}{E}\left\{p_o(1-2\nu) + (p_i - p_o)\left(\frac{r_o}{r}\right)^2\right\} \tag{2.30}$$

$$\epsilon_\theta = \epsilon_o + \Delta\epsilon = \frac{1+\nu}{E}\left\{p_o(1-2\nu) - (p_i - p_o)\left(\frac{r_o}{r}\right)^2\right\} \tag{2.31}$$

정지지중응력 조건은 $\epsilon_o = 0$. 변형은 변형률 적분($\int \Delta\epsilon\, dr$)이므로, 식(2.10)의 $\Delta\epsilon = u_r/r$를 이용하면,

$$u_r = \frac{1+\nu}{E}(p_o - p_i)\frac{r_o^2}{r} \tag{2.32}$$

원통 내면($r = r_o$)에서, 내공변위(u_{ro})는 터널 중심을 향하며, 다음의 크기로 발생한다.

$$u_{ro} = -\frac{1+\nu}{E}r_o(p_o - p_i) = -\frac{1}{2G}r_o(p_o - p_i) \tag{2.33}$$

외압만 있는 경우. $p_o \neq 0$, $p_i = 0$ 조건을 대입하면, 응력과 변위는($r_o \leq r \leq b$).

$$\sigma_r = \frac{b^2 p_o}{b^2 - r_o^2}\left(1 - \frac{r_o^2}{r^2}\right) \; ; \qquad \sigma_\theta = \frac{b^2 p_o}{b^2 - r_o^2}\left(1 + \frac{r_o^2}{r^2}\right) \tag{2.34}$$

$$u_r = -\frac{b^2 p_o r}{E(b^2 - r_o^2)}\left[(1-\nu) + (1+\nu)\left(\frac{r_o^2}{r^2}\right)\right] = -\frac{b^2 p_o r}{b^2 - r_o^2}\left[\frac{(1-\nu)}{E} + \frac{1}{2G}\left(\frac{r_o^2}{r^2}\right)\right] \tag{2.35}$$

여기서, $E = 2(1+\nu)G$이다. 그림 2.14(b)에 굴착면에서 거리에 따른 응력과 변형을 각각 p_o와 $u_{r,max}$로 정규화하여 나타내었다. **외압이 터널에 미치는 유의미한 영향범위는 응력기준으로 굴착경계면으로부터 반경의 약 4배 수준임**을 알 수 있다.

터널 주변 지반거동 유추

얇은 원통이론과 마찬가지로, 두꺼운 원통의 내압 p_i가 p_o에서 0으로 변화한다고 가정하면, 이는 굴착진행에 따른 굴착경계면 지압감소거동과 유사하다. 즉, 내압 p_i는 굴착경계면에서 굴착 전 p_o상태로 평형을 이루고 있다가 굴착진행에 따라 굴착과 함께 최대 '0'까지 감소하므로 이를 **지압변화(p_i)**로 볼 수 있다. 따라서 두꺼운 원통이론해인 식(2.33)은 **지반의 지압변화(p_i)와 터널 굴착면 변형(u_{ro})의 관계**라 할 수 있으며, 다음과 같이 정리할 수 있다.

$$p_i = -\frac{E_g}{(1+\nu_g)r_o}u_{ro} + p_o = -\frac{2G_g}{r_o}u_{ro} + p_o \tag{2.36}$$

E_g, ν_g는 터널 주변 지반의 탄성상수이며, 전단탄성계수는 $G_g = E_g / \{2(1+\nu_g)\}$를 이용하여 나타낼 수도 있다. $u_{ro} - p_i$ 관계를 그래프로 나타내면 그림 2.15와 같다.

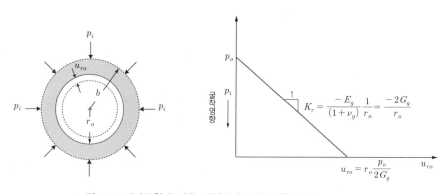

그림 2.15 터널굴착에 따른 지압변화 – 내공변형 관계 : $p_i - u_{ro}$

2.3 이방응력조건 터널의 탄소성거동 : 평판 내 공동이론

원통이론은 응력상태와 거동특성을 등방응력과 탄성으로 가정하였다. 하지만 실제 지반은 대부분 이방성 응력조건이며, 터널 주변 지반은 탄소성거동을 한다. 평판 내 공동(cavity, hole)이론을 이용하면 실제 지반의 이방성 응력 상태와 지반의 탄소성 응력-변형거동을 고려할 수 있다.

2.3.1 평판 내 공동이론 theory of plate with circular hole

실험에 따르면, 수직응력(σ_o)만 작용하는 공동이 없는 평판 내 응력분포 함수(Airy Stress Function, $\Phi = f(\sigma)$), Φ는 극좌표계에서, $\Phi = \sigma_o r^2 (1 - \cos 2\theta)/4$로 나타낼 수 있다(이 경우, 평판응력문제의 응력해는 $\sigma_r = \sigma_o (1 + \cos 2\theta)/2$, $\sigma_\theta = \sigma_o (1 - \cos 2\theta)/2$, $\tau_{r\theta} = \sigma_o/2$)(지반역공학 I 참조).

Kirsh(1898)는 Airy의 응력함수가 $\cos 2\theta$항으로 표현되는 사실에 착안하여, 반경 r_o의 **원형 공동이 있는 평판의 응력장**을 만족하는 Airy Stress Function을 다음과 같이 가정하였다.

$$\Phi' = (c_1 r^2 \ln r + c_2 r^2 + c_3 \ln r + c_4) + \left(c_5 r^2 + c_6 r^4 + \frac{c_7}{r^2} + c_8 \right) \cos 2\theta \tag{2.37}$$

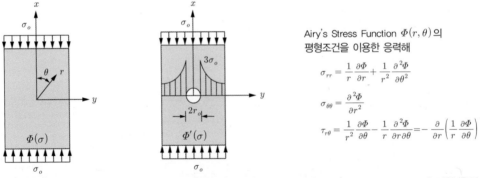

(a) 평판응력문제   (b) 공동(hole)이 있는 평판문제   (c) Airy's Stress Function에 의한 응력조건

그림 2.16 일축 응력조건의 평판 내 공동 주변 응력

식(2.37)을 그림 2.16(c) 응력식으로 전개하면, 공동 주변응력은 다음과 같이 얻어진다.

$$\sigma_r = c_1 (1 + 2\ln r) + 2c_2 + \frac{c_3}{r^2} - \left(2c_5 + \frac{6c_7}{r^4} + \frac{4c_8}{r^2} \right) \cos 2\theta \tag{2.38}$$

$$\sigma_\theta = c_1 (3 + 2\ln r) + 2c_2 - \frac{c_3}{r^2} + \left(2c_5 + 12c_6 r^2 + \frac{6c_7}{r^4} + \frac{4c_8}{r^2} \right) \cos 2\theta \tag{2.39}$$

$$\tau_{r\theta} = \left(2c_5 + 6c_6r^2 - \frac{6c_7}{r^4} - \frac{2c_8}{r^2}\right)\sin 2\theta \tag{2.40}$$

여기서, c_4는 미분과정에서 소거되었다. 따라서 경계조건(boundary conditions)으로 구할 미지수는 7개이다. 각 경계조건($r \to \infty$, $r = r_o$)에 대한 σ_r, σ_θ, $\tau_{r\theta}$와 Airy's Stress Function으로 구한 σ_r, σ_θ, $\tau_{r\theta}$를 비교하면, 상수 $c_1 \sim c_8$을 결정할 수 있다.

① $r \to \infty$ 인 조건에 대하여

　굴착면에서 충분히 먼 거리($r \to \infty$)에서 각 응력들이 유한값을 가지기 위해서는 $\ln r$항과 $r^n(n>0)$ 항은 '0'이 되어야 하므로, $c_1 = c_6 = 0$.

　또, $\sigma_r = 2c_2 - 2c_5\cos 2\theta = \dfrac{1}{2}\sigma_o(1+\cos 2\theta)$ 이므로, $\sigma_o = 4c_2$ 및 $\sigma_o = -4c_5$.

② $r = a$ 인 조건에 대하여

　$\sigma_r = \tau_{r\theta} = 0$ 이므로, $\sigma_r = 2c_2 + \dfrac{c_3}{r_o^2} - \left(2c_5 + \dfrac{6c_7}{r_o^4} + \dfrac{4c_8}{r_o^2}\right)\cos 2\theta = 0$ 이다.

　따라서 $2c_2 + \dfrac{c_3}{r_o^2} = 0$ 및 $2c_5 + \dfrac{6c_7}{r_o^4} + \dfrac{4c_8}{r_o^2} = 0$ 이 성립하여야 한다. 또한 전단응력은,

$$\tau_{r\theta} = \left(2c_5 - \frac{6c_7}{r_o^4} - \frac{2c_8}{r_o^2}\right)\sin 2\theta = 0$$

　위 식으로부터, $2c_5 - \dfrac{6c_7}{r_o^4} - \dfrac{2c_8}{r_o^2} = 0$ 이 성립. 이 조건들을 연립하여 풀면, 상수 $c_1 \sim c_8$은 각각, $c_1 = c_6 = 0$,

$c_2 = \dfrac{\sigma_o}{4}$, $c_3 = -\dfrac{r_o^2 \sigma_o}{2}$, $c_5 = -\dfrac{\sigma_o}{4}$, $c_7 = -\dfrac{r_o^2 \sigma_o}{4}$, $c_8 = \dfrac{a^2 \sigma_o}{2}$ 로 구해진다.

　따라서 공동 주변의 응력은 다음과 같이 표현된다.

$$\sigma_r = \frac{1}{2}\sigma_o\left\{\left(1 - \frac{r_o^2}{r^2}\right) + \left(1 + \frac{3r_o^4}{r^4} - \frac{4r_o^2}{r^2}\right)\cos 2\theta\right\} \tag{2.41}$$

$$\sigma_\theta = \frac{1}{2}\sigma_o\left\{\left(1 + \frac{r_o^2}{r^2}\right) - \left(1 + \frac{3r_o^4}{r^4}\right)\cos 2\theta\right\} \tag{2.42}$$

$$\tau_{r\theta} = -\frac{1}{2}\sigma_o\left(1 - \frac{3r_o^4}{r^4} + \frac{2r_o^2}{r^2}\right)\sin 2\theta \tag{2.43}$$

2.3.2 탄성지반 내 원형터널

수평지반 내 터널에 작용하는 지반응력은 그림 2.17과 같이 직교이방성으로 가정할 수 있다. 평판이론을
적용하기 위하여 먼저, 무지보 굴착($p_i = 0$) 조건부터 살펴보자.

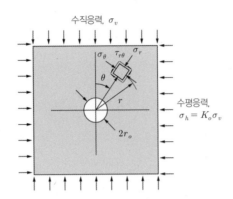

그림 2.17 터널의 직교이방성 지중응력조건

무지보 터널 unsupported tunnels, unlined tunnels

터널 주변 지반의 응력(stress solutions). 2축 응력상태의 해는 각각 수직응력(σ_v)과 수평응력(σ_h)이 작용하
는 2개의 평판문제의 해를 탄성 중첩(elastic superposition)함으로써 얻을 수 있다. 즉, 수직 및 수평응력에
대하여 식(2.41), (2.42) 및 (2.43)으로 주어지는 두 응력해를 그림 2.18과 같이 중첩하면, 직교 이방응력조건
터널의 응력해가 얻어지는데, 이를 '**Kirsh의 해**'라 한다.

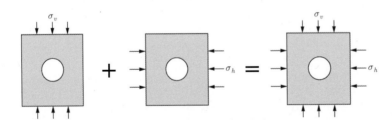

그림 2.18 응력의 중첩원리

$$\sigma_r = \frac{1}{2}\left[(\sigma_h + \sigma_v)\left(1 - \frac{r_o^2}{r^2}\right) + (\sigma_h - \sigma_v)\left\{\left(1 + \frac{3r_o^4}{r^4} - \frac{4r_o^2}{r^2}\right)\cos 2\theta\right\}\right] \tag{2.44}$$

$$\sigma_\theta = \frac{1}{2}\left[(\sigma_h + \sigma_v)\left(1 + \frac{r_o^2}{r^2}\right) - (\sigma_h - \sigma_v)\left(1 + \frac{3r_o^4}{r^4}\right)\cos 2\theta\right] \tag{2.45}$$

$$\tau_{r\theta} = -\frac{1}{2}(\sigma_h - \sigma_v)\left(1 - \frac{3r_o^4}{r^4} + \frac{2r_o^2}{r^2}\right)\sin 2\theta \tag{2.46}$$

NB : 평판응력문제의 등방조건($\sigma_v = \sigma_h = \sigma_o$) 해는 축대칭 등방응력조건의 해와 동일하다.

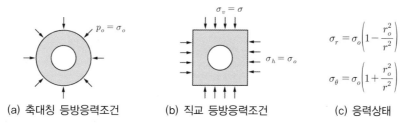

(a) 축대칭 등방응력조건　　(b) 직교 등방응력조건　　(c) 응력상태

그림 2.19 등방응력조건과 직교 등방응력조건

굴착경계면($r = r_o$)에서, $\tau_{r\theta} \approx 0$, $\sigma_{\theta o} = \sigma_1$ 및 $\sigma_{ro} = \sigma_3 = 0$이며, 접선응력($\sigma_{\theta o}$)은 다음과 같다.

$$\sigma_{\theta o} = \{\sigma_v + \sigma_h - (2\sigma_v - 2\sigma_h)\cos 2\theta\} = (1 - 2\cos 2\theta)\sigma_v + (1 + 2\cos 2\theta)\sigma_h \tag{2.47}$$

터널 천장 및 바닥에서 각각 $\theta = 0°$, $180°$이므로, $\sigma_r = 0$

$$\sigma_{\theta o} = 3\sigma_h - \sigma_v \tag{2.48}$$

터널 측벽은 $\theta = 90°$ 및 $270°$이므로, $\sigma_r = 0$

$$\sigma_{\theta o} = 3\sigma_v - \sigma_h \tag{2.49}$$

NB : 등방응력조건과 직교 이방성응력조건의 주응력, $p_i = 0$인 경우
　　　터널 굴착 경계면에서 주응력은 $\sigma_1 = \sigma_\theta$, $\sigma_3 = \sigma_r = 0$이다. 천장부의 주응력 상태는
　　　등방응력조건, $\sigma_1 = \sigma_\theta = 2p_o$
　　　이방응력조건, $\sigma_1 = \sigma_\theta = 3\sigma_h - \sigma_v$
　　　만일, $p_o = \sigma_v = \sigma_h = \sigma_o$이면(즉, $k_o = 1.0$), 두 식은 모두 $\sigma_1 = \sigma_\theta = 2\sigma_o$ $\hfill$(2.50)

굴착 경계면 인장응력 조건. 지반은 인장에 거의 저항하지 못하므로 인장조건이 되면 균열발생 가능성이 있다. 식(2.48) 및 (2.49)와 $\sigma_h = K_o \sigma_v$를 이용하여 굴착면의 응력비($\sigma_{\theta o}/\sigma_v$) $- K_o$ 관계를 유도하면, 각각 천장과 측벽의 응력조건은

$$\text{터널 천장에서,}\quad \frac{\sigma_{\theta o}}{\sigma_v} = 3K_o - 1 \tag{2.51}$$

$$\text{터널 측벽에서,}\quad \frac{\sigma_{\theta o}}{\sigma_v} = 3 - K_o \tag{2.52}$$

그림 2.20(a)는 위 식을 그래프로 도시한 것이다. 나타난 응력($\sigma_{\theta o}/\sigma_v$)이 '음(-)'인 경우는 **인장상태**를 의미한다. 그림 2.20(b)에서 $K_o < 1/3$이면 터널 천장 및 바닥에서, $K_o > 3$이면, 측벽에서 인장($\sigma_{\theta o}/\sigma_v < 0$) 응력이 발생할 수 있다.

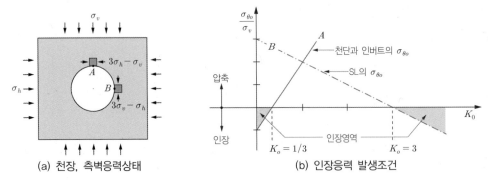

| (a) 천장, 측벽응력상태 | (b) 인장응력 발생조건 |

그림 2.20 원형 터널의 굴착면에서 (접선응력/초기연직응력)−K_o 관계

예제 탄성 암반터널의 천단 및 인버트에서 인장응력이 발생하는 포아슨 비 조건을 알아보자.

풀이 지반이 인장을 받을 수 있다는 전제하에, 접선방향의 응력 σ_θ를 계산하면

$$\sigma_{\theta o} = -\frac{\sigma_v}{2}\{2(1+K_o)-4(1-K_o)\} = -\sigma_v(3K_o-1)$$

여기에서 접선응력이 인장상태가 되기 위해서는 $(3K_o-1) < 0$이어야 하므로 $K_o < 1/3$이면 터널천장과 바닥에서 인장응력이 발생한다. 탄성조건에서 $K_o = (1-\nu)/\nu$이므로 $\nu \le 0.25$이면 인장응력이 발생한다(eg: 화강암의 경우, $\nu = 0.15 \sim 0.34$). 인장균열은 전단 파괴면과 연결되지 않는 경우 안정에 심각한 영향을 미치지 않는다(인장 균열부를 미리 확대굴착하여 대응할 수 있다).

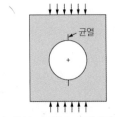

| (a) 암석 내 공동 수직재하시험 | (b) 실제 터널 인장균열 발생 범위 |

그림 2.21 인장 영역 발생 예

굴착 주변지반의 변형해(displacement solutions). 변형은 변형률을 적분하여 구할 수 있다. Hooke의 법칙으로부터, $\sigma_l = \nu(\sigma_r + \sigma_\theta)$이므로

$$\epsilon_r = \frac{1}{E}\{\sigma_r - \nu(\sigma_\theta + \sigma_l)\} = \frac{1}{E}(\sigma_r - \nu\sigma_\theta - \nu^2\sigma_r - \nu^2\sigma_\theta) = \frac{1+\nu}{E}\{(1-\nu)\sigma_r - \nu\sigma_\theta\}$$

$$\epsilon_\theta = \frac{1+\nu}{E}\{(1-\nu)\sigma_\theta - \nu\sigma_r\}$$

(2.53)

반경방향(radial direction) 변형은

$$u_r = \int_{r_o}^{\infty} \epsilon_r dr = -\frac{1}{E}\int_{r_o}^{\infty}\{\sigma_r - \nu(\sigma_\theta + \sigma_l)\}dr = \frac{1+\nu}{E}\int_{r_o}^{\infty}\{(1-\nu)\sigma_r - \nu\sigma_\theta\}dr$$

$$= \frac{(1+\nu)}{E}\frac{(\sigma_v + \sigma_h)}{2}\frac{r_o^2}{r} + \frac{\sigma_v - \sigma_h}{2}\frac{r_o^2}{r}\frac{(1+\nu)}{E}\left\{4(1-\nu) - \frac{r_o^2}{r^2}\right\}\cos 2\theta \qquad (2.54)$$

식(2.44) 및 (2.45)의 σ_r, σ_θ을 대입하여, 위 식을 적분하면, $r = r_o$에서 반경방향 변형 u_{ro}은 다음과 같다.

$$u_{ro} = \frac{r_o}{2}\left\{(\sigma_v + \sigma_h)\frac{(1+\nu)}{E} + (\sigma_v - \sigma_h)\frac{(1+\nu)(3+4\nu)}{E}\cos 2\theta\right\} \qquad (2.55)$$

지보재가 설치되는 터널 supported tunnels, lined tunnels

굴착지반의 응력거동(stress solutions). 굴착과 함께 지보재(support, 라이닝)가 설치되는 경우, 지보의 영향은 그림 2.22와 같이, 지보재가 터널 굴착 전부터 존재하는 것으로 가정하여, 등방의 내압, p_i으로 모사한다.

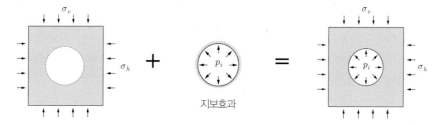

그림 2.22 지보재(라이닝) 설치의 모델링(등방내압 p_i 도입)

터널 굴착면에 라이닝이 설치되어 내압(p_i)으로 저항하는 경우 응력의 경계조건은 $r = r_o$에서, $\sigma_{ro} = p_i$이다. 이를 식(2.44) 및 (2.45)에 적용하면, 식(2.56) 및 (2.57)은 다음과 같이 표현된다.

$$\sigma_r = \frac{1}{2}\left[(\sigma_h + \sigma_v)\left(1 - \frac{r_o^2}{r^2}\right) + (\sigma_h - \sigma_v)\left(1 + \frac{3r_o^4}{r^4} - \frac{4r_o^2}{r^2}\right)\cos 2\theta\right] + p_i\left(\frac{r_o^2}{r^2}\right) \qquad (2.56)$$

$$\sigma_\theta = \frac{1}{2}\left[(\sigma_h + \sigma_v)\left(1 + \frac{r_o^2}{r^2}\right) - (\sigma_h - \sigma_v)\left(1 + \frac{3r_o^4}{r^4}\right)\cos 2\theta\right] - p_i\left(\frac{r_o^2}{r^2}\right) \qquad (2.57)$$

등방응력조건이면, $\sigma_v = \sigma_h = \sigma_o$이므로

$$\sigma_r = \sigma_o\left(1 - \frac{r_o^2}{r^2}\right) + p_i\left(\frac{r_o^2}{r^2}\right) \quad ; \qquad \sigma_\theta = \sigma_o\left(1 + \frac{r_o^2}{r^2}\right) - p_i\left(\frac{r_o^2}{r^2}\right) \qquad (2.58)$$

예제 아래 터널에 대하여 지반을 탄성, $K_o = 1.0$으로 가정$(\sigma_o = \sigma_v = \sigma_h)$하여 지중응력의 20%를 지보재가 받는다고 할 때$(p_i = 0.2\sigma_v)$, Kirsh 식을 이용하여 터널 스프링라인 위치에서 반경거리에 따른 σ_r과 σ_θ를 식과 그래프로 나타내보자.

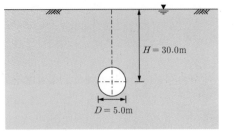

$\gamma_t = 1.8 t/\mathrm{m}^3$

$p_i = 0.2 \times \sigma_v = 10.8 t/\mathrm{m}^2$

$\phi = 25°$

풀이 $\sigma_o = 1.8 \times 30 t/m^2 = 54 t/m^2$

$$\sigma_r = \sigma_o + (p_i - \sigma_o)\left(\frac{r_o^2}{r^2}\right)$$

$$\sigma_{ro} = 54 + (10.8 - 54) \times 1 = 10.8 t/\mathrm{m}^2$$

$$\sigma_\theta = \sigma_o - (p_i - \sigma_o)\left(\frac{r_o^2}{r^2}\right)$$

$$\sigma_{\theta o} = 54 - (10.8 - 54) \times 1 = 97.2 t/\mathrm{m}^2$$

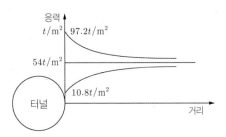

굴착 주변지반의 변형거동(displacement solutions). 식(2.53)의 변형률 식에 식(2.56)의 지보압 p_i를 고려한 응력을 대입하여, $r \to \infty$ 까지 적분함으로써 터널 반경방향 변형 u_r을 구할 수 있다.

$$u_r = \frac{1+\nu}{E}\left\{\frac{(\sigma_v + \sigma_h)}{2} - p_i\right\}\frac{r_o^2}{r} + \frac{1+\nu}{E}\frac{(\sigma_v - \sigma_h)}{2}\left\{-\frac{r_o^4}{r^3} + (1-\nu)\frac{4r_o^2}{r}\right\}\cos 2\theta \tag{2.59}$$

굴착경계$(r = r_o)$에서 내공변형 u_{ro}는

$$u_{ro} = \frac{r_o}{2}\left\{(\sigma_v + \sigma_h - p_i)\frac{(1+\nu)}{E} + (\sigma_v - \sigma_h)\frac{(1+\nu)(3+4\nu)}{E}\cos 2\theta\right\} \tag{2.60}$$

내공변위는 위치에 따라 다르다. 천단$(\theta = 0°)$, 바닥$(\theta = 180°)$ 그리고 측벽$(\theta = 90°, 270°)$의 평균 내공변위 $u_{ro,m}$는 $\sigma_v = \sigma_o$, $\sigma_h = K_o\sigma_o$ 조건에 대하여 다음과 같이 나타낼 수 있다.

$$u_{ro,m} = \frac{1+\nu}{2E}\left\{(1+K_o)\sigma_o - 2p_i\right\}r_o \tag{2.61}$$

$p_i = 0$인 경우, $u_{ro,m} = \frac{1+\nu}{2E}(1+K_o)r_o\sigma_o$ \tag{2.62}

2.3.3 탄소성지반 내 원형터널

터널을 굴착하면 굴착면에서 터널 반경방향의 지중응력이 해제(release)되면서 굴착면 내측으로 변형이 발생하며, 구속효과에 의해 접선응력(σ_θ)이 증가하며 최대 주응력이 된다. 최대주응력인 접선응력이 **지반의 항복응력에 도달하면 소성변형이 시작**된다. 소성변형은 굴착 경계면으로부터 시작되며, 굴착유발응력이 항복강도보다 낮아질 때까지 지속된다.

터널굴착으로 인해 소성변형이, 반경 $r = r_e$까지 진전되었다면, 소성영역($r_o \leq r \leq r_e$)에서는 앞 절에서 고찰한 탄성거동이 더 이상 성립하지 않는다. 소성영역은 굴착영향에 의해 지반응력이 항복응력에 도달한 영역(예, 점착력 손실)이다. 그림 2.23은 지반의 탄소성거동과 등방응력조건에서 터널 주변에 발생한 탄소성 영역을 예시한 것이다(p_o:축대칭 등방응력, σ_o:직교 등방응력).

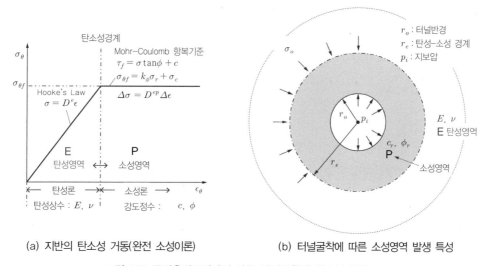

(a) 지반의 탄소성 거동(완전 소성이론)   (b) 터널굴착에 따른 소성영역 발생 특성

그림 2.23 등방응력조건에서 따른 터널굴착에 탄소성 영역

굴착에 따른 응력증가로 터널 굴착경계면 주변에 소성영역(P)이 초래되며, 굴착 진행에 따라 소성영역이 확대되어, 응력이 탄성한도와 같아지는 거리(r_e)까지 진전된다. 소성거동의 외곽은 탄성영역(E)이다.

소성영역 내의 응력, 변형률 및 변형은 항복함수, 파괴규준과 강도파라미터를 이용하는 소성론을 도입하여 파악할 수 있다. 거의 대부분의 터널 굴착면 주변에서 소성변형이 일어나므로 터널거동은 탄소성이론으로 다루는 것이 일반적이다.

터널 주변지반 응력거동 stress solutions

항복조건. 소성영역의 응력상태는 항복조건(파괴규준)으로 Mohr-Coulomb 모델 또는 Hoek-Brown 모델을 사용하여 파악할 수 있다. $\sigma_v = \sigma_h = \sigma_o$의 등방응력조건을 가정하면, **굴착경계에서 반경 방향 응력은 최소주응력($\sigma_3 = \sigma_r$)**이며, **굴착경계의 접선 방향 응력은 최대주응력($\sigma_1 = \sigma_\theta$)**이다.

터널 굴착경계 주변 소성영역의 물성이 ϕ, c, σ_c(일축압축강도)일 때, 소성응력상태를 Mohr-Coulomb (이하 MC, $\tau_f = (\sigma_{1f} - \sigma_3)/2$) 식을 이용하여 나타내면 다음과 같다(그림 2.24).

$$\sigma_{\theta f} = \frac{1+\sin\phi}{1-\sin\phi}\sigma_r + 2c\frac{\cos\phi}{1-\sin\phi} = k_\phi \sigma_r + \sigma_c \tag{2.63}$$

여기서, $k_\phi = \dfrac{1+\sin\phi}{1-\sin\phi} = \tan^2\left(\dfrac{\pi}{4} + \dfrac{\phi}{2}\right)$ 이며, 수동토압계수(k_p)와 같다.

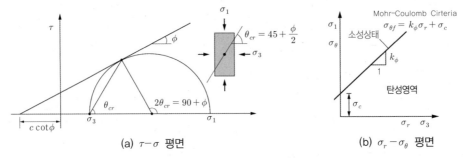

(a) $\tau - \sigma$ 평면　　　　　(b) $\sigma_r - \sigma_\theta$ 평면

그림 2.24 Mohr-Coulomb 모델의 주응력 표현($\theta_{cr} = 45 + \phi/2$)

소성영역 내 응력. 강도파라미터는 소성영역과 탄성영역을 구분해 적용할 수 있다. 일반적으로 굴착주변은 파쇄영역으로서 탄성영역의 강도정수 c, ϕ, σ_c 보다 낮은 값을 가지므로, 강도정수를 $c = c_r, \phi = \phi_r, \sigma_c = \sigma_{cr}$, $k_\phi = k_{\phi r}$ 로 구분할 수 있다. Box 2.2의 식(2.8)을 이용하면, 반경방향(r) 평형방정식은 다음과 같다.

$$\frac{d\sigma_r}{dr} + \frac{\sigma_r - \sigma_\theta}{r} = \frac{d\sigma_r}{dr} + \frac{\sigma_r(1-k_{\phi r}) - \sigma_{cr}}{r} = 0 \tag{2.64}$$

식(2.64)를 적분하여, $r = r_o$ 에서 $\sigma_r = p_i$ 인 경계 조건을 적용하면, 소성영역 내 응력은 다음과 같이 유도된다(파쇄대 일축압축강도, $\sigma_{cr} = 2c_r \cos\phi_r / (1-\sin\phi_r)$).

$$\sigma_r = (p_i + c_r \cot\phi_r)\left(\frac{r}{r_o}\right)^{k_{\phi r} - 1} - c_r \cot\phi_r \tag{2.65}$$

$$\sigma_\theta = k_{\phi r}(p_i + c_r \cot\phi_r)\left(\frac{r}{r_o}\right)^{k_{\phi r} - 1} - c_r \cot\phi_r \tag{2.66}$$

식(2.65) 및 (2.66)을 보면, 점착력이 터널주변 응력의 감소에 기여함을 알 수 있다. 따라서 만일, 내압이 없는 소성상태인데도 굴착면의 파괴가 일어나지 않은 경우라면, 점착력에 의한 유발응력 감소가 영향일 수도 있다. 굴착으로 교란된 터널 주변의 소성영역 내 점착력은, $c = c_r \approx 0$ 로 가정할 수 있으며, 이 경우 소성영역 내 응력은 다음과 같이 단순하게 표현된다.

$$\sigma_r = p_i \left(\frac{r}{r_o} \right)^{k_{\phi r} - 1}$$

$$\sigma_\theta = k_{\phi r} p_i \left(\frac{r}{r_o} \right)^{k_{\phi r} - 1} \tag{2.67}$$

식(2.67)을 보면 소성영역 내 응력은 초기응력(σ_o)과 무관함을 알 수 있다.

탄소성경계. 탄소성경계($r = r_e$)에서 $\sigma_r = \sigma_{re}$ 이라 하자. 소성영역의 반경방향 응력은 탄소성경계에서 다음과 같이 나타난다(식(2.65)의 첨자 r은 소성영역 내 지반 잔류(residual)물성을 의미).

$$\sigma_{re} = (p_i + c_r \cot\phi_r) \left(\frac{r_e}{r_o} \right)^{k_{\phi r} - 1} - c_r \cot\phi_r \tag{2.68}$$

탄성영역에서는 두꺼운 원통 이론해인 $\sigma_r = \sigma_o + (p_i - \sigma_o)(r_o^2/r^2)$ 및 $\sigma_\theta = \sigma_o - (p_i - \sigma_o)(r_o^2/r^2)$을 더하면, $\sigma_r + \sigma_\theta = 2\sigma_o$이 성립한다. 이에 탄소성경계($r = r_e$)에서도 다음 식이 성립할 것이다.

$$\sigma_{re} + \sigma_\theta = 2\sigma_o \tag{2.69}$$

응력의 연속성 조건에 따라, 탄성영역의 탄소성경계에서도 MC항복조건을 만족하여야 하므로,

$$\sigma_\theta = k_\phi \sigma_{re} + \sigma_c \tag{2.70}$$

여기서, ϕ, c는 탄성영역 지반의 강도파라미터이며, $k_\phi = (1 + \sin\phi)/(1 - \sin\phi)$, $\sigma_c = 2c\cos\phi/(1 - \sin\phi)$ 이다. 식(2.69) 및 (2.70)에서 σ_θ를 소거하여 정리하면

$$\sigma_{re} = \frac{1}{1 + k_\phi}(2\sigma_o - \sigma_c) = \sigma_o(1 - \sin\phi) - c\cos\phi \tag{2.71}$$

탄소성경계, $r = r_e$에서 식(2.68) 및 (2.71)은 반경방향 응력의 연속성을 만족하여야 하므로 등치하면,

$$(p_i + c_r \cot\phi_r) \left(\frac{r_e}{r_o} \right)^{k_{\phi r} - 1} - c_r \cot\phi_r = \sigma_o(1 - \sin\phi) - c\cos\phi \tag{2.72}$$

$$r_e = r_o \left\{ \frac{\sigma_o(1 - \sin\phi) - (c\cos\phi - c_r \cot\phi_r)}{p_i + c_r \cot\phi_r} \right\}^{\frac{1}{k_{\phi r} - 1}} \approx r_o \left\{ 2 \frac{\sigma_o(k_\phi - 1) + \sigma_c}{(1 + k_\phi)(k_\phi - 1)p_i + \sigma_c} \right\}^{\frac{1}{k_{\phi r} - 1}} \tag{2.73}$$

$$c_r \approx 0 \text{이면,} \quad r_e = r_o \left\{ \frac{2\sigma_o - \sigma_c}{(1 + k_\phi)p_i} \right\}^{\frac{1}{k_{\phi r} - 1}} \tag{2.74}$$

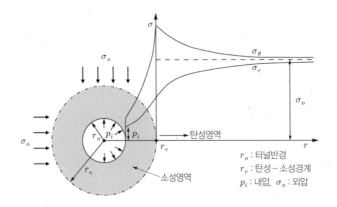

그림 2.25 탄소성지반에서 터널 주변의 지반응력분포

한계내압(지지압). 터널 지보재의 지지압 p_i 가 변형을 억제할 정도로 충분히 크다면 소성영역은 발생하지 않을 것이다. 굴착 유발응력이 항복응력에 도달할 때 소성영역이 시작되는데, 이때 항복응력 발생의 분기점이 되는 내압을 한계 지지압, p_{cr} 이라 한다. p_{cr} 은 굴착 주변 지반의 탄성한도와 같다. 소성영역은 $p_i < p_{cr}$ 인 경우에만 발생한다.

지보압이 한계 지지압 상태에 있다면 굴착경계면에서 $\sigma_1 = \sigma_\theta$, $\sigma_3 = \sigma_r = p_i = p_{cr}$ 이며, MC(Mohr-Coulomb) 항복조건, $\sigma_{\theta o} = k_\phi \sigma_r + \sigma_c = k_\phi p_{cr} + \sigma_c$ 을 만족한다. 두꺼운 원통이론에서, $b \rightarrow \infty$ 인 경우, $r = r_o$ 에서 $\sigma_{\theta o} = 2\sigma_o - p_i$ 이므로, $2\sigma_o - p_{cr} = k_\phi \sigma_o + \sigma_c$ 이다. 따라서 한계 지지압은 다음과 같이 표현된다.

$$p_{cr} = \frac{2\sigma_o - \sigma_c}{1 + k_\phi} \tag{2.75}$$

탄성영역 내 응력. 식(2.58) 및 (2.69)에서 $r > r_e$ 에 대하여 탄소성경계에서 내압은 한계 지지압과 같으므로 $p_i = p_{cr}$ 임을 고려하면, 다음과 같이 탄성구간 내 응력을 얻을 수 있다.

$$\sigma_r = \sigma_o \left(1 - \frac{r_e^2}{r^2}\right) + p_{cr}\left(\frac{r_e}{r}\right)^2$$

$$\sigma_\theta = \sigma_o \left(1 + \frac{r_e^2}{r^2}\right) - p_{cr}\left(\frac{r_e}{r}\right)^2 \tag{2.76}$$

그림 2.26에 MC모델을 이용한 탄소성영역의 응력상태를 정리하였다. 파쇄암의 점착력 c_r 은 무시할 만큼 작은 값을 나타내는 경우가 많으므로 흔히 $c_r \approx 0$ 로 가정한다.

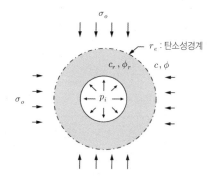

- 파쇄암의 파괴규준(소성영역 내 : $c_r \approx 0$, ϕ_r)

$$\sigma_\theta = \sigma_r \left(\frac{1 + \sin\phi_r}{1 - \sin\phi_r} \right) = k_{\phi r}\sigma_r, \ \sigma_{cr} \approx 0$$

- 무결암의 MC 파괴규준(탄성영역 내 : c, ϕ)

$$\sigma_\theta = \sigma_r \left(\frac{1 + \sin\phi}{1 - \sin\phi} \right) + \left(\frac{2c\cos\phi}{1 - \sin\phi} \right) = k_\phi \sigma_r + \sigma_c$$

$$k_\phi = \frac{1 + \sin\phi}{1 - \sin\phi} = \tan^2\left(\frac{\pi}{4} + \frac{\phi}{2} \right)$$

① 소성영역 응력($r \leq r_e$)   ② 탄성영역 내 응력($r \geq r_e$)   ③ 탄소성경계 $c_r \approx 0$, $\phi = \phi_r$

$$\sigma_r = p_i \left(\frac{r}{r_o} \right)^{k_{\phi r} - 1} \qquad \sigma_r = \sigma_o \left(1 - \frac{r_e^2}{r^2} \right) + p_{cr}\frac{r_e^2}{r^2} \qquad r_e = r_o \left[\frac{2\sigma_o - \sigma_c}{(1 + k_\phi)p_i} \right]^{\frac{1}{k_{\phi r} - 1}}$$

$$\sigma_\theta = k_{\phi r} p_i \left(\frac{r}{r_o} \right)^{k_{\phi r} - 1} \qquad \sigma_\theta = \sigma_o \left(1 + \frac{r_e^2}{r^2} \right) - p_{cr}\frac{r_e^2}{r^2}, \qquad p_{cr} = \frac{2\sigma_o - \sigma_c}{1 + k_\phi}, \ \sigma_c = \frac{2\,c\cos\phi}{1 - \sin\phi}$$

그림 2.26 탄소성 지반 내 터널굴착에 따른 응력해(MC모델)

예제 σ_o =30MPa, p_i =1MPa ϕ =30°, σ_c =10Mpa인 경우, 터널 주변 응력분포를 구해보자.

풀이 $c_r \approx 0.0$ 가정, 식(2.74)를 이용하면 $r_e \approx 3.5r_o$이며,

소성영역의 응력분포는(MPa) $\sigma_r = 1.0(r/r_o)^2$, $\sigma_\theta = 3.0(r/r_o)^2$

$k_\phi = 3.0$, $p_{cr} = (2 \times 30 - 10)/(1 + 3) = 12.5$Mpa

탄성영역의 응력분포(MPa)는 $\sigma_r = 30 - 17.5(r_e/r)^2$, $\sigma_\theta = 30 + 17.5(r_e/r)^2$

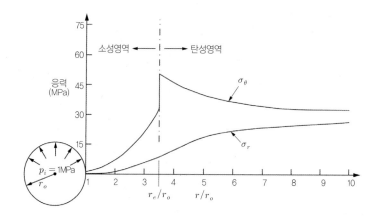

그림 2.27 터널 주변 지반의 탄소성거동과 응력분포(stress jumping이 나타남)

터널 주변지반 변형거동 displacement solutions

소성영역 내 거동예측을 위해서는 소성론에 대한 이해가 필요하다. 소성론은 탄소성경계를 정하는 항복함수(F), 소성 포텐셜(Q, plastic potential function), 그리고 경화법칙(hardening law) 등으로 구성된다. 소

성 영역에서 소성 변형률(ϵ^p)의 크기와 방향은 소성포텐셜을 이용하여, 다음과 같이 정의하며, 이를 소성 유동법칙(flow rule)이라 한다.

$$\epsilon^p = \lambda \frac{\partial Q}{\partial \sigma} \tag{2.77}$$

여기서 λ는 비례상수, 소성 포텐셜 Q는 응력의 함수이다. 소성 포텐셜은 소성 변형률 발생특성을 정의하기 위하여 도입한 응력함수로서 소성 변형률에 수직하다. Q를 항복함수 F와 같게 취하는 경우($Q = F$)를 연계 소성유동법칙(associated flow rule), 다른 경우($Q \neq F$)를 비연계 소성유동법칙(non-associated flow rule)이라 한다. 여기서는 연계 소성유동법칙을 가정한 Mohr-Coulomb (MC) 모델(완전 소성모델, perfectly plastic)을 이용한다. 식의 단순화를 위해 터널 근접부 파쇄대내 강도를 구분하지 않는다. 즉 $c_r = c$.

등방응력 σ_o 조건에 대하여 응력해로부터 얻은 탄소성경계(r_e)와 탄소성경계면 응력(σ_{re})을 다시 쓰면,

$$r_e = r_o \left\{ \frac{\sigma_o (1 - \sin\phi) - (c\cos\phi - c\cot\phi)}{p_i + c\cot\phi} \right\}^{\frac{1}{k_\phi - 1}} \tag{2.78}$$

$$\sigma_{re} = (p_i + c\cot\phi)\left(\frac{r_e}{r_o}\right)^{k_\phi - 1} - c\cot\phi \quad \text{또는} \quad \sigma_{re} = \sigma_o (1 - \sin\phi) - c\cos\phi \tag{2.79}$$

여기서, $k_\phi = (1 + \sin\phi)/(1 - \sin\phi)$. 탄소성경계에서의 변형($u_{re}$)은 반경 r_e 인 터널에 대하여 압력 σ_o 에 의한 탄성변형 u_{re}^e 와 탄소성경계응력 σ_{re} 으로 인한 소성변형 u_{re}^p 의 합으로 나타낼 수 있다.

$$u_{re} = u_{re}^e + u_{re}^p = \frac{(1 + \nu)(1 - 2\nu)}{E} \sigma_o r_e + \frac{(1 + \nu)}{E} r_e \frac{k_\phi - 1}{k_\phi + 1} \left(\sigma_o - \frac{\sigma_c}{k_\phi - 1} \right) r_e \tag{2.80}$$

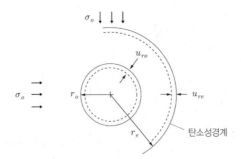

그림 2.28 탄소성경계 파라미터(등방응력조건)

연계 소성 유동법칙(associated flow rule)을 가정하면, $F = Q$이므로, 소성 포텐셜 함수는 다음과 같다.

$$Q = F = \sigma_\theta - k_\phi \sigma_r - \sigma_c = 0 \tag{2.81}$$

식(2.81)의 소성 포텐셜을 식(2.77)의 소성 유동법칙에 적용하면 변형률은 각각 다음과 같다.

$$\epsilon_r^p = \lambda \frac{\partial(\sigma_\theta - k_\phi \sigma_r - \sigma_c)}{\partial \sigma_r} = -k_\phi \lambda, \quad \epsilon_\theta^p = \lambda \frac{\partial(\sigma_\theta - k_\phi \sigma_r - \sigma_c)}{\partial \sigma_\theta} = \lambda \tag{2.82}$$

위 식에서 λ를 소거하면 소성 상태의 반경 변형률과 접선 변형률에 대한 다음의 관계를 얻을 수 있다.

$$\epsilon_r^p = -k_\phi \epsilon_\theta^p \tag{2.83}$$

축대칭 조건에서 총 변형률은 다음과 같이 얻어진다.

$$\epsilon_r = \frac{du_r}{dr} = \epsilon_r^e + \epsilon_r^p = \epsilon_r^e - k_\phi \epsilon_\theta^p, \ \text{그리고} \ \ \epsilon_\theta = \frac{u_r}{r} = \epsilon_\theta^e + \epsilon_\theta^p \tag{2.84}$$

식(2.83)과 (2.84)를 이용하여 ϵ_θ^p를 소거하고, $\epsilon_\theta = u_r/r$, $\epsilon_r = \partial u_r/\partial r$를 이용하면,

$$\epsilon_r = \epsilon_r^e + k_\phi \epsilon_\theta^e = \frac{du_r}{dr} + k_\phi \frac{u_r}{r} \tag{2.85}$$

$r \rightarrow r_e$ 에서 $u_r = u_{re}$ 이므로 소성영역에서의 변형은 $u_r = u_{re}(r_e/r)^{k_\phi}$ 이다. 탄성영역에서는 식(2.85)를 적분하여, 반경방향 변형해를 다음과 같이 나타낼 수 있다.

$$u_r = u_{re}\left(\frac{r_e}{r}\right)^{k_\phi} + \int_{r_e}^r \left(\frac{du_r}{dr} + k_\phi \frac{u_r}{r}\right) dr \tag{2.86}$$

극좌표계 탄성론을 이용하여 식(2.86)을 적분하면, 반경방향 변형은 다음과 같다.

$$u_r = \frac{-1}{2G} r_o^{-k_\phi} \left\{ \frac{(\sigma_o - \sigma_{re})r_e^2 - (p_i - \sigma_o)r_o^2}{r_e^2 - r_o^2}(1-2\nu)(r_e^{k_\phi+1} - r_o^{k_\phi+1}) - \frac{r_o^2 r_e^2 (\sigma_{re} - p_i)}{r_e^2 - r_o^2}(r_e^{k_\phi-1} - r^{k_\phi-1}) \right\} + u_{re}\left(\frac{r_e}{r}\right)^{k_\phi} \tag{2.87}$$

$r = r_o$ (터널 굴착경계면)에서 반경방향 변형 u_{ro}는 다음과 같다.

$$u_{ro} = \frac{(1+\nu)}{E} r_o (\sigma_o \sin\phi + c\cos\phi) \left\{ \frac{\sigma_o(1-\sin\phi) - c(\cos\phi - \cot\phi)}{p_i + c\cot\phi} \right\}^{\frac{2-r_o}{(k_\phi-1)(1-r_o)}} \tag{2.88}$$

2.3.4 터널 주변지반의 소성영역 발생 특성 고찰

등방응력조건의 이론소성영역

평판 내 공동이론의 경우, 등방응력조건의 원형 터널을 가정하므로, 소성영역은 터널경계에서 r_e까지 일정 두께로 나타난다. 앞 절의 **Mohr-Coulomb** 이론과 평판 내 공동이론으로 산정한 등방하중 조건의 소성영역 범위를 그림 2.29에 나타내었다.

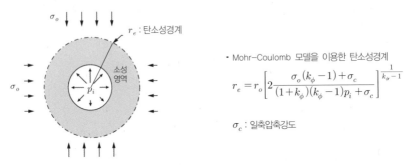

• Mohr-Coulomb 모델을 이용한 탄소성경계

$$r_e = r_o \left[2 \frac{\sigma_o(k_\phi - 1) + \sigma_c}{(1 + k_\phi)(k_\phi - 1)p_i + \sigma_c} \right]^{\frac{1}{k_\phi - 1}}$$

σ_c : 일축압축강도

그림 2.29 등방 응력조건의 이론소성영역(Mohr-Coulomb Model 이용)

등방응력조건의 소성영역 발생 특성을 일반화하기 위해 Hoek 등은 암반거동 모사에 잘 부합하는 Hoek-Brown 구성모델을 이용한 이론해를 도출하고, 이를 Monte Carlo Simulation으로 전개하여(터널 반경 $2.0 < r_o < 8.0$m, 물성파라미터 : $1.0 < \sigma_{ci} < 30$MPa; $1.0 < \sigma_{cm} < 30$MPa인 조건), 소성영역범위(r_e)와 굴착면 내공변위(u_{ro})를 터널내압(p_i), 초기지중응력(σ_o) 그리고 암반일축강도(σ_o)의 함수로 그림 2.30과 같이 제시하였다. 여기서 σ_{cm}은 암반의 일축압축강도로서 식(2.89)와 같이 표현된다(GSI는 Geological Structure Index로서, 여기서는 $10 < GSI < 35$).

$$\sigma_{cm} = (0.0034 m_i^{0.8}) \sigma_{ci} \left\{ 1.029 + 0.025 e^{(-0.1 m_i)} \right\}^{GSI} \tag{2.89}$$

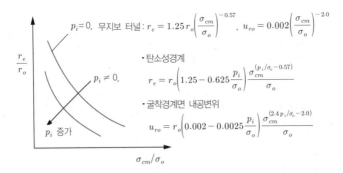

$p_i = 0$, 무지보 터널 : $r_e = 1.25 r_o \left(\dfrac{\sigma_{cm}}{\sigma_o} \right)^{-0.57}$, $u_{ro} = 0.002 \left(\dfrac{\sigma_{cm}}{\sigma_o} \right)^{-2.0}$

• 탄소성경계

$$r_e = r_o \left(1.25 - 0.625 \frac{p_i}{\sigma_o} \right) \frac{\sigma_{cm}^{(p_i/\sigma_o - 0.57)}}{\sigma_o}$$

• 굴착경계면 내공변위

$$u_{ro} = r_o \left(0.002 - 0.0025 \frac{p_i}{\sigma_o} \right) \frac{\sigma_{cm}^{(2.4 p_i/\sigma_o - 2.0)}}{\sigma_o}$$

그림 2.30 Hoek-Brown 모델을 이용한 등방응력조건의 소성영역(after Hoek and Marinos, 2000)

터널 형상 및 이방응력조건의 영향

탄성 과응력 해석(elastic overstress analysis). 탄성 과응력 해석법은 탄성해석을 실시하여, 결과응력이 설정한 항복응력을 초과하는 영역을 소성영역으로 판단하는 근사적 소성영역 추정법이다(수치해석법이 보편화되기 전, 주로 사용되던 이론해석법). 탄성 과응력 해석으로 조사한 터널형상, 측압계수에 따른 소성영역을 그림 2.31에 보였다. 측압계수가 1.0보다 작아지면, 소성영역이 측벽에서 터널 어깨 쪽으로 집중되며, 연직으로 길쭉한 모양(나비 형상)으로 확장된다. 반면에, 측압계수가 1.0보다 커지면 천단부 소성영역이 확대됨을 알 수 있다. **탄성 과응력 해석은 실제 소성영역을 대체로 과소평가**하는 것으로 알려져 있다.

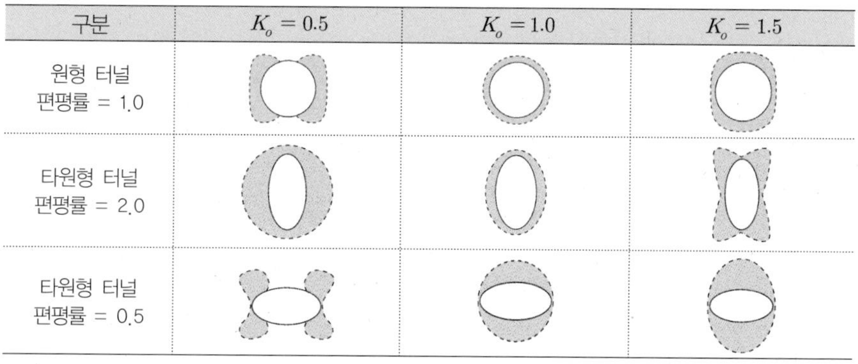

구분	$K_o = 0.5$	$K_o = 1.0$	$K_o = 1.5$
원형 터널 편평률 = 1.0			
타원형 터널 편평률 = 2.0			
타원형 터널 편평률 = 0.5			

그림 2.31 터널형상 및 측압계수에 따른 이론소성영역(탄성 과응력 해석, 강도기준 c=0.5Mpa, ϕ=30)

터널 주변 실제 소성영역 발생특성

실제 터널은 원형이 아닌 경우가 많고, 주변 지반응력은 이방성이므로, 실제 터널에 발생하는 소성영역과 차이가 크다. 실무에서는 터널의 기하학적 형상, 지반물성을 공간적 변화, 건설공법을 비교적 있는 그대로 고려할 수 있는 수치해석법을 이용하여 소성영역을 파악한다. 그림 2.32에 풍화암 복합지반 및 단층대에 접한 터널 단면의 소성영역의 발생 예를 보인 것이다. 이론 소성영역과 크게 상이함을 알 수 있다.

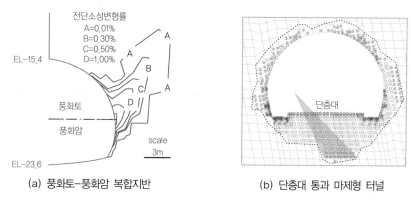

(a) 풍화토–풍화암 복합지반   (b) 단층대 통과 마제형 터널

그림 2.32 실제 터널 주변의 소성영역 발생 예(수치해석 결과)

2.4 터널 굴착에 따른 지반-지보재 상호거동 이론

앞에서 살펴본 **탄성원통이론**이나 **평판 내 공동이론**은 **등방조건의 원형 터널**을 가정한다. 이들 이론은 터널 횡단면 거동만을 고려하며, 지보재의 지보효과를 단지 등방내압(p_i)으로 가정하므로, 굴착 진행에 따른 지반-지보재의 상호작용을 고려할 수 없다. 굴착으로 초래된 불평형 응력상태가 지반-지보재의 상대강성에 따른 상호작용을 통해 평형상태에 이른다는 내공변위 제어이론을 통해 터널의 형성원리를 고찰할 수 있다.

2.4.1 내공변위 제어이론 convergence-confinement theory

연속체에서 어느 특정 부분에 변형이 일어나면 변형이 덜 일어난 인접부의 응력이 증가되면서 새로운 평형상태에 도달하려고 하는데, 이와 같이 변형이 일어난 부분의 응력이 변형이 덜 일어나거나 일어나지 않는 부분으로 전달되어 안정화되는 현상을 **하중전이(load transfer)** 또는 **아칭효과(arching effect)**라 한다.

터널을 무너뜨리지 않고 굴착할 수 있는 이유는 그림 2.33과 같이 굴착으로 노출된 부분의 중력하중이 굴착되지 않은 주변 지반 및 이미 설치된 지보로 전이되어 지지되는 아칭효과 때문이다. 하중전이가 지반의 수용 가능한 응력상태에서 이루어지면 터널의 안정이 유지되나, 하중전이가 안 되어 지반변위가 과다해지거나, 하중전이로 인한 응력이 지보재의 강도를 초과하면 터널은 붕괴된다(터널이 무지보 상태로 무너지지 않고 견디는 시간을 **자립시간(stand-up time)**이라고 하며(제3장 그림 3.14(토사), 제3장 그림 3.35(암반) 참조), 지반의 강성 및 강도가 클수록 자립시간이 길다).

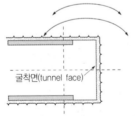
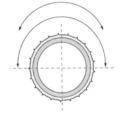

(a) 종방향 아칭(longitudinal arching)　　(b) 횡방향 아칭(lateral arching)

그림 2.33 굴착면에서 3차원 하중전이(아칭현상)

터널 굴착진행을 어떤 기준 단면에 대하여 고찰해보자. 굴착면이 기준 단면에 영향을 미치는 범위에 접근하면 하중전이가 일어나며 그림 2.34(a)와 같이 예상 터널 굴착경계면에서 내공 변위(u_{ro})가 발생한다. 하지만, 기설치된 지보재가 전이하중을 지지하고, 이어 설치되는 지보재가 다음 단계 굴착으로 이완되는 굴착하중을 분담(p_s)하며, 변위가 구속되기 시작한다. 이 과정을 터널 횡단면 굴착에 따른 응력해방과 지보의 내공변형의 관계로 그림 2.34(b)와 같이 응축하여 나타낼 수 있다.

그림 2.34(b)를 고찰하면, 초기지압(p_o)은 터널의 접근-굴착에 이르기까지 감소하기 시작(점선)하여 내공변형을 야기하나, 이후 지보가 설치되어 이완되는 지압하중을 분담하며(실선) 터널내공변형은 제어(구

속)되기 시작한다. 이와 같이 터널굴착에 따른 지압 해제거동과 지보설치에 따른 하중분담 거동이 평형을 이룸으로써 터널이 형성되는 원리를 내공변위-제어 이론이라 한다(Panet and Guènot, 1962).

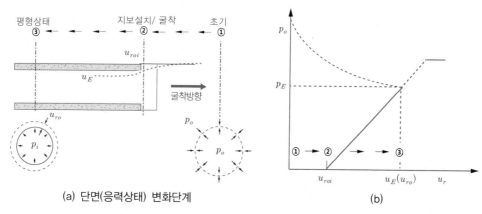

(a) 단면(응력상태) 변화단계   (b)

그림 2.34 굴착진행에 따른 굴착경계면 지압해제와 지보작용

터널굴착에 따라 지반응력이 해제되어 발생하는 '굴착면의 내공변형(u_{ro})-지반압력(p_i) 관계'를 '**지반 반응곡선(Ground Reaction Curve, GRC)**'이라 하며(그림 2.34(b)의 점선), 지보가 지반하중을 부담하는 과정인 '굴착면 내공변위(u_{ro})-지보분담하중(p_s) 관계'를 '**지보반응곡선(Support Response Curve, SRC)**'이라 한다(그림 2.34(b)의 실선).

내공변위-제어이론은 지보재와 지반의 상호작용을 설명하는 터널 형성원리라 할 수 있다. 이 원리를 이용하여 NATM 등 **관용터널공법의 지보강성 및 지보설치시기를 관리할 수 있는데, 이를 내공변위제어법** (Convergence-Confinement Method, CCM)'이라 한다.

내공변위 제어이론은 **등방 응력조건의 원형 터널을 가정**한다. 일반적으로 $0.6 < K_o < 1.6$ 조건이면 적용이 가능한 것으로 보고되었고, 직교 등방하중이므로 σ_o 대신 p_o를 사용한다.

2.4.2 지반반응곡선 ground reaction curves(GRC)

탄성상태의 지반반응곡선

터널굴착에 따른 지반거동을 '굴착면의 지압 변화(p_i)와 굴착면의 내공변위(u_{ro}) 관계($p_i - u_{ro}$)'로 나타낼 수 있다. 이를 지반반응곡선이라 하며, 두꺼운 원통이론 또는 평판 내 공동이론으로 수식화할 수 있다.

터널 주변 지반이 탄성상태일 때에 굴착(터널 내공면 응력이 p_o에서 p_i로 감소)으로 인한 굴착면(내공) 변형 u_{ro}는 앞의 두꺼운 원통이론의 식(2.33)과 같아진다($r = r_o$에서, $u_r = u_{ro}$).

$$u_{ro} = \frac{(1+\nu)}{E} r_o (p_o - p_i)$$

(2.90)

NB : 평판이론에 따른 내공변위는 천단($\theta=0°$)과 바닥($\theta=180°$) 및 측벽($\theta=90°, 270°$)에 따라 다르나 평균 응력에 따른 굴착면 평균 내공변위 u_{rom}은 다음과 같이 산정된다. $p_o=(\sigma_v+\sigma_h)/2$로 두면, 식(2.90)은 (2.91)과 같이 나타난다.

$$u_{rom}=\frac{1+\nu}{E}\frac{r_o}{2}\{(\sigma_v+\sigma_h)-2p_i\}\tag{2.91}$$

식(2.33)에서 지압 p_i는 터널굴착 진행에 따라 변화되는 지반압력으로 유추할 수 있다. 굴착진행에 따라 $p_o\to0$로, 이에 상응하는 내공변위는 $0\to u_{ro}$로 변화한다. 이를 p_i-u_{ro}의 관계로 정리하면 다음과 같다.

$$p_i=-\frac{E}{(1+\nu)r_o}u_{ro}+p_o\tag{2.92}$$

탄성지반의 경우 지반반응곡선은 그림 2.35와 같이 지압 p_i와 u_{ro}가 선형 반비례관계로 나타난다. $p_i=p_o$일 때, 반경변형은 $u_{ro}=0$이며, $p_i=0$일 때, $u_{ro}=(1+\nu)p_or_o/E$ 이다.

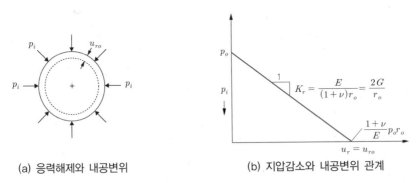

(a) 응력해제와 내공변위   (b) 지압감소와 내공변위 관계

그림 2.35 탄성상태의 지반반응곡선(GRC)

탄소성경계와 한계지지압

굴착으로 인한 응력해방 과정에서 유발응력이 탄성한도를 초과하면 소성상태가 된다. 터널 주변 지반에 **소성거동을 야기하는 최소 내압인 한계 지지압(critical support pressure)** p_{cr}은 탄소성경계상태이므로 탄성 응력조건과 소성응력조건을 모두 만족하여야 한다.

한계 지지압은 굴착경계에서 $p_i=p_{cr}$인 조건이므로, 두꺼운 원통이론($b\to\infty$, $r=r_o$)을 이용하면

$$\sigma_{ro}=p_i=p_{cr}\tag{2.93}$$

$$\sigma_{\theta o}=2p_o-p_i=2p_o-p_{cr}\tag{2.94}$$

소성영역은 지반의 강도 모델(예, MC 모델)에 따라 달리 산정되며, 따라서 p_{cr}도 모델에 따라 다른 형태로 산정될 수 있다. 굴착면에서 $\sigma_1=\sigma_\theta$, $\sigma_3=\sigma_r$이며, 소성상태에서 MC모델의 항복조건, $\sigma_{\theta o}=k_\phi\sigma_{ro}+\sigma_c$이

성립하므로, 항복조건에 식(2.93) 및 (2.94)를 대입하면, $2p_o - p_{cr} = k_\phi p_{cr} + \sigma_c$ 이므로 한계지지압은

$$p_{cr} = \frac{2p_o - \sigma_c}{1 + k_\phi} \tag{2.95}$$

굴착과정에서 $p_i > p_{cr}$ 이 되면 소성거동이 발생한다. 지압-내공변위 관계는 그림 2.36과 같이 나타난다.

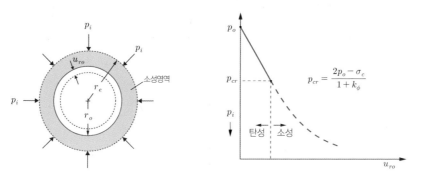

그림 2.36 탄성영역의 지반반응곡선과 탄성한도

소성상태의 지반반응곡선

평판 내 공동이론에 따르면, $p_i < p_{cr}$ 인 경우 소성영역은 r_e 까지 동심원상으로 균등하게 발생한다(CCM은 축대칭 등방압을 가정하므로, σ_o 대신, p_o 를 사용한다).

$$r_e = r_o \left\{ \frac{2\left[p_o(k_\phi - 1) + \sigma_c \right]}{(1 + k_\phi)\left[(k_\phi - 1)p_i + \sigma_c \right]} \right\}^{\frac{1}{k_\phi - 1}} \tag{2.96}$$

굴착경계면에서 반경방향 변위는 내경이 r_e 이고, 내압이 σ_{re}, 외압이 p_o 인 두꺼운 원통이론의 식(2.33)을 이용하여 구할 수 있다. 근사적으로 $p_o = (\sigma_v + \sigma_h)/2$ 로 둘 수 있다.

$$u_{re} = \frac{(1 + \nu)}{E} r_o \left\{ 2(1 - \nu)(p_o - p_{cr})\left(\frac{r_e}{r_o} \right)^2 - (1 - 2\nu)(p_o - p_i) \right\} \tag{2.97}$$

MC 모델을 이용한 소성구간의 지반반응곡선은 식(2.87)에 $r = r_o$ 조건을 대입하여 구할 수 있다.

$$u_{ro} = \frac{(1 + \nu)(1 - 2\nu)}{E} \left[p_o\left(\frac{r_e}{r_o} \right)^2 + \left(p_o - \frac{\sigma_c}{k_\phi - 1} \right)\left\{ \left(\frac{k_\phi - 1}{k_\phi + 1} \right)\frac{2(1 - \nu)}{1 - 2\nu}\left(\frac{r_e}{r_o} \right)^2 + \frac{2}{k_\phi + 1}\left(\frac{r_o}{r_e} \right)^{k_\phi - 1} \right\} \right] r_o \tag{2.98}$$

$p_i < p_{cr}$ 인 경우에 대하여, p_i 를 가정하면, 식(2.96)을 이용하여 r_e 를 계산할 수 있고, r_e 를 알면, 식(2.98)을 이용하여 u_{ro} 를 구할 수 있다. p_i 를 줄여가며(굴착 진행을 모사), 위 계산을 반복하여, $u_{ro} - p_i$ 관계를 얻을 수 있는데, 이 관계가 바로 소성상태의 지반반응곡선이다. 소성조건의 지반반응곡선은 그림 2.36의 한계지지압 오른쪽의 부분과 같이 나타난다.

지반반응곡선의 조합

굴착진행에 따른 전체 지반반응곡선은 탄소성구간 중첩을 통해 완성할 수 있다. 그림 2.37과 같이 **초기 탄성거동 구간에서 선형 감소**하나, 한계 지지압을 지나 **소성영역에 접어들면 비선형적으로 완만**해진다.

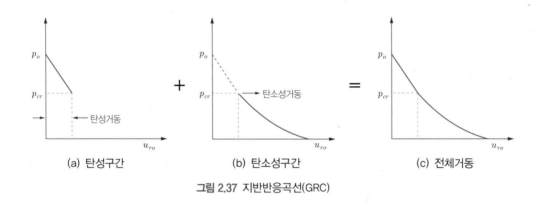

그림 2.37 지반반응곡선(GRC)

지반 유형에 따른 지반반응곡선

지반반응곡선은 지반강성 및 강도특성에 따라 다르게 나타난다. 양질 암반의 경우 터널 굴착면에서 소성변형이 일어나지 않아 지반반응곡선은 그림 2.38(a)와 같이 직선으로 나타난다. 반면, 토사터널의 경우 소성변형이 크게 진전되며, 강성이 작은 점성토는 사질토보다 완만한 기울기로 나타난다.

사질토 지반($c=0, \phi \neq 0$)은 $c=0$ 이나, ϕ 가 크므로, 그림 2.38(b)와 같이 변위의 수렴이 점성토보다 상대적으로 빠르다. 점성토 지반은 $c \neq 0, \phi = 0$ 이므로, 그림 2.38(c)와 같이 $p_i \rightarrow 0$ 이면, $u_{ro} \rightarrow \infty$ 가 되어, 변위가 수렴되지 않고 파괴에 이를 수 있다.

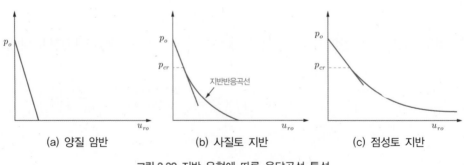

그림 2.38 지반 유형에 따른 응답곡선 특성

2.4.3 지보반응곡선 support response curves(SRC)

어떤 기준단면에 터널 굴착면이 접근해오면, 굴착 이완하중으로 인해 선행 변형이 일어나기 시작한다. 굴착과 함께 지보재가 설치되면, 지반변형은 구속되기 시작한다.

터널 굴착 직후 설치한 초기(굴착)지보에 작용하는 압력을 p_s라 할 때, 굴착 진행에 따른 지보압 변화를 그림 2.39에 나타내었다. 굴착 경계면에서 초기변형 u_{roi}가 일어난 후 지보가 설치되며, 지보가 굴착진행에 따른 추가 이완하중을 지지함에 따라, 이후 내공변위가 제어(구속)된다. 이때 '내공변위(u_{ro})-지보압(p_s)의 관계'를 **지보반응곡선**(Support Response Curve, SRC)이라 한다.

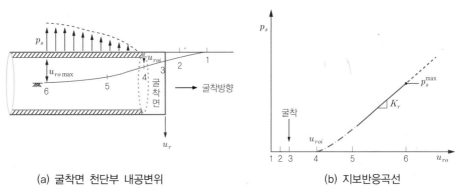

(a) 굴착면 천단부 내공변위   (b) 지보반응곡선

그림 2.39 지보(굴착지보) 반응곡선(support response(or reaction) curve, SRC)

지보강성 ring stiffness

지보재의 거동은 보통 탄성으로 가정한다. 따라서 반경방향 지보압(p_s)과 반경방향 터널 내공변위(u_{ro})의 관계는 원형터널의 **링 강성**(ring stiffness)식을 이용하여 $p_s = k_s u_{ro}$로 표현할 수 있다. 초기변위가 u_{roi} 발생한 후에 지보를 설치하였다면, 지보반응곡선식은

$$p_s = K_s(u_{ro} - u_{roi}) = K_s u_s \tag{2.99}$$

여기서, p_s : 지보압, K_s : 지보재 링 강성, u_{ro} : 터널굴착면의 내공변위, u_{roi} : 터널 굴착면에서 지보재 설치 전까지 발생한 내공변위이다.

한편, 지보재가 항복에 이르는 시점에서 발현되는 최대지보압 p_s^{max}는 다음 조건을 만족하여야 한다.

$$p_s \leq p_s^{max} \tag{2.100}$$

내측반경 r_o, 두께 t, 물성 ν_l, E_l, 항복강도가 σ_y인 터널 지보재에 대하여 링 강성과 최대지보압을 구해보자. 일반적으로 터널 라이닝 두께(t)는 터널반경(r_o)에 비해 충분히 얇으므로, 얇은 원통이론의 식(2.1) 및

(2.3)을 적용할 수 있다. 지보 저항력 p_s에 의해 발생되는 지보재 압축응력 σ_θ는 다음과 같이 나타낼 수 있다.

$$\sigma_\theta = p_s \frac{r_o}{t} \tag{2.101}$$

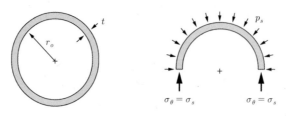

그림 2.40 굴착 지보재에 작용하는 힘

식(2.4)에서 $\epsilon_\theta = \sigma_\theta(1-\nu_l^2)/E_l$ 이고 ($\sigma_r \approx 0$ 가정), $\epsilon_\theta = u_s/r_o$이므로($u_s = u_{ro} - u_{roi}$), 탄성구간의 지보압-내공변위 관계는

$$p_s = \sigma_\theta \frac{t}{r_o} = \frac{E_l}{1-\nu_l^2}\epsilon_\theta\frac{t}{r_o} = \frac{E_l}{1-\nu_l^2}\frac{u_s}{r_o}\frac{t}{r_o} = \frac{E_l}{1-\nu_l^2}\frac{t}{r_o^2}u_s = K_s u_s \tag{2.102}$$

l_s가 지보재 간격이라면, 지보재 최대 저항력은 다음과 같다.

$$p_s^{\max} = \sigma_y \cdot t \cdot l_s \tag{2.103}$$

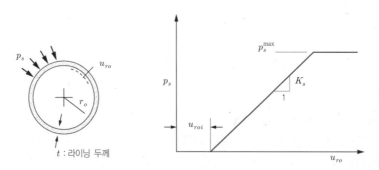

그림 2.41 지보반응곡선(SRC)

초기변형(u_{roi})의 크기는 지보의 설치시기와 관련된다. **지보를 빠르게 설치할수록, 지반변형을 줄일 수 있다. 하지만 변형이 억제될수록 지보재 하중분담은 증가한다.**

2.4.4 내공변위제어법 convergence-confinement method(CCM)

내공변위-구속 메커니즘

탄소성 이론해를 이용하면, 터널굴착에 따른 지반반응곡선을 얻을 수 있고, 지보재의 반경방향 강성과 최대 지보압을 구하면 지보특성곡선을 얻을 수 있다. 내공변형 u_{ro}와 지보변형 u_s의 관계는, 지보재 설치 직전까지 지반의 반경방향 내공변형이 u_{roi}라면, 다음과 같이 나타낼 수 있다.

$$u_s = u_{ro} - u_{roi} \tag{2.104}$$

지보재가 지반과 적절히 밀착 시공되었다면, 이후 지반과 지보의 변형은 동일할 것이며, GRC와 SRC가 만나는 점에서 평형을 이루며 변형을 멈출 것이다. 이 거동은 그림 2.42(a)의 지반 반응곡선과 그림 2.42(b)의 지보반응곡선을 조합하여 그림 2.42(c)와 같이 나타낼 수 있다.

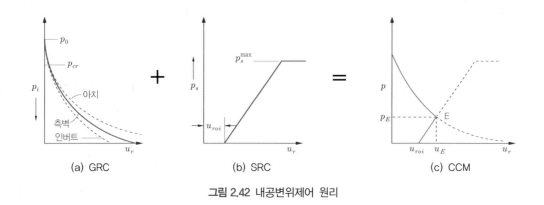

그림 2.42 내공변위제어 원리

내공변위제어법(CCM)을 이용한 터널거동의 평가와 제어

그림 2.42(c)의 평형점 위치는 지보설치시기, 지보강성 그리고 지반의 강성 및 강도에 따라 달라질 것이다. 따라서 이들 변수를 적절히 제어하여 평형(E점)에 이르게 할 수 있다면 안전하고, 경제적인 지보설치를 도모할 수 있다. 이를 이용한 시공관리기법을 **내공변위제어법(CCM)**이라 한다.

지반반응곡선과 지보특성곡선의 특성을 고찰하면, 지반과 지보재의 **상대강성**, 지반의 강도특성 그리고 지보재의 **도입 시기**가 평형상태를 지배한다는 사실을 보다 구체적으로 살펴볼 수 있다. 그림 2.43은 지보재의 강성 그리고 설치시기에 따른 다양한 조건의 CCM 곡선을 예시한 것이다.

지보 설치 시기가 빠르면 지보의 하중부담이 커지고, 너무 늦으면 변위억제에 기여하지 못한다. 강성이 너무 크면 지보재 하중부담이 증가하며, 너무 작으면 지반 변위를 구속하지 못한다. 이 원리를 이용하여 터널이 안정하게 평형상태에 도달하는 경제적인 최적의 지보재 선정 및 설치 시기를 결정하는 방법이 내공변위제어법이다. 지반강도를 최대한 활용하는 가장 경제적인 CCM의 평형조건은 지반반응곡선의 최저점에서 평형을 이루는 것이다. 하지만 실제 문제에서 최저점은 예측하기도, 확인하기도 어렵다.

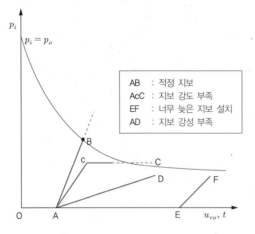

A 점은 지보설치 전 진행된 내공변위의 크기를 나타낸다. 지보설치가 신속하게 이루어질수록 A 점은 왼쪽으로 이동할 것이다. 하지만 내공변형은 굴착 전부터 시작되므로, 지보를 선행하여 설치하지 않는 한, O 점에 도달하기는 어렵다.

도심지에서 터널이 지상 건물에 미치는 영향을 최소화하려면 지반변위를 줄여야 하는데, 이는 지보설치시기를 앞당김으로써 가능하다.

그림 2.43 CCM을 이용한 관용터널의 안정성 분석 예

터널공법에 따른 내공변위–제어 특성

관용터널공법. CCM은 원래 관용터널의 최적 시공제어 개념으로 제안되었다. 숏크리트, 록볼트, 강지보 등 다양한 지보요소의 설치시기와 강성을 조합하여 터널시공의 최적제어를 추구할 수 있다.

관용터널의 주 굴착지보재는 숏크리트이나 강성이 부족할 경우, 그림 2.44(a)에 보인 바와 같이 록볼트와 강지보를 추가함으로써 강성을 키울 수 있다. 지보재의 강성이 병렬연결 형태로 조합되어 지지강성을 증진시킨다. 일반적으로 **숏크리트의 강성이 가장 크고, 록볼트의 지보 분담효과는 상대적으로 미미하다.**

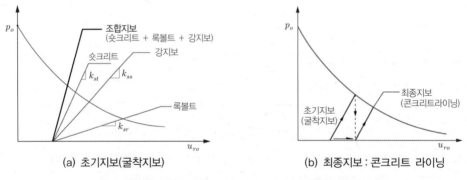

그림 2.44 관용터널 굴착지보의 조합지보 거동과 최종지보 도입개념

관용터널은 초기(굴착)지보와 최종지보로 구성되는 이중구조 라이닝(two pass lining)으로 건설되는 경우가 많다. 최종지보에 대한 설계개념은 표준적으로 정립된 바는 없지만, 특정 환경(연약지반, 도심지 등)에서 굴착지보가 시간 경과와 함께 열화되어 구조적 기능을 상실하면, 최종 라이닝이 하중을 분담하여 새로운 평형점에 도달함으로써 안정을 유지한다는 개념이 흔히 적용된다.

쉴드 TBM + 세그먼트 라이닝. 그림 2.45(a)는 쉴드 굴착작업 진행에 따라 막장에서는 막장압이, 쉴드구간은 강체원통이 지반을 지지하나, 세그먼트 조립 설치 이후 라이닝이 지반하중을 지지하는 과정을 예시한 것이다. 강체원통과 라이닝 구조체 모두 지반에 비해 현저히 큰 강성을 가지므로 각 SRC는 그림 2.45(b)와 같이 거의 수직에 가깝게 나타날 것이다.

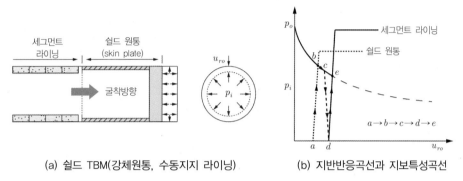

(a) 쉴드 TBM(강체원통, 수동지지 라이닝)   (b) 지반반응곡선과 지보특성곡선

그림 2.45 쉴드 TBM 공법의 내공변위 제어 특성

예제 직경 3m인 전력구 터널을 심도 15m로 굴착하고자 한다. (1) 이론 모델링, 다음 각 조건에 대하여 원통이론, 평판이론을 이용하여 (2) 라이닝 거동, (3) 터널굴착면 거동을 산정하여 비교해보고(원통이론 적용 시 $K_o = 1.0$, 평판이론 적용 시 $K_o = 0.5$), (4) 이들 결과를 이용하여 내공변위–제어 관계를 표시해보자. 적용 물성은 다음과 같다.

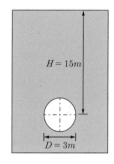

라이닝 물성 : $E_l = 1,500\,\text{MPa}$, $\nu_l = 0.2$, $t = 0.03\,\text{m}$
지반 물성 : $E_s = 30\,\text{MPa}$, $\nu_s = 0.3$, $\gamma_t = 20\,\text{kN/m}^3$

풀이 (1) 이론 모델링

① 내압을 '0'으로 가정하여, 터널조건에 따라 아래와 같이 모델링할 수 있다.

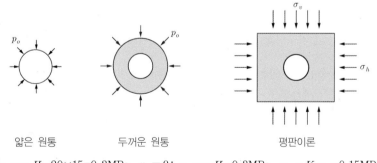

얇은 원통   두꺼운 원통   평판이론

$(p_o = \gamma_t H = 20 \times 15 = 0.3\,\text{MPa}, \quad p_i = 0\,; \quad \sigma_v = \gamma_t H = 0.3\,\text{MPa}, \quad \sigma_h = K_0 \sigma_v = 0.15\,\text{MPa})$

(2) 라이닝 거동(얇은 원통이론 이용)

① 1m 길이 라이닝에 발생하는 최대 축력

$$F = \sigma_\theta t = (p_o - p_i)\frac{r_o}{t}t = (p_o - p_i)r_o = (0.3-0)\times 1.5 = 0.45\text{MPa/m} = 450\text{kN/m}$$

② 터널 천장부에서 라이닝 수직변형

$$u_{ro} = \epsilon_\theta r_o = \frac{(1-\nu_l^2)}{E_l}(p_o - p_i)\frac{r_o^2}{t} = \frac{(1-0.2^2)}{1500}(0.3-0)\frac{1.5^2}{0.03} = 1.44\text{cm}$$

③ 라이닝의 링강성(ring stiffness)

$$K_r = \frac{E_l}{(1-\nu_l^2)}\frac{t}{r_o^2} = \frac{1500}{(1-0.2^2)}\times\frac{0.03}{1.5^2} = 20.83\text{MPa/m}$$

(3) 터널 굴착면 거동

① 두꺼운 원통이론을 이용한 무지보 터널의 천장부 내공변형

$$u_{ro} = \frac{1+\nu_s}{E_s}r_o(p_o - p_i) = \frac{1+0.3}{30}\times 1.5(0.3-0) = 1.95\text{cm(터널 중심방향)}$$

② 평판 내 공동이론을 이용한 터널 천장부에서 수직변형

천단, $\theta = 0°$, $p_i = 0$

$$u_{ro} = \frac{r_o}{2}\left\{(\sigma_v + \sigma_h - p_i)\frac{(1+\nu)}{E} + (\sigma_v - \sigma_h)\frac{(1+\nu)(3+4\nu)}{E}\cos 2\theta\right\}$$

$$= \frac{1.5}{2}\left\{(0.3+0.15-0)\times\frac{(1+0.3)}{30} + (0.3-0.15)\times\frac{(1+0.3)(3+4\times 0.3)}{30}\times\cos(2\times 0)\right\}$$

$$= 3.51\text{cm}$$

③ 위 문제 (2)의 ②의 변형과 (3)의 ① 및 ②의 크기를 비교하고, 그 차이가 의미하는 바를 터널 지보 원리와 연계하여 고찰해보자.

　　고찰 : 터널주변 지반의 변형이 지보(라이닝) 변형보다 크므로, 지보(라이닝)의 설치가 지반변
　　　　　형을 억제/제어에 기여하는 효과가 있다(한편, 터널거동의 모델링 개념 차이에 따른
　　　　　결과로도 볼 수 있다).

④ 두꺼운 원통이론을 이용하여 터널굴착면의 천장부와 측벽(spring line)에서 터널반경응력과 접선응력을 구해보자.

$$\sigma_{ro} = p_i = 0$$

$$\sigma_{\theta o} = 2p_o - p_i = 2\times 0.3\text{MPa} = 0.6\text{MPa(등방응력이므로 굴착면의 모든 위치에서 동일)}$$

⑤ 평판 내 공동이론을 이용하여 천장 및 측벽(spring line)에서 터널굴착면의 터널반경응력과 접선응력을 구해보자.

터널 천장 $\theta = 0°$, $\sigma_r = 0$; $\sigma_\theta = 3\sigma_h - \sigma_v = 3\times 0.15 - 0.3 = 0.15\text{MPa}$

터널 측벽 $\theta = 90°$, $\sigma_r = 0$; $\sigma_\theta = 3\sigma_v - \sigma_h = 3\times 0.3 - 0.15 = 0.75\text{MPa}$

※ 결과 ④와 ⑤의 차이는 응력의 이방성의 영향이라 할 수 있다.

⑥ 두꺼운 원통이론을 이용하여 지압과 터널반경변위 관계의 기울기를 구해보자.

$$\Delta p - u_{ro}\text{ 관계의 기울기} = -\frac{E_s}{(1+\nu_s)r_o} = -\frac{30}{(1+0.3)\times 1.5} = -15.38\text{MPa/m}$$

(4) 내공변위-제어 이론

① 위 (3)의 ⑥의 결과를 이용한 지반반응곡선($u_{ro}-p$ 관계)을 구해보자.

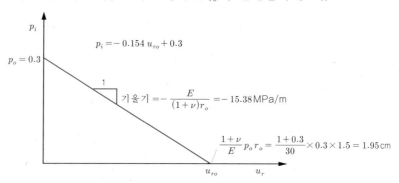

$$p_i = -0.154\,u_{ro} + 0.3$$

$$기울기 = -\frac{E}{(1+\nu)r_o} = -15.38\,\text{MPa/m}$$

$$\frac{1+\nu}{E}\,p_o\,r_o = \frac{1+0.3}{30}\times 0.3\times 1.5 = 1.95\,\text{cm}$$

② 위 (2)의 ③의 결과를 이용한 지보반응곡선($u_{ro}-p_s$ 관계 그래프)을 구해보자.

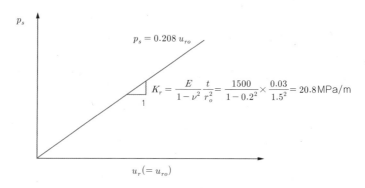

$$p_s = 0.208\,u_{ro}$$

$$K_r = \frac{E}{1-\nu^2}\frac{t}{r_o^2} = \frac{1500}{1-0.2^2}\times\frac{0.03}{1.5^2} = 20.8\,\text{MPa/m}$$

③ 굴착 이완하중, $p=p_o/2$에서 라이닝이 설치되었다고 할 때, 굴착면(측벽) 변형을 평판이론
으로 구하여, 지반반응곡선 ①과 지보반응곡선 ②를 조합한 그래프를 그리고, 평형점에서
내공변위와 라이닝 지지압을 구해보자.

a. 지반반응곡선

   $p_i = -0.154\,u_{ro} + 0.3$

b. 지보반응곡선

   $p_s = 0.208\,u_{ro} - 0.202$

c. 평형점은 두 직선의 교점이므로,
   평형점에서
   – 라이닝 지지압,

   $p = 0.086\,\text{MPa}$

   – 지반변형 = 1.39cm,

   – 라이닝 변형 = 0.42cm

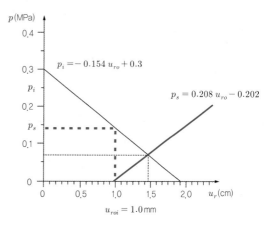

2.5 터널 라이닝 단면력의 이론해석

원통이론, 평판이론, 지반-지보 상호작용 이론들은 주로 단순 응력조건의 원형터널에 대한 거동이론으로서 터널거동과 굴착지보의 거동에 대한 이해를 돕는 데는 유용하지만, 실제 터널설계에 필요한 **라이닝 구조물에 대한 단면력(모멘트, 축력, 전단력 등)에 대한 정보를 주지 못한다.**

터널은 지반과 지보의 상호작용에 의해 평형을 이룸으로써 형성되는 구조물이지만, 전통적인 구조물 설계관점에서 터널은 라이닝(관용터널의 숏크리트 라이닝 또는 콘크리트 라이닝, 쉴드 터널의 세그먼트 라이닝)이 지반 이완하중을 지지하는 형태의 구조물로 다루어왔다. 따라서 터널 설계는 지반 이완 하중을 평가하고, 이를 지지할 수 있는 라이닝 단면의 규모를 결정하는 구조해석을 수반한다. 구조해석을 통해 라이닝에 발생가능한 모멘트(휨응력), 축력(축응력), 전단력(전단응력) 등의 단면력을 파악할 수 있다.

2.5.1 터널 라이닝 이론 구조해석 모델링

실무적 터널해석은 '굴착안정해석'과 '라이닝 구조해석'을 포함한다. 굴착안정해석이 굴착 가능성을 평가하는 것이라면, 구조해석은 지상 구조물설계와 같은 개념으로 터널구조물인 '라이닝'을 설계하는 것이다. 그림 2.46에 보인 바와 같이 **구조해석 대상은 관용터널의 경우 굴착지보인 숏크리트 라이닝, 그리고 최종지보인 콘크리트 라이닝이며, 쉴드 터널인 경우에는 세그먼트 라이닝이 그 대상이다.**

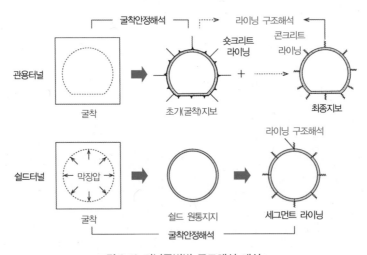

그림 2.46 터널공법별 구조해석 대상

라이닝 이론해석법에는 라이닝을 단순히 원형보로 가정하여 지반 이완하중을 지지하는 **원형보 이론**과 지반-라이닝 상호작용을 고려하는 해석법인 **연속체 모델링법** 및 **빔-스프링 모델링법**이 있다. 그림 2.47에 터널 해석방법에 따른 터널 라이닝 구조의 모델링 개념을 예시한 것이다. 원형보 이론은 지반과 라이닝의 상호작용을 고려하지 않는 단순모델로서, 현재 실무적으로는 거의 사용하지 않는다.

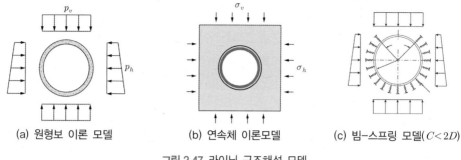

(a) 원형보 이론 모델   (b) 연속체 이론모델   (c) 빔–스프링 모델($C<2D$)

그림 2.47 라이닝 구조해석 모델

그림 2.48은 지반을 스프링으로 모델링한 기초와 터널을 비교한 것이다. 터널은 기초를 동그랗게 말아놓은 형상과 같으나 터널 변형에 따라 천단부 스프링이 인장상태가 되는 문제가 야기될 수 있다. 일반적으로, 지반이 **하중지지에 기여하지 못하는 얕은 터널의 경우($C<2D$)에 천단부 스프링에 인장이 걸리며**, $C>3D$ 이면, 대체로 터널 전주면이 하중지지에 기여한다.

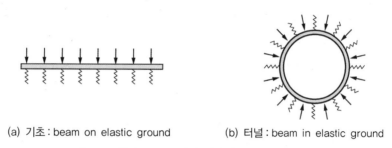

(a) 기초 : beam on elastic ground   (b) 터널 : beam in elastic ground

그림 2.48 기초(foundation)와 터널의 탄성 지반 모델링

NB : 터널 라이닝–지반 상호작용(상대강성)의 영향

실제 터널거동은 지반과 라이닝의 상대강성(relative stiffness), 즉 상호작용에 의해 결정된다. 그림 2.49에 보인 바와 같이 강성(rigid) 라이닝의 경우 변형은 거의 일어나지 않으나, 이완하중에 저항하므로 토압이 증가한다. 반면, 휨성(flexible) 라이닝은 상당한 변형이 일어나면서, 토압 분포가 거의 균등해진다(Ranken, Ghaboussi and Hendron, 1978).

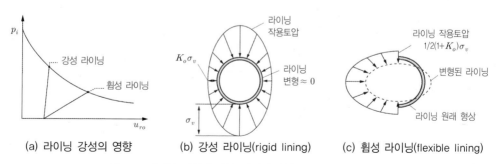

(a) 라이닝 강성의 영향   (b) 강성 라이닝(rigid lining)   (c) 휨성 라이닝(flexible lining)

그림 2.49 라이닝 강성에 따른 터널의 지반–구조물 상호작용 예

2.5.2 라이닝 구조해석을 위한 작용하중 산정

라이닝 구조해석을 위해서는 먼저 작용하중을 결정하여야 한다. 터널 라이닝 설계기준에서 정하고 있는 고려대상 하중은 **지반이완하중, 수압, 자중, 지표하중** 등이다. 이 중 지반이완하중은 가장 비중이 큰 하중으로서, 지반조건에 따라 달라지며 크게 연약지반터널과 암반터널로 구분하여 살펴볼 수 있다.

연약지반 터널의 지반이완하중

터널을 굴착하면 터널 주변 지반에 소성영역이 형성되고, 균열이 발생하거나 불연속면들이 벌어져 느슨해지는데, 이를 **지반이완**이라 한다. 지반이완은 체적 증가와 함께 강도와 강성의 저하, 그리고 투수성 증가를 야기하게 된다. 이완된 영역은 라이닝에 직접 하중으로 작용한다.

지반이완하중의 크기에 가장 큰 영향을 미치는 요인은 지반 조건과 터널의 심도이다. 얕은 터널의 경우 전 토피 중량이 하중으로 작용할 수 있다. 하지만 심도가 깊어질수록 지반의 아칭(arching)작용에 의해 이완영역은 터널 주변에 한정된다.

얕은 토사터널. 일반적으로 $C/D \leq 2.0$인 조건의 터널을 얕은 터널로 분류한다. 얕은 터널에서는 터널굴착의 영향이 지표까지 미친다고 가정할 수 있다. Terzaghi(1943)는 Trapdoor 실험에 기초하여 수직 전반 전단파괴가 일어나는 얕은 터널의 이완영역(파괴토체)을 그림 2.50과 같이 가정하였다. 이완영역 폭 B는 양 측 벽하단에서 시작한 활동선의 터널 천장 위치의 폭이고, 천장 상부에서는 폭이 B로 일정하다.

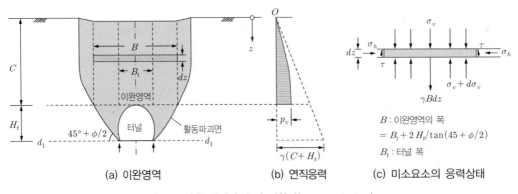

그림 2.50 얕은 터널의 수직 이완압(Terzaghi, 1943)

터널 천장 상부 미소요소(폭 B, 두께 dz)의 연직방향 힘의 평형조건은 다음과 같다.

$$B\gamma dz = B(\sigma_v + d\sigma_v) - B\sigma_v + 2\tau dz \tag{2.105}$$

$$\tau = c + \sigma_h \tan\phi = c + K\sigma_v \tan\phi \tag{2.106}$$

측면 전단력(마찰 저항력) τ는 지반요소 측면에서 상향으로 작용하며, K는 이완영역의 측압계수이다. 이완영역 내 측압계수는 $K_a < K < K_o$ 범위 일 것이다. K_a는 활동저항을 과소하게 평가하고, K_o는 과다하게 평가할 것이다. 활동이 일어나는 상황이라면, K는 K_o보다는 K_a에 가까울 것이다. 보수적 관점 혹은 큰 변형이 수반되지 않는 경우라면, 정지토압계수를 사용할 수 있다. 식(2.105) 및 (2.106)으로부터

$$\frac{d\sigma_v}{dz} = \gamma - \frac{2c}{B} - 2K\sigma_v\frac{\tan\phi}{B} = -2K\frac{\tan\phi}{B}\left(\sigma_v + \frac{c}{K\tan\phi} - \frac{\gamma B}{2K\tan\phi}\right) \tag{2.107}$$

식(2.107)을 적분하면

$$\log\left[\sigma_v + \frac{2c - \gamma B}{2K\tan\phi}\right] = \frac{-2Kz\tan\phi}{B} + c_1 \tag{2.108}$$

c_1은 지표면($z = 0$) 상재하중이 $\sigma_v = q$인 경계조건으로 결정할 수 있다. 여기서 $q = 0$.

수직응력 σ_v를 터널 천장부에서 **단위폭당 지반이완압** $p_v(= \sigma_z, _{z=C})$로 대체하여 정리하면,

$$p_v = \frac{B(\gamma - 2c/B)}{2K\tan\phi}\left\{1 - \exp\left(-\frac{2CK\tan\phi}{B}\right)\right\} + q\exp\left(-\frac{2CK\tan\phi}{B}\right) \tag{2.109}$$

터널에 작용하는 단위폭당 수평토압은 토압계수를 이용하여, $p_h = Kp_v$로 나타낼 수 있다. 토압계수 K는 지반의 활동변형을 고려하면, $K_a < K < K_o$이나, 근사(보수)적으로 $K \approx K_o$를 사용할 수 있다.

지표 함몰조건을 고려한 얕은 토사터널에 작용하는 지반하중을 정리하면 그림 2.51과 같다. z는 터널 천장에서 $z = C$, 터널 바닥에서 $z = C + H_t$이다. 수평토압은 터널 천장에서 바닥까지 선형적으로 변화한다.

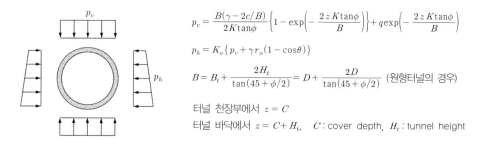

$$p_v = \frac{B(\gamma - 2c/B)}{2K\tan\phi}\left\{1 - \exp\left(-\frac{2zK\tan\phi}{B}\right)\right\} + q\exp\left(-\frac{2zK\tan\phi}{B}\right)$$

$$p_h = K_o\{p_v + \gamma r_o(1 - \cos\theta)\}$$

$$B = B_t + \frac{2H_t}{\tan(45 + \phi/2)} = D + \frac{2D}{\tan(45 + \phi/2)} \text{ (원형터널의 경우)}$$

터널 천장부에서 $z = C$

터널 바닥에서 $z = C + H_t$, C: cover depth, H_t: tunnel height

그림 2.51 얕은 터널에 작용하는 지반 하중

식(2.109)를 이용하면, 심도가 깊은($D < C/5$) 사질지반 터널의 경우($c = 0$), 최대 연직압력 $p_{v, \max}$는 다음과 같이 표현된다.

$$p_{v,\max} = \frac{\gamma B}{2K\tan\phi} \tag{2.110}$$

터널의 건설 경험으로부터, **토사터널의 지반이완하중은 터널 천장부터 지표까지의 거리(토피: C)가 터널 굴착 폭의 2배 이내인 경우**($C < 2B_t$), 터널 상부 전체 토압을 수직 지반하중으로 취하는 것이 바람직한 것으로 알려져 있다(일반적으로 토피가 6~20m 정도인 얕은 토사터널의 경우, 전체 토피 하중을 적용). 터널 천단부터 지표까지의 거리가 터널 굴착 폭(직경)의 2배를 초과하는($C > 2B_t$) 연약지반터널의 라이닝에 작용하는 최소 수직 지반하중은 경험상 터널굴착 폭의 약 2배로 가정한다.

NB : Protodyakonov의 이완하중(ref : Szchy, 1966)

Protodyakonov는 터널 굴착 후 지반이완이 일어나 지반 내 포물선형, $y = 2x^2/(B_t\tan\phi)$ 지반아치가 형성되는 것으로 가정하였다. 아치의 외측은 지반 스스로 자립하고 내측은 이완되어 그 무게가 지보에 하중으로 작용한다고 가정한 자유물체도로부터 $h = B/2\tan\theta = B/2\mu$로 하여 수직 이완하중을 제안하였다.

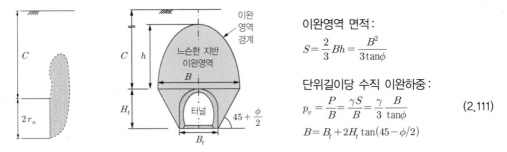

이완영역 면적 :
$$S = \frac{2}{3}Bh = \frac{B^2}{3\tan\phi}$$

단위길이당 수직 이완하중 :
$$p_v = \frac{P}{B} = \frac{\gamma S}{B} = \frac{\gamma}{3}\frac{B}{\tan\phi} \tag{2.111}$$
$$B = B_t + 2H_t\tan(45 - \phi/2)$$

그림 2.52 Protodyakonov 이완하중 모델

암반터널의 이완하중

암반의 경우 굴착영향은 터널 굴착면 주변에 국한된다. 하지만 불연속 절리 등으로 인해 암반 이완범위를 이론적으로 정의하기 어렵다. Terzaghi(1946)는 터널굴착 사례들을 토대로 암반성상에 따른 암반터널의 천장부로부터 이완 높이(rock load) H_p를 결정하여 강재(steel support) 라이닝에 작용하는 암반하중(rock load) 산정법을 제안하였다. 터널 천단부 이완영역의 폭은 터널 하반(터널중심에서 스프링라인과 $45° - \phi/2$ 각도의 선이 터널과 만나는 점)에서 그은 직선이 터널 천장부를 지나는 수평선과 만나는 두 교점을 잇는 구간으로 가정하였다(그림 2.52).

Deere and Miler(1970) 등은 Terzaghi 이완하중을 굴착 중 하중 및 굴착 지보재 설계를 위한 '**초기 이완 높이(initial rock load)**', 영구지보 라이닝 안정 검토를 위한 '**최종 이완 높이(final rock load)**'로 구분한 수정 H_p 산정법을 제안하였다. 표 2.1은 RQD와 암반상태로부터 Rock Load, H_p의 산정기준을 나타낸 것이다.

표 2.1 암반하중 분류(rock load classification, USACE, 1997)

(H_p : rock load, B_t : tunnel width, $P_t = B_t + H_t$, 암반의 평균단위중량≒2.7t/m³=27kN/m³=0.027MN/m³)

RQD(%) Fracture spacing (cm)		암반상태 Rock condition	암반이완높이(Deree 등) Rock load(H_p)		굴착면 조건 및 지보 요건 Remarks	Terzaghi's original rock load	
			Initial(굴착)	Final(최종)		H_p	ϕ
—50	98	1. Hard and intact 무결한 경암	0	0	Generally no side pressure erratic load changes from point to point — Lining only if spalling or popping 암파열 시 지보	0	—
	95	2. Hard Stratified or schistose 층상/편암상 경암	0	$0.25B_t$	Spalling common 암파열 흔하게 발생	$0\sim0.5B_t$	$45\sim90°$
	90	3. Massive moderately jointed 대괴상, 보통 절리	0	$0.5B_t$	Side pressure, 측압 if strata inclined, some spalling	$0\sim0.25B_t$	$63\sim90°$
—20	75	4. Moderately blocky and seamy 보통 괴상, 균열성	0	$0.25B_t\sim0.35P_t$		$0.25B_t\sim0.35P_t$	$45\sim90°$
—10	50	5. Very blocky, seamy and shattered 현저히 소괴, 균열 많음	$0.0\sim0.6P_t$	$0.35B_t\sim1.10P_t$	Little or no side pressure 측압 거의 없거나 없음	$(0.35\sim1.10)P_t$	$24\sim55°$
—5	25 10 2	6. Completely crushed 완전파쇄암반		$1.10P_t$	Considerable side pressure. If seepage, continuous support 상당측압, 누수 시 연속지보	$1.10P_t$	
—2		7. Gravel and sand 자갈과 모래	$0.54\sim1.20P_t$	$0.62\sim1.38P_t$	Dense Side pressure 측압 $P_h = 0.3\gamma(0.5H_t + H_p)$ Loose	—	
			$0.94\sim1.20P_t$	$1.08\sim1.38P_t$			
Weak and Coherent		8. Squeezing, 압출성 moderate depth		$1.0\sim2.1P_t$	Heavy side pressure, continuous support required 큰 측압, 역아치 지보, 폐합 필요	$(1.10\sim2.10)P_t$	$13\sim24°$
		9. Squeezing, 압출성 great depth		$2.1\sim4.5P_t$		$(2.10\sim4.50)P_t$	$6\sim13°$
		10. Swelling 팽창성 암반		75m(250ft)	Use circular support. In extreme cases : yielding support 원형	P_t에 관계없이 75m	

예제 터널 폭 10m, 높이 8m, RQD=40~60, γ_t=2.1t/m²인 경우, 터널 천장부 암반하중을 산정해보자.

풀이 ① B_t=10m, H_t=8m인 터널에 대하여, 대표 RMR 값으로 평균치 50으로 가정하면

Terzaghi Original 암반이완하중, $p_v = 0.4(B_t + H_t)\gamma_t = 15 \sim 23\text{t/m}^2$

② Deree 수정암반분류에 의한 암반하중은,

· 초기하중(굴착지보 부담하중), $p_v = (0.0 \sim 0.6H_t)\gamma_t = 0 \sim 4.8\text{t/m}^2$

· 최종하중(최종지보 부담하중), $p_v = (0.35B_t \sim 1.1H_t)\gamma_t = 7.35 \sim 13.8\text{t/m}^2$

그림 2.53은 H_p와 터널작용 지반이완하중을 예시한 것이다. Deere 등의 수정 Rock Load가 설계실무에서 지반이완하중 산정에 널리 사용되고 있다(굴착지보와 최종지보의 이완하중을 달리 적용에 유의). Rock Load는 지반-구조물 상호작용 및 암반의 자립능력을 고려하지 못하여, 이완하중을 과대하게 평가하는 경향이 있는 것으로 지적되어왔다(이완하중이 과다하면, 라이닝 단면력이 지나치게 크게 산정되어, 라이닝 두께가 두꺼워지고, 철근량(좁은 철근간격)이 과다해지는 등의 문제를 야기한다).

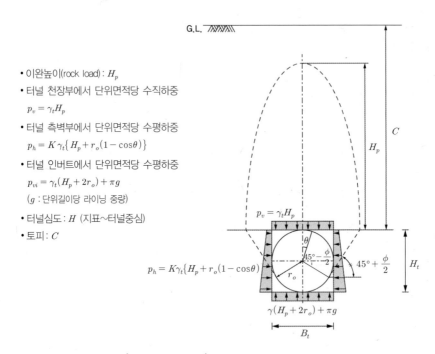

- 이완높이(rock load) : H_p
- 터널 천장부에서 단위면적당 수직하중
  $p_v = \gamma_t H_p$
- 터널 측벽부에서 단위면적당 수평하중
  $p_h = K\gamma_t\{H_p + r_o(1 - \cos\theta)\}$
- 터널 인버트에서 단위면적당 수평하중
  $p_{vi} = \gamma_t(H_p + 2r_o) + \pi g$
  (g : 단위길이당 라이닝 중량)
- 터널심도 : H (지표~터널중심)
- 토피 : C

그림 2.53 Terzaghi의 Rock Load Parameters

예제 심도(H) 20m, 직경(B_t) 5m인 원형 터널을 RQD=0~100인 지반에 건설한다고 가정하여 Deere의 천장부 수직암반하중 높이 H_p를 산정해보고, 이를 정규화하여 이완범위의 상대적 규모를 검토해보자.

풀이

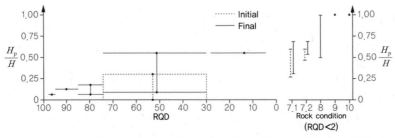

심도 20m 직경 5m의 터널을 RQD>75인 지반에 건설하는 경우, 이완영역은 토피의 10~15% 수준 정도로 나타난다. 암반이 견고할수록 이완영역의 범위는 크게 감소하며, 반대로 토사에 가까워지면 거의 전 토피하중이 이완영역으로 산정된다.

그림 2.54 암반터널의 이완높이 산정 예(rock condition : 표 2.1의 2번째 칼럼 일련번호)

수압하중

수압하중은 터널의 수리경계조건에 따라 달라진다. 비배수터널의 경우 정수압을 받게 되며, 배수터널은 이론적으로 수압이 작용하지 않아야 하나, 흐름이 억제되는 경우 흐름저항이 수압증가로 나타난다.

지하수가 배수터널 라이닝에 미치는 하중영향은 침투력에 의한 간접영향, 그리고 배수재 흐름장애에 따른 잔류수압이다. 침투력은 견인전단응력(shear drag force)으로서, 지반입자에 작용되지만, 이 영향은 라이닝에 2차(간접) 하중으로 작용한다. 일반적으로 지중의 지하수는 흐름속도가 느려 침투력도 작고, 따라서 지반의 아칭(arching)저항으로 지지가능하므로 콘크리트 라이닝에 미치는 영향은 무시할 만하다.

잔류수압. 배수재 기능저하로 발생하는 잔류수압의 크기는 터널의 배수조건(수리경계조건)과 설계수명기간(공용기간)을 고려하여 판단하여야 한다. 실무에서는, 최종 (콘크리트) 라이닝 설계 시 그림 2.55와 같이, 천단에서 터널 높이의 1/2~1/3 정도의 수두를 경험 잔류수압으로 고려한다. 잔류수압은 배수구가 가까워질수록 감소하며, 터널 배수구 주변은 '수압 = 0' 조건을 가정할 수 있다.

$$p_w = (\frac{1}{2} \sim \frac{1}{3})H_t\gamma_w \text{ (터널 천단부),} \qquad p_w = 0 \text{ (터널배수공 위치)} \tag{2.112}$$

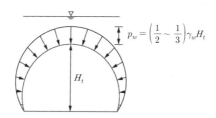

그림 2.55 배수터널의 잔류수압 하중

2.5.3 원형보 이론 : 라이닝 골조 모델 circular beam model

원형보 이론은 라이닝을 원형의 보 구조로 모델링하는 가장 단순하고 초보적인 이론 모델로서, 그림 2.56과 같이 탄성의 원형의 보에 지반이완하중, 수압, 자중 등의 하중을 적용하는 구조해석 이론이다. 터널거동은 탄성으로 가정하며, 탄성 중첩이론을 이용하여 여러 형태의 하중에 대한 해를 개별적으로 구하고 이를 중첩합산하여 단면 각 위치에서 발생하는 총 단면력을 구할 수 있다.

등방하중을 받는 폐합라이닝

인버트를 설치하여 폐합하는 터널 라이닝(closed(inverted) lining)은 터널 중심축에 대해 좌우대칭인 **원형 링(원형보)**으로 가정할 수 있다. 강체이동을 방지하기 위해 구속절점이 필요한데, 통상 터널 바닥부 중앙점을 고정 단으로 가정한다. 하중은 그림 2.56과 같이 원형보에 직접 작용하는 것으로 가정한다. 부호규약은 압축력과 터널 내측 변위를 양(+)으로 하며, 시계방향 휨모멘트(원통 외측이 압축)를 양(+)으로 한다.

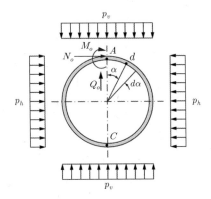

그림 2.56 이방응력 조건의 원형 터널의 폐합지보 모델($0 \leq \alpha \leq \theta$)

그림 2.57(a)와 같이 원형 터널의 반단면 모델을 고려하고, 바닥부 중앙 C점의 변위가 고정되었다고 가정하자. 터널 중심에서 연직 축에 각도 θ인 임의의 점 d에 작용하는 단면력(모멘트 M_θ, 축력 N_θ, 전단력 Q_θ)은 천장 A점의 단면력(M_o, N_o, Q_o)과 A점과 d점 사이 작용하중이 d점에 야기하는 휨모멘트 M_d와 축력 N_d로 타나낼 수 있다.

$$M_\theta = M_o + Q_o r_o \sin\theta + N_o r_o (1 - \cos\theta) + \int_0^\theta dM_d \, d\alpha \tag{2.113}$$

$$N_\theta = N_o \cos\theta - Q_o \sin\theta + \int_0^\theta dN_d \, d\alpha \tag{2.114}$$

$$Q_\theta = Q_o + \frac{1}{r_o} \frac{dM}{d\theta} \tag{2.115}$$

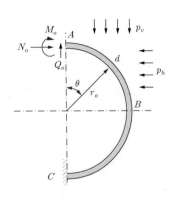

(a) 폐합지보의 구속조건 가정

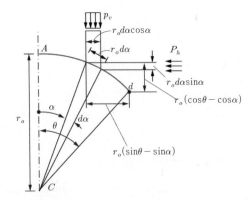

(b) 임의위치(d) 미소요소 작용력

그림 2.57 폐합지보 원형보 작용력($0 \leq \alpha \leq \theta$)

① 임의 점 d의 모멘트 M_d과 축력 N_d. 토압하중 p_v 및 p_h를 받는 터널의 중심을 지나는 연직선에 대해 각도 α인 위치의 미소요소(길이 $r_o d\alpha$)에 작용하는 모멘트 변화량 dM_d는

$$dM_d = -p_v r_o d\alpha \cos\alpha r_o (\sin\theta - \sin\alpha) + p_h r_o d\alpha \sin\alpha r_o (\cos\theta - \cos\alpha) \tag{2.116}$$

위 식을 $0 \sim \theta$ 구간에 대하여 적분하면, d점의 모멘트 M_d는

$$M_d = \int_0^\theta dM_d d\alpha = -p_v r_o^2 \int_0^\theta \cos\alpha (\sin\theta + \sin\alpha) d\alpha + q_h r_o^2 \int_0^\theta \sin\alpha (\cos\theta - \cos\alpha) d\alpha$$
$$= -\frac{1}{2} p_h r_o \sin^2\theta - \frac{1}{2} p_h r_o^2 (1 - \cos\theta)^2 \tag{2.117}$$

같은 조건에서 미소요소의 축력, $\quad dN_d = p_v r_o d\alpha \cos\alpha \sin\theta - p_h r_o d\alpha \sin\alpha \cos\theta \tag{2.118}$

식(2.118)을 $0 \sim \theta$ 구간에 대하여 적분하면 d점의 축력 N_d는

$$N_d = \int_0^\theta dN_d d\alpha = p_v r_o \sin\theta \int_0^\theta \cos\alpha d\alpha - p_h r_o \cos\theta \int_0^\theta \sin\alpha d\alpha$$
$$= p_v r_o \sin^2\theta + p_h r_o \cos^2\theta - p_h r_o \cos\theta \tag{2.119}$$

② 천장부의 부재력(휨모멘트, 축력, 전단력 M_o, N_o, Q_o). 천장부 A는 대칭점이므로 회전각과 수평변위가 $0(\Delta\phi_A = 0, \Delta\delta_{hA} = 0)$이며, 좌우대칭인 하중조건을 가정했을 때, 전단력은 '0'이다($Q_o = 0$). 이 경계조건을 이용하여 구한 천장부 A점의 단면력(모멘트 M_o, 축력 N_o, 전단력 Q_o)은 다음과 같다.

$$M_o = \frac{1}{4}(p_v - p_h)r_o^2$$
$$N_o = p_h r_o \tag{2.120}$$
$$Q_o = 0$$

③ 라이닝 임의위치(θ)의 모멘트 M_θ과 축력 N_θ. 식(2.115)~(2.119)를 식(2.113) 및 (2.114)에 대입하면, θ 위치의 단면력은 다음과 같다.

$$M_\theta = M_o + N_o r_o (1 - \cos\theta) - \frac{1}{2} p_v r_o^2 \sin^2\theta - \frac{1}{2} p_h r_o^2 (1 - \cos\theta)^2 \tag{2.121}$$

$$N_\theta = N_o \cos\theta - Q_o \sin\theta + p_v r_o \sin^2\theta + p_h r_o \cos^2\theta - p_h r_o \cos\theta \tag{2.122}$$

터널은 직경에 비해 두께가 얇으므로 전단력 Q_o의 영향을 무시하면($Q_o \approx 0$)

$$M_\theta = \frac{1}{4}(p_v - p_h)r_o^2 \cos 2\theta \qquad (2.123)$$

$$N_\theta = p_v r_o \sin^2\theta + p_h r_o \cos^2\theta \qquad (2.124)$$

그림 5.58(a)는 원형보 이론에 의한 천장, 측벽, 인버트에서 폐합 터널의 단면력을 예시한 것이다. 식 (2.123) 및 식(2.124)를 θ에 대하여 전개하면 그림 5.58(b)와 같이 나타난다. 모멘트 극대점은 천장, 인버트 그리고 양 측벽부에서 나타난다.

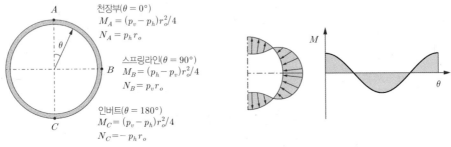

천장부($\theta = 0°$)
$M_A = (p_v - p_h)r_o^2/4$
$N_A = p_h r_o$

스프링라인($\theta = 90°$)
$M_B = (p_h - p_v)r_o^2/4$
$N_B = p_v r_o$

인버트($\theta = 180°$)
$M_C = (p_v - p_h)r_o^2/4$
$N_C = -p_h r_o$

(a) 원형보 이론으로 산정한 주요 지점 단면력   (b) 모멘트 분포 형상

그림 5.58 원형 터널의 주요 위치별 모멘트와 축력

라이닝 내공변형. 라이닝의 임의 점의 반경변위(회전각과 축방향 변위 및 내공변위)는 각 점의 변형에너지를 그 점에 작용하는 힘으로 간주하고 Castigliano의 정리(가상일의 원리)를 적용하여 구할 수 있다.

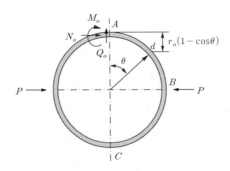

그림 5.59 가상 하중(P)을 이용한 내공변위 산정

전체 내공변위 u_r은 모멘트에 의한 변위 u_{rM}, 축력에 의한 변위 u_{rN}, 전단력에 의한 변위 u_{rQ}로 구성된다. 전단력의 영향은 상대적으로 크지 않으므로 $u_{rQ} \approx 0$으로 가정하면, 모멘트에 의한 변위는 다음과 같이 계산된다.

$$u_{rM} = \frac{r_o^4}{8EI}(p_v - p_h)\left[\frac{1}{6}\sin3\theta - \frac{1}{\pi}\sin2\theta + \frac{1}{2}\sin\theta\right]_0^{\theta\ (\text{단},\ \theta \leq \pi/2)}$$

$$+ \frac{r_o^4}{8EI}(p_v - p_h)\left[\frac{1}{6}\sin3\theta + \frac{1}{\pi}\sin2\theta + \frac{1}{2}\sin\theta\right]_{\pi/2}^{\theta\ (\text{단},\ \pi/2 < \theta \leq \pi)} \tag{2.125}$$

천장과 측벽($\theta = 0°,\ 90°$)에서는 크기가 같고 부호가 반대이므로 모멘트에 의한 변위 u_{rM}은 다음과 같다.

천장부, $\quad u_{rM,\theta=0} = -\frac{r_o^4}{12EI}(p_v - p_h)$; 측벽부, $\quad u_{rM,\theta=90} = \frac{r_o^4}{12EI}(p_v - p_h)$ \hfill (2.126)

지보공의 축력에 의한 변위 u_{rN}은 얇은 원통 개념으로부터 구할 수 있다. 숏크리트와 같이 두께(t)가 충분히 얇은 라이닝의 축력은 $N = \sigma_\theta t$으로 나타낼 수 있으며, 원형보의 평균축력은 $N_{ave} = r_o(p_v + p_h)/2$이다. 축력으로 인한 접선변형률 및 반경방향 변위는($\sigma_r \approx 0$),

$$\epsilon_\theta = \sigma_\theta \frac{1 - \nu^2}{E} \tag{2.127}$$

$$u_{rN} = \epsilon_\theta r_o = \sigma_\theta \frac{1 - \nu^2}{E} = \frac{N}{t}\frac{1 - \nu^2}{E} = \frac{1 - \nu^2}{E}\frac{r_o}{t}\frac{(p_v + p_h)}{2} \tag{2.128}$$

총 변형은 식(2.125)와 식(2.128)을 합산하여 구한다.

$$u_r = u_{rM} + u_{rN} + u_{rQ} \approx u_{rM} + u_{rN} \tag{2.129}$$

NB : 미폐합 라이닝

라이닝 **하단을 힌지**로 가정하여 근사거동을 구할 수 있다($\theta = 180°$, C점에서 $M_c = 0$, $N_c = 0$인 가상조건 도입). 실제 라이닝에서 힌지 이하에서는 모멘트가 없으므로 보수적인 결과임을 유의하여야 한다.

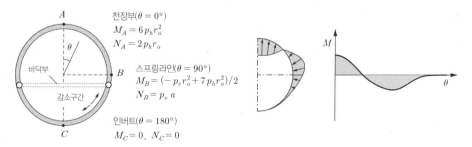

그림 2.60 원형보 이론에 의한 미폐합 라이닝 단면력 산정

Box 2.3	원형보 이론을 이용한 하중영향의 합산 : 중첩법

원형보 이론은 **탄성이론이므로 중첩법**(superposition method)을 이용하여 라이닝에 작용하는 다양한 하중 영향을 조합할 수 있다. 원형보 이론으로 개별 하중 각각에 대하여 θ(천장으로부터 반시계방향으로 잰 각) 위치에서 모멘트와 축력을 산정의 영향을 산정하여 합산한다.

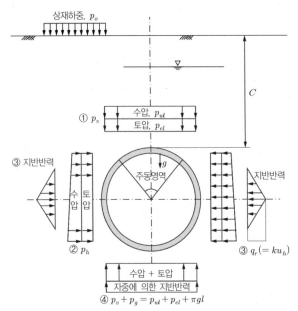

① 수직분포하중(토압 및 수압) : p_v

② 수평분포하중 : p_h
  (토압 및 자중에 의한 지지압)

③ 수평삼각형하중(지반 변형 지지압) : q_r ($0 \sim q_r$)

④ 자중 : $p_g = 2\pi r_o g / (2r_o) = \pi g$

  g : 라이닝 단위두께당 중량(=$\gamma_c t$)

  γ_c : 콘크리트 단위중량

    (무근 : 23.5kN/m³; 철근 : 25kN/m³)

  r_o : 라이닝 중심반경

  t : 라이닝 두께

  u_h : 터널 수평변위

① 수직분포하중(p_v, 수직이완하중 및 수압): $M_{p_v} = \dfrac{1}{4}(1 - 2\sin^2\theta)p_v r_o^2$; $\qquad N_{p_v} = p_v r_o \sin^2\theta$

② 수평분포하중(p_h, 수평이완하중 및 수압): $M_{p_h} = \dfrac{1}{4}(1 - 2\sin^2\theta)p_h r_o^2$; $\qquad N_{p_h} = p_h r_o \sin^2\theta$

③ 수평 삼각형 하중: 지반반력, $q_r = k\,u_h$, u_h : 변위(측벽외곽방향), 지반반력계수 $k = E/\{1.12(1 - \nu^2)\}$

  $$M_{q_r} = \frac{1}{48}(6 + 3\sin\theta - 12\sin^2\theta - 4\sin^3\theta)q_r r_o^2 \quad ; \quad N_{q_r} = \frac{1}{16}(-\sin\theta + 8\sin^2\theta + 4\sin^3\theta)q_r r_o$$

④ 터널 라이닝 자중: $p_g = (2\pi r_o g)/2r_o = \pi g$, $g = \gamma_c t$ (여기서 γ_c : 콘크리트 단위중량, t : 라이닝 두께)

  $$0 \leq \theta \leq 2/\pi \text{에서, } M_{p_g} = \left(-\frac{1}{8}\pi + \theta\sin\theta + \frac{5}{6}\sin\theta - \frac{1}{2}\pi\sin^2\theta\right)gr_o^2 \quad ;$$

  $$N_{p_g} = \left[-\pi\sin\theta + (\pi - \theta)\sin\theta + \pi\sin^2\theta + \frac{1}{6}\sin\theta\right]gr_o$$

  $$\pi/2 \leq \theta \leq \pi \text{에서, } M_{p_g} = \left[\frac{3}{8}\pi - (\pi - \theta)\sin\theta + \frac{5}{6}\sin\theta\right]gr_o^2 \quad ; \quad N_{p_g} = \left[(\pi - \theta)\sin\theta + \frac{1}{6}\sin\theta\right]gr_o$$

라이닝에 작용하는 총 모멘트와 축력은 각 하중의 영향을 중첩하여 얻을 수 있다.

  총 모멘트, $M_{\theta T} = M_{p_v} + M_{p_h} + M_{q_r} + M_{p_g}$

  총 축력, $\quad N_{\theta T} = N_{p_v} + N_{p_h} + N_{q_r} + N_{p_g}$

예제 그림과 같이 평균 직경 5.0m 터널이 심도 15.0m에 위치하고 있다. $\gamma_t = 20\,\text{kN/m}^3$, $K_o = 0.5$일 때, 두께(t) 25cm인 터널 라이닝에 대하여 원형보 모델링, 모멘트 분포 및 최대 단면력을 구해보자.

$$\nu_g = 0.3,$$
$$E_g = 30\,\text{MPa},\ E_l = 1500\,\text{MPa},$$
$$I_l = bt^3/12 = 0.0013$$

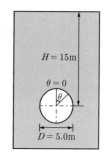

풀이

① 위 터널을 원형보 문제로 다루기 위한 하중을 산정해보자.

직교이방성 지반응력, $\sigma_{vo} = \gamma z = 20 \times 15 = 300\,\text{kPa}$, $\sigma_{ho} = K_o \gamma z = 0.5 \times 20 \times 15 = 150\,\text{kPa}$

터널 축방향 단위길이당 하중, $\sigma_{vo} = 300\,\text{kPa/m}$, $\sigma_{ho} = 150\,\text{kPa/m}$

② 원형보 이론으로 모멘트 분포도를 그리고 최대 단면력을 구해보자.

모멘트 산정식 및 분포도

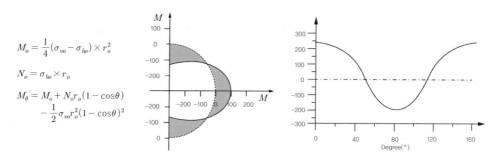

$$M_o = \frac{1}{4}(\sigma_{vo} - \sigma_{ho}) \times r_o^2$$

$$N_o = \sigma_{ho} \times r_o$$

$$M_\theta = M_o + N_o r_o (1 - \cos\theta) - \frac{1}{2}\sigma_{vo} r_o^2 (1 - \cos\theta)^2$$

최대모멘트, $M_{\max} = \dfrac{(\sigma_{vo} - \sigma_{ho})r_o^2}{4} = 234.38\ \text{kN} \cdot \text{m}$(천장 및 인버트)

최대축력, $N_{\max} = \sigma_{vo} r_o = 750\ \text{kN}$(스프링 라인)

2.5.4 지반-라이닝 상호작용 이론

원형보 이론은 1960년대까지 라이닝 설계(ASSM)에 적용되었다. 하지만, 지반과 라이닝 간 상호영향을 고려하지 못하며, 터널형상, 지반특성 및 하중조건에 따라서도 달라지는 라이닝의 실제 거동을 적절히 예측하기엔 미흡하였다. 1970년대에 들어서, 지반거동을 고려할 수 있는 지반-라이닝 상호작용 이론이 제시되었다.

지반-라이닝 상호작용이론에는 **연속체 모델**(continuum model)과 **빔-스프링 모델**(beam-spring model, bedded beam(ring) model)이 있다. 연속체 모델은 평판이론을 이용하여 라이닝 단면력을 산정하는 이론이며, 빔-스프링 모델은 지반을 스프링 상수로 모사하는 탄성보 이론이다.

연속체 모델 이론해 continuum model

M. Wood의 해. Wood(1975)는 지반하중을 그림 2.61과 같이 타원형 반경방향 하중으로 가정하고, Airy Stress Function Method를 이용하여 지반 응력에 대한 탄성이론해를 유도하였다.

$p_o = p_v - p_h$ 라 정의하면($p_v = \sigma_{vo}$, $p_h = K_o \sigma_{vo}$, $p_o = (1-K_o)\sigma_{vo}$), 임의 θ 에서 라이닝 작용하중 $p(\theta)$ 는,

$$p(\theta) = p_v - \frac{p_o}{2}(1-\cos 2\theta) \tag{2.130}$$

Wood는 식(2.130)의 하중에 대하여 지반과 라이닝 간에 **접선 방향 활동(tangential slip)**을 가정한 얇은 원형 터널 라이닝에 대한 최대 휨모멘트를 다음과 같이 유도하였다.

$$M_{\max} = \frac{p_o r_o^2}{(10-12\nu)/(3-4\nu)+2E_g r_o^3/\left[3(1+\nu)(3-4\nu)E_l I_l\right]} \tag{2.131}$$

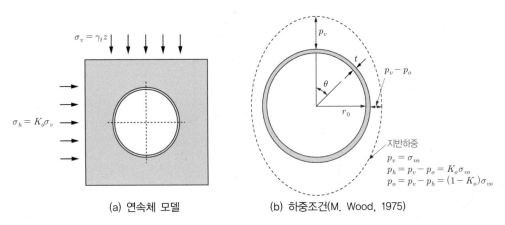

(a) 연속체 모델　　　　　(b) 하중조건(M. Wood, 1975)

그림 2.61 이론 모델 및 라이닝 작용하중

Curtis(1976)의 해. Curtis(1976)는 지반과 라이닝이 **완전 결합된 조건(full bond)**을 가정하여 반경하중과 접선하중을 모두 고려한 최대휨모멘트를 다음과 같이 수정 제안하였다.

$$M_{\max} = \frac{p_o r_o^2}{4+(3-2\nu)E_g r_o^3/\left[3(1+\nu)(3-4\nu)E_l I_l\right]} \tag{2.132}$$

연속체 모델은 지반을 등방균질의 2차원 평면으로 고려하는 탄성이론으로서 등방 혹은 직교 이방성 하중 조건을 가정한다. $K_o < 1.0$ 조건에 대한 전형적인 해석 결과를 그림 2.62에 예시하였다. 극대치는 천장과 인버트, 그리고 측벽에서 나타난다.

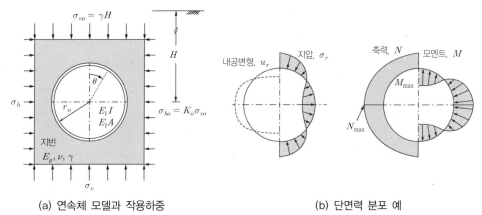

(a) 연속체 모델과 작용하중   (b) 단면력 분포 예

그림 2.62 연속체 모델과 전형적인 해석 결과(σ_r : 반경방향 지반응력)

지반상호작용 이론해는, 지반과 라이닝의 **다양한 상대강성에 대한 최대단면력이, 그래프 해(graphic solution)로 제시되어 있어** 이로부터 손쉽게 최대 단면력을 구할 수 있다.

① 최대 모멘트

그림 2.63은 지반과 라이닝 간 상대 강성파라미터, $\alpha = E_g r_o^3 / E_l I$를 도입하여, M. Wood & Curtis 이론해를 산정할 수 있도록 제안된 그래프이다($\nu = 0.3$, $K_o = 0.5$ 조건). 계획 터널에 대한 α를 산정하여 그림 2.63에서 m을 읽으면 라이닝에 발생 가능한 최대모멘트는 다음과 같이 산정할 수 있다

$$\alpha = \frac{E_g r_o^3}{E_l I} \text{ 에 대하여, } M_{\max} = m \sigma_{vo} r_o^2 \tag{2.133}$$

α의 증가는 라이닝강성에 대한 지반강성의 증가를 의미한다. 즉, α가 증가할수록(지반강성이 증가할수록) 라이닝의 역학적 하중 분담은 감소한다.

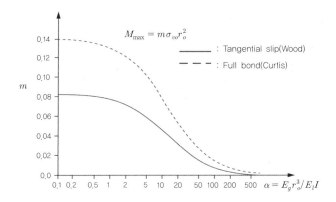

그림 2.63 연속체 모델의 해 : 강성비에 따른 최대 모멘트($\nu = 0.3$, $K_o = 0.5$)

② 축력(hoop force)

다양한 지반 및 터널조건에 대한 라이닝 상대 축력강성, $\beta = E_g r_o / E_l A$에 대하여, 라이닝에 발생하는 최대
축력(통상 스프링 라인에서 발생)을 산정할 수 있는 그래프 해를 그림 2.64에 보였다.

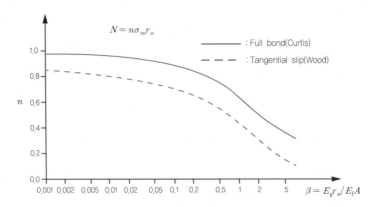

그림 2.64 연속체 모델의 해: 강성비에 따른 최대축력($\nu = 0.3$, $K_o = 0.5$)

계획 터널 및 지반에 대하여 β를 산정하고, 그래프에서 n 값을 읽어 축력을 결정할 수 있다. β 값의 증가
는 지반의 상대강성의 증가를 의미한다.

$$\beta = \frac{E_g r_o}{E_l A}\text{에 대하여, } N = n\sigma_{vo}r_o, \text{ 그리고 } N_{\max} \approx \sigma_{vo}r_o \tag{2.134}$$

③ 라이닝 내공변형

그림 2.65는 연속체이론을 이용하여 상대 변형강성 $\alpha = E_g r_o^3 / E_l I$에 따른 최대 내공변형해를 그래프로
나타낸 것이다.

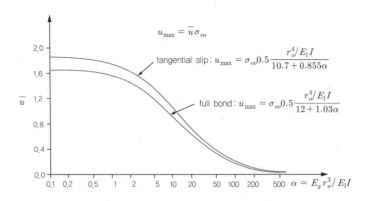

그림 2.65 연속체 모델의 해: 강성비에 따른 최대변형($\nu = 0.3$, $K_o = 0.5$)

계획한 터널 및 지반정보로 α를 산정한 후, 그림 2.65를 이용하여 $\bar{u}$를 구하여, 최대변형을 다음과 같이 구할 수 있다. 최대변형은 천단 또는 스프링 라인 위치에서 발생한다.

$$u_{\max} = \bar{u}\sigma_{vo} \tag{2.135}$$

NB : 라이닝–지반과 접선방향 활동의 영향

같은 라이닝에 대하여 최대 모멘트와 최대 변형은 접선활동(tangential slip)을 고려하는 경우가 완전결합(full bond)조건보다 더 크게 나타난다. 반면, 최대 축력은 이와 반대 경향을 보인다.

예제 앞의 원형보 이론 예제 터널에 대하여 $K_o = 0.4$인 경우($\nu = 0.3$), M. Wood의 지반–라이닝 상호이론해를 이용하여 라이닝 최대 모멘트를 구해보자(지하수 영향 무시)

풀이 그림 2.63 그래프 해의 M.Wood 곡선에서

$$\alpha = \frac{E_g r_o^3}{E_l I} = \frac{30 \times 2.5^3}{1500 \times \dfrac{1 \times 0.25^3}{12}} = 240 \text{이므로} \quad m = 0.005$$

$$M_{\max} = m\, p_v\, r_o^2 = 0.005 \times 300 \times 2.5^2 = 9.4 \text{kN} \cdot \text{m}$$

빔–스프링 모델 이론해 : Duddeck–Erdman(1982)의 해

빔-스프링 모델은 그림 2.66(a)에 보인 바와 같이 지반거동을 스프링으로 모사한다. 스프링은 요소의 절점에 두며, 스프링 상수는 터널 횡단면 **단위 주면길이(L=1)에** 대하여 다음과 같이 산정한다(Wölfer).

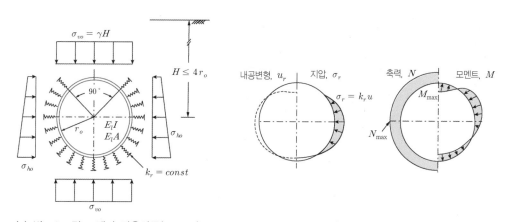

(a) 빔–스프링 모델과 작용하중($C < 2D$)　　　　(b) 거동 예

그림 2.66 빔–스프링 모델과 전형적인 해석 결과(σ_r : 반경방향 지반응력)

$$k_r = \frac{E_g(1-\nu_g)}{(1+\nu_g)(1-2\nu_g)}\frac{1}{r_o} \approx \frac{E_g}{(1+\nu_g)} \cdot \frac{1}{r_o} \tag{2.136}$$

얕은 토사터널의 빔-스프링 모델의 경우 하중은 일반적으로 전 토피하중을 고려하나, 심도가 깊거나 사질토 지반의 경우, 이완영역은 터널 주변의 일정범위(굴착 폭의 약 2배)로 한정된다. 그림 2.66(a)의 정지 지중응력조건을 라이닝 원주에 작용하는 반경 및 접선 지반하중 σ_R, σ_T으로 변환하면, 이를 빔-스프링 모델에 적용하여 이론 단면력해를 구할 수 있다.

$$\sigma_R = \frac{1}{2}\gamma H(3+K_o) + \frac{\gamma}{4}\left[-r_o(1+K_o)\cos\theta + 2H(1-K_o)\cos 2\theta - r_o(1-K_o)\cos 3\theta\right] \tag{2.137}$$

$$\sigma_T = \frac{1}{4}\gamma(1-K_o)\left[-r_o\sin\theta + 2H\sin 2\theta - r_o\sin 3\theta\right] \tag{2.138}$$

그림 2.66(b)는 빔-스프링 모델의 전형적인 해석 결과를 예시한 것이다. Duddeck·Erdman(1982)은 **지반-라이닝의 완전결합**(full bonding) 조건을 가정하여 강성비 E_g/E_l에 따른 빔-스프링 모델의 축력과 최대 모멘트 그래프 해를 그림 2.67과 같이 제시하였다.

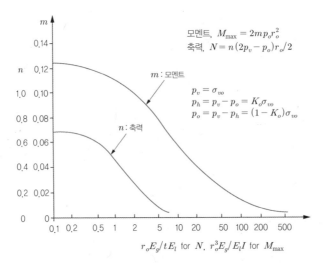

(산정절차)

- 최대 모멘트 : ① $r_o^3 E_g/E_l I_l$ 산정 → ② 그래프에서 m 읽음 → ③ $M_{max} = 2mp_o r_o^2$
- 축력 : ① $r_o E_g/tE_l I$ 산정 → ② 그래프에서 n 읽음 → ③ $N = n(2p_v - p_o)r_o/2$

 (t : 라이닝 두께, $\nu = 0.3$, $H/r_o \to \infty$, k_r : 지반반력계수, I : 라이닝 단면 2차 모멘트
 $k_r = 3(3-2\nu)E_g/[4(1+\nu_g)(3-4\nu_g)r_o] = 0.76E_g/r_o$)

그림 2.67 빔-스프링 모델 해 : 축력 및 최대 휨모멘트(지반-라이닝 완전결합조건, $\nu_g = 0.3$)

실제 지반하중은 지반-라이닝 상호작용에 의해 결정되지만 터널 심도가 깊어지는 경우, 경험상 토피하중의 50~70%를 이완하중으로 가정한다. 이러한 가정은 지반이 반무한체이므로 토피가 적어도 2D 이상인 경우에 타당하다.

예제 앞의 예제에 대하여 빔-스프링 지반-라이닝 상호작용 이론해를 이용하여 최대 모멘트를 산정해보자. 그리고 앞에서 구한 원형보 이론해와의 차이를 비교해보자.

풀이 ① 빔-스프링 지반-라이닝 상호작용 이론해

그림 2.66을 이용하여 m을 구한다.

$$\alpha = \frac{E_g r_o^3}{E_l I} = \frac{30 \times 2.5^3}{1500 \times \frac{1 \times 0.25^3}{12}} = 240 \text{이므로} \quad m = 0.008$$

$$p_o = (1 - K_o)\sigma_{vo} = (1 - 0.4) \times 300 = 180\,\text{kPa}$$

$$M_{\max} = m\sigma_{vo}r_o^2 = 0.008 \times 180 \times 2.5^2 = 9.0\,\text{kN} \cdot \text{m}$$

② 원형보 이론으로 구한 최대 모멘트는 천장 및 인버트에서 $50.625\,\text{t} \cdot \text{m}$로서 이는 M.Wood 이론값보다 1.875배 큰 값이다. M.Wood 이론은 지반-지보재 상호작용 이론으로서 지반의 지지기여를 고려하여 라이닝 부담이 작게 산정되었다.

상호작용 이론의 적용성과 활용

지반-라이닝 상호작용 이론은 탄성의 평면변형조건과 정지 지중응력 조건을 가정한다. 일반적으로 **연속체 모델은 보통 수준의 심도를 갖는 터널에 주로 적용되고, 빔-스프링 모델은 천단부에서 지압의 감소가 일어나지 않는 얕은 쉴드 터널에 부합하다.** 깊은 터널의 경우, 경험상 정지토압을 30~50% 감해 적용한다.

지반-라이닝 상호작용 이론은 원형의 쉴드터널을 많이 사용하는 유럽에서 널리 사용되었는데, 이는 공법상 굴착 후 지반하중이 세그먼트 라이닝에 바로 작용하는 실제 현상과 부합하기 때문이다. 현재도 세그먼트 라이닝 구조 검토 시 여전히 **실무에서 사용**되고 있다. **연속체 모델은 미국과 일부 유럽국가, 빔-스프링 모델은 유럽국가들, 그리고 Wood와 Curtis의 해는 영국(UK)에서 예비단계의 터널설계에 활용되고 있다.**

실무에서는 특히 관용터널공법의 라이닝 구조해석은 대부분 수치해석법에 의해 이루어지고 있다. 수치해석에 의한 라이닝 구조해석은 제5장에서 다룬다.

CHAPTER 03

터널의 굴착 안정
Stability of Tunnelling

터널의 굴착 안정

Stability of Tunnelling

대부분의 터널붕괴는 굴착면(막장)에서 지보가 미처 설치되기 전 발생한다. 터널의 붕괴는 재산과 인명 피해를 수반하기도 하는 심각한 사고이며, 굴착 중에 지상의 인접 구조물에 손상을 야기하는 사례도 흔하다. 터널굴착의 안정 검토와 붕괴 리스크 관리는 터널 설계와 시공의 핵심관리 사항이다.

터널의 안정성 문제는 터널의 목적구조물인 라이닝의 구조안정성, 굴착지반의 안정성 그리고 인접 구조물의 안정성 문제를 포함한다. 이 장에서는 굴착 중 터널의 지반조건에 따른 붕괴 유형을 살펴보고, 연약지반 터널과 암반터널에 대한 안정 검토 방법을 고찰한다. 이 장에서 다룰 주요 내용은 다음과 같다.

- 터널의 붕괴 유형과 안정 검토 방법
- 연약지반 터널의 붕괴 특성과 안정 검토
- 암반터널의 붕괴 특성과 안정 검토
- 터널 인접건물의 안정 검토

3.1 터널의 붕괴 특성과 굴착안정성 검토

3.1.1 터널의 붕괴 특성과 유형

터널의 붕괴 특성

대부분의 **터널 붕괴**는 굴착 중 지보가 설치되기 직전에 일어난다. 그림 3.1은 굴착면(막장)거리(face distance)에 대한 터널의 붕괴빈도를 나타낸 것이다. **터널의 붕괴 리스크는 굴착 직후 지보가 설치되기 직전의 막장위치에서 가장 높음을 알 수 있다.**

지상 토목 구조물의 경우, 최악조건의 하중은 대부분 완공 후 운영 중에 발생하는 데 비해, **터널은 굴착 직후 지보가 설치되기 전 상황에서 안전율이 최소가 된다.** 따라서 터널설계는 굴착 중 안정성 검토를 필수적으로 포함하며, 이는 터널설계가 지상 구조물 설계와 구분되는 가장 중요한 차이 중의 하나라 할 수 있다.

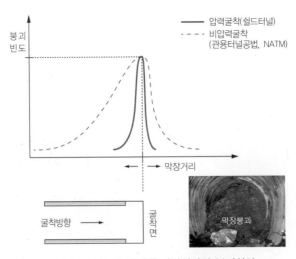

그림 3.1 굴착 중 터널의 막장거리별 붕괴위치

터널의 붕괴 유형

터널의 붕괴사례를 분석해보면 터널의 붕괴형상(collapse mode)은 토피(cover depth), 지반조건(토사 또는 암반), 굴착공법(압력, 비압력) 등에 따라 매우 다양한 유형으로 나타난다. 터널 심도가 낮을수록 파괴영역은 터널 천단부에서 지표까지 형성되며, 심도가 깊어질수록 파괴영역이 터널 주변에 한정되는 경향을 보인다.

F. Pacher(1975)는 터널의 실제 붕괴사례들을 분석하여 터널심도와 지반에 따른 터널의 굴착 붕괴모드를 그림 3.2와 같이 구분하였다. 얕은(淺層, shallow) 연약지반(토사)터널의 경우 지표까지 함몰되는 전반붕괴(total collapse, daylight collapse)가 발생할 수 있으며, 깊은 토사터널에서는 굴착면 주변만 파괴되는 국부파괴(local failure)가 일어날 수 있다.

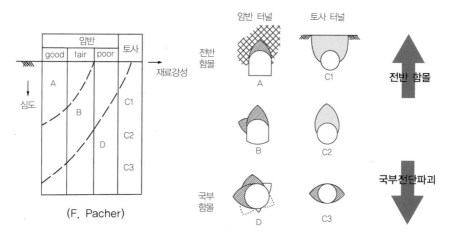

그림 3.2 터널심도 및 지반조건에 따른 터널파괴 모드

연암반(soft rock) 터널에서는 지중응력이 낮은 경우 붕락(caving) 또는 낙반(rock fall) 형태의 붕괴가 일어날 수 있으며, 지중응력이 높은 경우 파괴영역이 굴착면 주변에 국한되는 소성 전단파괴(shear failure) 또는 압착파괴(squeezing)가 일어날 수 있다. 지반응력 수준이 높은 경암반(hard rock)에 터널을 굴착하는 경우 암파열(rock spalling, rock burst)이 발생할 수 있다.

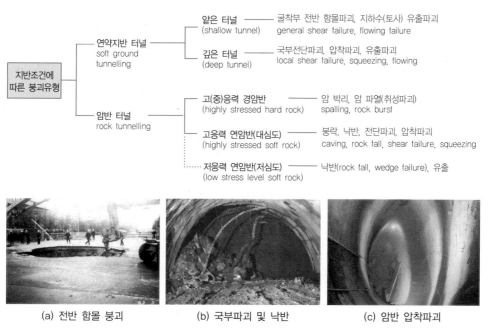

(a) 전반 함몰 붕괴   (b) 국부파괴 및 낙반   (c) 암반 압착파괴

그림 3.3 지반조건에 따른 터널의 붕괴 유형

터널굴착공법에 따른 붕괴유형을 그림 3.4에 정리하였다. 관용터널공법의 경우, 비압력 굴착이므로 지반 붕괴 가능성이 있고, 지보의 지지능력이 불충분하면, 지보재 파괴가 일어날 수 있다. 쉴드터널은 압력굴착으로서 막장압 관리 실패에 따른 막장붕괴, 운전 중지 상황에서 토사와 지하수 유출에 따른 함몰이 발생할 수 있다. 간혹, 얕은 심도에서 과다한 막장압에 의한 지반의 융기파괴(blow-out)가 일어나기도 한다.

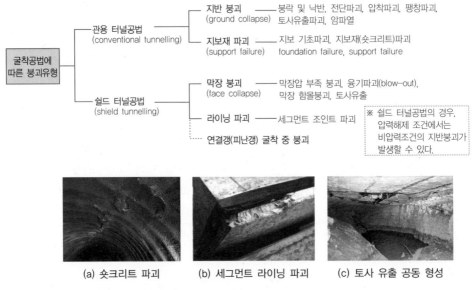

그림 3.4 굴착공법에 따른 터널의 붕괴유형

(a) 숏크리트 파괴   (b) 세그먼트 라이닝 파괴   (c) 토사 유출 공동 형성

3.1.2 터널의 굴착 안정 검토

터널설계는 터널의 붕괴 가능성을 판단하여, 안전한 굴착 및 경제적 지보 계획을 수립하는 굴착의 안정성 검토를 포함한다. 따라서 안정 검토는 결국 **지보설계과정**이라 할 수 있다. 실무에서는 지반과 지보재를 포함하는 전체 해석모델에 대한 수치해석을 실시하여 지반의 안정성이 확보되는 적정한 지보재를 결정하는 방식으로 안정을 검토한다. 하지만, 전통적으로 사용해온 이론해석법, 도해법 등도 여전히 특정 조건의 터널 안정 평가에 유용하며, 모형시험은 주로 터널의 붕괴모드를 파악하는 수단으로 활용되고 있다.

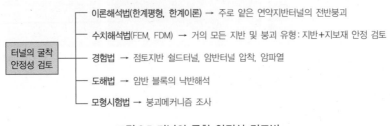

그림 3.5 터널의 굴착 안정성 검토법

3.2 터널 파괴거동의 이론적 고찰

다양한 터널의 붕괴 유형을 한 가지 메커니즘으로 모두 설명할 수는 없으나, 크게 역학적인 원인과 수리적인 원인, 그리고 이의 조합 원인으로 구분할 수 있다. 역학적 원인은 전단파괴로 대표되는 전단압출(shear extrusion) 등의 연속체 전단파괴 거동을 들 수 있으며, 수리적 원인은 토사유실에 따른 공동형성 및 지반이완과 이에 따른 함몰붕괴가 대표적이다.

3.2.1 굴착 주변의 소성거동과 국부전단파괴 메커니즘

터널 주변지반의 소성거동

터널을 굴착하면 굴착면을 따라 응력이 해제되고, 이로 인해 그림 3.6(a)와 같이 터널 내측으로 변형이 일어난다. 지반의 강성과 강도가 충분히 크다면, 굴착면이 탄성 상태에 있게 되나, 굴착으로 유발된 응력이 항복강도를 초과하면, 소성영역이 발생한다. 특정 위치에 (주로 측벽부) 소성영역이 과다하게 진전되어 터널 내부로 지반이 밀려들어오는 현상을 전단압출이라 하며, 이는 국부전단파괴(local shear failure) 현상이다.

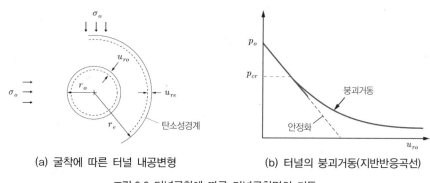

(a) 굴착에 따른 터널 내공변형　　　　(b) 터널의 붕괴거동(지반반응곡선)

그림 3.6 터널굴착에 따른 터널굴착면의 거동

변형이 계속 증가하여 소성영역이 확대되면서, 큰 변형이 진전된 토체가 원지반에서 떨어져 나오는 거동을 붕괴(락)라 할 수 있다. 지표까지 진전된 파괴거동은 지반 함몰을 야기한다. 이러한 과정을 제2장에서 다룬 내공변위-제어 곡선으로 표현하면, 그림 3.6(b)와 같이 변형이 수렴되지 않고 확대되는 과정으로 나타나는데, 이러한 거동을 붕괴라 할 수 있다.

소성영역과 활동파괴면

소성영역 내에서 붕괴가 진행되는 메커니즘을 고찰해보자. 소성상태인 미소요소에서 활동파괴면은 전단파괴이론에 따라 그림 3.7(a)에 보인 바와 같이 최소주응력 방향과 $45 + \phi/2$의 각을 이룬다. 제2장의 터널거동이론을 통해, **터널을 굴착하면 굴착면 접선방향 응력(σ_θ)이 최대주응력(σ_1)**이 됨을 알 수 있었다. 이 응력이 지반(암반) 강도를 초과하면($\sigma_\theta > \sigma_c$) 지반이 항복하여 소성상태가 된다. 따라서 터널 천장과 측벽의 굴착경계면 요소에서의 응력과 활동 파괴면은 그림 3.7(b)와 같이 나타난다. 굴착면에서 $\sigma_3 \approx 0$이다.

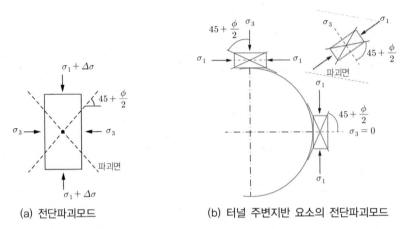

(a) 전단파괴모드   (b) 터널 주변지반 요소의 전단파괴모드

그림 3.7 굴착경계면 요소(천장부 및 측벽부)의 주응력과 활동면의 관계

연속되는 활동파괴면의 형상을 파악하기 위하여 터널 굴착경계에서 약간 떨어진 어깨부 내측 요소에 대한 주응력 변화를 살펴보면, 천장부에서 수직이던 최소주응력이 지반 안쪽에서 σ_r과 $\tau_{r\theta}$로 인해 약간 좌회전하게 된다. 따라서 천장부에서 수직이던 파괴면은 오른쪽으로 휘어지는(측벽은 왼쪽으로) 모양으로 나타난다. 파괴면을 굴착면에서부터 어깨부 소성한계까지 연속적으로 연결하면 대수나선의 형태가 된다.

터널 중심에서 반경 거리가 r이고, **활동 파괴면**의 기울기가 θ_{cr}(대수나선 반경방향과 대수나선 접선이 이루는 각)인 대수나선식은 다음과 같이 일정 패턴의 대수나선으로 나타낼 수 있다.

$$r = r_o \cdot e^{\alpha \cot\theta_{cr}} \tag{3.1}$$

여기서, α는 터널 굴착주면상 위치를 나타내는 각으로서, 천단에서 $\alpha = 0$이다. 굴착경계면($r = r_o$)에서 활동파괴면의 기울기, $\theta_{cr} = 45 + \phi/2$이 된다. 터널 중심을 기준으로 하여, r의 궤적을 그리면 이것이 활동파괴면의 궤적이며, 그림 3.8(a)와 같이 일정 패턴의 대수나선으로 나타난다.

굴착면 주변지반의 국부전단파괴

소성상태의 어느 위치에서도 활동면을 나타낼 수 있으므로 그림 3.8(a)와 같이 소성영역 내에 무수히 많은 활동면의 궤적을 그릴 수 있다. 활동면은 단지 터널 굴착면으로부터의 거리와 전단 저항각(ϕ)에만 의존한다. 또한, 활동면은 소성영역 내에서만 형성되므로, 소성영역의 외곽으로는 이어지지 않는다.

실제 지반응력상태는 등방응력조건이 아니므로 소성영역이 일정 두께의 링(ring) 형태로 나타나지 않는다. $K_o > 1.0$인 이방성 응력조건의 경우 그림 3.8(b)와 같이 응력집중이 일어나는 측벽에서 소성변형이 시작되면서, 활동면이 형성된다. 터널 측벽에서 활동파괴에 의해 터널 내부로 밀려들어오는 변형을 **전단압출**(shear extrusion)이라 한다.

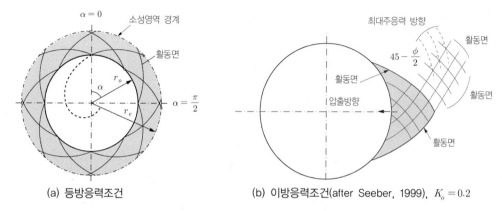

(a) 등방응력조건   (b) 이방응력조건(after Seeber, 1999), $K_o = 0.2$

그림 3.8 터널 주변 소성영역과 소성영역 내 활동면

터널 굴착 전면(tunnel face), 즉 응력이 해제된 막장면에서, 소성영역과 활동파괴면이 응력조건에 따라 그림 3.9와 같이 형성된다. 따라서 터널의 실제 굴착부에서 활동면은 3차원적으로 형성될 것이며, 이에 따라 지보가 설치되지 않은 굴착 직후의 굴착면이 안정에 가장 취약한 조건이 된다.

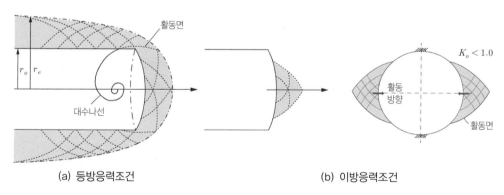

(a) 등방응력조건   (b) 이방응력조건

그림 3.9 굴착면(막장) 종방향 활동면

얕은 터널의 전반 전단파괴

소성파괴이론은 터널 굴착면의 소성화와 굴착면 주변의 국부전단파괴와 압출전단파괴 거동을 잘 설명해 준다. 하지만, 실제 터널의 붕괴 사례를 보면, 얕은 토사터널에서는 전반 함몰붕괴가 흔히 발생하는데, 이는 국부파괴가 전반파괴로 진전된 것으로, 굴착에 따른 소성영역의 전파 메커니즘을 통해 확인할 수 있다.

그림 3.10(a)는 화강암 복합지반 내 터널의 굴착영향을 수치해석을 통해 점진적으로 모사하여, 터널 주변 지반의 소성 전단변형률 진행과정을 보인 것이다. 굴착하중을 제하(unloading)함에 따라 두 측벽에서 발생

한 소성영역은 초기 터널 측벽부에 집중되며(본 해석에서 고려한 지반조건은 터널 상하구간이 풍화토와 풍화암으로 구분되는 조건임), 굴착진행에 따라 소성영역이 지표로 전파하여 천단상부 토체의 전반파괴 모드를 형성한다. 소성영역이 지표부근까지 도달하면서, 터널 천장부 상부토체가 활동면으로 둘러싸여 활동 토체를 형성하는 상황이 되면 활동면으로 형성된 터널상부 파괴 토체의 중량이 활동면의 전단저항을 초과할 때, 그림 3.10(b)와 같이 상부토체가 터널 내부로 낙하하는 함몰붕괴가 발생할 수 있다.

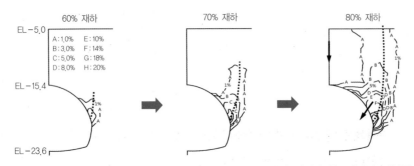

(a) 화강암 복합지반 내 마제형 터널의 굴착에 따른 소성영역의 진전과정(소성전단 변형률)

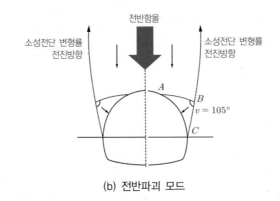

(b) 전반파괴 모드

그림 3.10 얕은 연약지반 터널의 전반전단 함몰 메커니즘($K_o < 1.0$)

그림 3.10 사례는 초기 측벽에서 시작된 국부파괴 영역 ABC가 지표까지 전파하여 천단상부 토체의 함몰을 야기한 것으로 전반 함몰붕괴의 한 예를 살펴본 것이다. 이는 얕은 연약지반 토사 터널에서 흔히 발생하는 붕괴사례이며, 이밖에도 전반함몰붕괴를 야기하는 조건으로서 얇은 암반토피, 지하수 침투작용 등 다양한 상황이 있을 수 있다.

3.2.2 지하수와 토사 유출에 의한 터널붕괴 메커니즘

지하수위 아래 건설되는 토사터널의 붕괴거동에 가장 큰 영향을 미치는 요인은 **지하수**이다. 굴착 시 지하수 유입(flowing)이 토사유실을 동반하면, 터널 붕괴를 초래할 수 있다. Terzaghi는 일찍이 "**토사 터널 굴착 중 마주칠 수 있는 모든 심각한 어려움은 직간접으로 지하수의 유입과 관련된다**"고 지적하며,

터널 건설은 '물과의 싸움'이라 설파하였다.

대부분의 연약(토사)지반 함몰붕괴는 지하수 영향과 관련된다. 터널 굴착 시 지하수 영향이 게재되면, 지반저항을 저하시켜 앞 절에서 고찰한 전단 파괴거동이 보다 용이하게 발생될 것이다. 한편, 지하수 유출 자체가 과다한 경우 토사유실을 동반하여 지반 내 공동이 형성되며, 지반함몰로 이어질 수 있다. 이는 역학적 거동과 연계되지 않는 수리적 요인이 터널붕괴를 야기할 수 있음을 의미하는 것이다. 따라서 지하수의 존재는 굴착작업의 안정성을 위협하는, 가장 경계하여야 할 요인 중의 하나라 할 수 있다. 하지만, 굴착 중 터널 수리불안정에 대한 검토 체계가 명확히 정립되어 있지 않고, 지하수 영향을 관리하기 위한 유입량(용출수량), 수압 등의 측정과 대응에 대한 구체적인 시방규정도 미흡하여 수리 불안정이 간과되기 쉽다.

터널 굴착은 지반응력의 불균형과 함께 수리경계조건을 변화시킨다. 터널 위 수두가 높을수록 굴착 경계면에서 수두 차에 따른 영향이 크게 나타난다. 지하수 유입에 의한 붕괴거동은 일반적으로 그림 3.11에 예시한 바와 같이 '**지하수 유출→토사 유실→파이핑 세굴→지반이완 및 공동 형성→공동 상부지반 함몰**'의 단계로 진전된다. 이러한 지하수 작용은 터널이 역학적으로 취약한 경우 붕괴의 촉진 요인이 될 수 있다.

(a) 토사 유출에 따른 지반 공동 및 함몰 예

(b) 토사 유출에 따른 지반이완과 함몰붕괴 메커니즘

그림 3.11 터널 내 지하수 및 토사 유출 관련 함몰 사례

굴착지반의 입자 결합력이 침투력에 충분히 저항할 수 있고, 입도분포가 양호하여 지하수 유출이 토사유실을 동반하지 않는 경우라면, 굴착작업조건은 나빠지지만 터널안정이 크게 위협받는 상황은 아닐 수 있다. 하지만 대부분의 경우 굴착면 지하수 유출은 크건 작건 입자유실을 초래하기 마련이고, 이는 지반을 느슨하게 하며, 궁극적으로 유출된 토사량에 상응하는 지반이완 또는 공동(cavity)을 형성하여 지반붕괴를 초래하게 된다. 따라서 지하수위가 높은 사질지반(투수성) 내 터널굴착은 지하수와 토사유실 가능성에 대한 충분한 분석과 대책이 검토되어야 한다.

한계동수경사(i_c)에 의한 터널 바닥부 토사유실 가능성 검토

터널의 경우 터널 바닥부 굴착경계면에서 수두차가 가장 크게 형성되므로 등방균질의 지반이라면 이론적으로 한계동수경사를 초과하는 수직흐름은 굴착 중 터널 바닥부에서 나타날 수 있으므로, 토사유출가능성은 터널 바닥부에서 가장 크다고 할 수 있다.

지하수가 터널을 향해 흐를 때, 감소된 수두(Δh)를 이동한 거리(L)로 나눈 값을 동수경사(hydraulic gradient, $i = \Delta h / L$)라 한다. 수직흐름의 경우, 동수경사가 증가하여 유효응력이 '0'이 되면, 지반이 부유상태가 되고, 이어 입자 유실(이동)이 야기되는데, 입자이동의 문턱기준이 되는 동수경사를 한계동수경사(critical hydraulic gradient, i_c)라 한다.

$$i_c = \frac{\gamma'}{\gamma_w} = \frac{G_s - 1}{1 + e} = (1-n)(G_s - 1) \tag{3.2}$$

여기서, γ' : 수중단위중량, e : 간극비, n : 간극률이다. 일례로 G_s=2.68인 모래의 간극비 범위가 0.5~1.0이면, 한계동수경사(i_c)는 1.12~0.84이다. **일반적으로 흙의 한계동수경사는 0.85~1.1 범위에 있다.**

한계유속(v_c)에 의한 터널 굴착면 주변 입자이동 검토

분할굴착, 지반의 불균질성 등으로 인해 지하수 유입경로와 토사유입 위치가 불특정해지며, 유입이 복잡한 양상으로 발생하여, 한계동수경사에 의한 입자 유출가능성은 흐름이 연직방향으로 일어나지 않는 경우(바닥부 이외의 구간 유입), 적용하기 어렵다. 이에 따라 **보다 보편적인 입자 유실 검토방법으로서 지하수의 유속을 이용하는 개념이 제안되었다.**

입자는 흐름에 의해 그림 3.12와 같이 세굴(洗掘) 전단력(scouring force)을 받게 된다. 세굴력이 입자의 마찰력보다 커서 입자의 이동이 발생하는 침투유속을 한계유속(critical seepage velocity)이라 한다.

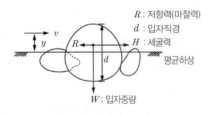 

그림 3.12 흐름이 입자에 미치는 힘(H : 세굴력, R : 저항력(마찰력), W : 입자중량, d : 입자직경)과 유출 예

입자의 높이, 단면, 체적을 직경의 비율로 표시하면, $A = \alpha_1 d^2$, $y = \alpha_2 d$, $V = \alpha_3 d^3$로 나타낼 수 있다. 동수압 $p = \rho_w v^2 / 2$라면(층류흐름), 세굴력은 $H \propto A \cdot p$이므로, 세굴력 계수 C_D를 도입하여,

$$H = C_D \alpha_1 d^2 \frac{\rho_w v^2}{2} \tag{3.3}$$

마찰저항력(R)은 '유효중량 × 마찰계수'이므로,

$$R = \mu (\rho_s - \rho_w) g \alpha_3 d^3 \tag{3.4}$$

입자 이동이 일어나는 한계상태에서 '세굴력(H)=저항력(R)'이므로, 한계유속 v_c은 다음과 같이 나타난다.

$$v_c = \sqrt{\frac{2g\mu(\rho_s - \rho_w)\alpha_3}{\alpha_1 \rho_w C_D}} d = \sqrt{\frac{2(G_s - 1)\mu\alpha_3}{\alpha_1 \cdot C_D} d \cdot g} \tag{3.5}$$

위 식을 살펴보면 토사유실이 일어나는 한계유속은 토립자 입경과 밀도, 마찰계수의 함수이며, 입경의 제곱근에 비례한다. 이러한 유실특성에 기초하여 Justin(1923)은 다음과 같이 한계유속을 제안하였다.

$$v_c = \sqrt{\frac{Wg}{Ar_w}} = \sqrt{\frac{2}{3}(G_s - 1)d \cdot g} \tag{3.6}$$

여기서, W : 입자중량, A : 흐름방향 투영단면적, G_s : 입자 비중, g : 중력가속도, d : 입자의 입경이다.

Justin식은 한계유속을 과대평가하는 것으로 알려져 있다. 그림 3.13은 여러 연구자가 제안한 입경과 한계유속의 관계를 보인 것이다. 제안된 선(영역)의 상부에서 입자의 이동과 침식이 일어난다. **입경의 크기가 증가하면 한계유속은 지수적으로 증가하여 입자 유실가능성이 낮아진다**(빗금은 전이 영역).

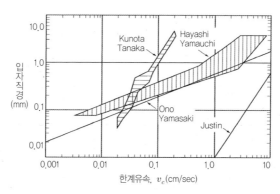

그림 3.13 입경과 한계유속의 관계(제안 선 상부구간에서 입자의 이동과 침식이 발생)

3.3 연약지반 터널의 굴착 안정 검토

3.3.1 연약지반 터널의 굴착면 불안정 거동

터널의 붕괴는 통상 굴착 중 굴착면의 지반입자의 개별거동에 따른 불안정에서부터 시작된다. 특히, 입자가 고결되지 않은 얕은 연약지반 굴착면에서는 지반이 소성화하여 터널 내로 밀려들어오는 **압착**(squeezing)이나, 지반 입자들이 굴착면에서 떨어져 나가는 현상이 발생할 수 있다(압력굴착의 경우, 막장압이 해제되는 경우 발생할 수 있다). 그림 3.14에 1피트 폭의 초소형 터널모형 시험을 토대로 토사터널의 굴착면에서 발생할 수 있는 지반불안정 현상의 유형을 예시하였다(Terzaghi,1950; Heuer, 1974).

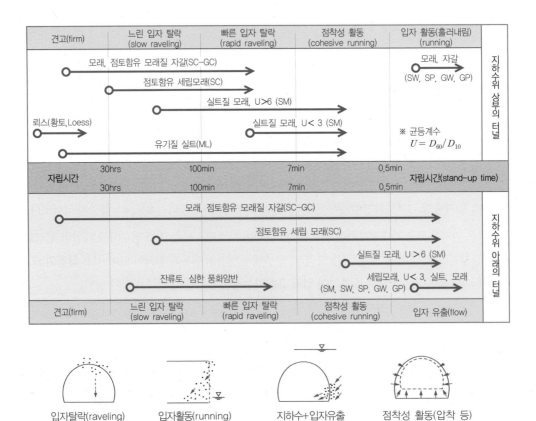

그림 3.14 연약지반 터널의 굴착면 불안정 거동과 자립시간(1 foot wide rectangular tunnel)

굴착면 불안정 거동은 지반조건에 따라 달라지며, 터널이 지하수위 아래에 위치하는 경우 크게 취약해지는 특성을 보인다. 특히, 점착력이 없는 세립토의 경우 자립시간이 거의 확보되지 않고, 유출파괴가 진행될 수 있음을 보인다.

사질지반은 점토가 결합재로서 존재하거나, 불포화 조건에서 굴착면 주변의 체적 팽창거동에 따른 부압

(負壓)이 겉보기 점착력으로 기능하며, 일시적 안정이 유지될 수 있다. 하지만, 수분이 증발하면 바로 점착력이 소멸하여 입자 탈락(raveling), 입자 활동(running) 등의 굴착면 불안정이 일어날 수 있다. 반면, 점토지반에서는 터널 굴착면이 내부로 밀려들어오는 **압착**(squeezing), 바닥 **융기**(heaving), **팽창**(swelling) 등의 불안정 거동이 나타날 수 있다. 일반적으로 토사지반은 굴착면의 보강 또는 지지 없이 터널을 굴착하기 쉽지 않다. 따라서 지반을 보강한 후 굴착하거나 압력쉴드 공법을 채택하게 된다.

3.3.2 얕은 연약지반 터널의 붕괴모드와 굴착 안정 검토

굴착면의 불안정 거동은 지하수의 침투로 촉진되거나, 가속화될 수 있으며, 순식간에 주변으로 전파되고 지표까지 발전하는 전반함몰로 이어질 수 있다. 따라서 굴착면 불안정이 우려되는 경우, 비압력 조건의 굴착 안정 검토가 필요하다. 비압력 굴착조건은 관용터널공법 또는 압력쉴드 공법 적용 중 막장압력이 해제된 경우(예, 쉴드 굴착 시 커터교체를 위한 운전중지(CHI) 등)가 이에 해당한다.

터널심도에 따른 붕괴모드

터널굴착에 따른 파괴의 형상과 범위는 터널심도와 밀접한 관계가 있다. 일반적으로 **토피가 직경의 2배 이하인 터널을 '얕은 터널(shallow tunnel)'** 이라 한다. 지층 분포 특성상 얕은 터널은 흔히 토사 지반에 위치하게 된다. 토피가 작으면 지반 아치 형성이 어렵고, 상재압력(overburden, $\gamma_t D$) 대비 전단강도(s_u)가 작아($\gamma_t D / s_u > 4$), 전반붕괴 가능성이 높다.

일반적으로 $C < D$인 사질토 지반의 터널에서는 굴착면 국부파괴가 시작되면 순식간에 지표 함몰로 이어지는 전반함몰이 일어날 수 있다. 하지만 터널의 깊이가 충분히 깊은 경우($C \gg D$), 터널 주변 일정 영역에서만 전단파괴가 일어나는 국부파괴로 한정될 수 있다.

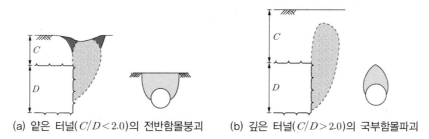

(a) 얕은 터널($C/D < 2.0$)의 전반함몰붕괴　　　(b) 깊은 터널($C/D > 2.0$)의 국부함몰파괴

그림 3.15 토피고에 따른 굴착면의 붕괴영역 예

지반조건에 따른 붕괴모드

터널의 붕괴모드를 알 수 있다면, **한계평형법이나 한계이론으로 터널굴착의 안정성을 검토하고 보강대책을 강구할 수 있다.** 얕은 연약지반 터널에 대한 실제 터널붕괴 사례 분석과 원심모형시험을 통해 붕괴모드

를 파악하고자 하는 다양한 시도가 있었다.

얕은 토사터널의 붕괴모드를 2차원으로 단순화하는 경우, 그림 3.16과 같은 수직함몰로 이상화할 수 있다. 점토 지반 터널의 경우, 붕괴 폭은 터널 폭보다 약간 작게 형성되는 것으로 알려져 있다. 점토지반의 낮은 투수성으로 인해 이를 비배수 조건의 파괴모드(undrained failure mode)라고도 한다. 반면, 사질토 터널의 경우, 붕괴 폭은 터널 직경과 거의 같게 나타나며, 이를 배수 조건의 파괴모드(drained failure mode)라 한다.

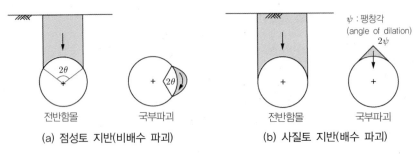

(a) 점성토 지반(비배수 파괴)   (b) 사질토 지반(배수 파괴)

그림 3.16 얕은 연약지반터널의 2차원 수직함몰 붕괴모드

터널 굴착 시 굴착 주면은 지보재로 지지되나, 굴착 전면(face)은 지지가 없는 상태이므로, 실제 굴착면 붕괴는 흔히, 이제 막 굴착이 이루어진 굴착 전면(막장)에서 시작되고, 주변으로 전파하여 막장을 향한 3차원 쐐기 형상으로 진행되는 것이 일반적이다.

점성토 지반의 경우, 그림 3.17(a)와 같이 전반파괴는 막장을 향해 경사진 직선 파괴거동을 보이며, 굴착면에서는 타원형 단면의 경사 원통형 붕괴 모드를 나타내는 것으로 관찰되었다. 반면, 사질토 터널에서는 그림 3.17(b)와 같이 천단부에서 입자이탈에 따른 국부파괴가 시작되고, 막장 전면을 향하다 수직으로 올라가는 전반 전단파괴로 진행된다. 굴착면 전방에서는 타원형 단면의 쐐기형, 그 상부는 타원 단면의 굴뚝형(chimney)붕괴가 주로 발생하는 것으로 보고되었다.

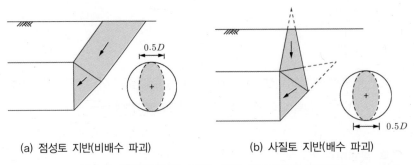

(a) 점성토 지반(비배수 파괴)   (b) 사질토 지반(배수 파괴)

그림 3.17 얕은 연약지반터널의 3차원 굴착면(막장) 붕괴모드

붕괴모드를 이용한 전반함몰붕괴 안정 검토

토사지반은 굴착 주변 지반의 보강 또는 막장압 지지 없이 터널을 안전하게 굴착하기 쉽지 않다. 굴착 가능성을 평가하고 지반보강 또는 굴착공법을 결정하기 위하여 굴착 안정성 검토를 수행한다. 안정 검토를 통해 공법선정, 관용터널의 지보, 쉴드 터널 막장 지지압 등을 결정할 수 있다.

붕괴모드가 알려진 터널굴착조건에 대한 한계평형 및 한계이론에 의한 안정 검토는 관용터널이나 압력 쉴드 터널 구분 없이 적용 가능하다. 다만, 그림 3.18(a)에 보인 바와 같이 **비압력 터널은 안전율(F_s) 개념으로 안정성을 평가할 수 있고, 압력(쉴드)터널**은 그림 3.18(b)에 보인 바와 같이 **막장부 자유물체도에 막장압을 추가하여 안정유지에 필요한 적정 막장지지력($P = \pi r_o^2 p$, 여기서 p는 막장압)을 결정**하는 방식으로 안정성을 검토할 수 있다.

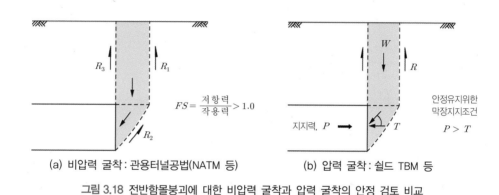

그림 3.18 전반함몰붕괴에 대한 비압력 굴착과 압력 굴착의 안정 검토 비교

3.3.3 얕은 연약지반 터널의 전반함몰붕괴 안정 검토

연약지반터널의 경우, 전반붕괴모드가 비교적 잘 알려져 있어 한계평형법 또는 한계이론을 이용한 안정 검토가 가능하다. 안정 검토를 통해 관용터널공법(NATM), 혹은 쉴드터널의 압력 제거 상황(운전중단) 같은 비압력 조건에 대하여 지반보강 여부를 판단할 수 있고, 쉴드TBM과 같은 압력굴착의 경우 안정 유지에 필요한 막장압을 결정할 수 있다.

터널상부 전반 함몰붕괴에 대한 안정 검토

천장부 2D 수직함몰 붕괴모드. 수직함몰 붕괴는 터널 상부의 지지토층이 얇거나, 얕은 토사터널에서 발생한다. 붕괴형상이 터널 축을 따라 길게 형성된 경우(붕괴 폭보다 붕괴 길이가 긴 경우)라면, 그림 3.19와 같은 **2차원 평면파괴**의 붕괴모드를 가정할 수 있다. 파괴 토체 $ABNM$에 작용하는 활동력은 자중 W이고, 활동 저항력은 파괴토체 측면(연직 활동 파괴면 AB와 NM)의 마찰저항 R이다. 만일, 압력쉴드터널이라면 내압 P를 추가적으로 고려한다.

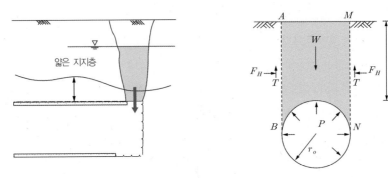

그림 3.19 얇은 터널의 전반함몰붕괴 메커니즘

토피고(cover depth)가 C이고, 연직응력 σ_z, 토압계수 K, 점착력 c, 마찰계수가 $\mu=\tan\phi$, 깊이 z에서의 측압이 $F_H=K\sigma_z\mu+c$이면, 자중 W와 저항력 R은 각각 다음과 같이 산정된다.

$$W=2\gamma_t r_o(C+r_o)-\frac{1}{2}\pi\gamma_t r_o^2 \tag{3.7}$$

$$R=T+P\times D=2\int_0^z \tau dz+P\times D=2\int_0^{C+r_o}(K\sigma_z\mu+c)dz=K\mu\gamma_t(C+r_o)^2+2c(C+r_o)+P\times D \tag{3.8}$$

붕괴가 일어날 조건은 '**자중에 의한 활동력 > 파괴 저항력**'이므로 $W>R$ 또는 $F_s=\dfrac{R}{W}<1.0$ 이다.

굴착 중의 지반변형, 교란 등을 감안하면, 수평토압은 주동상태에 가까울 수 있다($K=K_a$). 하지만, 굴착 속도가 매우 느리거나, 막장 정지를 고려해야 하는 경우라면 정지토압계수 사용($K=K_o$)이 보다 타당할 것이다. 주동토압상태(K_a)를 가정하면 수평토압이 작아져 정지상태(K_o)보다 보수적인 결과를 준다.

점토인 경우 $\phi=0$, $c=s_u$(비배수전단강도) 이므로($W=2\gamma_t r_o(C+r_o)-\dfrac{1}{2}\pi\gamma_t r_o^2$, $T=2s_u(C+r_o)$),

$$F_s=\frac{R}{W}=\frac{4s_u+P\times 2r_o}{4r_o\gamma_t-\pi r_o^2\gamma_t/(C+r_o)} \tag{3.9}$$

비압력 터널의 경우, $P=0$인 조건이 된다.

NB : Silo 토압을 이용한 안정 검토

파괴면은 전단활동면으로서 **평면변형조건의 사일로(silo)로 가정**할 수 있다. $K=K_a$를 가정하고, 파괴모드를 그림 3.20과 같이 가정하면, 파괴 토체 내 요소 dz에 대한 힘의 수직평형조건은 다음과 같다.

$$\gamma_t r_o dz+\sigma_z r_o=(\sigma_z+d\sigma_z)r_o+(\mu K_a\sigma_z+c)dz \tag{3.10}$$

$$dz = \frac{d\sigma_z}{\gamma_t - (\mu K_a \sigma_z + c)/r_o} \tag{3.11}$$

양변을 적분하여 미분방정식을 풀고, 상재하중 q를 고려 경계조건 $z=0$, $\sigma_z = q$를 적용하면, σ_z는

$$\sigma_z = \frac{(\gamma_t - 2c/r_o)r_o}{2K_a\mu}(1 - e^{-2K_a\mu z/r_o}) + qe^{-2K_a\mu z/r_o} \tag{3.12}$$

$z \to \infty$인 경우 σ_z이 최대, $\sigma_{z,\max} = \dfrac{\gamma_t r_o - 2c}{2K_a\mu}$ \tag{3.13}

$\sigma_{z,\max}$가 단면, $2r_o$에 작용한다고 가정하면, $W = 2r_o\sigma_{z,\max} - \dfrac{1}{2}\pi\gamma_t r_o^2 = 2r_o\dfrac{(\gamma_t r_o - 2c)}{2K_a\mu} - \dfrac{1}{2}\pi\gamma_t r_o^2$ \tag{3.14}

$\tau = \sigma_x\mu + c = K_a\sigma_z\mu + c$이므로, $R = T + PD = 2\displaystyle\int_0^H \tau dz + PD = 2\int_0^H (\mu K_a\sigma_z + c)dz + PD$ \tag{3.15}

$R > W$이면 안정하다.

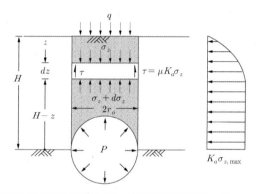

그림 3.20 파괴(활동)면 Silo 토압조건(평면변형조건)

예제 심도 7m에 직경 3m인 터널을 굴착하고
자 한다. 수직함몰 붕괴에 대한 무지보
조건의 굴착인 경우, 아래에 답하시오.
(지반물성: $K_o = 0.3$, $\gamma_t = 17$kN/m³,
$c_o = 3.0$kN/m², $\phi = 20°$)

① 관용터널로서의 붕괴가능성
② 관용터널공법의 안전율 >1.0 조건이
되도록 그라우팅 주입보강을 하는 경
우 점착력 증가 목표치
③ 압력쉴드공법 적용 시 최소막장압

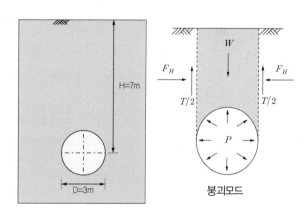

붕괴모드

풀이 ① 수직함몰 붕괴모드와 작용력을 위 오른쪽 그림과 같이 가정하자.
   1) 작용력(파괴토체 중량)

$$W = 2\gamma_t r_o(C + r_o) - \frac{1}{2}\pi\gamma_t r_o^2 = 2 \times 17 \times 1.5(5.5 + 1.5) - \frac{1}{2} \times \pi \times 17 \times 1.5^2 = 296.92\text{kN/m}$$

   2) 파괴토체의 저항력. 관용터널이므로 $P = 0$, $\mu = \tan\phi = 0.36$

$$T = K_o \mu \gamma_t (C + r_o)^2 + 2c(C + r_o) = 0.3 \times 0.36 \times 17 \times (5.5 + 1.5)^2 + 2 \times 3 \times (5.5 + 1.5) = 131.96 \, \text{kN/m}$$

3) 안전율 조건, $F_s = \dfrac{T}{W} = \dfrac{131.96}{296.92} = 0.44 \leq 1.0$ 붕괴 가능성 있음

② 관용터널 '안전율 > 1.0'이 되도록 지반개량을 하고자 할 때, 점착력 증가량 판단

$$F = \frac{89.96 + 2c(5.5 + 1.5)}{296.92} \geq 1.0 \text{이므로, } c = 17.39$$

$c_o = 3.0 \, \text{kN/m}^2$이므로, $\therefore \triangle c = c - c_o = 14.78 - 3 = 11.78 \, \text{kN/m}^2$

③ 굴착 안정 확보를 위한 쉴드터널의 최소 막장압이 $P_{\min}$일 때, 2D 평면파괴를 가정하면,

쉴드 터널 안정조건, $F = \dfrac{T + D \times P_{\min}}{W} = \dfrac{131.96 + 3P_{\min}}{296.92} \geq 1$

$\therefore P_{\min} = 54.99 \, \text{kN/m}$

터널 천장부 3D 수직함몰 붕괴모드. 터널 붕괴 폭이 충분히 큰 경우에는, 2차원 평면변형 붕괴모드를 가정할 수 있지만, 실제 붕괴는 막장부근에서 굴뚝형, 혹은 콘형(cone)으로 발생하는 경우가 많다. 굴뚝형 (chimney type) 붕괴모드의 경우 그림 3.21과 같은 **3차원 원통형 수직함몰 붕괴모드를 가정**할 수 있다.

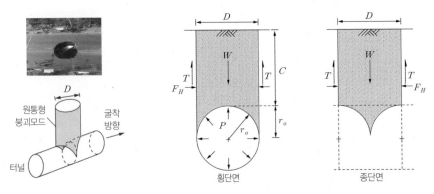

그림 3.21 3D 원통형 전반함몰 붕괴모드

원통형 파괴면에 **Silo 토압조건을 가정**하면, 수직응력 및 최대연직응력은 식(3.12) 및 (3.13)과 같다. 원통 파괴토체의 활동력은 토체 중량($\pi r_o^2 \gamma C$)이며, 파괴 단면하부에 연직응력 최대치가 작용한다고 가정하면,

$$W = \pi r_o^2 \sigma_{z,\max} \approx \pi r_o^2 \frac{(\gamma r_o - 2c)}{2K_a \mu} \tag{3.16}$$

원통주면 저항력 T를 산정하기 위하여 파괴면에 작용하는 전단저항력을 지표에서 터널심도까지 적분하면 (주면저항력 작용 깊이는 지표에서 $C \sim C + r_o$이나, 보수적으로 C를 적용),

$$\tau = K_a \sigma_z \mu + c \tag{3.17}$$

$$R = T + PA \approx \int_0^C 2\pi r_o \tau dz + \pi r_o^2 P = \int_0^C 2\pi r_o \{\mu K_a \sigma_z + c\} dz + \pi r_o^2 P \qquad (3.18)$$

$R > W$ 또는 $F_s = \dfrac{R}{W} > 1.0$을 만족할 때 안정하다.

터널 막장 전반 3차원 함몰붕괴 안정 검토 : Horn의 파괴모드

Horn(1961)은 사질지반의 터널 붕괴사례에 기초하여 그림 3.22(a)와 같이 원형 터널의 외접 사각형 단면의 파괴쐐기와 그 상부의 사각입방체로 구성되는 굴착면 전반 전단파괴모드를 제안하였다. 굴착부 3차원 활동쐐기 $ABDCJI$가 수평에 대해 각도 θ인 바닥면 $CDIJ$를 따라 활동하면, 상부 직육면체 파괴 토체 $ABIJFEGH$는 연직 활동면(수평압력 $\sigma_h = K\gamma z$)을 따라 아래로 활동한다고 가정하였다.

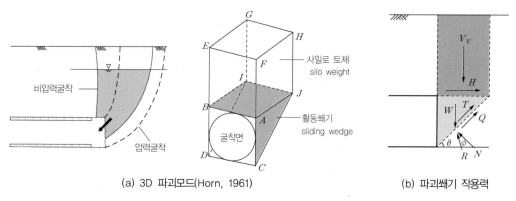

(a) 3D 파괴모드(Horn, 1961) (b) 파괴쐐기 작용력

그림 3.22 굴착면 3차원 전반 함몰붕괴 메커니즘(Horn, 1961)

활동쐐기 $ABDCIJ$에 자중 W와 연직력 V_V가 작용하며, 이에 대한 저항력으로 활동쐐기의 바닥부 Q와 측면 T 그리고 상부 H가 발생한다. N, R은 각각 측면, 바닥면에 수직한 힘이다. 연직력 V_V는 활동쐐기토체의 자중이다. 그림 3.22(b)에 작용하는 힘의 평형조건으로부터 저항력과 활동력을 비교함으로써 안정성을 평가할 수 있다. Anagnostou and Kovari(1994)는 Horn의 파괴모드에 Silo 토압을 적용하여 보다 정교한 쉴드터널의 안정 검토법을 제안하였다(쉴드 터널 안전검토에서 구체적으로 살펴본다).

터널 막장 국부파괴 안정 검토 : Murayama의 국부파괴 모드

Murayama (1966)는 굴착주변 일정구간에서 국부파괴에 대하여 막장전방 파괴면을 천단을 지나는 수평선과 이에 직교하는 **2차원(평면변형) 대수나선형 활동면**($r = r_o \cdot \exp(\alpha \cot\theta)$으로($DA$) 가정하고, Terzaghi-Peck의 수평토압 모델을 이용하여 토사터널의 국부파괴 안정 검토법을 그림 3.23과 같이 제안하였다.

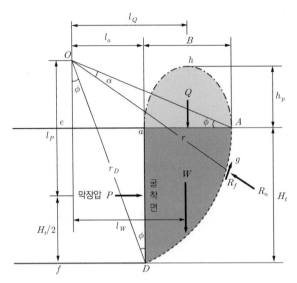

① 터널 상부 이완토압

$$Q = \frac{\lambda B\left(\gamma_t - \frac{2c}{\lambda B}\right)}{2K_o \tan\phi}\left\{1 - \exp(2K_o\tan\phi\frac{H_t}{\lambda B})\right\}$$

$$\approx \frac{\lambda B\left(\gamma_t - \frac{2c'}{\lambda B}\right)}{2K_o \tan\phi} \qquad (3.19)$$

($\lambda > 0$이며, 건조 모래의 경우 $\lambda = 1.8$)

② 쉴드 터널 굴착면 지지력(막장압) 조건

$$P > \frac{1}{l_P}\left\{Wl_W + Ql_Q - \frac{c}{2\tan\phi}(r_A^2 - r_D^2)\right\} \quad (3.20)$$

③ 관용터널공법 안정조건, $P = 0$

$$W \times l_w + Q \times l_Q < \frac{-cl_p}{2\tan\phi}(r_A^2 - r_D^2) \qquad (3.21)$$

그림 3.23 굴착면 국부파괴에 대한 안정 검토(Murayama, 1966)

예제 지하수위가 지표에 근접한 사질토 지반을 쉴드 터널로 굴착하던 중 커터 교체가 필요하여, 정지하고 압력을 제거하였다. 지하수 유입과 함께 토사 유출이 지속적으로 발생하였고, 약 14시간 후에 막장 상부 지표가 함몰되는 붕괴가 발생하였다. 함몰형상은 직경 2.0m의 원통형으로 조사되었다. 이 사고와 관련하여 붕괴메커니즘, 함몰붕괴 전까지 세굴 높이, 붕괴방지 대책 및 그라우팅을 지반을 보강 시, 보강 영역과 요구 점착력 수준 등을 검토해보자.

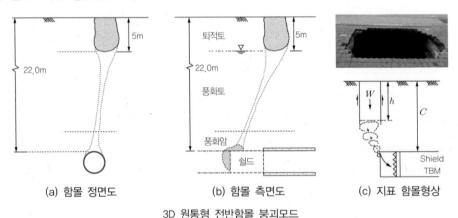

(a) 함몰 정면도　　　　(b) 함몰 측면도　　　　(c) 지표 함몰형상

3D 원통형 전반함몰 붕괴모드

풀이 ① 붕괴메커니즘

일반적으로 쉴드터널은 압력굴착으로서 굴착 중 이수 또는 이토압으로 굴착면 지지압을 유지한다. 굴착 중, 굴착을 중지하고 압력을 제거 후 커터헤드에 진입하여 커터 교체작업을 하게 된다. 압력이 제거되면 관용터널과 같은 조건이 된다. 지하수가 터널 내로 유입되기 시작하고, 주변 토사도 유실되어 함께 터널 내로 유입된다. 토사유입은 공동을 형성하게 되고, 공동 상부의 토체 자중이 지지저항을 초과하는 상황이 되면 함몰붕괴(sinkhole)가 발생한다.

② 함몰붕괴 전까지 세굴높이

3차원 원통형 함몰을 가정하면 터널상부 공동발달 높이로 형성되는 상부 파괴토체의 중량이 파괴면 마찰저항이 초과할 때 붕괴가 일어날 것이다. 막장압 제거 상태이므로 $P=0$. 파괴토체의 높이를 h라 하면,

$$W = \pi r_o^2 \sigma_{z,\max} \approx \pi r_o^2 \frac{(\gamma r_o - 2c)}{2K_a \mu}, \quad \sigma_z \text{은 식(3.12) 이용}$$

$$R \approx \int_0^h 2\pi r_o \tau dz = \int_0^h 2\pi r_o \{\mu K_a \sigma_z + c\} dz$$

안전율이 F일 때, $F \cdot W = R$를 만족하는 심도 h를 구하면, $(C-h)$가 바로 터널로부터 세굴높이가 된다.

③ 대책 검토

쉴드 터널은 막장압이 소멸되는 순간 터널 지지저항이 낮아지고, 상부토체의 자중이 파괴면의 저항력을 초과하여 붕괴가 발생한다. 따라서 압력을 제거하기 전에 그라우팅 등을 통해 지반 자체의 자립능력을 확보하거나, 공기압 보조 장치 등을 이용하여 막장압을 유지하여야 한다.

④ 그라우팅을 하는 경우 보강영역과 점착력 수준

막장압이 소멸되더라도 지반 강도가 굴착면 안정을 유지하도록 보강하여야 한다. 그라우팅 보강은 일반적으로 점착력 증가를 통해 강도를 증가시킨다. 따라서 점착력을 미지수로 하여, $z = C$ 조건에서 위의 ②에서 검토한 $F \cdot W = R$ 식이 만족되도록 점착력을 결정하면 된다. 그라우팅 영역은 파괴모드의 파괴 토체를 충분히 포함하도록 계획한다.

3.3.4 얕은 연약지반 관용터널 지보재의 안정 검토 : 지보재 설계

앞에서 살펴본 터널 안정 문제는 지보가 설치되기 전 무지보 상태를 가정한 것이다. 얕은 연약지반의 경우, 대부분 지지력이 충분하지 못하여 지보재가 설치되며, 따라서 실무설계에서 **관용터널의 안정 검토는 터널의 붕괴를 방지하는 적정한 지보재를 설계**하는 문제가 된다. 따라서 실무안정검토는, 무지보 상태의 안정을 검토하는 것이 아니라, 굴착 시 지반 하중을 지지하는 지보 거동이 허용범위 내에 있도록 지보재를 결정하는 방식으로 이루어진다.

지반하중에 대한 지보재 안정 검토(즉, 지보설계)는 일반적으로 수치해석을 이용한 구조해석으로 이루어진다. 이는 제5장 5.5절에서 구체적으로 다룬다. 여기서는 터널거동이론에서 다룬 개념에 기초하여 관용터널공법의 지보재 안정개념을 살펴본다.

굴착지보의 안정성 검토

관용터널공법은 일반적으로 굴착 즉시 지보를 설치하여 지반이완을 억제하며, 굴착하중을 지보재가 분담하게 함으로써 안정을 도모한다. 하지만, 지보를 설치하였더라도 지보재의 지지력이 충분하지 못하면, 그림 3.24와 같은 지보재 파괴가 발생할 수 있다.

 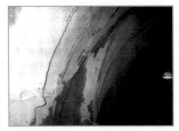

(a) 숏크리트 파괴　　　　　　(b) 록볼트 파괴　　　　　　(c) 측벽부 강지보 파괴

그림 3.24 관용터널 굴착(초기) 지보재의 파괴 유형

지보재 파괴는 지보 능력이 부족할 때 발생한다. 관용터널 굴착지보의 안정성은 CCM 개념을 이용하여 검토할 수 있다. 그림 3.25에서 지보재의 안전율 F_s는, 내공변위 제어법을 이용하여, 지보의 이론적 지지능력 $p_s^{\max}$을 평형조건의 내압(p_s, 지지력)으로 나눈 값으로 정의할 수 있다.

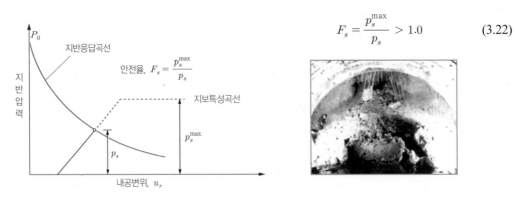

$$F_s = \frac{p_s^{\max}}{p_s} > 1.0 \qquad (3.22)$$

그림 3.25 CCM을 이용한 지보재 안전율

지보 안정 검토는 앞에서 언급하였듯이 굴착안정 해석을 통해 지보 종류, 지보량, 설치 시기 등을 결정하는 **지보 설계문제**이다. 따라서 지보파괴는 설계에서 고려하지 못한 지반 불확실성에서 비롯된 경우가 많다. 터널의 비원형(non-circular) 조건, 다양한 지보재료, 그리고 복잡한 건설과정의 경계조건을 이론적으로 모두 고려하는 데는 한계가 있으므로, **실무의 지보설계는 대부분 수치해석법을 이용**하게 된다(수치해석에 의한 굴착 안정 검토는 제5장에서 다룬다).

예제　다음과 같이 숏크리트, 강지보, 록볼트로 지지되는 터널에 내공변위계와 지중변위계(extensometer)를 설치하여 지압하중-내공변위 관계를 얻었다. 이 터널의 현재상태의 안전율을 산정해보자.

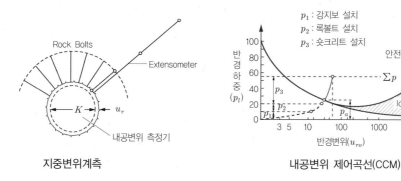

지중변위계측   내공변위 제어곡선(CCM)

풀이   안전율 $= \dfrac{\sum p_i}{p_a} = \dfrac{55}{25} = 2.2$

숏크리트 파괴 안정성 검토

숏크리트는 관용터널 조합 지보재 중 하중분담 비중이 가장 큰 굴착지보이다. 숏크리트를 영구 라이닝으로 사용하는 경우, 굴착안정뿐 아니라 구조물 설계 기준에 부합하는 구조 안정 검토가 필요하다.

Barratte 등(1999)은 10~15cm 이하 두께의 숏크리트에 대하여, 파괴체의 중량(낙하하중)(W)을 그림 3.26(a)와 같이 가정하고, 그림 3.26(b)와 같이 각각 전단, 인장, 휨, 펀칭 파괴모드에 대하여 안정성을 검토하는 방법을 제안하였다. 숏크리트 두께가 t, 록볼트 간격이 s 인 경우, 안전율은 각 파괴모드에 대하여 '안전율=저항력(R)/낙하하중(W)'으로 평가한다.

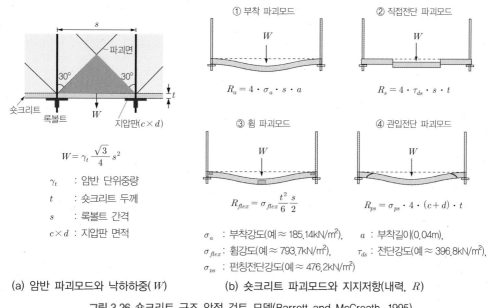

(a) 암반 파괴모드와 낙하하중(W)   (b) 숏크리트 파괴모드와 지지저항(내력, R)

그림 3.26 숏크리트 구조 안정 검토 모델(Barrett and McCreath, 1995)

3.3.5 얕은 연약지반 쉴드터널의 전반붕괴에 대한 안정성 검토

막장파괴가 우려되는 연약지반의 경우 주로 쉴드터널 공법이 적용되며, 따라서 **쉴드터널의 안정 검토는 붕괴를 방지하는 막장압(P)의 크기를 결정하는 것이다.** 하지만, 운영 중 정지 등 막장압이 제거($P = 0$)되는 경우 비압력 조건이 되므로, 이 경우 비압력 굴착조건에 대한 안정 검토가 이루어져야 한다.

굴착면 내적 안정조건 : 막장안정 조건

쉴드 TBM 공법은 밀폐형 쉴드로 압력상태를 유지하여 굴착 중 토압(p_a)과 수압(σ_w)을 상쇄시켜 안정을 확보한다. 막장의 3차원 구속효과를 고려하면 주동토압은 평면변형조건의 0.6~0.65배 수준으로 알려져 있다. 압력손실, 기계적 불확실성 등을 고려한 막장압의 여유치 $\delta\sigma_m (\approx 20\text{kPa})$를 감안하면, 최소 막장압은

$$p_{s,\min} \geq (0.6 \sim 0.65)K_a\sigma_v{}' + \sigma_w + \delta\sigma_m \tag{3.23}$$

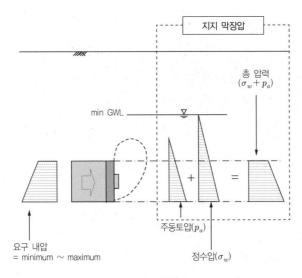

그림 3.27 쉴드 TBM 터널의 굴착면 압력조건

막장압이 과다한 경우 지반 융기, 이수 유출 등의 문제가 야기될 수 있고, 굴진속도가 저하된다. 지반융기 방지를 위하여 p_s는 토피압보다 작아야 한다. 즉 $p_s \leq \sigma_v{}' + \sigma_w$. 일반적으로 막장압은 수평정지토압과 수압을 합한 값보다 작게 유지하는 것이 바람직하다. 따라서 막장압 운용범위는 다음과 같이 설정할 수 있다.

$$\delta\sigma_m + (0.6 \sim 0.65)K_a\sigma_v{}' + \sigma_w \leq p_s \leq K_o\sigma_v{}' + \sigma_w \tag{3.24}$$

안정계수에 의한 비배수 점토지반의 함몰붕괴 안정 검토

Broms and Bennermark(1967)는 측벽에 개구부가 있는 실린더 안에 점토를 채우고 상재압력을 가하여 막장파괴를 일으키는 모형시험으로 **압력터널의 파괴거동**을 모사하였다. 개구부 지지압력 p(막장압)를 포함하는 **안정계수**(stability ratio), N_c를 도입하여 시험결과를 다음과 같이 나타내었다.

$$N_c = \frac{q - p + (C + D/2)\gamma_t}{s_u} \tag{3.25}$$

여기서, C : 터널 토피, D : 터널직경, s_u : 비배수 전단강도, γ_t : 단위중량, q : 상재하중이다.

한편, Davis et al.(1980, 1981), Leca(1989), Atkinson & Potts(1997)은 $\phi = 0$인 점토지반에 대하여 각각 **3차원** 파괴 응력장 및 **원통**(cylinder)형 파괴메커니즘을 가정하여 한계이론으로 안정해를 유도하였고, 그 결과를 식(3.25)의 안정계수로 정리하였다. Mair and Taylor(1997)는 점토지반 터널에 대한 파괴모형시험, 한계이론해석 및 실제붕괴 사례를 종합하여 그림 3.28에 보인 경험 차트법을 제시하였다. 터널이 위치하는 지반의 안정계수 N_c가 설계곡선 아래에 위치하여야 굴착안정이 확보된다.

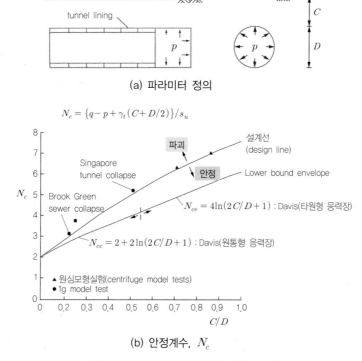

(a) 파라미터 정의

$$N_c = \{q - p + \gamma_t(C + D/2)\}/s_u$$

(b) 안정계수, N_c

그림 3.28 안정계수를 이용한 점토지반의 터널 붕괴안정성 평가도표(Mair, 1993; Mair and Taylor, 1997)

예제 터널심도 12m에 직경 8m인 터널을 $s_u = 31.4 \text{kN/m}^2$인 점토지반에 쉴드공법으로 굴착하고자 한다. 단위 중량이 $\gamma_t = 18.8 \text{kN/m}^3$인 경우 막장안정 유지를 위한 최소 막장압을 산정해보자.

풀이 그림 3.28(b)에서 $C/D = 1.0$인 경우, $N_c = 7.5$이므로
안정확보 위한 최소 막장압, $p = N_c \times s_u + q - \gamma_t(C + D/2) = 7.5 \times 31.4 + 0 - 18.8 \times (8.0 + 4.0) = 9.9 \text{kN/m}^2$

굴착면 전반 함몰붕괴를 방지하는 막장압 검토 : Anagnostou and Kovari의 방법

Anagnostou and Kovari(1994)는 **Horn**의 파괴모드 측면 수직토압을 Janssen/Terzaghi의 **Silo** 이론으로 고려하여 압력굴착터널의 굴착 안정조건을 유도하였다.

그림 3.29(a)의 파괴모드에 대하여, 터널을 외접사각형으로 근사화하여 토체 $CDEFKLMN$이 파괴쐐기 $ABCDEF$에 토압으로 작용한다고 가정하였다. 파괴쐐기는 최대 막장압이 가해지기까지의 주동상태를 가정한다. 파괴쐐기 상부 입방체 프리즘을 높이 ΔH씩 n 구간으로 수직 분할하였다면, $z = H$인 ΔH_n 층에 작용하는 상재하중 $\sigma_{v,z=H}$은 Silo 토압이론을 이용하여 다음과 같이 순차 계산하여 산정할 수 있다.

$$\sigma_{v,z=H} = \frac{(F/U)\gamma' - c}{K_o \tan\phi}\left\{1 - \exp\left(-K_o\tan\phi \cdot \frac{\Delta H}{(U/F)}\right)\right\} + \sigma_{v,n-1}\exp\left(-K_o\tan\phi\frac{\Delta H}{(U/F)}\right) \tag{3.26}$$

여기서, F : 입방체 저면적, U : 입방체 주면적, γ' : 수중단위중량, c : 배수 점착력, ΔH : 입방체 분할 층별 두께, V : 파괴쐐기 상부에 작용하는 수직 상재하중, S : 전수압, K_o : 토압계수, G : 파괴쐐기의 자중이다. 여기서 $V = \sigma_{v,n}D^2/\tan\theta$, $G = D^3\gamma_{wg}/2\tan\theta$. γ_{wg}는 파괴쐐기의 평균 단위중량, θ는 수직 막장면과 활동 파괴면의 각도, D는 쉴드직경이다.

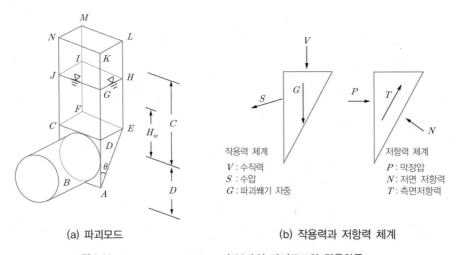

(a) 파괴모드   (b) 작용력과 저항력 체계

그림 3.29 Anagnostou and Kovari(1994)의 파괴모드와 작용하중

파괴면의 총 마찰저항력을 T, 파괴면 측면마찰각을 $\delta(\approx\phi)$, 쐐기 저면 및 측면 마찰저항력 성분을 각각 T_G, T_S라 하고, 파괴토체 측면의 마찰을 무시하면

$$T = T_G + 2T_S = N\tan\delta + (c_{wg}D^2)\frac{1}{\sin\theta} + 2(M\tan\delta + cA_s) \approx N\tan\delta + (c_{wg}D^2)\frac{1}{\sin\theta} + 2cA_s \tag{3.27}$$

여기서, A_s : 파괴쐐기의 측면적, M : 파괴쐐기 측면수직토압, c_{wg} : 파괴쐐기의 평균 점착력이다.

파괴 토체의 작용력과 저항력에 대하여 N 방향 및 N의 수직방향 평형조건을 적용하면

$$N = P\sin\theta + (V+G)\cos\theta \tag{3.28}$$

$$T = P\cos\theta + (V+G)\sin\theta - S \tag{3.29}$$

식(3.28)과 (3.29)를 이용하여 N, T를 소거한 후, P에 대하여 정리하면 다음과 같다.

$$P(\theta) = \frac{(V+G)(\sin\theta\tan\delta - \cos\theta) - S\tan\delta + c_{wg}D^2/\sin\theta + 2cA_s}{\sin\theta + \cos\theta\tan\delta} \tag{3.30}$$

θ를 변화시켜, 최대가 되는 $P_{max}(\theta)$를 구하면, 이 값이 안정유지를 위한 최소 막장압이 된다.

식(3.30)의 적용은 매우 번거롭다. Anagnostou and Kovari(1996)는 후속연구를 수행하여 프리즘의 Silo 토압, 쐐기 파괴부의 한계평형조건을 토대로 막장전면의 유효응력(s')을 무차원변수를 이용하여 산정할 수 있도록 그림 3.31의 도표를 제안하였다(막장압은 터널 바닥부가 기준임을 유의).

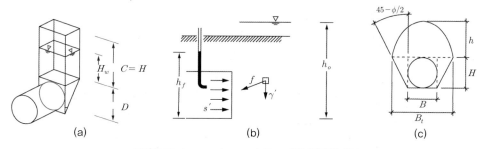

그림 3.30 Anagnostou and Kovari의 막장압 변수

정수압(h_o)과 쉴드 터널 막장내부 챔버 수압(h_f)의 차에 따른 침투력을 고려하여 막장압은 침투수압과 굴착전면의 유발 유효응력(s')의 합으로 하여, 막장 전면의 유효응력을 지반의 전단저항각과 토피 및 터널직경을 변수로 하는 무차원 변수식을 도출하였다.

$$s' = F_o\gamma'D - F_1c + F_2\gamma'\Delta h - F_3c\Delta h\frac{1}{D} \tag{3.31}$$

여기서, F_o, F_1, F_2, F_3는 무차원 변수로 그림 3.31의 도표로 구할 수 있다. γ'는 지반의 수중단위중량 (kN/m^3), D는 굴착직경, c는 유효 점착력, $\Delta h = h_o - h_f$이다. $h_o = H_w + D$이며(정수압 수두), h_f는 막장 저면의 수두크기이다. 만일, 토피가 터널 직경의 2.5배 이상이면($C \geq 2.5D$), 이완높이는 그림 2.51(c)의 Protodyakonov 이론을 이용하여 평가할 수 있다. 2.5.2절 Protodyakonov 토압 평가이론을 참조하면, $B = B_t + 2H_t \tan(45 - \phi/2)$이고, $h = \{B_t(1 + 2\tan(45 - \phi/2))\}/2\tan\phi$가 된다. 따라서 파괴토피는 C대신 h가 된다.

굴착부로 지하수 유입이 없는 조건이면, $\Delta h = 0$. 막장압은 $p = s' + h_f$이며, 실제 장비 운영압 및 허용 운전범위를 고려하여야 하므로, 최적, 최대, 최소 등의 안전율을 구분하여 산정할 수 있다.

$$p = F_s s' + F_h h_f \tag{3.32}$$

F_s, F_h는 각각 토압과 수압에 대한 안전율이며, 일반적으로 $F_s = 1.05 \sim 1.50, F_h = 1.00 \sim 1.20$.

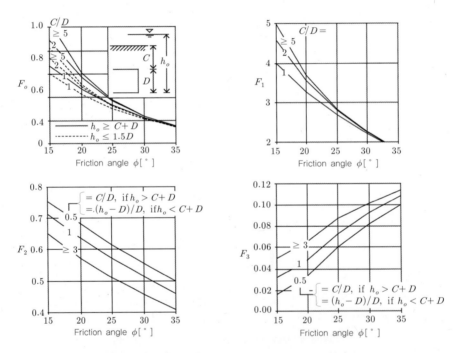

그림 3.31 무차원 변수(Anagnostou and Kovari, 1996)

NB : 암반 내 쉴드 TBM의 안정 검토

Agnostou and Kovari(1996)은 토사지반의 Horn 파괴면을 가정한 것이므로 복합지반이나 암반굴착면 검토에 적정하지 않을 수 있다. 이 경우 3차원 수치해석 등을 이용하여 적정 막장압을 검토할 수 있다.

예제 굴착직경 6m인 터널을 사질토 지반($c=0$) 내 터널심도 9~23m에 EPB로 굴착하고자 한다. 다음 조건에 대하여 막장안정 유지를 위한 막장압을 산정해보자(지하수 유입이 없는 운전조건, 수위 GL−1.5m).
(지반물성: $K_o=0.3$, $\gamma_t=21.0$kN/m³, $c_o=0.0$kN/m², $\phi=30°$)

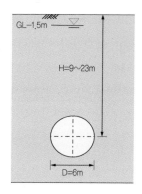

① 심도 9m인 경우, Anagnostou and Kovari 방법을 이용하여 안정이 유지되는 최소 막장압(토압안전율: 1.05, 수압 안전율: 1.0)

② 심도 23m인 경우, 최소 막장압(토압안전율: 1.05, 수압 안전율: 1.0)

③ 위에 산정된 막장압의 최적운영 막장압을 토압 1.5, 수압 1.1의 안전율로 설정하고, 최대 막장압을 토압 2.0, 수압 1.2로 설정하고자 할 때, 막장압 운영범위는?

풀이 ① 심도 9m인 경우, Anagnostou and Kovari 방법을 이용하여 안정이 유지되는 최소 막장압
(토압안전율: $F_s=1.05$, 수압 안전율: $F_h=1.0$)

 − $h_o=10.5$m, $C=12$m, $H_w=4.5$m $D=6.0$m

 − 지하수의 막장침투가 없으므로, $\Delta h=0$

 − 사질토 $c=0$이므로,

$$s'=F_o\gamma'D-F_1c+F_2\gamma'\Delta h-F_3c\Delta h/D=F_o\gamma'D$$

 − $\phi=30$, $C/D=6/6=1.0$ 무차원 계수 $F_o=0.24$

 − $h_f=h_o=10.5$m

 − $s'=F_o\gamma'D=0.24\times11\times6=15.8$kPa

 − $p=F_s s'+F_h h_f=1.05\times15.8+1.0\times10.5=27.09$kPa

② 심도 23m인 경우, Anagnostou and Kovari 방법을 이용하여 안정이 유지되는 최소 막장압
(토압안전율: 1.05, 수압 안전율: 1.0)

 − $C\geq2.5D$이므로 상재압 재평가하면 $h_o=24.5$m, $C=20.0$m, $H_w=18.5$m, $D=6.0$m

 − 지하수의 막장침투가 없으므로, $\Delta h=0$

 − 사질토 $c=0$이므로,

$$s'=F_o\gamma'D-F_1c+F_2\gamma'\Delta h-F_3c\Delta h/D=F_o\gamma'D$$

 − $\phi=30$, $C/D=20/6=3.33$, 무차원 계수 $F_o=0.25$

 − $h_f=h_o=24.5$m

 − $s'=F_o\gamma'D=0.25\times11\times6=16.5$kPa

 − $p=F_s s'+F_h h_f=1.05\times16.5+1.0\times24.5=41.83$kPa

③ 위에 산정된 막장압의 최적운영 막장압을 토압 1.5, 수압 1.1의 안전율로 설정하고, 최대 막장압을 토압 2.0, 수압 1.2로 설정하여, 막장압 운영범위

$p=F_s s'+F_h h_f$로부터

1) 심도 9m인 경우

 − 최적압, $p=F_s s'+F_h h_f=1.5\times s'+1.1\times h_f=1.5\times15.8+1.1\times10.5=35.25$kPa

 − 최대압, $p=F_s s'+F_h h_f=2.0\times s'+1.2\times h_f=2.0\times15.8+1.2\times10.5=44.20$kPa

2) 심도 23m인 경우

 − 최적압, $p=F_s s'+F_h h_f=1.5\times s'+1.1\times h_f=1.5\times16.5+1.1\times24.5=51.7$kPa

 − 최대압, $p=F_s s'+F_h h_f=2.0\times s'+1.2\times h_f=2.0\times16.5+1.2\times24.5=62.4$kPa

Blow-out(융기파괴) 방지조건 : 최대 허용 막장압

쉴드의 막장압이 과다하면 지표가 융기하며 파괴에 이를 수 있다. 과거, 얕은 연약지반에서 융기파괴가 발생한 사례가 다수 보고되었다. 따라서 쉴드 공법 적용 시 막장압에 의한 융기파괴(uplift, blow-out)에 대한 안정성 검토를 포함하여야 한다. 그림 3.32는 막장압에 의한 융기파괴 조건을 보인 것이다.

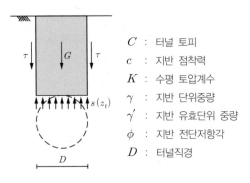

C	: 터널 토피
c	: 지반 점착력
K	: 수평 토압계수
γ	: 지반 단위중량
γ'	: 지반 유효단위 중량
ϕ	: 지반 전단저항각
D	: 터널직경

그림 3.32 Blow-out 검토조건

융기는 막장압(P)이 터널 상부 파괴토체의 저항력을 초과할 때 발생한다. 융기파괴가 일어나는 최소 막장압 조건은 그림 3.32의 파괴모드에 대하여 한계평형이론을 적용하면, 다음과 같이 구해진다(Jancsecz's theory).

$$P_{min} < C \left[\gamma + \frac{2(c + K_o \gamma' C \tan\phi)}{D} \right] \tag{3.33}$$

쉴드 굴착 중 막장압이 위의 P_{min} 값을 초과하지 않도록 관리하여야 융기파괴가 일어나지 않는다.

터널 상부에 구조물이 위치하는 경우 구조물 기초위치의 상재압력은 기초 깊이에 증가에 따라 감소하므로 막장압이 건물 바닥에 영향을 미칠 가능성이 있다.

예제 토피 6m, 직경 6m인 쉴드 터널에 대하여 Blow-out이 발생할 수 있는 한계 막장압을 평가해보자.
(지반물성 : $K_o = 0.3$, $\gamma_t = 21.0$kN/m³, $c_o = 0.0$kN/m², $\phi = 30°$)

풀이 주어진 파라미터

$C = 6$m, $K_o = 0.3$, $\gamma_t = 21.0$kN/m³, $c_o = 0.0$kN/m², $\phi = 30°$, $D = 6$m를 이용하면

$$P_{min} = 6 \left[21 + \frac{2(0 + 6 \times 0.3 \times 11 \times \tan 30)}{6} \right] = 148.9 \text{kPa} = 1.489 \text{bar}$$

막장압을 약 1.5bar 이하로 운영해야 Blow-out이 일어나지 않는다.

Box 3.1   붕괴터널, 어떻게 복구할 것인가?

터널이 붕괴되었다... 어떻게 복구할 것인가?

터널이 붕괴되면 사회적 파장이 상당하다(특히, 도심지에서). 붕괴지 복구방법은 상황과 여건에 따라 다를 것이나, 전반붕괴와 국부파괴(낙반)에 대한 일반적인 복구사례를 살펴보자.

A. 전반 함몰붕괴의 복구 예

전반붕괴가 일어나면 대부분 우선, 함몰지를 되메움하게 된다. 되메움토는 매우 느슨하므로 함몰지와 붕괴 영향구간에 시멘트 몰탈을 주입하여 강화하게 된다. 그라우팅 전, 배수를 통해 지하수위를 그라우팅 영역 이하로 저하시키는 작업이 필요하다. 그라우팅은 보통 2~3단계로 진행된다. 1단계는 큰 공극을 채우기 위한 몰탈 주입, 2단계는 이보다 작은 공극 채움을 위한 시멘트 밀크 주입, 그리고 마지막으로 재굴착부를 대상으로 미세공극까지 채우는 약액 주입그라우팅이 시행된다. 주입그라우팅이 어려운 부분은 고압분사교반공법(jet grouting)을 적용할 수 있다. 붕괴지반을 충분히 보강하여 자립능력을 확보한 후 터널의 재굴착 작업이 진행된다.

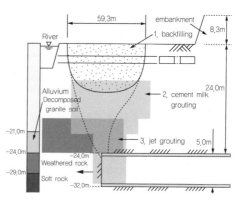

B. 국부파괴(낙반)의 복구 예

굴착 중 천단부의 암괴가 낙하하거나, 파쇄대의 암블록이 흘러내리면 굴착면 외곽으로 공동이 형성된다. 공동이 소규모이면 공극에 와이어 철망 등을 설치하고 숏크리트를 타설하여 메운 다음, 록볼트를 설치하여 주변지반과 일체화함으로써 복구할 수 있다. 하지만 공동규모가 큰 경우 추가낙반 또는 2차 붕락 방지를 위하여 우선 공동주변을 포함 막장부에 충분히 압성토를 한다. 이때 후속작업을 위해 공동 안에 철망 등을 미리 설치할 수 있다. 그 다음, 공동에 주입관을 삽입하여 아래부터 시멘트 몰탈을 채운다. 메꿔진 공동이 주변지반과 일체가 되도록 필요에 따라 록볼트, 강관파일 등을 설치한다. 마지막으로 압성토에 그라우팅을 실시하고, 양생 후 재굴착한다.

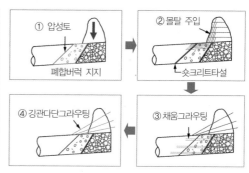

3.4 암반터널의 안정 검토

3.4.1 암반터널의 붕괴 특성

암반터널의 붕괴 특성

암반의 불연속 절리로 인해, 암반터널의 붕괴거동은 흙 지반보다 훨씬 다양한 양상으로 나타난다(그림 3.33). 연암반의 전단파괴(압출 및 압착), 절리암반의 붕락 또는 낙반, 경암반의 암파열이 대표적 붕괴유형이다.

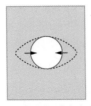
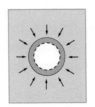

(a) 연암반 전단파괴 (b) 연암반 압착파괴 (c) 절리암반 (d) 경암반
(shear extrusion) (squeezing failure) 붕락(caving), 낙반(rock fall) 암파열(spalling)

그림 3.33 암반터널의 국부파괴 예

암반터널의 굴착면 불안정 거동을 야기하는 요인은 중력(자중), 응력, 지하수 등이며, 각 요인은 다음과 같은 유형의 파괴를 유발할 수 있다(Hoek et al., 1995, Martin et al., 1999).

A. 중력의 영향(gravity-driven)

- 낙반(block fall) : 암반블록의 자중이 저항을 초과하여 낙하, 불연속면 지배, 붕괴체적<10m³
- 붕락(cave-in) : 변형이 중력작용 여건을 조성하여 탄성변형 중 자중으로 붕괴, 붕괴체적>10m³
- 암편 활동파괴(running) : 심한 파쇄암반의 암반 블록이 안정면 형성 시까지 흘러내림

B. 암반 내재 응력의 영향(stress-induced)

- 소성전단파괴(plastic shear failure) : 굴착 소성영역의 전단영향과 중력, 불연속 절리작용이 조합된 붕괴 거동. 변형성 연암반이 과응력상태가 될 때 발생하며, 압착거동의 시작점에 해당
- 소성압착(squeezing) : 과응력에 의한 크립성 시간의존거동으로 건설 중, 후에 걸쳐 나타남. 팽창성이 낮고, 운모 구성비가 높은 연암반이 과응력 상태에서 나타내는 점탄소성 거동
- 좌굴(buckling) : 터널 벽면이 수직하중에 의해 파괴. 이방성 지질구조의 경암반에서 주로 발생
- 파단(rupturing) : 터널 굴착면이 점진적으로 작은 조각으로 바스러지는 현상. 시간의존적 암파열
- 슬래빙(slabbing) : 천단, 측벽면에서 엽리성 암반의 돌발적으로 파단현상. 취성 암반의 과응력이 야기
- 암파열(spalling/rock burst) : 격렬한 돌발 파괴. 상당 규모의 붕괴. 취성암반의 과응력이 야기

C. 지하수의 영향(ground water influenced)

- 암편 분리 이탈(ravelling) : 슬레이킹(slaking, disintegration) 등으로 분리된 암편의 이탈(이암)
- 팽창성 압착(swelling) : 굴착 주변의 팽창광물 함유지반이 물을 흡수, 팽창하여 터널 내공이 줄어드는 현상(원인광물 : anhydrite, halite, smectite 등)
- 지하수 유출파괴(water ingress) : 굴착면 절리를 통한 피압수 유입과 함께 토사 및 암편 세굴 유입

지하수 영향을 배제하면, **암반터널의 붕괴**는 그림 **3.34**와 같이 지질구조와 응력수준에 지배되며, 대표적 유형은 암파열(spalling/rock burst), 낙반(wedge failure), 붕락(caving), 그리고 압착(squeezing)이다. 높은 응력조건의 연성암반에서는 시간의존성 소성변형거동인 **압착파괴(squeezing failure)**, 취성암반에서는 점착력의 순간적인 상실로 발생하는 **암파열(spalling, rock burst)** 현상이 나타날 수 있다. 낮은 응력 상태의 절리암반은 중력지배의 영향으로 낙반, 붕락이 일어날 수 있다.

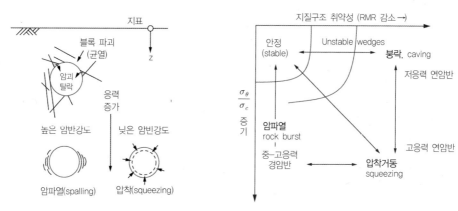

그림 3.34 '응력/강도비' 및 지질구조에 따른 암반터널의 붕괴거동(σ_θ : 터널 접선(최대)응력, σ_c : 일축강도)

일반적으로 암반터널은 심도가 깊어질수록 굴착 주변 암반의 응력준위가 높아져 굴착 시 **굴착면 주변 암반의 항복강도를 초과하는 과응력(over stress) 현상**이 일어나기 쉽다. 과응력 조건의 암반 굴착면에서 발생할 수 있는 파괴거동을 세분화하여 표 3.1에 예시하였다.

표 3.1 암반 유형에 따른 과응력상태(over stress) 굴착면의 파괴거동

과응력(over stress) 시 파괴거동	일축강도(MPa)		암석(암반)의 유형(rock type)
국부적으로 격렬한 암파열(rock burst)	440	극경암 ↑	조밀현무암, 규암, Diabase, Gabbro
박리(spalling), 폭열(popping)	220		편마암, 고강도 대리석, 슬레이트 대부분의 화성암(화강암)
폭열(spitting), hour-glass pillar	110		치밀한 퇴적암, 고결응회암, 석회암
박편파괴(flaking)	28	경암 ↑	천매암(phyllite)
슬래빙(slabbing)	14~7		저밀도 퇴적암, Chalk, 응회암(tuff)
압착(squeezing), slaking(shale)	3.4	↓ 연암	대리석(marl), Shale
탈락, 이탈(raveling)	0.8		풍화 및 변질암

암반터널의 자립시간

암반터널의 붕괴와 관련하여 중요한 개념 중의 하나는 **자립시간(stand-up time)**, 즉 붕괴 전까지 지보 없이 견디는 시간이다. 터널의 붕괴를 방지하려면 적어도 자립시간 내에 굴착지보가 설치되어야 한다. 암질이 불량할수록 자립시간이 짧고, 따라서 신속한 지보 설치가 강조된다.

일반적으로 암반의 지질구조가 불량할수록(RMR 감소) 자립시간은 지수적으로 감소하고, 특히 비지지 (unsupported)장(최대 무지보 길이 : 1회 굴착길이 또는 터널 직경 중 큰 값)이 증가할수록 붕괴의 가능성이 커진다. Bieniawski(1976)는 실제 터널 굴착사례에 기초하여 그림 3.35와 같이 암반의 질(RMR)과 비지지 장에 따른 자립시간을 제시하였다. 암반터널의 붕괴거동은 시간 의존적이며, 지질상태(암반의 질), 비지지 굴착장에 지배됨을 알 수 있다.

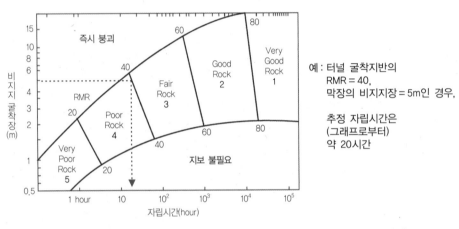

예 : 터널 굴착지반의
RMR = 40,
막장의 비지지장 = 5m인 경우,

추정 자립시간은
(그래프로부터)
약 20시간

그림 3.35 암반터널의 자립시간(비지지 굴착장 : 굴착직경과 1회 굴진 거리 중 큰 길이)

NB : 암석 vs 암반 파괴거동

구속응력을 달리하여 암석에 대한 재하시험을 수행 하면, 응력조건에 따라 **전단파괴**(shear failure), **암 박리**(spalling), **인장파괴**(tensile failure) 등의 거 동을 나타낸다. 강도가 구속응력보다 작은 영역에서 (예, 굴착경계면), σ_1/σ_3이 '0'에 접근하면 균열 길이 가 σ_1 방향으로 급격히 확대되는 거동이 일어나는데, 이를 **암파열**(rock burst)이라 한다. $\sigma_1/\sigma_3 - \sigma_3$ 응력 공간에서 정의되는 암파열이 일어나는 응력 하한치 를 '**암파열 한계**(spalling limit)'라 한다. 응력 한계 선의 좌측에서는 취성 암파열이 일어나며, 우측에서 는 마찰성 전단파괴가 일어난다.

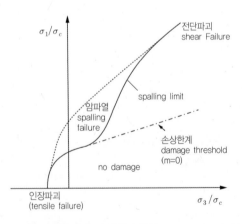

그림 3.36 암석의 파괴메커니즘(Diederichs, 1999)

3.4.2 암반터널의 붕락과 낙반 안정성 검토

붕락(cave-in)과 낙반(rock fall)은 암반붕괴의 대표적 유형 중의 하나로서 RMR이 낮은 저준위 응력의 암반에서 주로 발생한다. 중력요인과 변형요인이 복합되고 암괴의 구속조건이 불특정하므로 (절리의 정보가 파악되지 않은 경우에는) 붕괴 예측이 용이하지 않다.

붕락이란 절리가 심한 암반 굴착면이 초기에 탄성(또는 약간의 소성)변형을 일으키다 파괴강도에 도달하기 전, 중력에 의해 일련의 파쇄 암반이 연속적으로 급격하게 쏟아지는 현상을 말한다. 중력에 의해 유발되는 불안정 현상이며 자립능력이 낮은 불량한 암반에서 주로 발생한다.

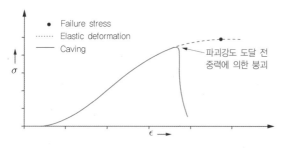
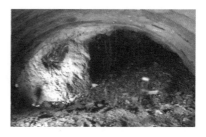

그림 3.37 붕락(caving) 현상(Majumder et al., 2017)

붕락은 안정된 탄성거동의 암반이 돌발적으로 소성화되어 '와르르' 무너져 내리는 형태의 파괴이므로 인명사고나 장비 손상을 초래하기 쉽다. 응력준위가 낮은 불량한 지질구조의 암반터널인 경우, 굴착면(막장) 관찰(face mapping)로부터 절리발달 상태, 절리면의 성상 등을 파악하여 붕락에 대비하여야 한다.

낙반(wedge instability, rock-fall)은 구속력이 부족하여 느슨해진 암괴가 중력에 의해 낙하하는 붕괴거동을 말한다(붕락과 비교하여 변형의 진전이 거의 없이, 절리면에서 발생하는 암괴이탈 거동이라 할 수 있다). 낙반의 지배 영향요인은 절리의 구조이다. 암반블록은 절리의 조합과 방향성, 구속 여부에 따라 그림 3.38과 같이 구분하기도 하는데, 이 중 낙반 가능성이 높은 블록을 키블록(key block)이라 한다. 절리구조의 정보를 아는 경우 평사투영법, 키블록 해석 등을 통해 낙반 안정성을 평가할 수 있다.

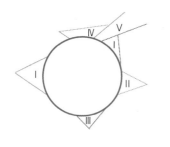

Ⅰ : 키블록
Ⅱ : 잠재적 키블록
Ⅲ : 안정 블록
Ⅳ : 테이퍼드 블록
Ⅴ : 무한 블록

그림 3.38 굴착면 주변 블록의 구분과 낙반(rock fall) 사례

평사 투영법(stereonet)을 이용한 낙반 안정 검토

시추조사로 절리구조를 측정하였거나, 막장관찰(face mapping)로 불연속면의 기하학적 구조가 완전하게 파악된 경우라면, **도해적으로 낙반 안정성을 평가**할 수 있다.

암괴가 터널의 천장이나 측벽으로부터 분리 낙하하기 위해서는 암반 블록이 굴착면과 적어도 3개의 서로 교차하는 불연속면으로 분리되어 있어야 한다. 암반 블록이 이탈하는 경우는 중력에 의한 **'자유낙하(free fall)'**(그림 3.39(a), (b)는 천장부 자유낙하의 예)와 인접 암반 블록과 접한 절리면에서 활동(불연속면에서 마찰저항을 초과할 때 발생)이 일어나 낙반하는 **'활동낙반(slide & fall)'**(그림 3.39(c))의 두 경우가 있다. 평사투영이론에 따르면, 불연속면 대원의 교점들이 모두 마찰원 내에 위치하는 경우, 교선의 경사가 안정각 보다 크므로 자유낙하의 '낙반'가능성이 있는 것으로 평가할 수 있다.

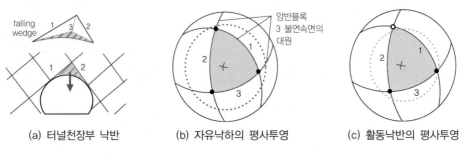

(a) 터널천장부 낙반   (b) 자유낙하의 평사투영   (c) 활동낙반의 평사투영

그림 3.39 천장부 낙반에 대한 평사투영 예

활동낙반의 가능성은 교선(대원의 교점)의 경사와 마찰각(ϕ)을 비교하여 평가할 수 있다. 3개의 절리가 서로 교차하되, 3절리면의 대원이 그림 3.39(c)와 같이 폐합 삼각형을 형성하지 않는 경우, 즉 3개의 교점 중 일부 교점의 경사가 마찰각보다 작은 경우 자유낙하가 아닌, 활동낙반의 가능성이 있다.

평사투영법은 도해법으로서 정성적인 평가이며, 절리의 주향과 경사가 모두 파악되고 블록 개수가 적은 매우 단순한 조건에서 활용할 수 있다. Box 3.2는 굴착 중 평사투영법을 이용하여 막장면을 구성하는 불연속 암반의 활동 안정성을 검토하여 활용한 예를 보인 것이다. 시추조사로 파악되는 암반정보는 한계가 있으므로, 굴착 중 매 막장면에 대한 Face Mapping 결과를 불연속면의 안정 검토에 활용할 수 있다(관용터널공법 7.3절 참조).

낙반을 다루는 또 다른 도해법으로 블록이론이 있다. 블록이론은 개별블록의 안정해석법으로 위상기하학과 집합론을 토대로 한다. 절리의 방향과 좌표정보를 기초로 3차원적 절리망을 구성하고, 이로부터 각 블록의 유한성과 거동가능성을 평가하여(그림 3.38참조), 거동 가능 블록의 규모, 방향, 안전율을 도출한다.

실제 터널 굴착면과 3차원 절리가 이루는 기하학적 형상은 매우 복잡하다. 실무에서는 주된 암반 절리정보를 기초로 상업용 Software(예, UNWEDGE, UDEC 등)를 이용하여 낙반안정을 검토한다.

NB : 낙반안정 대책 : Rock bolt

낙반이 우려되는 불연속면의 형상이 정확히 파악된 경우, 그림 3.40에 보인 바와 같이 록볼트로 보강할 수 있다.

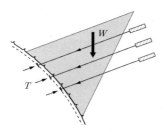

암반블록의 활동력, $F_a = W\sin\phi - T\sin\theta$

암반블록 절리면의 저항력, $F_r = cA + (W\cos\phi + T\cos\theta)\tan\phi$

안전율, $F = \dfrac{F_r}{F_a} = \dfrac{cA + (W\cos\psi + T\cos\theta)\tan\phi}{W\sin\psi - T\sin\theta} > 1.0$

W : 암반쐐기의 중량, T : 록볼트 장력 총합, A : 활동면의 단면적, ψ : 활동경 사각(절리면의 거칠기에 의한 팽창(dilation)각), θ : 록볼트의 축과 활동면의 수직선이 이루는 각, c : 활동면의 점착력, ϕ : 활동면의 마찰각

그림 3.40 록볼트에 의한 낙반대책 예

막장의 우호적 절리와 비우호적 절리의 영향

막장(굴착면)에서의 안정은 불연속면의 경사와 관계된다. 굴착방향을 향해서 쉽게 활동이 일어날 수 있는 절리를 비우호적(unfavourable) 절리라 한다. 터널 굴진방향과 주향이 직교하는 경우, 불연속면 경사 20~45°를 경사방향으로 굴진할 때 활동파괴 위험이 높다. 또한 주향이 터널축에 평행한 경우 불연속면 경사가 45~90°일 때 암괴의 수직낙하 가능성이 매우 높다. 불연속면 경사와 안정영향을 그림 3.41에 보였다.

불연속면의 주향이 터널축에 직교				불연속면의 주향이 터널축에 평행		주향에 무관
A. 경사 역방향 굴진		B. 경사 방향 굴진				
경사 45~90	경사 20~45	경사 45~90	경사 20~45	경사 45~90	경사 25~45	경사 0~20
매우 유리	약간 영향	약간 불리	불리	매우 불리	약간 불리	약간 불리

그림 3.41 굴착면 불연속면의 방향성과 활동가능성(그림 7.48 참조)

NB : 암반 불연속면의 정의와 표기법

암반의 거동은 불연속면에 의해 지배된다. 불연속면의 방향과 경사는 암반안정 문제의 핵심요소이다.

– 주향(strike) : 불연속면과 수평면이 만나 이루는 선이 자북과 이루는 각도(예, N45E)

– 경사(dip) : 불연속면이 수평면과 이루는 각도(예, 60° SE)

– 경사방향(dip direction) : 경사(dip)를 수평면에 투사하 여 자북으로부터 시계방향으로 잰 각도

불연속면표기법 : 예, 주향/경사 : N45E/60SE

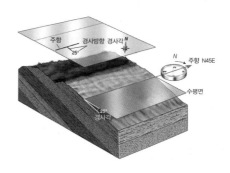

Box 3.2   막장관찰과 평사투영을 이용한 막장 낙반 안정 검토

막장관찰 정보를 이용한 막장면 안정 검토 예

1980년대 중반 서울지하철 건설 중 발생한 다수의 막장붕괴 사고 이후 암반의 불연속 구조에 의한 막장면 안정 문제가 중요 이슈로 대두되었다. 이후 막장관찰의 중요성이 강조되고, 중요구간에 대하여 평사투영법(stereo net)에 의한 정성적 막장 안정 평가가 도입되기도 하였다.

서울지하철 5호선 마포와 여의도를 잇는 구간은 지하철이 한강을 터널로 횡단한 최초 구간으로서 체계적인 막장 관찰에 의하여 터널 굴착관리가 시도된 바 있다. 아래 예는 당시 매 막장의 관찰 자료를 토대로 평사투영법으로 막장의 블록파괴 안정성을 검토한 예를 보인 것이다.

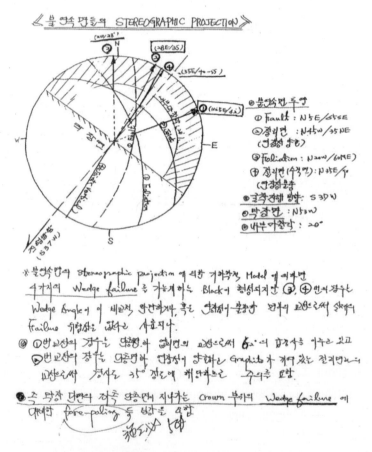

평사투영법에 의한 막장면 불연속면 안정 검토 예

위 분석 내용은 터널의 진행방향에 대하여 막장에서 나타나는 모든 불연속면 교선의 방향과 교점에 대하여 마찰원 내부의 교점을 위험구조로 판단하고, 여기에 지질적인 영향을 고려하여 막장에서 불연속면 파괴의 안정성을 정성적으로 검토한 것이다. 이것은 암반쐐기의 상부가 구속되지 않았다고 가정하는 보수적 평가이나 이를 통해 막장의 보강 여부를 평가한 것으로 이러한 분석은 상당한 시공경험과 지질구조적 지식이 요구된다.

3.4.3 연암반 터널의 전단 및 압착파괴에 대한 안정 검토

연암반 터널의 전단파괴 shear failure

연약지반 터널의 전단파괴메커니즘은 3.2절에서 다룬 바 있다. Rabcewicz는 Iran 횡단철도공사(1932~ 1940) 중 전단압출파괴가 일어난 터널에 대한 시추조사를 실시하여 이러한 파괴메커니즘을 확인하였다. 전단파괴는 대심도로서 응력 수준이 높은 연암반(파쇄암반, 낮은 RMR) 터널에서 주로 발생한다.

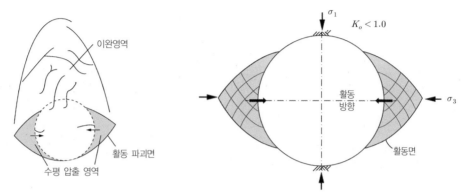

(a) 소성변형에 의한 전단압출(미공병단 실험)   (b) 연암반 터널의 전단활동(Seeber, 1999)

그림 3.42 연암반 터널의 전단파괴 모드($K_o > 1.0$)

전단 파괴면은 3.2절에서 살펴본 바와 같이 소성영역 내에서 **대수나선의 활동면**으로 나타난다. 이 활동면으로 이루어진 쐐기가 굴착면에서 지지되지 못하면 터널 내로 **전단압출(shear extrusion)**이 일어난다. 전단압출은 굴착면 전반에 걸쳐 진행되는 압착거동의 시발점이 되는 경우가 많다.

NB : 소성 전단압출(shear extrusion)과 압착(squeezing)

암반터널 굴착면 주변이 소성화로 이완되어, 전단 활동면에 의해 발생하는 파괴거동을 소성 전단파괴(plastic shear failure)라 한다. 반면, 압착(squeezing)은 지반의 점착력이 시간경과와 함께 감소($c = c_o e^{-at}$)하는, 시간 의존적 강도 저하 현상으로 전단파괴에 의해 소성영역이 확대되며 터널의 전반 내공이 줄어드는 물리적 거동을 말한다(전자를 이완압, 후자를 소성압(압착압)으로 구분하기도 한다. 제10장 유지관리 참조).

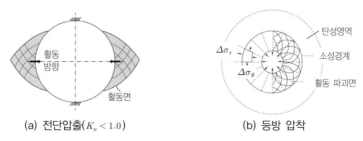

(a) 전단압출($K_o < 1.0$)   (b) 등방 압착

그림 3.43 측벽 전단압출과 등방 압착

두 거동 모두 강도에 비해 응력 수준이 높은 응력조건의 취약지질조건에서 발생하며, 이완압에 의한 전단파괴는 연암반의 탄소성 거동, 소성압에 의한 압착거동은 점탄소성 거동이다. 일반적으로 압출 전단파괴는 압착거동의 시발점이 되는 경우가 많다. 압착은 팽창성 광물의 영향으로도 나타난다. 팽창성 점토광물을 함유한 터널 주변의 암석이 물과 접촉하여 수화작용을 일으켜 팽창하면, 터널 내공을 축소시키고 지보재 파괴를 초래할 수 있다. 팽창압이 최대 $10 \sim 20 \, Bar$에 달했다는 보고도 있다.

연암반 터널의 압착거동 squeezing behavior

압착거동은 굴착 유발응력에 비해 암반강도가 작은 경우, 크리프 특성을 보이는 경우, 간극수압이 높은 경우에 주로 발생하며, 심도가 깊은 암반파쇄대 또는 연암반의 단층대에서 흔히 나타난다.

(a) 방사형 압착

(b) 측방 압착

(c) 터널 바닥부 융기(수압작용)

그림 3.44 압착(squeezing)거동의 예

압착현상(squeezing)은 심한 절리의 낮은 강도 암반이 과응력 상태에 놓일 때, 소성영역이 확대되고, 지압이 증가하여 터널 내공을 전반적으로 감소시키는 시간 의존적 **탄·점·소성거동**이다. 진행 속도가 느린 경우 운영 중에 나타날 수도 있어, 터널바닥부에 인버트를 설치하여 대응한다.

그림 3.45는 압착 거동 메커니즘을 보인 것이다. 굴착으로 유발된 접선응력이 항복강도를 초과하면 그 배후로 응력전이가 일어난다. 이때, 어느 정도 변형 후 터널 주변지반에 그랜드아치가 형성되면 안정에 도달한다. 하지만, 지반이완이 지속 확대되면, 이완하중이 증가하여, 지보재의 변형 및 파괴가 일어나고, 터널 전반 붕괴로 진행될 수도 있다. 압착 거동은 많은 경우 시간경과와 함께 나타나며, **인버트가 없는 공용 중 터널의 경우 바닥부 융기로 나타나기도 한다.** 압착 가능성을 평가하기 위한 여러 경험적인 방법들이 제안되었다.

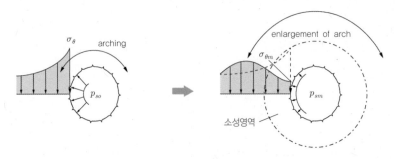

그림 3.45 압착거동 메커니즘

압착 가능성을 판별해보는 쉬운 방법은 지반강도와 토피 하중을 비교하는 것이다. 일반적으로 지반강도가 토피압보다 작으면, 터널 주변지반이 쉽게 소성화되어, 건설 중 내공축소와 붕괴거동을 야기할 수 있고, 건설 후에는 라이닝 작용하중을 증가시켜 라이닝구조 손상을 초래할 수 있다.

압착성 암반은 대개 강도가 작고 규산염(편암에서 현저한 광물) 층을 포함하는 경우가 많다. 압착거동은 이암(제3기), 응회암, 단층파쇄대와 변질대가 발달한 지반에서 흔히 발생하는 것으로 알려져 있다. 편리(schist)에 의해 이방성을 나타내는 암반에서는(응력이완이 편리면 전단강도에만 영향을 미치므로) 터널축과 편리면 주향의 상호관계에 따라 압착거동의 방향이 결정된다.

연암반 터널의 압착 가능성 평가

컴피턴시 지수(강도/응력비)를 이용한 압착 검토법. 최대 굴착 유발응력(접선응력, $\sigma_{\theta,\max}$)에 대한 일축압축강도(σ_c)의 비를 컴피턴시 지수(**competence index**, $I_c = \sigma_c/\sigma_{\theta,\max}$)라 하며, 압착 파괴의 가능성을 판정하는 경험적 지표로서 일본 철도연구소, Jehtwa 등(1984)이 제안하였다. 최대 유발응력은 두꺼운 원통이론(2.2.2절) 및 평판이론($3\sigma_{ho} - \sigma_{vo} = \sigma_\theta$에서 $K_o \approx 1.0$이면, $3\sigma_{ho} - \sigma_{vo} \approx 2\sigma_{vo} = \sigma_\theta$)에 근거해 수직 지중응력의 2배($\sigma_{\theta,\max} = 2\sigma_{vo} = 2\gamma H$)로 취할 수 있다. 터널의 거동은 암반거동에 지배되므로 일축압축강도(σ_{ci})는 암석강도(σ_{ci}) 대신에 암반일축강도(σ_{cm})를 사용하는 것이 보다 합리적이다.

$$I_c = \frac{\sigma_{cm}}{\sigma_{\theta,\max}} \approx \frac{\sigma_{cm}}{2\gamma H} < 1.0 \text{ (연암반의 압착거동 조건)} \tag{3.34}$$

터널 굴착 경험에 따르면, $I_c \leq 1.0$인 연암반이면, 압착가능성이 있다.

NB : 암반 일축강도(σ_{cm})의 산정

암석강도는 일축압축시험, 혹은 구속 응력이 '0'인 삼축응력시험($\sigma_2 = \sigma_3 = 0$ 조건에서 파괴주응력, $\sigma_{1f} = \sigma_{ci}$)으로 구한다. 암반의 일축강도($\sigma_{cm}$)는 주로 암석의 일축압축강도($\sigma_{ci}$)와의 경험상관식을 이용하여 평가한다. 그림 3.46은 Hoek-Brown 모델 파라미터와 GSI (geological strength index)를 이용한 경험상관식이다. GSI는 절리면 상태와 암반블록의 억물림 정도에 따라 구분한 강도지표로서 100<GSI<0 값을 갖는다.

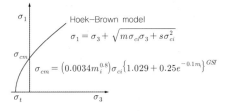

그림 3.46 암반 일축압축강도(σ_{cm}) 산정식
(Hoek-Brown 모델 이용)

터널 내공변형률을 이용한 압착 검토법. 압착은 내공을 축소시키는 거동이다. 일반적으로 내공변형률($\epsilon_r = u_{ro}/r_o$)이 10%를 초과하면 현저한 압착 파괴상태로 진단한다. Hoek and Marinos(2000)는 암반의 초기응력(σ_o) 및 암반 일축압축강도(σ_{cm})를 이용한 시뮬레이션을 통해 **무지보 터널의 내공변형률 산정식**을 제안하였다. 그림 3.47은 내공변형률과 강도비(σ_{cm}/σ_o)의 관계로 압착가능성을 나타낸 것이다.

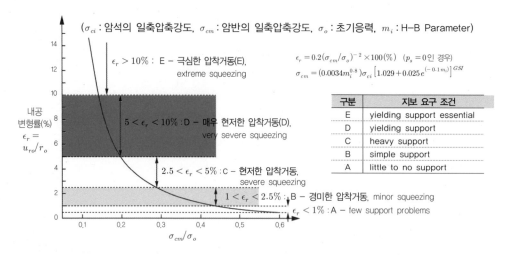

그림 3.47 내공변형률에 의한 압착가능성 평가(after Hoek and Marinos, 2000)

NB : 소성압착 및 팽창압착성 연성암반(ductile rock)의 터널 굴착 대책

압착은 느리게 진행되므로 작업자들이 암파열보다 심각하게 받아들이지 않는 경향이 있다. 압착거동의 대응은 대변형(large deformation)의 제어에 대한 고려에서 착안하여야 한다. 미리 선행(pilot) 터널을 굴착하여 지압을 소산시킨 후에 계획단면을 굴착하는 방법을 검토할 수 있다. Pilot 터널을 굴착해 놓으면, 유발되는 이완압의 대부분이 장차 굴착·제거될 주변 지반을 이완시키는 데 소모되므로, 터널 굴착 시 소량의 잔여 에너지만 대응하면 된다. 굴착 중 압착이 예상되면 압출량 만큼 변형 여유량을 미리 확보하거나, 단면을 여러 개로 분할 또는 인버트 폐합 등의 방법을 검토할 수 있다. 압착성 암반에서는 압착거동의 수렴을 확인한 후에 최종 라이닝을 시공한다. 지보로서는 가축성 강지보(sliding steel ribs with Toussaint–Heinzman steel ribs)를 활용하여 70cm 내공변형에도 재굴착(re-profiling) 없이 대응한 사례가 있다. 숏크리트는 연성이 매우 작으므로 작은 압착에도 손상될 수 있다. 숏크리드 압착 대응을 위해 가축기구(yielding elements)인 매립형 라이닝 응력 제어기(lining stress controllers(LSC) ; hiDcon, Wabe 등)를 두기도 한다. 굴착면에서 압착이 일어나는 경우 Fibre Glass Dowel(또는 FRP 록볼트)을 설치하면, 굴착작업에 큰 지장 없이 변형을 어느 정도 제어할 수 있다.

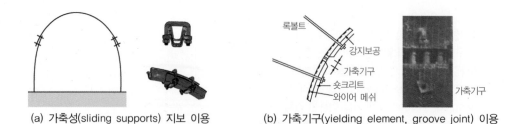

(a) 가축성(sliding supports) 지보 이용   (b) 가축기구(yielding element, groove joint) 이용

그림 3.48 압착성 암반의 터널 굴착 대책

압착성 암반에서 쉴드공법을 적용하는 경우 쉴드기가 협착(zamming, trapped)되어 더 이상 전진하지 못할 수도 있다. 쉴드가 교착된(trapped) 경우 우회(by pass), 관용터널(D&B)공법으로 전환 등을 고려할 수 있다. 대부분의 경우 쉴드의 우회가 불가피하다.

3.4.4 경암반 터널의 취성파괴에 대한 안정 검토

암반터널의 취성거동(brittle behavior)

응력 수준(stress level)이 높은 암반에서는 굴착으로 응력이 해제될 때, 터널 굴착면 주변에 유발되는 응력이 암반의 강도를 초과하는 경우, 에너지 방출과 함께 큰 소리를 내며 암편이 급격히 튕겨 나오는데, 이를 **암파열**(rock burst)이라고 한다. 이는 돌발적인 점착력 상실에 따른 암석의 취성파괴(brittle failure)로서 정도가 심하지 않은 경우에는 굴착 암반면이 소규모로 껍질처럼 얇게 벗겨지는 **암박리 현상**(spalling)으로 나타나나, 심하면 암반구조에 따라 천장이 주저앉는 **슬래빙**(slabbing)으로 진전되기도 한다.

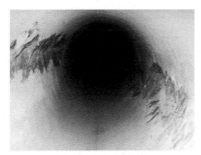

(a) 암파열(spalling)　　　　　　　　(b) 슬래빙(slabbing)

그림 3.49 취성암반의 파괴 예

암파열은 심도가 깊고(700~800m 이상), 강성이 큰 취성의 경암반(hard rock)에서 흔히 발생한다. 유발응력의 크기가 일축압축강도를 2~3배 초과할 때 주로 일어난다. 급격히 진행되므로 굴착면에서 암편이 순간적으로 비산하고, 심하면 굴착부가 순식간에 파괴되므로 작업자에게는 상당한 위험요인이 될 수 있다. 일반적으로 'Spalling'과 'Rock burst'를 모두 암파열로 번역하지만, 규모나 에너지 방출 스케일에서 암박리(spalling)는 암파열(rock burst)의 전조현상인 경우가 많다. 암파열은 지층의 방향 또는 절리나 절리 충진물(seam)과도 관련되며, 균열 또는 용수가 있는 암반에서는 거의 발생하지 않는다.

암파열 시 파괴면은 최대주응력에 수직한 방향, 즉 최소 주응력 방향으로 발생한다. $K_o < 1.0$인 경우 측벽에서, $K_o \gg 1.0$인 경우에는 천단부(인버트)에서 발생한다. 그림 3.50은 단면형상과 주응력 방향에 따른 암반의 취성 암파열 파괴 모드를 예시한 것이다.

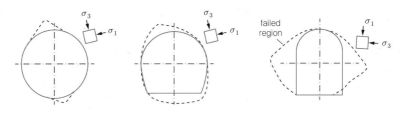

그림 3.50 터널형상과 주응력 방향에 따른 암반터널의 취성파괴 형상 예(after Martin, 1990)

암파열 검토 : 컴피턴시 지수(competence index)이용법

암반터널의 취성파괴는 이론적 예측이 어려우며, 암석시험 결과 및 사례조사를 토대로 제안된 경험적 방법을 이용하여 검토할 수 있다.

압착 거동을 검토하는 데 도입했던 컴피턴시 지수($I_c = \sigma_c/\sigma_\theta \approx \sigma_c/2\gamma H$)를 암파열 검토에도 활용할 수 있다. 암석강도를 이용한 컴피턴시 지수가 2.5 이하이면 암파열이 일어날 가능성이 있다.

$$I_c = \frac{\sigma_c}{\sigma_\theta} \approx \frac{\sigma_c}{2\gamma H} \leq 2.5 \tag{3.35}$$

컴피턴시 지수의 역수개념, $D_i = \sigma_{\theta\max}/\sigma_c$을 암반 **손상지수**(damage index)라고 하며, 최대 접선응력은 $\sigma_{\theta\max} = 3\sigma_1 - \sigma_3$로 산정할 수 있다(제2장 2.3절 Kirsh해 참조). 일반적으로 $D_i \geq 0.4$이면 취성파괴 가능성이 있고, $0.4 \leq D_i < 0.6$이면 경미한 스폴링(spalling), $D_i > 0.8$이면 현저한 암박리 가능성이 있다(Martin et. al., 1999; Kaiser et al., 2000).

압착거동과 암파열 거동이 모두 높은 응력 조건, 즉 낮은 컨시스턴시 지수에서 발생한다. $I_c < 1.0$인 연암반에서는 압착거동의 가능성이 있고, $I_c < 2.5$인 경암반에서는 암파열이 일어날 수 있다.

표 3.2 컴피턴시 지수와 취성도에 따른 경암반의 취성파괴 가능성

컴피턴시 지수 ($I_c = \sigma_c/(2\gamma H)$)	손상지수 ($D_i = \sigma_{\theta\max}/\sigma_c$)	취성파괴 가능성
< 1.0	> 1.6	매우 높음(암파열(rock burst) 가능성)
1.0 ~ 1.5	1.6 ~ 0.8	높음(상당한 spalling)
1.5 ~ 2.5	0.8 ~ 0.6	보통(약간의 spalling)
2.5 ~ 5.5	0.6 ~ 0.4	낮음(경미한 spalling)
5.0 <	< 0.4	매우 낮음 : 무지보 안정

NB : 암반붕괴거동 파라미터

암반붕괴거동을 정의하는 지수(계수)는 제안자에 따라 약간씩 식이 다르므로 유의해야 한다. 여기서는 컴피턴시 지수, $I_c = \sigma_{cm}/\sigma_{\theta,\max} \approx \sigma_{cm}/2\gamma H$를 사용하였지만, 일부 연구자들은 최대응력 대신 정지 지중응력을 사용하는 컴피턴스 계수(competence factor), $C_f = \sigma_{cm}/\sigma_o$를 사용하기도 한다. $\sigma_o = \gamma H$이므로, $\sigma_{\theta\max} = 2\gamma H$임을 고려하면 $C_f = 2I_c$의 관계가 있다. Hoek and Marinos(2000)는 압착성을 산정하는 지표로 σ_{cm}/σ_o, Martin et al.(1999)은 각각 암파열 심도를 산정하는 지표로 $\sigma_{\max}/\sigma_c$를 사용하고 있음을 유의할 필요가 있으며, 유발응력의 고려도 각각 σ_o와 $\sigma_{\max}$로 달리하는 차이가 있다.

한편, 암석의 일축압축강도 σ_c와 인장강도 σ_t의 비를 취성도(brittle index), $B_i = \sigma_c/\sigma_t$로 정의하는데, 취성도가 9.9보다 크면 취성파괴 가능성이 높은 것으로 평가한다. 암반터널의 파괴거동을 평가하는 데 사용되는 일축압축강도(σ_c)는 공학적으로 암석강도(σ_{ci})보다는 암반강도(σ_{cm})를 이용하는 것이 보다 타당하다고 할 수 있다.

암파열 깊이

암파열 깊이를 알면 굴착 계획, 터널 보강설계 등에 유용하다. Martin et al.(1999)은 **탄성 과응력 해석법**(elastic overstress analysis)을 이용하여 터널굴착에 따른 유발응력이 파괴강도(H-B모델), $\sigma_f = \sigma_3 + \sqrt{s\sigma_c^2}$을 초과하는 영역을 취성 파괴영역으로 평가하고, 암파열로 떨어져나가는 파괴영역은 굴착면에 접한 소성영역 중, 주변 탄성영역으로 구속되지 않는 부분으로 설정하였다. 암파열 형상은 터널의 접선과 파괴영역 중심을 잇는 삼각형으로 가정하여 **암파열 깊이**(R_f)를 다음과 같이 제안하였다.

$$\frac{R_f}{r_o} = 0.49(\pm 0.1) + 1.25\frac{\sigma_{\theta max}}{\sigma_c} \tag{3.36}$$

여기서, $\sigma_{\theta max}$ 는 굴착면에 유발되는 최대응력으로서, $\sigma_{\theta max} = 3\sigma_1 - \sigma_3$ 이다. 이 이론식은 실제 암파열 측정치와도 비교적 잘 일치하는 것으로 보고되었다. 그림 3.51에 식(3.36)을 그래프로 나타내었다.

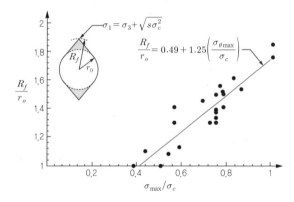

그림 3.51 암파열 깊이(검은 점은 현장 데이터, after Martin, 1999)

NB : 터널 취성파괴(암파열) 안정대책

취성파괴는 돌발적인 경우가 많으므로 이의 대책을 미리 수립하기가 용이하지 않다. 터널 설계·시 과응력 취성암반에 대한 안정 검토는 작업자의 안전에 대한 고려부터 출발해야 한다. 취성거동이 현저하지 않은 경우, 불안정 암괴의 선행 구속(경사 록볼트 등) 및 지보강성을 증가시켜 일부 제어할 수 있다. 하지만 현저한 취성파괴 거동, 즉 암파열이 우려되는 경우라면, 고에너지 흡수형 지보(와이어 메쉬, 섬유보강 숏크리트 등)를 검토할 수 있다. 암반 응력 에너지를 흡수하고 돌발 이완을 방지할 수 있는 가축성 지보(deformable yielding support)를 사용한다. 여기에는 D-bolt, Cone bolt, 부분 주입식 Cable bolt, 마찰형 록볼트 등이 있다. 표준형 록볼트는 가급적 피해야 한다. 암파열이 굴착단면 내에서 일어나도록 단면형상을 조정(예, 사각형, 타원형 등)하거나, 파괴 예상 영역을 미리 굴착하여 응력해방을 유도하는 것도 한 방법이다. 암파열 우려가 있는 경우 막장 작업 장비는 보호 Canopy가 있는 것을 사용하여야 한다.

예제 심도 100m 암반에 직경 5m인 터널을 굴착하고자 한다. 아래 물음에 답하시오. 암반단위중량, $\gamma_t = 27\text{kN/m}^3$

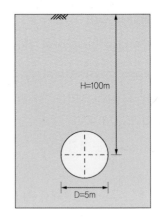

① 위 터널의 어떤 구간, 시추시료 시험결과 $\sigma_c = 10\text{MPa}$일 때, 굴착면에서 최대접선응력을 구하고, 암파열 가능성을 판단해보자. 암파열 가능성이 있다면 터널 굴착대책은 무엇일지 논의해보자.

② 어떤 구간의 암질이 급격히 저하되어 암반일축강도, $\sigma_{cm} = 1.0\text{MPa}$로 평가되었다. 굴착면 최대접선응력, 컴피턴시 지수 I_c를 구하고, 압착붕괴 가능성을 평가해보고 압착거동이 예상될 경우 터널 굴착대책을 생각해보자.

풀이 ① 암파열 가능성 검토 : $\gamma_t = 27\text{kN/m}^3$, $\sigma_c = 10\text{MPa}$, $K_o \approx 1.0$ 가정하면

   1) 손상지수 이용, 두꺼운 원통이론을 이용하면, 최대접선응력은

$$\sigma_{\theta\max} = 2p_o = 2\gamma_t H = 2 \times 27 \times 100 = 5400\,\text{kN/m}^2$$

$$D_i = \frac{\sigma_{\theta\max}}{\sigma_c} = \frac{5400}{10000} = 0.54 > 0.4 \quad \therefore \text{ 암파열 가능성}$$

   2) 암파열 깊이, $\dfrac{R_f}{r_o} = 0.49(\pm 0.1) + 1.25\dfrac{\sigma_{\theta\max}}{\sigma_c} = 1.165$, $\quad \therefore R_f = 1.165 \times r_o = 2.91\text{m}$

   파열깊이 $= R_f - r_o = 2.91 - 2.5 = 0.41\text{m}$

   3) 암파열에 대비한 굴착대책 : 고에너지 흡수성 지보, 단면형상 조정, 응력해방 유도

 ② 압착 가능성 검토 : 암반일축강도, $\sigma_{cm} = 1.0\text{MPa}$

   1) 굴착면 최대접선응력, $\sigma_{\theta\max} = 2\gamma_t H = 2 \times 27 \times 100 = 5400\text{kn/m}^2$

   2) 암반의 컴피턴시 지수, $I_c = \dfrac{\sigma_{cm}}{\sigma_\theta} = \dfrac{1000}{5400} = 0.19$

   $I_c < 1.0$이므로 압착 가능성이 매우 높다.

   3) 압착거동에 대응한 굴착대책 : 선행굴착, 인버트 폐합, 분할굴착, 가축성 지보 사용 등

예제 터널 깊이 100m, 초기응력 $\sigma_o = 2.6\text{MPa}$, 무결암의 일축강도 $\sigma_{ci} = 25\text{MPa}$, H-B 모델파라미터 $m_i = 10$, $GSI = 20$일 때 압착 가능성을 평가해보자.

풀이 그림 3.46 식을 이용하면 암반 일축압축강도, $\sigma_{cm} = \left(0.0034 m_i^{0.8}\right)\sigma_{ci}\left\{1.029 + 0.25 e^{-0.1 m_i}\right\}^{GSI} = 5.26\text{MPa}$

컴피턴시 지수, 강도/응력비 $I_c = \sigma_{cm}/\sigma_o = 2.02$

$p_s = 0$인 경우에 대하여, $\epsilon(\%) = u_{ro}/r_o = 0.2\left(\dfrac{\sigma_{cm}}{\sigma_c}\right)^{-2} \times 100 = 4.9\%$

$2.5 \leq \epsilon(\%) \leq 5.0$ 구간이므로 현저한 압착조건(minor squeezing)으로 추정된다.

3.4.5 다중변수도표에 의한 암반터널의 안정성 검토

앞에서 살펴본 암반 터널의 붕괴 특성을 정리해보면, **붕괴거동의 지배변수는 크게 지반응력(강도)적 요인과 지질 구조적 요인으로 구성**됨을 알 수 있다. 최근의 연구들은 암반터널의 파괴사례, 그리고 해석적 방법을 조합하여 암반의 지질구조, 응력 또는 변형 특성을 모두 고려하여 암반 터널의 붕괴유형을 체계화하는 방법들을 제안하고 있다(Russo, 2009; Majumder et al., 2017).

암반의 조사를 통해 RMR(즉, 지질구조)을 알고 있는 경우, 지반응력과 강도를 이용하여 컴피턴시 지수 I_c를 구하고, 해석적 방법으로 터널 내공 변형률과 소성영역의 범위를 구할 수 있다면, 터널 굴착 시 암반의 붕괴거동을 평가할 수 있다. 표 3.3에 지배변수와 파괴거동의 상관관계를 나타내었다.

표 3.3 암반터널의 붕괴 유형(Russo and Grasso, 2007; Russo, 2009)

거동 구분	암반의 응력(변형) 특성 (deformation response)			암반의 지질구조(geo-structral response) RMR				
	컴피턴시 지수 (변형특성)	내공변형률 ϵ_r (%)	소성영역 r_e/r_o	100~90 I	90~75 II	75~50 III	50~25 IV	25~0 V
①	$I_c > 1.0$ $(\sigma_\theta < \sigma_{cm})$ (탄성)	무시할 만함 (negligible)	–	안정 stable	낙반(wedge failure)			붕락(caving)
②				↕		failure mode		
③	$I_c = 1.0,\ (\sigma_\theta \approx \sigma_{cm})$	<0.5	1~2	암파열 (spalling, rock burst)				
④	$I_c < 1.0$ $(\sigma_\theta > \sigma_{cm})$ (탄소성)	0.5~1.0	2~4					
⑤		>1.0	>4					압착(squeezing)
⑥				→ 굴착면 붕괴(immediate face collapse)				

① 미소 탄성변형 구간 : 암반강도가 유발응력보다 커 파괴에 안정(Competence Index, $I_c = \sigma_{cm}/\sigma_o > 1.0$)

② ①과 거의 동일하지만 불연속면으로 인한 쐐기파괴 가능성(wedge instability)

③ $I_c = \sigma_{cm}/\sigma_o \approx 1.0$, 굴착면 탄소성거동, $\epsilon_r \leq 0.5\%$, $r_e/r_o \cong 1 \sim 2 \rightarrow$ 약한 불안정성

④ $I_c < 1.0$, 굴착면 소성변형, 변형경사, $0.5 \leq \epsilon_r \leq 1.0\%$, $r_e/r_o \cong 2 \sim 4 \rightarrow$ 점진 붕괴 가능성

⑤ $I_c \ll 1.0$, 굴착면 소성변형확대, 변형경사, $\epsilon_r \geq 1.0\%$, $r_e/r_o \geq 4 \rightarrow$ 붕괴 가능성 높음

⑥ 굴착 중 붕괴, 지보 설치 불가

- 소성영역의 크기, $r_e/r_o = \left(1.25 - 0.625\dfrac{p_s}{\sigma_o}\right)\dfrac{\sigma_{cm}^{(p_s/\sigma_o - 0.57)}}{\sigma_o}$ (3.37)

- 컴피턴시 지수(강도/응력비, competence index), $I_c = \sigma_{cm}/2\sigma_o$

- 압착 암반의 터널 변형률, $\epsilon_r(\%) = u_{ro}/r_o(\%) = \epsilon = 0.2(\sigma_{cm}/\sigma_o)^{-2}$ (3.38)

p_s : 지보내압, σ_{cm} : 암반 일축강도, r_o : 터널반경, r_e : 소성영역 반경, σ_o : 초기응력(γH), u_{ro} : 터널 내공변형

표 3.3을 절차적으로 체계화하면, 암반붕괴에 영향을 미치는 **다수 요소(응력, 강도, 지질구조 등) 간 상관관계를 다중도표(Multiple Graphs)로 연결**하여 표현할 수 있고, 이를 암반붕괴 거동 예측기법으로 활용할 수 있다. 이 중 Majumder et al.(2017)이 제시한 다중도표법을 Box 3.3에 예시하였다.

Box 3.3 　 다중도표에 의한 암반터널거동의 예비 평가법 : Majumder 등(2017)

　다중도표법(Multiple Graph Method)은 터널붕괴와 관련되는 요인을 크게 지질구조, 암반강도, 자립능력 등으로 구분하고, 상호연관관계를 추적하여 암반터널의 붕괴 유형을 예측하는 방법으로 Russo(2014)와 Majumder et al. (2017) 등이 제안하였다. 향후 적용 사례를 축적하여 지속적인 보완이 이루어진다면, 암반터널의 붕괴거동에 대한 예비 검토기법으로서 매우 유용할 것으로 예상된다.

　Majumder et al.(2017)이 제안한 다중도표법은 25개소 터널현장과 348개의 터널 단면에 대한 분석을 토대로 제안되었다. 일부 영역(예, RMR<20 및 I_c>0.5인 붕락존, RMR>40 및 I_c<0.5인 Rock Bursting Zone)에 대해서는 실측 데이터가 없어 현재로서는 '예측 불가 구간'으로 표현되었다.

① **1단계** : 암반강도(rock mass strength, σ_{cm}) 평가 : $\sigma_{cm} = 5\gamma Q_c^{1/3}$, $Q_c = Q \times (\sigma_{ci}/100)$, σ_{ci} : 암석일축강도

　연암 : $RMR = 10\ln Q_m + 36$, 여기서 $Q_m = Q_{SRF=1}$, 경암 : $RMR = 9\ln Q + 44$, H : Overburden

　$\sigma_{cm} \leq 30$MPa이면 연암반(soft rock), $\sigma_{cm} > 0$이면 경암반(hard rock)으로 구분한다.

② **2단계** : 암반 성능지수(rock mass competence index, 강도응력비) 평가 : $I_c = \sigma_{cm}/(2\gamma H)$

　$I_c = 1$이 탄소성경계. $I_c < 1$이면 과응력상태로서 탄소성거동 발생(competence factor, $C_f = \sigma_{cm}/\sigma_o$)

③ **3단계** : RMR 및 I_c로 굴착 암반거동을 결정한다. → Caving, Squeezing, Spalling, Rock burst

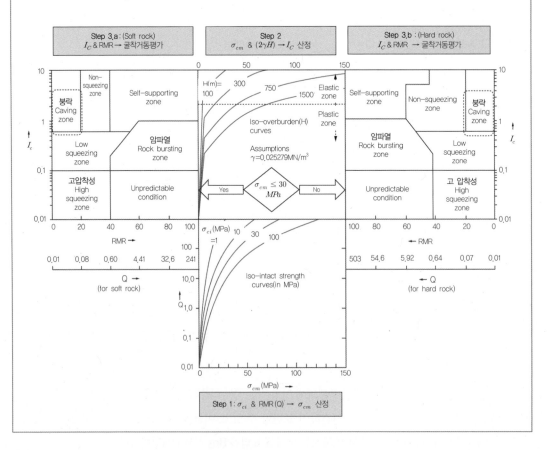

3.5 터널굴착에 따른 지표거동과 인접 구조물 안정 검토

3.5.1 터널굴착과 인접 건물 안정 문제

터널굴착은 지중응력해제, 지하수 유출 등에 따른 지반문제를 야기할 수 있다. 최근 터널굴착에 따른 토사유실이 지반공동을 발생시켜 지반재해를 야기하는 문제들이 큰 사회적 이슈가 된 적도 있다. 그림 3.52는 터널굴착의 영향으로 발생한 지중구조물의 손상과 지하차도 아래 발생한 공동 사례를 예시한 것이다.

(a) 지중관로 파손   (b) 구조물 기초하부 공동발생 사례

그림 3.52 터널굴착에 따른 주변구조물 영향 예

터널굴착과 관련한 대부분의 인접 영향은 구조물의 침하 및 변형이다. 그림 3.53은 터널굴착이 건물규모에 따라 미칠 수 있는 영향을 예시한 것이다. 터널 굴착 중 인접 구조물 손상 방지를 위한 대책은 터널공사 그 자체보다 훨씬 더 많은 비용과 시간이 소요될 수 있어, 터널사업의 성패를 좌우할 수 있다(Peck, 1969). 따라서 터널 인접 건물(지중 구조물)에 대하여 굴착에 따른 영향을 예측하고 대응하여야 한다.

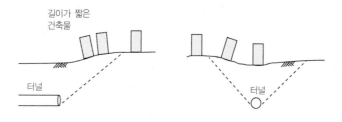

(a) 좁고 짧은 건물 : 수평변형률(기초인장) 영향 크지 않음

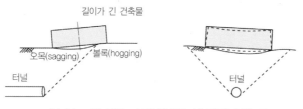

(b) 넓고 긴 건물 : 수평변형률(기초인장) 영향 큼

그림 3.53 터널굴착에 따른 지상 구조물 영향 예

터널굴착 영향의 평가

터널굴착이 인접건물에 미치는 영향을 평가하는 데 있어 중요한 거동은 '**지반변형**'이며, 이 중 지상 구조물에 직접영향을 주는 **지표침하** 산정이 지상 구조물 안정평가를 위한 첫 단계이다. 일반적으로 지표침하를 이용한 **경험적 방법으로 손상에 대한 예비평가**를 실시하고, 그 결과에 따라 중요 구간에 대하여 **수치해석으로 상세조사**를 수행한다(수치해석은 제5장 참조).

터널이 지나가는 경로에 다수의 구조물이 위치하는 경우 단계별 위험도 평가 개념을 도입할 수 있다. 먼저 경험법을 이용한 **예비평가**(preliminary assessment)를 수행하여 터널 영향권 내 전체 구조물에 대한 영향도 분석을 실시하고, 예비검토 결과 기준을 초과하는 중요건물 등에 대해 수치해석을 이용한 **상세평가** (detailed evaluation)를 수행한다.

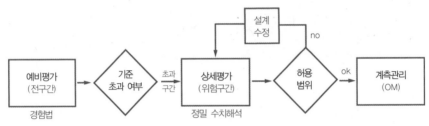

그림 3.54 단계별 위험도 평가 절차

예비평가 단계에서는 경험적 지반침하 평가법 등을 이용하여 그림 3.55와 같이 터널 전 노선을 따라 거의 모든 구조물에 대하여 침하 영향성을 검토한다. 통상 경험법을 이용하여 자유지반의 지표침하 등고선을 추정하고, 지표침하 형상대로 건물이 변형한다고 가정하여 안정성을 평가할 수 있다(Sower 및 Bjerrum의 침하 허용기준 이용 가능). 구조물이 있는 경우, 구조물 기초의 강성으로 인해 자유지반보다 훨씬 작은 침하가 발생하고, 그 형상도 가우스 분포곡선과 현저히 다르게(강성이 큰 기초의 경우 기초저면이 수평으로 나타남) 나타나는 것으로 알려져 있다.

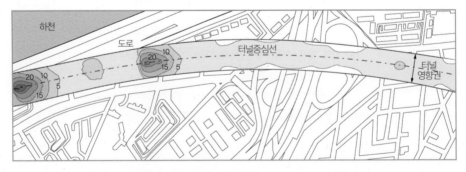

그림 3.55 경험법에 의한 터널 노선에 따른 침하평가 예(단위 : mm)

상세평가는 2차원 또는 3차원 수치해석을 이용하며(제5장 5.3절 굴착안정해석 참조), 지반-구조물 상호거동에 따른 구조물의 침하량, 각 변위 등을 산정하여, 허용거동 기준 만족 여부를 평가한다.

인접건물의 거동 허용한계

도심지 터널의 경우 기존 구조물 하부를 통과하는 경우가 많아 인접건물의 안정성 확보가 중요한 설계 이슈 중의 하나이다(Son and Cording, 2005, 2006). 터널이 지표에 야기하는 거동을 평가했다면, 건물의 안정성은 해당 건물의 거동허용 한계에 기준하여 판단할 수 있다. 거동한계는 시설물에 따라 다르며, 그림 3.56의 구조물 기초설계기준에서 정하는 허용 침하량(Sowers, 1962), 변위 한계(Bjerrum, 1963) 기준을 참고할 수 있다.

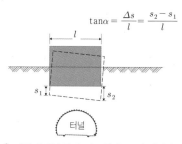

$$\tan\alpha = \frac{\Delta s}{l} = \frac{s_2 - s_1}{l}$$

l : 기둥 사이의 간격 또는 임의 두 점 사이의 거리

침하 형태	구조물의 종류	최대 허용 침하량
전체침하	배수시설 출입구 석축 및 벽돌구조 뼈대구조 굴뚝, 사일로, 매트	15.0~30.0cm 30.0~60.0cm 2.5~5.0cm 5.0~10.0cm 7.5~30.0cm
전도	탑, 말뚝 물품 적재크레인 레일 빌딩의 조적벽체	0.004l 0.01l 0.003l
부등침하	철근 콘크리트 뼈대구조 강 뼈대구조(연속) 강 뼈대구조(단순)	0.003l 0.002l 0.005l

(a) 구조물의 허용침하량

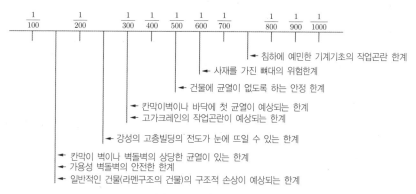

(b) 구조물의 허용처짐각

그림 3.56 구조물의 허용침하와 허용처짐각

일반적으로 건물거동은 총 침하, 상대 침하, 수평 변형률, 각 변형(angular distortion) 등이 주요 관찰 대상 거동이다. 허용거동의 크기는 구조물의 종류, 용도, 노후도 등에 따라 다를 수 있다. 일반적으로 콘크리트 구조물은 인장에 취약하므로 지반의 수평변형률을 관리기준으로 다룬다. 그림 3.57은 Boscardine & Cording(1989)이 제시한 수평변형률과 각변형률을 기준으로 한 구조물 손상기준이다.

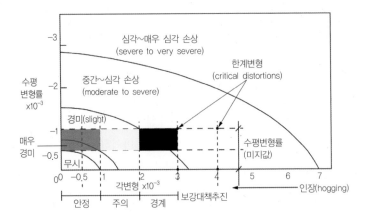

그림 3.57 관리기준의 설정 예(Boscardine & Cording의 손상평가 기준에 근거함)

3.5.2 터널굴착에 따른 지반변형의 경험적 평가법

굴착으로 인한 구조물 영향은 일반적으로 **자유지반(green field**, 지상 구조물의 영향이 없는 지반)**의 침하를 지상 구조물의 침하형상으로 가정**하여 검토한다. 하지만 실제 구조물의 침하는 구조물의 기초 강성에 의해 자유지반 침하형상과 달리 수평에 가깝게 나타나므로 이러한 가정은 상당히 보수적인 평가라 할 수 있다.

계측 경험에 따르면 토피가 작은 연약지반에서 터널을 굴착하는 경우, 굴착공법에 관계없이 막장 주변에서 그림 3.58과 같은 3차원 형상의 지표침하가 발생한다.

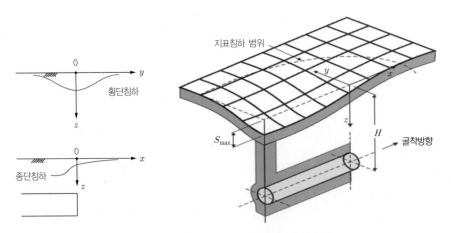

그림 3.58 터널굴착에 따른 자유지반의 지표침하

많은 계측자료를 분석한 결과, 지표침하의 형상은 터널 횡방향 침하의 경우 **가우스 정규분포함수**를 뒤집어 놓은 형태로 나타낼 수 있고, 종방향 침하형상은 가우스 **확률밀도함수** 또는 오차함수(Gaussian error function)로 근사화할 수 있다(Peck, 1969).

횡방향 침하(lateral settlement profile)

터널 횡단면 지표침하(S_v)형상은 최대 지표침하(S_{max}), 최대 경사위치(변곡점)까지의 거리(i), 터널 중심으로부터 횡방향 거리(y)를 파라미터로 가우스 정규분포함수를 이용하여 다음과 같이 나타낼 수 있다.

$$S_v = S_{max} \exp\left(-\frac{y^2}{2i^2}\right) \tag{3.39}$$

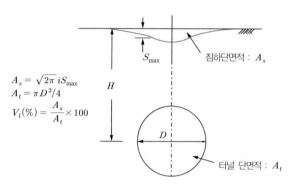

$$A_s = \sqrt{2\pi}\, i S_{max}$$
$$A_t = \pi D^2/4$$
$$V_l(\%) = \frac{A_s}{A_t} \times 100$$

그림 3.59 횡단(transverse) 침하곡선의 형상(가우스 정규 확률분포곡선)

단위길이당 횡방향 침하단면적을 지표손실(surface loss, $A_s \approx \sqrt{2\pi}\, i S_{max}$)이라 하며, 횡방향 침하함수를 적분한 값과 같다. 터널굴착에 따른 침하의 규모를 나타내는 지표로서, 터널면적($A_t = \pi D^2/4$)에 대한 지표손실의 백분율인 '**지반손실**(volume loss, $V_l(\%)$)'을 다음과 같이 정의한다.

$$V_l(\%) = \frac{A_s}{A_t} \times 100 \tag{3.40}$$

터널 계측 결과(쉴드터널)에 따르면, 연약지반(점토)터널의 경우 굴착 중 단기 지반손실 V_l은 약 1% 수준인 것으로 알려져 있다. 지표손실 A_s 및 지반손실 V_l을 이용하면 최대 침하를 다음과 같이 나타낼 수 있다.

$$S_{max} = \frac{V_l A_t}{\sqrt{2\pi}\, i} = \frac{A_s}{\sqrt{2\pi}\, i}, \quad \text{따라서} \quad S_v = \frac{V_l A_t}{\sqrt{2\pi}\, i} \exp\left(-\frac{y^2}{2i^2}\right) \tag{3.41}$$

지반침하 식(3.39)와 (3.41)은 침하 파라미터를 각각 S_{max}와 V_l를 사용한다. S_{max} 보다는 지반조건과 터널 규모 영향을 포함한 파라미터인 지반손실 V_l이 보다 유의미한 침하지표라 할 수 있다(특히, V_l은 런던 점토와 같이 **굴착 중 비배수 거동을 하는 지반의 터널거동 정의에 잘 부합**한다). 표 3.4에 실제 터널의 지반조건 및 굴착공법에 따른 지반 손실률(volume loss)의 분포범위를 보였다.

표 3.4 지반손실률(V_l)

지반 조건	터널공법	V_l(%)	비고
연약한 해성점토	EPB 쉴드/Compressed Air	3.0	Shirlaw and Doran(1988)
사력층 지반	EPB 쉴드	0.2	Kanayasu 등(1995)
점토지반(런던 점토)	쉴드 공법/NATM 공법	1.0~2.0 1.0~1.5	O'Reilly and New(1982) New and Bowers(1994)
중간 내지 조밀한 모래지반	슬러리 쉴드	0.2~1.0	Ata(1996)

가우스 정규분포곡선에서 **최대경사는 침하곡선의 변곡점**이다. Peck(1969), Lake et al.(1992), Mair and Taylor(1997) 등은 계측 결과를 토대로, 최대경사 위치 i를 그림 3.59와 같이 제안하였다.

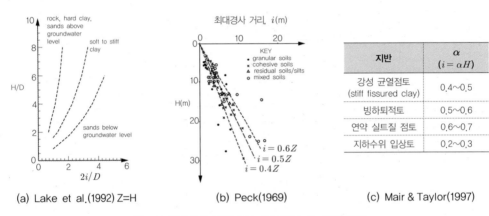

(a) Lake et al.(1992) Z=H (b) Peck(1969) (c) Mair & Taylor(1997)

그림 3.60 최대경사 위치 i(H : 터널심도, D : 터널직경)

Mair and Taylor(1997)에 따르면, 지중의 횡방향 침하형상도 가우스 정규분포함수로 가정할 수 있다. 다만, 이때 지중침하 형상에 대한 최대경사(변곡점)의 위치는 $i' = \alpha'(H-z)$로 조정되며, 이때 $\alpha' = \{0.175 + 0.325(1-z/H)\}/(1-z/H)$로 제안하였다.

횡방향 수평변위 및 변형률

구조물의 손상을 야기하는 변형 인자는 주로 수평(인장) 변형이다. 횡방향 수평변형(S_h) 및 횡방향 수평변형률(ϵ_h)은 수직침하로부터 다음과 같이 산정할 수 있다(그림 3.61(a) 참조).

$$S_h = S_v \frac{y}{H} \tag{3.42}$$

$$\epsilon_h = \frac{dS_h}{dy} = \frac{S_v}{H} \tag{3.43}$$

그림 3.61에 지표침하 구간의 수평거동과 구간별 경사를 나타내었다. (−) 변형률 구간은 기초가 오목한 (+) 변형률 구간은 기초가 위로 볼록한 형상을 나타낸다.

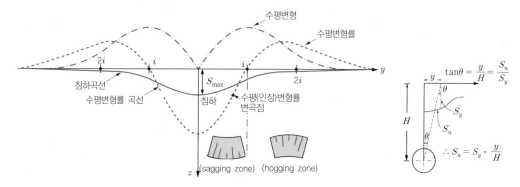

(a) 수평변위 및 수평변형률 곡선(i : 최대경사 발생위치 − 변곡점)

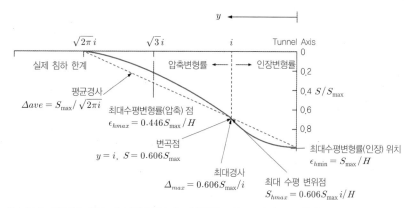

(b) 주요 위치의 경사, 수평변위 및 수평변형률 값(Δ : 경사, S : 침하, S_h : 수평변형)

그림 3.61 터널 횡단면 수평변위 및 경사

예제 단면적 A =96.818㎡, 토피(distance from surface to crown) C=4.855m인 실트질 점토 내 터널에 대하여 지반손실률(V_l)과 최대 경사위치(i)를 평가하고, 지표침하곡선을 유도해보고, 최대 경사위치에 폭 5m의 건물 중심이 위치하는 벽돌구조물의 안정성을 검토해보자.

풀이 ① 침하평가. 지반손실률은 표 3.4로부터 1~3%로 분포할 것으로 추정할 수 있으며, 여기서는 V_l =1%로 가정한다(최근 굴착기계의 발달에 따라 지반손실률은 1~1.5%로 제어가 가능하다). 지반손실은,

$$A_S = 0.01 \times \pi D^2/4 = 0.01 \times 96.818 = 0.96818㎡$$

등가직경 $D_e = \sqrt{\dfrac{4 \times 96.818}{\pi}} \fallingdotseq 11.10\text{m}$, 심도 $H = C + \dfrac{D_e}{2} = 4.855 + 5.55 = 10.405\text{m}$

최대경사 위치는 그림 3.60(c)로부터 α =0.6이므로, $i = \alpha H = 0.6 \times 10.405 = 6.2\text{m}$

최대침하는 $S_{\max} = \dfrac{A_s}{\sqrt{2\pi} \times i} = \dfrac{0.96818}{\sqrt{2\pi} \times 6.2} = 0.062\text{m} = 6.2\text{cm}$

식(3.41)을 이용하면, 침하형상은, $S_v = S_{max} \exp\{-y^2/(2i^2)\} = 6.2 \exp(-y^2/76.88)$

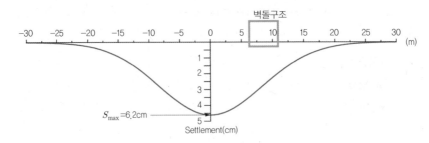

② 벽돌 구조물 안정 검토

위 침하곡선으로부터 최대침하 약 3.5cm, 최대경사위치 $i = 6.2$m이므로

최대경사 $\Delta_{max} = 0.606$m $= 6.06 \times 10^{-3}$m, 처짐각 $S_{max}/i \approx 1/165$

벽돌구조물의 허용침하 2.5~5.0cm, 허용처짐각 1/150이므로 벽돌구조물은 처짐각은 만족하나, 허용침하를 초과하므로 이에 대한 보강이 필요하다.

종방향 침하(longitudinal settlement profile)

그림 3.62는 실측 및 해석으로 얻은 종방향 침하(S_z)형상을 가우스 확률밀도함수로 근사화한 예이다. 굴착 통과 직전까지 발생하는 천장부의 침하는 최종 침하의 약30% 정도로 알려져 있다(d : 막장거리).

Panet(1995),

$$\frac{S_v}{S_{max}} = 0.25 + 0.75\left[1 - \left(\frac{0.75}{0.75 + d/r_o}\right)^2\right] \quad (3.44)$$

Hoek(1999),

$$\frac{S_v}{S_{max}} = \left[1 - \exp\left(\frac{-d/r_o}{1.10}\right)\right]^{-1.7} \quad (3.45)$$

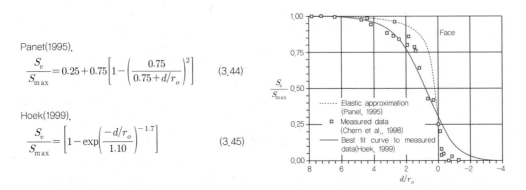

그림 3.62 종방향 지표 침하곡선(누적확률함수; after N. Vlachopoulos and M.S. Diederichs, 2009)

터널굴착공법(막장압의 여부)에 따라 굴착면 변형의 크기가 달라지며, 이에 따라 종방향 침하곡선의 변곡점 위치도 현저히 달라진다. 막장압이 없는 비압력 굴착 경우(open mode)보다 막장압이 있는 압력굴착 경우(closed mode) 굴착면에서 침하가 더 작게 발생한다. 굴착으로 인한 횡단침하는 지속적 상황이지만, 종단침하는 굴착면 진행과 함께 앞으로 이동하며 평활해진다(침하회복이 아닌, 침하균일 현상).

3.5.3 수치해석에 의한 인접 구조물 영향 평가

수치해석에 의한 인접 구조물의 안정성 평가는 제5장 5.3절의 굴착 안정성 평가해석에 포함하여 수행할
수 있다. 전체 수치모델링 기법을 사용하여, 조사하고자 하는 인접 구조물을 포함하여 해석한다. 굴착 실제
문제에서 구조물과 터널의 상대위치, 방향 등이 매 건물마다 다르므로 터널굴착으로 인한 건물의 상세한 조
사는 주로 수치해석을 이용하게 되며, 침하 식에 의한 경험적 방법은 주로 예비 단계의 해석에서 사용한다.
단지 수치해석이라고 해서 신뢰도가 높은 것은 아니므로, 기하학적, 물리적 특성을 사실에 부합하게 모델링
하고, 적절한 구성모델과 모델 파라미터를 사용하여야 한다.

3.5.4 인접 구조물 안정 대책

굴착영향 평가결과가 허용기준을 초과하는 경우 이에 대한 대책을 반영하여야 한다. 일반적으로 시공속
도 조절, 분할굴착 등 공사방법을 변경하는 방법과 설계 내용을 근본적으로 수정하거나 보강하는 방법을 고
려할 수 있다. 보강방안으로 터널보강 및 지보증가 등의 터널대책, 그라우팅 보강 등 지반대책, 그리고 언더
피닝, 기초를 들어 올리는 잭킹 등의 구조물 대책을 적용할 수 있다. 이를 그림 3.63에 예시하였다.

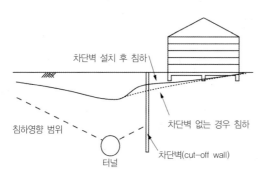

(a) 영향차단대책 : 차단벽(cut-off wall)

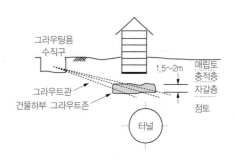

(b) 지반 보강대책 : 보강그라우팅

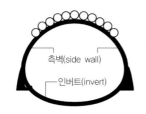

(c) 터널대책 : 강관보강을 통한 터널의 보강

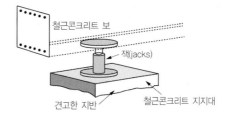

(d) 구조물 대책 : 침하제어 구조물 잭킹

그림 3.63 보강대책의 예

CHAPTER 04

터널의 수리와 수리적 안정성
Tunnel Hydraulics and Hydraulic Stability

터널의 수리와 수리적 안정성
Tunnel Hydraulics and Hydraulic Stability

대부분의 터널은 지하수위 아래 건설된다. 터널 굴착은 지하수 영역에 수리경계조건을 변화시켜 수리적 불평형(수두차)을 야기하며, 지하수의 이동을 초래하고, 이로 인한 침투력은 굴착 중 막장안정에 영향을 미칠 수 있다. 운영 중 터널은 방·배수 형식에 따라 배수터널과 비배수터널로 구분되며, 각각 유입수 처리, 수압 대응에 대한 검토를 필요로 한다.

터널설계는 수압의 대응과 유입량 처리방안은 물론 얕은 터널의 부력안정, 압력터널의 수압할렬과 같은 수리안정에 대한 검토도 포함한다. 또한, 터널 수명기간 동안 수리열화에 따른 대책은 터널 유지관리의 중요 항목이다. 터널 수리와 관련하여 이 장에서 살펴볼 주요 내용은 다음과 같다.

- 터널 굴착과 수리문제
- 터널 수리거동의 이론해
- 터널 방배수 원리와 수리열화
- 터널의 수리적 안정문제

4.1 터널 건설과 지하수 거동

4.1.1 터널과 지하수 영향

지하수의 존재는 터널이 지상 구조물과 구분되게 하는 가장 중요한 설계요인 중의 하나이다. 터널굴착은 평형상태에 있던 수리영역에 불평형을 야기하며, 이로 인한 수두차는 지하수의 이동을 초래한다. 지하수의 이동은 지반에 침투력을 발생시켜 굴착 중 터널의 붕괴 안정성에 영향을 미칠 수 있고, 운영 중에는 누수와 수압영향으로 터널의 기능을 위협할 수 있다. 따라서 터널의 설계과정에서 **지하수가 터널의 굴착안정성 및 운영 중 사용성에 미치는 영향을 충분히 검토하여 대책을 반영하여야 한다.** 그림 4.1에 터널의 건설, 운영단계에 따른 수리적 검토 항목들을 정리하였다.

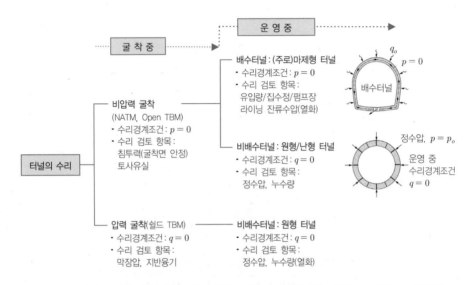

그림 4.1 터널의 굴착 및 운영 중 수리경계조건과 수리영향 검토 항목(p : 수압, q : 유입량)

터널 수리문제는 **굴착 중 문제와 운영 중 문제**로 구분할 수 있다. 굴착 중 굴착면의 수리경계조건은 굴착 공법에 따라, 비압력식 굴착(관용 터널)과 압력식 굴착(쉴드터널)의 수리문제로 나누어 살펴볼 수 있다. 반면, 운영 중 터널 수리경계조건은 터널 설계 개념인 방배수 형식의 채용에 따라 결정된다.

터널 수리문제의 대부분은 지하수 유입을 허용하는 배수터널과 관련된다. 하지만 모든 터널이, 배수형식에 관계없이 장기적으로 배수장애 또는 누수 등의 수리적 열화(hydraulic deterioration)를 겪게 된다.

터널 설계 시 수리검토는 굴착 중 터널붕괴에 대한 안정(침투력, 토사유출 파괴), 운영 중 유입량 혹은 수압의 대응, 그리고 수리열화에 따른 잔류수압과 누수량 영향 등을 포함한다. 또한, 얕은 토사터널의 부력문제, 압력터널의 수압 할렬 및 수압 파괴 등의 수리적 안정성에 대한 검토가 필요한 경우도 있다.

4.1.2 터널의 수리경계조건 hydraulic boundary conditions

터널의 수리거동은 유입량(q)과 수압(p)으로 나타낼 수 있다. 따라서, 터널의 수리경계조건은 유입량과 수압조건으로 정의할 수 있으며, 흐름특성을 고려할 때 굴착 중과 운영 중으로 구분하여 다룰 수 있다.

터널공법에 따른 굴착 중 수리경계조건

비압력 굴착(관용터널공법). 막장압이 없거나 막장압이 지하수 압력보다 작으면, 굴착경계면의 수리경계조건은 수압이 '$p=0$'인 상태가 되어, 흐름저항이 없는 **자유흐름**(free drainage, 자유 유입)이 일어난다. 굴착이 이루어지면, 굴착면이 대기압 상태가 되어, 수두차가 발생한다. 일례로, 터널 천단부에서는 평균 동수경사가 '0.0 → 1.0'으로 변화되며, 하향흐름이 일어난다.

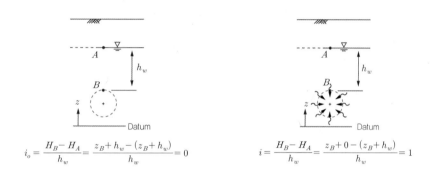

$$i_o = \frac{H_B - H_A}{h_w} = \frac{z_B + h_w - (z_B + h_w)}{h_w} = 0$$

$$i = \frac{H_B - H_A}{h_w} = \frac{z_B + 0 - (z_B + h_w)}{h_w} = 1$$

(a) 굴착 전 : 정지 정수두 상태   (b) 굴착 후(구속흐름) : 굴착면 대기압 상태

그림 4.2 관용터널공법에서 수리경계조건의 변화와 지하수 흐름

터널 굴착면의 흐름을 막아 동수경사를 '0'으로 만들지 않는 한 터널을 향한 지하수 흐름은 지속될 것이다. 비압력 관용터널공법의 수리경계조건과 흐름거동을 그림 4.3(a)에 나타내었다.

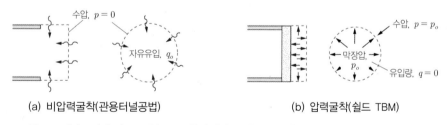

(a) 비압력굴착(관용터널공법)   (b) 압력굴착(쉴드 TBM)

그림 4.3 터널공법에 따른 굴착 중 굴착경계면 수리경계조건(q_o : 자유유입량, p_o : 정수압)

압력굴착(쉴드공법). 압력굴착은 그림 4.3(b)와 같이 막장에 이토압(EPB TBM) 또는 슬러리압(Slurry TBM)을 가하여 지반압력(토압＋수압)과 평형을 유지한다. 굴착면 내외의 수압평형을 유지함으로써 지하수 이동을 제어할 수 있다(하지만, 커터교체 등을 위해 막장압을 해제하면, 터널 내로 유입이 발생한다).

터널 주변의 수압은 터널 굴착면의 수리경계조건에 따라 다양한 형태로 나타날 수 있다. 그림 4.4는 굴착 중 배수조건에 따라 발생 가능한 수압분포 형상을 나타낸 것이다. 그림 4.4(a) 및 (b)는 각각 완전배수(fully permeable)와 비배수(impermeable) 경계조건의 수압분포를 보인 것이다. 그림 4.4(c)는 터널 주변에 그라우팅을 한 경우로서, 지반 투수계수가 감소하여 터널 내 유입량이 줄어드나, 그라우팅 외곽의 수압은 증가한다. 그림 4.4(d)와 같이 터널 주변에 다공성 **배수파이프**(drainage pipe, pin-drain)를 설치하면, 지하수가 굴착면에 접하기 전, 터널 외측에서 지하수를 집수하여 배수하게 되므로 터널 근접부 수압이 낮아진다.

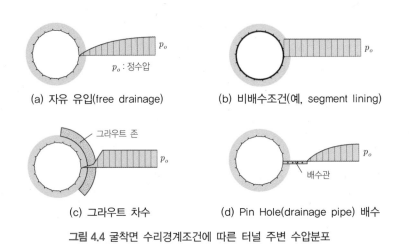

그림 4.4 굴착면 수리경계조건에 따른 터널 주변 수압분포

운영 중 터널의 수리경계조건

완공 후 운영 중 터널의 수리경계조건은 채택된 방배수 형식에 따라 결정된다. 터널의 방배수 형식은 지하수의 자유유입을 허용하는 **배수형**(free drainage type)과 유입을 허용하지 않는 **비배수형**(watertight type)으로 구분된다(Box 4.1). 이론적으로 배수터널은 터널 라이닝 주면을 따라 수압 '0'의 수리 경계조건이 유지되며, 반면, (세그먼트 라이닝과 같은) 비배수터널은 '정수압'이 터널 라이닝에 작용하게 된다.

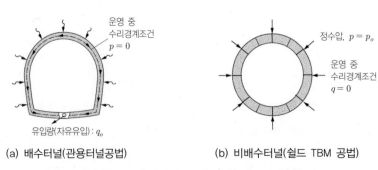

그림 4.5 방배수 개념에 따른 터널의 운영 중 수리경계조건

터널의 장기(long-term) 수리거동과 수리적 열화

배수터널은 '자유유입' 조건으로 설계하나 운영 중 시간 경과에 따라 배수기능이 저하되어 유입량이 줄어들고, 라이닝 작용 수압이 증가하는 **수리열화**(hydraulic deterioration)가 일어날 수 있다. 반면, 비배수터널은 '정수압' 조건으로 설계하나 시간 경과에 따른 라이닝 균열 및 방수기능 저하로 누수가 일어날 수 있다. 터널 수명기간 동안 수리거동의 변화는 유입량과 수압을 대상으로 고찰할 수 있다.

굴착 중 유입량은 그림 4.6과 같이 막장압의 여부에 따라 달라진다. 일반적으로 관용터널의 경우 굴착 중 대기압조건으로서 자유유입이 일어나나, 쉴드터널과 같은 압력굴착은 굴착 중에도 유입량을 제어할 수 있다. 비배수터널은 운영 중 균열 등 구조물 열화로 누수가 발생할 수 있으나, 유입량 규모는 무시할 수준이다. 반면, 배수터널은 배수재의 압착 또는 폐색에 따른 투수성 감소로 유입량이 줄어들 수 있다.

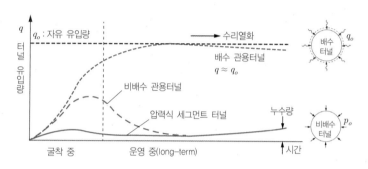

그림 4.6 터널공법 및 방배수 개념에 따른 터널의 유입량

굴착 중 굴착경계면 수압도 그림 4.7과 같이 굴착공법에 따라 달라진다. 일반적으로 관용터널의 경우 굴착 중 경계면 수압이 '0'인 조건이 되나 지반과 굴착지보의 상대투수성에 따라 숏크리트 라이닝에 잔류수압이 걸릴 수 있다. 운영 중 배수재의 투수성이 감소하면 흐름저항이 일어나, 콘크리트 라이닝에 (잔류)수압이 작용할 수 있다. 비배수 쉴드터널은 세그먼트 라이닝에 정수압이 작용한다.

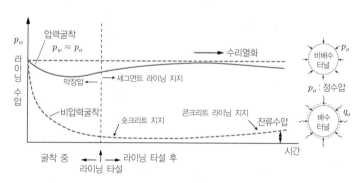

그림 4.7 터널공법 및 방배수 개념에 따른 터널 라이닝 작용수압

Box 4.1 　배수형 터널 VS 비배수형 터널

배수터널과 비배수터널에 대한 방배수 개념, 적용성 그리고 구조적 특성을 아래에 비교하였다. 비배수 터널의 경우, 고도의 시공기술이 필요하고, 구조물의 두께가 증가하여 건설비가 증가하나, 지하수 환경 유지에 유리하고, 유지관리 비용이 적게 드는 이득이 있다. 도심지에서는 지하수환경 유지에 유리한 비배수터널이 선호된다.

배수형 터널과 비배수형 터널 비교(일정수위, 정상류 조건)

	배수형 터널(관용터널공법)	비배수형 터널(쉴드+세그먼트 공법)
수리경계 조건	유입량=q_o(자유유입량) 라이닝 작용 수압=0	유입량=0 라이닝 작용 수압=p_o(정수압)
특징 (장단점)	• 수압을 고려하지 않으므로 얇은 무근 콘크리트 라이닝도 가능 • 비원형, 대단면의 시공이 가능 • 누수 시 보수 용이 • 초기 시공비가 적어 경제성 양호 • 터널구배로 자연배수가 불가능한 경우에 배수 펌핑 비용 증가로 유지비가 과다 소요 • 지하수위가 저하하므로 인해 주변 지반침하와 지하수 이용 문제 발생 가능	• 유입수 처리비용 감소로 유지비가 적음 • 터널 내부가 청결하며 관리가 용이 • 지하수위에 영향주지 않으므로 지하수환경 유지에 유리 • 터널 구조체 및 내부시설 내구연한 증가 • 초기 건설비 고가, 완전한 방수기능 구현 어려움 • 대형, 대단면에 적용이 곤란 • 누수 발생 시 보수비가 많이 들고 완전보수 곤란 • 콘크리트라이닝 보강 필요
적용 여건	• 지하수위 저하가 문제되지 않는 지반, 지역 • 지하수두가 높고, 유입수량이 적은 지반조건 　(일반적으로 수두>60m)	• 지하수위 저하가 문제가 되는 지반 • 지하수두가 비교적 낮고(일반적으로 수두<60m) 지하수의 유입이 과다할 것으로 예상되는 경우
대표적 단면형상	마제형(horse shoe-shaped)	원형(circular)
방배수 공법	방수막과 부직포를 천장부와 측벽부에 설치하고 유입수를 터널 내로 유도하여 집수정에 집수하고, 펌프를 이용하여 지상 배수	터널의 전 주면에 방수막(membrane)을 설치하여 지하수의 유입을 완전 차단(세그먼트 라이닝은 Seal 재 및 Gasket을 이용하여 방수)
장기적 수리열화	배수재 폐색 및 압착 ➜ 배수성능 저하 ➜ 유입량 감소 ➜ 라이닝에 잔류수압 작용	구조물 균열, 방수막 손상 ➜ 방수성능 저하 ➜ 누수(유입 발생), 작용수압 저하

4.2 터널 수리거동의 이론해

4.2.1 터널 유입량의 이론해

배수형 터널은 터널 경계에서 흐름저항 없는 자유유입(free drainage)을 가정하며, 유입수의 배수로와 집수시설의 규모결정을 위해 유입량 산정이 필요하다. 일반적으로 발생 가능한 최대 수위조건에 대하여 유입량을 검토한다. **수위와 수심은 터널 중심을 기준**으로 하며, 그림 4.8과 같이 정의한다.

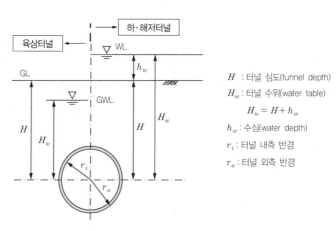

H : 터널 심도(tunnel depth)
H_w : 터널 수위(water table)
$$H_w = H + h_w$$
h_w : 수심(water depth)
r_i : 터널 내측 반경
r_o : 터널 외측 반경

그림 4.8 터널의 수리 파라미터 정의

터널 굴착에 따른 지하수 흐름 모델링

관용터널의 굴착 주(측)면과 막장면(tunnel face)을 통한 유입은 그림 4.9(a)와 같이 3차원적으로 발생하나, 터널의 이론 수리모델은 그림 4.9(b)와 같이 2차원 축대칭 원형단면의 방사형 정상류 흐름(radial steady state flow)으로 단순화(가정)한다.

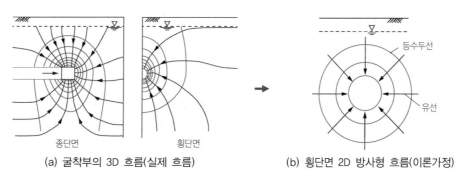

(a) 굴착부의 3D 흐름(실제 흐름)   (b) 횡단면 2D 방사형 흐름(이론가정)

그림 4.9 터널 굴착부의 실제 흐름과 이론해를 위한 방사형 흐름(radial flow) 가정

한편, 터널 굴착으로 야기되는 흐름은 주변으로부터 지하수 공급이 충분하여 지하수위 및 유로가 일정하게 유지되는 **구속흐름**(confined flow)과 수위 및 유로가 변화하는 **비구속흐름**(unconfined flow)으로도 구분할 수 있다. 그림 4.10에 보인 바와 같이 구속흐름은 유입량이 일정한 정상류흐름(steady state flow)이나, 비구속 조건에서는 수위 저하로 유입량이 감소하는 부정류 흐름(transient flow)이 일어난다.

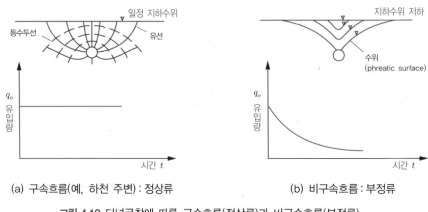

그림 4.10 터널굴착에 따른 구속흐름(정상류)과 비구속흐름(부정류)

터널 굴착경계에서 흐름의 저항이 없는 조건의 유입을 **자유유입**(free drainage)이라 한다. 자유유입량은 굴착의 영향이 수리적으로 평형상태(steady state)에 도달한 '**축대칭(방사형 흐름, radial flow)정상류상태**'를 가정하여 구한다.

반무한 경계 지반의 구속 정상류 흐름조건에 대한 터널 자유유입량 이론해

이론해는 실제 터널을 극히 단순화한 조건의 해이지만, 터널 유입량을 신속하고 간단하게 검토할 수 있는 매우 유용한 방편이다. 지반투수성이 크고, 하천이 인접한 경우 지하수 공급이 풍부하여 터널을 굴착하여도 지하수위가 거의 변하지 않는다. 이러한 경우, 지표로 제한되는 반무한 경계를 갖는, 구속 수리경계조건의 정상류 흐름을 가정할 수 있다. 또한, 수위가 터널 직경의 약 5배 이상인 배수터널(drained tunnel)에서는 지하수 유입거동을 **축대칭 반경방향 흐름**(radial flow)으로 가정할 수 있다.

Goodman(1965) 등은 **등방 균질 지반, 반무한 경계 지반의 자유유입 조건을 가정**하여 영상법(image method)으로 원형 터널의 자유유입량 식을 유도하였다. 심도 H에 위치하는 반경 r_o인 원형 터널의 수심이 H_w라 하자. 가상 수원(imaginary source)의 유출량과 가상 유입원(imaginary sink)의 유량이 같다고 가정하는 영상법의 흐름곡선을 그림 4.11에 보였다. 흐름의 에너지 수두(총 수두, total potential)가 ϕ라면

$$i = \frac{d\phi}{dr} \tag{4.1}$$

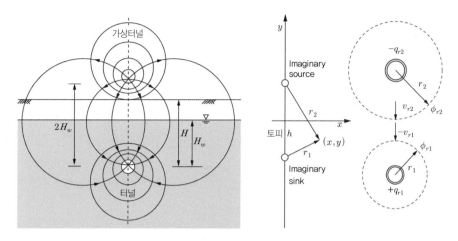

그림 4.11 구속정상류조건의 영상법(image method)

운동방정식은 $v = -ki$, $i = -\dfrac{1}{k}v$이므로, 반경(흐름) 방향 r에 대하여 다음이 성립한다.

$$\frac{d\phi_r}{dr} = -\frac{1}{k}\left(-\frac{q_r}{2\pi r}\right) \tag{4.2}$$

식(4.2)를 적분하고, 그림 4.11의 경계조건 $r_1 \to \phi_{r1}, q_{r1}$ 및 $r_2 \to \phi_{r2}, q_{r2}$을 이용하면

$$\phi_{r1} = +\frac{q_{r1}}{2\pi k}\ln r_1 + c_1 \text{ 및 } \phi_{r2} = -\frac{q_{r2}}{2\pi k}\ln r_2 + c_2$$

중첩원리에 따라, $\phi = \phi_{r1} + \phi_{r2} = \dfrac{1}{2\pi k}(q_{r1}\ln r_1 - q_{r2}\ln r_2) + c_1 + c_2$이다. 터널토피가 h일 때, $h \geq r_o$이면 터널 굴착면($x = r_o, y = -h$)에서, $r_1 = \sqrt{x^2 + (y+h)^2} = r_o$, $r_2 = \sqrt{x^2 + (y-h)^2} = \sqrt{r_o^2 + (2h)^2} \approx 2h$이 된다.

$$\phi = \frac{1}{2\pi k}\left[q_{r1}\ln\sqrt{x^2+(y+h)^2} - q_{r2}\ln\sqrt{x^2+(y-h)^2}\right] \tag{4.3}$$

자유유입(유출)조건이라면 $q_{r1} = q_{r2} = q_o$이고, 지반 내 흐름(침투)거리를 S라 하면, $\phi = -S$, $\phi_o = h_w$, $H_w = h + h_w$(하저터널의 경우)이므로, $-h = \dfrac{1}{2\pi k}\ln\dfrac{r_o}{2h}q_o + h_w$ 및 $-H_w = \dfrac{1}{2\pi k}\ln\dfrac{r_o}{2S}q_o$ 이 된다. 따라서 자유유입량 q_o는 다음과 같이 나타난다. R. Goodman이 최초 유도하여 이를 **Goodman**식이라 한다.

$$q_o = 2\pi k\frac{H_w}{\ln\left(\dfrac{2S}{r_o}\right)} \tag{4.4}$$

여기서, q : 단위길이당 유량(m³/sec/m), k : 투수계수(m/sec), r_o : 터널반경(m), H_w : 터널 중심으로부터 지하수위(m). S : 지하수의 지반 내 침투거리이다.

육상터널의 경우 $H_w \leq H$ 이므로, $S = H_w$ 이며, **하저 및 해저터널**의 경우 $H_w > H$ 이므로 $S = H = H_w - h_w$ 이다.

$$\text{육상 터널, } q_o = 2\pi k \frac{H_w}{\ln(2H_w/r_o)} \tag{4.5}$$

$$\text{하저 및 해저 터널, } q_o = 2\pi k \frac{H_w}{\ln(2H/r_o)} \tag{4.6}$$

NB : Darcy 법칙을 이용한 무한경계 흐름조건의 유입량식의 유도(Fernandez, 1994)

Laplace 방정식을 만족하는 무한 경계조건의 방사형 흐름(radial flow)
을 가정하면, 반경 r 에서 수리 포텐셜(hydraulic potential)이 $h(r,\theta)$
인 경우, 다음의 Darcy식이 성립한다.

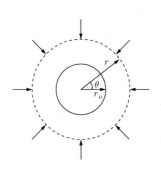

$$q = 2\pi r_i \, v_r = 2\pi r_i \, k i_r = 2\pi r_i \, k(dh/dr) \;\rightarrow\; dh = \frac{q}{2\pi k}\frac{1}{r_i}dr$$

적분하면 $h = \dfrac{q}{2\pi k}\ln(\dfrac{r}{r_i})$, 경계조건 $r = r_o$, $h = h_l$ 을 만족하므로

$$q = 2\pi k \frac{h_l}{\ln(r_o/r_i)} \tag{4.7}$$

영상법은 반무한 경계의 지반 매질을 고려하는 것이나, 위 식은 무한경계의 흐름을 가정한 것으로, 방사형 흐름조건의 라이닝 링 통과 유량 산정에 적합하다.

이론해의 적용성과 정확도

다수의 연구자들이 터널의 자유유입량에 대한 이론식을 제안하였다. 대표적인 식을 아래 예시하였다.

$$q_{oL} = 2\pi k \frac{H_w}{\left\{ 1 + 0.4\left(\dfrac{r_o}{S}\right)^2 \right\}\ln\left(\dfrac{2S}{r_o}\right)} \qquad \text{Lombardi(2002)} \tag{4.8}$$

$$q_{oT} = 2\pi k \frac{H_w\left\{ 1 - 3\left(\dfrac{r_o}{2S}\right)^2 \right\}}{\left\{ 1 - \left(\dfrac{r_o}{2S}\right)^2 \right\}\ln\left(\dfrac{2S}{r_o}\right) - \left(\dfrac{r_o}{2S}\right)^2} \qquad \text{El Tani(1999)} \tag{4.9}$$

이론식은 대부분 **축대칭 반경방향 흐름**(radial flow)을 가정하므로, 이 조건이 성립하지 않는 얕은 터널에는 잘 맞지 않는다. El Tani(2003)는 터널의 깊이를 달리하는 기준유입량을 설정하여, 이론식의 상대적 정확도를 평가하였다. 이론 유입량 q_o와 기준유입량 q_m에 대한 오차 Δ를 $\Delta = (q_o - q_m)/q_m \times 100\%$)로 설정하여 비교한 결과를 그림 4.12에 나타내었다. 수심에 비해 반경이 큰 얕은 깊이의 터널(shallow tunnel)일수록, 이론해의 기본 가정인 방사형 흐름에 부합하지 않으므로 상대적 오차는 증가한다. 적어도 **수심이 터널 직경 ($2r_o$) 이상이어야 오차가 10% 이내**가 된다. 수심이 터널반경의 5배 이하이면($r_o/H_w > 0.2$), **El Tani**(1999) 식과 Lombardi(2002) 식만 신뢰할 만하다. El Tani 식은 유입량을 과소평가할 수 있음에 유의하여야 한다.

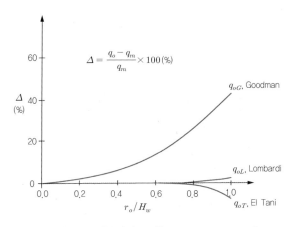

그림 4.12 이론식의 오차(after El Tani, 2003)

터널 주변 그라우팅(차수주입) 후 유입량

유입량이 과다하면 굴착안정 확보 및 터널운영에 불리하므로 흔히, 주입(그라우팅)공법을 이용하여 터널 주변 지반을 저투수성으로 개량하여 유입량을 제어하게 된다(대표적인 예, Seikan Tunnel, Japan). 그라우팅 영역의 투수계수, k_g(m/day)와 그라우팅 두께 t_g 및 지반침투 거리를 $S = (r_o + t_g)/2$로 단순화하고, 식 (4.7) 과 조합하여 제안된 개량지반 터널의 근사 유입량 식은 다음과 같다(Karlsrud, 2001).

$$q_g = 2\pi k_g \frac{H_w}{\ln\{(r_o + t_g)/r_o\}} \tag{4.10}$$

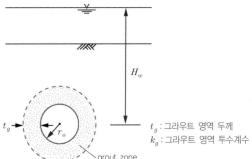

그림 4.13 터널 그라우트 영역

4.2.2 터널의 수압-유입량 관계와 구조-수리 상호작용

터널 설계는 완전 배수 또는 비배수의 두 극단적 수리경계조건을 가정하지만, 운영 중 터널은 유입저항에 따른 잔류수압을 받거나 누수가 일어나는 상황에 있다. 따라서 실제 터널에서는 완전 배수와 비배수의 두 극단적인 수리경계조건의 중간, 즉 부분 배수조건의 구간이 있음을 추론할 수 있다.

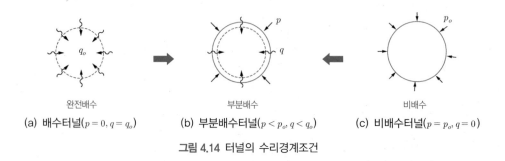

(a) 배수터널($p = 0, q = q_o$)   (b) 부분배수터널($p < p_o, q < q_o$)   (c) 비배수터널($p = p_o, q = 0$)

그림 4.14 터널의 수리경계조건

배수터널의 자유 유입에 따른 지하수위 저하를 제어하기 위하여 의도적으로 배수터널에 부분배수조건을 도입하는 경우, 이를 **제한 배수터널(limited drainage tunnel, drainage-controlled tunnel)**이라 할 수 있다.

터널 수압-유입량 관계

그림 4.15(a)는 배수터널의 자유유입 조건을 예시한 것이다. 만일, 라이닝 투수성이 지반보다 작다면, 흐름저항이 발생하여, 그림 4.15(b)와 같이 라이닝 배면에 수두 h_l에 해당하는 수압이 유발될 것이다.

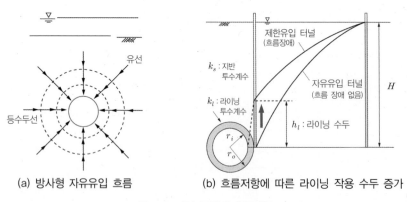

(a) 방사형 자유유입 흐름   (b) 흐름저항에 따른 라이닝 작용 수두 증가

그림 4.15 터널 주변의 흐름거동

등방균질지반의 구속흐름을 가정하여, El Tani(1999) 식을 적용하면, 육상의 배수터널 자유 유입량 q_o는 다음과 같이 나타낼 수 있다(어떤 이론식을 사용해도 되지만, 천층(shallow) 터널에도 비교적 잘 부합하는 El Tani 식을 사용하였다. 육상터널이므로, $S = H_w$).

$$q_o = \frac{2\pi k_s H_w \left\{ 1 - 3\left(\dfrac{r_o}{2H_w}\right)^2 \right\}}{\left\{ 1 - \left(\dfrac{r_o}{2H_w}\right)^2 \right\} \ln \dfrac{2H_w}{r_o} - \left(\dfrac{r_o}{2H_w}\right)^2} \tag{4.11}$$

만일, 어떤 원인에 의해 흐름저항이 발생했다면, 유입량 q_s 는 터널 중심에서의 수두(H_w)와 라이닝 배면수두(h_l)의 차에 비례할 것이므로 식(4.11)의 첫째항 H_w 는 $(H_w - h_l)$ 이 되어, 다음과 같이 나타낼 수 있다.

$$q_s = \frac{2\pi k_s (H_w - h_l) \left\{ 1 - 3\left(\dfrac{r_o}{2H_w}\right)^2 \right\}}{\left\{ 1 - \left(\dfrac{r_o}{2H_w}\right)^2 \right\} \ln \dfrac{2H_w}{r_o} - \left(\dfrac{r_o}{2H_w}\right)^2} \tag{4.12}$$

라이닝 통과유량 q_l 은 무한경계의 방사형 흐름조건(Fernandez, 1994)을 이용하여(식 4.7),

$$q_l = 2\pi k_l \frac{h_l}{\ln(r_o/r_i)} \tag{4.13}$$

여기서 r_i 와 r_o 는 각각 터널의 내경과 외경이다. q_l 은 터널 내에서 측정 가능한 유입량이므로 아는 값이다. $q_l = q_s$ 이므로, 식(4.11), (4.12) 및 (4.13)을 조합하면

$$q_l = q_o \left\{ 1 - \frac{1}{1 + C(k_l/k_s)} \right\} \tag{4.14}$$

여기서, $C = \dfrac{\left\{ \left[1 - (r_o/2H_w)^2 \right] \ln(2H_w/r_o) - (r_o/2H_w)^2 \right\}}{\left\{ 1 - 3(r_o/2H_w)^2 \right\} \ln(r_o/r_i)}$ 이다. 식(4.14)를 그래프로 나타내면 그림 4.16(a)

와 같다. 지반과 라이닝의 상대투수성(k_l/k_s)이 증가함에 따라 터널 내 유입량도 증가한다.

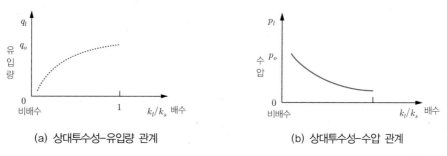

(a) 상대투수성–유입량 관계   (b) 상대투수성–수압 관계

그림 4.16 상대투수성이 유입량 및 수압에 미치는 영향

식(4.14)의 유량을 식(4.11) 및 식(4.13)의 수두로 치환하고, 정수압, $p_o = \gamma_w H_w$, 라이닝 작용수압, $p_l = \gamma_w h_l$을 이용하면, 식(4.14)의 유량식을 수압의 식으로 식(4.15)와 같이 나타낼 수 있다. 이를 수압-상대투수성 관계 그래프로 나타내면 그림 4.16(b)와 같다.

$$p_l = p_o \frac{1}{1 + C(k_l/k_s)} \tag{4.15}$$

식(4.15)를 관찰하면, 흐름저항으로 인하여 라이닝에 유발되는 수압 p_l의 크기는 지반과 라이닝의 상대투수성(k_s/k_l)에 의존함을 알 수 있다. 식(4.14) 및 (4.15)를 조합하여 투수계수 항을 소거하면, 다음의 **터널 유입량과 라이닝 작용 수압의 관계**를 얻을 수 있다.

$$p_l = p_o \frac{q_o - q_l}{q_o} \tag{4.16}$$

여기서, p_o는 정수압, q_o는 이론 자유유입량, q_l은 터널 내 측정 유입량이다. p_o, q_o, q_l은 알 수 있는 값이므로 식(4.16)을 이용, 라이닝 작용수압, p_l을 산정할 수 있다. 그림 4.17에 식(4.16)의 $p_l - q_l$ 관계를 나타내었다.

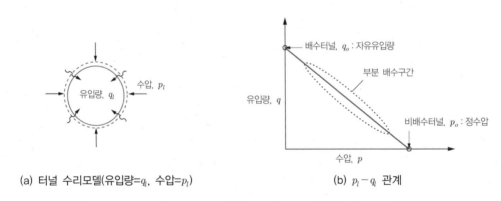

(a) 터널 수리모델(유입량=q_l, 수압=p_l)   (b) $p_l - q_l$ 관계

그림 4.17 터널의 수압-유입량($p_l - q_l$)관계 : 층류(laminar flow) 조건

터널의 구조-수리 상호작용

수압 p_l은 투수성이 큰 재료에서 작은 재료로 흐름이 일어날 때 유발되는 흐름저항이라 할 수 있다. 수압 증가는 라이닝에 구조적 영향(변형)을 미칠 수 있다. 이는 터널의 수리적 영향이 라이닝에 구조적 거동을 야기하는 현상으로서, 이를 터널의 '**구조-수리 상호작용**(mechanical and hydraulic interaction)'이라 할 수 있다. 그림 4.16(b)로부터 라이닝 작용수압(p_l/p_o)과 상대투수성(k_l/k_s)은 반비례 관계임을 알 수 있다. 라이닝 투수성(k_l/k_s)의 감소는 라이닝 하중으로 작용하는 수압(p_l)을 증가시킨다. 수압-변위 연계 수치해석 (coupled numerical analysis)으로 조사한 수압-상대투수성 관계를 정규화하여, 대수(logarithmic) 그래프로 나타내면 그림 4.18과 같이 나타나는데, 여기서도 터널의 구조-수리 상호작용을 확인할 수 있다.

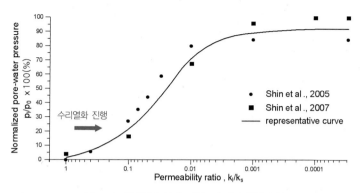

그림 4.18 상대투수성에 따른 라이닝 작용수압

4.2.3 배수터널의 유입량 제어

고수압 조건에서는 라이닝에 과대한 수압이 걸리므로 수압영향을 배제할 수 있는 배수터널로 설계한다. 하지만 유입량이 지나치게 크면, 터널 운영비가 증가하므로 경제적 운영을 위해 **유입량 저감대책을 채택**하게 된다. 일반적으로 터널 주변 지반에 **저투수성 주입재를 그라우팅**하여 유입량을 저감시킨다. 그라우팅은 지반 투수성을 감소시켜, 흐름저항을 지반 내 침투력으로 전환시키므로 라이닝 부담 수압을 줄이는 동시에 유입량도 저감시킬 수 있다.

그림 4.19와 같이 내경 r_i, 외경 r_o이며, 평균수두가 $H_w (= H + h_w)$인 해저터널에 대하여 터널 중심으로부터 반경 r_g까지 그라우팅을 실시한 배수형 관용터널을 가정하자.

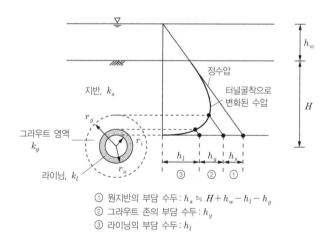

① 원지반의 부담 수두: $h_s = H + h_w - h_l - h_g$
② 그라우트 존의 부담 수두: h_g
③ 라이닝의 부담 수두: h_l

그림 4.19 그라우팅 및 라이닝 설치에 따른 수두 변화

흐름은 '지반 → 그라우트 영역(zone) → 숏크리트 라이닝'의 경로로 일어난다. 그라우트 존 외곽에 작용하는 수두를 h_g, 라이닝 외곽에 작용하는 수두를 h_l이라 하면, 원지반에서는 $H - h_g$ 만큼의 수두손실이 일어

난다. 그라우트 영역에서는 $h_g - h_l$의 수두손실이 일어나며, 이는 침투력으로서 그라우트 영역이 부담(지지)하게 된다. 지하수의 유입경로별 수두손실은 다음과 같다.

원지반 통과 시(지표의 반무한경계, Goodman 식 이용), $\quad h_s = \dfrac{q_s}{2\pi} \dfrac{\ln(2H/r_g)}{k_s}$ (4.17)

그라우트 영역 통과 시(무한경계, Fernandez 식 이용), $\quad h_g = \dfrac{q_g}{2\pi} \dfrac{\ln(r_g/r_o)}{k_g}$ (4.18)

라이닝 통과 시(무한경계, Fernandez 식 이용), $\quad h_l = \dfrac{q_l}{2\pi} \dfrac{\ln(r_o/r_i)}{k_l}$ (4.19)

총 수두손실, h_T는 H_w와 같으므로, 전체 흐름경로에 대하여 다음이 성립한다.

$$h_T = H_w = h_s + h_g + h_l = \frac{q_s}{2\pi} \frac{\ln(2H/r_g)}{k_s} + \frac{q_g}{2\pi} \frac{\ln(r_g/r_o)}{k_g} + \frac{q_l}{2\pi} \frac{\ln(r_o/r_i)}{k_l}$$ (4.20)

흐름의 연속조건에 따라 각 통과 구간별 유입량은 동일하다. 즉,

$$q_s = q_g = q_l = q_T$$ (4.21)

식(4.20)의 총수두를 다시 정리하면,

$$h_T = \frac{q_T}{2\pi} \left(\frac{\ln(2H/r_g)}{k_s} + \frac{\ln(r_g/r_o)}{k_g} + \frac{\ln(r_o/r_i)}{k_l} \right)$$ (4.22)

식(4.22)를 살펴보면 그라우트 영역의 투수계수가 작을수록 수두는 증가하고, 유입량은 감소함을 알 수 있다.

총수두는 $h_T = H_w = H + h_w$ 이므로, 유입량은 다음과 같이 산정된다.

$$q_T = 2\pi \frac{H + h_w}{\dfrac{\ln(2H/r_g)}{k_s} + \dfrac{\ln(r_g/r_o)}{k_g} + \dfrac{\ln(r_o/r_i)}{k_l}}$$ (4.23)

그라우팅을 통해 k_g, r_g를 적절히 설계함으로써 유입량 제어가 가능하다. 식(4.23)을 고찰하면, k_g는 유입량과 대체로 직접 비례관계에 있고, r_g의 증가는 유입량의 저감에 기여함을 알 수 있다. 허용 유입량이 설정되고, 주입재(k_g)를 선정하였다면, 소요 그라우팅 반경 r_g를 결정할 수 있다.

예제 직경 5m 배수터널이 그림과 같은 지반 및 수리조건에 있을 때 (k_s =1.0×10⁻⁸m/sec) 다음을 산정해보자.

① 터널 중심으로부터 지하수위가 15m인 육상터널의 유입량?

② 수심이 40m인 하저터널의 유입량은?

③ 하저터널의 유입량이 과다하여 그라우팅을 통해 유입량을 10분의 1로 줄이고자 한다. 그라우트 존의 투수계수를 k_g =5.0 ×10⁻¹⁰m/sec으로 계획하였다면 그라우트 존의 두께는 얼마로 하여야 하는가? (라이닝 영향은 무시한다)

④ 하저터널에 대하여, 그라우트를 하지 않고, 투수계수가 k_{sc} = 5.0×10⁻⁹m/sec인 숏크리트를 타설하였을 때, 숏크리트(t = 20cm)의 배면에 작용하는 수압은?

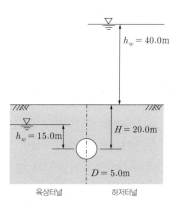

육상터널　　하저터널

⑤ 하저 배수터널을 건설한 후(그라우팅 숏크리트 무시) 약 30년이 경과하였다. 수위가 그대로 유지된 상태에서 유입량이 ②에서 산정한 배수량이 3분의 1로 줄었다면, 열화로 인하여 콘크리트 라이닝에 작용하는 수압의 크기는 얼마인가?

풀이 ① Goodman의 구속 정상류 이론식으로부터

$$q = 2\pi k_s \frac{h_w}{\ln(2h_w/r_o)} = 2\pi \times 1 \times 10^{-8} \frac{15}{\ln(2 \times 15/2.5)} = 3.80 \times 10^{-7} \text{m}^3/\text{sec/m}$$

② $$q = 2\pi k_s \frac{H_w}{\ln(2H/r_o)} = 2\pi \times 1 \times 10^{-8} \frac{60}{\ln(2 \times 20/2.5)} = 1.36 \times 10^{-6} \text{m}^3/\text{sec/m}$$

③ 터널의 목표유량, $q_{og} = 0.1q_o$

그라우팅한 터널의 유량,

$$q_{og} = 2\pi \frac{H + h_w}{\dfrac{\ln(2H/r_g)}{k_s} + \dfrac{\ln(r_g/r_o)}{k_g} + \dfrac{\ln(r_o/r_i)}{k_l}} = 2\pi \frac{H + h_w}{\dfrac{\ln(2H/r_g)}{k_s} + \dfrac{\ln(r_g/r_o)}{k_g}} = 0.1q_o$$

위 식에, $k_s = 1.0 \times 10^{-8}$m/sec, $k_g = 5.0 \times 10^{-10}$m/sec, $H = 20$m, $r_o = 2.5$m, $q_o = 1.36 \times 10^{-6}$m³/sec를 대입하여 r_g를 구하면, $r_g = 9.29$m

④ 숏크리트 두께 20cm이므로 $r_i = 2.3$m, $k_{sc} = 5.0 \times 10^{-9}$m/sec, $q_{sc} = q_o$. Ferdenanz 식을 이용하면,

수리저항 h_l인 경우, 유입량은 $q_l = \dfrac{2\pi k_l h_l}{\ln(r_o/r_i)} = 7.54 \times 10^{-8}$m³/sec/m

라이닝 작용수두, $h_l = \dfrac{q_{sc}}{2\pi} \dfrac{\ln(r_o/r_i)}{k_{sc}} = \dfrac{1.36 \times 10^{-6}}{2\pi \times 5.0 \times 10^{-9}} \ln(2.5/2.3) = 3.61$m,

수압 $= 3.61 \text{m} \times 1\text{t/m}^3 = 3.61 \text{t/m}^2$

⑤ 유입량 수압관계를 이용하면, $q_o = 1.36 \times 10^{-6}$m³/sec/m, $q_l = 7.54 \times 10^{-8}$m³/sec/m, $p_o = 60$m×1.0t/m³

$$p_l = p_o \frac{q_o - q_l}{q_o} = 60 \times \frac{1.36 - 7.54 \times 10^{-2}}{1.36} = 56.67 \text{t/m}^2$$

4.2.4 수리영향에 따른 터널 주변지반의 장기거동

터널굴착은 터널 주변지반에 수리적 불평형을 초래한다. 투수성이 큰 지반은 터널굴착에 따른 수리영향이 굴착 중 거의 대부분이 종료되지만, 투수계수가 매우 작은 점성토 지반의 경우, 새로운 수리경계조건에 부합하는 수리조건으로 회복되는 **수리평형 거동이 아주 오랜 기간에 걸쳐 일어날 수 있다.**

일례로, 배수터널이 건설된 점성토 지반은 압밀로 인해 시간경과와 함께 지반손실이 증가하는 거동을 보일 수 있다. 반면, **비배수터널이 건설된 점성토지반은, 굴착에 따른 불평형 수압이 정수압으로 회복되는 수리 거동이 일어나, 터널 상부 지반의 융기거동과 함께 라이닝에 작용하는 전토압이 증가할 수 있다.**

Barratt et al.(1994)은 런던점토($k_s = 10^{-11}$m/sec) 내에 심도 20m, 직경 4m인 터널에 대하여 30년 동안의 라이닝 토압 변화를 계측한 결과, 그림 4.20과 같이 라이닝 토압이 꾸준히 증가해온 사실을 확인하였다. Shin et al.(2002)은 변위-수리 연계 수치해석법을 이용하여 다양한 조건의 수리경계조건으로 시뮬레이션한 결과, 이 터널 라이닝 작용 토압은 비배수 조건에 가까운 상태에서 형성될 수 있음을 확인하였다.

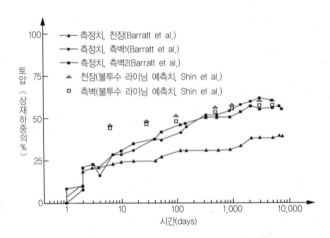

그림 4.20 London Clay 지반 내 터널의 장기거동 모사 결과

NB : 굴착 중 결합거동의 발생 가능성 검토

고투수성 지반은 지하수의 영향이 굴착영향과 결합되어 나타날 수도 있고, 저투수성 지반은 지하수 영향이 터널 굴착 이후 장기간에 걸쳐 나타날 수 있다. 다음의 무차원 변수 T_v를 도입하여 굴착 중 수리-구조 결합거동의 발생 여부를 검토할 수 있다(Shin, 2002).

$$T_v = \frac{kT}{\gamma_w H_d^2 m_v} \tag{4.24}$$

여기서, $T = L \times V$, L : 종방향 침하영향 범위, V : 굴착속도, $T \approx$ 굴착속도에 따른 굴착영향지속시간(최대 약 2주), k : 지반투수계수, H_d : 배수층의 두께, m_v : 지반의 압축계수이다.

① $T_v > 1.0$: 투수성이 매우 커서 굴착 전 선행하여 지하수위가 저하하는 완전배수조건
② $T_v < 0.01$: 투수성이 매우 작아서 굴착 중에 지하수의 영향이 거의 나타나지 않는 비배수조건
③ $0.01 < T_v < 1.0$: 굴착에 따른 응력영향과 지하수 이동에 따른 수리작용이 복합되어 나타나는 조건

4.3 터널의 수리와 방배수 원리

터널설계에서 방배수 형식은 배수 혹은 비배수 중의 하나로 결정된다. 터널의 수리문제는 대부분 배수터널과 관련된다. 비배수터널은 단지 정수압을 구조적으로 안전하게 지지할 수 있도록 라이닝 단면의 형상과 두께를 적절하게 결정하는 것이 수리적 대응이다.

4.3.1 배수터널의 수리

배수형 터널에서 라이닝 주변 침투수는 터널주면 배수층을 통과하여 배수관으로 유입되고, 집수정을 거쳐 펌핑, 배출된다. 그림 4.21은 배수터널의 배수체계와 흐름특성을 보인 것이다.

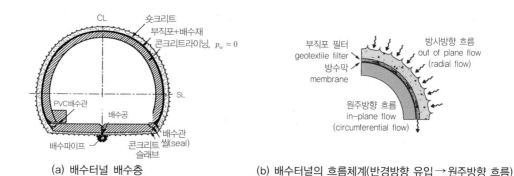

(a) 배수터널 배수층

(b) 배수터널의 흐름체계(반경방향 유입 → 원주방향 흐름)

그림 4.21 배수터널의 배수체계와 흐름 특성

배수터널은 그림 4.22와 같이 유입수 포집을 위한 집수정(collecting well, sump), 그리고 배출을 위한 펌프 설비가 필요하다. 배수터널은 지하수위 저하에 따른 지반 환경문제를 유발하기도 한다.

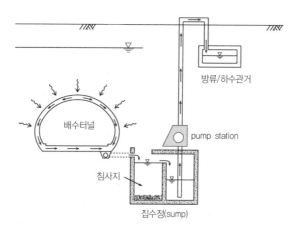

그림 4.22 배수터널의 배수체계와 집수정(sump)

배수터널의 잔류수압

배수터널은 숏크리트와 콘크리트 라이닝 사이에 배수재 및 방수막이 위치하는 이중 라이닝 구조로서, 그림 4.23과 같이 '지반 → 숏크리트 → 배수재(층) → 배수공'의 경로로 지하수가 유입된다.

배수터널의 설계 개념이 운영 중 지속 가능하다면 콘크리트 라이닝 작용수압은 언제나 '0'이지만 배수재의 투수성 저하, 배수공 막힘 등의 **수리열화 현상**이 일어나거나, 지하수위가 상승하여 **배수재의 통수능을 초과**하면 흐름저항에 따라 라이닝 배면 수두가 증가하고, 이는 콘크리트 라이닝에 수압하중으로 작용한다. 이 수압하중을 '**잔류수압**(residual water pressure)'이라고 하며, 방수막에 작용하므로 콘크리트 라이닝이 지지하여야 할 하중이 된다. 잔류수압의 크기는 배수층과 숏크리트의 상대적 투수성과 수리경계 및 수위조건에 따라 달라진다. 그림 4.23에 배수층의 투수성에 따른 수압 작용 특성을 예시하였다.

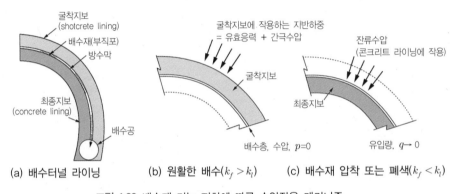

(a) 배수터널 라이닝   (b) 원활한 배수($k_f > k_l$)   (c) 배수재 압착 또는 폐색($k_f < k_l$)

그림 4.23 배수재 기능 저하에 따른 수압작용 메커니즘

투수성이 큰 재료에서 작은 재료로 흐를 때 수리저항(수압)이 발생하며 '**지반-숏크리트-배수재' 간 상대투수성에 따라 다양한 수압조건이 발생**할 수 있다. 배수터널의 수압조건은 '지반(k_s)-숏크리트(k_l)-배수층(k_f)' 간 상대투수성에 따라 표 4.1과 같은 경우의 수압조건이 가능하다. 투수성이 큰 재료에서 작은 재료로 흐를 때, 흐름저항이 일어나므로 $k_s > k_l$이면서, $k_l > k_f$인 경우 또는 $k_s < k_l$이면서 $k_l > k_f$인 경우 최종지보인 콘크리트 라이닝에 잔류수압이 작용할 수 있다(배수터널이라 해서 무조건 '수압=0'인 조건이 성립하는 것이 아님을 유의할 필요가 있다).

표 4.1 관용터널의 이중구조 라이닝 수압작용 특성(○ : 수압작용, × : 수압작용 없음)

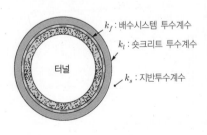

지반-숏크리트 투수성 상관관계	숏크리트-배수재 투수성 상관관계	작용수압	
		숏크리트	콘크리트 라이닝
$k_s > k_l$	$k_l > k_f$	○	○
	$k_l < k_f$	○	×
$k_s < k_l$	$k_l > k_f$	×	○
	$k_l < k_f$	×	×

k_f : 배수시스템 투수계수
k_l : 숏크리트 투수계수
k_s : 지반투수계수
터널

배수터널의 경우, 수리열화 거동인 배수재 압착 및 폐색 등의 영향으로 $k_s < k_l, k_l > k_f$ 조건이 형성될 수 있으며, 이런 상황에서 여름철 우기에 수위 증가와 이에 따른 배수층의 통수능력 부족은 배수터널의 라이닝 배면에 잔류수압을 증가시켜 콘크리트 라이닝의 변상을 초래할 수 있다. 일반적으로 시공미흡으로 내재적 결함이 있는 라이닝 위치에서, 수압 증가에 의한 라이닝 손상이 발생하기 쉽다.

NB : NMT 단일구조 라이닝 터널의 배수

수발공의 원리를 터널에 적용한 배수시스템을 배수공 배수시스템(pin-hole drainage system)이라 하며, 주로 단일구조 라이닝(single shell) 터널(예, NMT)에 적용된다. 그림 4.24는 관용터널의 주면배수 시스템과 배수공 배수 시스템의 배수체계와 유속벡터를 비교한 것이다.

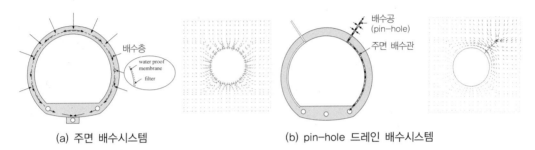

(a) 주면 배수시스템   (b) pin-hole 드레인 배수시스템

그림 4.24 관용터널의 라이닝 구조에 따른 배수시스템 비교

4.3.2 비배수터널의 수리

비배수형 터널은 굴착 중 막장압 감소로 일시적인 지하수위의 하강은 발생할 수 있지만, 터널이 완공된 후 지하수위는 굴착 전 정수압상태로 회복된다. 따라서 비배수터널의 수리 검토는 방수성능 확보와 등방성 정수압 지지에 유리하도록 라이닝 단면의 형상과 두께를 결정하는 것이다.

(a) 건설 중 수압작용(수압 분출 예)   (b) 벽면 누수   (c) 균열열화 누수

그림 4.25 터널 누수 예

그림 4.26은 비배수터널 라이닝의 방수체계를 보인 것이다. 관용터널의 콘크리트 라이닝은 방수막 포설로 유입을 차단하며, 세그먼트 라이닝은 조인트에 **씰(seal)재** 또는 **가스켓(gasket)**을 설치하여 방수한다.

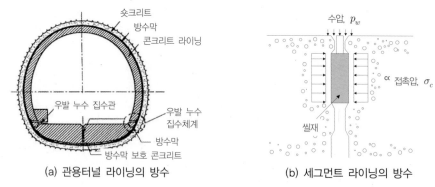

(a) 관용터널 라이닝의 방수 (b) 세그먼트 라이닝의 방수

그림 4.26 비배수 터널의 방수원리(우발 누수 및 허용 누수량 처리 위해 필요시 배수체계 도입)

Inokuma et al.(1995)은 실트질 지반에 건설된 $H/D > 2.5$ 이상인 쉴드 터널의 토압을 측정하여 비배수 터널 라이닝에 작용하는 총 토압은 정수압 수준으로 나타남을 보고하였다. 이는 터널 굴착 시 응력해제와 함께 지반변형이 대부분 진행되어 토압영향이 배제된 때문이라 할 수 있다. 이는 비배수 터널에 작용하는 실질 하중이 설계에서 가정하는 '토압+수압' 보다 작음을 의미한다. 하지만, 상대적으로 토피가 낮아질수록 토압 중 수압이 차지하는 비율은 현저히 감소한다.

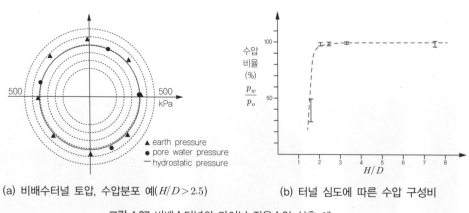

(a) 비배수터널 토압, 수압분포 예($H/D > 2.5$) (b) 터널 심도에 따른 수압 구성비

그림 4.27 비배수터널의 라이닝 작용수압 실측 예

이론적으로 하중을 지지할 수 있는 라이닝을 시공할 수만 있다면, 비배수 터널에 대한 설계수심 제한은 없다. 시공 제약으로 인해 비배수 터널의 권장수심은 현재 60m 이하 수준이나, 고강도 콘크리트의 사용, 방수기술 발전 등 터널 건설능력 향상에 따라 비배수 터널 시공이 가능한 한계수심이 지속 증가하고 있다.

비배수터널의 형상과 수압저항 특성

수압이 터널 단면 형상에 미치는 구조적 영향을 조사하기 위하여 그림 4.28에 보인 바와 같이, 같은 건축 한계를 갖지만, 서로 다른 형상의 터널 단면력을 수치해석을 이용하여 조사하였다.

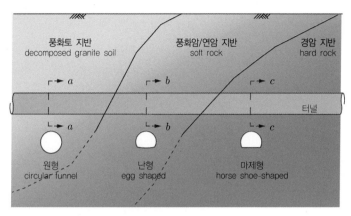

그림 4.28 비배수 조건의 단면 형상 검토조건

그림 4.29의 해석결과를 보면, 난형과 마제형 단면의 경우 모서리에서 인장응력이 발생함을 알 수 있다. 특히, 마제형 단면에는 압축응력의 2배에 해당하는 인장응력이 발생하였다. 반면, 원형 터널은 전단면에 걸쳐 거의 일정한 압축응력이 발생하여 구조적으로 가장 안정함을 보였다.

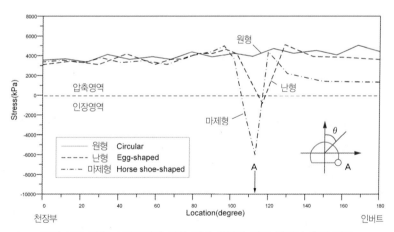

그림 4.29 같은 수압조건에 대한 터널 형상에 따른 라이닝 응력 비교

원형 터널은 수압하중에 대하여 인장력이 발생하지 않으므로 구조적으로 가장 바람직하다. 따라서 쉴드 터널의 원형 세그먼트 라이닝은 비배수 조건에 잘 부합함을 알 수 있다. 관용터널공법의 경우 원형 터널은 시공성이 떨어지므로, 대안으로 계란형 또는 모서리가 둥근 마제형을 비배수터널 단면으로 채택한다.

4.4 터널의 수리열화

터널은 운영 중 라이닝 열화, 배수시스템 기능저하 등으로 인해 계획한 방배수 성능을 만족하지 못할 수 있으며, 이를 **수리열화**라 한다. 수리열화가 시공미흡(두께 부족, 공동, 균열) 부위에서 발생하면 쉽게 터널 변상이 야기될 수 있다. 터널의 주요 수리열화 요인을 그림 4.30에 예시하였다.

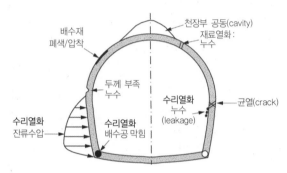

그림 4.30 터널의 수리열화(hydraulic deterioration) 요인

4.4.1 배수터널의 수리열화

배수재의 투수성 감소는 지반압력에 의해 배수재인 부직포(non-woven geotextile)가 **압착(squeezing)**되거나, 주변 지반에서 토립자 및 용탈된 그라우트재가 부직포의 간극에 퇴적되는 **폐색(clogging)**에 기인한다. 터널 배수층(관) 내 주요 침전물(소결물, sintering)은 산화칼슘(CaO), 점토(Bentonite), 탄산칼슘($CaCO_3$), 산화철(Fe_2O_3)로 알려져 있다. 그림 4.31은 배수터널의 폐색 메커니즘을 예시한 것이다.

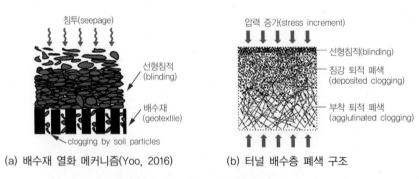

(a) 배수재 열화 메커니즘(Yoo, 2016) (b) 터널 배수층 폐색 구조

그림 4.31 배수터널의 폐색 메커니즘

수리열화가 없는 배수터널은 그림 4.32(a)와 같이 라이닝 배면에서 수두가 '0'에 가깝다. 하지만, 배수시스템 열화에 따라 투수성이 저하되면, 흐름저항이 일어나 라이닝에 h_l에 해당하는 수압이 작용한다. 배수터널의 수리열화 거동은 그림 4.32(b)와 같이 유입량의 감소(Δq) 또는 라이닝 작용 수압의 증가(Δp)로 나타난다.

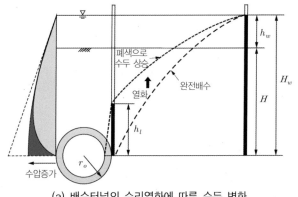
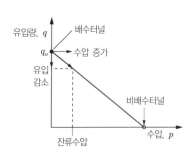

(a) 배수터널의 수리열화에 따른 수두 변화   (b) 배수터널의 수리열화와 $p-q$ 관계

그림 4.32 배수터널의 열화 개념

배수터널의 열화는 일반적으로 '배수기능 저하 → 유입량 감소 → 라이닝 수압하중의 증가(구조손상)'로 나타난다. 수리열화 대책은 잔류수압을 예측하고 이를 구조적으로 감당할 수 있도록 콘크리트 라이닝 설계 하중으로 반영하는 것이다. 하지만, 구조적인 문제가 심화될 경우, 배수(수발)공을 설치하여 배수를 유도하거나 제10장 10.4절의 유지관리에서 제시한 수리적 보수공법을 활용하여 수압을 저감시켜야 한다.

4.4.2 비배수터널의 수리열화

Ward and Pender(1981)는 오래된 터널들을 조사한 결과, 대부분의 터널이 궁극적으로 배수구와 같이 거동한다고 보고하였다. 이는 비배수 터널도 장기적으로 열화하며, 누수가 급증함을 의미한다.

비배수 터널의 열화 과정을 수두곡선으로 나타내면 그림 4.33(a)와 같다. 누수가 일어나면, 당초 비배수 조건의 정수압 수두선이 수리열화와 함께 하강하며 라이닝 작용수두가 $H_w \rightarrow h_l$로 감소한다.

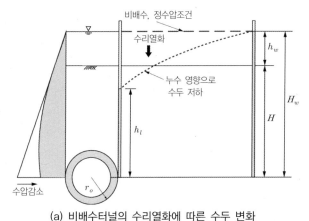

(a) 비배수터널의 수리열화에 따른 수두 변화 (b) 비배수터널의 수리열화와 $p-q$ 관계

그림 4.33 비배수터널의 열화 개념

비배수터널의 수리열화는 일반적으로 '라이닝 균열(조인트 누수) → 수압하중 감소 → 유입량 증가(배수 처리 용량 부족)'로 이어진다. 비배수 터널의 수리열화를 수압-유입량관계($p-q$)로 고찰하면, 그림 4.33(b)와 같이 누수량이 증가하고, 작용 수두가 감소하는 것으로 이해할 수 있다.

비배수터널의 수리열화 대책은 누수 대책이다. 경미한 경우 균열 보수 등으로 대응할 수 있지만, 노후화가 심각하여 누수가 과다한 경우 배수터널과 마찬가지로 배수로 등의 시스템 개선이 필요할 수도 있다.

Box 4.2　배수터널의 통수능

　수리열화 외에 배수시스템의 통수능이 부족해도 잔류수압이 증가하여 라이닝에 구조적 부담을 주게 되고, 수압 상승으로 누수가 발생할 수 있다. 터널로 유입되는 반경방향의 자유 유입량이 정체되지 않고 흐름저항 없이 흐르기 위해서는 배수재가 충분한 투수성과 배수단면, 즉 통수능을 가지고 있어야 한다. 터널 내로 유입되는 자유 유입량은 지하수위와 투수계수가 지배하나, 통수능은 배수재의 투수성과 동수경사에 의해 결정된다.

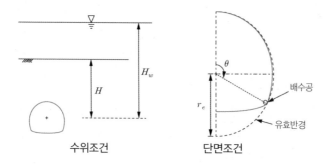

수위조건　　　　　　단면조건

　등가직경이 r_e인 마제형 배수터널이 투수성이 k_r인 지반에 위치하는 경우, 터널 천장부를 기준으로 흐름경로가 양측으로 구분되므로 배수재의 통수능은 터널 천장에서 배수공까지 반단면만 고려하여 검토할 수 있다. Goodman (1965) 식의 자유 유입량 Q_o를 이용하면, 배수공이 θ(radian) 각도에 위치할 때,

유입량, $Q_s = \int_0^\theta \dfrac{Q_o}{2\pi r_e} d\theta = \dfrac{\theta}{2\pi r_e} \dfrac{H_w}{\ln(2H/r_e)} k_r$ ......(4.25)

　한편, 배수층의 원주방향 흐름에 대한 통수능(Q_p), $Q_p = k_p^* i t_o$ ......(4.26)

여기서 k_p^*는 배수층의 투수계수, i는 터널 원주흐름의 평균동수경사, 그리고 t_o는 배수층 두께이다. 단면조건으로부터, $i = h_d/S = \{1+\sin(\theta+\pi/2)\}/\theta$, 수두손실 $h_d \approx r_e\{1+\sin(\theta-\pi/2)\}$, 흐름거리 $S = r_e\theta$이다. 배수재의 흐름이 정체되지 않고 원활하게 일어나기 위해서는 통수능이 유입량보다 커야 한다. 즉, $Q_p > Q_s$ 조건이 만족되어야 한다. 이 조건을 위의 유입량식, Q_s와 통수능식 Q_p를 등치하여 투수계수 식으로 정리하면 배수재의 투수계수는 다음 조건을 만족하여야 한다.

$k_p^* > \dfrac{\theta^2}{2\pi t_o r_e \{1+\sin(\theta-\pi/2)\}} \dfrac{H_w}{\ln(2H/r_e)} k_r$ ......(4.27)

4.5 터널의 수리 안정성

4.5.1 터널의 수리 안정 문제

지하수 영향은 터널의 건설과 운영의 전 기간에 걸쳐 적절히 검토되고, 관리되어야 한다. 터널의 운영 중 발생할 수 있는 수리적 안정 문제는 균열을 통한 **지하수와 토사의 유출** 및 이로 인한 터널 주변 **공동 생성 및 침하,** 지반함몰(싱크홀, 땅꺼짐), **부력에 의한 터널 상승 및 바닥부 융기, 압력수로(상수관, 난방관 등 압송용 유틸리티 관로) 터널의 수압파괴** 등을 들 수 있다. 그림 4.34는 터널 설계 시 검토하여야 할 수리 안정문제와 이 절에서 고찰할 운영 중 수리문제를 정리한 것이다.

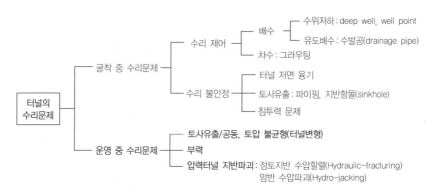

그림 4.34 터널의 지하수 제어 및 수리 안정 문제

4.5.2 터널 주변의 침식과 공동 발생 안정성

토사 터널 라이닝에 균열(틈)이 있는 경우 터널 주변 토립자의 터널 유입 가능성이 있다. 터널 구조물 안팎의 수두차로 인한 흐름이 라이닝 균열에 집중되어 유출수가 발생하는 경우, 토사도 유출시켜 지반에 **공동**(internal cavity)을 형성할 수 있고, 이 현상이 지속되면 **지반 함몰**(sinkhole)로 이어질 수 있다. 측면 공동은 터널 지지 지반을 소멸시켜 **터널 작용 토압의 불균형을 유발**할 수 있다. 터널 상부의 토압이 방사형에서 비대칭으로 전환되므로 지반이완이 일어난 부분에서 터널 내공이 확대되는 타원형 Oval 거동이 발생한다.

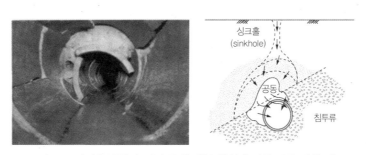

그림 4.35 지하수 유입과 터널 주변 내부 침식에 따른 공동 발생 예

토사유출과 지반함몰, 그리고 터널파괴

토립자의 터널 유입 가능성은 숏크리트 공극 또는 라이닝 균열의 크기와 지하수의 침투속도(seepage velocity)에 의해 결정된다. 지반에서 토립자의 이동이 시작될 때의 침투유속을 **한계유속**(critical seepage velocity)이라 하며, 제3장 3.2절에서 살펴본 한계유속으로 토사유실 가능성을 검토할 수 있다.

토사유출로 인한 함몰은 단시간에 일어나는 것이 아니라, 계절적 지하수위 변동과 맞물려 수년에 걸쳐, 점진적으로 확대된다. 일단 초기 공동이 형성되면 건조 상태에서도 공동벽면에서 입자분리(탈락)가 일어나고, 다시 수위가 상승하면 지하수 작용으로 입자유출이 가속화하면서 공동이 커져 지반함몰(sinkhole)로 이어질 수 있다. 터널 상부 공동이 지반함몰을 야기하는 과정을 그림 4.36에 예시하였다.

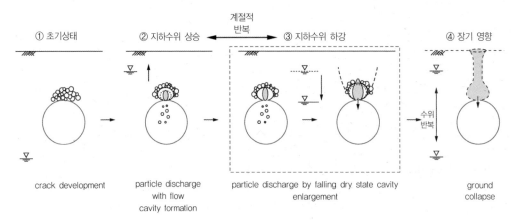

그림 4.36 터널 주변 공동 발생 및 지반붕괴 메커니즘(김호종, 2018)

4.5.3 터널의 부력안정성 flotation or heave of tunnels

터널이 부력으로 융기되는 사례는 드물지만, 토피가 작고, 관의 자중이 작은 관로 공사에서는 부력파괴가 흔히 발생한다. 본선터널과 만나는 수직구 및 개착부, 단면이 급변하는 구간에서는 구간별로 크기가 다른 부력으로 인해 균열 또는 단차가 발생할 수도 있다. 단면형상이 비대칭이거나 곡선구간의 터널에서는 불균형 부력에 의해 터널에 비틂(torsion) 손상을 야기할 수 있다. 토사터널의 경우 일반적으로 토피(C)가 직경(D)보다 크면($C > D$), 부력에 대하여 안정한 것으로 알려져 있다.

점성토 지반 터널의 부력안정성

점성토 지반에서 지하수위 아래 터널의 부력에 의한 융기파괴 모드는 그림 4.37과 같이 가정할 수 있다. 부력파괴가 발생하지 않을 조건은 '**부력**(U) < **저항력**(R)'이다. 이로부터 한계평형법을 적용하여 부력안정을 위한 최소 토피를 구할 수 있다. 부력안정성에 대한 설계 안전율은 일반적으로 1.2를 적용한다.

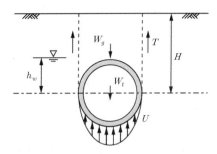

그림 4.37 지하수위 아래 위치하는 터널의 부력 및 융기 안정성

$$상향력(부력), \ U = \gamma_w \frac{\pi D^2}{4} \tag{4.28}$$

$$저항력(마찰력), \ R = \gamma' D\left(h_w - \frac{\pi D}{8}\right) + \gamma_t D(H - h_w) + 2\tau_f H + W_t \tag{4.29}$$

여기서, γ_w : 물의 단위중량, D : 터널외경, γ' : 흙의 수중 단위중량, γ_t : 흙의 총 단위중량, W_t : 터널자중, τ_f : 파괴면(편측)의 전단저항력(비배수 점토의 경우 $\tau_f = s_u$, 사질토의 경우 $\tau_f \approx \tan\phi\{K_o\gamma'(H + D/2)\}$).

사질토 지반 터널의 부력안정성

사질토는 전단파괴면에서 팽창(dilation)이 일어나므로 파괴모드는 그림 4.38(a)와 같이 경사면이 된다.

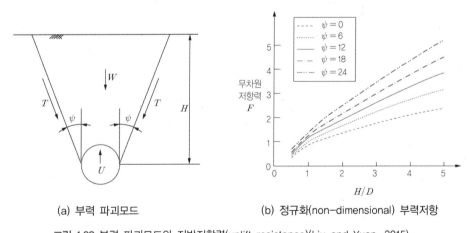

(a) 부력 파괴모드   (b) 정규화(non-dimensional) 부력저항

그림 4.38 부력 파괴모드와 지반저항력(uplift resistance)(Liu and Yuan, 2015)

저항력 R이 부력 U보다 작을 때($R < U$), 부력파괴가 발생한다. 부력에 대한 총저항력 R은 파괴토체중량 W, 그리고 파괴면 전단저항력 T를 이용하여 다음과 같이 나타낼 수 있다.

$$R = 2T + W = \frac{2K\gamma_t H^2}{\cos\phi \cdot \cos^2\psi} + \gamma_t H(D + H\tan\psi) - \gamma_t D^2 \frac{\pi}{8} \qquad (4.30)$$

여기서 γ_t : 흙의 총 단위중량, H : 터널 심도, D : 터널 직경, ψ : 팽창각, ϕ : 지반의 전단저항각, K : 토압계수(보통 $K \approx K_o$로 가정)이다.

지반저항력을 토피하중($\psi = 0$일 때, 근사 파괴토체 하중$=\gamma_t HD$)으로 정규화한 무차원 융기(up-lift) 저항 파라미터를 도입하면, **부력안전율**을 다음과 같이 정의할 수 있다(심도 1D 조건을 부력평형점으로 가정).

$$F = \frac{R}{\gamma_t HD} = 1 + \left(\tan\psi + \frac{K_o}{\tan\psi + \cot\phi}\right)\frac{H}{D} - \frac{\pi}{8}\frac{D}{H} \qquad (4.31)$$

그림 4.38(b)에 H/D에 따른 안전율(F)을 보였다. 부력 파괴 상황인 $F < 1.0$ 조건은 터널 심도가 직경보다 작은 경우($H/D < 1.0$)에 발생할 수 있음을 알 수 있다.

4.5.4 압력 수로터널의 지반 수압할렬 및 암반 수압파괴 안정성

발전소나 상수도, 난방 공급용 수로터널과 같은 압력터널에서, 무 라이닝(uncased) 절리 또는 라이닝 균열부를 통해 누출된 유체 압력이 지반저항력을 초과하면 터널주변 지반(암반)의 파괴를 야기할 수 있다.

모래 지반의 경우 유출 고압수는 상향흐름과 파이핑 현상을 야기하지만, 점토 지반의 경우 균열 등을 통해 유출된 압력수는 지반을 찢어(fracturing), **틈을 형성하여 지상으로 용출되는 현상인 수압할렬**(割裂, **hydraulic-fracturing**)을 야기한다(예, 점토지반 그라우팅의 할렬주입과 같은 현상). 암반의 경우, 먼저 수압에 의해 절리에서 점착력 파괴가 일어나며, 이후 유출압이 암반의 최소 주응력 보다 커지면 최소주응력에 수직한 방향으로 절리가 열리는 암반파괴가 진행되는데, 이를 **수압파괴(hydro-jacking)**라 한다.

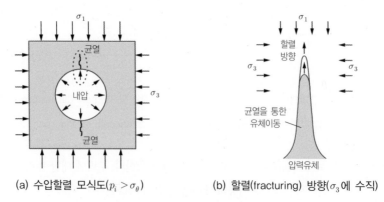

(a) 수압할렬 모식도($p_i > \sigma_\theta$)   (b) 할렬(fracturing) 방향(σ_3에 수직)

그림 4.39 수압할렬 발생메커니즘

압력터널 주변 지반의 거동은 그림 4.40의 **공동확장이론**을 이용하여 설명할 수 있다. 터널을 굴착하면 내 공축소로 접선방향응력이 최대주응력이 되지만, 공동(터널)이 확장되는 경우에는 공동의 반경방향 응력이 최대주응력이 되고, 접선방향 응력이 최소주응력이 된다. 이때 터널에서 유출된 압력이 지반 인장강도를 초과하면 최소주응력에 수직한 방향(반경방향, 터널 천단에서는 연직방향)으로 벌어지는 균열이 발생하고, 터널 내 압력수가 균열을 통해 외부로 유출된다.

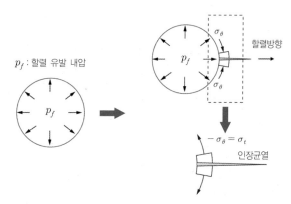

그림 4.40 비배수 조건의 인장 할렬 메커니즘(after Michell, 2005)

점토지반의 수압할렬 hydraulic-fracturing

수압할렬은 터널에서 유출된 압력(터널 내 수압, p_{wi})이 지반의 최소주응력(σ_3)을 초과할 때 발생한다. 이 때 할렬은 σ_3에 수직한 방향으로 발생하므로, 유출은 σ_1과 평행한 방향으로 일어난다.

$$p_{wi} > \sigma_3 \tag{4.32}$$

지반이 인장력을 갖는 경우, **수압할렬은 유출압력이 지반의 인장강도(σ'_t)를 초과할 때 발생한다**. 수압할 렬 상태에서 $\sigma'_3 = -\sigma'_t$이다. 할렬을 야기하는 내수압을 $p_{wi} = p_{wo} + \Delta p_w$라 할때, 이를 비배수 조건에 적용 하면 할렬발생 조건은 다음과 같이 표현할 수 있다.

$$\sigma_3 = p_{wi} + \sigma'_3 = p_{wo} + \Delta p_w - \sigma'_t = p_{wo} + [\Delta\sigma_3 + A(\Delta\sigma_1 - \Delta\sigma_3)] - \sigma'_t > 0 \tag{4.33}$$

여기서, p_{wo}: 초기 간극수압(정수압), Δp_w : 과잉간극수압, A : Skempton 간극수압계수, $\Delta\sigma_1$: 최대주응력 변화량, $\Delta\sigma_3$: 최소주응력 변화량이다.

비배수점토의 거동을 근사적으로 선형 탄성 조건으로 가정하면 공동(즉, 터널주면)에서 반경방향(수직 방향)의 전응력 변화 $\Delta\sigma_r (= \Delta\sigma_1)$는 접선(수평방향) 응력 $-\Delta\sigma_\theta (= \Delta\sigma_3)$의 변화량과 크기가 같다. 즉, $\Delta\sigma_r = -\Delta\sigma_\theta$. 평면변형조건에 대하여 Skempton 간극수압계수 $A \approx 1/2$로 가정하고, 할렬을 유발하는 내압 을 $p_{wi} = p_{wf}$라 하면, 식(4.33)으로부터 할렬 유발 수압(p_{wf})은 다음과 같이 결정할 수 있다.

$$\Delta\sigma_r = p_{wf} - \sigma_{3i} = \sigma'_{3i} + \sigma'_t \tag{4.34}$$

$$p_f = 2\sigma_{3i} - p_{wo} + \sigma'_t \tag{4.35}$$

암반 수압파괴 hydro-jacking

절리 암반 내 위치하는 터널의 내부 수압이 암반절리면의 인장강도를 초과하게 되면 절리가 확장되며 터널 내 압력수의 유출이 일어나는데, 이 현상을 수압할렬(hydraulic fracturing)이라 한다. 이후에도 수압이 계속 증가하여 수압이 최소주응력을 초과하면 암반이 파괴되어 융기하는 현상이 발생하는데, 이를 수압파괴 (hydro-jacking)라 한다. **Hydro-jacking은 주로 라이닝(케이싱)이 없는 압력수로터널에서 발생**한다.

그림 4.41(a)에 암반수압파괴를 예시하였다. 압력터널을 건설하는 경우, Hydro-jacking 안정성을 검토하여 터널의 매입심도를 결정해야 한다. 특히, 터널이 사면에 위치하는 경우 이에 대한 검토가 중요하다.

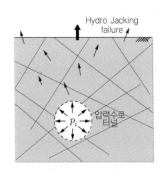

(a) 암반수압파괴 개념(내압에 의해 발생한 최소주
응력이 암반의 인장강도를 초과하면 파괴가 일
어난다)

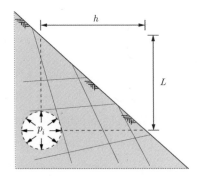

(b) 경사지반 내 압력관로

그림 4.41 암반수압파괴 개념과 경사지 압력관로

Fernandez(1994)는 암반을 균열이 존재하는 다공질 탄성체로 가정하여, 내압 $p_i = \gamma_w h_i$로 인하여 무 라이닝터널 주변 지반 임의 위치(r, θ)에서 발생하는 유효응력을 다음과 같이 유도하였다.

$$\sigma_r' = \frac{\Delta p_w}{2(1-\nu)}\left\{\left(\frac{r_o^2}{r^2}-1\right) + \frac{2\ln\frac{r}{r_o} + \left[(1-2\nu)\left(1+\frac{4h_o^2}{r^2}\right)-2(1-\nu)\right]\ln\left[\left(\frac{r^2}{r_o^2}+\frac{4h_o^2}{r_o^2}\right)\Big/\left(1+\frac{4h_o^2}{r_o^2}\right)\right]}{\ln\left(1+\frac{4h_o^2}{r_o^2}\right)}\right\} \tag{4.36}$$

$$\sigma_\theta{'} = \frac{-\Delta p_w}{2(1-\nu)} \left\{ \left(\frac{r_o^2}{r^2} + 1 \right) - \frac{2 \ln \frac{r}{r_o} - \left[(1-2\nu)\left(1 + \frac{4h_o^2}{r^2}\right) + 2\nu \right] \ln \left[\left(\frac{r^2}{r_o^2} + \frac{4h_o^2}{r_o^2} \right) \Big/ \left(1 + \frac{4h_o^2}{r_o^2}\right) \right]}{\ln\left(1 + \frac{4h_o^2}{r_o^2}\right)} \right\}$$

(4.37)

여기서, $\Delta p_w = \gamma_w(h_i - h_o)$, h_i는 터널 내 수두, h_o는 지하수위, $\sigma_r{'}$은 Δp_w가 야기하는 반경방향 유효응력, $\sigma_\theta{'}$는 Δp_w가 야기하는 접선방향 유효응력이다.

Hydro-jacking은 **수로터널의 내압으로 인하여 지반에 발생한 과잉수압이 최소주응력을 초과할 때 발생**하며, 경사지반 내 압력관로에 대하여, 최소주응력($\sigma_3{'}$)은 일반적으로 경사면에 수직한 방향이므로, Hydro-jacking(지반을 들고 일어나는 파괴) 안전율은 방향에 따라 다음과 같이 정의할 수 있다.

사면에 수직한 방향의 거리(r)에 따른 Hydro-jacking 안전율, $F_{sv}(r) = \dfrac{\sigma_3{'}}{\sigma_r{'}}$ (4.38)

사면에 평행한 방향의 거리(r)에 따른 Hydro-jacking 안전율, $F_{sh}(r) = \dfrac{\sigma_3{'}}{\sigma_\theta{'}}$ (4.39)

그림 4.41(b)와 같이 사면 내 설치된 압력터널을 가정하면, $\sigma_3{'}$는 r 위치에서 원지반 최소 주응력이며, $\sigma_3{'} = k\gamma_t h_r$이다. 여기서 $k = \sigma_3{'}/\sigma_1{'}$이며, h_r은 위치 r에서 암반토피이다(k는 측방향 토압 상수, 토피의 상부 3분의 2구간에서 0.3, 그 하부 구간에서 0.5를 사용한다). 수직방향 안전율이 1.0이 되는 조건이 압력터널의 최소 매입깊이(토피)가 된다.

NB : 수압파괴 사례

수압파괴의 대표적 사례로서 그림 4.42에 보인 노르웨이 Herlandsfoss Project를 참고할 수 있다. 석회석 파쇄대와 편리, 그리고 엽리가 발달한 지층의 터널에서 수압파괴가 발생하였다.

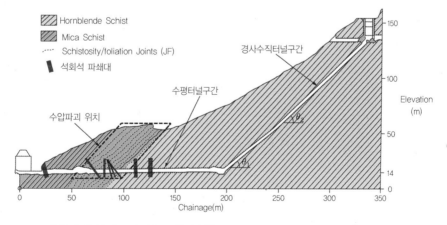

그림 4.42 Hydro-Jacking 파괴 예(Norway, Herlandsfoss Project)

CHAPTER 05
터널의 수치해석과 설계해석
Numerical Design Analysis of Tunnelling

터널의 수치해석과 설계해석
Numerical Design Analysis of Tunnelling

수치해석법은 고급 구성 모델의 개발, 메모리 제약문제 해소, 연산속도 향상으로 지반 공학적 활용이 급속도로 확대되어왔다. 특히, 터널과 같이 다양한 기하학적 형상, 복잡한 굴착 경계조건 및 지층 변화가 큰 문제도 비교적 사실적으로 모델링할 수 있다. 수치해석법은 경험이 있고 신중한 해석자에게는 어떤 해석법으로도 알아낼 수 없는 터널의 거동정보를 파악할 수 있는 유용한 수단이다.

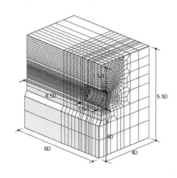 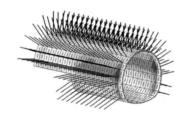

수치해석은 현재 실무적으로 터널의 굴착 안정성해석, 침투류 해석, 라이닝 구조해석 등에 가장 보편적으로 활용되는 터널 설계해석 도구이다. 이 장에서는 수치해석의 기본이론과 수치해석을 이용한 터널의 설계해석법을 다룬다. 그 주요 내용은 다음과 같다.

- 터널 수치해석(유한요소법) 이론과 터널 모델링
- 터널 굴착안정해석 및 수리거동해석
- 터널 라이닝 구조해석
- 터널 수치해석의 결과정리와 오류검토
- 수치해석법을 이용한 터널 설계해석(design analysis)

5.1 터널 수치해석 개요

터널해석, 왜 수치해석인가?

그 대답은 수치해석법이야말로 '**변화하는 지반 성상, 다양한 초기조건, 비균질·이방성·비선형성 거동 특성, 복잡한 굴착경계조건을 가장 사실적으로 고려할 수 있는 해석법**'이기 때문이다. 터널 문제의 특징을 그림 5.1에 예시하였다. 이러한 문제를 사실적으로 다룰 수 있는 해석법은 수치해석법이 거의 유일하다.

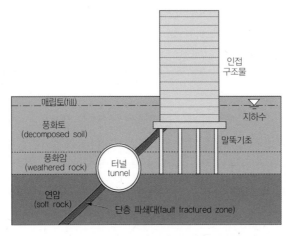

그림 5.1 터널 모델링의 고려요소

수치해석은 이론적으로 대상 문제의 모든 재료나 영역을 해석모델에 포함할 수 있으며, 터널 라이닝, 주변지반 그리고 인접 구조물을 포함하는 광범위한 거동 정보를 파악할 수 있다. 표 5.1에 보인 바와 같이 수치해석은 경계치문제가 요구하는 거의 모든 조건을 만족한다. 무엇보다도 실제 흙의 응력-변형률 거동을 모사하는 다양한 구성방정식을 채용할 수 있고, 현장 조건과 부합하는 경계조건을 도입할 수 있다.

표 5.1 터널해석법에 따른 해의 이론적 요구조건의 만족도(S : 만족, NS : 만족하지 못함)

터널거동 해석법		요구조건					정해와의 관계
		평형 조건	적합 조건	구성방정식	경계조건		
					힘	변위	
수치해석법	빔-스프링 모델	S	S	스프링계수(지반)	S	S	정해(조건부)
	전체 수치 모델	S	S	어떠한 형태도 가능	S	S	정해(근사)
이론해법	연속해(closed-form sol.)	S	S	선형 탄성	S	S	정해(조건부)
	한계평형해	S	NS	강체거동, 파괴규준	S	NS	불명
한계 이론법	하한이론	S	NS	완전 소성	NS	S	하한해
	상한이론	NS	S	완전 소성	S	NS	상한해

수치해석법의 종류와 모델링 방법

수치해석법에는 연속체 지배방정식 이론에 기초한 **유한요소법(FEM), 유한차분법(FDM), 경계요소법(BEM)** 등이 있으며, 불연속 이론 및 입자 거동론에 기초한 **개별요소법(DEM)**과 **입상체해석법(PFC)**이 있다. 터널해석에는 유한요소법이 가장 널리 사용되고 있지만, 유한차분법도 광범위하게 사용되고 있고, 절리 암반의 불연속 거동파악을 위해 불연속체 해석법도 흔히 사용되고 있다.

터널 수치해석은 모델링 방법에 따라 그림 5.2와 같이 지반과 라이닝을 모두 포함하는 **전체 수치 모델링(full numerical model)**과 **빔-스프링 모델링(beam-spring, 지반반력계수)**으로 구분할 수 있다. 전체 모델은 주로 지반을 포함하는 굴착 안정해석에, 빔-스프링 모델은 터널 라이닝의 구조해석에 주로 사용한다.

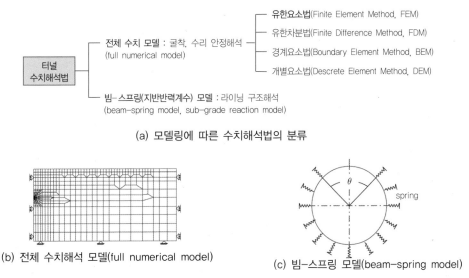

(a) 모델링에 따른 수치해석법의 분류

(b) 전체 수치해석 모델(full numerical model)

(c) 빔-스프링 모델(beam-spring model)

그림 5.2 터널 수치해석법과 모델링 방법

수치해석법의 활용

수치해석법은 그림 5.3에 보인 바와 같이 다양한 터널문제 해결에 활용할 수 있다. 통상적인 변형과 안정해석은 물론 전통적인 설계법의 확장 및 이해를 돕는 방편, 민감도 분석(파라미터의 상대적 중요성 평가)을 통한 최적대안 검토, 경계조건의 영향분석, 복잡한 부지조건 및 재료물성의 영향조사, 측정거동의 역해석, 단순설계법의 개발 등에 이용할 수 있다.

수치해석을 **수치모형시험(numerical model test)**이라고도 하는데, 이는 실험실의 물리 모형시험은 다양한 시험조건의 반복 구현 한계 때문에 시험 횟수가 제한되지만, 수치해석은 큰 비용을 들이지 않고, 컴퓨터를 이용하여 거의 무한 경우에 대한 시뮬레이션이 가능하기 때문이다. 모델러의 수치해석적 지식 및 터널 공학적 경험에 창발적인 아이디어를 더하면, 다양한 터널문제에 대한 해답을 얻을 수 있다.

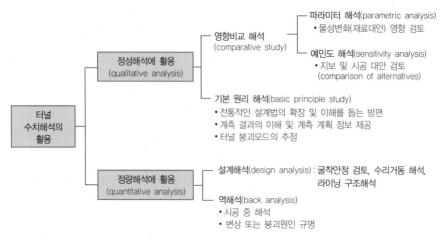

그림 5.3 수치해석의 터널문제에 활용

수치해석과 터널 설계해석 design analysis of tunnels

설계 대상 구조물의 붕괴 안정성, 사용성 등 설계요구조건에 대한 공학적 검토를 **설계해석(design analysis)**이라 한다. 터널의 경우 수치해석법을 이용하여 굴착안정해석, 수리거동해석, 라이닝 구조해석 등의 설계해석을 통해 설계요구조건을 검토한다. 그림 5.4는 설계해석의 최적화 프로세스를 보인 것이다. 수치해석법으로 굴착지보, 라이닝 단면 대안에 대한 반복 해석을 통해 최적 터널 설계안을 도출할 수 있다.

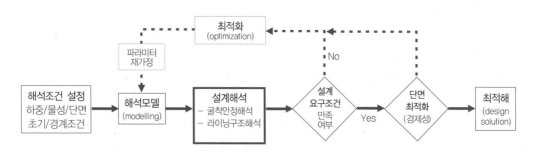

그림 5.4 설계해석(design analysis)과 최적화(optimization) 프로세스

수치해석은 복잡한 재료 및 경계조건이라도 비교적 사실적 모델링이 가능하다. 하지만 수치해석의 이러한 장점에도 불구하고, 이를 실무 설계해석에 적용하는 경우 상당한 '조심성'이 요구된다. 상업용 프로그램의 계산과정이 컴퓨터라는 블랙박스(black box) 내에서 이루어지므로 **충분한 경험자라도 결과의 오류 여부를 확인하기가 어렵기 때문**이다. 모델링, 지반 구성방정식, 입력 파라미터, 초기 및 경계조건 등 해석에 요구되는 모든 요소가 충분한 수준의 신뢰도를 가질 때만 정량해석(quantitative analysis) 결과를 신뢰할 수 있다. 여기서는 **가장 널리 사용되는 수치해석법인 유한요소법을 중심으로 터널 수치해석법을 살펴본다.**

5.2 터널 수치해석(유한요소해석)의 기본이론

5.2.1 유한요소 근사화

유한요소해석법은 대상영역을 그림 5.5와 같이 유한(有限, finite)개의 작은 영역으로 분할하여 연속체의 거동을 절점 거동으로 근사화한다. 각 영역을 **요소(element)** 그리고 요소를 구획 짓는 선들의 교점을 **절점(node)**이라 한다. 이론해석이 대상 물체의 어느 위치에 대해서도 거동이 정의되는 연속 함수 해를 찾는 것이라면, 수치해석은 연속체의 거동을 유한개의 절점에 대한 해를 구하는 것이다. 절점 계의 **미지수 개수는 대략 '(절점 개수)×(절점에서의 자유도 수)'**로서, 수치해석법은 이 미지수에 대한 연립방정식을 푸는 것이다.

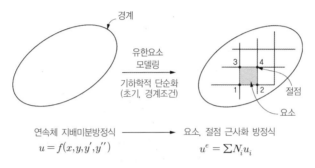

그림 5.5 수치해석의 유한요소 근사화 개념

유한요소 근사화 finite element approximation

연속체의 지배거동은, 그림 5.5에 보인 바와 같이, $u = f(x,y,y',y'')$와 같이 연속함수로 나타낼 수 있다. 유한 요소 근사화란 연속된 거동변수(변형)를 유한개의 절점, $u_i(i = 1 \dots n)$ 문제로 변환하는 것이다. 절점변수로 연속체의 거동을 정의하는 대신, 절점 간 거동은 형상(보간)함수(shape function, interpolation function)를 도입하여 정의하는데, 이를 유한요소 근사화(finite element approximation)라 한다.

어떤 문제의 이론연속해를 $u(x,y)$라고 하자. 유한요소해석의 해는 요소(e, element)의 각 절점에 대해 얻어지며, 절점 i에서의 해를 $u_i^e(x_i, y_i)$라 하면, 유한요소 근사화 이론에 따라 근사적인 연속해는 보간함수(interpolation function), N_i를 이용하여 다음과 같이 나타낼 수 있다.

$$u^e = N_1 u_1^e + N_2 u_2^e + \dots N_i u_i^e + \dots + N_n u_n^e = [N]\{u^e\} \tag{5.1}$$

변형문제의 경우, 보간함수 N은 변위의 형상과 유사한 모양으로 나타나므로 이를 형상함수(shape function)라고도 하며, 자기 절점에서 '1', 그 외 절점에서 '0'이 되는 특성을 갖는다. 형상함수는 요소의 형상과 절점 수에 의해 규정되는데, **실험이나 이론을 통해** 요소의 거동특성에 부합하게 도입되어야 한다.

형상(보간)함수, N_i는 요소의 형상, 절점 자유도 수에 따라 정의된다. 간단한 1차원 바(bar, spring) 요소를 통해 유한요소 근사화 개념을 구체적으로 살펴보자.

형상함수는 식(5.1)에 따라 요소의 총 자유도 수만큼 필요하다. 바 요소는 축력만 전달하므로, 각 절점에서 1개의 자유도 변수(u)를 가지므로 2자유도(degree of freedom)계로서 2개의 형상함수가 필요하다. 그림 5.6의 바 요소 좌표가 x_1, x_2라 할 때, 정규화 좌표계, $\xi = (x_1 - x)/(x_1 - x_2)$를 도입하면, 바 요소는 임의 위치는 $0 \le \xi \le 1.0$으로 나타낼 수 있다.

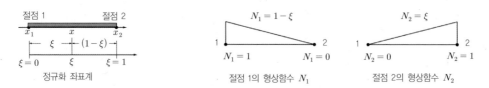

그림 5.6 2절점 바(bar) 요소의 정규화 좌표계와 형상함수

절점 변위값(u_1, u_2)만 안다고 할 때, 절점 1과 절점 2 사이의 변위가 선형적으로 변화한다고 가정하면, 그림 5.6에 보인 바와 같이 절점 1의 형상함수 N_1은 자기 절점 1에서 '1', 절점 2에서 '0'이 되므로, $N_1 = 1 - \xi$이 된다. N은 항상 요소의 자기 절점에서 '1'의 값을 갖고, 다른 절점에서는 '0'이 되는 특성을 갖는다. 마찬가지 방법으로 절점 2의 형상함수는 $N_2 = \xi$가 된다. 이를 바(bar) 요소 내 임의 위치에서의 변위 $u(x)$로 정리하면 다음과 같이, 바 요소에 대한 유한요소 근사화식이 얻어진다.

$$u(x) = \left(1 - \frac{x_1 - x}{x_1 - x_2}\right)u_1 + \left(\frac{x_1 - x}{x_1 - x_2}\right)u_2 = (1 - \xi)u_1 + \xi u_2 = N_1 u_1 + N_2 u_2 = [N_1, N_2]\begin{Bmatrix} u_1 \\ u_2 \end{Bmatrix} \tag{5.2}$$

$[N]$은 요소의 형상(삼각형, 사각형 등)과 절점수(4절점, 8절점 등) 그리고 자유도에 의해 정해진다.

5.2.2 유한요소 정식화 finite element formulation

절점거동을 미지수로 하는 유한요소방정식의 유도과정을 유한요소 정식화라 한다.

요소방정식

그림 5.7(a)와 같이 유한 요소화된 터널 모델에서, 그림 5.7(b)와 같은 면적 Ω^e, 경계면 Γ^e인 요소를 생각하자. 요소경계 Γ^e에 경계면 하중 $\{T\}$와 절점하중 $\{F^e\}$가 작용할 때 요소의 내부 및 외부에너지 총합(범함수)은 다음과 같이 나타낼 수 있다.

$$\Pi = \frac{1}{2}\int_{\Omega^e}\{\epsilon\}\{\sigma\}d\Omega - \int_{\Gamma^e}\{u\}\{T\}d\Gamma - \{u^e\}\{F^e\} \tag{5.3}$$

여기서, 요소의 변위는 $\{u\}=[N]\{u^e\}$이며, $\{u^e\}$는 요소 절점변위, $[N]$는 형상함수이다.

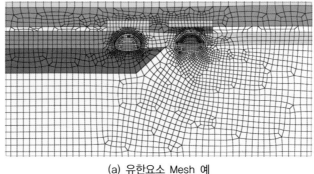

(a) 유한요소 Mesh 예

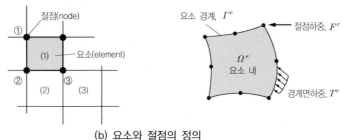

(b) 요소와 절점의 정의

그림 5.7 터널 모델의 유한-요소화

변형률의 정의로부터(여기서 i는 좌표계 축), '변형률–절점변위' 관계는 다음과 같이 나타낼 수 있다.

$$\{\epsilon\}=\left\{\frac{\partial u}{\partial x_i}\right\}=\left\{\frac{\partial(N^e)}{\partial x_i}\right\}=[\frac{\partial N}{\partial x_i}]\{u^e\}=[B]\{u^e\} \tag{5.4}$$

여기서 $[B]$는 변형률과 변위의 연계행렬이다.

탄성 응력-변형률 관계인 구성방정식(constitutive equation)은 다음과 같이 표현된다.

$$\{\sigma\}=[D]\{\epsilon\} \tag{5.5}$$

여기서 $[D]$는 구성행렬이며, 식(5.5)의 구성방정식과 변형률 식을 이용하여 식(5.3)을 다시 쓰면,

$$\Pi=\frac{1}{2}\int_{\Omega^e}\{u^e\}[B]^T[D][B]\{u^e\}d\Omega-\int_{\Gamma^e}\{u^e\}[N]^T\{T\}d\Gamma-\{u^e\}\{F^e\} \tag{5.6}$$

$\{u^e\}$는 좌표의 함수가 아닌 절점값이므로 적분식 밖으로 내보낼 수 있다.

$$\Pi = \{u^e\}\left(\frac{1}{2}\int_{\Omega^e}[B]^T[D][B]d\Omega\{u^e\} - \int_{\Gamma^e}[N]^T\{T\}d\Gamma - \{F^e\}\right) \tag{5.7}$$

식(5.7)에 변분(variation)을 취하면 다음과 같다(Variational Calculus 참조).

$$\delta\Pi = \{\delta u^e\}\left(\int_{\Omega^e}[B]^T[D][B]d\Omega\{u^e\} - \int_{\Gamma^e}[N]^T\{T\}d\Gamma - \{F^e\}\right) = 0 \tag{5.8}$$

식(5.8)이 성립하기 위해서는 오른쪽 괄호 안의 값이 '0'이 되어야 하므로

$$\int_{\Omega^e}[B]^T[D][B]d\Omega\{u^e\} = \int_{\Gamma^e}[N]^T\{T\}d\Gamma + \{F^e\} \tag{5.9}$$

식(5.9)의 오른쪽 항(우변)은 하중 항으로 이를 $\{R^e\}$로 표기하며, 다음 식을 유한요소 방정식이라 한다.

$$[K^e]\{u^e\} = \{R^e\} \tag{5.10}$$

여기서 $[K^e]$를 요소 강성행렬이라 한다. 강성행렬은 요소의 형상함수와 재료물성으로 결정된다.

$$[K^e] = \int_{\Omega^e}[B]^T[D][B]d\Omega \tag{5.11}$$

시스템(전체) 방정식

모델 내 모든 요소에 대하여 식(5.11)의 요소강성을 구하여 조합하면, 그림 5.7(a)의 전체 모델에 대한 시스템 유한요소 방정식을 얻을 수 있다. 하중과 변형의 비선형 관계를 나타내기 위하여 시스템방정식의 변위와 하중u_G, R_G를 각각 증분형태인 Δu_G, ΔR_G로 나타내면, 요소 강성행렬을 조립한 전체 유한요소 방정식의 형태는 $[K_G]\{\Delta u_G\}_n = \{\Delta R_G\}_n$가 되며, 이를 행렬식으로 표현하면 다음과 같다.

$$\begin{bmatrix} K_{11} & K_{12} & \cdot & \cdot & \cdot & \cdot & \cdot & K_{1n} \\ K_{21} & K_{22} & \cdot & \cdot & \cdot & \cdot & \cdot & K_{2n} \\ \cdot & \cdot & \cdot & \cdot & \cdot & \cdot & \cdot & \cdot \\ \cdot & \cdot & \cdot & \cdot & \cdot & \cdot & \cdot & \cdot \\ \cdot & \cdot & \cdot & \cdot & \cdot & K_{ij} & \cdot & \cdot \\ \cdot & \cdot & \cdot & \cdot & K_{ji} & \cdot & \cdot & \cdot \\ \cdot & \cdot & \cdot & \cdot & \cdot & \cdot & \cdot & \cdot \\ K_{n1} & \cdot & \cdot & \cdot & \cdot & \cdot & \cdot & K_{nn} \end{bmatrix} \begin{Bmatrix} \Delta u_1 \\ \Delta u_2 \\ \cdot \\ \cdot \\ \cdot \\ \cdot \\ \cdot \\ \Delta u_n \end{Bmatrix} = \begin{Bmatrix} \Delta R_1 \\ \Delta R_2 \\ \cdot \\ \cdot \\ \cdot \\ \cdot \\ \cdot \\ \Delta R_n \end{Bmatrix} \tag{5.12}$$

여기서 $[K_G]$는 전체 강성행렬, $\{\Delta u_G\}_n$는 전체 유한요소의 절점변위 증분벡터, $\{\Delta R_G\}_n$는 우변하중벡터이다. 식(5.12)는 하중을 알고, 변위를 구하는 1차 연립방정식이다.

5.2.3 요소강성행렬($[K^e]$)의 계산

식(5.11)의 요소강성행렬 $[K^e]$ 를 구하기 위해서는 먼저, '변형률–변위' 연계행렬 $[B]$ 와 구성행렬 $[D]$ 를 결정하여야 하며, 다음 요소의 면적 적분을 수행한다.

정규화 좌표계의 요소강성행렬

'변형률–변위' 연계행렬은 $\{\epsilon\}= [B]\{u_i\}$ 로 정의된다. $[B] = \{\partial N/\partial x_i\}$. 행렬 $[B]$ 는 좌표로 입력된 요소의 기하학적 정보로 결정된다. 컴퓨터 프로그램은 해석에 필요한 요소의 Library를 가지고 있고, 선택 요소에 대하여 이미 이론적으로 유도된 형상함수에 대하여 요소강성행렬이 산정되도록 코딩되어 있다.

작성된 유한요소는 모양과 크기가 일정하지 않으므로 정규화 모 좌표계로 좌표 변환하여 강성행렬을 산정한다. 그림 5.8에 4각형 8절점요소의 모델좌표계(x,y)와 정규화 모 좌표계(ξ,η) 관계를 예시하였다.

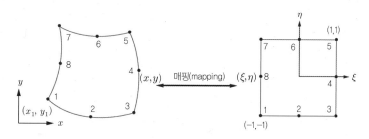

그림 5.8 모델 좌표계와 모 좌표계 간 관계

좌표계 간 면적적분 관계는 $dA = dxdy = |J|d\xi d\eta$ 로 나타낼 수 있다($|J|$ 는 자코비안 행렬식).

$$[K^e]= \int_A [B]^T[D][B]dA = \int_{-1}^{+1}\int_{-1}^{+1}[B]^T[D][B]|J|d\xi d\eta \tag{5.13}$$

$$여기서 \; |J|= \begin{vmatrix} \dfrac{\partial x}{\partial \xi} & \dfrac{\partial y}{\partial \xi} \\ \dfrac{\partial x}{\partial \eta} & \dfrac{\partial y}{\partial \eta} \end{vmatrix} = \dfrac{\partial x}{\partial \xi}\dfrac{\partial y}{\partial \eta} - \dfrac{\partial y}{\partial \xi}\dfrac{\partial x}{\partial \eta} \tag{5.14}$$

자코비안(Jacobian) 행렬식 $|J|$ 는 글로벌 좌표계를 모좌표계로 변환(mapping)한다. 식(5.13)의 적분은 수치적분법을 이용하며, 주로 가우스적분법, Gauss quadrature을 사용한다. 절점좌표보간 함수와 변위형상 함수가 같은 경우 이를 **등매개 변수 요소**(iso-parametric element)라 한다. Chain Rule을 이용하여 모델좌표계(x,y)를 다음과 같이 정규화좌표계(ξ,η)로 나타낼 수 있다.

$$\frac{\partial x}{\partial \xi} = \sum_{i=1}^n \frac{\partial N_i}{\partial \xi}x_i, \quad \frac{\partial y}{\partial \xi} = \sum_{i=1}^n \frac{\partial N_i}{\partial \xi}y_i, \quad \frac{\partial x}{\partial \eta} = \sum_{i=1}^n \frac{\partial N_i}{\partial \eta}x_i, \quad \frac{\partial y}{\partial \eta} = \sum_{i=1}^n \frac{\partial N_i}{\partial \eta}y_i \tag{5.15}$$

구성행렬, $[D]$

구성행렬은 유효응력 $\{\sigma\}$에 대하여 $\{\sigma\}=[D]\{\epsilon\}$로 정의된다. 구성식으로부터 입력 물성 파라미터가 결정된다. 터널 수치해석 모델링에 주로 사용하는 요소 구성식은 다음과 같다.

① 1차원 스프링 요소 또는 바 요소(bar elements) : 록볼트, 지반스프링 모델링

$\{\epsilon\}=\{\epsilon_{xx}\}$이므로, 1절점 구성행렬은 $[D]=[1\times1]$

스프링 요소 : $[D]=k$, 바 요소 : $[D]=\dfrac{EA}{L}$ (5.16)

2절점 요소   3절점 요소

② 2차원 고체 요소(solid elements) : 지반의 2D 모델링

$\{\epsilon\}=\{\epsilon_{xx},\,\epsilon_{yy},\,\epsilon_{xy}\}$이므로, 1절점 구성행렬은 $[D]=[3\times3]$, 평면 변형조건에 대하여

$$[D]=\frac{E}{(1+\nu)(1-2\nu)}\begin{bmatrix}(1-\nu)&\nu&0\\\nu&(1-\nu)&0\\0&0&\dfrac{1-2\nu}{2}\end{bmatrix}$$ (5.17)

3각형 요소   4각형 요소

③ 2차원 보 요소(beam elements) : 라이닝, 강지보 등 2차원 모델링

보 요소의 구성방정식을 3차원 쉘(shell) 요소에 대하여, 2D-평면변형조건으로 취하면 변형률 성분은, ϵ_l(축 변형률), χ_l(휨 변형률), γ(전단변형률)이므로, $\{\epsilon\}=\{\epsilon_l,\,\chi_l,\,\gamma\}$이고, $[D]=[3\times3]$이다.

$$[D]=\begin{bmatrix}\dfrac{EA}{1-\nu^2}&0&0\\0&\dfrac{EI}{1-\nu^2}&0\\0&0&KGA\end{bmatrix}$$ (5.18)

2차원 보요소(3 DOF/절점)

여기서 I : 라이닝 단면 2차 모멘트, A : 단면적이다. 휨모멘트를 받는 보의 비선형 전단응력분포를 대표 전단변형률로 나타내기 위해 전단 보정계수 K를 도입한다. 사각형보의 경우 $K=5/6$이다.

④ 3차원 요소(three dimensional elements) : 지반, 라이닝 등의 3차원 모델링

터널의 3차원 모델링은 지반은 3차원 고체 요소로, 라이닝은 3차원 쉘(shell) 요소로 모델링할 수 있다.

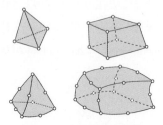

3차원 고체 요소(solid element) : 지반 요소

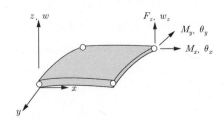

3차원 쉘 요소(curved-shell element) : 라이닝 요소

5.2.4 시스템 방정식의 조립 assembling

모든 요소의 요소방정식에 대한 강성행렬 $[K^e]$을 모델 전체에 대한 시스템 방정식의 강성행렬 $[K_G]$로 조합(assembling)하는 과정을 **시스템 방정식의 조립**이라 한다.

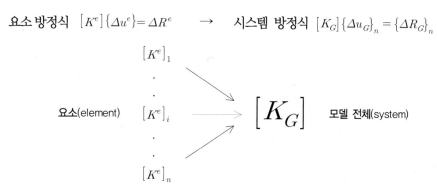

요소 방정식 $[K^e]\{\Delta u^e\} = \Delta R^e$ → 시스템 방정식 $[K_G]\{\Delta u_G\}_n = \{\Delta R_G\}_n$

요소(element)

모델 전체(system)

그림 5.9 요소의 강성행렬의 조합

각 절점에서 단 1개의 자유도를 갖는다고 가정한 2요소 시스템 문제에 대한 강성행렬의 조립과정을 그림 5.10에 예시하였다. 어떤 절점에서 전체 강성행렬은 해당 요소와 요소 사이에 공통적인 자유도를 취하는 모든 인접 요소의 기여 부분을 더함으로써 얻어진다.

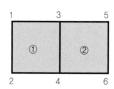

요소 강성행렬	시스템 강성행렬 기여 위치	시스템 강성행렬
요소 ① $[K^e]=\begin{bmatrix} k_{11}^1 & k_{12}^1 & k_{14}^1 & k_{13}^1 \\ k_{21}^1 & k_{22}^1 & k_{24}^1 & k_{23}^1 \\ k_{41}^1 & k_{42}^1 & k_{44}^1 & k_{43}^1 \\ k_{31}^1 & k_{32}^1 & k_{34}^1 & k_{33}^1 \end{bmatrix}$	$[K_G]=\begin{bmatrix} k_{11}^1 & k_{12}^1 & k_{13}^1 & k_{14}^1 & 0 & 0 \\ k_{21}^1 & k_{22}^1 & k_{23}^1 & k_{24}^1 & 0 & 0 \\ k_{31}^1 & k_{32}^1 & k_{33}^1 & k_{34}^1 & 0 & 0 \\ k_{41}^1 & k_{42}^1 & k_{43}^1 & k_{44}^1 & 0 & 0 \\ 0 & 0 & 0 & 0 & 0 & 0 \\ 0 & 0 & 0 & 0 & 0 & 0 \end{bmatrix}$	$[K_G]=\begin{bmatrix} k_{11}^1 & k_{12}^1 & k_{13}^1 & k_{14}^1 & 0 & 0 \\ k_{21}^1 & k_{22}^1 & k_{23}^1 & k_{24}^1 & 0 & 0 \\ k_{31}^1 & k_{32}^1 & k_{33}^1+k_{33}^2 & k_{34}^1+k_{34}^2 & k_{35}^2 & k_{36}^2 \\ k_{41}^1 & k_{42}^1 & k_{43}^1+k_{43}^2 & k_{44}^1+k_{44}^2 & k_{45}^2 & k_{46}^2 \\ 0 & 0 & k_{53}^2 & k_{54}^2 & k_{55}^2 & k_{56}^2 \\ 0 & 0 & k_{63}^2 & k_{64}^2 & k_{65}^2 & k_{66}^2 \end{bmatrix}$
요소 ② $[K^e]=\begin{bmatrix} k_{33}^2 & k_{34}^2 & k_{36}^2 & k_{35}^2 \\ k_{43}^2 & k_{44}^2 & k_{46}^2 & k_{45}^2 \\ k_{63}^2 & k_{64} & k_{66}^2 & k_{65}^2 \\ k_{53}^2 & k_{54}^2 & k_{56}^2 & k_{55}^2 \end{bmatrix}$	$[K_G]=\begin{bmatrix} 0 & 0 & 0 & 0 & 0 & 0 \\ 0 & 0 & 0 & 0 & 0 & 0 \\ 0 & 0 & k_{33}^2 & k_{34}^2 & k_{35}^2 & k_{36}^2 \\ 0 & 0 & k_{43}^2 & k_{44}^2 & k_{45}^2 & k_{46}^2 \\ 0 & 0 & k_{53}^2 & k_{54}^2 & k_{55}^2 & k_{56}^2 \\ 0 & 0 & k_{63}^2 & k_{64}^2 & k_{65}^2 & k_{66}^2 \end{bmatrix}$	

그림 5.10 요소의 강성행렬 조립 예(1 절점 1 자유도 문제 가정)

시스템 방정식의 수정 : 경계조건 고려

전체 방정식을 조립한 후, 경계조건(아는 값, knowns)을 고려하여 실제로 풀어야 할 방정식을 확정한다. 예로 그림 5.11의 절점자유도 28번의 거동이 구속('0')되었다면, 이 절점에서는 이미 답이 정해진 것이므로 28번 자유도에 해당하는 열과 행은 풀어야 할 전체 시스템 방정식에서 제외하여야 한다. 이를 시스템 **방정식의 수정**(modification)이라 하며, 방정식의 수정은 변위 혹은 하중 경계조건에 의해 결정된다.

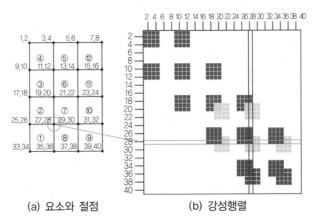

(a) 요소와 절점   (b) 강성행렬

그림 5.11 경계조건을 고려한 유한요소방정식의 수정(재구성) : 숫자 1,2,3,…은 절점 자유도 번호

5.2.5 유한요소 방정식의 풀이 solution process

거동이 탄성한도 내에 있는 경우라면 탄성해석, 소성거동을 포함한다면 탄소성 비선형해석법이 적용된다. 선형 탄성 유한요소방정식은 직접법($\{u\} = [K]^{-1}\{R\}$), 가우스 소거법(Gauss elimination), 촐스키 분해법 (Cholesky decomposition), 반복법(iterative method) 등으로 해를 구할 수 있다. 대부분의 경우, 터널 굴착은 주변 지반에 소성 거동을 야기하므로, **탄소성 문제**라 할 수 있고, 따라서 주로 비선형 해석이 수행된다.

비선형 유한요소방정식의 풀이

비선형 해석은 하중을 여러 단계로 분할하여 순차적으로 가하는 증분해석기법으로 이루어진다. 각 하중 단계에 대하여 수렴할 때까지 반복해석을 수행하고 다음 하중 증분단계로 넘어가는, **하중증분-반복해법** 방식(incremental-iterative scheme)이 적용된다.

비선형 해석법에는 여러 기법들이 제시되어 있다. 일반적으로 하중증분에 대하여 반복단계마다 새로운 강성을 산정하는 **접선 강성법(tangent stiffness method)**과 매 증분하중단계의 초기강성을 매 비선형 반복단 계에서 동일하게 사용하는 **초기 강성법(initial stiffness method)**이 대표적 비선형 해법이다. 매 하중 증분단 계에서 일정 강성값을 사용하므로, 반복해석에 따른 연산 횟수가 대폭 줄어드는 초기 강성법이 많이 사용된다.

MNR법에 의한 비선형방정식의 풀이과정 예

대표적 초기 강성법인 **Modified Newton-Raphson(MNR)법**을 그림 5.12에 예시하였다.

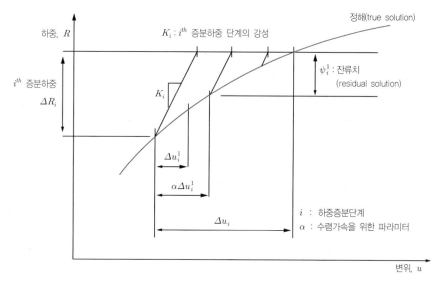

그림 5.12 초기강성법(Modified Newton Raphson, MNR) (각 하중증분의 반복단계에서 동일 강성행렬 사용)

MNR법은 계산된 증분해가 오차상태에 있는 것으로 가정한다. 따라서, 최초 방정식의 **하중(잔류하중벡터, 불평형력)은 가정해에 대한 오차**에 해당하며, 다음과 같이 표현할 수 있다.

$$[K_G]_i \{\Delta u_G\}_i^j = \Psi^{j-1} \tag{5.19}$$

각 증분단계에 대하여 반복계산을 통해 $\Psi^j \to 0$인 $\{\Delta u_G\}^j$가 구하고자 하는 변위해이다. 여기서 j는 반복횟수, i는 하중증분단계, Ψ는 잔류하중벡터이며, 최초 증분하중은 $\Psi_i^o = \{\Delta R_G\}_i$가 된다.

NB : 수렴조건

비선형문제에서 수렴 여부 판단에 사용되는 변수는 변위 또는 불평형력(잔류치)이다. 많은 경우 변위를 수렴조건으로 사용하나, 변위 진척이 느리면 수렴상태를 잘못 판단할 수 있다. **불평형력** 기준의 수렴판정이 보다 신뢰할 만하다. MNR법에서 불평형력을 수렴조건으로 설정하는 경우, 수렴조건은 우변항 하중벡터 $\|\{R_G\}\|$에 대한 잔류하중벡터(불평형력) $\|\{\Psi\}_i^j\|$의 비로 다음과 같이 정의할 수 있다.

$$\frac{\|\{\Psi\}_i^j\|}{\|\{\Delta R\}_G\|} \le \epsilon \tag{5.20}$$

ϵ는 보통 1~2%로 설정한다. 수렴 여부는 매 증분해석단계(i)마다 검토되어야 한다.

MNR법의 비선형방정식 풀이과정을 정리하면 다음과 같다(i : 하중증분단계, j : 비선형구간 반복횟수).

$i=0,\ j=0$으로 시작

$i=i+1$: 하중증분단계(load increment)

$j=j+1$: 반복해석단계(iteration)

① i^{th} 증분단계의 강성 행렬 : $[K_G]_i$

   초기 잔류하중, $\{\Psi\}_i^{j-1} = \{\Delta R\}_i^{j-1}$라 놓는다. 최초($j=1$), $\{\Psi\}_i^{j-1} = \{\Psi\}_i^0$

② 변위 산정 : $\{\Delta u\}_i^j = [K_G]_i^{-1}\{\Psi\}_i^{j-1}$

③ 내부응력 산정

$$\{\Delta\epsilon\}_i^j = [B]\{\Delta u\}_i^j$$

구성방정식 적분 : Stress point algorithm(sub-stepping scheme)

$$\{\Delta\sigma\}_i^j = \int_{\Delta\epsilon} [D]^{ep} d\epsilon$$

누적응력 산정(F : 항복함수)

$$\{\sigma\}_i^j = \{\sigma\}_i^{j-1} + \{\Delta\sigma^*\}_i^j$$

$F>0$: 탄성 $\rightarrow i=i,\ j=0,$ F : yield function

$F<0$: 소성

④ 내부력 : $\{I\}_i^j = \sum\limits^n \int_{ve} [B]^T\{\sigma\}_i^j dv_e$

⑤ 잔류하중벡터 : $\{\Psi\}_i^j = \{\Delta R\}_i^{j-1} - \{I\}_i^j = \{\Delta R\}_i^{j-1} - \sum\limits^n \int_{ve} [B]^T\{\sigma\}_i^j\ dv_e$

⑥ 수렴조건 판정 : $\dfrac{\|\{\Psi\}_i^j\|}{\|\{\Delta R\}_G\|} \leq 1\sim2\%$

수렴이 안 된 경우, $j\rightarrow j+1$하여 ②→⑥ 반복

   $j=j$에 대하여

$$\{\Delta u\}_i^j = [K_G]_i^{-1}\{\Psi\}^{j-1}$$

수렴된 경우, 다음 단계 증분해석 $i\rightarrow i+1$하여 ①→⑥ 반복

예제 그림 5.13과 같은 1절점 스프링 문제를 생각해보자. 1차원 비선형 문제로서 비선형 탄성계수를 $K(d) = K_o - cd$로 표시할 수 있다고 할 때, $R=1.5$, $K_o=5.0$, $c=4$인 경우, 변위의 정해와 MNR을 이용한 수치해를 구해보자. 수렴조건 $\epsilon = \|\{\Psi\}^j\| / \|R_G\| = 0.00015$, $\Delta R = 0.5$로 가정한다.

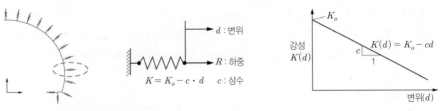

(a) 스프링 문제와 비선형 스프링 강성   (b) 비선형 스프링 강성

그림 5.13 1-자유도 비선형 스프링거동 문제

풀이 먼저 정해를 구해보고, 예제의 풀이과정을 본문의 해석절차를 따라 전개해보자.

① 정해(exact solution) $R-p=\alpha d^2-K_o d+R=0$이므로 $d=\dfrac{1}{2c}(K_o\pm\sqrt{K_o^2-4cR})$

$d=0$이면 $R=0$이므로 정해는 $d=\dfrac{1}{2c}(K_o-\sqrt{K_o^2-4cR})=0.5$

② Modified Newton Raphson Method에 의한 수치 근사해

MNR법을 참조하면 $i=i^{th}$ 증분, $j=j^{th}$ 반복에 대한 해석순서는 표의 상단 가로측 순서와 같다. 각 하중증분 i에 대하여, 접선탄성계수는 $K_{Ti}=5-4d_i$이며, 반복단계 j에서 강성은 일정하다. 하중증분단계 i에 대하여, 각 하중단계에서 반복횟수 j에 대한 계산과정은 아래와 같다.

증분단계 $n=i$	하중단계 ΔR_i	반복횟수 j	총 변위, d_i^j $d_i^j=d_i^{j-1}+\Delta d_i^j$	잔류치, Ψ_i^j $\Psi_i^j=\Delta R_i+\alpha d_i^{j2}-K_o d_i^j$	접선탄성계수, K_{ti}^j $K_{Ti}^j=5-4d_i^j$	반복 변위, Δd_i^j $\Delta d_i^j=K_{Ti}^{-1}\Psi_i^j$
1	0.5	0	0.00000	0.50000	5.00000	0.10000
		1	0.10000	0.40000	5.00000	0.00800
		2	0.10800	0.00666	5.00000	0.00133
		3	0.10933	0.00116	5.00000	0.00023
		4	0.10956	0.00020	5.00000	0.00004
		5	0.10960	0.00004		
2	1.0	0	0.10960	0.50004	4.56159	0.10962
		1	0.21922	0.09612	4.56159	0.02107
		2	0.24029	0.02949	4.56159	0.00647
		3	0.24676	0.00976	4.56159	0.00214
		4	0.24890	0.00330	4.56159	0.00072
		5	0.24962	0.00113	4.56159	0.00025
		6	0.24987	0.00036	4.56159	0.00008
		7	0.24996	0.00013	4.56159	0.00003
		8	0.24998	0.00005		
3	1.5	0	0.24998	0.50005	4.00006	0.12501
		1	0.37499	0.18751	4.00006	0.04688
		2	0.42187	0.10254	4.00006	0.02564
		3	0.44751	0.06351	4.00006	0.01588
		4	0.46339	0.04198	4.00006	0.01049
		5	0.47388	0.02885	4.00006	0.00721
		6	0.48109	0.02034	4.00006	0.00508
		7	0.48618	0.01459	4.00006	0.00365
		8	0.48982	0.01059	4.00006	0.00265
		9	0.49247	0.00776	4.00006	0.00194
		10	0.49441	0.00572	4.00006	0.00143
		11	0.49584	0.00423	4.00006	0.00106
		12	0.49690	0.00314	4.00006	0.00079
		13	0.49768	0.00234	4.00006	0.00058
		14	0.49827	0.00175	4.00006	0.00044
		15	0.49870	0.00130	4.00006	0.00033
		16	0.49903	0.00097	4.00006	0.00024
		17	0.49927	0.00073	4.00006	0.00018
		18	0.49946	0.00055	4.00006	0.00014
		19	0.49959	0.00041	4.00006	0.00010
		20	0.49969	0.00031	4.00006	0.00008
		21	0.49977	0.00023	4.00006	0.00006
		22	0.49983	0.00017		
총 변위			0.49983			

Box 5.1 **기타 수치 해석**

유한요소법 외에도 저장(메모리) 소요가 적은 유한차분법 프로그램의 활용도도 증가하고 있고, 암반터널의 불연속면 거동, 터널 내 토사 유출 거동조사를 위한 개별요소법과 입상체 요소법도 사용되고 있다.

유한차분법 Finite Difference Method(FDM)

차분법은 거동의 지배미분방정식을 Taylor 전개식에 근거하여 굴착과 같은 유발 원인력을 절점의 불평형력으로 정의하고, 이 불평형력이 전파하며 새로운 평형상태에 도달하는 시스템 미분방정식을 순차적으로 풀어가는 해석법이다. 유한차분법의 지배미분방정식은 다음과 같다.

힘의 평형조건, $\rho\left(\dfrac{\partial \dot{u}_i}{\partial t_i}\right) = \dfrac{\partial \sigma_{ij}}{\partial x_j} + \rho g_i$

Newton의 제2법칙, $\dfrac{\partial \dot{u}}{\partial t} = \dfrac{f}{m}$ $(i.e., f = ma)$

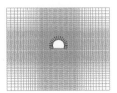

터널의 유한차분 모델(그리드) 예

개별요소법 Descrete Element Method(DEM)

개별요소법은 불연속 매질에 대한 거동해석법으로 불연속해의 접촉거동과 상호작용에 따른 동적 운동을 지배방정식으로 한다. '요소의 변형은 입자 간 접촉점에서만 발생한다'고 가정하며, 시간영역에 대하여 요소별로 순차적으로 계산하는 차분 기법을 이용하여 푼다. 주로 특정 불연속면의 정성적 거동 조사에 유용하다.

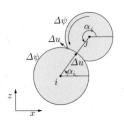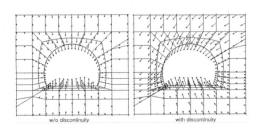

불연속 지반 내 터널 DEM 해석 비교

입상체 해석 Particle Flow Code(PFC)

입상체 거동의 지배방정식은 회전·이동 중인 입자와 이에 접한 입자의 거동 조건으로부터 유도할 수 있다. 입상체 해석은 순간 입자 간 정적 평형조건에 기초한 강성행렬을 구성하여, 시스템 연립방정식을 푸는 기법이다. 강성행렬은 입자의 이동이나 회전에 따라 매 순간 변화하므로 계산 소요가 크다.

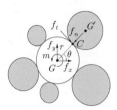

쉴드 TBM 터널 천장부 토사유입거동 모델링

5.3 터널의 수치해석 모델링과 굴착안정해석

5.3.1 터널의 수치해석 모델링

터널의 지층 모델링은 일반적으로 선(line) 조사에 해당하는 시추조사와 원위치 또는 시료시험을 통해 얻어진 극히 한정된 정보를 기초로 이루어진다. 따라서 지반의 공간적 변화에 따른 지하 조건의 불확실성, 그리고 재료의 비균질, 이방성 특성으로 인해 지반의 모델링은 많은 이상화와 단순화가 내포될 수밖에 없다.

터널의 모델링 : 이상화와 단순화 idealization and simplification

터널의 경계조건은 지형, 인접 구조물, 지하수 유입, 건설과정 등으로 인해 매우 복잡하다. 수치해석은 이에 대한 공학적 모델링을 필요로 한다. 그림 5.14에 실제 터널에 대한 **이상화와 단순화**의 예를 보였다.

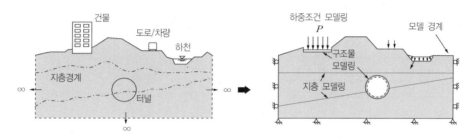

그림 5.14 터널 문제의 모델링 : 단순화와 이상화의 예

모든 조건과 파라미터들을 실제와 완전히 같게 모델링하는 것은 가능하지도, 유용하지도 않다. 대상문제를 단순화한다고 해서 정확도가 비례하여 떨어지는 것은 아니므로 지배거동과 공학적 경제성을 적절히 고려하여 모델링한다. 터널 수치해석 모델링 시 고려하여야 할 중요한 요소를 열거하면 다음과 같다.

- 해석영역(모델영역)의 결정
- 차원의 결정 및 단순화 가능성의 검토(예 : 3차원 조건 → 2차원 조건)
- 지형, 지질구조 및 지층(기하학적)의 모델링 – 단순화 및 이상화
- 초기조건(초기 지중응력 조건)
- 배수조건 : 배수조건 vs 비배수조건
- 경계조건의 설정(모델경계, 국부경계, 변위 및 하중 경계 조건, 수리경계조건)
- 건설과정(굴착, 지보설치)
- 지반재료의 구성모델과 입력 지반물성
- 인접 구조물 영향 및 지반–구조물 접촉면 거동
- 시간 의존적 영향

2D 모델링 vs 3D 모델링

터널 굴착은 지반성상, 터널의 기하학적 형태, 하중재하 특성 등의 조건과 상황에 따라 3D 또는 평면변형 2D 문제로 모델링할 수 있다. 간혹 2D 축 대칭 해석(axi-symmetric analysis)을 수행하는 경우가 있는데, 이는 지표영향을 배제할 수 있고, 물성, 하중, 터널 형상이 모두 축대칭인 경우로서 깊은 심도의(심도에 비해 직경이 충분히 작은) 균질지반에 건설되는, 원형 터널에 적용할 만하다.

터널 굴착은 굴착면의 기하학적 특성, 하중과 재료물성의 공간적 변화, 순차적 시공과정을 고려할 때 3차원적인 문제로 다루는 것이 타당하다. 수치해석의 도입초기에는 해석에 따른 노력(efforts), 컴퓨터 용량, 연산속도 등 컴퓨터 자원의 제약이 있었다. 하지만, 최근 이러한 제약은 더 이상 문제가 되지 않는다.

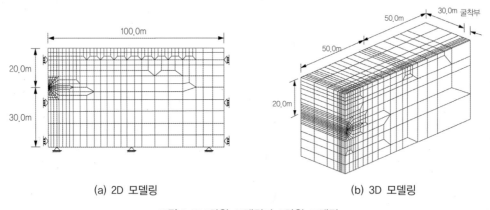

(a) 2D 모델링   (b) 3D 모델링

그림 5.15 2차원 모델링과 3차원 모델링

2차원 해석은 모델링의 단순함과 짧은 해석시간, 결과해석의 용이성 때문에 실무적으로 선호되고 있다. 경험 파라미터를 사용하여 터널의 3차원 거동문제를 2차원으로 모델링하는 다양한 터널 수치해석기법이 제안되었고, 현재 대부분의 실무 터널 굴착안정해석이 2차원 모델로 수행되고 있다.

2D 해석의 결정적 한계는 터널 굴착면의 거동을 알아낼 수 없다는 것이다. 또한, 터널 주변 지반의 3차원적 변화, 다양한 경계조건, 건설 진행과정 등을 사실적으로 모델링하는 데도 한계가 있다. 따라서 굴착면 거동을 알고자 하는 경우, 터널의 기하학적 형상이 아주 복잡하거나 지층구성이 심하게 변화하는 등의 경우에는 **3차원 모델링**이 바람직하다. 3차원 해석은 굴착 대상요소를 실제 굴착 진행 단계에 부합하게 순차적으로 제거할 수 있으므로, 굴착과정 모사에 경험 파라미터가 필요하지 않다. 다만, 해석 소요시간이 길고, 결과분석에도 많은 노력이 소요되므로 2D 모델링을 적용하기 어려운 터널 문제나 2D 해석 결과를 검증하고자 할 때에 주로 사용한다. 다음과 같은 조건에서는 2D 해석보다는 3D 해석을 고려하는 것이 바람직하다.

- 층리면, 불연속면과 같은 지질학적 조건이 터널 축과 평행하지 않은 경우
- 초기 지중 응력(주응력)의 회전(주응력 방향이 터널 축 및 중심 방향과 불일치)이 상당한 경우(경사지반)
- 앵커, 마이크로파일 등 외부 영향이 터널거동과 간섭되는 경우

터널의 모델링 범위

적정 모델 영역범위는 대상문제에 따라 다르나, 일반적으로 굴착에 따른 **'영향'이 전파되는 범위 이상**으로 선정한다(그림 5.16). 현장계측 결과에 따르면, 터널 굴착에 따른 지표 침하의 횡방향 폭은 모래지반에서 $1H\sim1.5H$, 점토지반에서는 $2.0H\sim2.5H$로 분포한다(Mair and Taylor, 1997). 따라서 모델 영역은 적어도 이보다 넓은 범위로 선정하는 것이 바람직하다. 지하수 영향을 고려하는 경우, 모델영역은 훨씬 더 넓어지는데, 지반투수성 및 주변 지하수 공급조건에 따라 차이는 있지만, $15D\sim20D$까지도 고려하여야 한다.

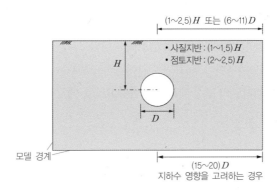

그림 5.16 터널 수치해석의 모델 영역 예

요소화 finite element discretization

메쉬의 기하학적 고려. 유한 요소의 크기와 형태를 어떻게 결정할 것인가는 **터널 공학적 경험과 직관이 중요**하다. 요소화된 모델을 **요소망** 또는 **메쉬(mesh)**라 하며, 메쉬는 지형, 지층 등 기하학적인 사항과 재료거동, 재료 간 경계거동, 결과의 활용 계획 등을 종합 검토하여 작성하여야 한다. 메쉬 작성 시 수리경계조건(A), 지형, 지층변화 및 지질구조(B), 계측위치(C) 등을 고려하여야 하며, 거동을 알고자 하는 위치(D)에 요소의 절점이 위치하여야 한다. 이를 그림 5.17에 예시하였다. 모델의 기하학적 경계, 혹은 재료경계가 곡선인 경우 중앙 절점이 있는 **고차(high order) 절점 요소(예, 8절점 사각형)를 사용**하면 곡선 모델링이 가능하다.

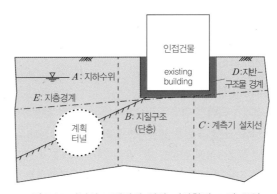

그림 5.17 터널의 모델링에 있어 기하학적 고려 요인

요소와 절점 정보는 모델을 기하학적으로 정의하는 입력 데이터이다. 요소가 많은 경우 수작업이 쉽지 않으므로 대부분의 프로그램은 전처리 입력수단으로서 **요소 자동생성**(mesh generation)기능을 포함한다.

모델링 요소의 선정. 굴착 안정 해석은 보통 지반과 지보재를 모두 포함하는 **전체 수치 모델**(full numerical model)을 이용하여 수행한다. 터널굴착 모델링에 포함되는 재료는 지반과 지보재이다. 관용터널공법의 굴착 지보재는 록볼트, 숏크리트, 강지보 등이며, 쉴드 터널공법은 막장압과 쉴드 원통이 굴착과 함께 지반하중을 일시적으로 지지하지만, 이어 설치되는 세그먼트 라이닝이 지반하중을 지지하는 지보재가 된다. 모델 구성재료에 따라 각 재료별 거동 표현에 부합하는 요소로 모델링하여야 한다.

일반적으로 지반은 2차원 또는 3차원 **고체 요소**(solid element)로, 록볼트는 축력부재이므로 **바 요소**(bar element), 숏크리트, 그리고 세그먼트 라이닝은 휨모멘트에 저항하므로 3차원 **쉘 요소(shell element)** 또는 2차원 **보 요소**(beam element)로 모델링한다. 세그먼트 라이닝의 조인트는 힌지 또는 모멘트 부분전달 요소 등으로 표현할 수 있다. 표 5.2에 터널의 구성 재료별 모델링 요소를 예시하였다.

표 5.2 터널 모델링 요소

재료	요소(elements)	
	2D 요소	3D 요소
지반	2D solid – 3각형, 사각형(4절점. 8절점)	3D solid – 사면체, 입방체(8절점, 16절점)
라이닝(shotcrete)	보 요소	쉘 요소
강지보(steel rib)	보 요소, 숏크리트와 강재의 등가강성 보 요소	보 요소, 숏크리트와 강재의 등가강성 쉘 요소
록볼트	1D Bar 요소, 스프링 요소	3D Bar 요소

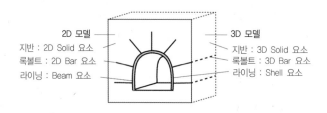

그림 5.18 터널의 모델링 요소

요소의 크기와 형태를 어떻게 결정할 것인가는 주로 **경험과 직관**에 의존하게 된다. 일반적으로 메쉬를 작성할 때 다음 사항이 고려되어야 한다.

- 가능한 실제에 가깝게 기하학적 형상을 모델링한다.
- 기하학적 경계 혹은 재료경계가 곡선인 경우 중앙 절점이 있는 고차 절점 요소를 사용한다.
- 재료 특성이 다른 경계면, 혹은 균열과 같은 불연속면은 요소면 및 절점과 일치시킨다.
- 작용하중이 불연속적이라면 불연속점에 절점을 둠으로써 쉽게 고려할 수 있다.
- 측정거동과 비교하고자 하는 경우 측점 혹은 면을 요소의 면 또는 절점(혹은 Gauss Points)과 일치시킨다.

5.3.2 지반 모델링

지반 매질의 요소화

모델 내 지반의 요소화는 지층 및 지질구조의 기하학적 조건들을 적절히 반영하여야 한다. 다만 거동이 급격하게 변화하는 영역에 대해서는 요소화에 특별한 주의가 필요하다. 굴착영향으로 **거동변화가 큰 영역에서는 메쉬를 작게, 세분화하는 것이 좋다.** 응력의 변화가 클 것으로 예상되는 영역은 밀(密)하게, 그 외곽은 소(疎)하게 하여도 전체해석결과의 정확도 손상은 거의 없다. 요소의 크기가 일정하거나 일정하게 변화하는 등의 규칙성을 가질 때 좋은 결과를 준다. 따라서 **뒤틀리거나 가늘고 긴 요소는 배제하는 것이 좋다.**

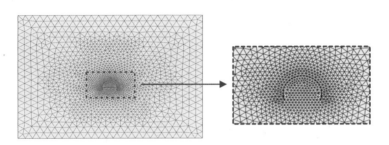

그림 5.19 유한요소 메쉬 예

초기응력의 설정 initial stress conditions

터널 굴착 시 굴착경계면 작용하중은 굴착 전 설정된 초기 지반응력에 의하여 결정된다(그림 5.20). 초기응력(initial stress)은 굴착영향이 지반에 가해지기 전의 지중 응력상태로서, 실제에 가깝게 표현할수록 해석의 정확도가 높아진다. 지반거동은 응력이력(stress history) 의존성이므로 초기응력 조건은 터널 굴착 거동에 상당한 영향을 미친다. 초기응력은 지표의 형상, 지층구조에 따라 달라진다.

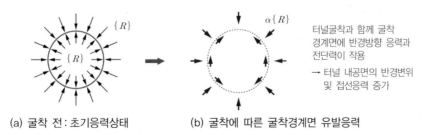

(a) 굴착 전: 초기응력상태　　　　(b) 굴착에 따른 굴착경계면 유발응력

그림 5.20 초기응력과 굴착경계면 작용응력

① **수평지반.** 지표면이 수평이고 흙의 특성이 횡방향으로 거의 변하지 않는 지반 응력조건을 **정지지중응력상태**(geostatic condition)라 하며, 단위중량이 γ_t 이고 심도가 z 인 경우, 다음과 같이 표현된다.

$$\text{수직응력, } \sigma_{vo} = \gamma_t \cdot z \quad ; \quad \text{수평응력, } \sigma_{ho} = K_o \sigma_{vo} \tag{5.21}$$

여기서, K_o는 수평정지응력(측압)계수이다(그림 5.21(a)). 과압밀 토사지반의 선행하중의 영향, 암반의 지질구조작용(tectonic action)의 영향으로 수평응력계수 K_o가 1보다 현저히 큰 경우도 많다. 수평지반의 경우 요소에 작용하는 전단응력은 '0'이며, 수직 및 수평응력이 각각 최대 및 최소 주응력이 된다.

② **단일 경사지반.** 지표면이 수평이 아닌 경우 연직 미소요소에는 그림 5.21(b)와 같이, 정지지중응력 상태일지라도 전단응력이 존재한다. 전단응력의 존재는 굴착 경계력 산정에 영향을 미친다. 경사가 크지 않은 경우, 축 변환(axis transformation) 개념을 이용하여 경사지반 응력을 정의할 수 있다.

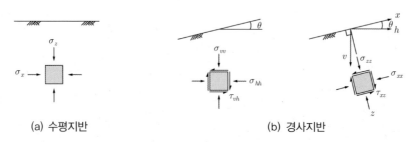

그림 5.21 지반경사에 따른 초기응력(경사지반 요소에는 전단응력이 존재!)

$$\begin{Bmatrix} \sigma_{hh} \\ \sigma_{vv} \\ \tau_{hv} \end{Bmatrix} = \begin{bmatrix} \cos^2\theta & \sin^2\theta & \sin2\theta \\ \sin^2\theta & \cos^2\theta & -\sin2\theta \\ -\dfrac{\sin2\theta}{2} & \dfrac{\sin2\theta}{2} & \cos2\theta \end{bmatrix} \begin{Bmatrix} \sigma_{xx} \\ \sigma_{zz} \\ \tau_{zx} \end{Bmatrix} \tag{5.22}$$

③ **임의 지표형상을 갖는 지반.** 불규칙한 지표 지반의 초기응력은 수식으로 설정할 수 없다. 이 경우 그림 5.22와 같이 터널해석에 앞서 지반형상 변화를 모사하는 선행 수치해석을 수행하여 초기응력 조건을 설정할 수 있다. 즉, 당초 수평 자유지반을 가정하고, 현재 지형 이외의 부분을 제거하는 수치해석을 수행하면, 현재 지반의 터널 굴착 전 초기응력에 해당한다(이때 발생한 변형은 '0'으로 초기화하여야 한다).

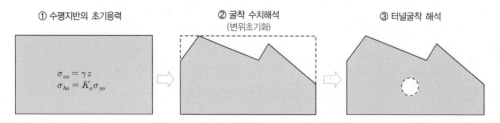

해석순서 : ① 수평지반 Geostatic 초기응력 부여 → ② 실제 지형 외 부분 제거해석(침식, 지질 작용 모사) → ③ 터널굴착

그림 5.22 수치해석에 의한 복합경사지반의 초기응력 재현

④ **건설이력이 있는 지반의 상속응력(inherited stress)을 고려한 초기응력 설정.** 터널을 건설하기 전 이미 여러 건설행위가 이루어진 도심지의 하부를 터널이 통과하는 경우, 터널 통과 예정 지반의 응력상태는 그간의 건설이력이 반영되어 있다. 따라서 기존 건물, 매설물 등이 위치하는 지반 하부에 터널을 계획하는 경우, 당초 자연지반의 초기응력상태에서 이후의 건설행위를 모두 포함하는 해석을 순차적으로 수행하여 얻은 **상속응력(inherited stresses)**을 터널 굴착 전 초기응력 조건으로 설정한다. 그림 5.23에 이 과정을 예시하였다.

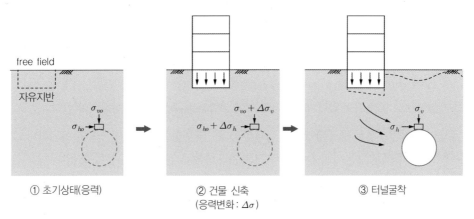

그림 5.23 상속초기응력(inherited stress)의 산정을 위한 단계별 모델링

경계조건 boundary conditions

터널 문제에서 고려하여야 할 역학 경계조건은 일반적으로 **하중경계조건**(점하중, 분포하중, 수압하중, 체적력)과 **변위경계조건**이다. 2차원 모델의 변위경계조건은 그림 5.24(a)와 같이 반단면 모델의 경우, 수직경계에서는 수평변위를 구속하고, 저면경계에서는 수직·수평변위를 모두 구속한다. 터널에서 모델경계까지의 수평거리가 굴착의 영향이 미치지 않을 정도로 충분한 경우, 모델측면경계의 수직·수평거동을 모두 구속해도 터널거동에 미치는 영향은 크지 않다(만일 거동영향이 크게 나타났다면, 구성모델 및 입력물성이 부적정한 경우일 가능성이 크다. 탄성해석의 경우 횡방향 영향범위는 거의 무한하게 나타날 수 있다).

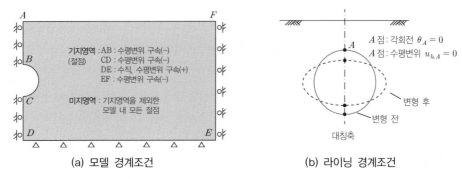

(a) 모델 경계조건   (b) 라이닝 경계조건

그림 5.24 굴착(관용)터널 모델의 경계조건 예

2차원 터널해석은 대부분 좌우대칭을 가정한다. 이 경우 지표와 지층을 수평으로 가정하며, 물성이 지층별로 일정하다면 좌우대칭문제에 해당하므로 해석영역의 1/2만 모델링한다. 터널 반단면 해석 시 대칭면은 수평거동을 구속하며, 터널 라이닝 구조물을 포함하는 경우, 그림 5.24(b)와 같이 대칭축의 천단과 인버트에서 라이닝의 회전각은 '0'으로 설정하여야 한다.

지반거동의 구성모델 constitutive models(equations)

재료 구성방정식(응력-변형률관계)은 해석 결과에 가장 큰 영향을 미치는 요소 중의 하나로서 실제지반 거동에 부합하는 모델을 선택하여야 한다. 구성모델의 선택은 사용입력 파라미터를 특정하게 된다(예, MC 모델은 c, ϕ, Hoek-Brown 모델은 s, m, σ_c, a). 일반적으로 상업용 해석 프로그램은 다양한 구성모델 라이브러리를 제공하므로 사용 가능 입력파라미터와 이에 부합하는 구성식을 선정하여야 한다.

터널 주변 지반거동은 다른 구조물에 비해 비교적 큰 중·대 변형률의 비선형 거동을 야기하며, 그림 5.25의 응력-변형률 거동에서 보는 바와 같이 항복 전 거동과 항복 후 거동으로 구분할 수 있다. 항복 전 거동은 변형률이 매우 작은 영역에서 나타나며, Hooke의 법칙과 같은 탄성이론으로 표현할 수 있다. 항복 후 거동은 항복함수, 소성포텐셜, 경화법칙 등으로 구성되는 소성이론으로 모사할 수 있다.

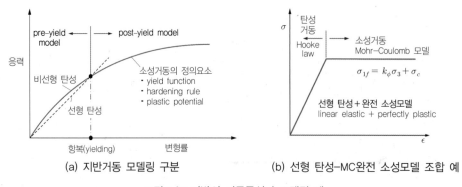

(a) 지반거동 모델링 구분 　　　　　 (b) 선형 탄성-MC완전 소성모델 조합 예

그림 5.25 지반의 거동특성과 모델링 예

소성모델은 단순성과 편의성, 물성 선정의 용이성 등으로 인해, **Mohr-Coulomb 파괴규준을 항복함수와 소성포텐셜로 이용하는 완전 소성모델이 가장 널리 사용**되고 있다. 지반의 다양한 거동특성 표현이 가능한 고급 모델도 있지만, 비교적 많은 수의 입력 파라미터가 요구되므로 사용이 제한적이다. 터널해석에 있어 지반모델의 조합은 적어도 '**비선형 탄성＋완전 소성**' 또는 '**선형 탄성＋경화소성**'의 결합이 바람직하다('선형 탄성＋완전 소성모델'은 가장 단순하고 초보적인 조합으로 실제 지반거동과 차이가 크다).

비배수조건의 경우 물의 비압축성을 감안하여 **비압축탄성** 거동으로 고려할 수 있다. 이 경우 체적변화를 무시할 수 있으므로 $\epsilon_v \to 0$, 즉 $K \to \infty$ 이다. 이 조건에서는 $\nu \to \nu_u \approx 0.5$(수치해석 오류 방지를 위해 보통 $\nu = 0.499$ 사용) 및 $E \to E_u \approx 3G$이 성립한다. 지반물성은 부지조사에 기초하여 평가하여야 한다.

Box 5.2 | 원통 좌표계에서 초기응력

원형 터널의 경우, 구(spherical) 좌표계 또는 원통(polar, 극) 좌표계를 이용하면 편리하다. 축변환 원리를 이용하면 직교좌표와 극좌표 간 응력 관계식을 구할 수 있다.

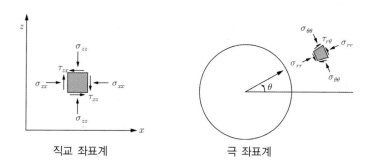

직교 좌표계   극 좌표계

위 그림에서 직교 좌표계(x, z, y)의 응력을 원통형 좌표계(r, θ, y)로 옮기는 축변환을 생각해보자. 수평지반의 경우 $\sigma_{zz} = \gamma_t h$, $\sigma_{xx} = K_o \sigma_{zz}$, $\tau_{zx} = 0$이다.

$$\begin{bmatrix} \sigma_{xx} & \tau_{zx} & 0 \\ \tau_{zx} & \sigma_{zz} & 0 \\ 0 & 0 & \sigma_{yy} \end{bmatrix} \Leftrightarrow \begin{bmatrix} \sigma_{rr} & \tau_{r\theta} & 0 \\ \tau_{r\theta} & \sigma_{\theta\theta} & 0 \\ 0 & 0 & \sigma_{yy} \end{bmatrix}$$

좌표 변환방정식은 $\begin{Bmatrix} r \\ \theta \\ y \end{Bmatrix} = \alpha_{ij} \begin{Bmatrix} x \\ z \\ y \end{Bmatrix} = \begin{bmatrix} \cos\theta & \sin\theta & 0 \\ -\sin\theta & \cos\theta & 0 \\ 0 & 0 & 1 \end{bmatrix} \begin{Bmatrix} x \\ z \\ y \end{Bmatrix}$ 이며, $\{\sigma_{r-\theta}\} = \alpha_{ij}\alpha_{ij}^T \{\sigma_{x-z}\}$ 이다.

$$\begin{Bmatrix} \sigma_{rr} \\ \sigma_{\theta\theta} \\ \tau_{r\theta} \end{Bmatrix} = \begin{bmatrix} \cos^2\theta & \sin^2\theta & \sin2\theta \\ \sin^2\theta & \cos^2\theta & -\sin2\theta \\ -\dfrac{\sin2\theta}{2} & \dfrac{\sin2\theta}{2} & \cos2\theta \end{bmatrix} \begin{Bmatrix} \sigma_{xx} \\ \sigma_{zz} \\ \tau_{zx} \end{Bmatrix} \tag{5.22}$$

A. 직교 좌표계 응력을 원통 좌표계 응력으로 변환

$$\sigma_{rr} = \cos^2\theta\sigma_{xx} + \sin^2\theta\sigma_{zz} + \sin^2\theta\tau_{zx} = \frac{\sigma_{xx} + \sigma_{zz}}{2} + \frac{\sigma_{xx} - \sigma_{zz}}{2}\cos2\theta + \tau_{zx}\sin2\theta$$

$$\sigma_{\theta\theta} = \sin2\theta\sigma_{xx} + \cos^2\theta\sigma_{zz} - \sin2\theta\tau_{zx} = \frac{\sigma_{xx} + \sigma_{zz}}{2} - \frac{\sigma_{xx} - \sigma_{zz}}{2}\cos2\theta - \tau_{zx}\sin2\theta \tag{5.23}$$

$$\tau_{r\theta} = -\frac{\sin2\theta}{2}\sigma_{xx} - \frac{\sin2\theta}{2}\sigma_{zz} + \cos2\theta\tau_{zx} = -\frac{\sigma_{xx} - \sigma_{zz}}{2}\sin2\theta + \tau_{zx}\cos2\theta$$

B. 원통 좌표계 응력을 직교 좌표계 응력으로 변환

$$\sigma_{xx} = \frac{\sigma_{rr} + \sigma_{\theta\theta}}{2} + \frac{\sigma_{rr} - \sigma_{\theta\theta}}{2}\cos2\theta + \tau_{r\theta}\sin2\theta$$

$$\sigma_{yy} = \frac{\sigma_{rr} + \sigma_{\theta\theta}}{2} - \frac{\sigma_{rr} - \sigma_{\theta\theta}}{2}\cos2\theta - \tau_{r\theta}\sin2\theta \tag{5.24}$$

$$\tau_{zx} = -\frac{\sigma_{rr} - \sigma_{\theta\theta}}{2}\sin2\theta + \tau_{r\theta}\cos2\theta$$

5.3.3 터널 굴착 및 굴착지보 설치과정의 모델링

터널공사는 굴착뿐 아니라 라이닝 타설(installation, placement), 록볼트 설치와 같은 구조물 설치 작업도 포함한다. 터널 굴착 모델링은 이러한 건설과정을 모두 포함하여야 한다. 쉴드 터널은 별도의 굴착 지보재를 설치하지 않으므로 이 절의 내용은 주로 관용터널의 굴착안정 해석에 관련된다.

굴착(excavation)과정의 모델링

굴착작업(excavation)은 **전체모델(full numerical model)**에서 **굴착 대상 요소를 제거함으로써 모사할 수** 있다. 요소의 제거와 동시에 굴착경계면에 굴착 유발응력을 작용시킴으로써 굴착과정을 모사한다. 그림 5.26은 터널 굴착 경계면의 작용력을 예시한 것이다. 굴착 유발응력은 굴착 전 요소망(mesh) 구성 시 설정한 굴착면의 초기응력에 의해 절점력으로 산정된다. 이때 **절점력은 굴착경계면에 접한 절점에만 부과된다.**

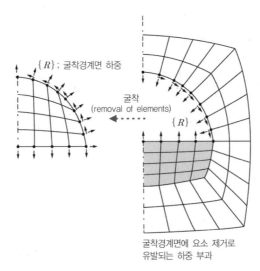

그림 5.26 터널굴착(excavation)의 모사 : 요소의 제거

굴착과정에서 발생하는 탄소성거동을 적절하게 고려하기 위하여 굴착유발하중을 여러 단계로 나누어 순차적으로 재하(loading)하는 증분(incremental)해석이 필요하다. 증분 해석단계는 일반적으로 다음과 같다.

① 설정된 초기응력으로부터 굴착경계면에 가할 절점하중을 산정

② 산정된 절점하중을 충분한 수의 하중단계로 나누고, 특정 증분단계에서 제거될 요소를 지정

③ 지정된 단계에서 해당 굴착요소와 관련된 요소와 절점의 강성행렬 성분을 전체 유한요소방정식에서 제거(비활성화), 나머지 경계조건을 고려하여 전체 유한요소방정식을 구성

④ 증분하중에 대한 유한요소방정식을 풀어(비선형 해석법 참조) 증분 변위, 변형률, 응력을 산정

⑤ 위 결과를 이전 증분단계에 더하여 누적(accumulations)하고, 다음 하중단계의 증분해석을 수행

숏크리트(세그먼트) 타설의 모델링

숏크리트 타설을 모델링하고자 하는 경우, 전체 유한요소 메쉬에 요소(예, 보 요소)로 포함시켜야 하며, 굴착과정을 고려한 지정 하중 증분 단계에서 요소강성을 활성화(변화, change)함으로써 타설 효과를 반영할 수 있다. 숏크리트(shotcrete)는 2D 해석의 경우 보(beam) 요소, 3D 해석의 경우, 쉘(shell) 요소로 모델링할 수 있으며, **두께가 지반영역에 비하여 상대적으로 현저히 작으므로 고체요소로 모델링하기는 어렵다.**

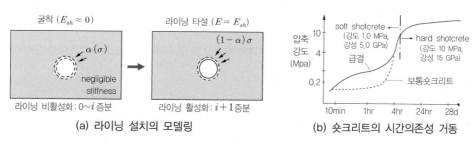

(a) 라이닝 설치의 모델링　　　　(b) 숏크리트의 시간의존성 거동

그림 5.27 라이닝 설치의 모델링

그림 5.27(b)에 보인 바와 같이 숏크리트의 강성(E_{sh}) 및 강도는 시간경과에 따라 크게 증가하는데, 이는 증분 단계에서 탄성계수를 Soft Shotcrete와 Hard Shotcrete 값으로 변화시킴으로써 모사할 수 있다.

관용터널의 숏크리트는 통상 강지보(격자지보)와 함께 타설되며, 보통 두 부재의 강성과 단면적을 이용한 등가 복합부재의 재료(탄성계수)로 모델링함으로써 고려할 수 있다.

NB : 복합재료의 등가 복합부재 모델링 예

복합재료는 재료의 상대적 크기, 물성 및 거동 차이에 따라 개별요소로 모델링하기 어렵다. 이 경우 모델링은 주 단면을 구성하는 재료로 하고, 물성이나 단면 특성을 재료가 차지하는 면적 등에 비례하여 배분하는 등가 모델링 방식이 흔히 사용된다. 격자 지보재를 포함하는 숏크리트 라이닝의 경우, A_s : 격자지보 단면적, A_c : 숏크리트 단면적, E_s : 격자지보 탄성계수, E_c : 숏크리트 탄성계수, I_s : 격자지보의 단면 2차 모멘트라 하면, 등가 물성은 다음과 같이 평가할 수 있다.

등가 탄성계수, $E_{eq} = \dfrac{E_c A_c + E_s A_s}{A_c + A_s}$ 　　　　　　　　　　　　　　　(5.25)

등가 단면2차 모멘트(모멘트는 격자지보가 부담한다고 가정), $I_{eq} = \dfrac{I_s \times E_s}{E_o}$ 　　　(5.26)

그림 5.28 숏크리트 + 강지보 복합부재의 등가 물성(격자지보 : 70type LG−70×20×30)

록볼트 설치의 모델링

전체 유한요소 모델에 미리 록볼트를 요소(예, 바(bar) 요소)로 포함하여, 지정한 굴착 하중 증분해석단계에서 요소(강성)를 활성화(변화)함으로써 록볼트 설치효과를 고려할 수 있다. 록볼트는 정착방식에 따라 **전면 접착형과 선단 정착형**이 있다. 터널 형성원리에 부합하는 정착 형식은 암반 지지링(bearing ring) 형성이 가능한 선단 정착형이지만, 지반보강 기능의 전면 접착형이 보다 광범위하게 사용되고 있다.

그림 5.29는 록볼트 유형에 따른 거동특성과 모델링 개념을 보인 것이다. 전면 접착은 요소-록볼트 교차 절점을 연결하며, 선단 정착은 선단과 굴착면 만을 연결한다. 2차원 해석은 평면변형조건을 가정하므로 2차원 모델에서 선으로 나타난 요소는 **지면(紙面)에 수직한 방향으로 연속되는 면(plate)의 형태로 모사된 것임**을 이해하여야 한다.

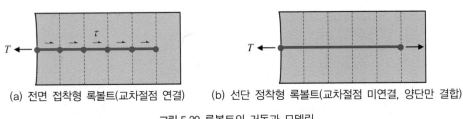

(a) 전면 접착형 록볼트(교차절점 연결) (b) 선단 정착형 록볼트(교차절점 미연결, 양단만 결합)

그림 5.29 록볼트의 거동과 모델링

5.3.4 2차원 굴착안정 해석

3차원 시간 의존적 문제인 터널의 굴착과정을 2차원 평면변형 조건으로 모사하기 위해서는 3차원적으로 진행되는 굴착진행 과정을 2차원 평면에서 고려할 수 있는 기법이 필요하다.

3차원 굴착영향의 2차원 모델링

기하학적으로 3차원인 터널의 굴착과정을 2차원으로 모사하기 위한 여러 가지 방법들이 제안되었다. 그림 5.30은 굴착부의 3D 거동을 굴착 단계별로 구분 모사하는 2D로 모델링 개념을 예시한 것이다.

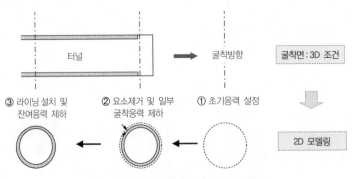

그림 5.30 3차원 굴착영향의 2차원 모델링

하지만, 2D-평면변형해석으로는 터널 막장면(tunnel face)의 안정, 막장면 거동이 내공변위나 지보재 압력에 미치는 영향 등은 고려할 수 없다. **터널 횡단면의 2D-평면변형해석은 터널의 상당 구간의 길이를 동시에(한 번에) 굴착하는 개념으로 모사되는 것임을 유의할 필요가 있다.**

일반적으로 굴착부의 3차원 거동을 2차원적으로 고려하는 방법으로 증분해석 과정에서 라이닝 설치 전후를 구분하는 경험적 제어 파라미터를 도입한다. 일단, 라이닝이 설치되면, 추가 지반하중은 라이닝이 부담하며, 이후 지반 변형은 거의 대부분 억제된다. 건설과정의 제어 파라미터로 변위, 하중, 강성, 시간과 관련된 변수가 사용될 수 있다.

표 5.3에 터널 건설과정을 2D 조건으로 모사하는 방법들을 비교하였다. 어떤 모델링 방법을 사용할 것인가는 관련되는 제어 파라미터 결정의 용이성과 신뢰성을 기준으로 판단할 수 있다. 관용터널공법의 경우, 일반적으로 숏크리트 라이닝 타설 전후를 하중 재하단계로 구분하는, 굴착이완하중 기준의 제어 파라미터인 **하중분담률**을 많이 사용한다. 반면, 쉴드 터널은 변형기준의 제어파라미터인 지반 손실률법 또는 Gap 파라미터법을 주로 사용한다. 일례로, 쉴드 터널공법을 주로 적용하는 런던 점토 내 터널은 많은 계측 결과로부터 지반손실률(V_l)이 잘 알려져 있어, 지반손실률을 제어 파라미터로 하는 2D해석이 보편적이다.

표 5.3 3차원 터널거동의 2차원 모델링 방법(3차원 영향의 2차원 모델링을 위한 경험파라미터)

2D 모델링 방법		경험(제어)파라미터	굴착지보(라이닝) 타설 전 상태	제안자 (references)
하중제어법(하중분담률법)		굴착 상당력	$\{R_i\}=\alpha\{R\}$	Panet and Guanot(1982)
강성제어법(강성감소법)		굴착단면의 강성	$E_i=\beta E_o$	Swoboda(1979)
변위제어법	Gap 파라미터법	천단변형(주변변형)	G_{ap} : 천단변형	Rowe et al.(1983)
	지반 손실률법	지표침하체적	V_l : 지반손실	Addenbrooke(1996)
시간제어법[주]		시간(굴착속도)	$t^*=\eta T$	Shin and Potts(2002)

주) 변위 – 수압 결합거동 해석은 5.5절 터널 수리거동의 수치해석 참조

하중분담률법

그림 5.31은 하중분담률법의 개념을 예시한 것이다. 이 방법은 터널 경계면에서 산정한 굴착 상당력$\{\sigma_o\}$을 단계별 증분 제하하는 과정에서 전체 하중의 $\alpha\{\sigma_o\}$만큼 제하한 후, 라이닝을 설치(활성화)하고, 이후 잔여 하중$(1-\alpha)\{\sigma_o\}$을 재하하여 라이닝과 지반이 함께 분담토록 하는 것이다.

하중분담률법은, 하중분담률인 경험파라미터 α를 적절히 선택함으로써 3D 터널 진행과정을 2D로 모사하는 모델링법이다. 계측 결과를 아는 유사지반에 대한 수치해석을 시행착오법(trial and error method)으로 시행하여 계측 결과(지표침하, 지표손실 등)와 가장 잘 일치하는 α를 정할 수 있다. 또는, 대표단면에 대한 3차원 해석을 수행하고, 이를 다시 2차원으로 모델링하여 두 해석 결과(지표침하, 내공변위 또는 지반손실)가 같아지는 α를 시행착오법으로 산정할 수도 있다.

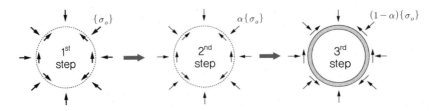

(a) 굴착상당력 산정 : $\{\sigma_o\}$　　(b) 라이닝 설치 전 재하 : $\alpha\{\sigma_o\}$　　(c) 잔여 하중 재하 : $(1-\alpha)\{\sigma_o\}$

그림 5.31 터널굴착 시 굴착면 작용응력-2D 모델링 예($0 < \alpha < 1$)

NB : 관용터널공법(NATM)의 하중분담률

하중분담률은 지반, 지보재 조건과 건설과정 및 현장조건에 따라 달라질 수 있으므로, 이를 일반화하기가 쉽지 않다. 실무의 예비설계에서 일반적으로 적용되는 하중분담률의 경험치는 대략 다음과 같다.
- 굴착 단계 : 지반이완 특성에 따라 굴착상당력의 30~60%(하중을 10단계로 재하 시, 3~6단계 재하 후 라이닝 활성화)
- 굳지 않은 숏크리트(soft shotcrete) 상태(타설 직후) : 굴착 상당력의 25~35%
- 굳은 숏크리트(hard shotcrete) 상태 : 굴착 상당력의 25~35%(각 단계 하중분담률 총합은 100%)

지반손실률법(volume loss method)

쉴드공법을 주로 적용하는 점토지반의 경우, 터널굴착에 따른 지반거동은 비배수전단으로 가정할 수 있다. 이 경우 지반의 체적변화를 무시할 수 있으므로(그림 5.32(a)), 터널 굴착 시 지표침하면적(지반손실량)이 터널 굴착면 안쪽으로 밀려들어온 변형면적과 같다고 가정할 수 있다.

라이닝을 타설한 후에는 그림 5.32(b)와 같이 지반손실이 억제되므로, 지반손실의 거의 대부분이 라이닝 설치 전에 발생한다고 가정할 수 있다. 따라서 증분해석을 수행하며, 단계별 지반손실을 모니터링하여 지반손실 설정값(target volume loss)에 도달하면 바로 다음 증분단계에서 라이닝을 설치(활성화)한다. 일례로, 런던 점토의 경우 지반 손실량은 1~2% 수준인 것으로 알려져 있다.

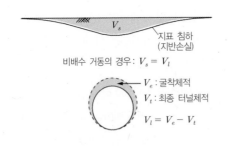

지표 침하
(지반손실)

비배수 거동의 경우 : $V_s = V_l$

V_e : 굴착체적
V_t : 최종 터널체적

$V_l = V_e - V_t$

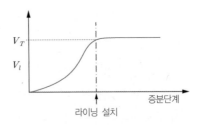

목표 지반손실(V_T)을 설정하고,
증분해석 단계별로 지반손실을 모니터링하여
$V_l \approx V_T$ 증분단계에서 라이닝 설치(활성화)

(a) 지반손실 특성　　　　　　(b) 지반손실을 이용한 변위 제어법 원리

그림 5.32 3차원 터널거동의 2차원 모델링-변위제어법(volume loss법)

갭 파라미터법(gap parameter method)

Lee & Rowe(1991)는 쉴드터널의 Gap 개념을 그림 5.33과 같이 도입하였다. 쉴드터널에서 천장부에서 굴착경계와 세그먼트 라이닝 외경 사이의 간격을 **Gap Parameter**, G_{AP}라 정의하였다. 갭의 크기를 알면, 이를 제어 파라미터로 하는 변위제어 해석을 실시함으로써 터널굴착을 모사할 수 있다.

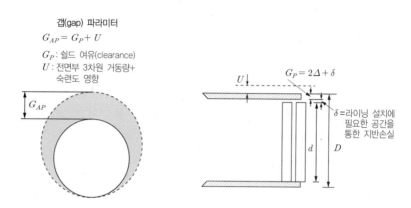

그림 5.33 3차원 터널거동의 2차원 모델링−변위제어법(Gap parameter법)

그림 5.34와 같이, 쉴드 원통 주변 위치에 따른 최종 세그먼트 라이닝 간 공극을 수렴점을 이용하여 설정할 수 있다면, 굴착면의 전반 변위 증분제어 해석으로 쉴드 굴착 영향을 모사할 수 있다.

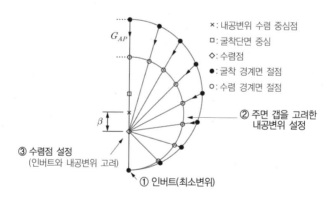

그림 5.34 쉴드 원통 주면 Gap을 이용한 변위제어법(β : 터널 중심과 변위 수렴점 간 이격거리)

5.3.5 3차원 굴착안정 해석

2D 해석의 한계는 터널 굴착면(tunnel face)의 거동을 알아낼 수 없다는 것이다. 따라서 굴착부의 3차원 거동을 조사하려면, **3차원 해석**이 불가피하다. 그림 5.35에 3차원 해석조건의 예를 보였다.

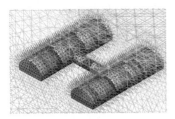

(a) 연결부 3차원 형상의 기하학적 고려

(b) 비대칭 지층구조 및 상부조건의 고려

그림 5.35 3차원 모델링 예

관용터널공법의 3차원 모델링

3차원 모델링은 경험파라미터 사용없이, 실제 터널의 시공 과정을 사실대로 모사할 수 있다. 3차원 해석은 막장의 3차원적 특성을 고려할 때, 논리적으로 바람직한 모델링 방법이나 해석에 많은 시간과 노력이 소요되며, 해석결과의 정확도에 대한 검증도 어렵다. 그림 5.36에 관용터널 3차원 굴착 모델링을 예시하였다.

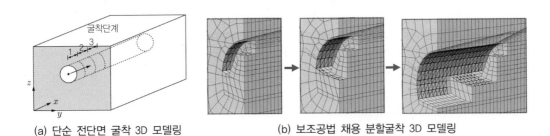

(a) 단순 전단면 굴착 3D 모델링   (b) 보조공법 채용 분할굴착 3D 모델링

그림 5.36 관용터널공법의 굴착면 3차원 모델링 예

쉴드 터널공법의 3차원 모델링

쉴드 터널의 경우 2차원 해석의 Gap 변형거동을 3차원적으로 고려하는 방법을 사용할 수 있다. 즉, 쉴드의 전진에 따라 굴착경계와 쉴드 원통(skin-plate) 사이의 Gap이 라이닝에 접하도록 단계별로 변위를 제어한다. 먼저, 굴착경계까지의 요소를 제거하고, 그림 5.37과 같이 Gap만큼의 지반 변형이 점진적으로 세그먼트 라이닝에 접하도록 **내공변위를 유발**시키는 방법으로 모사할 수 있다.

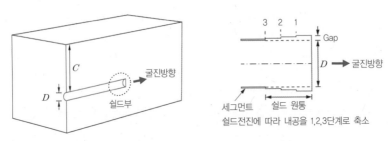

그림 5.37 변위제어법에 의한 쉴드터널의 3차원 모델링

Box 5.3   역해석(back analysis)

정(순)해석(forward analysis)이 설정된 초기조건, 지반물성을 기초로 외부하중 등에 의한 변위, 응력 혹은 변형률을 구하는 것이라면, 역해석(back analysis)은 측정된 변위, 응력 혹은 변형률로부터 초기응력, 지반물성 및 경계조건 등을 알아내는 해석을 말한다.

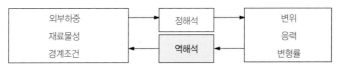

정(순)해석과 역해석의 관계

역해석은 계측 결과를 이용하여 모델링 파라미터 및 수치해석모델의 적정성을 평가하는 데 유용하다. 하지만 특정 지점의 계측치로 모델 전체 거동을 분석하는 경우, 최적해가 아닌 국부적인 해만 줄 수 있으므로 가능한 많은 지점에서 측정한 자료를 종합적으로 분석하여 모델링하는 것이 바람직하다. 역해석법에는 역산법(inverse method)과 직접법(direct method)이 있다.

역산법은 변위 등 계측치가 있을 경우 정해석 지배방정식을 역으로 전개하여 대상 지반에 대한 설계파라미터를 구하는 방법으로 주로 이용한다. 탄성문제에만 적용 가능하고 비선형이나 점탄성 문제에 적용할 수 없다. 역산법을 이용한 강도정수의 산정 절차(back analysis of elastic constants)를 아래 예시하였다. 이 방법은 Kavanagh와 Clough가 구조문제에서 탄성계수의 역해석을 위해 제시한 유한요소접근법에 기초하고 있으며, 최소자승법을 사용하여 미지 매개변수의 최적값을 구한다.

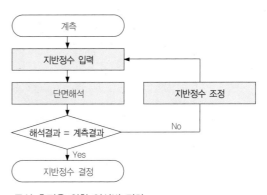

물성 추정을 위한 역산법 절차

직접법은 응답변수인 변위, 응력 등의 계측결과와 해석결과를 비교하여 그 차이가 정해진 범위에 들 때까지 반복계산을 수행하여 미지 매개변수를 구하는 방법이다. 이 방법은 계측결과와 해석결과의 차이로 구성되는 오차함수를 최소화하는 과정을 포함한다. 기존의 정해석 프로그램을 수정하여 사용할 수 있는 반면, 계산시간이 역산법에 비교하여 길다는 단점이 있다. 비선형 문제에도 적용할 수 있다.

5.4 터널 라이닝 구조해석 : 라이닝 설계

5.4.1 라이닝 구조해석 개요

최종 라이닝(콘크리트 라이닝)은 터널 구조물로서 지상 구조물 개념으로 설계한다. 관용터널의 경우 굴착지보인 숏크리트 라이닝이나 최종지보인 콘크리트 라이닝, 쉴드 터널의 경우 세그먼트 라이닝이 구조해석 대상이다. 원칙적으로 라이닝 구조해석은 전체 수치해석모델(full numerical model), 빔–스프링 모델을 모두 이용할 수 있으나, 구조물 설계기준 적용이 가능한 빔–스프링 모델을 주로 이용한다(그림 5.2 참조).

숏크리트 라이닝은 굴착안정해석 대상으로서 주로 전체 수치해석모델을 이용하여 구조적 안정성을 검토한다. 숏크리트 라이닝은 영구지보개념이 도입될 수 있고, 이 경우 빔–스프링 모델을 적용한다.

라이닝의 거동을 조사하는 데 있어서 지반과 라이닝 사이의 상호작용을 보다 사실적으로 고려할 수 있는 전체수치해석모델이 해석적으로 우월하다고 평가할 수 있다. 하지만, 실무설계 관점에서 전체 수치해석 모델의 경우 하중조합조건, 하중 증가계수 및 물성 감소계수 등의 구조설계기준을 적용하기 어려운 문제가 있다. 그림 5.38에 터널공법에 따른 빔–스프링 라이닝 구조해석 모델을 예시하였다.

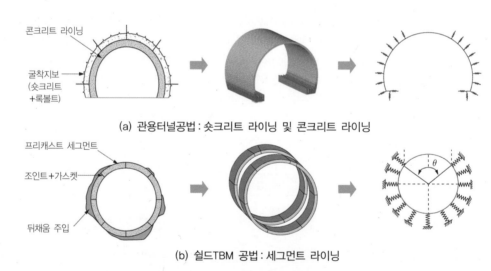

(a) 관용터널공법 : 숏크리트 라이닝 및 콘크리트 라이닝

(b) 쉴드TBM 공법 : 세그먼트 라이닝

그림 5.38 터널공법에 따른 라이닝 구조 및 구조해석 모델 예

라이닝 구조 안정 검토는 5.3절에서 다룬 터널의 굴착 안정문제와 **전혀 별개**로 다루어진다. 굴착 안정문제가 굴착 중 막장의 안정성을 확보하기 위한 굴착지보를 설계하는 문제라면, 라이닝 구조안정 문제는 터널의 목적구조물인 콘크리트(세그먼트) 라이닝의 단면설계 문제라 할 수 있다.

따라서 터널구조물로서 콘크리트(세그먼트) 라이닝의 설계는 전통적인 (철근) 콘크리트 구조물 설계와 마찬가지로 '**하중의 평가 → 라이닝 단면 가정 → 라이닝 구조해석**' 절차를 통해 적절한 라이닝 단면(두께, 철근량 등)을 결정하는 과정이다.

라이닝 단면력(모멘트, 축력)은 이 절에서 다루는 수치해석법 외에도 제2장 2.6절에서 다룬 원형보이론, 지반-지보 상호작용 이론해(예, Curtis 이론해)를 이용하여 구할 수도 있다. 이론해는 원형 터널을 가정하고, 경계조건도 적절하게 고려하는 데 한계가 있지만, 손쉬운 간편법으로서, **현재까지도 실무의 원형 쉴드 터널 라이닝 단면 검토에 사용**되고 있다. 하지만, 실제 터널은 원형이 아닌 경우가 많고, 하중과 지층구성이 비대 칭 및 불균질인 경우가 대부분이어서 실무의 라이닝 구조해석은 (일반적인 지반 구조해석과 마찬가지로) 주 로 빔-스프링 모델의 수치해석법을 사용한다.

5.4.2 라이닝 작용하중의 산정

터널 라이닝은 설계수명 기간 동안 작용 가능한 모든 하중을 안전하게 지지하여야 한다. 설계기준에서 정 하고 있는 터널 라이닝 작용하중은 **지반 이완하중, 수압, 라이닝 자중, 지표하중, 온도/건조수축 하중** 등 이 다. 라이닝 작용하중은 제2장 2.5.2절 이론 라이닝 구조해석에서 다룬 내용을 참고할 수 있다.

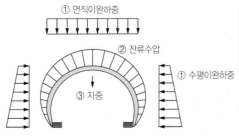

조합하중$= \Sigma\gamma_{di}D_i + \Sigma\gamma_{ti}T_i$

D_i : 영구하중, T_i : 일시하중, γ_i : 하중계수(FHWA)

하중조합조건 상태		하중계수(γ_i)				
		지반하중		수압 하중	자중	
		최대	최소		최대	최소
강도한계상태 – 영구하중(D)	수직	1.35	0.75	1.0	1.25	0.9
	수평	1.35	0.9			
강도한계상태 – 일시하중(T)	수직	1.35	0.75	1.0	1.25	0.9
	수평	1.35	0.9			

그림 5.39 라이닝 작용하중의 유형(미폐합 터널-배수터널)과 하중계수

실무의 라이닝 구조해석은 구조설계기준에 따라야 하며, 라이닝에 작용하는 여러 하중에 대하여 하중계 수를 고려하고, 하중 조합 조건을 고려한 여러 케이스의 해석을 통해 최대 단면력을 도출하여, 이를 기준으 로 단면의 두께 및 철근량을 결정한다.

토피가 직경의 2배 이하인 경우($C < 2D$), 터널 상부 지반의 이완으로 지지 지반아치를 형성하지 못하는 것으로 가정한다. 따라서 라이닝이 천단 상부의 전 토피하중을 지지하여야 하며, 이 경우 터널 천장부 지반 이 압축 스프링 기능을 갖지 못할 수 있다(터널 천단으로부터 ±45°). 터널심도가 깊어지면 지반 지지링이 형성되고, 터널 천단부에 작용하는 하중은 Terzaghi의 Silo 토압형태가 되어, 굴착면으로부터 일정 경계까 지의 토압만 지지하면 된다(2.5.2절 라이닝 작용하중 산정 참조).

5.4.3 터널 라이닝 구조해석 모델링

빔-스프링 모델링 beam-spring model

이론적으로 지반과 라이닝을 포함하는 전체 수치해석 모델링법이 지반 거동을 더 실제적으로 모사할 수 있고, 따라서 라이닝 해석결과도 실제 거동과 더 잘 부합할 것으로 추정할 수 있다. 하지만, 실무 라이닝 설계해석에서는 거의 대부분 빔-스프링 모델을 사용하는 수치해석을 수행한다. 그 이유는 현재의 구조설계기준이 지상 구조물 해석 개념에 따라 다양한 하중조합 조건에 대한 최대 단면력(모멘트, 전단력 등)을 고려하도록 되어 있는데, 전체 수치해석 모델은 이 조건을 반영하기 어렵기 때문이다.

빔-스프링 모델은 5.2절 수치해석이론에 따라, 라이닝을 보(beam)요소로, 지반은 스프링(spring)요소로 모델링한다. 그림 5.40은 (쉴드터널) 빔-스프링 모델을 예시한 것이다. **토피가 직경의 2배 이하인 경우(C < 2D), 터널 천단부(터널 천단으로부터 ±45°)는 주로 지반침하가 일어나는 부분**으로 스프링 설치 시 마치 지반이 터널 구조물이 변형하지 못하도록 잡아주는 것과 같은 비현실적인 모사가 되므로 **스프링을 배제하거나 인장응력 발생 시 스프링 기능을 비활성화시키는 조치가 필요**하다.

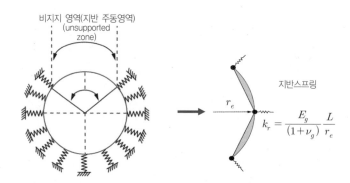

그림 5.40 빔-스프링 모델(비지지 영역 도입조건, $C < 2D$)

라이닝 강성행렬

관용터널공법의 라이닝은 보통 현장 타설 콘크리트로 건설되며, 세그먼트 라이닝은 공장에서 제작한 라이닝 조각부재(segment)를 현장에서 조인트로 조립하여 완성한다. 일반적인 라이닝의 두께는 약 30~40cm로서 모멘트 저항 부재에 해당한다.

유한요소 근사화 방법으로 정의한 보 요소의 강성행렬은 5.2절에서 다음과 같이 표현되었다.

$$[K^e]\{u^e\} = \{R^e\} \tag{5.27}$$

$$[K^e] = \int_A [B]^T[D][B]dA \tag{5.28}$$

라이닝의 보요소의 강성행렬을 구하기 위해서는 구성행렬 $[D]$와 변형률–변위 연계행렬 $[B]$가 필요하며, 요소의 면적적분이 수행되어야 한다. 터널 라이닝은 2절점 또는 3절점 보요소로 모델링할 수 있으나, 라이닝은 곡선이므로 3절점 요소로 모델링하여야 라이닝의 곡선 형상을 실제와 부합하게 모사할 수 있다.

전체 모델에서 보 요소의 구성행렬은 3차원 쉘(shell)요소로부터 취할 수 있는데, 평면변형조건을 가정하면 변형률 성분은 $\{\epsilon\} = \{\epsilon_l,\ \chi_l,\ \gamma\}$이며($\epsilon_l$: 축 방향 변형률, χ_l : 휨 변형률, γ : 전단변형률), 이에 대응하는 구성방정식은 $[D] = [3 \times 3]$로서 다음과 같다.

$$[D] = \begin{bmatrix} \dfrac{EA}{1-\nu^2} & 0 & 0 \\ 0 & \dfrac{EI}{1-\nu^2} & 0 \\ 0 & 0 & KGA \end{bmatrix} \tag{5.29}$$

여기서 I는 라이닝의 단면 2차 모멘트, A는 단면적이다. 휨모멘트를 받는 보에서 전단응력분포는 비선형이나, 편의상 1개의 대푯값으로 전단변형률을 나타내기 위해 보정계수 K(전단보정계수)를 도입한다. K는 단면형상에 따라 달라지며 사각형 보의 경우 $K = 5/6$이다.

한편, 라이닝을 2절점 단순 보요소로 모델링하는 경우, 길이 L, 단면적 A인 2절점 보요소는 절점에서 3개의 자유도(모멘트, 전단력, 축력)를 갖는다. 직접강성도법(지반역공학, 2015 참조)으로 구한 보요소의 강성행렬은 $[6 \times 6]$으로서 그림 5.41과 같다.

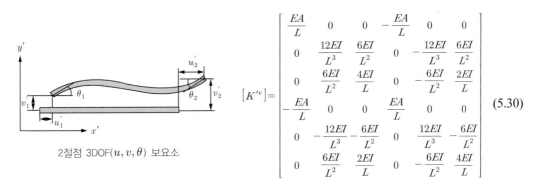

$$[K'^e] = \begin{bmatrix} \dfrac{EA}{L} & 0 & 0 & -\dfrac{EA}{L} & 0 & 0 \\ 0 & \dfrac{12EI}{L^3} & \dfrac{6EI}{L^2} & 0 & -\dfrac{12EI}{L^3} & \dfrac{6EI}{L^2} \\ 0 & \dfrac{6EI}{L^2} & \dfrac{4EI}{L} & 0 & -\dfrac{6EI}{L^2} & \dfrac{2EI}{L} \\ -\dfrac{EA}{L} & 0 & 0 & \dfrac{EA}{L} & 0 & 0 \\ 0 & -\dfrac{12EI}{L^3} & -\dfrac{6EI}{L^2} & 0 & \dfrac{12EI}{L^3} & -\dfrac{6EI}{L^2} \\ 0 & \dfrac{6EI}{L^2} & \dfrac{2EI}{L} & 0 & -\dfrac{6EI}{L^2} & \dfrac{4EI}{L} \end{bmatrix} \tag{5.30}$$

2절점 3DOF(u, v, θ) 보요소

그림 5.41 보(beam) 요소의 거동과 요소강성행렬(직접강성도법)

라이닝을 3차원 모멘트 부재로 모델링할 경우, 쉘요소(shell element)를 사용할 수 있고, 반면, 라이닝이 얇아서 휨거동을 무시하고자 할 때는 멤브레인 요소를 사용할 수 있다. 멤브레인(membrane) 요소는 절점이 핀(pin)으로 연결되며, 요소의 접선방향 힘만을 전달한다. 멤브레인 거동은 보요소를 변형하여 휨모멘트나 전단력을 전달하지 못하도록 함으로써도 고려할 수 있다. 멤브레인 요소는 전체(global) 좌표계에서 절점당 2개의 인장력 자유도(u, w)를 갖는다.

지반 스프링 계수

터널과 지반의 상호거동은 라이닝의 절점에 각각 수직(반경방향, radial spring) 및 접선(접선방향, tangential spring) 스프링을 두어 모사할 수 있다.

스프링 요소의 경우, $\{\epsilon\} = \{\epsilon_{rr}\}$ 이므로, 구성행렬은 $[D] = [1 \times 1]$ 이고, $[D] = [k]$ 로 표현된다. 여기서 k는 지반 스프링상수이다. 빔-스프링 모델링은 지반거동을 선형 탄성으로 가정하므로 지반이완에 따른 소성거동을 고려할 수 없다.

빔-스프링 모델은 터널거동에 따른 지반과 라이닝 사이의 상호작용을 모사한다. 터널이 지반을 외부로 미는 수동조건에서는 지반저항을 스프링으로 모사할 수 있으나, 지반이 터널 안으로 밀려들어오는 경우 스프링은 인장이 되어 지반이 라이닝을 잡아당기는 비현실적인 거동을 유발하게 된다. 이러한 문제가 발생하는 영역은 주로 천단부이며, 이 경우 천단부의 스프링 기능을 제거(비활성화)하여야 한다.

반경방향 스프링 계수, k_r. 지반과 라이닝 접촉면의 수직거동은 극좌표계의 응력-변형률 거동으로부터 유도되는 다음의 반경방향 스프링으로 모사할 수 있다.

$$k_r = \frac{E_g b \theta}{1 + \nu_g} = \frac{E_g \theta}{1 + \nu_g} = \frac{E_g}{(1 + \nu_g)} \frac{L}{r_e} \tag{5.31}$$

여기서, k_r : 축방향 단위길이당 반경방향 스프링계수, E_g : 주변 지반의 탄성계수, b : 터널 해석 요소의 길이, 단위길이(축 방향)인 경우 $b = 1$(쉴드 터널에서는 세그먼트 라이닝 폭), θ : 좌우측 보 요소 중심을 연결한 호의 중심각(radian), ν_g : 주변 지반의 포아슨 비이다. $\theta = L/r_e$(L : 스프링 좌우요소 중심 간 거리(접선방향 거리), r_e : 라이닝 등가반경). (첨자 g는 지반을 의미)

접선방향 스프링 계수, k_θ. 지반과 라이닝 접촉부의 전단거동은 접선방향 스프링으로 모사할 수 있다. 일반적으로 접선방향 스프링 정수는 반경방향 스프링 상수의 일정비로 나타내며, 식(5.32)와 같이 표현할 수 있다(여기서, G_g는 지반의 전단탄성계수).

$$k_\theta = \frac{1}{2(1 + \nu_g)} k_r = \frac{G_g}{E_g} k_r \tag{5.32}$$

라이닝 기초 및 바닥 부재의 지반 스프링 계수, k_v. 라이닝 기초 또는 수평 바닥부가 지반과 접촉하는 경우, 강성은 일반 기초 구조물의 빔-스프링 모델에 적용하는 수직 스프링 개념을 이용할 수 있다. 따라서 터널 바닥부 수평 접촉면에서의 수직(k_v) 스프링 계수는 다음의 기초 스프링 식을 이용하여 산정할 수 있다.

$$k_v = k_o \left(\frac{B}{30} \right)^{(-3/4)} \tag{5.33}$$

여기서 B : 기초의 (수직 또는 수평방향) 환산 재하 폭($B = \sqrt{A} = \sqrt{L \times 1}$), L:인접 요소 간 중심거리, $\alpha = 1$ (상시), $k_o = \alpha E_g/30$. A : 재하면적, k_o : 직경 30cm의 강체원판에 의한 평판재하시험에 상당하는 지반반력 계수이다.

쉴드터널 세그먼트 라이닝의 모델링

쉴드 TBM 터널은 볼트로 체결되는 프리캐스트 세그먼트 라이닝을 적용한다. 세그먼트 라이닝의 빔-스프링 모델은 세그먼트 조인트 간 스프링거동과 지반의 스프링거동을 모두 고려하여야 한다.

세그먼트 조인트 모델링. 세그먼트 라이닝은 보통 7~10개의 세그먼트로 구성되며, 각 세그먼트는 볼트로 체결된다. 그림 5.42는 조인트 체결부의 거동을 보인 것이다. 모멘트가 작용하면 내외측이 벌어져 모멘트 전달이 제약(모멘트 감소효과)되므로 고정(강결)도 힌지도 아닌, 제한된 범위의 회전 스프링 거동을 한다.

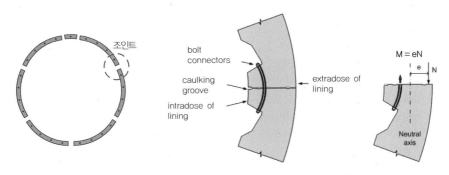

그림 5.42 세그먼트 라이닝 조인트의 스프링 거동

세그먼트 조인트 모델링 방법에는 그림 5.43과 같이 조인트의 일정 강성법(constant stiffness model), 회전 스프링법(rotating spring model), 힌지법(hinge model) 등이 있다. 일정 강성법은 조인트 체결부의 휨 강성 저하효과를 고려하지 않는 방법으로 라이닝 전단면을 일정하게 가정한다. 조인트의 모멘트 전달기능 감소를 고려하지 않으므로 모멘트가 실제보다 과다하게 산정된다. 힌지법은 조인트의 모멘트 전달 기능을 무시하므로 모멘트가 과소하게 산정되며, 견고한 지반에 설치되는 세그먼트 라이닝을 모사하는 경우에만 고려할 만하다. 회전스프링 모델은 일정 부분 모멘트 전달을 허용하는 모델링 기법이다.

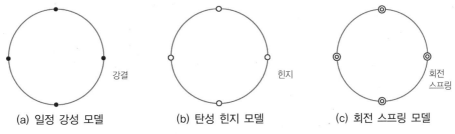

그림 5.43 세그먼트 라이닝 조인트 거동의 단순 모델링 기법

지반 스프링상수. 세그먼트 라이닝의 지반 스프링상수도 식(5.31)을 이용할 수 있다. M. Wood는 세그먼트 라이닝이 주변 채움재(annular grouting)를 포함하는 이중 구조임을 고려하여 다음의 수정 반경방향 지반 스프링 계수식을 제안하였다.

$$k_r = \frac{3E_g}{(1+\nu_g)(5-6\nu_g)}\frac{L}{r_c} \tag{5.34}$$

여기서, k_r : 반경방향 지반 반력계수, E_g, ν_g : 뒤채움 효과를 반영한 주변 지반의 탄성계수 및 포아슨 비, r_c : 세그먼트 라이닝의 중심 반경

실제 세그먼트 라이닝은 인접 라이닝 간 이음부가 엇갈리도록 설치되어, 평면변형을 가정하는 2D 단순모델과 차이가 있다. 2개의 세그먼트 링의 엇물림을 고려하는 2-링 빔(2-ring beam) 모델이 사용되기도 한다.

NB : 2-Ring Beam-spring Model

세그먼트의 연결을 3차원적으로 고찰하면 그림 5.44와 같이 터널축이 연속된 링이 볼트로 결합되어 반복되는 형상이며, 세그먼트는 축 방향으로 지그재그로 연결된다. 따라서 세그먼트 라이닝을 2-Ring으로 모델링하면 이런 영향을 부분적으로 고려할 수 있다. 2-Ring Beam Model은 지반 스프링 외에 회전 스프링으로 링 간 접선방향 연결 볼트를 모사하고, 전단 및 반경방향 스프링으로 축방향 연결 볼트를 모사하여 세그먼트의 부재 간 상호작용을 근사적으로 고려할 수 있다. 지반 스프링은 각 세그먼트(빔 요소)에 대하여 달리 적용할 수 있다. 이 모델을 이용하면 터널 천장부의 Key Segment로 인한 연결부 변형 증가로 천장부의 모멘트가 일정 강성법보다 훨씬 작게 산정된다.

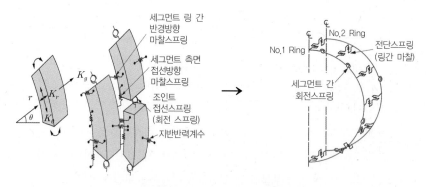

그림 5.44 2 Ring-Beam 모델

NB : 조인트 영향을 휨 강성 저하로 검토하는 방법 및 조인트 설계 검토 항목

조인트의 영향을 휨 강성 저하로 고려하여(ηEI, $\eta \leq 1.0$), 모멘트 M을 산정하고, 모멘트 할증률($\zeta \leq 1.0$)을 이용하여 주 단면 설계용 휨모멘트를 $M_o = (1+\zeta)M$, 세그먼트 조인트 설계용 휨모멘트 $M_1 = (1-\zeta)M$로 하는 방법이다. $(1-\zeta)$는 0.6(약 60% 수준)으로 본다.

세그먼트 라이닝의 파괴는 대부분 조인트에서 시작되므로 조인트의 구조 안정 검토는 매우 중요하다. 세그먼트 조인트의 경우 휨모멘트에 의한 축력, 조인트의 최대 전단력에 의한 전단안정(볼트 slip에 의한 조인트판 지압검토, 볼트 전단응력 검토) 검토가 필요하며, 링 조인트의 경우 링 간 전단력에 대한 검토도 필요하다.

5.4.4 터널 라이닝 단면 설계

터널 라이닝은 (철근) 콘크리트 구조물로서 '**하중의 평가 → 라이닝 단면가정 → 라이닝 구조해석**' 절차
를 통해 라이닝 단면크기를 결정하게 된다(그림 5.45). 건축한계를 만족하는 터널 형상을 계획하고, 라이닝
단면두께를 가정한다. 구조 설계기준에 규정된 하중조합 Case에 대하여 가정단면에 대한 구조해석을 실시
하여 **최대 작용단면력**(M_u, N_u)을 구하고 강도설계법에 따른 **공칭단면력**(M_n, P_n)을 산정한다. 감소계수를
적용한 공칭 단면력, 즉 설계단면력(ϕM_n, ϕP_n)이 해석으로 구한 최대단면력(M_u, N_u)보다 큰 조건을 만족
하도록 반복 가정, 계산하여 최종단면(두께, 철근량)을 결정한다.

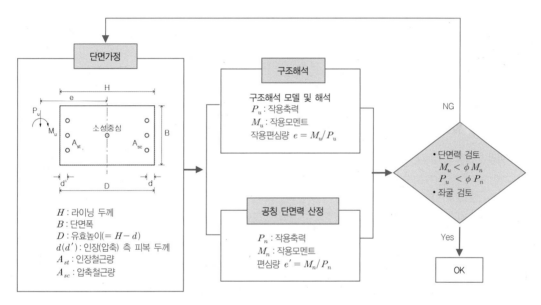

그림 5.45 터널 라이닝 단면검토

만일, 무근 콘크리트를 가정하여 산정한 라이닝 최대응력이 공칭강도를 초과하면 철근보강을 고려하여
야 한다. 설계 단면력(ϕM_n, ϕP_n)이 작용 단면력(M_u, P_u)보다 작으면, 철근량을 증가시키거나 단면두께를
증가시켜서 공칭강도를 증가시켜야 한다. Box 5.4에 철근보강(RC) 콘크리트 라이닝에 대한 **강도설계법**에
따른 단면 결정방법을 예시하였다.

NB : 세그먼트 라이닝 기타 안정조건

세그먼트 라이닝은 공장 제작 부재로서, 지반 이완하중 이외의 조건에 대한 추가적인 응력검토가 필요하다.
강도 미발현과정의 취급, 운반 및 적치 중 과다응력, 설치 및 추진 시 불균형 하중 등에 의해 손상을 받을
수 있으므로 제작, 설치에 따른 다음 조건에 대하여 구조검토가 이루어져야 한다.
• 볼트부, 강도 발현 전 취급 영향(탈형추출, 이동, 검토)
• 적치(stack) 영향 검토
• 추진 잭 하중(장비 유발하중) 검토

Box 5.4   강도설계법에 의한 라이닝 단면검토

가정단면에 대한 평형(균형)편심 검토

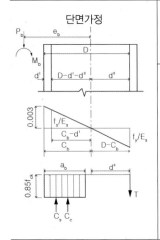

① 콘크리트의 변형률이 0.0030이 되고 동시에 모든 철근응력이 항복점 응력인 f_y에 도달, 중립축 위치(C_b) 산정 → $C_b : 0.003 = (D - C_b) : f_y/E_s$;

$$C_b = \frac{6000D}{6000 + f_y}, \quad a_b = k_1 C_b = 0.85 C_b$$

② 평형하중(P_b, M_b) 산정

압축철근 응력(f_s) 계산 → $C_b : 0.003 = (C_b - d') : f_s/E_s$

$$f_s = \frac{6000(C_b - d')}{C_b}$$

$$C_c = 0.85 f_{ck} a_b B, \quad C_s = (f_s - 0.85 f_{ck}) A_{sc}, \quad T = A_{st} f_y$$

$$\therefore P_b = C_c + C_s - T$$

소성중심에서 $\sum M$을 취하면

$$\therefore M_b = C_c \left(D - \frac{a_b}{2} - d'' \right) + C_s (D - d' - d'') + T d''$$

$$\therefore \text{평형편심 } e_b = M_b / P_b$$

부재의 공칭강도(P_n, M_n)의 산정과 단면검토

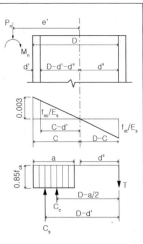

① $e > e_b$일 경우 : 라이닝의 강도가 철근의 인장응력에 지배를 받음
⇒ $C < C_b$(중립축 위치 C를 C_b보다 작게 가정)

② $e < e_b$일 경우 : 라이닝의 강도가 압축측 콘크리트 응력에 지배를 받음
⇒ $C > C_b$(중립축 위치 C를 C_b보다 크게 가정)

③ 압축철근 응력 f_{sc} 산정 → $C_b : 0.003 = (C - d') : f_{sc}/E_s$
$$\therefore f_{sc} = 6000(C - d')/C \leq f_y$$

④ 인장철근 응력 f_{st} 산정 → $C_b : 0.003 = (D - C) : f_{st}/E_s$
$$\therefore f_{st} = 6000(D - C)/C \leq f_y$$

⑤ 공칭강도(P_n, M_n) 산정
$$\therefore C_c = 0.85 f_{ck} aB, \quad C_s = (f_{sc} - 0.85 f_{ck}) A_{sc}, \quad T = A_{st} f_{st}$$
$$\therefore P_n = C_c + C_s - T$$

인장철근 도심에서 $\sum$을 취하면
$$\therefore M_n = C_c \left(D - \frac{a}{2} \right) + C_s (D - d'), \quad e' = M_n / P_n$$

⑥ 가정값 확인, $e' = e + d'' = \dfrac{M_n}{P_n} + d''$

$$\left| e' - \frac{M_n}{P_n} \right| < 0.01\text{cm} \rightarrow \text{O.K} \qquad \left| e' - \frac{M_n}{P_n} \right| > 0.01\text{cm} \rightarrow \text{N.G} \rightarrow C \text{ (중립축 위치)값 재지정}$$

①~⑥ 과정을 $\left| e' - \dfrac{M_n}{P_n} \right| < 0.01\text{cm}$ 만족 때까지 반복 계산하여, M_n, P_n 산정

⑦ 구조해석 결과인 M_u, P_u와 M_n, P_n을 비교하여 적정성 판정 : 강도감소계수(ϕ) 적용

$$\therefore \phi P_n > P_u \rightarrow OK, \qquad \phi M_n > M_u \rightarrow OK$$

$$\therefore \phi P_n < P_u \rightarrow NG, \qquad \phi M_n < M_u \rightarrow NG \rightarrow NG \text{인 경우 단면수정하여 반복 재계산}$$

5.5 터널 수리거동의 수치해석

터널이 지상 구조물과 구분되는 또 하나의 특징은 지하수와의 상호작용이다. 배수터널 이론 수리해는 원형 터널의 대칭 흐름을 가정한 단순해로서 유량 산정 등 예비적 검토에 유용하나, 복잡한 수리 경계조건의 터널 문제에 적용하는 데는 한계가 있다. 실무에서는 주로 수치해석법을 이용하며, 수치해석을 이용하면 다양한 수리 경계조건은 물론, 이방성·비균질·비선형 투수성도 고려할 수 있다.

수리거동해석은 대부분 배수터널과 관련된다. 압력굴착공법을 채택하고, 비배수 개념으로 건설되는 터널은, 일반적으로 수리적 검토를 배제할 수 있으나, 굴착 중 일시적인 비압력 조건에 대한 수압(수위) 저하 또는 유출거동 조사 시에는 수리해석이 필요하다.

5.5.1 수리거동의 지배방정식과 유한요소 정식화

수리거동의 유한요소방정식도 역학거동의 유한요소 정식화 과정과 같은 방법으로 유도할 수 있다. 지하수 흐름의 지배 미분방정식(연속방정식)은 다음과 같이 나타낼 수 있다.

$$\frac{\partial}{\partial x}\left(k_x \frac{\partial h}{\partial x}\right) + \frac{\partial}{\partial y}\left(k_y \frac{\partial h}{\partial y}\right) + \frac{\partial}{\partial z}\left(k_z \frac{\partial h}{\partial z}\right) + q = \frac{\partial \theta}{\partial t} \tag{5.35}$$

여기서, h는 전수두, k_x, k_y, k_z는 x, y, z방향의 투수계수, q는 외부 유입량, t는 시간, θ는 체적 함수비다.

흐름거동 변수는 일반적으로 수압($p_w = h\gamma_w$) 또는 수두(h)로 나타낼 수 있으며, 이 경우 절점수압 p_w는 요소 내 절점(i) 수압 p_{wi}와 수압 형상함수 N_{wi}를 이용하여 다음과 같이 절점값으로 나타낼 수 있다.

$$p_w = \sum N_{wi} p_{wi} \quad \text{또는} \quad h = p_w / \gamma_w = \left(\frac{1}{\gamma_w}\right) \sum N_{wi} p_{wi} \tag{5.36}$$

요소 내 간극수압의 분포는 간극수압 형상함수 $[N_w]$에 의해 결정된다. 변위형상함수 $[N]$(5.2절 참조)과 간극수압 형상함수 $[N_w]$이 같다면, 간극수압은 요소 내에서 변위와 같은 양상으로 변화할 것이다.

식(5.35)의 흐름지배방정식에 유한요소 근사화 식(5.36)을 대입하고, 최소일의 원리 혹은 Galerkin의 가중잔차법(weighed residual)을 이용하여 정식화하면, 다음의 **유한요소 방정식**을 얻을 수 있다.

$$\int_v ([E]^T[k][E])dV\{h\} + \int_v (\lambda[N_w]^T[N_w])dV\left\{\frac{\partial h}{\partial t}\right\} = q\int_A ([N_w]^T)dA \tag{5.37}$$

여기서, $[E]$: 동수경사 행렬, $[k]$: 투수계수 행렬, $\{h\}$: 절점수두 벡터, $h = p_w/\gamma_w$, $[N_w]$: 간극수압 형상함수, q : 요소의 단위유량, $\lambda = \gamma_w m_w$: 비정상상태 침투에 대한 저류항이다. 위 식을 수두(h)를 미지수로 하는 유한요소 방정식으로 표기하면 다음과 같다(여기서 m_w는 물의 압축성).

$$[\varPhi]\{h\}+[M]\{h\}t=\{Q\} \tag{5.38}$$

여기서, $[\varPhi]=t\displaystyle\int_A ([E]^T[k][E])dA, \quad [E]=\left[\dfrac{\partial N_w}{\partial x_n}\right]^T$

$\qquad\qquad [M]=t\displaystyle\int_A (\lambda[N_w]^T[N_w])dA$

$\qquad\qquad \{Q\}=q\,t\displaystyle\int_A ([N_w]^T)dA$

$[\varPhi]$는 요소 투수계수 행렬, $\{h\}$는 전수두 벡터, $[M]$은 질량 행렬, t는 시간 그리고 $\{Q\}$는 유입량 벡터, n은 좌표축을 나타낸다. $\{p_w\}=\gamma_w\{h\}$를 이용하면, 식(5.38)을 간극수압의 형태로도 표현할 수 있다.

압축성이 거의 없는 물의 특성을 고려하고, 수두가 시간에 따라 일정한 정상류 침투흐름을 가정하면, 식(5.38)의 시간관련 항을 제거할 수 있어, 구속 정상류에 대한 수리 유한요소 방정식은 다음과 같이 표현된다.

$$[\varPhi]\{p_w\}=\gamma_w\{Q\} \tag{5.39}$$

5.5.2 터널의 2차원 수리거동의 수치해석 모델링

터널 굴착에 따른 수리거동은 해석영역의 범위에 따라 터널로부터 수 킬로미터 범위를 포함하는 3차원 광역지하수 흐름 분석과 특정 터널 단면에 대한 상세 수리해석으로 구분할 수 있다. 광역해석은 강우영향, 경사 지하수위 등을 조사하며, 상세 단면해석은 비구속 또는 구속조건을 가정하여 굴착에 따른 터널 주변의 수리거동을 조사한다.

단면(구간) 수리해석은 특정 터널구간에 대한 2차원 단면 또는 3차원 구간에 대한 해석으로 모델링할 수 있다. 시간에 따라 흐름이 변화하는 부정류 해석을 실시할 수도 있지만, 일반적으로 구속조건(일정 수위조건)을 가정하여, 굴착영향이 완료된 장기 평형조건(steady state condition)의 수리거동을 조사한다. 변위와 수압의 상호작용을 고려하는 구조-수리 **연계해석**(mechanical and hydraulic coupled analysis)을 수행하면, 시간의존성 수리거동도 파악할 수 있다.

모델링 범위

터널 건설에 따른 지하수 영향 범위는 지형, 지반의 투수계수, 인접 하천 등 수리경계조건에 따라 그 범위가 수십 미터에서 수 킬로미터까지 미칠 수 있어, 모델영역 선정에 유의가 필요하다. 일반적으로 변형거동의 영향범위보다 훨씬 크다. 모델영역의 범위는 지하수위 변화를 초래하지 않는 구간까지 충분하게 설정하여야 한다. 일반적으로 모델경계는 투수성이 클수록 증가하며, 보통 터널 중심에서 15~20D 이상으로 설정한다. 만일, 주변에 하천, 우물 등이 있다면, 이를 포함한 수리경계조건이 설정되어야 한다.

지하수 흐름경로에 위치하는 모든 지층의 투수성을 실제 조건에 부합하게 모델링하여야 한다. 배수터널에서 지하수는 '**지반 → 숏크리트 → 배수재**'의 경로를 따라 흐른다. 흐름경로에 숏크리트와 배수재가 포함되므로, 이들의 영향을 파악하고자 하는 경우 모델링에 포함하여야 한다.

수리경계조건 hydraulic boundary conditions

그림 5.46에 터널 굴착해석 시 주로 도입되는 수리경계조건을 예시하였다. 비압력굴착의 경우 굴착경계면의 수압은 '0'이며, 모델 경계의 수리경계조건은 주변의 지하수 공급조건과 터널과의 거리를 고려하여 설정할 수 있다. 모델 범위가 충분히 크고 주변에서 지하수 공급이 원활하여 수위변동이 크지 않은 경우라면 모델 경계에 정수압을 가정할 수 있다. 대부분의 유한요소 프로그램은 사용자가 경계조건을 적용하지 않는 경우 '$q = 0$' 흐름 조건이 자동적으로(default) 적용되는 데 유의할 필요가 있다.

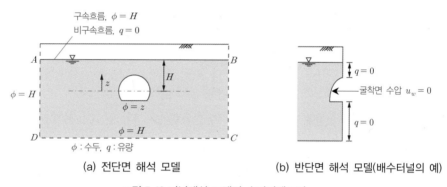

(a) 전단면 해석 모델   (b) 반단면 해석 모델(배수터널의 예)

그림 5.46 터널해석 모델의 수리경계조건

투수계수 모델

지반 투수계수. 투수계수는 지반물성 중 변동 폭이 가장 큰 파라미터로서(약 10^{-6} 범위), 터널 유입량과 선형 비례하므로, 수리해석 결과에 미치는 영향이 지대하다. 투수계수 모델은 크게 일정(상수, constant) 투수계수 모델과 비선형 투수계수 모델로 구분하며, 대부분 공간적인 변화만 고려하는 일정 투수계수 모델을 사용한다. 공간적으로 변화하는 이방성 조건의 3차원 일정 투수계수 모델은 다음과 같이 정의할 수 있다.

$$k_x = k_{xo} + G_{x1}\Delta x + G_{y1}\Delta y + G_{z1}\Delta z$$
$$k_y = k_{yo} + G_{x2}\Delta x + G_{y2}\Delta y + G_{z2}\Delta z \qquad (5.40)$$
$$k_z = k_{zo} + G_{x3}\Delta x + G_{u3}\Delta y + G_{z3}\Delta z$$

여기서 k_{xo}는 기준 위치의 투수계수이며, G는 각 방향에 따른 투수계수 변화율이다.

숏크리트 및 배수재 투수계수. 터널로 유입되는 지하수는 (관용터널의 경우) 숏크리트와 배수재를 통과한다. 일반적으로 잘 타설된 숏크리트의 투수성은 일반 콘크리트와 크게 다르지 않은 것으로 알려져 있다. 치밀하게 타설된 콘크리트의 경우 대략 $10^{-9} \sim 10^{-10}$m/sec의 투수성을 갖는다. 하지만 숏크리트는 타설 시 공극발생 등 불균일 요인이 많아 투수성을 특정하기 쉽지 않다. 숏크리트는, 굴착안정을 위한 임시지보재로서 장기적으로 열화한다고 보아, 투수성을 지반과 같다고 가정하는 경우도 많다.

터널 배수재로 사용되는 **부직포**(nonwoven geotextile)의 투수성은 0.008m/sec 정도로 매우 크다. 하지만 라이닝 콘크리트 타설 시 유동성 콘크리트의 횡압에 따른 압착(squeezing) 또는 토립자 침적 등에 따른 폐색(clogging)으로 투수성이 크게 감소될 수 있다(이 경우 숏크리트나 배수층에 상당한 수압이 걸릴 수 있다).

NB : 변위–수압 결합(연계)해석 coupled analysis

지반은 지하수와 지반재료의 복합 매질로서 굴착에 따른 응력해제는 지반의 **체적변화**를 야기하며, 체적변화는 투수계수 변화를 초래한다. 따라서 변형(특히, 체적변화) 거동과 간극수압은 상호 영향관계에 있어, 변형–수리 거동을 결합할 수 있는데, 이에 근거한 수치해석을 변위–수압 **연계(결합)수치해석**이라 한다. Biot는 유효응력의 원리를 이용하여 힘의 평형방정식과 흐름의 연속방정식을 결합하였다.

- 힘의 평형방정식, $\dfrac{\partial \sigma_{ij}}{\partial x_i} - f_i = 0$

  σ_{ij} : 전응력, f_i : 체적력(body force), $\sigma_{ij}{}'$: 유효응력

- 흐름의 연속방정식, $-\dfrac{\partial v_i}{\partial x_i} + \dfrac{\partial \epsilon_v}{\partial t} = 0$, Darcy의 법칙, $v_i = -k\dfrac{\partial h}{\partial x_i}$, $h = \dfrac{u_w}{\gamma_w} + x_i i_g$

  u_w : 간극수압, ϵ_v : 체적 변형률, t : 시간, γ_w : 간극수 단위중량, k : 투수계수, h : 전 수두, i_g : 중력과 방향이 반대인 단위벡터

- 유효응력원리, $\sigma' = \sigma - p\delta_{ij} = D_{ijkl}\epsilon_{kl}$ $(\sigma' = \sigma - p\delta_{ij} = D_{ijkl}\epsilon_{kl})$

  δ_{ij} : Kronecker delta($i = j$이면 1, $i \neq j$이면 0) D_{ijkl} : 응력–변형률 관계텐서(구성방정식), v_i : 겉보기 침투속도, ϵ : 변형률, p : 간극수압

위 식에 변위와 수압(수두)에 대한 유한요소 근사화식을 조합하면, 변형–수압 연계 유한요소방정식을 얻을 수 있다. 변위와 수압이 연계된 유한요소식으로 터널의 수리거동을 모사하기 위해서는 모델에 포함되는 숏크리트, 배수재 등의 구조, 수리 거동을 모두 고려하는 모델링 기법이 필요하다. 숏크리트와 배수재의 역학적 거동과 수리적 거동을 표현하기 위하여 구조적 거동은 보 요소로, 수리거동은 고체 요소로 표현하는 복합요소 모델링기법을 사용할 수 있다. 변형률과 연계되는 비선형투수성을 고려할 수 있다.

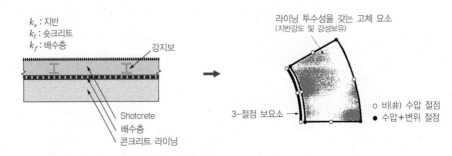

그림 5.47 구조–수리 상호작용 해석을 위한 숏크리트의 복합요소 모델링(Shin et al., 2002)

5.5.3 터널 수리거동의 3차원 광역해석

광역수리해석은 지형, 지질 조건, 부근의 수리조건, 강우 등을 포함하여 터널굴착의 수리적 영향을 조사하는 것으로 터널 건설에 따른 수리 영향의 전반특성을 파악하고, 수리 거동 취약 구간 검토에 활용할 수 있다. 그림 5.48은 터널에 대한 광역 수리거동해석 모델을 예시한 것이다. 광역모델링은 현장수리시험결과로 투수계수를 분석하고, 지역 연중 강수량 변화를 분석하여 정류상태 시 지하수 함양량(강우량)을 검토하는 등 모델의 보정작업이 중요하다.

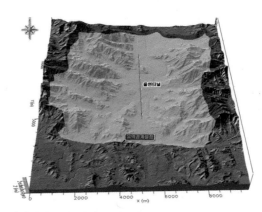

그림 5.48 광역수리해석의 모델 영역 설정 예(9.85km×13.16km로 수계영향지역 포함)

광역수리해석으로 터널 굴착에 따른 건설 중 영향, 운영 중 영향 등을 구분하여 조사할 수 있다. 광역수리해석은 지하수위 흐름방향, 수위 저하량 및 유출량 등이 주요 해석 결과로서 터널굴착에 따른 영향범위 평가, 취약구간 등의 평가에 활용할 수 있다. 그림 5.49는 터널 굴착영향에 대한 광역수리해석 결과 중 지하수 흐름벡터와 지하수위 저하를 예시한 것이다.

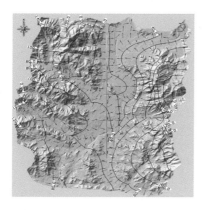

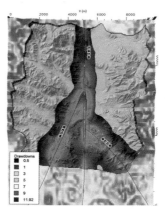

(a) 터널 건설 후 지하수 흐름벡터   (b) 터널 건설에 따른 수위저하량

그림 5.49 터널 건설에 따른 광역지하수 거동 해석결과

5.6 터널 수치해석의 오류검토와 결과 정리

수치해석법은 경험이 있고 신중한 해석자에게는 어떤 해석법으로도 알아낼 수 없는 터널의 거동정보를 파악하는 유용한 수단이지만, 수치해석적 지식이 없는 상업용 프로그램의 단순 사용자는 검증능력 부족으로 실수와 오용의 가능성이 있다.

수치해석은 상업적 SW를 이용하므로 프로그램의 선정과 결과의 신뢰성을 확인하는 절차가 중요하다. 일반적으로 SW 사용에 대한 오류의 책임은 대부분 사용자, 즉 수치해석 모델러의 책임인 경우가 많다. 하지만, 실질적으로 모델러가 프로그램을 검증할 수 없으며, 컴퓨터 내에서 이루어지는 해석 과정도 극히 제한적인 부분만 접근 가능하므로 개발자의 책임도 전혀 무시할 수는 없다.

터널 수치해석 모델러는 구성방정식을 비롯한 지반거동에 대한 가정과 단순화, 정식화 이론 등의 이해가 필요하며, 초기·경계조건, 모델링 방법의 선택 등에 있어 상당한 경험이 요구된다. 모델러는 프로그램의 선정, 모델링, 물성평가, 결과 분석에 이르기까지 해석도구는 물론 대상 문제의 거동과 설계 내용에 대한 구체적인 이해가 있어야 한다. 따라서 터널의 수치해석 모델러에게 요구되는 소양은 모델링, 경계조건, 입력 데이터 등의 오류 가능성은 물론 결과의 타당성도 체크할 수 있는 능력이다.

5.6.1 수치해석의 오류특성

수치해석 **모델링에 관련된 모든 요소가 오류의 가능성을 내포**한다. 따라서 수치해석의 단점 중의 하나는 오류원인이 다양하여 결과검토가 용이하지 않다는 것이다. 모든 조건이 문제가 없어도 이성적인 결과를 줄 수 있고, 심지어 오류가 중첩되어 결과가 타당한 것으로 나타날 수도 있다. 따라서 수치해석 모델러가 이론적 지식은 물론, 상당한 경험을 갖추어야 해석의 신뢰성을 높일 수 있다. 많은 경우, 오류는 바로 확인되지 않고 해석 결과의 상호연관 분석을 통해 발견된다. 그림 5.50은 터널 수치해석에 게재되기 쉬운 오류의 원인을 정리한 것이다.

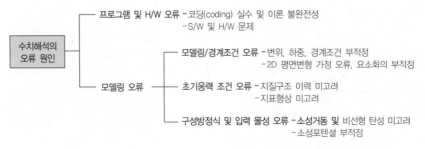

그림 5.50 터널 수치해석의 주요 오류 요인

대부분의 상업용 프로그램들은 개발 과정에서 검증을 거친 것이므로 통상적인 해석에는 문제가 없을 것이다. 하지만 오류가 발생할 가능성을 완전히 배제할 수 없으며, 터널 수치해석 모델러(numerical modeller) 자신도 해석 결과에 확신을 가지기 위해 최소한의 검정을 수행할 수 있다. **프로그램의 적정성**은 일반적으로 다음과 같은 방법으로 검토할 수 있다.

- 코드가 공개된 경우 코드를 직접 읽어서 확인(코딩에 대한 전문적 지식이 있는 경우)
- 답을 아는 특정 문제에 대한 시험해석(tentative analysis)을 수행하여 결과를 비교
- 이론해(closed form solution)를 이용한 결과 비교
- 결과가 옳다고 알려진 다른 컴퓨터 프로그램의 결과 또는 다른 해법으로 산정한 결과와 비교
- 같은 문제를 검증된 다른 컴퓨터에서 산정한 결과와 비교함으로써 H/W와 S/W의 충돌 여부를 검토

5.6.2 모델링 및 경계조건 오류의 검토

기하학적 모델링 및 경계조건의 오류

경제성 추구는 공학목적의 중요한 부분이므로 어느 정도 모델의 단순화와 이상화를 지향할 수밖에 없다. 프로젝트의 중요도 혹은 예상되는 문제의 중요도로 판단하여 단순화의 정도가 결정되어야 한다.

3차원 문제의 2차원 평면변형(축대칭) 모델링. 실무에서는 모델링이 용이하고, 계산이 신속한 2D해석이 선호된다. 터널의 2차원 모델링은 경험 파라미터가 필요하다. 경험 파라미터의 평가가 '납득하기 어렵다'면 해석의 신뢰성을 확보하기 어렵다. 2D 평면변형모델은 모델의 평면형상이 지면에 수직한 방향으로 연속됨을 의미한다(2D 평면 모델에서 선으로 표현된 록볼트는 뒤로 연속되는 '판'으로 모델링된 것이다).

대칭성 오류. 2D 모델링의 흔한 오류 중의 하나는 대칭성의 가정이다. 일례로, 터널의 반단면 모델링은 지층, 하중조건, 경계조건이 모두 대칭임을 의미한다.

요소화 오류. 요소의 형상은 때로 해석상의 문제를 야기할 수 있다. 요소가 얇아지면 횡방향 변위에 대한 강성계수가 종방향 변위에 대한 강성계수 보다 현저히 커진다. 이 현상은 시스템 방정식을 풀 때 수학적 불안정(ill-conditioning)을 야기하여 오차의 원인이 된다. 응력변화가 심하거나, 응력 집중이 예상되는 부분은 요소를 세분화하는 것이 훨씬 더 좋은 결과를 주며, 결과의 점진적인 변화 파악에 유리하다.

경계조건의 오류와 한계. 경계조건은 가급적 사실과 같이 구현되도록 설정하여야 한다. 많은 경우 '변위=0' 혹은 '수압=0', '유량=0' 등과 같이 간단하게 가정하지만 실제문제는 부분변위, 누수 등 경계조건이 간단하게 정의되지 않는 경우도 많다.

초기(응력)조건의 오류

지반거동은 응력의존성이므로 초기응력의 적절한 설정 여부가 해석 결과에 상당한 영향을 미칠 수 있다. 터널해석의 경우 굴착면 경계하중은 초기응력에 의해 결정되므로 초기응력의 정확한 재현은 해석의 신뢰성 확보에 매우 중요하다. 일반적으로 지반의 초기응력은 '정지 지중응력상태'를 가정하나 실제 지반은 수

억 년에 걸친 지질작용을 받은(특히 암반) 상태로서, 현장시험에 의하지 않고는 초기응력 예측이 불가할 때가 많다. 경사지반, 혹은 암지반은 초기응력 구현에 많은 주의가 필요하다. 경사 지반 내 요소는 전단응력이 작용하며, 암반의 경우 구조응력(tectonic)의 영향으로 수평토압계수가 1.0보다 큰 경우가 흔하다. 초기응력 오류를 줄이기 위해서 지표형상이 불규칙하거나 기존 구조물을 포함하는 경우, '지반제거', '기존 구조물 모델링' 등의 선행 수치해석이 필요하다.

5.6.3 지반 구성모델의 오류검토

지반은 터널을 지지하는 매질로서, 모델 대부분의 영역을 차지한다. 터널 해석의 **많은 오류가 구성 모델에서 비롯**되므로, 터널해석 시 지반모델링의 중요성은 아무리 강조해도 지나치지 않는다.

탄성 모델링의 부적정

지반은 매우 작은 변형률에서 비선형 탄성 거동을 한다. 그러나 많은 경우 여전히 선형 탄성으로 가정하게 되는데, 경우에 따라 이는 실제 거동과 반대의 결과를 주기도 한다. 일례로 그림 5.51과 같이 선형 탄성 모델을 이용한 지표침하 결과는 넓고 완만하여 실제 계측 결과와 큰 차이를 보일 수 있다.

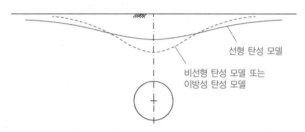

그림 5.51 구성방정식(탄성 모델)에 따른 지표침하 영향

터널을 선형 탄성 조건으로 해석하면 바닥부 **응력해방에 따른 제하** 효과가 천단 재하 효과보다 커서 그림 5.52와 같이 지표 융기가 나타날 수 있다. 이는 근본적으로 3D 굴착거동을 2D로 모델링하여, 굴착부에서 **종방향 지지효과**가 적절히 반영되지 못하고, 지반의 **소성 및 비선형 탄성**을 적절히 고려하지 못한 탓이다.

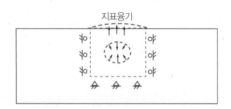

그림 5.52 탄성 모델링에 따른 오류

그림 5.53(a)와 같이 지반의 실제 거동 특성인 '**비선형 탄성모델**'을 사용하거나 그림 5.53(b)와 같이 **종방향 구속 효과**를 고려하면, 개선된(폭이 좁고, 깊은) 침하형상을 얻을 수 있다. 여기에 **지반물성의 이방성 특성**(예, 퇴적층의 경우 $E_v > E_h$)을 고려하면, 더 향상된 결과를 얻을 수 있다.

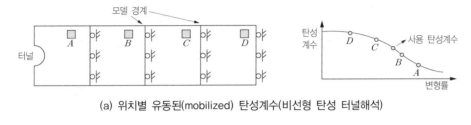

(a) 위치별 유동된(mobilized) 탄성계수(비선형 탄성 터널해석)

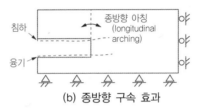

(b) 종방향 구속 효과

그림 5.53 비선형 탄성과 종방향 구속효과를 고려한 터널해석

소성포텐셜 함수의 오류

연계 소성유동규칙인 $F = Q$ 조건을 사용하면, 한계상태에서 체적이 팽창하게 되므로 실제 거동과 맞지 않다. 이런 모델링은 체적변화가 거의 없는 비배수 지반해석 시 예상 밖의 오류를 야기할 수 있다. MC 모델에 연계 소성유동규칙을 채용하면 그림 5.54(a)와 같이 소성체적변형률을 실제보다 훨씬 크게 예측하고, 항복에 도달한 이후에도 계속해서 체적팽창이 진행되는 문제가 있다. 이 문제는 그림 5.54(b)와 같이 $Q \neq F$인 비연계 소성유동규칙을 도입함으로써 어느 정도 해소할 수 있다. MC 모델을 사용하는 경우, 항복함수에 ϕ 대신, 다일레이션 각 $\psi(0 \sim \phi/2)$를 사용한 소성포텐셜 함수를 취하면, 어느 정도 결과를 개선할 수 있다.

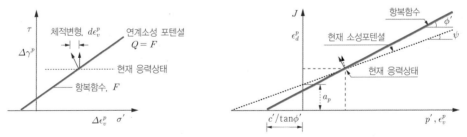

(a) 연계 소성 모델의 문제점(파괴 시 체적변형)　　(b) 모델 개선(비연계 소성포텐셜을 이용한 체적변형 축소)

그림 5.54 소성포텐셜의 문제와 개선 예

소성포텐셜 $Q(\psi)$를 도입하면, $\psi < \phi$이므로 소성포텐셜 함수의 기울기가 항복함수보다 완만해져, 원치 않는 체적 변형률이 감소하는 효과를 얻을 수 있다(하지만 이 경우 강성행렬, $[K]$는 비대칭이 되어, 연산에 필요한 컴퓨터 자원과 시간소요가 크게 늘어난다).

입력물성의 오류

물성은 모델에 종속되는 파라미터이다. 따라서 물성의 오류는 모델 선택이 정당함을 전제로 논의되어야 한다. 물성 선택에 있어, 적어도 핵심거동을 정의하는 파라미터의 선정은 신중한 검토가 필요하다.

앞에 예시한 오류들은 여러 종류의 오류들 중 상식적인 수준의 오류들을 열거한 것에 불과하다. 많은 경우 오류의 발견은 바로 확인되지 않고 해석결과의 내용분석 과정에서 확인된다. **오류의 발견에 많은 수치해석적 그리고 지반공학적 경험이 토대되어야 함을 의미하는 것이다.**

5.6.4 터널 수치해석 결과의 정리

수치해석으로 터널거동을 해석한 경우(굴착안정해석, 수리거동해석, 라이닝 구조해석 등), 체계적인 결과 정리를 통해 기술적 커뮤니케이션이 용이하도록 정리하여 제시하여야 한다.

사용프로그램

해석 프로그램은 통상 해석자가 접근 가능한 가용성(availability)과 대상 문제의 특성을 고려하여 선정된다. 경우에 따라 해석자는 대상문제에 사용할 프로그램에 대하여, 프로그램의 근거이론, 솔버(solver)의 풀이체계와 주요 콘트롤 변수(특히, non-linear solver), 구성방정식 라이브러리(library)(구성식의 종류와 입력변수의 정의), 비선형 문제의 풀이 방식 등을 확인할 필요가 있다.

모델링 및 입력파라미터

모델링은 해석영역을 기하학적으로 정의하고, 사용요소의 종류를 정하는 일이므로 전문가적 검토가 필요하다. 또한 대상 문제의 단순화, 이상화와 관련하여 기하학적 형상 및 공사과정 모델링에 대한 내용을 기술하여야 한다. 모델링과 관련하여 서술하여야 할 주요 내용은 다음과 같다.

- 해석대상 문제의 기하학적 형상
- 모델링 상세-지층구성, 계측위치, 취약대, 인접 구조를 고려한 요소화 방안, 하중
- 지반구성 모델 및 입력 파라미터 평가
- 초기응력조건 및 경계조건(변위 및 수리)
- 시공과정 및 이의 모델링 방법 : 굴착(요소 제거, deactivation) 및 지보설치(요소 도입, activation)

수치해석 결과의 정리와 표현

수치해석 결과는 절점 혹은 가우스 포인트에 대하여 얻어지므로 요소가 많은 경우 이를 숫자로 확인하기

란 거의 불가능하다. 따라서 결과를 벡터, 그래프, 등고선(색상), 분포도 등으로 시각화(visualization)하는 후처리(post processing)도 필요하다. 모델요소에 대하여 다음을 결과거동으로 나타낼 수 있다.

- 지반거동(변형, 소성영역, 소성전단 변형률, 간극수압, 과잉간극수압) : 벡터, 등고선, 색상
- 라이닝 구조요소의 변형, 응력 : 축력, 변형, 모멘트 등
- 터널 인접시설의 거동 : 침하, 기울기

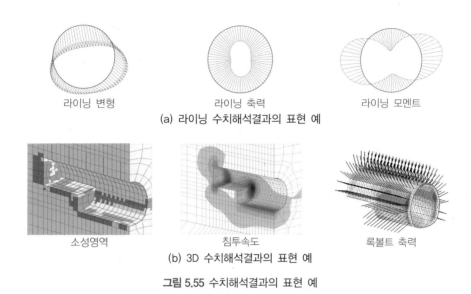

라이닝 변형   라이닝 축력   라이닝 모멘트

(a) 라이닝 수치해석결과의 표현 예

소성영역   침투속도   록볼트 축력

(b) 3D 수치해석결과의 표현 예

그림 5.55 수치해석결과의 표현 예

5.6.5 수치해석의 한계와 공학적 판단

1960년대만 해도 한계로 인식되던 많은 수치해석적인 문제들이 개선되어왔다. 수치해석은 최근 상당한 수준으로 발전을 거듭하였다. 하드웨어적 제약은 대부분 해소되어 3차원적인 정교한 모델링도 보편화되었다. 하지만, 지반 본연의 불확실성으로 인해 여전히 수치해석의 한계라고 할 수 있는 부분들이 남아 있다. 지반의 비균질, 이방성, 비선형 특성을 고려할 때 아무리 비용을 들여도 모델링 한계와 물성의 신뢰도는 크게 개선될 것 같지 않다. 수학적 모델링의 정교한 발달에 비해, 지층구성의 불확실성에 따른 입력 파라미터의 결정 수준은 크게 개선되지 못하였다. 이런 문제 때문에 터널 수치해석자는, 게재되는 모든 **불확실성에서 비롯될 수 있는 수치해석의 공학적 한계**를 인지하고 있어야 한다.

입력 물성의 정도가 요구되는 수준에 못 미친다면 해석 결과의 활용 수준을 제한할 수 있어야 한다. 또한 해석의 한계, 신뢰 수준, 활용범위와 제약조건 등에 대하여 해석자의 책임한계와 결과의 활용 수준을 기술적으로 정의할 수 있어야 한다.

터널 수치해석자는 프로그램의 선택, 입력파라미터의 평가, 해석의 가정과 전제의 불충분, 모델링의 한계 등에 대해 이해하고 있어야 하며, 해석결과의 오류 가능성을 체크할 수 있어야 한다. **입력물성과 모델에 대하여 건전한 비판적 시각을 갖는 것이 바람직하며**, 해석결과를 단순 맹신하는 우를 범해서는 안 된다.

5.7 수치해석에 의한 터널 설계해석 실습

터널 이론해석이 터널거동의 이해 및 터널 설계의 고전적인 방편이라면, 수치해석은 현재 터널의 실무와 직접 관련되는 수단이다. 하지만, 수치해석이론은 일반사용자가 그 내용을 완전하게 이해하기 어렵고, 실제 계산은 컴퓨터 내에서 이루어지므로 경험이 충분하지 않은 경우 잘못된 결과를 내도 이를 확인하기 쉽지 않으므로 다양한 해석프로그램을 이용한 실무적 연습이 필요하다.

실무의 터널설계는 굴착안정해석, 수리거동해석, 그리고 라이닝 구조안정해석을 포함하며 주로 수치해석법을 이용하여 수행한다. 따라서 실무 설계를 이해하기 위해서는 수치해석에 대한 연습이 필수적이다. 이 책의 부록에 터널의 작도를 포함, 터널 수치해석에 대한 실습예제를 수록하였다.

그림 5.56에 실습 대상 터널의 건축한계와 터널프로파일을 보였다. 차로폭 3.5m의 2차로 관용터널공법으로 건설되는 도로 터널로서 건축한계(도로시설기준)는 폭 9.0m, 높이 4.8m로 계획되었다.

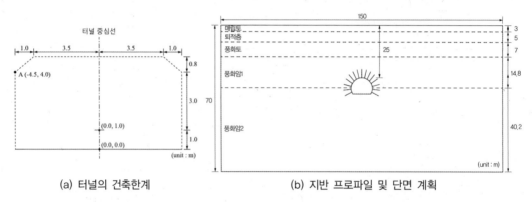

| (a) 터널의 건축한계 | (b) 지반 프로파일 및 단면 계획 |

그림 5.56 설계실습 예제(부록 참조)

본 실습의 터널 설계해석 연습은 관용터널을 대상으로 하였으며, 실습 내용은 다음과 같다.

- 터널 단면의 작도와 물량산정
- 터널 모델링
- 터널의 굴착 안정해석 : 경험파라미터
- 터널의 구조 안정해석 : 스프링계수 산정
- 터널의 수리거동해석

실습에 대한 구체적인 내용과 절차는 부록에 수록하였다. 실습은 CAD를 이용한 터널 단면의 작도법을 연습하고, 이로부터 굴착물량을 산정하는 연습도 포함하였다. 실습은 일반 상업용 터널해석프로그램을 이용할 수 있다(부록의 해석결과는 MIDAS/GTX를 이용하였다).

CHAPTER 06

터널 프로젝트와 터널의 계획
Planning of Tunnels

터널 프로젝트와 터널의 계획
Planning of Tunnels

CHAPTER 06

터널은 지중에 건설되는 연속된 공간 구조물로서 주로 도로나 철도 프로젝트의 전부 또는 일부 구간을 구성한다. 터널은 환경적 이득(environmental benefits)과 갈등에 따른 사회비용(social cost) 저감 효과, 그리고 기술발달에 따른 경제성 향상으로 지상 구조물에 대한 비교우위가 이루어져 왔다. 이제 터널은, 건설 물량이 최대인, 대표적 토목 구조물로 자리매김하였다.

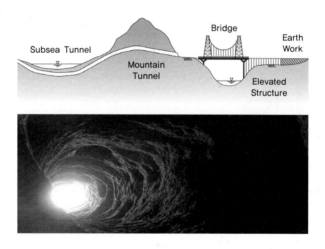

터널의 계획은 목적한 인프라의 기능을 수용하면서 안정성과 경제성을 충분히 반영하여야 한다. 최근 들어 터널의 붕괴나 운영 중 터널 내 화재사고 등으로 인해 안전과 방재에 점점 더 엄격한 기준이 적용되고 있다. 한편, 다기능 터널의 도입, 지하이용의 복합화에 따라 터널에 대한 더욱 정교하고, 높은 기술 수준이 요구되어 터널계획의 중요성이 한층 더 강조될 것으로 예상된다.

6.1 터널 프로젝트의 구상과 기획

인프라 건설 프로젝트는 일반적으로 정부의 국토개발계획이나 사회적 요구에 의해 이슈화되고, 여건이 성숙되면(정치적 우호환경을 만나면) 정책으로 수용된다. 이후 '**기본구상→타당성 조사→기본 계획→설계→시공**'의 과정을 거쳐 현실로 구현된다. 도로나 철도와 같은 건설 프로젝트는 계획·설계과정에서 노선과 구간별로 여러 구조물 대안을 검토하게 되고, 터널로 건설하는 것이 **사회적·기술적·경제적 타당성**을 가질 때 비로소 설계안으로 확정된다. 그림 6.1은 터널 프로젝트의 구현 절차를 예시한 것이다.

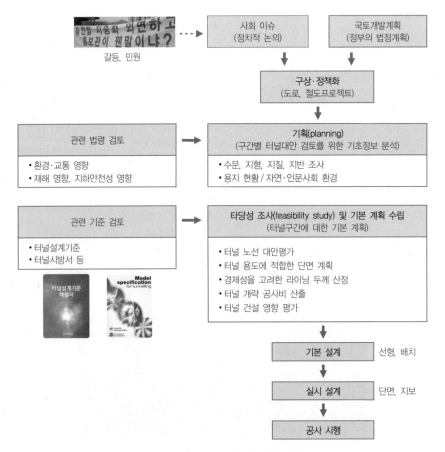

그림 6.1 터널 프로젝트의 구현 절차

터널 프로젝트의 타당성 조사와 기본 계획

터널은 도로, 철도 등의 일부 구간을 구성하는 구조물이므로 터널공사가 구현되기 위해서는 먼저 모 프로젝트(parent project)의 사업성이 확보되어야 한다. 사업시행 여부는 **타당성 조사**로 평가된다. 타당성 조사는 사업조건과 추진방안에 대하여 그림 6.2에 보인 바와 같이 경제적·정책적 분석을 포함한다.

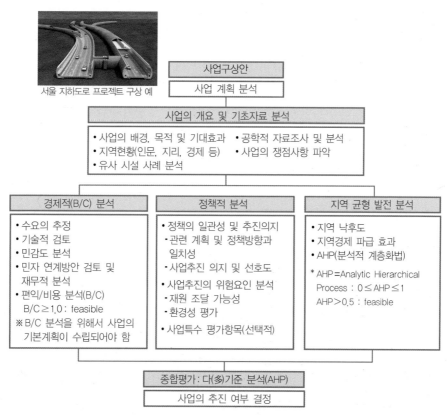

그림 6.2 예비 타당성 조사 수행흐름도(KDI, 예비 타당성 조사를 위한 일반지침)

NB : 우리나라는 본 타당성 조사 수행 전 일정 규모 이상의 재정사업의 타당성에 대하여 객관적이고 중립적인 조사를 통해 예산 낭비를 방지하고 재정운영의 효율성 제고하고자 **예비 타당성(예타) 제도**를 도입하고 있다. 이 제도는 사회간접자본(social infrastructure)의 계획과 투자를 정부계획에 따라 체계적으로 집행하고, 즉흥적(정치적)인 계획을 배제하여 국가예산의 왜곡사용을 통제하기 위하여 도입되었다. 예비 타당성 조사는 한국개발연구원(Korea Development Institute, KDI)의 부설기관인 공공투자관리센터(Public and Private Infrastructure Investment Management Center, PIMAC)에서 주로 수행한다. 'B/C>1.0'이면 경제적 타당성이 있다고 평가한다. 'B/C<1.0'이라도, 다기준 분석지표 'AHP>0.5'이면 정책적 타당성을 부여할 수 있다(재난대응 등 사업시행이 시급한 경우 예타를 면제하는 예외를 두고 있다).

타당성 조사에서 가장 중요한 평가항목은 경제성이다. 여러 경제성 분석방법이 있으며, '**편익에 대한 비용의 비**(Benefit to Cost Ratio, B/C)'가 가장 보편적으로 사용되는 경제성 평가 지표이다. B/C는 프로젝트의 운영기간 동안 총편익(benefit)에 대한 총 건설·운영 비용(cost)의 비로 산정한다(교통시설의 경우 운영 기간 약 20년 기준으로, B/C ≥ 1.0이어야 경제적으로 타당하다고 평가한다).

$$\text{Benefit to Cost Ratio}(\text{B/C}) = \frac{\sum \text{총편익}(\text{benefits})}{\sum \text{총비용}(\text{cost})}$$

얼마 전까지만 해도 터널은 지상 구조물에 비해 건설비가 높아 경제성의 우위를 확보하기 어려운 경우가 많았다. 하지만 토지 가격 상승, 주민 저항으로 지상시설의 건설비용이 증가해온 반면, 상대적으로 낮은 보상비와 외부 환경영향 저감에 따른 지하시설의 장점이 부각되면서 터널의 선호도가 크게 향상되어왔다. 또한, **환경가치**에 대한 정량화와 갈등과 민원에 대한 **사회적 비용**을 고려하는 합리적인 경제성 분석방법의 도입도 터널 건설 확대에 기여하였다. 한편, 굴착 및 지보기술의 발달로 공기가 단축되고 공사비가 낮아졌으며, 기술 경험의 축적도 터널 적용 확대를 이끄는 요인이 되었다.

터널은 대부분 도로나 철도 프로젝트의 일부 구간을 구성하는 구조물로서, 경제성 분석과정에서 구간별 구조물 대안 검토를 통해 결정된다(Box 6.1 참조). 어떤 구간의 구조물이 터널로 계획되기 위해서는 지상 구조(절·성토), 고가(교량) 구조 등에 비해 '비용/편익비(B/C ratio)'가 비교우위에 있어야 하고, 또한 비우호적 영향이 적어 사회비용이 저감될 수 있어야 한다.

일반적으로 건설공기 단축과 공사비 절감공법을 선정하여 사업비를 줄이고자 노력하지만, 피터 드러커(Peter F. Drucker)나 조셉 슘페터(Joseph Schumpeter)가 주장하는 혁신(innovation)에 의해서 편익을 극대화하는 방안을 찾기도 한다. 이런 측면에서 '다기능 터널'이라는 창의적 아이디어를 도입하여 사업타당성을 획기적으로 개선한 말레이시아 쿠알라룸푸르의 SMART 터널 건설사례를 주목할 만하다.

쿠알라룸푸르 '**SMART**(Stormwater Management and Road Tunnel)' 터널은 직경 13.26m의 복층터널로서 평시에는 도로, 여름철 홍수 시에는 방수로로 사용되는 **다목적 터널**이다(그림 6.3). 우기 시 연 5~8회 범람하는 지류하천의 단면 부족을 개선하기 위하여 지류 하천과 중앙 하천을 연결하는 방수로터널을 건설하면서, 이 터널이 홍수 외 기간에는 도로로 기능하도록 계획하였다. 방수로 터널(건설비 α_1)과 도로 터널(건설비 α_2)을 한 개의 다목적 터널(건설비 α_3)로 건설함으로써, 예산을 크게 절감하여($\alpha_3 \ll \alpha_1 + \alpha_2$), 프로젝트의 경제적 타당성을 향상시킨 사례로 꼽힌다.

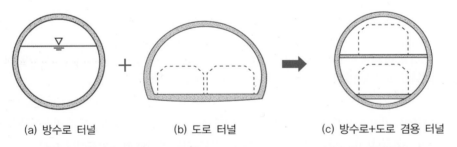

(a) 방수로 터널　　　　　(b) 도로 터널　　　　　(c) 방수로+도로 겸용 터널

그림 6.3 SMART 다목적 터널 개념(multi-purpose tunnel, 말레이시아 쿠알라룸푸르)

실제로, 새로운 계획을 건설시장에 진입시키기는 쉽지 않다. 엔지니어의 혁신적인 아이디어가 있어야 하고, 사업추진 주체가 이에 대한 확신을 가져야 하며, 기술적으로 새로운 기준과 시방의 도입이 뒷받침되어야 한다. 무엇보다도 기존 시장의 저항을 극복할 수 있어야 한다. 건설프로젝트의 혁신은 기술자의 새로운 아이디어, 사업추진 주체의 신기술 우호 환경, 그리고 시장(산업)의 유연성이 조화롭게 협업될 때 구현될 수 있다.

Box 6.1 해저터널 or 해상교량?

보령해저터널(보령-태안 간 국도 77호선) 건설 사례

충청남도 보령시와 태안군을 연결하는 국도 77호선 보령-태안 건설공사는 안면도 등 충청남도 서해안 일대에 원활한 교통수단을 제공하고, 증가하는 관광교통 수요를 효과적으로 대처하기 위하여 추진되었다. 이 사업은 1998년 12월 타당성 조사 및 기본 계획 용역이 수행되었고, 2002년 예비 타당성 조사를 거쳐 2005년 12월 대전항과 원산도를 해상교량으로 연결하는 것으로 기본설계가 완료되었다. 기본설계 결과 총사업비가 당초 계획보다 20% 이상 증가하여 규정에 따라 타당성 조사를 재실시하게 되었고, 그 과정에서 원산도와 대천항을 잇는 해저터널 대안이 함께 검토되었다. 경제성 분석 결과 해저터널 대안은 B/C=0.89로서 해상교량에 비해 다소 불리한 것으로 평가되었다.

하지만 해저터널이 선박운항과 정박지 기능에 영향을 주지 않으며, 해양생태계의 오염에 대한 우려가 없다는 장점이 부각되었고, 또한 해당 지역의 연평균 강설 21일, 안개 44일, 결빙 100일, 강수 104일로서 상당 기간 해상교량의 차량운행 장애가 예상된 데 비해, 해저터널은 기상조건에 영향을 받지 않는다는 장점이 긍정 요인으로 평가되었다. 이러한 관련 요소들을 종합 분석한 끝에, 총공사비 약 4,853억 원이 소요되는 7km의 왕복 4차로 해저터널 (NATM) 건설계획이 최종 확정되었고, 2010년 12월 착공하여 11년만인 2021년 12월에 개통되었다.

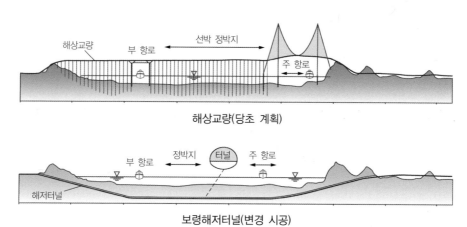

국도 77호선 대천항-원산도 간 해상교량 vs 해저터널 대안 비교

일반적으로 해저터널이 해상교량보다 선호될 수 있는 이유는 다음과 같다. 첫째, 해저터널의 경우 안개, 태풍, 낙뢰 등 기상조건에 따른 이용 제약이 없다. 즉, 기상에 영향 받지 않는 무장애 교통로로서 비상 및 응급기능을 유지할 수 있다. 2012년 태풍 '볼라벤' 시 영종 및 인천대교가 8시간 이상 통행이 중단되었고, 2015년 2월 짙은 안개로 인해 영종대교에서 106중 추돌사고로 2명이 사망하고 68명이 부상한 사례가 있었다. 둘째, 선박의 해상안전성 및 항행속도 확보에 유리하다. 셋째, 갯벌·철새도래지 등 자연보전과 양식장 등 지역산업 보호에 유리하다.

하지만, 어떤 구간에 어떤 구조물이 절대적으로 옳다고 하기는 어렵다. 일반적으로 해상교량은 경관과 경제성 측면에서 좋은 평가를 받고 있으며, 해저터널은 편의성, 통행기능, 환경성에서 유리한 것으로 알려져 있다. 지역의 특수성을 고려하고, 경제적으로 수용 가능한 범위 내에서 지역과 부합하는 안전한 구조의 건설대안을 채택하는 것이 바람직하다. 최근(2022년) 보령해저터널 내 누수 현상으로 이목이 집중된 바 있으나, 이는 높은 습도와 온도차에 따른 결로현상으로 지하수 침투와 무관한 것으로 알려졌고, 터널 내 습도관리의 필요성을 일깨워 주었다.

Box 6.2   터널 건설 민원 – 갈등의 사회적 비용

터널이 지상건설에 따른 갈등의 대안해법임이 틀림없지만, 사실, 터널 건설과 관련한 민원과 갈등도 빈번하다. 갈등은 주로 '내 땅 밑은 안 된다(NYMBY, Not In My Backyard)'는 토지 소유자의 민원과 '환경 악영향'을 우려하는 환경단체의 주장에서 비롯된다. **터널공사의 대표적인 갈등 사례**로서 경부고속철도 2단계 구간 중 울산시 울주군 삼동면 하잠리에서 경남 양산시 웅상읍 평산리 구간에 위치한 천성산을 관통하는 연장 13.2km의 **원효터널**과 북한산 국립공원 주변을 통과하는 **사패산터널**의 노선 변경과 관련한 민원을 들 수 있다. 각각 15개월 및 2년간의 공사 지연 끝에 천문학적 사회적 비용을 지출하였으나, 다행히도 모두 당초안대로 노선 변경 없이 완공되었다. 이 중 원효터널의 갈등 사례를 통하여 갈등의 사회적 비용을 살펴보자.

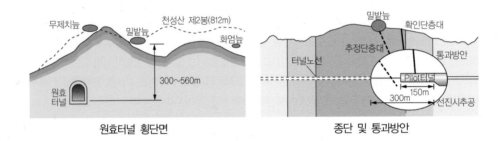

원효터널 횡단면   종단 및 통과방안

원효터널이 관통하는 천성산에는 1급 생태습지인 무제치 늪, 밀밭 늪, 대성 큰 늪과 법수원 계곡이 있고 이곳에 도롱뇽, 개구리, 가재 등 보호대상 동물이 서식하고 있었다. 터널공사 중 시민단체는 환경 훼손과 지하수 고갈, 그리고 20여 개 습지의 훼손을 주장하였고, 2003년부터 2005년까지 사업반대 시위로 3차례나 공사가 중단되었다. 환경단체들이 공사 중지 가처분신청을 냈으나, 대법원은 "터널공사가 천성산 생태에 별다른 영향을 미치지 않는다"라는 지질학회의 의견을 인용하여 2006년 환경단체 주장을 기각하였다. 2011년 시행된 터널 완공 후 천성산의 생태습지와 계곡에 대한 조사에 따르면 습지의 수위변화가 없었으며, 도롱뇽, 가재 및 개구리 등 서식생물들이 터널공사 전과 비교하여 개체수의 차이가 없거나, 오히려 늘어난 것으로 확인되었다.

천성산 원효터널 갈등의 사회적 비용에 대하여 다양한 분석이 있었다. 경부고속철도 지연(15개월간 공사 중지) 개통에 따른 금융비용 등을 고려하면 사회경제적 피해가 2조 5,000억 원에 달한다는 주장도 있었다. 또한 집회와 시위 생산(임금) 손실, 그리고 이의 대응을 위한 공적 손실이 약 22~55억 원에 달한다는 분석도 나왔다. 한편, 갈등이 프로젝트의 개선을 유도하여 사업의 완성도를 향상시키는 편익으로 기여하였다는 주장도 있었다. 결국, 갈등비용 산정은 관점에 따라 차이가 있을 수 있고 계산방식도 달라질 수 있어, 비용의 규모도 달리 계산될 수 있다. 갈등의 양상과 사회적 영향이 다양하므로 모두가 동의하는 갈등비용 산정방법을 도입하기는 쉽지 않아 보인다. 하지만, 어떤 경우든 갈등이 발생하면 엄청난 손실이 따른다는 사실은 분명하므로 단순하게라도 갈등 비용을 산정해보면, 갈등의 양 당사자가 가급적 빨리 타협하고 대안을 찾는 것이 궁극적으로 서로의 이익에 도움이 된다는 것이다.

터널 관련 갈등문제를 깊이 들여다보면, 결국 과학적, 기술적 논쟁으로 귀결되는 만큼, 터널사업에 대한 신뢰확보와 갈등조정을 위한 기술행정의 고도화가 필요하다. 또한, 학회 등 중재자는 형평성 있는 전문가적 권위를 유지하여야 하고, 시민은 전문가에 대한 합당한 사회적 존중과 신뢰가 필요하다. 터널을 계획함에 있어 갈등의 전례를 분석하고 교훈으로 삼아야 할 이유가 여기에 있다.

(한국터널지하공간학회 정책연구자료, 문준식, 2018)

6.2 터널 프로젝트를 위한 조사

터널은 지중에 건설되므로 지반의 불확실성 해소가 관건이다. '**조사(survey)**'는 터널 프로젝트에 있어, 지반 불확실성 해소와 직결되므로 그 중요성을 아무리 강조해도 지나치지 않는다. **사업의 진행단계마다, 조사의 정도를 높여 지반 불확실성을 줄여나가야 한다.** 터널사업익 조사절차를 그림 6.4에 예시하였다.

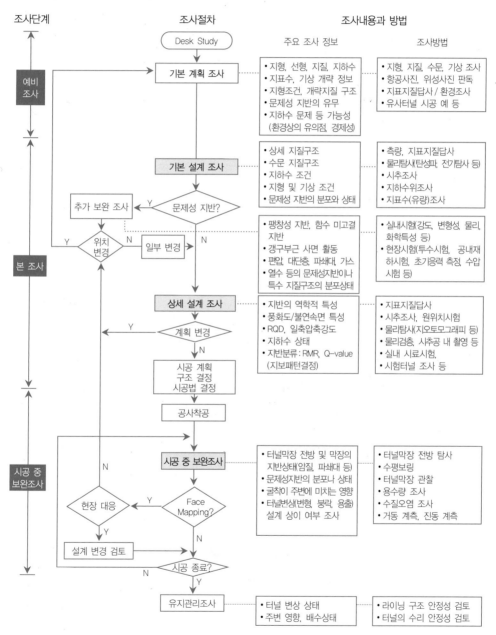

그림 6.4 터널 건설을 위한 단계별 조사 흐름도

터널 건설을 위한 지반조사

지반조사가 불충분하면 터널설계의 신뢰성을 확보하기 어렵다. 조사비용을 늘리면, **불확실성을 저감할** 수 있지만, 아무리 비용을 늘려도 지반상태를 완전히 파악하는 데는 한계가 있다. 사업추진 절차에 따른 단계적 조사를 통해 불확실성을 저감해가야 하며, 조사 시 다음의 **취약지질조건 확인**에 중점을 두어야 한다.

- 예기치 못한 취약대(inclusions : unexpected insertion) : 미고결층
- 점토 가우지(gouge)가 충전된 단층파쇄대(faults filled with soft soil)
- 단층 파쇄대(water bearing joints)를 통한 지하수 유입
- 공동(cavities) : 카르스트(Karst) 지형(석회암 지형)

터널노선에 따른 시추조사 간격은 일반적으로 100~300m가 제안되고 있으나, 지형 및 지층 변화 정도, 구조물 접근도, 구간 중요도 등에 따라 조정할 수 있다. 그림 6.5와 같이 터널 굴착경계에서 적어도 직경(D) 이상의 이격 거리를 유지하며, 일반적으로 터널저면에서 터널 직경(D)만큼 더 깊이 시추한다. 적어도 **NX-size(시료외경＝54mm) 이상의 구경으로 시추조사를 시행**하여야 지질구조 파악에 활용할 수 있다. 그림 6.6은 지반조사 성과를 토대로 분석한 터널노선통과 구간의 지질구조와 암반등급을 예시한 것이다.

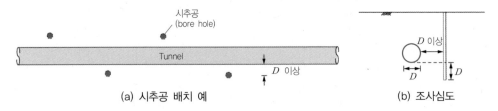

(a) 시추공 배치 예 　　(b) 조사심도

그림 6.5 터널 조사 시 시추공의 배치(zigzag)와 조사심도

(a) 지질구조대 파악(물리탐사 및 시추조사, F : fault)

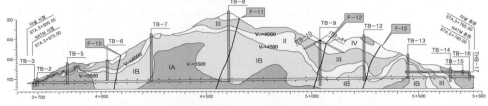

(b) 터널 통과구간 암반등급 분류(Vs : 전단파속도; I, II, III, IV : 암반등급)

그림 6.6 지질 및 지반조사결과의 활용 예(한국터널지하공간학회, 2011)

6.3 터널의 계획

터널 계획은 공사비와 공사기간의 범위를 정하여 각 설계요소를 최적 조합함으로써, 시설기준에 부합하는 경제적 대안을 마련하는 것이다. 터널 계획의 주요 요소는 다음과 같다.

- 선형(노선) 계획 : 평면 및 종단 선형 결정
- 단면 계획 : 건축한계(환기, 방재, 설비, 방수, 부속시설 고려)
- 방배수 계획 : 방배수형식, 배수시스템, 방배수 재료
- 환기 및 방재 계획 : 환기형식, 대피로, 비상설비
- 건설계획 : 굴착공법 및 지보 계획

6.3.1 터널의 선형 계획 route planning

터널의 선형(route, alignment)은 평면선형(위치)과 종단선형(심도)으로 구분된다. 터널의 선형은 통과구간의 지형, 다른 시설 및 구조와의 연결, 정거장 등 주요 경유 지점 및 해당 시설의 설계기준을 고려하여 결정한다.

평면선형 : 터널의 노선

평면선형은 직선, 원곡선, 완화곡선(직선과 원곡선의 전이구간)으로 구성된다. 시설(철도, 도로)에 따른 **최소 곡선 반경** 기준 이상으로 하되, 운행의 안전성과 이용의 쾌적함을 확보하기 위하여 직선 또는 가급적 큰 반경의 곡선이 바람직하다. 그림 6.7(a)에 곡선반경(R)이 1.0 km인 터널의 평면곡선을 예시하였다. 병렬 터널의 경우 비상 시 대피 등을 목적으로 일정간격으로 **연결통로(cross passage)**를 설치한다.

(a) 평면선형(단선병렬 터널) : 직선＋완화곡선＋원곡선

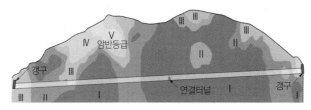

(b) 종단선형 : 구배(직선구간)

그림 6.7 터널의 평면선형과 종단선형 예(non-scale)

Box 6.3   내 땅의 지하소유권은 어디까지?

터널 건설을 위한 지하보상

터널이 내 땅 밑으로 계획되었다면, 지하 어디까지 내 땅의 소유권을 주장할 수 있을까? 만일 지상에 있는 내 땅의 소유권이 지하의 모든 깊이에 미친다면, 우리나라의 지구 저 반대편인 칠레에도 내 땅이 존재한다는 주장도 가능할 것이다. 우리나라 「민법」(212조)은 "토지소유권은 정당한 이익이 있는 범위 내에서 토지의 상하(上下)에 미친다"고, 규정하고 있다. 많은 나라가 토지의 공공활용을 위해 지하소유권을 제한하고 있다. 우리나라는 공공목적의 인프라(지하철, 도로 등)를 건설하기 위해 사유지 하부를 사용하는 경우, 보상을 통해 점유면적에 대한 배타적 권리인 **구분 지상권**을 설정할 수 있다. 이때 지하보상비는 '**입체 이용 저해율**', '**한계심도**' 등에 근거하여 산정한다.

구분 지상권(地上權). 타인의 토지에 위치하는 공작물(터널)을 소유하기 위하여 그 토지를 사용할 수 있는 물권을 지상권이라 하며, 토지를 매입하지 않고, 보상을 통해 토지의 일부 상하구간을 대상으로 설정하는 사용권을 구분 지상권이라 한다. 지하보상비는 '지상토지의 적정 가격×입체 이용 저해율 또는 초과영역 보상비율'로 산정한다.

입체 이용 저해율. 구분 지상권 설정에 따라 토지의 공간 또는 지하 일부를 사용할 경우 이들 권리를 행사함으로써 당해 토지의 이용이 방해되는 정도에 상응하는 비율을 말한다. 입체 이용 저해율은 당해 토지가 가장 유효한 이용 상태에 있다고 가정하고, 이의 사용 시 당해 토지의 최유효이용이 방해받는 비율로 정의한다.

한계심도. 지하시설물 설치로 인하여, 토지소유자의 통상적 이용행위가 예상되지 않으며, 일반적인 토지 이용에 지장이 없는 것으로 판단되는 깊이를 한계심도라 한다. 한계심도 이상의 대심도에서는 입체 이용 저해율을 '0'으로 본다(한계심도는 도심지의 고층 시가지 : 40m, 중층 시가지 : 35m, 저층 시가지 : 30m, 농촌 등 : 20m이다).

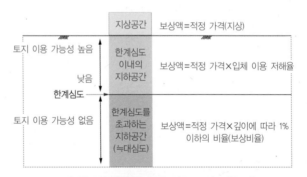

토지 용도별 한계심도 및 차등 보상 기준 예

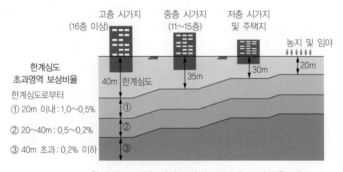

한계심도 이하 지하공간의 구분과 보상비율 예

종단선형 : 터널의 심도

터널의 종단 심도는 이용편의, 시공 가능성, 향후 지상 개발 가능성, 기존 시설과의 연계 등을 고려하여 계획한다. 터널 종단 심도를 결정하고자 하는 경우 **굴착 중 안정성(지반함몰, 터널의 부력 상승, 쉴드 터널의 Blow-out, 슬러리 액의 막장유출 등) 확보가 가능한 최소 토피고**에 대한 검토가 이루어져야 한다. 일반적으로 직경의 **1.5배 이상의 토피고를 확보($C > 1.5D$)하는 것이** 바람직하다. 지상개착 제약, 구조물 근접통과 등으로 최소 토피조건을 확보하기 어려운 경우에는 특수공법이나 지반보강 등의 대책이 필요하다.

종단선형은 종단곡선(longitudinal curve)과 구배(gradient, slope)로 구성된다. 종단선형은 운행안전성, 환기, 방재설비, 배수 및 시공성을 고려하여 결정한다. 가급적 '중력에 의한 자연배수'로 터널 내 유입수 처리 계획을 종단선형 계획에 반영하는 것이 바람직하다. 터널 유입수를 **자연배수하기 위해서는 최소한 0.2% 이상의 터널구배(기울기, 경사)가 필요**하다. 터널 종단선형의 구배는 도로, 철도 등 각 시설기준에서 정하는 최대 구배 이하로 계획해야 한다. 그림 6.7(b)에 터널의 종단 선형을 예시하였다.

NB : 터널의 범위는 어디까지?

터널은 지반 없이 유지될 수 없다. 특히, NATM과 같이 터널이 지반 지지링(bearing ring)으로 형성되는 경우, '지반을 완성된 터널의 일부'로 보아야 하는 것인지, 또 그렇다면 '그 범위는 또 어디까지일까' 하는 의문을 갖지 않을 수 없다. 실무적으로는 흔히 '록볼트+1m'까지의 범위를 터널의 절대적 보호영역으로 다루는 경우가 많다. 하지만, 지반연속체의 응력 및 변형 특성을 고려할 때, 터널 굴착의 영향은 그보다 훨씬 먼 영역까지 미치며, 따라서 터널의 범위를 정량적으로 정의하기는 쉽지 않다. 터널의 범위 설정은 터널에 근접하여 건설공사를 시행하고자 할 때 직접적인 문제가 된다. 일반적으로 터널 운영기관들은 라이닝으로부터 일정 구간을 보호영역으로 설정하는 자체기준을 두고 있으며, 제3자의 근접한 굴착 또는 시설물 설치에 대해서는 상세 안정 검토를 수행하여 협의토록 하고 있다(제10장 유지관리의 10.5절 참조).

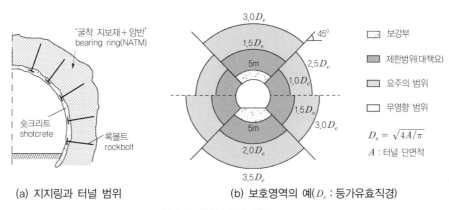

(a) 지지링과 터널 범위   (b) 보호영역의 예(D_e : 등가유효직경)

그림 6.8 터널의 보호 범위

터널의 배치 : 단선병렬 vs 복선터널

도로터널이나 철도터널은 통상 상·하 행선이 함께 계획된다. 이때 상·하 행선을 모두 한 개의 터널에 수용하는 경우 **복선터널**(double track tunnel, 그림 6.9(a)), 분리하여 나란한 두 개의 터널로 건설하는 경우, **단**

선병렬터널(single track tunnel, 그림 6.9(b))이라 한다. 일반적으로 단선병렬터널이 소단면이므로 복선터널보다 굴착 안정성이 높으나 비용 소요는 더 크다. **단선병렬터널**은 일정 간격마다 횡갱**(cross passage)**으로 연결되어 비상시에 상호 대피로**(emergency route)**로 이용할 수 있으므로 방재 및 구난대응에 유리하다.

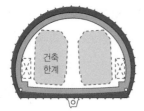

(a) 복선터널(double track tunnel)   (b) 단선병렬터널(single track tunnel)

그림 6.9 단선병렬터널과 복선터널(지하철 터널의 예)

6.3.2 단면 계획

터널 단면은 시설이 요구하는 소요 내공(건축한계)을 확보하면서 구조적 안정성과 경제성을 고려하여 계획한다. 단면 계획 시 고려하여야 할 주요 인자들은 다음과 같다.

- 소요의 내공치수 : 건축한계
- 환기방식 및 대피로
- 지반조건(수평토압(측압)계수)
- 굴착공법 : 발파굴착 vs 기계화 굴착(road header, TBM 등)
- 지하수 대응 계획과 방배수 형식
- 시공성 및 유지관리의 편의성

건축한계

터널 단면은 터널로 건설하고자 하는 도로, 철도 등 각 시설기준에 규정된 **건축한계**를 만족하도록 계획하여야 한다. 터널 내 어떤 부속 시설도 건축한계를 침범해서는 안 된다. 그림 6.10은 각각 복선 철도터널과 도로터널의 건축한계를 예시한 것이다.

(a) 철도터널(복선)   (b) 도로터널

그림 6.10 철도터널과 도로터널의 건축한계

관용터널공법은 통상 비원형의 마제형 단면 굴착이 가능하므로 비교적 사(死)공간을 최소화할 수 있다. 반면에 쉴드 터널은 원형터널이므로 상하로 비교적 큰 사(死) 공간이 발생한다. 그림 6.11에 동일 건축한계를 갖는 관용터널 단면과 쉴드터널 단면을 비교하였다.

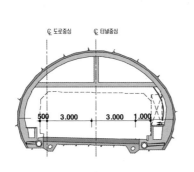 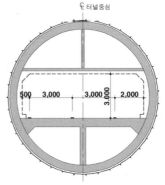

(a) 관용터널공법의 터널 단면(높이 7.5m)   (b) 쉴드 TBM 공법의 터널 단면(높이 10.3m)

그림 6.11 터널공법에 따른 동일 건축한계를 갖는 도로터널(2차로) 단면형상 예

지반조건과 터널형상

등방 토압조건(K_o=1.0)이라면 항상 압축상태가 되어 안정한 아치형 구조를 유지하는 원형 터널이 외부 하중지지에 유리하다. 비원형터널의 경우 그림 6.12(a)와 같이 **터널의 장단축비($e = H_t / B_t$)를 측압계수(수평지반의 경우, K_o)의 역수와 같게 취한 타원형 단면이 역학적으로 유리**하다. 일반적으로 지반이 양호한 경우, 아치와 약간 곡률이 있는 마제형 단면이 경제적으로 유리하며, 지반이 불량한 경우에는 인버트(invert)를 설치하거나 원형에 가까운 단면이 구조적으로 안정하다. 건축한계 조건과 굴착안정 조건을 모두 만족하는 단면을 계획하다 보면, 터널 내 사(死)공간이 증가할 수 있다.

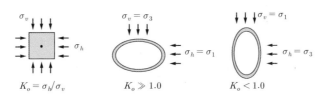

(a) 초기응력 조건별 유리한 단면 형상

지반이 매우 양호한 경우   지반이 양호한 경우   지반이 불량한 경우(토사, 유동성 지반); 인버트 설치/원형

(b) 지반조건에 따른 라이닝 형상 예($K_o < 1.0$ 조건)

그림 6.12 측압조건 및 지반조건에 유리한 터널 단면 형상

터널 굴착단면 계획

터널을 굴착하면 지반이 변형되어 밀려들어오기도 하고, 발파 시 여굴이 발생하기도 한다. 굴착 단면적은 공사비의 중요 요인이므로 건축한계, 지반 변형, 지보재의 두께, 시공오차 등을 모두 고려하여 산정한다.

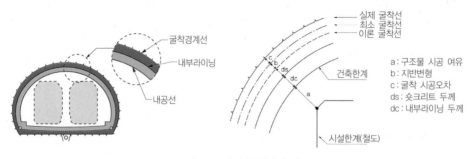

그림 6.13 터널 굴착단면 예

단면 최적화

등방응력조건($K_o \approx 1.0$)에서는 원형 단면이 구조적으로 유리하나, 시공성이 떨어져 보통 1심원 형태의 마제형이 채택된다. 반면, $K_o < 1.0$인 조건에서는 연직축이 긴 타원형 단면이 유리할 것이나, 타원형 단면은 기하학적 설정이 복잡하고 시공성도 떨어지므로, 일반적으로 타원형에 가까운 3심원(3개의 각기 다른 반경으로 구성) 단면을 주로 채택한다. 그림 6.14에 반경(R) 구성에 따른 터널 형상을 예시하였다.

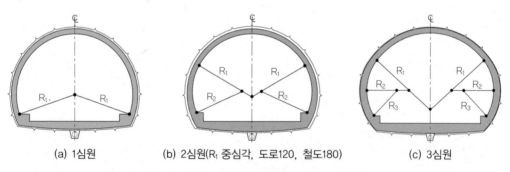

(a) 1심원	(b) 2심원(R_1 중심각, 도로120, 철도180)	(c) 3심원

그림 6.14 터널 단면의 기하학적 정의와 대표 단면

NB : 터널의 편평률과 최적단면의 선정

터널의 폭(B_t)에 대한 높이(H_t)의 비($e = H_t / B_t$)를 터널의 편평률이라 한다. 편평률을 작게 할수록 건축한계 상부의 여유 공간이 감소하여 굴착량을 줄일 수 있지만, 편평률이 작아질수록 역학적 불안정성은 증가한다. 터널의 편평률은 2차로 도로 터널 규모의 경우, 통상 0.6 이하를 적용한다. 중심각을 조정하거나, R_2/R_1의 비율을 조정하여 편평률을 변화시킬 수 있는데, 터널의 폭과 R_1을 고정할 경우에는 중심각과 R_2/R_1이 감소할수록 편평률도 감소한다. 일반적으로, 편평률이 0.6~0.8인 경우, 중심각이 약 90°일 때, 면적이 최소되는 터널 단면이 얻어진다.

Box 6.4   터널공사 중 지반조건이 설계와 다른 경우 누구의 책임?

Geotechnical Risks in Tunnelling

터널공사를 하는 데 있어서 고려하여야 할 가장 중요한 문제 중의 하나는 지반에 대한 불확실성을 최소화하는 것이다. 하지만, 지층의 공간적 변화 특성상, 아무리 많은 비용을 들여 시추공 사이의 거리를 단축하여도 지반 불확실성을 안전히 해소하기란 기의 불가능하다. 지반 불확실성은 터널공사의 최대 리스크 요인이며, 설계조건과 시공 상황이 다른, 이른바 '지반조건 상이(site differing condition, DSC)'에 따른 분쟁(claim)의 원인이 된다.

Principle of Risk Sharing

일반적으로 발주자는 프로젝트에 발생하는 클레임을 줄이고, 위험회피(risk-shedding) 수단으로 일괄계약을 선호하며, 시공자에게 모든 지반 불확실성 리스크를 전가하려 한다. 그러나 많은 사례에서 이런 접근은 궁극적으로 총 공사비를 크게 증가시키며, 클레임을 줄이는 데도 별 도움이 되지 않는 것으로 알려져 있다.

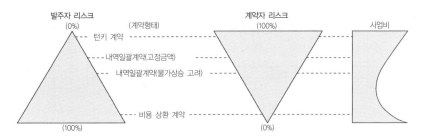

계약형태에 따른 리스크 분담 책임(after Kuesel, 1979 and Barton et al., 1992)

국제적으로 확립된 분쟁(disputes and claims)을 최소화하는 성공적인 터널 건설은 발주자와 시공자가 리스크를 적절히 분담하는 것이다. 지반 불확실성에 따른 리스크는 계약도서로 제시한 지반 기본정보(baseline conditions)에 근거하여 발주자가 분담하고, 터널공사 시행의 리스크는 시공자가 분담하는 방안이 표준 실무로 자리 잡아가고 있다.

Geotechnical Baseline Report(GBR)

지반 불확실성에 대한 리스크 분담 원리는 Geotechnical Baseline Report(GBR)를 통해 설정할 수 있다. **GBR은 발주자가 제공하는 계약의 기초가 되는 기본 지반정보(조사) 보고서로서 계약분쟁을 제한하고자 도입된 방안이다.** 지질조건이 발주자가 제시한 기본정보(baseline report)와 다른 경우를 '지반조건 상이(DSC)'로 규정하며, 지반조건 상이가 건설작업에 미치는 추가적인 영향은 발주자가 보상하는 것이다.

GBR이 계약적 분쟁 리스크를 제어하는 핵심 근거가 되므로, GBR의 작성과 해석이 쟁점이슈로 관리된다. GBR은 충분한 지반조사를 수행한 후 '평균' 혹은 '전형적'인 범주의 조건으로 기술되어야 하며, 지반조사의 제약이 있는 경우, 합리적 추정에 기초하고, 특정 조사결과에 기반한 편향이 없이 부지의 대표적 정보를 나타내도록 작성되어야 한다. GBR은 분쟁을 줄이는 것이 아니라 예상치 못한 DSC에 대한 분쟁의 범위를 제한한다는 데 의의가 있다. 따라서 GBR은 건설 동안 측정 가능한 기본정보로 명료하게 기술되고, 주관적이거나 추가 해석이 요구되지 않도록 제시되어야 한다.

한편, 시공 중에라도 지반 불확실성을 해소하려는 별도의 노력도 필요하다. 일례로 조사단계에서 시추조사가 충분히 시행되지 못한 경우, 공사 중 막장면 수평시추를 통해 막장 전방 지질조건을 적극적으로 파악할 수 있다.

6.3.3 방배수 계획

배수시스템 계획

　방배수 계획은 터널구간 전체에 대한 종방향 배수계획과 터널 단면 방배수 계획으로 구성된다. 비배수 터널이라 하더라도 청소수 또는 우발 누수 등에 대한 대응이 필요하므로 종방향 배수계획이 필요할 수 있으며, 배수형 터널은 **'배수로 → 집수정 → 펌핑설비'**를 고려하는 시스템 설계가 요구된다.

　하·해저터널의 경우 고수압 및 유입량 증가로 인해 방배수 계획이 매우 중요해진다. 연장이 수십 km에 달하는 하·해저터널의 경우 대심도 수압을 구조적으로 지지하기 어려우므로 주로 배수터널로 계획되며, 이 경우 배수설비 규모는 거의 플랜트 수준에 가깝다. 그림 6.15는 지하철 터널의 배수시스템과 영불해협터널의 유입수 배수 처리 계통도를 예시한 것이다.

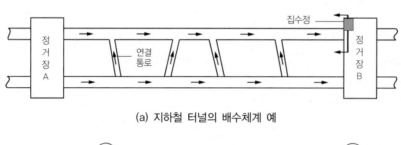

(a) 지하철 터널의 배수체계 예

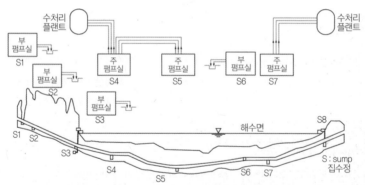

(b) 영불 해저터널의 집수 및 배수체계(S : Sump 집수정)

그림 6.15 터널의 배수계획

단면 방배수 기준과 형식

　터널 내 사용공간은 가급적 물이 떨어지지 않도록 방수하여야 한다. 터널 시방서는 터널의 지하수 처리 개념인 배수와 비배수 방식을 내부방수개념에 더하여, 터널 유입수를 배수하며 방수하는 **배수형 방수형식(배수터널)**과 지하수의 터널 유입을 허용하지 않고 방수하는 **비배수형 방수형식(비배수터널)**으로 구분한다.

　배수터널은 지하수의 터널 내 자유유입(free drainage)을 허용하므로 수압하중을 배제할 수 있어, 임의 형상으로 계획이 가능하나 배수층, 배수공, 배수로, 집수정, 펌프장 등의 배수설비가 필요하다. 반면, **비배수터**

널은 정수압을 지지하여야 하므로 원형 단면으로 계획하고, 비교적 두꺼운 철근 콘크리트 라이닝이 필요하다. 그림 6.16에 방배수 형식의 적용 조건을 예시하였다.

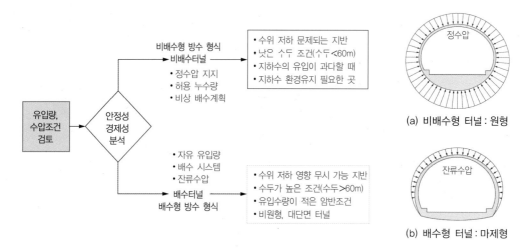

그림 6.16 터널의 방배수 형식 선정

허용 누수량

터널 설계 시 터널의 용도(usage)에 적합한 **방수등급**을 정하고, 각 방수등급별로 터널의 사용공간에 대한 허용 누수량을 정할 수 있다. 우리나라의 교통터널은 표 6.1 독일(STUVA)의 허용유입량 기준을 참고기준으로 하고 있다. 이에 따르면, 교통터널의 허용누수량은 터널연장 100m에 대하여 $0.05{\sim}0.1\ell/m^2$/day, 터널연장 10m에 대하여 $0.1{\sim}0.2\ell/m^2$/day이다(10m 기준은 국부적 집중누수 방지 개념).

표 6.1 용도에 따른 터널 방수등급과 허용 누수량

방수 등급	내부 상태	용도	상태 정의	허용 누수량 $(l/m^2/day)$	
				10m	100m
1	완전건조	주거공간 저장실 작업실	벽면에 수분의 얼룩이 검출되지 않을 정도의 누수	0.02	0.01
2	거의 건조	동결위험이 있는 교통터널, 정거장 터널	벽면의 국부적인 장소에 약간의 수분얼룩이 검출될 수 있는 정도, 수분 얼룩을 건조한 손으로 접촉하여도 손에 물이 묻지 않을 정도, 흡수지 또는 신문지를 붙여 보아도 붙인 부분이 습기로 인하여 변색되지 않을 정도의 누수	0.1	0.05
3	모관습윤	방수 2등급 이상의 방수가 요구되지 않는 교통터널구간	벽면의 국부적인 장소에 수분 얼룩이 검출되는 정도, 수분 얼룩에 흡수지 또는 신문지를 붙였을 경우 습기로 인하여 변색되지만 수분이 방울져 떨어지지 않을 정도의 누수	0.2	0.1
4	물방울 가끔	시설물 터널	독립된 장소에서 물방울이 가끔 떨어지는 정도의 누수	0.5	0.2
5	물방울 자주	하수터널	독립된 장소에서 물방울이 자주 떨어지나 방울져 흐르는 정도의 누수	1.0	0.5

주) 독일의 지하교통시설 연구협회(STUVA)의 추천값을 참조한 것임

배수터널의 배수체계 구성

배수터널의 전형적인 단면 유형과 배수계통도를 그림 6.17에 예시하였다.

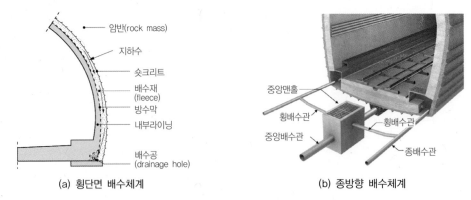

(a) 횡단면 배수체계   (b) 종방향 배수체계

그림 6.17 배수터널의 횡단 및 종단 유입수 유도체계

6.3.4 환기 계획

터널 내 오염물질의 농도는 허용 수준 이하로 유지되어야 한다. 터널이 짧은 경우, 자연환기로 충분하나, 터널이 길거나 곡선구조이면 환기량을 산정하고, 환기량이 자연 환기량을 초과하면, 기계환기방식을 도입하여야 한다. 기계환기의 경우 환기설비 및 풍도 설치에 따른 별도의 공간이 소요되어 터널 단면적이 증가한다. 환기시스템은 화재 시 발생하는 가스 및 연기의 배출 기능을 수행할 수 있어야 한다.

그림 6.18에 보인 바와 같이 환기방식에는 종류식·반횡류식·횡류식이 있다. **종류식**은 터널입구, 수직갱, 사갱 등을 통해 신선한 공기를 유입시키며, 팬(fan)을 이용하여 종방향 기류를 형성하여 오염공기를 배출한다. 반횡류식은 터널 내 덕트(풍도)를 통하여 급기나 배기 중 하나만 제어하는 환기방식이다. **횡류식**은 터널에 급·배기 덕트를 설치하여 급·배기를 동시에 제어하는 방식이다.

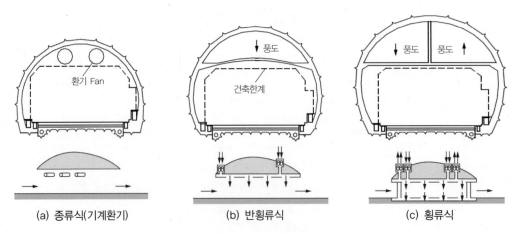

(a) 종류식(기계환기)   (b) 반횡류식   (c) 횡류식

그림 6.18 환기방식과 터널 단면의 상대적 크기

| Box 6.5 | 하저 및 해저 터널의 수압대응, 방배수 개념 |

하·해저터널은 작용수압이 상당하므로 수압 대응은 설계의 핵심 사안이다. 현재까지 건설된 주요 해저터널 (Channel tunnel, Seikan Tunnel, 서울지하철 5호선 한강하저터널)로부터 다음과 같은 하·해저터널의 수압대응 개념 및 방배수와 관련한 주요 설계착안 사항을 확인할 수 있다.

① 터널 노선, 심도를 결정함에 있어 지반의 투수성이 최소화가 되는 지층을 선정하여, 유입량 및 구조적 부담의 최소화를 추구한다.

② 유입량이 적거나(Channel Tunnel UK side) 유입량의 통제가 가능할 경우 배수터널로 설계하며, 유입량이 많거나(Channel Tunnel French Side, 한강하저터널) 통제가 불가능할 때는 비배수터널로 계획한다.

③ Seikan Tunnel의 경우와 같이 고수압 조건에 놓이게 되어, 라이닝의 구조적 능력으로 수압을 지지하기 어려운 경우에는 (유입량에 관계없이) 배수형 터널로 계획한다.

④ 고수압조건의 배수터널의 경우, 지반개량(그라우팅)을 통해 유입량을 감소시키고(Seikan tunnel), 수압을 침투압으로 전환하여 유입 부담과 수압하중을 저감시키는 대책을 고려한다.

⑤ 단기적으로 배수상태이나 배수시스템의 장기적 열화가능성이 우려되는 경우 비배수 개념으로 계획(Channel Tunnel의 UK 해저교차로)한다.

아래의 표는 위에서 살펴본 대표적 해저터널의 설계조건과 수압대응 개념을 비교한 것이다. 단면의 형상은 원형 또는 원형에 가깝게 계획되었다.

비교 항목	Channel Tunnel	Seikan Tunnel	한강하저터널(5호선)
터널 직경 (본선)	직경 7.6m(단선병렬)	유효직경 11m(복선)	직경 7.16m(단선병렬)
해(하)저 연장	37.9km(총 50.5km)	23.3km(총 53.8km)	1.3km
토피고	평균 40m	최저 100m	평균 23m
최대수심	60m	140m	21m(홍수 시)
지반조건	• 터널 주변 지반투수계수: $10^{-7} \sim 10^{-8}$m/s • UK side : 저투수성 French side : 고투수성	• Yoshioka side : 저투수성 • Tappi side : 고투수성 및 파쇄대지반	• 터널 주변 지반투수계수: $10^{-5} \sim 10^{-7}$m/s • 여의도 side : 단층 파쇄대, 고투수성
방배수 개념	Segment lining+NATM • 비배수 개념+제한배수 개념	배수 개념	비배수 개념
수압하중 조건	3조건의 수압하중 검토 : 정수압 조건, 침투수압 조건 등	그라우팅으로 유입량 저감 및 주입외부경계에 수압 작용	콘크리트 라이닝에 정수압 작용
누수(유입)량 설계기준	약 0.4m³/min/km	• 본선 : 2m³/min/km • 서비스 터널 : 1m³/min/km	2m³/min/km
건설공법	쉴드 TBM + NATM	NATM	NATM

6.3.5 방재 계획

터널은 밀폐공간이므로 위험 상황에 대응하여 예방, 초기대응, 대피, 구조 활동, 사고 확대의 방지 등을 위한 방재 계획을 반영하여야 한다. 터널이 길어질 경우, 방재기준은 보다 더 엄격해진다.

터널은 연장, 통행량 등에 따라 위험도 관리등급을 설정할 수 있으며, 등급이 높은 중요 장대 터널의 경우 피난통로, 대피터널(대피소), 비상주차대 등이 반영되어야 한다. 방재설비는 **소화, 경보, 피난, 비상전원설비**로 구성된다. 그림 6.19에 단거리 도로터널의 방재설비 및 대피시설을 예시하였다.

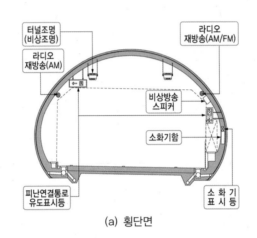

(a) 횡단면

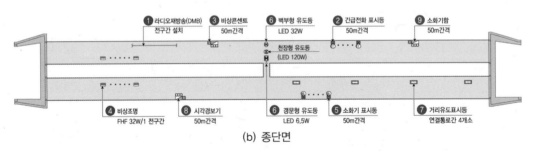

(b) 종단면

그림 6.19 방재설비 설치 예

터널이 길어질 경우, 보다 더 엄격한 방재기준을 적용하여야 한다. 터널은 연장, 통행량 등에 따라 위험도 관리등급이 부여되며, 등급이 높은 중요 터널의 경우 피난연결통로, 대피터널 또는 대피소(피난연결통로의 설치가 불가능한 경우에 설치), 비상주차대 등이 터널 계획에 반영되어야 한다. 그림 6.20에 대인 차량용 피난통로를 예시하였다. **대피 시설은 단면 계획의 요소이므로 계획 시부터 고려**하여야 한다.

최근 터널 내 화재에 따른 피해에 따라, 터널에 대한 방재 시설계획과 함께 터널에 사용하는 부속 시공재료에 대한 기준도 중요한 이슈가 되고 있다. 터널 운영을 위해 추가되는 부속시설의 경우 불연성 재료를 사용하여 화재 등 사고의 확산요인이 되지 않도록 고려할 필요가 있다.

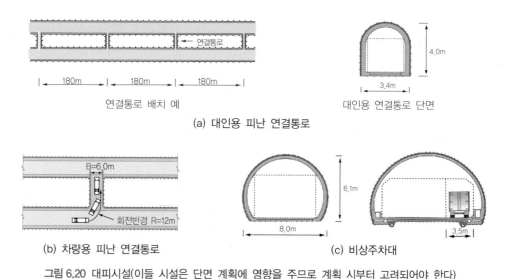

연결통로

| 180m | 180m | 180m |

4.0m

3.4m

연결통로 배치 예

대인용 연결통로 단면

(a) 대인용 피난 연결통로

B=6.0m

회전반경 R=12m

6.1m

8.0m

3.5m

(b) 차량용 피난 연결통로

(c) 비상주차대

그림 6.20 대피시설(이들 시설은 단면 계획에 영향을 주므로 계획 시부터 고려되어야 한다)

6.3.6 갱구부(portal) 계획

갱구부는 지하-지상 연결부로서 보통 산지의 사면에 위치하므로 안정에 취약하고, 동해를 받기 쉽다. 터널의 출구는 조도가 급격히 변화하는 구간이므로 조도 변화구간을 도입하기도 한다. 갱구부는 터널의 유지관리의 중요 점검구간이다. 한편, 갱구부는 터널의 유일한 노출부로서 **경관 개념이 도입**될 수 있다. 과다한 장식보다 속도감으로 즐길 수 있는 경관계획이 선호된다.

(a) 날개식(면벽형)

(b) 패러핏식(돌출형)

(c) 원통절개식(돌출형)

(d) 벨마우스식(돌출형)

그림 6.21 갱구(portal)의 유형

Box 6.6   터널의 Fire Protection

1999년, 프랑스와 이탈리아를 잇는 연장 11.6km의 몽블랑(Montblanc) 도로터널 중간에서 밀가루와 마가린을 싣고 가던 트럭에서 화재가 발행하여 9개 국가 국적의 41명이 사망하였다. 화재는 약 50시간 지속되었는데, 조사결과, 터널 내 온도는 1,000℃ 이상 올라갔던 것으로 확인되었다. 사고 조사결과 환기시스템 부적정, 경고장치 비효율, 양측 터널 운영자(프랑스, 이탈리아) 간 소통 불충분, 소방체계 미흡 등이 피해를 키운 원인으로 지목되었다. 사고 후 3년간 엄격한 안전 강화 보수공사를 시행하여 2003년 3월에 재개통되었다. 몽블랑 터널 화재는 터널의 화재안전 측면에서 방재 계획에 대한 현대적 개념 도입의 계기가 되었다.

몽블랑 터널 화재 사고   대구 지하철 화재 사고

실험 등에 근거한 화재연구의 최근의 시나리오는 30분에서 수 시간 동안 연기 발생 240m³/sec, 화력 100MW, 그리고 5분 내 온도가 1,000℃까지 상승하는 것으로 가정한다. 유조차(휘발유) 화재를 가정한 화재특성곡선인 Rijkswaterstaat-curve는 60분 동안 최대 상승온도를 T_{max} =1,350℃로 설정한다.

화재 시 환기 시스템(ventilation)은 대량 배연(smoke extraction)이 가능하고, 터널 축방향 공기 흐름 속도를 제어할 수 있어야 한다. 고온하에서 환기 성능은 약 50%까지 저하된다. 장대 철도 터널의 경우 연기 흐름을 차단하기 위하여 강화고무(플라스틱) 재질의 Inflatable Bellow, Plug 시설 등과 같은 Stopper를 설치하기도 한다.

화재 시 콘크리트의 박락(spalling)이 일어날 수 있다. 특히 지하수 아래 풍화암상에 위치하는 콘크리트의 피해가 심하다. 1996년 영불해협의 Euro-tunnel 화재 시 내부 콘크리트 라이닝 두께의 2/3가 박락(spalling)되었다. 박락은 습윤 콘크리트에서 빠른 온도 상승이 일어날 때 발생한다. 온도가 100℃ 이상 올라가면 콘크리트 내 수분이 기화하여 팽창함으로써 박리가 발생한다. 고강도 콘크리트의 경우 파열에 특히 취약하다. 고온에서는 골재 내 화학물질의 변이가 일어날 수도 있다. 300℃ 이상의 고온에서는 철근의 강성과 강도가 감소하고, 강섬유 보강 숏크리트는 열전달을 촉진시킨다. 콘크리트의 화재 저항성(fire resistivity)을 강화하기 위하여 석회석과 같은 고온 분리성 광물과 16mm 이상의 조골재(coarse aggregates) 사용을 피하는 것이 좋다. 피복두께를 6cm로 하면 300℃ 이상에서도 철근 보호가 가능하다. 화재 저항용으로 개발된 특수 콘크리트의 사용도 검토할 수 있으며, 열전달을 차단하기 위한 보호 판넬을 적용할 수도 있다.

안전과 구난대책(the safety and rescue plan)은 계획단계부터 발주자, 설계자, 시공자, 운영자가 협력하여 논의하여야 한다. 화재대응(fire combat)은 능동대책과 수동대책을 모두 포함하여야 한다. 능동대책은 화재진압 수단으로서 화재 감지, 소화전, 스프링클러, 응급환기 및 통신장치를 포함하며, 수동대책은 피해 최소화 노력으로써 열 저항 콘크리트 사용, 유해가스 미발생 소재 사용, 안전 전선, 화재물질 확산 방지용 횡단배수로, 대피동선 안내 표지 등을 포함한다. 화재대책은 화재시험을 통해 검증되어야 한다.

터널 이용자(차량)들도 일정거리 유지 등 터널 이용 규정을 준수함으로써 재난안전 확보에 참여할 수 있다.

6.3.7 터널 시공계획 – 굴착 및 지보 계획

터널 건설의 3대 요구조건(Peck, 1969)

터널 프로젝트에 대한 기본 계획은 이를 구현할 기술적 세부 추진방안을 포함하여야 한다. 터널 시공계획은 재정적·시간적 제약요건을 분석하여 적용이 가능한 기술적 최적대안을 강구하는 것이다. Peck(1969)은 **터널 건설의 3대 요구조건**(Three Requirements for Tunnelling)을 다음과 같이 제시하였다.

- 시공 가능해야 한다(constructability) → 굴착 안정성 및 경제성
- 주변 구조물에 손상이 없어야 한다(no-damages on existing structures) → 인접 구조물 안정성
- 터널의 수명기간 동안 작용 가능한 모든 외부영향에 대하여 안정하여야 한다 → 라이닝 구조안정성

Peck의 요구조건은 터널굴착의 안정성과 경제적 타당성의 확보, 터널 건설에 따른 주변 영향에 대한 대책 마련, 그리고 터널 라이닝의 내구성 확보가 터널계획의 핵심이슈임을 지적한 것이다. 이 중 굴착안정문제와 인접 구조물 대책은 지상 구조물과 구분되는 터널 건설 조건이라 할 수 있다.

터널공법의 선정

터널공법은 굴착방법, 그리고 지보의 종류와 설치방법을 포함한다. 공사의 안전성과 시공성을 우선하여 검토하되, 건설비와 유지관리비 등을 포함한 경제성을 고려하여 계획한다. 지반 및 부지 제약조건을 기초로 개착식 공법, 터널식 공법, 특수·대안공법 등을 비교분석하여 통과 구간과 시공상황에 타당한 터널공법을 결정한다. 그림 6.22는 터널공법을 예시한 것이며, 그림 6.23은 공법선정 절차를 예시한 것이다.

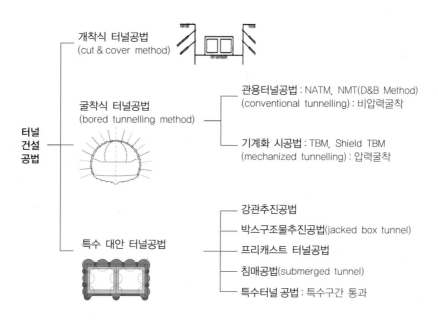

그림 6.22 터널 건설 공법

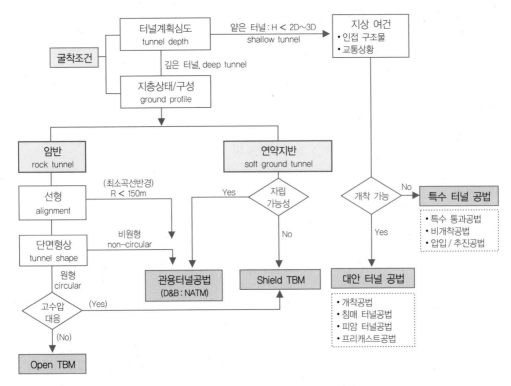

그림 6.23 터널 건설공법 선정 흐름도 예시

시공경험에 따라 지반별로 선호되는 터널공법이 있으며, 일반적 적용추세를 표 6.2에 예시하였다.

표 6.2 지반에 따른 터널공법 적용 옵션(M. Wood, 2000)(D&B : drilling & blasting, 관용터널공법)

지반 조건	굴착	지보재	
A. 경암(hard rock)	D & B 또는 그리퍼 TBM	없거나 랜덤 록볼트	
B. 연암(weak rock)	그리퍼 TBM 또는 로드헤더	록볼트, 숏크리트 등	
C. 압착성 암반 (squeezing rock)	로드헤더(road header)	상황에 따라 다양한 지보 선택	
D. 과압밀 점토(OC clay)	비압력 쉴드 TBM(로드헤더)	세그먼트 라이닝(숏크리트)	
E. 연약점토, 실트	압력쉴드 TBM(EPB)	세그먼트 라이닝	
F. 모래, 자갈(고수압 조건의 하해저 터널)	압력쉴드 TBM(슬러리)	세그먼트 라이닝	

지보재는 표 6.2와 같이 보통 지반조건과 터널굴착공법에 따라 달라진다. 일례로 NATM공법 및 그리퍼 TBM은 숏크리트와 강지보 및 록볼트로 구성되는 초기지보와 현장타설 콘크리트로 시공되는 최종지보로 이루어진다. 반면 쉴드터널은 공장에서 제작된 프리캐스트 세그먼트 라이닝을 현장에서 조립 설치한다.

Box 6.7   Drill and Blast or 쉴드 TBM?

Drill & Blast(NATM) or TBM?

터널공법의 선정은 각 국가의 재정 여건, 노동시장, 환경 여건 그리고 현장 특성에 따라 달라진다. 그동안 경제성에서 다소 우위에 있던 관용터널공법이 노임상승, 지하수환경 영향, 그리고 굴착진동에 따른 사회적 비용문제로 인하여 기계식(TBM) 굴착공법의 선정 빈도가 전반적으로 증가하는 추세에 있다.

장비가격이 높아, 짧은 길이의 터널은 TBM 공법이 비경제적인 것으로 알려져 있다. 하지만, TBM 적용수요가 늘어나며 터널연장의 경제성 분기점이 1982년 약 5~6km이던 것이, 2000년대 이후 약 2km 정도로 단축되었다. 하지만 이는 단지 장비가만을 기준으로 검토한 것으로, 터널연장이 길어지면 세그먼트 비용이 크게 증가하므로 공법의 타당성은 프로젝트에 관련된 다양한 요소를 모두 고려하여 판단하여야 한다.

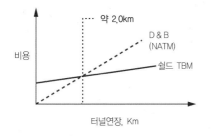

구분	직접공사비 구성비(%)
세그먼트	25~40
TBM 장비	10~20
커터	10~15
기타	25~50

※ 터널 길이가 늘어나면 세그먼트 및 커터 비용 비율 증가

터널연장에 따른 공법 경제성 비교(Kolymbas, 2005)

전 세계적으로 도시지역에서는 짧은 터널, 불가피한 비원형 터널을 제외하면 대부분 쉴드 TBM 공법을 적용하고 있어, 유럽, 일본의 경우 TBM 적용 비율이 60~80%, 미국은 50%, 중국은 40% 수준이다(우리나라는 현재 미미한 수준). 현재 국내에 적용하는 TBM 장비의 설계·제작은 거의 100% 해외에 의존하고 있어, 순 공사비만 비교할 경우 NATM이 경제적인 경우가 많다.

그동안 시공 사례들로부터 확인된 쉴드 TBM 공법의 장점은, 연장이 긴 터널의 공사비 절감, 공사오염이 적고 지하수 환경 유지에 유리, 라이닝 품질관리 우수, 공사 인력소요 감소, 작업환경 및 안전관리 유리 등이다. 반면, 단점은 초기 투자비가 크고, 곡률반경(최소 곡률반경: 40~80m) 및 경사구배(약 2% 이내)에 제한이 있고, 짧거나, 비원형, 그리고 대형터널(직경 17m 이상)의 시공이 어렵다는 것이다. 우리나라의 경우 국내 생산이 안 되어 트러블 발생 시 신속한 대처가 어려운 문제 등이 해결해나가야 할 과제로 지적되어 왔다. 또한 아직 TBM의 객관적인 공사비 산정 기준이 미비하고, 숙련된 장비운영자(operator) 부족도 과제라 할 수 있다.

터널 산업구조 변화와 대응

쉴드 TBM 설계는 장비선정과 세그먼트가 주 내용을 구성하며, 공사현장도 장비운영에 특화된 소수의 인력에 의해 관리되므로 터널산업의 내용이 전통적 터널설계시공 작업과 크게 다르다. 노동집약적인 기존의 설계수요가 감소하고, 전혀 다른 측면의 공종(예, 오퍼레이터)의 수요가 발생하고 있다(이는 마치 내연기관의 자동차가 전기 자동차로 전화되는 상황과 비교할 수 있다). 이는 토목공학에 기반한 전통적 터널 건설 산업이 기계장비산업, 세그먼트 제작 구조산업으로 전환되고 있음을 시사하는 것이다.

터널 기계화시공의 확대는 관련 산업구조의 재편과 함께 터널 공학교육에 있어서도 대전환을 요구하고 있다. 이제 터널을 공부하는 공학도는 기계와 설비의 활용 능력을 기초소양으로 갖출 것을 요구받고 있다.

6.4 터널공사의 작업환경과 안전관리 계획

수년 전만 해도 공사현장의 노동자에 대한 고려는 거의 형식적이었고, 공사장에서 발생하는 분진, 소음, 오염물질도 주변 민원을 관리하는 수준의 인식이었다. 하지만, 터널공사 현장의 위험도는 지상 작업보다 훨씬 높으며, 사고의 빈도도 높은 게 현실이다. 굴착면을 지칭하는 순수한 우리말 '막장'이 '인생의 맨 밑바닥, 갈 때까지 간 마지막 위치'에 비유되는 사실로, 막장의 열악한 환경과 위험성을 미루어 짐작할 수 있다. 하지만, 이제 우리의 사회수준은 작업환경과 안전에 있어서, 작업자도 일반 국민으로서의 안전에 대한 인권적 권리를 가져야 한다는 데 공감이 형성되고 있다.

작업환경 working environments

작업환경은 근로재해 예방에 매우 중요하다. 특히, 터널공사(관용터널)는 폐쇄된 지하에서 천공, 발파, 굴착, 숏크리트 타설 등의 작업이 이루어지므로 작업환경이 열악하고, 위험도도 매우 높다. 터널 건설공사 계획 시 유지하여야 할 작업환경기준을 산업보건 또는 환경기준에 따라 설정하고, 이를 준수하고자 하는 대책이 터널계획 시부터 고려되어야 한다. 특히, 작업환경 기준은 시공방법이나 물리적 환경까지 고려하여야 하므로 계획에서 기본방향이 설정되고, 설계 시 반영되어야 한다. 주요 작업환경 고려 요인은 다음과 같다.

- 조명 : 굴착부 막장조도 70LUX 이상, 중간 50LUX 이상, 입출구 30LUX 이상
- 환기 : 분진, 매연, 일산화탄소, 질소산화물 등 허용농도(대기환경) 유지대책, 산소결핍 주의
- 소음 및 진동 : 허용환경기준 설정, 초과 시 사전고지, 보호장비 착용 등 대책
- 지반가스 : 가스 폭발은 대부분 유기물 퇴적층의 메탄가스, 농도 4.8∼15% 정도에서 폭발성

안전관리

최근 「중대재해 처벌 등에 관한 법률」이 제정, 공표되었다. 기존의 「**산업안전보건법**」이 법인을 법규 의무 준수 대상자로 하고 사업주나 경영자와 같은 경우 근로자와 노동자들의 안전보건 규정을 위반한 경우에 한해서만 처벌하는 데 반해, 「**중대재해 처벌 등에 관한 법률**」은 법인과 별도로 사업주에게도 법적 책임을 묻는다. 안전대책은 제도적으로 계획, 설계단계에서 **재해영향평가, 지하안정성 평가, 설계에 대한 위험성평가**(risk assesment, 「건설기술 진흥법」) 등을 통해 공사 시행 전부터 검토하여 반영하도록 되어 있다.

공사 중 시공계획은 안전관리 대책을 포함하며, 안전관리 전담조직의 운영을 통해 이를 집행하여야 한다. 추락과 전도, 비산과 낙하, 협착은 건설현장의 3대 인적 재해로 관리되고 있다. 이외에도 터널공사의 경우, **갱내 화재, 가스폭발, 산소결핍** 등도 주요 관리대상 위험요인이다.

안전과 관련해서는 근로자 개인의 안전의식도 매우 중요하다. 아무리 완벽한 안전시스템도 작업자가 주의 의무를 태만히 하면, 사고를 막기 어렵다. 그런 측면에서 산업재해가 발생할 위험이 있거나 재해가 일어났을 때 근로자 자신도 안전할 권리를 인식하여 자신의 보호를 최우선하여야 한다.

CHAPTER 07

관용터널공법
Conventional Tunnelling Methods

CHAPTER 07

관용터널공법

Conventional Tunnelling Methods

발파(drill & blasting, D&B)를 주 굴착 방법으로 하고, 숏크리트와 록볼트를 지보재로 사용하는 전통적 암반터널 건설 기술을 **관용(慣用)터널공법**이라 한다('慣用'은 '오랫동안 사용해와 익숙한'의 의미이다). 터널의 오랜 역사에 걸쳐 개발, 적용되어온 굴착 및 지보기술로서 비원형 단면의 산악터널 건설에 유용하다. 대표적 설계법으로, 암반분류 방식에 따라, NATM(New Austrian Tunnelling Method, 오스트리아) 공법과 NMT(Norwegian Method of Tunnelling, 노르웨이) 공법이 있다. 관용터널공법(conventional tunnelling method)은 국가나 지역에 따라 SCL(Sprayed Concrete Lining, 영국) 또는 SEM(Sequential Excavation Method, 북미) 등으로 지칭되기도 한다.

이 장에서 살펴볼 주요 내용은 다음과 같다.

• 관용터널공법의 원리
• 관용터널공법의 설계
• 굴착(발파공법) 및 지보재(숏크리트, 강지보, 록볼트) 시공

7.1 관용터널공법의 원리

7.1.1 터널 형성원리와 관용터널공법 conventional tunnelling

천공하여 발파로 굴착하고, 숏크리트와 록볼트로 굴착면을 지지하는 전통적 암반터널 건설 기술을 관용(慣用)터널공법이라 칭한다.

관용터널공법의 원리는 내공변위-제어법(CCM)의 평형조건을 결정하는 요인들을 고찰해봄으로써 쉽게 이해할 수 있다. 내공변위-제어이론의 지반반응곡선(GRC)은 암반이 양호할수록, 굴착단면이 작을수록, 그리고 굴착충격 영향이 작을수록 내공 변형이 감소하므로 기울기가 급해진다. 반면, 지보반응곡선(SRC)은 굴착 지보의 설치시기, 그리고 강성에 따라 그 시작점과 기울기가 달라진다. 이들 굴착 영향 요인들을 효과적으로 제어하면, **평형점의 위치가 경제적으로 안정한 위치에 이르도록** 할 수 있다.

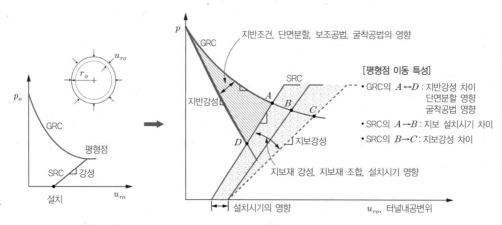

그림 7.1 굴착공법과 지보재가 내공변위-구속관계에 미치는 영향

CCM에 대한 그림 7.1의 $A \sim D$의 평형점 고찰로부터 터널의 굴착거동과 안정을 지배하는 요소는 다음과 같이 3가지 범주로 구분할 수 있다.

- 지반 자체의 지지능력(GRC) → 암반의 자립시간 및 등급 분류 활용
- 굴착교란 정도 및 제어(GRC) → 적정 굴착 방법 선택
- 지보강성 및 설치시기(SRC) → 적정 지보재 선정 및 설치시기 제어

관용터널공법은 비압력 굴착공법으로서, 굴착방식의 선정 및 숏크리트, 록볼트 등의 굴착지보를 CCM 원리에 따라 안정에 이르도록 최적 제어하는 공법이라 할 수 있다.

굴착 후 설치한 초기지보거동이 수렴된 후, 최종지보(final lining)인 콘크리트 라이닝이 타설된다. 최종지보(라이닝)는 흔히 터널의 수명기간 내 작용하는 최대 외부하중을 지지하는 구조물 개념으로 설계한다.

7.1.2 관용터널공법의 굴착설계 요소 design factors

관용터널은 암반조건, 굴착방법, 지보설치 등의 굴착설계 요소가 다양하다. 따라서 이들 요소가 굴착안정에 기여하는 특성을 구체적으로 알아보고, 각 요소가 설계에 어떻게 고려되는지 살펴보자.

지반조건

지반의 강성(stiffness)과 강도(strength)가 클수록 굴착 시 지반 교란이 적게 터널을 형성할 수 있다. Bieniawski(1976)는 암반에 터널을 굴착하였을 때, 지보 없이 안정이 유지되는 시간인 '**자립시간**(stand-up time)' 개념을 도입하여, 이를 암반의 질(RMR)과 무지보(비지지, unsupported) 굴착 길이의 함수로 나타내었다. 그림 7.2(a)에 따르면 암반이 양호할수록 더 긴 지간의 무지보 터널상태를 오래 지속할 수 있다.

암반의 질에 따른 지반반응곡선을 비교하면 그림 7.2(b)와 같다. 연약암반(soft rock)에서는 터널굴착 시 내공변형이 증가하여 붕괴에 이르는 불안정 거동이 나타날 수 있으나, 경암반(hard rock)에서는 작은 탄성 변위만 발생하므로 지보 없이도 터널이 유지될 수 있다. 관용터널공법에서 지반 자체의 지지능력은 터널형성의 기본요소이며, 일반적으로 RMR, Q-System 등의 암반 분류 기법을 이용하여 터널을 설계한다.

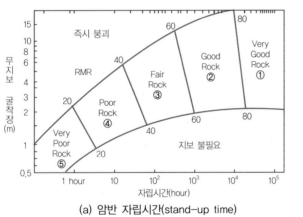

(a) 암반 자립시간(stand-up time)

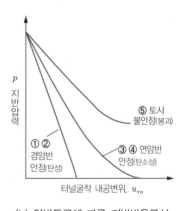

(b) 암반등급에 따른 지반반응곡선

그림 7.2 지(암)반의 지지능력

굴착방법

굴착방법을 적절히 선정함으로써 굴착면 주변 지반의 변형이 증가하는 불안정을 제어할 수 있다. 굴착영향을 제어하는 방법에는 단면분할굴착, 충격 교란이 적은 굴착공법 선정, 굴착보조공법의 채용 등이 있다.

단면분할. 모래장난을 해보면, 작은 두꺼비집은 잘 무너지지 않지만, 큰 두꺼비집은 쉽게 무너진다는 사실을 경험할 수 있다. 굴착은 단번에 가능한 많이 굴착하는 것이 경제적이나, 이는 터널 주변 교란영역을 크게 증가시켜 굴착 안정 유지에 불리하다. 터널의 규모가 작을수록 입자 혹은 절리에 대한 구속이 증가하므로 중력 영향에 대한 상대적 저항력은 커진다. 굴착단면 크기에 따른 지반반응곡선을 그림 7.3에 예시하였다. 큰 터널 단면이라도 여러 개의 소단면(小斷面)으로 분할하여 첫 소단면을 굴착하고, 임시지보를 설치한 후 다음 단면을 굴착하는 방식으로 굴착하면 변형을 제어하며 안전하게 굴착할 수 있다.

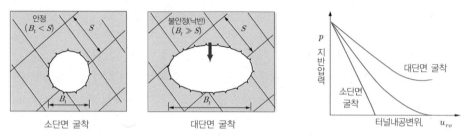

그림 7.3 단면분할의 터널공학적 의의와 굴착단면의 크기에 따른 지반반응곡선

굴착공법. 지반은 입자 혹은 블록상 매질로서 굴착으로 인한 충격은 지반변형과 안정에 영향을 미칠 수 있다. 강도가 약한 지반일수록 굴착충격이 작은 공법이 유리하다. 그림 7.4(a)에 굴착공법의 충격영향과 지반의 수용능력 관계를 예시하였다. 일반적으로 연약지반은 교란영향이 적은 기계굴착을 적용하며, 발파는 발파진동을 감내할 수 있는 양호한 암반에 주로 적용한다. 그림 7.4(b)는 굴착방식의 영향을 CCM의 지반반응곡선을 이용하여 개념적으로 예시한 것이다.

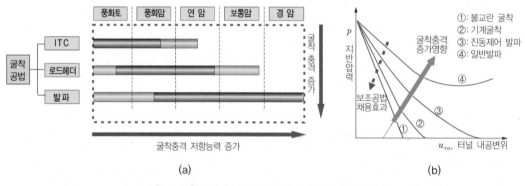

(a)   (b)

그림 7.4 굴착공법의 지반교란영향에 따른 지반반응곡선

굴착보조공법. 소단면으로 분할하고, 충격영향이 작은 기계 굴착공법을 적용하여도 안정이 확보되지 않을 수 있다. 이런 경우 지반 그라우팅, 막장의 천장부 보강 같은 굴착보조공법을 적용하여 원지반의 아칭형성 보완 및 자립능력을 보강할 수 있다. 보조공법은 지반의 소성변형을 제어하여 터널의 내공 변형을 감소시키므로 그림 7.4에 보인 바와 같이 지반반응곡선을 소성 측에서 탄성 측으로 이동시킨다.

굴착지보(초기지보) initial supports

관용터널의 굴착(초기) 지보재(initial support)로서 숏크리트와 록볼트 그리고 강지보가 주로 사용된다.

그림 7.5는 관용터널의 전형적인 지보구조를 예시한 것이다. 지반조건 및 굴착면 거동에 따라 굴착 직후 숏 크리트, 록볼트 및 강지보를 개별 혹은 조합을 통해 지보강성을 제어할 수 있다.

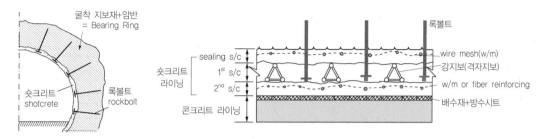

그림 7.5 관용터널공법의 라이닝 예(s/c : shotcrete, w/m : wire mesh)

지보반응곡선의 평형점 위치에 영향을 주는 지보재 요인은 **지보 강성과 설치시기**이다. 그림 7.6에 이를 예시하였다. 강성이 크고, 설치 시기가 빠를수록 내공변형이 제어되어 평형점이 안전 측으로 이동한다.

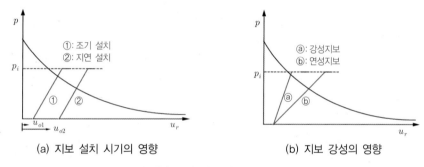

(a) 지보 설치 시기의 영향   (b) 지보 강성의 영향

그림 7.6 지보재 설치 시기 및 강성에 따른 내공변위 제어특성

굴착요소의 최적조합

그림 7.7은 앞에서 살펴본 관용터널공법의 굴착 영향요인인 지반조건, 굴착방법 및 지보재 간 상호 관계를 예시한 것이다. 각 요소의 최적조합을 통해 경제적으로 안정성을 추구하는 것이 지보기술의 핵심이다.

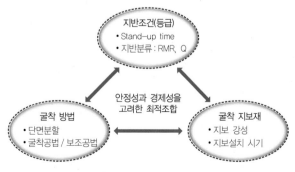

그림 7.7 관용터널공법의 굴착설계 파라미터

7.1.3 관용터널공법의 최종 지보재 final supports

관용터널의 지보는 **초기(굴착)지보(initial support)**와 **최종지보(final support)**로 구분한다. 일반적으로 굴착 중 안정은 숏크리트, 록볼트 및 강지보로 구성되는 초기지보로 확보하고, 설계수명(design life, 약 100년) 기간 중의 최대외압에 대한 구조적 안정성은 최종지보인 콘크리트 라이닝(cast-in-place lining)이 지지하는 개념이 적용된다.

따라서 관용터널 라이닝은 일반적으로 **초기지보(숏크리트 라이닝)와 최종지보(콘크리트 라이닝)로 구성되는 이중 구조 라이닝**(double shell, dual-lining support, two pass lining)의 형태로 설치되며, 여기에는 초기(굴착)지보가 장기적으로 열화(deterioration)하여 지지능력을 모두 상실한다는(주로 토사 또는 연암반 (soft rock) 내의 터널) 가정이 내포되어 있다. 그림 7.8에 초기지보 열화와 최종지보의 하중분담 과정을 CCM으로 나타내었다.

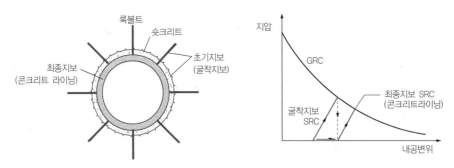

그림 7.8 굴착지보 열화에 따른 콘크리트 라이닝 하중분담 개념

지보의 열화관점에서 **초기(굴착)지보는 임시지보**(temporary lining), **최종지보는 영구지보**(permanent lining)로도 구분한다('영구'라는 표현은 가급적 지양이 바람직). 초기지보의 열화는 시간경과와 함께 점진적으로 진행될 것이나, 현장의 터널관리 경험에 따르면 실제 초기지보재의 기능은 완전히 소멸하지는 않는 것으로 알려져 있다. 경우에 따라 초기지보의 일정 지지능력을 설계에 반영하기도 한다.

모든 관용터널이 이중구조의 라이닝으로 설계되는 것은 아니다. 열화 가능성을 배제할 수 있거나, 암반의 지지능력이 충분한 경암반(hard rock) 터널의 경우, 최종지보(inner lining)를 설치하지 않을 수도 있다(예, NMT공법). 이 경우 굴착지보는 최종지보 기능을 겸하므로 초기지보만 설치하는 단일구조 라이닝(single shell, monocoque)이 된다. 굴착 지보재를 영구지보로 설계하는 경우, 숏크리트, 록볼트 등 굴착 지보재가 터널 수명기간 동안 내구적 안정성을 가져야 한다. 경암반 터널이라 하더라도 터널의 용도와 사용성(혹은 외관)을 고려하여, 비(非) 구조재인 최종지보(라이닝)를 설치할 수도 있는데, 이 경우 일반적으로 초기지보의 열화를 고려하지 않으므로 지반하중은 무시하고, 자중과 잔류수압만 고려하여 무근 콘크리트 라이닝으로 설계한다(라이닝 단면설계는 제5장 5.4.5절 참조).

7.2 관용터널공법의 굴착설계

이중 구조 라이닝으로 이루어지는 관용터널의 설계는 일반적으로 **굴착설계와 최종 콘크리트 라이닝 설계로 구분**해 다룰 수 있다. 굴착설계는 안정성이 확보되는 굴착공법과 굴착지보재를 정하는 것이며, 콘크리트 라이닝 설계는 지상 구조물 설계개념으로 라이닝 콘크리트의 단면을 결정하는 일이다. 하지만 터널설계 개념에 따라 최종지보를 설치하지 않는 경우에는 굴착지보가 충분한 내구성을 갖도록 설계한다. 라이닝 콘크리트의 설계는 제2장 2.5절 라이닝 이론구조해석, 그리고 제5장 5.4절 수치구조해석을 통해 다루었으므로 여기서는 굴착설계를 중심으로 다루기로 한다.

7.2.1 관용터널의 굴착설계 개념

공간적으로 변화하는 지반에 대하여, 매 위치마다 단면과 굴착공법, 그리고 지보를 달리하는 설계는 가능하지 않고, 또 비경제적이어서 공학적으로 수용하기 어렵다. 이에 대한 공학적 대안으로, 시추조사를 토대로 지반을 5~6개의 범주(등급)로 구분하고, 각 지반 범주마다 그림 7.9에 보인 굴착방식과 지보형식을 미리 정해 놓는 **경험적 설계법**이 개발되어 왔다. 이때 지반 범주 구분은 RMR, Q 등 지반등급 분류기준을 이용하며, 따라서 굴착설계는 시추조사를 토대로 구간별로 지반등급을 정하는 과정이라 할 수 있다.

터널 굴착에 대한 경험설계법은 암반에 따른 다양한 터널 시공경험을 토대로 제안되었다. 터널 경험설계법으로 Austria의 Rabcewicz가 RMR 암반분류에 의거하여 제시한 NATM(New Austrian Tunnelling Method) 공법과 Norway NGI의 Barton 등이 Q-system 암반분류법을 토대로 제시한 NMT(Norwegian Method of Tunnelling) 공법이 대표적이다.

(a) 지반등급 평가
(지반분류)

(b) 굴착방법
(단면분할, 굴착공법)

(c) 지보재
(강성 및 설치시기)

그림 7.9 관용터널의 굴착설계 구성요소

그림 7.9와 같은 지반등급에 따른 굴착 및 지보설계 내용을 '**표준지보**' 또는 '**패턴(pattern)**'이라 한다. 지반등급에 따라 부여된 굴착 및 지보형식을 '**표준지보패턴**'이라고 하며, 이와 같은 설계법을 '**패턴설계**'라 한다('패턴'은 우리나라에서 주로 사용하며, 터널설계가 확정설계가 아닌, 잠정설계라는 측면에서 국제적으로 통용되는 용어는 아니다). 지반등급별 대표 단면에 대한 수치해석적 검토를 통해 굴착안정성을 확인한다. 그림 7.10에 관용터널공법의 설계 흐름도를 예시하였다.

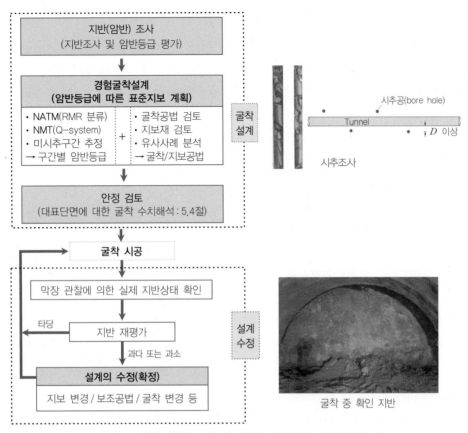

그림 7.10 관용터널의 표준 지보설계 및 굴착 중 수정 절차

굴착 설계의 수정

경험 굴착 설계법은 지반의 공간적 변화가 큰 터널공사의 **예비설계**로서, 발주단계에서 터널 공사비 예가 산정에 특히 유용하다. 하지만, 터널굴착설계의 핵심요소인 지반등급 평가가 대표성이 부족한 시추조사에 만 기초하므로, 잠정 설계라 할 수 있으며, 실제 굴착 시 확인되는 현장조건과 상이(site differing condition) 할 가능성이 매우 높다. 따라서 터널 설계는 '**잠정설계 혹은 예비설계**'의 개념이며, '굴착 중 확인되는 지반 조건에 따라 **설계 수정(design modification)**'을 전제로 하는 **유연설계**임을 유념하여야 한다. 따라서 터널공 사는 공사 중 확인되는 굴착지반에 대한 재평가와 이에 부합한 굴착방식 및 지보로 설계를 확정하여야 한다. 표준지보(Box 7.2)를 기준으로 체결된 공사계약이 유연하지 못하면, 현장 운영 또한 경직된다.

관용터널공법을 성공적으로 적용하기 위해서는 먼저, 터널 건설공사가 '불확실성의 관리'라는 개념을 포 함하고 있음을 공사 참여자(특히, 발주자) 모두가 공통으로 인식하고, 이에 부합하도록 계약의 유연성을 확 보하여야 한다. 한편, 시공자도 관용터널공법이 내포하는 다양한 기술적 요소를 현장에서 시간 지체 없이 즉 시 결정이 가능하고 최적 지휘할 수 있도록, 풍부한 경험을 보유한 현장 책임기술자(chief engineer) 중심으 로 현장을 운영하여야 한다.

7.2.2 NATM 설계

NATM(New Austrian Tunnelling Method)은 암반 지지링 개념의 터널 설계법으로, 암반분류 기준인 **RMR을 기초로 제안된 경험적 설계·시공법**이다. 발파를 주 굴착공법으로 사용하고, 숏크리트와 강지보 그리고 록볼트를 굴착지보재로 사용하며, 계측을 통해 설계와 시공의 적정성을 확인하며 진행한다.

NATM 설계는, 먼저 대강의 지반성상과 유사설계 사례를 분석하여 해당 프로젝트에 부합하는 지반등급별 지보 유형(패턴)을 설정한다(기본설계단계). 다음, 상세 지반조사로 암반등급을 파악하고 기설정한 암반등급-지보유형 관계에 의거하여, 구간별 굴착방법 및 지보를 정한다. 표 7.1은 폭 10m의 마제형 터널에 대하여, Bieniawski가 제시한 NATM의 설계 유형(패턴)을 예시한 것이다.

표 7.1 NATM : RMR 분류에 의한 굴착 및 지보(Bieniawski) : (수직응력＜25MPa, 폭 10m의 마제형 터널 기준)

등급	암반 구분	굴착	지보		
			록볼트(ϕ=20mm) 전면접착	숏크리트	강지보재
1	RMR : 100~81 매우 양호한 암반	• 전단면 • 굴진장(L)=3m	비우호적 절리에 대한 국부적 록볼트 외에는 일반적으로 지보가 필요 없음		
2	RMR : 80~61 양호한 암반	• 전단면(20m 후방지보) • L=1.0~1.5m	천장 l_r=3m(랜덤), S_r=2.5m, 때로 wire mesh	천장 t_s=50mm 필요시	－
3	RMR : 60~41 보통의 암반	• 반단면(10m 후방지보) • L=1.5~3.0m	천장, 측벽(격자–시스템) l_r=4m, S_r=1.5~2.0m	천장 t_s=50~100mm, 측벽 t_s=30mm	－
4	RMR : 40~21 불량한 암반	• 반단면(굴착동시지보) • L=1~1.5m	천장, 측벽(격자–시스템) l_r=4~5m, S_r=1~1.5m	천장 t_s=100~150mm, 측벽 t_s=100mm	필요 위치에 l_s=1.5m
5	RMR : ＜20 매우 불량한 암반	• 분할굴착(동시지보) • 상반 L=0.5~1.5m • 숏크리트 조기타설	천장, 측벽(격자–시스템) l_r=5~6m, S_r=1~1.5m wm, 인버트 록볼트	천장 t_s=150~200mm, 측벽 t_s=150mm, 굴착면 50mm	필요 위치에 l_s=0.75m 인버트 폐합

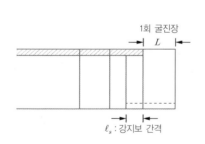

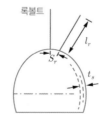

l_r : 록볼트 길이

S_r : 록볼트 원주방향 설치 간격

t_s : 숏크리트 두께

l_s : 강지보재 간격

wm : wire mesh

구간별 대표단면에 대하여, 지반상태, 작업조건 등을 고려한 **굴착영향해석(수치해석)을 수행하여 안정성을 확인**함으로써 설계안을 확정한다(5.4절 참조). 안정조건을 만족하지 못하는 경우(과다변형, 지보재 허용응력 초과 등), 설계 등급을 조정하거나 지보재의 양을 증가시켜야 한다.

7.2.3 NMT 설계

NMT(Norwegian Method of Tunnelling)는 노르웨이의 경암반(hard rock) 터널 약 4,000km 굴착사례를 토대로 Barton 등(1993)이 제안한 공법으로 Q-system 암반분류법에 기초하였다. NATM보다 더 적극적으로 암반의 지지능력을 활용하며, 1차 지보재의 성능을 개선(**고성능 숏크리트＋부식 방지 록볼트**)하여 영구 지보재로 활용함으로써, 최종지보재인 콘크리트 라이닝을 배제하거나 최소화하였다.

굴착의 유형에 따른 굴착지보비(Excavation Support Ratio, ESR)를 이용하여 터널의 유효 크기, D_e ($= B$/ESR, B: 굴진장과 직경(높이) 중 큰 값)를 결정하고, D_e와 Q값에 따른 터널 지보 유형을 그림 7.11과 같이 9개 등급으로 세분화하여 제안하였다. 경험설계법으로서 설계절차는 NATM과 거의 동일하다.

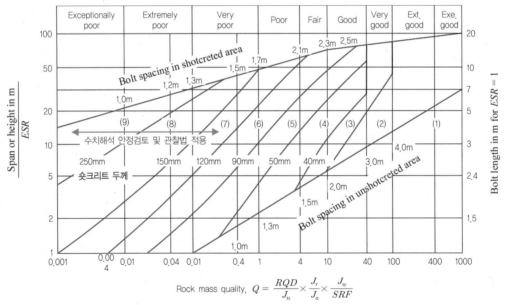

지보유형(estimated support categories)
(1) 무지보(unsupported)
(2) 랜덤 록볼트(random(spot) bolting, 간격 2.0m 이상)
(3) 시스템(규칙적) 록볼트(systematic bolting, 간격 1.5～3.0m)
(4) 시스템 록볼트(간격 1.0～1.5m)+40～100mm 일반숏크리트(unreinforced shotcrete)
(5) 50～90mm 섬유보강 숏크리트+록볼트(fiber reinforced shotcrete and bolting)
(6) 90～120mm 섬유보강 숏크리트+록볼트(fiber reinforced shotcrete and bolting)
(7) 120～150mm 섬유보강 숏크리트+록볼트(fiber reinforced shotcrete and bolting)
(8) 150mm 섬유보강 숏크리트+강지보+록볼트(fiber reinforced shotcrete with rib and bolting)
(9) 현장타설 콘크리트 라이닝(cast concrete lining)
* (7)～(9) 구간의 지반은 수치해석 등의 방법을 이용하여 안정을 검토하고, 관찰법 적용 검토

ESR : 굴착 지보비(excavation support ratio)
일시적으로 유지되는 터널 : 2～5 / 지하수로 : 1.6～2.0 / 지하저장소·소형 터널 : 1.2～1.3 /
지하발전소·지하터널·방공호 : 0.9～1.1 / 지하원자력발전소·지하정류장·지하경기장 : 1.5～0.8

그림 7.11 Q-system에 의한 지보설계(Grimstad and Barton, 1993)

Box 7.1 암반분류(rock classification)

불연속 암반의 성상

암반은 불연속면이 역학적 거동을 지배한다. 암반 불연속면의 기하학적 정보는 주향, 경사, 경사방향으로 정의하며, 불연속 평가지표로서 RQD(Rock Quality Designation) 및 TCR(Total Core Recovery)을 사용한다.

RQD와 TCR

지질구조의 기초지표인 암반불연속면의 빈도, 절리의 간격을 정의하는 RQD와 TCR의 정의는 다음과 같다.

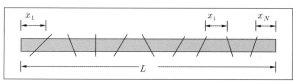

x_i : 절리간격이 10cm(4 inches) 이상인 암편의 길이

n : 절리 간격의 수

$$RQD = 100 \sum_{n}^{i=1} \frac{x_i}{L} \%$$

TCR = 회수된 코어의 총 길이 / 시추길이 (%)

RMR 분류(Bieniawski, 1989) : 0 ≤ RMR ≤ 100

RMR은 다음의 6가지 요소를 평가하여 0~100점 범위로 산정한다.

- 암석의 일축압축강도 (15) ; • RQD (20)
- 불연속면의 간격 (20) ; • 불연속면의 상태 (30)
- 지하수의 상태 (15) ; • 보정 : 불연속면의 방향성의 영향을 고려 (≤ −60)

$$RMR = \sum_{i=1}^{5} (암반분류 요소에 따른 점수) + 불연속면의 방향성 효과에 따른 보정$$

RMR 평점	81~100	61~80	41~60	21~40	≤20
분류(등급)	I	II	III	IV	V
상태평가	매우 좋은 암반	좋은 암반	양호한 암반	불량한 암반	매우 불량한 암반
암반의 점착력(KPa)	>400	300~400	200~300	100~200	<100
암반의 내부마찰각(°)	>45	35~45	25~35	15~25	<15

Q-분류(Barton 등, 1974) : 0.001 ≤ Q ≤ 1000

Q 값은 다음 6가지 요소를 평가하여 0.001~1000범위로 산정한다(Q 값이 클수록 공학적으로 양호하다).

- RQD ; • 불연속면군(discontinuity set)의 수 : $J_n \leq 20$
- 가장 불리한 불연속면의 거칠기 상태 : $J_r \leq 4$; • 가장 약한 불연속면의 변질상태와 충진상태 : $J_a \leq 20$
- 지하수 유입상태 : $J_w \leq 1.0$; • 응력조건(SRF, 응력감소계수) ≤ 20

$$Q = \frac{RQD}{J_n} \cdot \frac{J_r}{J_a} \cdot \frac{J_w}{SRF}$$

RMR-Q 관계 : RMR = $9 \ln Q + 44$, RMR = $15 \log Q + 50$; $Q = e^{\frac{(RMR-44)}{9}}$ 또는 $Q = 10^{\frac{(RMR-50)}{15}}$

NB : NATM vs NMT

NMT공법은 숏크리트와 내부식성 록볼트로 굴착 지보재 성능을 향상시켜 암반터널의 경우, 별도의 최종 지보재를 설치하지 않는 Single Shell 구조로 건설된다. 우리나라에서 주로 사용되는 관용터널공법은 NATM이며, NMT는 1980년대 지하 원유 비축기지 건설 시 NMT공법을 적용한 실적이 있다.

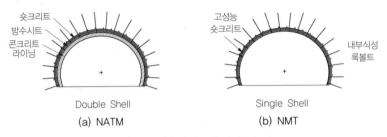

그림 7.12 관용터널공법 단면 비교

NB : 지층 변화 구간의 고려

터널의 굴착안정은 굴착면 암반보다 터널 직상부 암반의 상태와 두께(cover depth)에 지배된다. 수치해석 시뮬레이션 결과, 굴착면의 암반이 적어도 천단 상부 0.5D까지 분포하여야, 터널 등급을 굴착면 암반으로 분류할 수 있는 것으로 분석되었다. 따라서 암반 피복두께가 0.5D 미만인 경우 굴착면 암반이 아닌, 그 상부 지층의 암반에 부합하는 등급으로 설정하는 것이 적절하다.

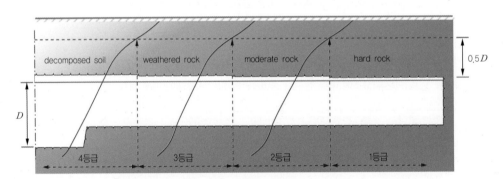

그림 7.13 복합지반의 지보패턴 선정 예(표 7.1 참조)

예제 내공 6.7m인 수 킬로미터의 길이의 원형 수로 터널을 굴착하고자 한다. 터널은 지표로부터 36m 깊이에 위치하며, 지하수위는 터널 아래 분포한다. 암반응력 측정 결과 초기수평응력은 약 3.0MPa, 수직응력은 약 0.9MPa였고, 시추조사 정보는 아래와 같다.

- 암석분류 : slightly weathered shale with inter-bedded land stones
- RQD : 50~75%, fair quality
- 암석의 일축압축 강도 : 시료 1=50~100MPa; 시료 2=25~50MPa

	간격(mm)	평균주향	경사	연속성(m)	틈새(mm)	조도	충진물	지하수
시료 1	200~600	N23E	20 SE	10~20m	0.5~2.5	rough	None	None
시료 2	600~2000	N47E	20 SE	10~20m	0.5~2.5	rough	None	None

① RMR 및 Q-분류법에 따른 암반 분류

② RMR과 Q-분류법을 이용하여 각각 무지보 터널 굴착장, 최대 가능 터널 길이(폭)

③ RMR을 이용한 무지보 최대 자립시간(stand-up time)

④ 각 분류방법에 기초하여 관용터널 설계를 연습해보자.

풀이 ① 암반분류

    1) RMR 분류(지반조사 Data 활용, 상세 내용 생략)

      • 무결암의 강도, $\sigma_c = 50$MPa : 점수＝4

      • $RQD = 50 \sim 75\%$, 평균＝62% : 점수＝13

      • 불연속면의 간격 : 200mm~2m : 점수＝10

      • 불연속면의 상태 : 틈새 0.5~2.5mm, 약간 풍화됨, 거친표면 : 점수＝18

      • 지하수 : 없음, 점수＝15

      • 기본 RMR＝4＋13＋10＋18＋15＝60(불연속면의 방향에 대한 보정 전)

      • 불연속면의 방향 보정 : 주향은 터널축에 수직, 경사는 20°, '유리'정도의 방향＝−2

      ∴ 보정된 RMR＝60-2＝58(암반등급 III)

    2) Q 분류(지반조사 Data 활용, 상세내용 생략)

      • $RQD = 62\%$(평균)

      • $J_n = 6.0$: 2개의 절리군과 산발적인 절리

      • $J_r = 1.5$: 거칠고 평면상의 절리

      • $J_a = 1.0$: 변질되지 않은 절리면, 절리면에 얼룩만 관찰

      • $J_w = 1.0$: 소량의 용수

      • SRF＝1.0 : 중간 정도의 응력 : $\sigma_c / \sigma_1 = 50/3.0 = 16.6$

      ∴ $Q = \dfrac{RQD}{J_n} \times \dfrac{J_r}{J_a} \times \dfrac{J_w}{SRF} = \dfrac{62}{6} \times \dfrac{1.5}{1} \times \dfrac{1.0}{1} = 15.5$, 보통 정도의 암반

② 무지보 터널폭 및 최대 가능 터널폭(그림 7.2, 그림 7.11)

    1) RMR 이용 무지보 굴착장 : RMR＝58이므로, $L = 1.5 \sim 10$m(최대 10m)

    2) 최대 터널 폭 : $Q = 16$, ESR＝1.6 가정하면, 굴착스팬 $B = ESR \times D_e = 1.6 \times 6.7 = 10.7$m

③ 무지보 자립시간 : 그림 7.2(a)를 이용하면,

    RMR＝58, 터널 굴착장 10m의 경우, 무지보 자립시간 약 110시간(4.5일)

④ 지보방법

    1) NATM : (표 7.1 이용) RMR＝58이므로, 3등급

      • 반단면 천공발파(굴착장 1.5~3.0m)

      • 지보간격 : 천장 및 측벽 시스템 록볼트(길이 4.0m, 간격 1.5~2.0m)

      • 숏크리트(천장부 두께 50~100mm, 측벽 두께 30mm)

    2) NMT : (그림 7.11 이용) $Q = 16$, $D_e = 6.7$m이므로, 카테고리 (2)

      • 록볼트 간격 : 2.0m 이상

Box 7.2 터널 용도별 지반등급에 따른 표준지보 예

A. 철도(지하철)터널의 표준지보 예

M : 기계굴착 B : 발파굴착

구분			PD-2A	PD-2B	PD-3	PD-4	PD-5
표준 지보 패턴							
적용 지반			풍화토	풍화토	풍화암 (RMR<33)	연암, 보통암 (33<RMR<55)	경암 이상 (55<RMR)
굴착 공법			링컷(링컷분할) 가인버트	링컷	상하분할	상하분할	상하분할
굴진장(상반/하반, m)			0.8/0.8	0.8/0.8	1.0/1.0	1.2/1.2	1.5/1.5
굴착지보재	숏크리트	형식	강섬유보강	강섬유보강	강섬유보강	강섬유보강	강섬유보강
		두께(mm)	250	250	200	150	100
	록볼트	길이(m)	4.0	4.0	4.0	3.0	3.0
		개수(EA)	12.0	12.0	14.5	14.5	랜덤
		종 간격(m)	0.8	0.8	1.0	1.2	랜덤
		횡 간격(m)	1.0	1.0	1.5	1.5	랜덤
	강지보	종류	H-125×125×6.5×9	H-125×125×6.5×9	H-125×125×6.5×9	LG-50×30×20	-
		간격	0.8	0.8	1.0	1.2	-
굴착 보조공법			강관다단/ 그라우팅	훠폴링/ 강관다단	훠폴링	필요시	필요시
콘크리트 라이닝	두께(mm)		500	400	400	400	400
	철근보강		O	O	O	O	O

B. 도로터널(2차로 자연환기) 표준지보 예

구분	P-1	P-2	P-3	P-4	P-5	P-6
지보패턴도						
굴착공법	전단면	전단면	전단면	상하 반단면	상하 반단면	상하 반단면
굴진장(m)	3.5	3.5	2.0	1.5/3.0	1.2/1.2	1.0/1.0
숏크리트(mm)	50	50	80	120	160	160
보조공법	-	-	-	-	훠폴링	강관다단

C. 수로터널 표준지보 예(신월배수터널)

구분	P-1	P-2	P-3	P-4	P-5	P-6
지보패턴도						
굴착공법	전단면	전단면	전단면	상하 분할	상하 분할	상하 분할
굴진장(m)	1.75(2회)	1.75(2회)	2.0	1.5/3.0	1.2/1.2	1.0/1.0
숏크리트(mm)	50(일반)	50(강섬유)	80(강섬유)	120(강섬유)	160(강섬유)	160(강섬유)
보조공법	-	-	-	-	훠폴링	소구경 SG

7.3 관용터널공법의 굴착시공

굴착은 터널 단면에 해당하는 지반을 제거하는 작업이다. 관용터널의 시공원리에 따라, 막장에서 확인되는 지반조건에 부합하게 설계를 확정하여 굴착시공을 추진한다.

7.3.1 관용터널공법의 굴착시공 일반

그림 7.14는 관용터널공법의 전형적인 굴착단면을 보인 것이다. 지반의 안정성이 낮은 경우로서 분할굴착과 굴착지보재, 그리고 보조공법이 적용된 사례이다. 단면을 '**상반→코어→벤치→인버트**'의 4단면으로 분할한 굴착이며, 숏크리트와 록볼트, 그리고 보조공법(휘폴링)이 굴착지보재로 적용되었다.

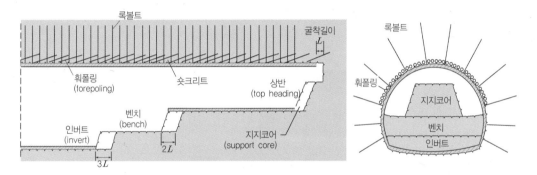

그림 7.14 관용터널공법의 시공 단면 예

그림 7.15에 발파굴착이 적용된 관용터널공법의 일반적인 작업순서를 예시하였다. 현재 작업(굴착) 대상 굴착면을 N 막장이라 할 때, 굴착-지보 작업은 2~3개 막장을 연계하여 진행한다. N-1 막장의 록볼트 천공 작업과 N 막장의 발파용 천공작업은 순차적으로 이루어지며, N-1 막장의 록볼트를 설치한 후, N막장의 발파작업을 수행한다. 발파작업 직후 부석을 정리하며, 버력을 처리한 후 Sealing Shotcrete를 타설하고(이때 N-1 막장의 숏크리트 타설을 병행), 강지보를 설치한다. 여기까지의 과정을 1 Round라고 하며, 관통할 때까지 이 과정을 반복한다. 단면적이 60m²인 터널의 1 Round 굴착에 소요되는 시간은 약 4.5~7 시간이다. 표준 작업 외에 지반 및 굴착 여건에 따라 보조공법의 적용, 배수처리, 여굴처리 등의 작업을 병행한다.

굴착 및 초기지보 공사 후, 숏크리트면에 **부직포**와 **방수막**을 설치하고, **슬라이딩 폼**(sliding form, 거푸집)을 이용하여 최종 콘크리트 라이닝을 타설함으로써 터널시공을 완료한다. 일반적으로 전체 터널구간의 굴착시공을 완료한 후 방배수 관련작업과 콘크리트 라이닝 작업을 실시하나, 터널이 대단면이거나, 지반이 취약하여 콘크리트 라이닝을 설치해 터널의 조기 안정을 확보하고자 하는 경우, 막장 후미에 바로 이어 콘크리트 라이닝을 타설하는 병행시공이 바람직하다.

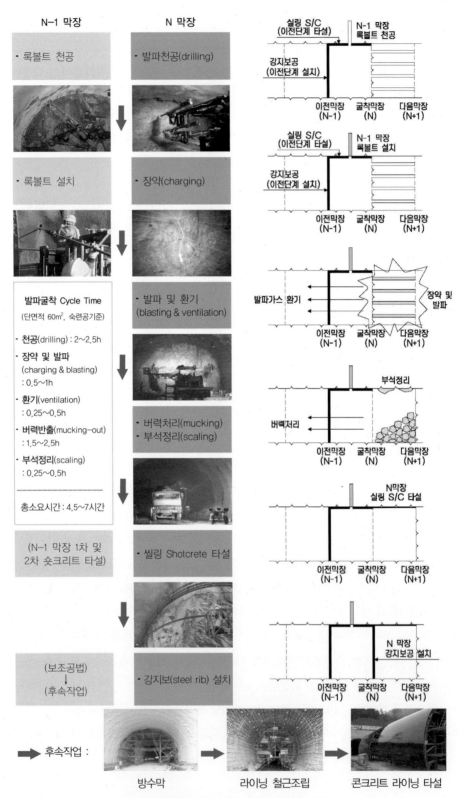

N-1 막장

- 록볼트 천공
- 록볼트 설치

발파굴착 Cycle Time
(단면적 60m², 숙련공기준)

- 천공(drilling) : 2~2.5h
- 장약 및 발파
  (charging & blasting)
  : 0.5~1h
- 환기(ventilation)
  : 0.25~0.5h
- 버력반출(mucking-out)
  : 1.5~2.5h
- 부석정리(scaling)
  : 0.25~0.5h
  _____
  총소요시간 : 4.5~7시간

(N-1 막장 1차 및
2차 숏크리트 타설)

(보조공법)
↓
(후속작업)

N 막장

- 발파천공(drilling)
- 장약(charging)
- 발파 및 환기
  (blasting & ventilation)
- 버력처리(mucking)
- 부석정리(scaling)
- 씰링 Shotcrete 타설
- 강지보(steel rib) 설치

실링 S/C
(이전단계 타설)   N-1 막장
록볼트 천공
강지보공
(이전단계 설치)
이전막장   굴착막장   다음막장
(N-1)   (N)   (N+1)

실링 S/C
(이전단계 타설)   N-1 막장
록볼트 설치
강지보공
(이전단계 설치)
이전막장   굴착막장   다음막장
(N-1)   (N)   (N+1)

발파가스 환기   장약 및
발파
이전막장   굴착막장   다음막장
(N-1)   (N)   (N+1)

부석정리
버력처리
이전막장   굴착막장   다음막장
(N-1)   (N)   (N+1)

N막장
실링 S/C 타설
이전막장   굴착막장   다음막장
(N-1)   (N)   (N+1)

N 막장
강지보공 설치
이전막장   굴착막장   다음막장
(N-1)   (N)   (N+1)

후속작업 :   방수막   라이닝 철근조립   콘크리트 라이닝 타설

그림 7.15 관용터널공법의 굴착 및 지보설치 절차 예

그림 7.16은 관용터널공법의 한 단면 작업 Cycle을, 그림 7.17은 시공단면을 보인 것이다.

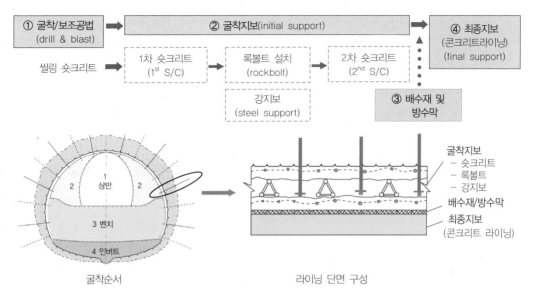

그림 7.16 관용터널(NATM) 굴착시공의 절차와 구성요소

그림 7.17 관용터널 시공단면 예

7.3.2 굴착시공-단면분할과 굴착공법

단면분할 공법

단면분할은 막장의 자립성, 원지반의 지보능력, 지표면 침하의 허용 범위 등을 토대로 시공성과 경제성을 고려하여 결정한다. 지반이 연약할수록 굴착영향에 민감하므로 **단면분할 수를 늘리고, 벤치 길이는 감소시**켜 지반거동을 제어한다. 반면, 암질이 양호할수록 굴착 영향에 잘 견디므로 전단면 굴착이 가능하다. 표 7.2에 단면분할 방법과 적용조건을 정리하였다.

표 7.2 단면분할공법(D : 터널직경, L_b : 벤치길이)

분할 명칭		분할 단면 개념도	적용 조건
전단면 굴착 (full face cut)			• 자립성과 지보능력이 충분한 지반 • 소단면에서 일반적인 공법(발파) • 양호한 지반에서 중단면 이상도 가능
수평 분할	벤치 컷 (long bench)		• 비교적 양호한 지반에서 　중규모 단면 이상의 일반적 시공법 • $L_b > 3D$ (long bench : $L_b > 30m$ 이상) • 지반이 연약할수록 짧은 벤치 채택
	벤치 컷 (short bench) (ring cut)		• 보통 지반에서 중단면 이상의 일반적 　시공법 • $L_b < 3D$
(대단면) 수평 + 수직 분할	측벽 선진 도갱 공법 (side pilot)		• 지반이 비교적 불량한 대단면 터널 • 침하를 극소화할 필요가 있는 경우 • 지장물, 하저 통과 구간 • 작업공간제약으로 굴진속도 저하 및 시 　공성이 낮은 경우 • 지하수 대응에 유리
	중벽 분할공법 (center diaphragm)		• 비교적 불량한 지반의 대단면 터널 • 토피가 작은 토사 지반으로서 지표침하 　를 억제할 필요가 있는 구간 • 시공성 및 경제성 낮음

굴착공법

관용터널의 굴착공법에는 그림 7.18(a)에 보인 바와 같이 인력, 기계, 파쇄(무진동), 발파굴착 등이 있다. 터널 노선 주변의 진동규제기준, 지반의 굴착충격 수용능력 등을 고려하여 적절한 굴착공법을 선택한다.

파쇄굴착에는 유압 및 수압을 이용한 기계적 무진동 암반절개공법, 전기적인 충격을 이용한 플라즈마 파쇄굴착 공법 등이 있다. 비용소요가 크므로 진동제어가 필요한 구간에만 주로 적용한다.

발파굴착은 관용터널공법의 가장 일반적인 굴착공법으로 화약을 점화시켰을 때 발생된 순간적인 고온·고압의 에너지를 이용하여 암반을 파쇄하는 굴착 방법이다. 경제성이 높고 굴착효율이 좋으나, 굴착면 주변 지반의 손상 가능성이 있고, 여굴이 비교적 크며, 소음과 진동제어에 따른 주변민원이 제기될 수 있다.

기계굴착에는 브레이커, 로드헤더(road header), TBE(확공용 소형 TBM) 등이 이용된다. 장비에 따라 토사~연암 지반에 적용 가능하다(그림 7.18(b)).

파쇄굴착(무진동 암반절개)

기계굴착(브레이커)

(a) 굴착공법

발파굴착

터널용 브레이커(ITC)(풍화암)

로드헤더(풍화암, 연암)

(b) 기계굴착공법

소형 TBM(확공용), (연암 이상)

그림 7.18 굴착공법과 기계굴착공법의 종류

NB : 단면분할과 굴착공법의 조합 예

단면분할은 연약지반의 대단면 터널에 주로 적용한다. 여기에 적절한 굴착방법을 조합하면, 굴착안정을 유지할 수 있다. 그림 7.19에 지반조건에 따른 '**단면분할+굴착 방법**' 조합의 적용 예를 보였다.

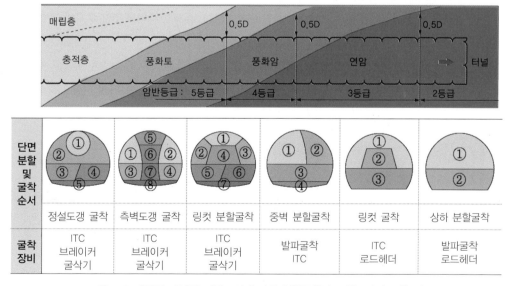

그림 7.19 대단면 터널의 지반조건에 따른 분할굴착과 굴착공법의 조합 예

단위 굴착장(1라운드 굴착거리). 1회의 굴착-버력 처리가 이루어지는 반복되는 사이클당 작업 길이를 굴착장(round length)이라 한다. 1라운드당 굴착거리는 작업공정은 물론 비용측면에서도 매우 중요한 요소이다. 1라운드 굴착거리는 발파공학적으로 단면적의 크기에 지배되지만, 주변의 진동한계, 지반 안정성 등에 영향을 받는다. 산악터널의 일반적인 1회 굴착장은 터널직경의 1/2 정도(대구경 터널은 2/3)이다. 시공사례로 본 터널 면적당 1회 굴착 길이는 그림 7.20과 같다. 평행 심발공을 사용하면 터널직경 수준의 1회 굴착이 가능하지만, 실무적으로는 가장 길게 잡더라도 4.0~4.5m 정도이다. 굴착장이 길수록 암반구속 저항이 커서 발파 굴착이 제대로 이루어지기 어려운 경우가 많고, 천공작업의 경제성도 떨어지기 때문이다. 도심터널의 경우 발파진동의 제약으로 인해, 일반적으로 1회 굴진장(발파길이)이 1.0~2.0 m에 불과하다.

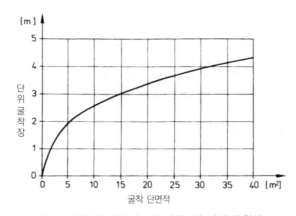

그림 7.20 굴착 단면적 규모에 따른 1회 발파 굴착장

버력처리(mucking). 발파암이나 굴착토사(버력, muck)는 터널 밖으로 배출하여야 하며, 이를 배토작업(mucking)이라 한다. 배토작업은 기술적 난이도가 큰 작업은 아니지만 적재-운반-인상 등 여러 단계로 구분되고, 장비의 용량이나 운행 동선 제약으로 시간소요가 많아, 실제 공사비 비중을 무시할 수 없다. 따라서 효율적 배토 계획이 매우 중요하다. 굴착기(tunnel excavator) 혹은 ITC 같은 장비는 굴착과 적재기능을 가지는데, 암반일축강도가 약 50MPa 이하인 경우 유용하다. 발파암은 로더를 이용하여 덤프(혹은 광차)에 적재하여 수직구로 운반한다. 수직구에서 **크레인이나 차량용 엘리베이터를 이용하여 지상으로 인상**한다.

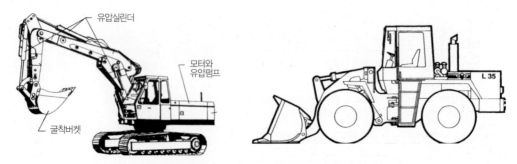

그림 7.21 터널굴착토사 및 발파암의 굴착 및 적재장비(굴착기(백호)와 로더)

7.3.3 발파굴착 drill & blast

발파공법은 터널 건설 활성화의 촉매역할을 한 굴착수단으로서 화약, 뇌관, 천공기술, 진동제어, 정밀발파기술 등의 발전과 더불어 효율과 정밀성이 개선되어왔다. 소음과 진동으로 민원이 유발되기 쉬운 공법임에도 경제성이 양호하여 아직까지도 관용터널공법의 주 굴착공법으로 사용되고 있다.

발파이론

암반 내에서 폭약을 터트리면 폭발 후 수 μsec 내에, 100,000기압을 상회하는 가스 충격압이 발생한다. 초고압을 받은 암석은 순간적으로, 그림 7.22(a)에 보인 바와 같이 폭발점으로부터 폭약 반경의 2~3배 범위에 파쇄와 소성거동을 일으킨다. 발파공 내에 생성된 고압의 소성 유동파는 충격파의 형태로 방사형으로 전파한다. 자유면(지표)으로 전파한 충격파는 그림 7.22(b)와 같이 지면에 수직한 방향으로 인장 응력을 야기하여 원추형(crater) 파쇄를 일으킨다. 이때의 파쇄형상을 누두공(crater)이라고 한다.

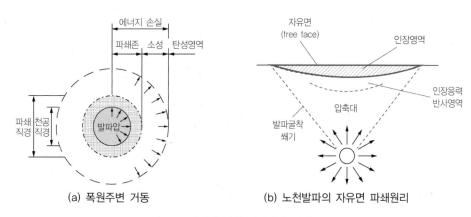

(a) 폭원주변 거동   (b) 노천발파의 자유면 파쇄원리

그림 7.22 발파에 의한 암반파쇄 메커니즘

발파 이론식. Hauser, Chalon 등은 노천(지상) 자유면으로부터 어떤 깊이 D_f까지 파쇄를 일으키기 위하여 얼마만큼의 폭약량을 사용할 것인가를 조사하였다. 이들은 노천 발파시험을 통해, 1자유면 발파로 원추상의 파쇄공(누두공)을 형성하는 데 필요한 장약량 W는 자유면에서의 파쇄 깊이 D_f의 세제곱에 비례함을 발견하였으며, 이를 기초로 '장약량-파쇄심도'에 대한 다음의 발파 공식을 유도하였다.

$$W = CD_f^3 \tag{7.1}$$

여기서 C는 발파계수로서 암반의 성질, 폭약, 폭파공의 전색 상태, 파쇄 깊이 등에 따라 달라진다. 파쇄 깊이 D_f를 **파쇄심도** 또는 **최소저항선**이라고도 한다.

그림 7.23(a)는 터널 막장 굴착면의 천공 발파를 예시한 것이다.

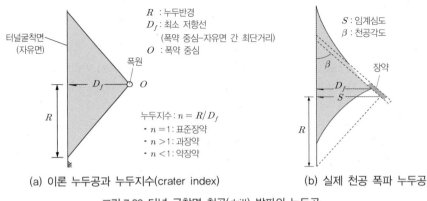

(a) 이론 누두공과 누두지수(crater index) (b) 실제 천공 폭파 누두공

그림 7.23 터널 굴착면 천공(drill) 발파의 누두공

발파 후 원추형 누두공(체적 V, 누두반경 R, 높이 D_f)이 형성되었다고 하면, 발파체적은, $V = (1/3)$ $\pi R^2 D_f$이며, $R \approx D_f$ 및 $\pi \approx 3$을 가정하면, $V = D_f^3$이므로, **발파 누두공의 체적은 발파심도(최소저항선)의 세제곱에 비례**한다(이 이론으로 터널 막장 최중심부의 굴착(심발)량을 추정할 수 있다).

단차(지연)발파(stopping blast)에 의한 자유면 확장원리. 터널 전단면을 한 번에 굴착하면 진동이 커지고, 굴착면이 불안정해질 수 있다. 따라서 터널 단면을 몇 부분으로 구분하여 중앙에서부터 순차적으로 발파하면, 선행발파로 파쇄된 면이 후행 발파의 자유면으로 기여하여 발파효율이 높아진다.

발파단면 중심에 의도적으로 무(無)장약공(빈공, relieving hole, burn hole, uncharged hole)을 설치하여 자유면으로 활용할 수 있다. 이후 '중앙 → 외곽'으로 시차를 두고, 순차적으로 발파를 진행하면(지연발파) 매 시차마다 증가된 자유면 효과가 도입되어 효율적인 발파가 가능하다. 일례로 그림 7.24의 1번 공 발파 시 자유면은 무장약공, 2번 공 발파 시에는 1번 공 발파로 확대된 영역이 자유면으로 기여한다.

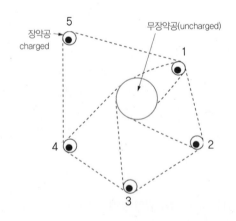

그림 7.24 무(無)장약공을 이용한 자유면 확장 원리(번호는 발파순서)와 장약작업

제어발파(controlled blasting). 지반의 주응력의 방향을 고려하면 발파작업을 효율적으로 진행할 수 있다. 균질 등방한 요소 내에서 발파압($\Delta\sigma$)이 발생할 때, 균열방향은 그림 7.25(a)와 같이 **최소 주응력(σ_3)에 수직한 방향**으로 형성된다. 암반이 최소 주응력의 직각 방향으로 쪼개지는 이유는 균열을 야기하는 데 가장 힘이 덜 드는 방향으로 최초 균열을 발생시키려 하기 때문이다. 그림 7.25(b)와 같이 목표 균열방향과 σ_1 작용방향이 다른 경우 균열은 σ_1을 따라 가려고 해, 발파효율이 저하하며 파괴면이 불규칙해진다.

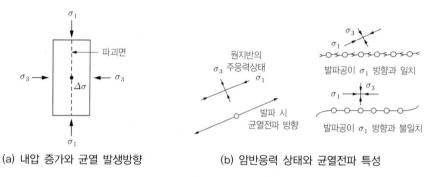

(a) 내압 증가와 균열 발생방향   (b) 암반응력 상태와 균열전파 특성

그림 7.25 발파균열과 주응력 관계

그림 7.26과 같이 터널 굴착면에서는 접선방향응력이 최대 주응력이 되므로 발파공을 원주상으로 배치하면, 발파 시 최대 주응력에 평행한 방향으로 파괴가 일어나, 이론적으로 터널 굴착 계획선과 부합하게 굴착면이 형성된다. 따라서 **전 단계 발파 굴착면은 다음 단계 발파 굴착의 자유면(free face)**이 되는 지연발파 개념을 순차적으로 도입하면, 의도한 대로 굴착경계면을 형성하는 발파가 가능하다.

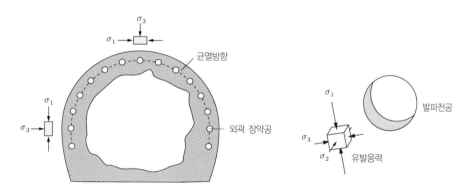

그림 7.26 굴착경계의 주응력과 발파균열 제어

NB : 이론적으로 2차원 터널 횡단면에서는 굴착경계의 접선응력이 최대 주응력이지만, 실제 지반의 경우, 3차원 주응력 축은 연직축에 대해 기울어져 있거나 회전하여, 초기 주응력 방향이 터널축 또는 지표면과 일치하지 않게 형성되었을 수도 있다. 이런 경우 의도한 대로 스무스 블라스팅(smooth blasting)이 이루어지지 않고, 균열이 불규칙하게 발생할 수 있다.

Box 7.3   제어발파(controlled blasting)

제어발파는 최외곽 굴착계획면 형성 정밀도를 높이는 발파기법으로 발파공의 배치, 디커플링 고려, 장약량 조절, 그리고 지연발파 등을 조합하는 기술이다. 이와 관련한 다양한 발파 특허공법들이 제안되었다.

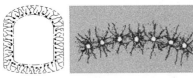

일반발파의 굴착경계면(여굴 및 암반손상 과다)

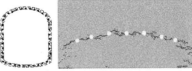

제어발파의 굴착경계면

A. 스무스 블래스팅(smooth blasting, SB)

스무스 블래스팅은 장약의 직경을 천공홀의 직경보다 충분히 작게 하여, 발파 시 충격파를 공기층으로 제어함으로써 암반의 손상 및 여굴(overbreak)을 억제하는 발파기법이다. 공간 공극을 완충대로 이용하여 발파에너지를 감쇄시키는 디커플링효과를 의도적으로 유도한다. 이를 위해 천공홀보다 작은 지름으로 장약하며, 낮은 장약밀도를 가진 폭약을 사용한다. 발파공의 간격을 일반 발파공보다 좁게 배치하면 굴착면의 여굴을 줄일 수 있다.

D : 천공홀 직경
d_e : 장약 직경

• 디커플링지수

$$\text{Decoupling Index} = \frac{\text{발파공의 직경}}{\text{폭약의 직경}}$$

• S.B 공법은 Decoupling 계수가 2.0~3.0일 때 가장 적합함
• 국내에서는 S.B 공법에 적합한 정밀폭약이 사용됨

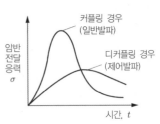

일반발파와 Smooth Blasting의 균열영역 비교

B. 프리 스플리팅(pre-splitting)

Smooth Blasting 공법과 같이 굴착경계면을 따라 천공한 후 폭약을 한공씩 건너뛰어 장약하거나 전체를 장전하여 동일 시차로 먼저 발파시켜 파단선을 형성하고, 이후 진행되는 안쪽 발파 영향이 단선을 넘지 않도록 하는 공법이다. 파단선은 최종굴착면의 보호뿐만 아니라 지반진동을 차단하는 효과도 있다.

C. Line Drilling

발파공보다 공경이 크거나 같은 규격으로 간격을 좁힌 무장약공을 굴착경계를 따라 Line 형상으로 배치하고, 굴착경계 최인접 내측 발파공의 장약량을 50% 수준까지 줄여 발파함으로써, Line drilling까지만 파괴 되도록 하는 공법이다. 목적하는 파단선을 따라 천공하고 장약하지 않음으로써 발파 시 진동전파 저감 및 여굴없이 계획 굴착면을 형성하는 제어발파공법이다.

D. Cushion Blasting

굴착계획선 발파공에 소량으로 장약하고, 이를 주 발파 직후 지연발파하면, 두 발파영향 간 공기 Cushion 작용이 일어나 진동이 저감되고, 굴착면이 계획대로 유도되는 제어발파공법이다(Canada에서 개발).

발파공법의 설계(발파시공계획)

발파공법의 적용 여부는 굴착효율이나 경제성보다는 진동허용기준에 지배되는 경우가 많다. 우리나라 발파(노천) 규정은 사용 폭약량 및 진동영향 제어 정도에 따라 발파공법을 다음과 같이 분류한다.

- 미진동 굴착공법 : 특수화약을 이용, 열 팽창 원리로 균열파쇄 후 브레이커로 2차 파쇄
  (단위 지연발파(지발)당 장약량 < 0.125kg)
- 정밀진동 제어발파 : 소량 폭약 사용 후 브레이커로 2차 파쇄(지발당 장약량 0.125~0.5kg)
- 진동제어발파 : Decoupling 효과에 의한 인장파괴(인접건물 존재 시 시험발파로 확인 후 본 발파, 지발당 장약량 0.5~5.0kg)
- 일반발파 : 폭발력을 이용한 충격파괴(진동기준 충족조건으로 최대 장약량 발파, 지발당 장약량 5.0~15.0kg)
- 대규모발파 : 영향권 내 보호대상 건물이 존재하지 않을 때(발파효율만 고려, 지발당 장약량 > 15.0kg)

주어진 진동 허용 규제치 안에서 굴착이 경제적으로 이루어지도록 발파공의 배치(직경, 배치, 각도 및 천공길이), 장약량, 화약과 뇌관의 종류, 발파순서 등을 정하는 것을 **발파설계**라 하며, 진동영향의 평가와 대책 검토를 포함한다. 그림 7.27은 발파설계의 일반적 절차와 내용을 보인 것이다.

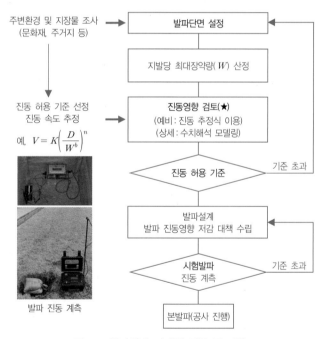

그림 7.27 발파설계 단계별 절차 및 내용

발파공의 구성과 배치. 발파 굴착 시 자유면의 수와 방향은 발파효율을 결정짓는 가장 중요한 인자이다. 터널의 경우, 굴착(막장)면은 주변이 구속된 1 자유면 상태이므로 높은 발파효율을 기대하기 어렵다. 이를 개선하기 위해, 굴착면 중앙에 무장약공을 두거나 터널 단면을 구분하여 발파하는 지연발파 등의 기법을 적용

한다. 최초 발파는 심발공(심빼기, cut hole) 발파라 하는데, 보통 터널 중심부에 **무장약공**(burn hole)을 두어 자유면을 추가 도입하는 방법이다. 심발 발파 이후의 후속(지연)지연발파는 심발로 형성된 파괴면이 자유면으로 기여하므로 발파효율이 높아진다. 그림 7.28은 굴착단면 최초 중앙부를 빼내는 심발공(심빼기) 후 확장 굴착하는 지연발파 개념을 예시한 것이다.

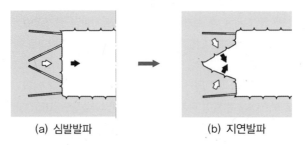

(a) 심발발파　　　　　　　(b) 지연발파

그림 7.28 심발 및 지연 발파의 원리(V-cut 경사심발공)

터널발파공 명칭을 그림 7.29에 예시하였다. 일반적인 발파순서는 '**심발공 → 확대공 → 외곽공 → 바닥공**'의 차례로 이루어진다. 진동의 전파영향을 줄이고, 여굴을 방지하기 위하여 터널 최외곽(굴착경계) 공은 제어발파 기법을 적용한다.

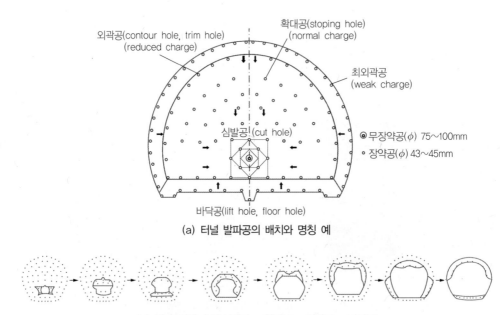

(a) 터널 발파공의 배치와 명칭 예

(b) 발파 진행 순서(심발공 → 확대공 → 외곽공 → 바닥공)

그림 7.29 터널 발파공의 명칭과 발파순서(after Course Note of Evert Hoek)

심발공 발파공법은 천공각도 및 방향에 따라 **경사공 심발(angle cut, V-cut)과 평행공 심발(parallel cut, cylinder cut)**이 대표적이며, **다양한 조합이 가능하다**(그림 7.30). 평행 심발공은 터널축에 평행으로 천공하며, 심발 내부에 무장약공(빈공)을 설치(공경 100~500mm)하여 굴착면과 함께 2자유면 형성이 가능하다. 장공(long hole)발파에 유리(3m 이상)하며, 사압(압력손실)이 거의 없고, 진동제어와 버력 처리가 용이하다. 대구경 천공을 하는 경우 비트 및 로드 교체가 필요하다.

경사 심발공의 중앙은 단(short) 경사공으로, 확대 및 주변공은 장(long)공으로 계획하는 1 자유면 발파로서 단(short)공 발파에 유리(3m 이하)하다. 천공이 정밀하지 않아도 되나, 최초 심발부에서 발파압 손실(사압)이 크다. 굴진장은 짧으나, 때로 버력 크기가 커져 운반을 위한 재파쇄가 필요할 수 있다.

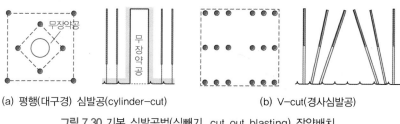

(a) 평행(대구경) 심발공(cylinder-cut)   (b) V-cut(경사심발공)

그림 7.30 기본 심발공법(심빼기, cut out blasting) 장약배치

장약량 산정. 그림 7.31은 터널 단면적에 따른 소요 장약량을 예시한 것이다(단면이 증가할수록 단위면적당 소요 장약량은 감소). 일반적으로 암반 면적 $1m^2$를 굴착하는 데 약 $5{\sim}7kg/m^3$의 폭약이 소요된다. 발파 영향 요인이 매우 다양하여, 실무에서는 주로 유사 사례, 발파실적 등 경험에 근거하여 장약량을 산정한다.

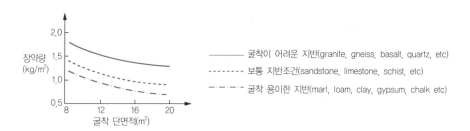

그림 7.31 굴착 단면적 및 굴착 길이에 따른 천공홀 수와 장약량(after Muller, 1978)

폭약(explosives)의 선정. 발파굴착에 사용되는 폭약은 제조 물질 성분에 따라 다양하다. 일반적으로 건설현장에서는 젤라틴 다이너마이트(gelatin dynamite, GD-니트로글리세린) 계열, 에멀션(emulsion explosives) 계열, ANFO(Ammonium Nitrate Fuel Oil explosives, 초유폭약-질산암모늄) 계열이 주로 사용된다. 유독성 가스발생이 적은 다이너마이트나 에멀션 폭약이 선호된다. 다이너마이트는 폭발에너지가 커서 화강암 등의 (극)경암에, 그리고 에멀션 폭약은 저폭속 폭약으로서 석회암과 같은 연암에 주로 적용한다.

뇌관(detonator)의 선정. 기폭약이 폭발하도록 마찰, 열, 충격을 가하는 장치를 뇌관이라 한다. 뇌관은 감도가 예민한 화약(기폭약 또는 첨장약)을 채운 새끼 손가락 굵기의 금속제 관(pipe)으로서 발파자극이 전달되면 먼저 뇌관 내 기폭약이 폭발하고, 이 기폭력이 주폭약을 폭발시킨다. 점화 후 기폭을 지연시키는 장치가 포함된 뇌관을 지발(delayed) 뇌관이라 한다. 지발뇌관을 사용하면 동일단면에 설치된 폭약을 수 밀리 초(m sec)~수 초 간격으로 폭발시간을 차등 제어할 수 있어, 발파효율과 굴착 정밀도를 높일 수 있다.

뇌관은 발파자극을 전달하는 방법에 따라 전기식 뇌관, 비전기식 뇌관, 전자 뇌관이 있다. 전자 뇌관이 발파제어가 용이하고 정밀도가 높으며, 진동을 저감시킬 수 있으나 가격이 비싸다. 전기식 뇌관은 **미주전류**(누설전류, stray current), 정전기, 낙뢰 등에 유의할 필요가 있다.

(a) 폭약(다이너마이트와 에멀션 폭약) (b) 뇌관

그림 7.32 폭약과 뇌관의 예

발파시공

발파시공은 '**천공→장약→전색→결선→점화→버력처리**'의 6단계로 이루어진다.

Step 1 : 천공(drilling). 롯드(rod) 끝의 타격 및 회전으로 천공하는 웨건(wagon), Crawler, 점보, Leg Drill 등이 사용되며, 상향 천공 시 Stoper, 하향 천공 시 Sinker, 그리고 수평천공 시 Drifter 천공기를 사용한다.

(a) 점보드릴 천공작업 (b) 드릴비트

그림 7.33 천공장비와 드릴비트(Drill Bit)

Step 2~3 : 장약(charging)과 전색(stemming). 화약을 천공홀에 채워 넣는 작업을 화약장전, 즉 장약이라 하며, 천공홀을 청소한 후 그림 7.34와 같이 다짐대를 이용하여 원통형 약포를 삽입한다. 천공홀 입구를 막는 작업을 **전색**(塡塞, stemming)이라 하며, 주로 모래질점토를 사용한다. 뇌관을 천공홀 입구에 두는 정기폭

(top ignition, 그림 7.34)과 끝쪽에 두는 역기폭(bottom ignition)이 있다. 일반적으로 기폭점이 자유면 근처에 위치하는 정기폭이 발파위력이 크나, 천공 길이가 긴 경우에는 역기폭이 효과적이다.

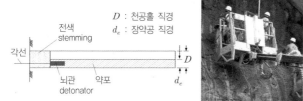

그림 7.34 발파굴착을 위한 장약, 전색 및 결선 작업

Step 4~5 : 결선 및 점화(firing). 폭약을 터트리기 위하여 각 천공홀의 뇌관과 발파기 사이의 전선을 연결하는 작업을 결선이라 한다. 저항계를 이용하여 결선상태를 확인하여야 하며 작업자들을 대피시킨 후 발파스위치를 눌러 발파한다.

Step 6 : 버력처리(mucking)와 여굴(over break) 관리. 버력처리는 공사비 비중이 크고, 공사기간 산정에도 매우 중요한 요소이다. 발파 굴착의 경우 발파공사기간의 약30%가 버력반출 시간이다. '버력량＝굴착량 × (1＋여굴률) × 토량 변화율(토사 1.2~경암 1.8)'로 산출한다.

발파 후 설계 선보다 외측으로 굴착된 영역을 **여굴(over break)**, 덜 굴착된 부분을 **미굴(under break)**이라 한다. 여굴의 발생은 버력 반출량 증가, 숏크리트 및 콘크리트 충전량 증가로 공사비 상승의 원인이 된다. 여굴 원인은 부적정 굴착장비의 사용, 발파 정밀도 미흡, 불연속 절리에 기인한다. 또한 천공장비의 외향각(outlook, 약4°)으로 인한(천공장 5m의 경우 약40cm 여굴이 발생) 작업상의 문제도 있다. 드릴Rod의 휘어짐, 폭속이 큰 폭약 사용 등도 중요한 요인이다. 여굴을 개선하기 위해서는 적정 폭약량 사용, Smooth Blasting, 천공장비 개선 등이 필요하다. 여굴의 허용범위는 일반적으로 10~20cm이다.

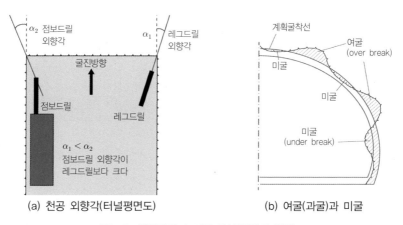

(a) 천공 외향각(터널평면도) (b) 여굴(과굴)과 미굴

그림 7.35 천공작업과 여굴 특성(외향각 천공)

발파진동의 예측과 진동 저감대책

발파설계는 진동영향 평가와 필요시 대책수립을 포함하여야 한다. 발파에 의한 소음이나 진동의 크기는 경험식 또는 수치해석으로 검토할 수 있다. 일반적으로 경험진동식을 사용하나, 특정조건을 고려한 상세한 진동영향의 검토가 필요한 경우 발파진동 하중에 대한 동적 수치해석을 활용하기도 한다. 현장의 본격 발파 시공 전 **시험발파**를 수행하여 발파효율, 소음, 진동영향 등을 측정하여 발파설계를 검증하고, 보정한다.

실제 현장의 진동 측정 데이터의 통계분석으로부터, 폭원에서 D 만큼 떨어진 위치의 지반입자 진동속도 V(cm/sec)에 대한 경험식이 다음의 형태로 제시되었다.

$$V = K \frac{W^n}{D^b} \tag{7.2}$$

여기서, K 는 지반·장약·구속조건·폭약 관련 계수, D는 폭원과 구조물 간 이격거리(m), W 는 (단계발파의 경우) 지발당 최대장약량(kg/delay), n은 장약지수(대략 1/3~1/2), b는 감쇠지수(대략 0.7~2)이다. 경험 상수는 현장조건에 따라 달라지므로, 본 굴착 전 시험발파를 시행하여 결정하는 것이 바람직하다.

NB : 우리나라의 경우(2020) 예비설계에서 흔히 사용하는 식은 다음과 같다.

$$V = 200 \left(\frac{D}{W^{1/2}} \right)^{-1.6} \text{ (국토부 교통부)}, \qquad V = 64.48 \left(\frac{D}{W^{1/3}} \right)^{-1.5} \text{ (서울시 지하철)}$$

진동예측식의 상수는 지반특성, 발파심도, 이격거리, 지반특성 등에 따라 달라진다. 따라서 경험식에 의한 진동 평가는 예비단계에서 수행하고, 발파의 실질적 영향은 본 시공 전 시험발파를 통해 확인하고 적용하여야 한다. 일례로 서울의 동부 한강변 특정지역(암사동) 터널 굴착 시 시험발파를 수행하고 회귀분석에 의해 산정된 진동 예측식은 다음과 같다.

$$V = 108.86 \left(\frac{D}{W^{1/2}} \right)^{-1.54} \quad \text{또는} \quad V = 138.02 \left(\frac{D}{W^{1/3}} \right)^{-1.64}$$

속도기준은 일반적으로 벡터합, $V = \sqrt{(v_x^2 + v_y^2 + v_z^2)}$ 로 규정한다.

우리나라의 구조물별 발파진동 기준은 진동파가 야기하는 매질의 입자속도로 규정하며, 아래와 같다.

표 7.3 구조물 손상기준 발파진동 허용 입자속도(particle velocity) 예

구분	문화재 등	주택, 아파트	조적식 벽체, 목재천장 구조물
허용입자 속도(cm/sec = kine)	0.2	0.5	2.0

진동저감 대책

발파 진동영향을 저감시키는 대책으로 동시에 폭발하는 화약의 양(지발당 장약량)을 줄이거나, 발파지점과의 이격거리를 증가시키는 등의 **능동(발생원) 대책**(active measures)과 전파경로에 무장약공(빈공)이나

저밀도 차단층을 설치하는 방법 등으로 진동전파를 차단하는 **수동(전파경로 차단) 대책**(passive measures)
이 있다. 그림 7.36에 진동저감 대책을 정리하였다.

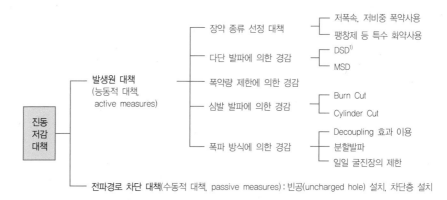

* - DSD(deci-second detonator) : 진동이 연속되지 않도록 점화시차 조정법
 · MSD(mili-second detonator) : 발파를 중첩시켜 진동파 상호 간섭효과를 이용하는 한 감쇠법
 · Burn Cut : 소구경(75mm 이하) Burn Hole을 이용하는 심발발파
   (Burn Hole : 자유면 형성을 위한 무장약 중앙 평행공)
 · Cylinder Cut : 대구경(75~200mm) Burn Hole을 이용하는 심발발파

그림 7.36 발파진동 저감 대책 예

7.3.4 로드헤더 굴착 road header excavation

로드헤더는 절삭도구인 픽(picks)이 장착된 Cutting Boom이 회전하며 암반을 굴착하는 굴착기계로서
'굴착 → 버력모음 → 배토차량 연결'이 용이하여 공간이 제약되거나 발파가 어려운 연암 이하의 지반에 적
용성이 높다. 부정형 단면, 지질변화 대응에 유리하고, 발파에 비해 진동이 낮으며, 장비 기동성이 좋고, 비용
면에서도 경제적이다. 하지만, 작업 중 분진(dust)관리와 경암 출현 시 대응이 어렵다.

암반강도가 커지면 Pick의 마모가 크게 증가하여 로드헤더의 경제성은 떨어진다. 따라서 로드헤더는 일
축압축강도가 약 100~120MPa MN/mm^{2}인 풍화암~연암 지반에 주로 적용한다. 그림 7.37에 일축강도에 따
른 로드헤더 구동력의 경제적 운영범위를 보였다.

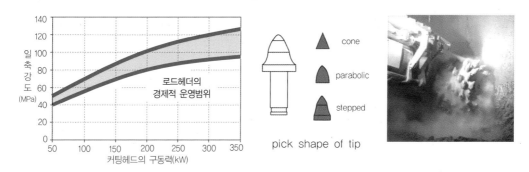

그림 7.37 로드헤더의 적용범위와 Pick의 형상, 작업 예

7.3.5 굴착보조공법

초기지보로 터널의 굴착안정성을 확보하기 어려운 경우, 굴착보조공법을 도입할 수 있다. 터널의 붕괴사례 조사에 따르면, 터널 붕락의 대부분이 지하수 영향을 받는 RQD≤50, 특히, RQD≤25의 얕은 터널(심도 30m 이하)에서 발생한 것으로 나타났다. 이런 경우 굴착보조공법을 적용하면 안정성을 크게 향상시킬 수 있다. 일반적으로 **굴착보조공법 적용 여부의 검토가 필요한 구간**은 다음과 같다.

- 토피(C)가 작고, 지반이 연약하여 지반의 자립성이 낮은 경우(RQD ≤ 25)
- 터널 인접 구조물 보호를 위하여 지표나 지중변위를 억제하여야 할 경우
- 용출수로 인한 토사유출 및 지반이완이 진행될 수 있어 터널의 안정성 확보가 필요할 경우
- 편 토압 또는 심한 지질 이방성 지반 등에서 터널을 시공할 경우

그림 7.38은 보강 목적에 따른 보조공법을 예시한 것이다. 각 공법을 단독 혹은 조합하여 적용할 수 있다.

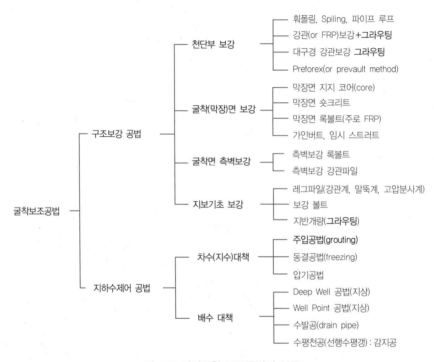

그림 7.38 터널굴착 보조공법의 분류

천단(crown) 보강공법

훠폴링(fore poling). 터널 천단에 캐노피(canopy) 형태로 미리 강관을 설치하여 종방향 선행지보(pre-driven support) 역할로 터널 천장부의 무너짐을 방지하는 공법이다. 일반적으로 직경 20mm 이하 약 3.0m 길이의 Steel Pipe 또는 Rod를 사용하여 낙석방지를 주목적으로 하는 **스파일링(spiling),** 그리고 이를 좀 더 개선한 형태로 암파열 또는 스퀴징에 대비하는 선행지보 목적의 **주입 파이프(injected pipe(tube))**공법으로

구분된다. 주입공법은 천공 후 강관(봉)을 삽입하고, 그라우트재를 주입하여 정착시키므로 부분 차수효과도 거둘 수 있다. 이때 그라우트는 상향 경사 시 중력에 의한 유출, 후속 발파의 진동 영향에 유의하여야 한다.

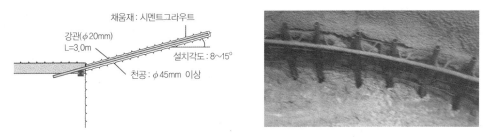

그림 7.39 훠폴링(fore poling) 예(횡방향 설치 간격 : 30∼60cm)

강관 보강 그라우팅/파이프 루프(pipe roof, pipe screen) 공법. 직경 약 50mm 이상, 길이 약 6~12m에 이르는 강관(또는 FRP)을 천단부에 캐노피형으로 연속적으로 설치하는 공법이다. 강관의 휨 모멘트를 이용하여 지반아치를 보강하는 천단부 **강성증대 보조공법**이며, 차수에도 유용하다. 고각(급경사)으로 설치할 경우 굴착면 여굴 방지를 위해 훠폴링과 함께 적용하거나, 다단(多段, 강관다단공법)으로 계획할 수 있다.

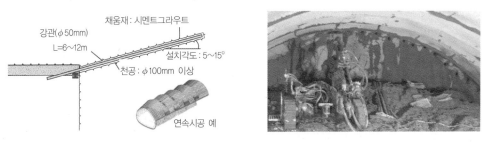

그림 7.40 강관 그라우팅공법 예(횡방향 설치 간격 : 30∼60cm)

굴착면(막장) 보강공법

대부분의 터널 붕괴는 굴착면 부근에서 발생한다. 굴착교란을 줄이거나 구조적 보강을 통해 막장 안정성을 향상시킬 수 있다. 굴착면의 자립능력이 부족해 붕괴가 우려되는 경우, 그림 7.41과 같이 지지코어(core) 설치, 막장면 숏크리트/록볼트 설치, 가인버트 설치 등으로 굴착면 안정성을 증진시킬 수 있다.

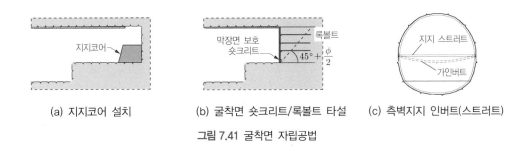

(a) 지지코어 설치   (b) 굴착면 숏크리트/록볼트 타설   (c) 측벽지지 인버트(스트러트)

그림 7.41 굴착면 자립공법

굴착면 중앙부에 남겨두는 일정 부분의 원지반 미굴착부를 지지코어라 한다. 토사지반 굴착 시 지지코어를 두면 압성토 효과로 굴착면 변형을 억제할 수 있다. 지지코어 규모는 클수록 좋으나, 지보재 설치 등의 후속 작업을 고려하여 정한다. 지지코어의 길이는 일반적으로 1회 굴착장의 2~3배 이상으로 한다.

막장자립이 곤란한 경우 숏크리트를 굴진면에 타설하여 굴착면 이완을 억제할 수 있다. 장기간 공사를 중지해야 하는 경우에도 필요한 대책이다. 이 경우 보통 록볼트를 함께 시공하는데, 재굴착 시 제거가 용이하도록 주로 수지계열(예, FRP) 록볼트 등을 사용한다.

측벽 및 지보재 지지력 보강

측벽보강 공법. 터널 하반 굴착이 진행된 후 측벽부 지반이 밀려들어오는 경우 강관 등의 보강재를 그림 7.42와 같이 측벽에 경사 설치하여 지반을 보강한다. 측벽지반의 이완에 따른 불안정 대책으로, 그리고 지하수로 인해 느슨해진 터널 하반의 유입수 제어 및 지반보강에 효과적이다.

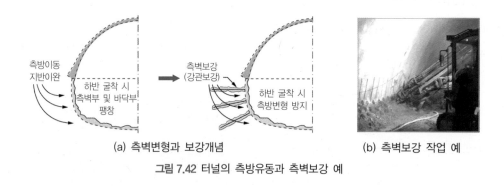

(a) 측벽변형과 보강개념   (b) 측벽보강 작업 예

그림 7.42 터널의 측방유동과 측벽보강 예

지반이 불량하여 바닥부의 측면변위가 증가하는 경우에는 측벽지지 스트러트(strut)나 가(임시) 인버트를 설치하여 측방 변위를 제어한다.

지보재의 기초보강. 상반굴착 시 강지보재를 지지하는 인버트 양단의 지지부 또는 아치 하단부를 각(leg)부라 한다. 연약지반 터널 지보재의 지지력 보강 및 침하 억제를 위하여 각부에 강관이나 말뚝을 설치하고 주변에 그라우팅을 시행한다.

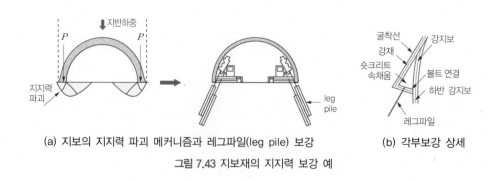

(a) 지보의 지지력 파괴 메커니즘과 레그파일(leg pile) 보강   (b) 각부보강 상세

그림 7.43 지보재의 지지력 보강 예

그라우팅 보강과 지하수 제어대책

지하수위가 높고, 투수성이 큰 지반에서 지하수의 유입은 지반 자립성을 저하시킬뿐 아니라 숏크리트와 록볼트의 부착력을 감소시켜 터널 안정성을 현저하게 저해한다. 이런 경우 지반에 그라우팅을 실시하거나 지하수위를 저하시켜 지반 안정성을 증진시킬 수 있다.

그라우팅(grouting). 그라우트 주입을 통해 지반의 강도를 증진시키거나 투수성을 저감시킬 수 있다. 터널 보강 그라우팅은 그림 7.44와 같이 터널 외부 및 내부에서 실시할 수 있다. 토피가 작은 터널은 지상그라우팅이 효과적이다. 반면, 터널심도가 깊거나 지상 접근이 불가능할 때는 터널 내 그라우팅이 불가피하다. 터널 내 그라우팅은 천공 작업 시 주입공이 외향경사로 천공되므로 연속된 '우산(umbrella)' 형상이 된다.

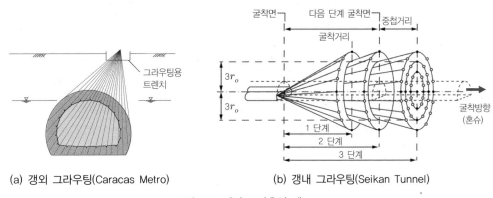

(a) 갱외 그라우팅(Caracas Metro) (b) 갱내 그라우팅(Seikan Tunnel)

그림 7.44 터널 그라우팅 예

지하수위 저하대책. 터널 굴착 전 미리 지하수위를 터널 굴착범위 이하로 저하시킬 수 있다면, 지하수 흐름으로 인한 침투력이 원천적으로 제거되고, 특히 사질지반의 경우, 겉보기 점착력이 유도되어 지반안정성이 증진된다. 배수공법에는 그림 7.45와 같은 딥웰(deep well, 심정), 웰 포인트(well point), 물 빼기공(수발공) 등이 있다. 배수공법은 **지하수위 저하에 따른 지반침하 또는 지하수 관련 환경문제**를 유발할 수 있어 적용에 따른 제약요인을 충분히 검토하여야 한다.

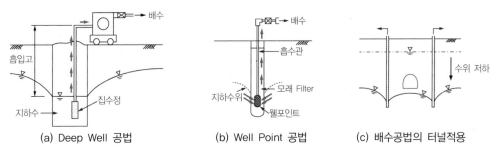

(a) Deep Well 공법 (b) Well Point 공법 (c) 배수공법의 터널적용

그림 7.45 지하수위 저하공법의 터널 적용 예

7.3.6 굴착시공의 관리

관용터널의 설계원리에 따라, 굴착 중 **확인되는 지반조건에 따른 설계수정(확정)**이 필요하다. 막장관찰 (face mapping)을 통해 **설계지반조건과 굴착면의 상이**(site differing condition)를 분석하여, 보정한다.

굴착면(막장) 관찰과 굴착지반 평가

막장관찰(face mapping). 굴착은 굴착면 상태를 눈으로 확인하여 터널 설계의 불확실성을 해소할 수 있는 최종적이고 가장 확실한 단계이다. 굴착으로 드러난 막장의 지질조건을 조사, 분석하는 활동을 **막장관찰** (face mapping)이라 한다. 야장(막장관찰용지), 지질 해머(hammer), 클리노미터, 강도측정을 위한 슈미트 해 머 등을 이용하여 굴착면 정보를 분석하고, **설계 지반조건과의 상이**(site differing conditions) 정도를 판단한 다. 막장관찰은 암반등급의 재평가와 설계수정, 그리고 막장의 낙반, 붕락 등 안정 검토에 매우 중요하다.

(a) 지질해머 : 암반상태   (b) 클리노미터 : 불연속면 방향   (c) 슈미트 해머 : 암반강도

그림 7.46 막장관찰 도구 예

막장관찰 시 막장의 지질정보와 현황을 사진으로 기록하여야한다. 주요 분석내용은 다음과 같다.

• 지층, 암석 분포, 지층의 주향, 경사
• 고결 정도, 풍화의 변질 정도, 경연 정도, 불연속면 성상
• 단층의 위치와 주향, 경사, 파쇄 정도, 협재물(충진물)의 유무와 성상
• 용출수의 위치와 정도 등

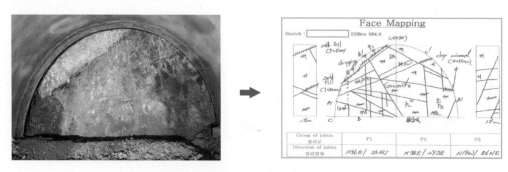

그림 7.47 막장관찰 예

암반등급 적정성 평가(RMR 보정). 설계 단계의 시추조사로 불연속면 방향을 정확하게 파악하기 어려우므로 막장관찰을 통해 터널 방향과 불연속면 경사 방향을 분석하여 설계 암반등급(설계 RMR)의 적정성을 재검토하여야 한다. 현장에서 굴착으로 확인된 굴착면 암반 조사 결과에 따라, 암반등급(RMR)을 재평가하고, 필요시 설계내용(암반 등급 및 그에 따른 굴착방식 및 지보 계획)을 조정하여 시공하여야 한다.

NATM의 RMR 보정과 관련하여, 터널 굴진방향과 불연속면 경사와의 관계를 그림 7.48에 보였다. 터널 굴진방향과 주향이 직교하는 경우, 불연속면 경사 20~45°를 경사방향으로 굴진할 때 막장면 활동파괴 위험이 높다. 주향이 터널축에 평행한 경우, 경사 45~90°에서 활동 가능성이 매우 높다. 불연속면의 방향과 경사, 그리고 굴진방향에 따라 RMR을 최대 (−)12까지 감소시켜 암반등급을 재평가하여, 설계를 검토·수정한다.

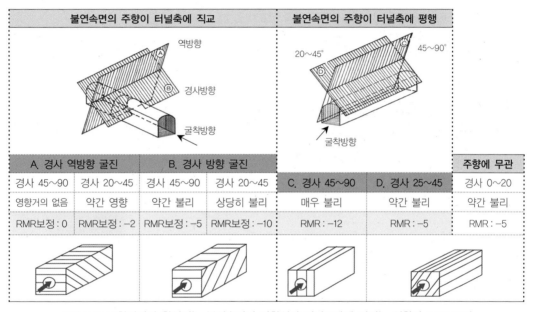

그림 7.48 굴착면에서 확인되는 불연속면의 방향성이 터널공사에 미치는 영향과 RMR 보정

여굴관리 measures of over break

여굴(over break)이란 계획굴착 범위를 초과한 굴착 경계부를 말한다. 진행성 여굴을 방치할 경우 터널 붕괴로 이어질 수 있으므로, 적절한 대응이 필요하다. 일반적으로 철망으로 여굴부를 채우고, 숏크리트를 타설하거나 그라우팅으로 여굴부를 메우는 방식으로 처리한다. 그림 7.49에 여굴 처리 예를 보였다.

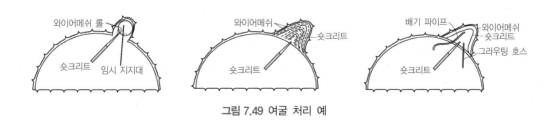

그림 7.49 여굴 처리 예

굴착면 용수대응

용수의 유입이 예상되는 경우, 굴착 전 그라우팅을 실시하여 침투력을 지중에 분포시키고 굴착면 유입을 최대한 억제하거나, 토사유실을 방지하며 지하수를 원활히 배수하여 굴착 중 수리적 불안정을 예방하여야 한다. 많은 터널 붕괴사고가 토사유실에서 비롯되었다.

굴착 중 지하수 침투에 대응하는 가장 경제적인 방법은 파쇄대나 단층을 교차하는 선행배수공(pre-drainage)을 뚫어 막장유입수가 정해진 경로로 원활히 배출될 수 있도록 유로를 형성해주는 것이다. 특히, 다음 경우의 막장 굴착 상황에서는 차수보다는 유도 배수가 바람직하다.

- 유입량이 많을 것으로 예측되는 때
- 예측하지 못한 갑작스러운 유출이 있을 때
- 선행 배수를 통해 굴착 및 지보작업을 용이하게 하고자 할 때
- 침투압이 수리 구조적 안정성을 손상시킬 우려가 있을 때
- 워터 렌즈(water lenses)가 예상될 때
- 절리 내 고수압을 완화시키고자 할 때

용수위치에 유공관이나 다발 집수관을 천공·삽입하여 침투수를 자연 배수시킬 수 있다. 이때 사용하는 배수관을 **수발공(drain pipe)**이라 하며(확인을 위한 배수공으로서 **감지공(feeler hole)**이라고도 한다), 필터를 채워 사용하면 토사유실을 억제하고 주변 수압을 감소시켜 굴착면 안정에 기여한다.

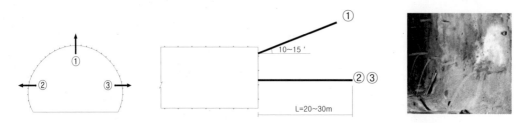

* 천공 길이 20~30m, 1~3공을 천공하여 막장 전방의 지질과 용수상태를 확인

그림 7.50 수발공(drainage pipe) 설치 예

유입수가 굴착부 일부분에서 발생하고 소량인 경우 50~100mm 직경의 파이프를 설치로 충분하다. 용수 범위가 넓을 경우에 다발관이나 부직포 혹은 방수막을 숏크리트 타설 전 철망에 고정하여 집수한다. 집수된 물은 가배수로로 유도한다. 이때 유출수가 토사를 함유하는지 분석하여야 한다. 토사유출은 수발공을 통한 후행성 지반침식을 야기하여 싱크홀, 함몰붕괴 등의 수리적 지반재해를 초래할 수 있으므로, 유리섬유 등 필터를 채운 수발공을 사용한다.

선진 수평 배수관의 길이는 굴착작업에 자주 간섭되지 않도록 가능하면 길게 시공한다. 배수관은 집수 기능을 가지며, 쉽게 굴착이 가능하여야 하므로 일반적으로 직경 35~100mm의 다공성 플라스틱관을 사용한다.

7.4 관용터널공법의 지보재 시공

관용터널의 굴착지보로 숏크리트(shotcrete), 강지보(steel set(rib) or lattice girder), 록볼트(rock bolt)가 주로 사용된다.

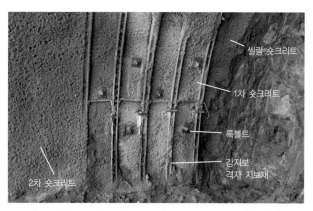

그림 7.51 관용터널 굴착지보 시공 예

7.4.1 숏크리트 시공

굴착면 숏크리트는 암 블록의 낙하 방지, 굴착면 풍화 방지(대기 접촉 방지), 암반 굴착면 요철부 응력집중 방지 등 원지반의 이완을 억제하며, 강지보 설치 전 지반하중을 분담하여 굴착면의 안정을 도모한다. 숏크리트가 지보기능을 적절히 발휘하기 위해서는 굴착면과 숏크리트 사이에 공극이 발생하지 않도록 밀실한 타설이 중요하며, 강지보 설치 시 그림 7.52와 같이 강지보와 일체가 되어 조합지보로 기능한다.

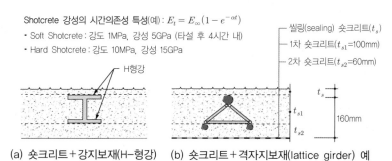

그림 7.52 숏크리트＋강지보(steel rib) 조합지보 단면 예

발파 직후 부석(들뜬 암석)이나 먼지를 제거한 뒤 바로 타설하는 숏크리트를 씰링 숏크리트(sealing shotcrete)라 하며, 굴착 후 가급적 빠른 시간 내에 타설하는 것이 바람직하다. 용출수가 과다한 경우는 배수(수발)관(drain pipe)을 매설하여 용출수를 유도하거나 급결성 몰탈 등으로 지수시킨 후 타설한다.

숏크리트 배합설계와 타설

숏크리트는 시멘트와 잔골재, 굵은 골재, 물, 급결제로 구성되며, 배합설계비는 설정 설계기준강도에 따른다. 급결제는 숏트리트의 초기강도 발현에 중요하며 시멘트 중량의 5~7%를 사용한다. **조기강도 발현을 위해 염화칼슘, 탄산소다, 수산화 알루미늄, AE제 등의 첨가재를 사용**한다.

숏크리트층에 **철망(wire mesh)**을 추가하거나, 섬유보강재를 혼합하여 인장성능을 개선할 수 있다. 최근, **강섬유 보강 숏크리트(Steel Fiber Reinforced Shotcrete, SFRS)** 사용이 일반화되고 있는데, 일반 숏크리트보다 두께 감소(약 20%), 작업시간 단축, 진동과 충격 저항성 증가, 인장 저항력 향상, 공사 인력감소 및 공기단축 등의 이점이 있다. 그림 7.53에 압축강도 증진(약 300%) 및 지반이완 제어 효과를 예시하였다.

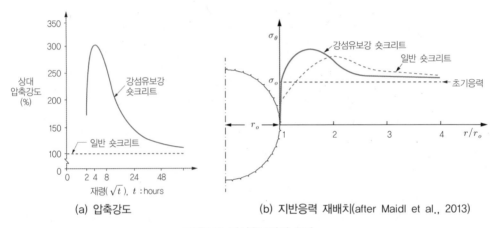

(a) 압축강도 (b) 지반응력 재배치(after Maidl et al., 2013)

그림 7.53 강섬유보강의 효과

숏크리트 리바운드량(타설면에 붙지 않고 바닥으로 떨어지는 량)은 타설 **노즐과 타설면과의 거리를 1.5 m 정도 유지하고, 타설면과 노즐의 방향이 직각에 가까울 때 최소**가 된다. 숏크리트 1회 타설 두께는 10cm 이내가 되도록 하며, 단면이 두꺼워 단계별로 분할 타설하는 경우, 층간 시공 시차를 1시간 이내로 한다. 타설은 터널 바닥에서 천장 방향으로 진행한다.

(a) 숏크리트 타설(타설면에 수직) (b) 강섬유 혼입 숏크리트

그림 7.54 숏크리트 타설 방법과 강섬유 숏크리트 예

숏크리트 타설 방법은 배합 및 시공 방법에 따라 **건식과 습식**으로 구분할 수 있다. 건식은 노즐에서 물과 배합재료를 합류시켜 분사하는 방법으로 분진 발생과 반발률(재료손실)이 크며 품질관리가 어려워 사용이 제한적이다. 터널공사에서는 배합재료를 미리 Mixing하여 압축공기로 타설하는, **습식 공법을 주로 사용**한다(그림 7.55). 습식 공법이 숏크리트 품질관리에 유리하며 분진 및 리바운드도 적은 장점이 있다.

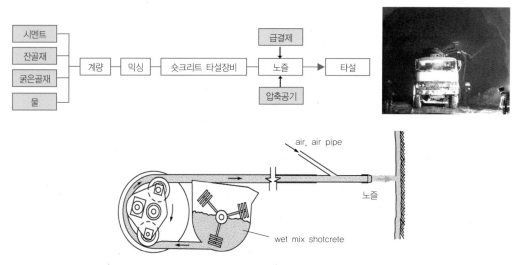

그림 7.55 숏크리트 공법(습식 숏크리트공법)

숏크리트의 강도관리

숏크리트의 강도는 시간경과와 함께 증가한다. 유동상태에서 경화하기까지 숏크리트의 강도 변화특성과 경과시간대별 강도 측정방법을 그림 7.56에 보였다. 급결제를 사용하면, 숏크리트 강도의 조기 발현을 유도할 수 있다. 타설 후 약 4시간 경과 시점에서 강성이 크게 증가하므로, 이를 기준으로 Soft Shotcrete와 Hard Shotcrete를 구분하기도 한다.

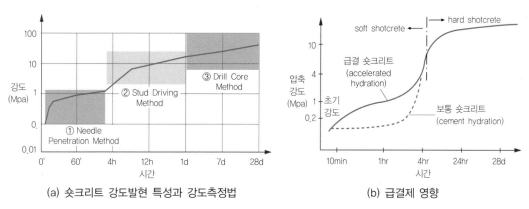

(a) 숏크리트 강도발현 특성과 강도측정법

(b) 급결제 영향

그림 7.56 숏크리트 강도발현 특성과 급결제 영향

7.4.2 록볼트 시공

록볼트가 지보재로서 기능하기 위해서는 그림 7.57(a)와 같이 선단정착 록볼트를 방사형으로 설치하여 내압효과가 발현되도록 하여야, 굴착면 주변에 지반 그랜드 아치(grand arch)가 도입된다. 아치 형성용 터널 지보재로 정착부와 선단을 고정하는 **선단 정착형 록볼트**가 유효하나, 현장에서는 지반보강재로서 기능이 지배적인 전면 접착형을 주로 사용한다. 그림 7.57(b)에 보인 바와 같이 전면접착식 록볼트나 마찰형 록볼트 등은 아치 형성개념보다는 소성영역 등 이완지반의 보강개념으로 기능한다. 록볼트는 지반 강성이 낮아질 수록 지보재 기능보다는 지반보강 기능의 개념이 우세하다.

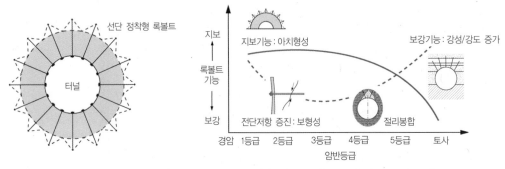

(a) 방사형 시스템 록볼팅에 의한 아치작용 개념   (b) 암반 강성(등급)에 따른 록볼트 기능

그림 7.57 지반조건에 따른 록볼트의 기능

그림 7.58(a)에 대표적 록볼트 유형인 선단 정착형 록볼트와 전면 접착식 록볼트를 예시하였다. 전면접착식은 그림 7.58(b)와 같이 천공 후 레진 혹은 시멘트 몰탈을 채운 후 록볼트를 근입하여 설치한다.

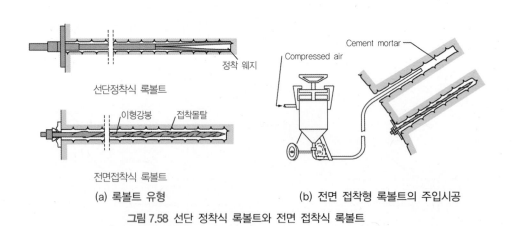

(a) 록볼트 유형   (b) 전면 접착형 록볼트의 주입시공

그림 7.58 선단 정착식 록볼트와 전면 접착식 록볼트

천공 자립이 어려운 구간에는 천공기와 록볼트 겸용형인 **자(직)천공형 록볼트**를 사용하며, 막장전방 보강 등 설치 후 제거가 필요한 구간에는 **GRP**(Glass fiber Reinforced Plastic)형 록볼트를 적용한다. 굴착면에

용수가 있거나 록볼트 효과를 조기에 발현시켜야 할 경우에는 마찰형 록볼트인 **강관 팽창형 록볼트**가 유리하다(그림 7.59). 표 7.4에 록볼트의 종류별 적용성을 예시하였다.

그림 7.59 강관 팽창형 마찰형 록볼트의 시공 및 정착 원리

표 7.4 록볼트의 종류와 적용성

기능	구분	정착 원리 및 적용성	정착 방법	개요도
지보재	선단 정착형	• 록볼트의 선단 정착 후 너트로 조임 • 절리 적은 경암, 보통암 층에 적용	웨지형, 익스팬션형, 레진형	
지반 보강	전면 접착형	• 충전재를 먼저 충전하고 볼트 삽입 정착	시멘트몰탈, 레진	
		• 공내 볼트 삽입 후 충전재 주입 정착	시멘트 밀크	
	마찰 접착형 (강관팽창형)	• 강관과 공벽 간 마찰력에 의해 정착 • 설치 즉시 지보기능 확보. 용수조건 유리	슬릿(slit)형 강관 팽창형	
	자(직)천공형 록볼트	• 록볼트 겸용 롯드, 선단으로 회전 천공 후 인발 없이 주입 정착. 자립곤란 구간에 사용	시멘트몰탈 또는 레진	
	GRP(FRP) 록볼트	• 록볼트 시공 후 제거가 필요 구간에 적용 • 부식으로 인한 볼트의 유효단면적 감소 없음	시멘트몰탈 또는 레진	

록볼트의 설치 시기와 배치

록볼트 설치 시기는 목적에 따라 다음의 3가지 경우로 구분할 수 있다. ① 양호한 지반조건에서 불연속 절리에 의한 소규모 붕락 방지가 목적인 경우 → 굴착 직후 지반응력이 해방된 후 설치, ② **주변 지반의 변위 억제 목적(지지링 형성-아치작용 유도 : 굴착지보기능)**인 경우 → 굴착 후 수 사이클이 지난 뒤 **숏크리트 위에 설치**, ③ 연약지반 터널의 굴착면 안정 확보를 위해 설치하는 경우 → 굴착 전 터널 막장면에 설치한다.

(a) 천공(점보드릴) (b) 록볼트 삽입 (c) 강관팽창 록볼트 시공 예

그림 7.60 록볼트 시공 예

터널 굴착면 주변에 규칙적으로 계획되는 록볼트를 **시스템 록볼트(system rock bolt)**라 하며, 취약 절리면 보강을 위해 임의 계획되는 록볼트를 **랜덤 록볼트(random rock bolt)**라 한다. 록볼트의 길이는 굴착단면의 크기와 이완영역의 발달 범위에 따라 결정되며 보통 소성 영역 폭의 **1.2~1.5배 이상** 또는 **설치 간격의 2배 정도**로 계획한다. 터널 굴착면의 접선에 수직한 방향으로 설치하며, 인접한 록볼트간 상호작용의 발휘가 가능한 간격 이내로 설치한다. 록볼트의 길이는 일반적으로 3~5m, 직경은 20~32mm 수준이다. 시공 후 일정 비율로 샘플링하여, 정착력 확인을 위한 인발력 시험(pull-out test)을 실시한다.

7.4.3 강지보 시공

숏크리트는 타설 직후, 강성이 작아 변형되기 쉽고, 토사지반의 지보기능으로 미흡하다. 따라서 도심지 연약지반 터널과 같이 변형이나 지표침하를 제한할 필요가 있는 경우에는 강성이 큰 강지보재를 병행 사용하여 지반변위를 제어한다. 굴착 직후 먼저 타설된 씰링 숏크리트가 원지반의 지지기능을 유지시켜 주는 동안 강지보를 설치하고, 1차 및 2차 숏크리트를 타설하면, 경화 후 숏크리트가 강지보가 일체화된 합성구조체로서 지반 하중을 지지한다.

강지보재의 종류는 H(I)형, U형, 격자지보(lattice girder) 등이 있다. 지반의 압착(squeezing) 또는 팽창(swelling) 거동이 예상되는 경우 주면길이 조정이 가능한 **U-형의 가축성 지보재**가 유용하다(제3장 3.4.3절 압착대책). 갱구부, 편토압 구간, 연약지반, 단층대 등 지반이완이 예상되는 경우에는 강성이 큰 H-형 강지보재를 적용한다. 하지만, H-형 강지보재 배면과 단면 굴곡부는 숏크리트의 타설이 용이하지 않아 공극이 남을 수 있어 주의가 필요하다. 숏크리트의 두께가 얇은 경우에는 숏크리트와 강지보재의 결합거동을 기대하기 어려울 수 있다. 지보재로 사용하는 대표적 H-형 강의 규격을 그림 7.61에 예시하였다.

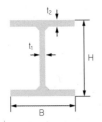

규격 (mm)	표준단면치수(mm)				단위중량 (kg/m)	단면적 (cm²)	단면2차모멘트 (cm⁴)		단면계수 (cm³)	
	H×B	t_1	t_2	r	W	A	I_x	I_y	Z_x	Z_y
150×150	150×150	7	10	11	31.5	40.1	1,640	563	219	75.1
200×200	200×200	8	12	13	49.9	63.5	4,720	1,600	472	160
250×250	250×250	9	14	16	72.4	92.2	10,800	3,650	867	292

그림 7.61 H형 강지보재의 단면 예(규격표시방법 : H×B×t_1×t_2)

또 다른 강지보재인 격자 지보재는 강봉을 삼각형 또는 사각형으로 엮어 만들어 터널형상에 맞도록 제작한 것이다. 가벼워 취급이 용이하며, 인력과 장비소요가 적어 시공성이 좋은 반면, 휨 강성은 다소 낮다. 그림 7.62에 현재 주로 사용되고 있는 대표적 격자 지보재의 규격과 단면특성을 예시하였다.

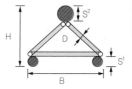

규격 (예)	단면치수(mm)					단면적 (cm²)	단위중량 (kg/m)	단면2차모멘트 (cm⁴)		단면계수 (cm³)	
	H	S¹	S²	B	D			I_x	I_y	Z_x	Z_Y
type 70	139	18	26	180	10	10.4	10.7	359	337	51	37
	141	20	26	180	10	11.6	11.7	405	406	53	45
	145	20	30	180	10	13.4	13.1	485	407	66	85
	149	22	32	180	10	15.6	14.9	589	482	78	54
	155	26	34	180	10	19.7	18.2	774	641	92	71

그림 7.62 격자 지보재 단면 예(규격 표시 방법 : H×S¹×S²)

(a) H-형 강 지보재　　　　　　　　　(b) 격자 지보재

그림 7.63 강지보 설치 작업 예

강지보의 시공 시 중요한 유의사항 중의 하나는 **강지보와 지반을 밀착**(tight contact)시키는 것이다. 밀착이 미흡하면 강지보의 지반 변형 제어기능을 기대하기 어렵다. 강지보의 밀착 또는 기초지지가 적절하지 못하면 강지보가 하중을 지지하는 것이 아니고, 오히려 강지보가 숏크리트에 매달리게 되는 위험 상황이 될 수 있음을 유의하여야 한다.

7.4.4 배수재와 방수막 시공

터널 방배수 시공은 방배수 설계 개념에 따라 다르다. 비배수 터널의 경우 전주면에 걸쳐 방수막이 설치되므로, 배수재 및 배수로 설치가 생략된다. 대부분의 관용터널공법은 배수터널을 채용하므로 여기서는 배수터널을 중심으로 살펴본다.

배수시스템

터널로 유입되는 지하수를 모아 배출하는 체계를 배수시스템이라 한다. 배수시스템 계획은 터널의 종단선형과 연계하여 이루어져야 한다. 터널의 종단경사에 의해 유입수가 중력흐름으로 집수정(collecting well)에 유입되도록 하는 것이 유리하다.

터널을 향해 방사형으로 유입된 지하수가 숏크리트와 콘크리트 라이닝 사이에 설치된 유도배수층(부직포)을 따라 배수공으로 차집 되고, 터널 바닥부에 있는 종(측방)배수관, 횡(수평)배수관을 거쳐 측벽 또는 중앙배수관으로 흐르게 되며, 중앙배수관으로 유입된 지하수는 집수정으로 유입되고, 집수정에서 펌핑작업으로 외부로 배출되도록 배수시스템이 구성된다. 그림 7.64는 배수터널의 배수체계를 예시한 것이다.

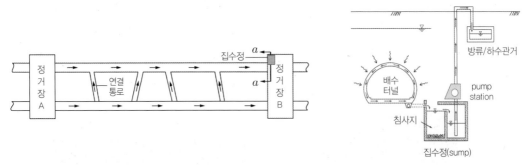

(a) 지하철 터널 (평면)배수 계통도 예   (b) 집수정 및 펌핑 시스템(a-a 단면)

그림 7.64 터널 단면의 배수시설

측구와 배수관

측벽배수관은 배수재를 통하여 집수된 지하수를 배수하며, 통상 직경 100~150mm 이상의 유공관을 사용한다. 중앙배수관(주배수관)은 **인버트의 중앙부(**직경 200mm 이상**) 또는 양쪽 측벽**에 설치한다. 집수정과 펌프설비는 적절한 여유가 확보되어야 한다(비상계획 포함). 최근 터널 유입량의 획일적 산정기준으로 유입이 없는 곳에 과다한 시설이 설치되거나, 시설 용량이 부족한 사례가 있어 정확한 유입량 산정이 요구되고 있다. 배수로는 콘크리트로 타설되며, 자연경사로 집수정과 연결된다.

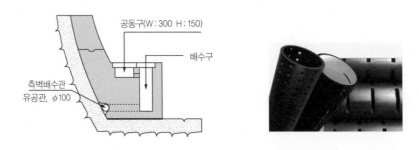

그림 7.65 측구와 (다공성) 측벽(횡) 배수관

배수재와 방수막

방수재료는 라이닝 콘크리트 타설 시 손상이 없도록 보호되어야 한다. 인장강도 16MPa 이상, 인열강도 6MPa 이상, 신도 600% 이상, 가열 신축량이 신장 및 수축 시 각각 2.0mm 이하 및 4.0mm 이하의 재질로서 두께 2mm 이상을 원칙으로 하되, 동등 이상의 재질인 경우 두께를 조정하여(줄여) 사용할 수 있다. 압착에 의한 배수성능 저하를 방지하기 위하여 돌기가 형성된 일체형 방수막(드레인 보드 등)을 사용하기도 한다.

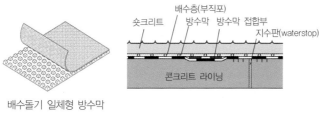

(a) 배수재 + 방수막 일체형 방수막 시공단면   (b) 방수막 시공 예

그림 7.66 일체형 방수막과 시공 예

7.4.5 콘크리트 라이닝(최종지보) 시공

콘크리트 라이닝은 부담 하중에 따라 **무근 혹은 철근 콘크리트로 시공**된다. 산악터널 등 암질이 좋아 구조적 보강이 필요하지 않은 경우에는 라이닝을 설치하지 않거나, 무근 콘크리트로 계획할 수 있다.

라이닝 단면결정 및 철근배근

철근 콘크리트 라이닝 단면은 제5장 라이닝 구조해석 절차에 따라 철근량을 산정하여 설계기준에 따라 배치한다. 터널 라이닝에 배치되는 철근은 주 철근, 배력 철근, 전단 철근 등으로 구분되며, 그림 7.67에 예시하였다. 원주방향 철근은 설계하중을 지지하는 주 철근으로서 인장 및 압축에 저항한다. 종방향 응력의 고른 분포를 위해 배력 철근을 주 철근과 직각 방향으로 배치하며, 인장력에 저항하도록 전단철근을 배치한다.

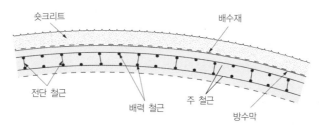

(a) 콘크리트 라이닝 배근도

(b) 철근 조립 현황(천장부 및 측벽부)

그림 7.67 철근 콘크리트 라이닝 배근 예

라이닝 콘크리트 타설

콘크리트 라이닝 타설은 그림 7.68과 같은 **강재 거푸집(steel slip form)**을 이용한다. 거푸집 길이는 약 10m 내외로서 보통 수십회 반복 사용한다. 콘크리트 라이닝은 일반적으로 전 구간 굴착 후 타설하는 순차 시공이 경제적이지만, 강재 거푸집 내부로 버력처리 차량 동선 확보가 가능하고, 굴착 직후 안정성 유지가 필요한 경우라면 굴착면과 일정거리를 두고, 굴착작업과 병행하여 진행하는 것이 바람직하다.

(a) 콘크리트 라이닝 거푸집 | (b) 천장부 주입공 예

그림 7.68 콘크리트 라이닝 타설을 위한 이동형 거푸집(sliding(rolling) formwork)

콘크리트 라이닝의 천장부는 타설 한계, 콘크리트의 소성침하와 레이턴스 발생 등으로 공극이 발생할 수 있다. 콘크리트 타설 후 공동 존재 여부를 검사하고, 공동이 확인된 경우, **천장부 채움 그라우팅**을 실시하여야 한다(타설 약 2개월 경과 후, 주입압<2Bar 수준으로 주입).

콘크리트 라이닝 타설 시 시공이음부에서 건조수축 등의 영향으로 균열이 발생할 수 있다. 따라서 적절한 시공이음 및 신축이음을 두어야 한다. 그림 7.69(a)에 이음부 처리방법을 예시하였다.

터널의 종방향 시공이음부에는 조인트 프로파일을 두고 **지수판(waterstop)**을 설치하여 누수를 방지하여야 한다. 그림 7.69(b)는 이음부에 설치되는 대표적 지수판의 형태를 예시한 것이다.

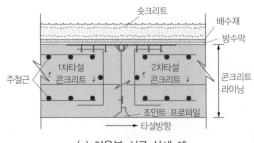

(a) 이음부 시공 상세 예

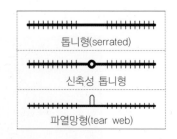

(b) 대표적 지수판(waterstop)의 예

그림 7.69 이음부 상세와 지수판

7.5 터널공사의 계측관리

7.5.1 터널공사의 특성과 계측의 의의 instrumentation

'**계측**'은 측정기기를 설치하여 지반거동을 모니터링하는 작업을 말한다. 설계 시 아무리 많은 비용과 노력을 들여 조사하여도 지반에 대한 완전한 정보 획득이 불가능하므로 시공 중에도 불확실성이 잔존할 수밖에 없다. 따라서 예상되는 문제 혹은 거동에 대한 모니터링으로 불확실성에 대한 관리가 필요하다.

터널공사에서 계측은 굴착 이면의 잔존 지반불확실성을 관리하는 수단이라 할 수 있다. **계측을 이용한 리스크 저감**의 원리는 그림 7.70에 보인 바와 같이, 이상거동을 조기에 발견하고 필요한 조치를 취함으로써 사고를 예방하는 것이다. 이상거동의 발견이 늦을수록 리스크가 증가하며, 붕괴에 이를 수 있다. 따라서 **문제를 조기 발견하여, 신속하게 위험에 대응하는 것이** 터널 계측관리의 목적이다.

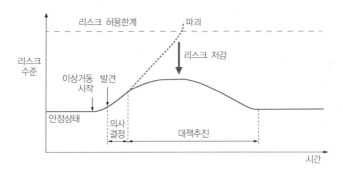

그림 7.70 계측의 의의 및 원리

터널공사와 관련하여 계측이 특별히 중요한 구간은, 주변 중요 구조물을 인접하여 통과하는 경우, 지반이 취약하여 터널의 안정이 우려되는 경우 등이다. 계측을 통해 관리하여야 할 터널공사와 관련된 문제들을 그림 7.71에 예시하였다.

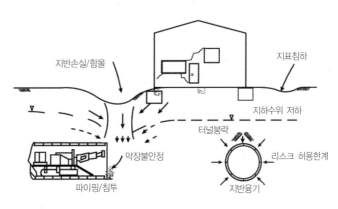

그림 7.71 터널공사로 인한 거동과 야기되는 문제의 예

7.5.2 터널공사의 계측계획

계측 계획은 터널 굴착 거동과 관련한 모니터링 계획을 구체화하는 작업이다. **가장 취약한 관심 거동이 가장 잘 드러날 수 있도록 계획하여야 한다.** 계측으로 파악하여야 할 주요 거동정보는 다음과 같다.

- 지반(암반) 및 지보재의 붕괴에 대한 안정성이 확보되는가?
- 수리적으로 안정한가? 지하수위 저하가 발생하는가? 토사유출이 일어나고 있는가?
- 인접 구조물 및 지중 시설물(life lines)에 미치는 영향(침하, 변형, 균열)은 없는가?

표 7.5에 터널공사와 관련되는 거동문제와 계측변수를 예시하였다. 그림 7.72는 터널굴착에 따른 거동관찰을 위한 계측기 배치 단면을 예시한 것이다.

표 7.5 터널공사의 주요 거동변수와 위치

터널굴착이 유발하는 거동		주요 측정 위치	계측 특성
터널거동	• 내공변위, 축력 • 토압	터널 라이닝 인접 지반, 인접 건물 및 시설	굴착 후 측정 가능
지반거동	• 침하, 부등침하, 수평변위, 응력 • 융기(heave, rebound) • 경사(tilt)	터널 상부 지표, 터널 인접 지반 터널 인버트 인접건물 및 지반	굴착 전 측정 가능 (터널 외부)
인접건물 (시설) 영향	• 침하, 부등침하, 경사 • 균열, 수평변형률	건물 바닥 슬라브, 주변 시설물(utilities) 기둥, 슬라브, 기초보	굴착 전 측정 가능
지하수/유입수 거동	• 수위저하, 수압변화 • 유입량, 토사유출량	터널 주변 및 인근 터널 내부	굴착 전(중) 측정 가능

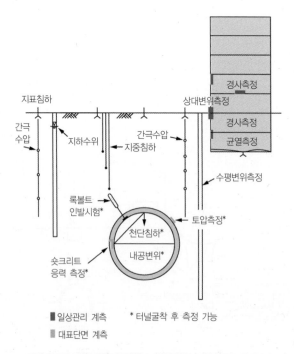

■ 일상관리 계측　　* 터널굴착 후 측정 가능
■ 대표단면 계측

그림 7.72 터널굴착에 따른 거동영향과 계측기 배치 예

계측영역(범위)의 설정

굴착 영향의 발생영역을 고려하여 관찰범위를 설정하고, 관찰영역 내에서 관심 거동에 대한 계측 항목과 계측 위치를 결정하여야 한다.

거동 영향권의 설정은 계측기의 설치수량과 관련되므로 공사비와도 관련된다. 따라서 영향권을 합리적으로 판단하여야 효과적이고 경제적인 계측 계획을 마련할 수 있다. 직접영향권의 판단은 과거 유사지반의 계측자료, 충분한 모델 경계 범위를 설정한 수치해석 결과 등을 이용할 수 있다.

그림 7.73은 계측 경험에 기초한 **터널굴착에 따른 거동 영향범위**의 예를 보인 것으로, 터널계측 범위 설정에 참고할 수 있다. 계측 영향 범위는 기존의 실측 결과 분석 자료와 수치해석 결과를 참고하되, 적어도 지표 거동이 일어나는 영역 이상으로 설정하여야 한다.

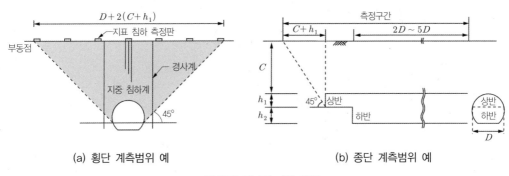

(a) 횡단 계측범위 예   (b) 종단 계측범위 예

그림 7.73 터널의 계측 범위

계측기의 설치위치

계측 계획 시 굴착영향의 전반경향 파악은 수치해석의 결과를 활용할 수 있다. **계측기 설치위치는 취약 거동을 가장 먼저 뚜렷하게 드러내는 지점**이 되어야 한다. 이러한 지점은 주변 지반, 인접 구조물 현황, 수치해석결과 등을 기초로 판단할 수 있다. 일반적으로 다음을 고려한다.

- 응력 집중이 예상되는 곳
- 가장 먼저 항복 또는 파괴강도에 이르는 지점
- 예상 활동면 혹은 설계상 최소 안전율의 파괴면
- 배수장애가 있는 지점
- 불확실성 요소가 많아 거동의 평가가 어려운 위치(접근 곤란 위치 등)
- 인접 구조물의 경우, 균열 및 경사 부위
- 기타 다른 영향이 게재되지 않는 위치

측정 대상 시설물의 규모나 위험도에 기초하여 계측기기의 배치밀도를 검토하여야 하며, 구조적으로 가장 위험한 단면(최대변위와 최대응력이 나타날 것으로 예상되는 위치)에 계측기를 집중 설치하여야 한다.

계측의 실효성 확보 방안

계측의 실효성 확보를 위하여 **반드시 준수하여야 할 계측의 기본원리**를 정리하면 다음과 같다.

- 측정하고자 하는 거동이 발생하기 전에 설치하여야 한다
- 계측기 설치로 인해 측정 대상거동이 영향을 받아서는 안 된다
- 지속적인 측정이 가능해야 한다(계측기의 내구성, 측정범위 등)
- 계측기기간 연관분석이 가능하여야 한다(계측기간 설치간격)
- 계측위치는 해석, 실험 등의 결과와 비교할 수 있도록 정하여야 한다

그림 7.74는 터널의 대표적 계측인 내공변형 그리고 주변 지반의 수평변형 측정원리를 예시한 것이다.

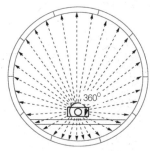

laser beam method, photogrammetric method(photo images)

(a) 터널 프로파일링(tunnel scanner)

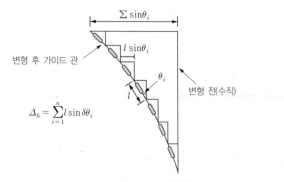

$$\Delta_h = \sum_{i=1}^{n} l \sin \delta\theta_i$$

(b) 경사계(inclinometer)의 수평변위의 측정원리(L : 탐침 길이, θ_i : i구간의 기울기 측정치)

그림 7.74 대표적 터널거동의 계측 예

한 위치에서 여러 거동을 동시에 측정하여 연계분석하면, 보다 정확한 터널거동 파악이 가능하다. 계측 결과의 상호 연계분석은 같은 단면에, 혹은 인접 설치한 경우에만 가능하므로, 계측 계획 시부터 이를 고려 하여야 한다. 계측기의 조합설치는 계측기기 간 상호 연관성이 유지되도록 가급적 인접하게 배치하되, 계기 강성으로 인한 영향이 배제되도록 하여야 한다. 그림 7.75는 터널거동의 연계분석을 위한 계측기 배치 단면 의 예를 보인 것이다. 연계분석을 할 계측기는 대체로 터널직경 범위 내로 설치하는 것이 바람직하다. 거동

연계 분석에 유용한 상호거동은 변위-간극수압, 변위-토압, 간극수압-토압, 간극수압-누수량, 토압-누수량 등이다.

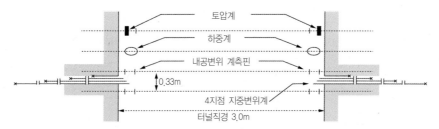

그림 7.75 연계분석을 위한 계기의 인접배치 예(터널의 경우 계측기간 약 0.33m 간격 바람직)

NB : 터널이 지하차도와 같은 강성이 큰 지중 구조물의 하부를 통과할 때, 구조물 하부와 지반 사이에 지반 침하로 인해 공동이 발생할 수 있다. 이 경우 구조물 거동만 측정하는 경우, 하부 공동을 인지 못하게 된다. 이런 경우 구조물의 바닥을 천공하여 지반 침하계를 설치하여야 지반거동을 모니터링할 수 있다.

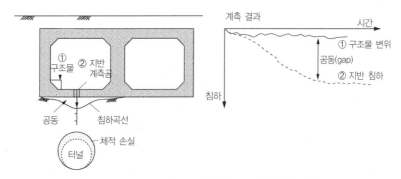

그림 7.76 구조물 하부 굴착에 따른 계측 실패 사례

NB : 지하수와 토사 유입의 측정과 대응

많은 터널 붕괴사고가 지하수와 토사유출로 시작된다. 하지만 굴착 중 유입수와 토사 유입량을 정확히 측정하기 쉽지 않고, 관리기준도 미비하다. 특히 토사유입은 터널 주변지반의 실질적인 이완과 공동화의 신호이므로, 토사유실이 확인되는 경우 수압은 저감하되 토사유실이 방지되는 대책이 검토되어야 한다.

계측 관리기준의 설정

계측을 통해 공사추진의 적정성 및 위험도를 판단하기 위해서는 거동에 대한 계측 관리기준 설정이 필요하다. 계측 관리기준은 주로 허용치와 변화속도로 규정하며, 변화속도는 향후거동 진전 예측에 중요하다.

관리기준치는 터널 자신뿐만 아니라 주변 영향도 검토하여 상황에 적합한 관리기준을 마련해야 하며, **작업자와 공공의 안전**을 위한 안전규정까지도 고려하여 한다. 관리기준은 설계기준, 이론 및 수치해석, 그리고 유사 사례의 계측 결과 등을 토대로 터널, 지반, 인접건물에 대하여 설정한다(제10장 유지관리 참조).

7.5.3 계측 결과의 분석과 대응

계측 결과는 측정일자, 경과일수, 초기치, 금회 변위, 누계 변위를 정해진 양식에 항목별로 정리하여야 하며, '시간-계측치' 관계로 표시하여 거동의 변화경향을 신속히 파악할 수 있도록 하여야 한다.

계측 결과는 의미 있는 정보로 **프로세싱**(processing)되어야 한다. 데이터 프로세싱의 목적은 필요한 조치를 가급적 빨리 취할 수 있도록 변화를 쉽게 알게 하고 거동의 경향을 파악하여 향후 거동을 추정하는 데 있다. 흔히 사용되는 계측 데이터의 표현형식은 다음과 같으며, 이를 그림 7.77에 예시하였다.

- 시간변화 그래프(관리기준과 함께 표시)
- 거동변화의 경향(변화속도)
- 측정값과 예측치의 비교 그래프
- 원인과 결과 관계 그래프(예, 하중-변위)

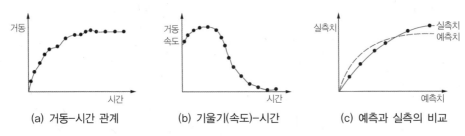

(a) 거동-시간 관계   (b) 기울기(속도)-시간   (c) 예측과 실측의 비교

그림 7.77 계측 값의 표현과 분석에 대한 대표적 그래프의 예

계측 데이터는 경험 있는 전문가가 검토·분석하여, 적절하게 평가하고 비정상 거동 여부 등에 필요한 조치를 위한 정보로 지원할 수 있어야 한다. 계측 데이터 분석은 예측조건과 실제 지반조건의 차이, 시공 계획과 실제 시공속도의 차이를 고려하여야 한다.

NB : 계측에 대한 올바른 이해가 부족하여 당초 취지와 달리 과다한 계측 계획으로, 공사에 기여하지 못하고 오히려 경제적 부담만 주는 역기능 사례도 다수 보고되고 있다. 따라서 모든 계측 활동은 유의미하게 계획되어야 하고, 건설 중 그 의미가 실현되어야 한다. 불필요한 계측은 배제하여야 하며, 계측을 하였다면 그 결과를 반드시 활용하여야 한다. 계측관리를 특정 참여기관(예, 시공사)에 종속시키지 않고, 독립적인 안전관리 활동이 보장될 수 있도록 별도 계약하는 공사 관리 체계도 검토할 만하다.

터널 내 계측 결과의 초기치 보정

터널의 내공변위는 터널의 안정과 관련하여 중점 확인하여야 할 거동의 하나이다. 하지만 내공변위를 포함하여, 터널 내부에 설치되는 계측기의 측정값은 그림 7.78에 보인 바와 같이 **굴착 이후**에나 얻을 수 있다. 따라서 측정된 거동은 전체 변형의 절반에도 미치지 못할 수 있어, 굴착 전부터 측정한 지표거동 등과의 상관분석 등을 통해 **초기치를 추정하여 보정**하여야 한다.

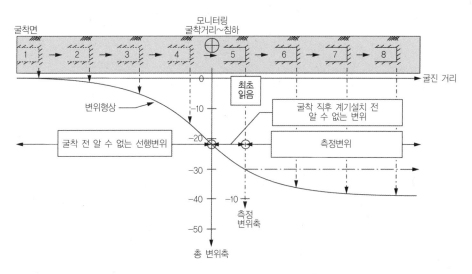

그림 7.78 터널 내 계측의 측정 시기와 보정

NB : 계측 초기치 추정법

터널의 천단침하, 내공변위, 지중변위 등은 굴착 후 면 정리가 완료되어야만 측점 설치가 가능하므로 계기 측정값은 전체 거동의 일부분일 뿐이다. 터널의 굴착 영향을 모두 포함하는 총(누적) 거동(침하, 변위, 압력 등)을 Δ_T라 하면, 이는 계기 측정 거동(Δ_m), 굴착 후 계기 측정 전까지 진행된 미계측 거동(Δ_o), 굴착 전 진행된 선행 거동(Δ_p)의 합이므로, $\Delta_T = \Delta_p + \Delta_o + \Delta_m$으로 표현할 수 있다.

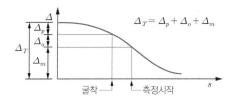

$$\Delta_T = \Delta_p + \Delta_o + \Delta_m$$

Δ_m : 터널 시공 중 계측된 거동량
Δ_o : 굴착면 도달 후부터 측정 전까지 발생한 거동량
Δ_p : 굴착면 도달 직전까지 발생한 거동량
Δ_T : 지반에서 발생한 총 거동량
s : 막장거리

그림 7.79 굴착면 도달 전 선행거동(Δ_p)의 추정

선행거동은 굴착이 계획된 계측단면에 도달하기 전에 발생한 거동이다. 터널거동의 추이는 선행거동 측정이 가능한 지표변위 또는 천단의 종방향 침하곡선 등을 참고하여 파악할 수 있다. 일반적으로 종방향 침하곡선 분석결과, 선행거동(Δ_p)은 최종거동(Δ_T)의 약 20~30%인 것으로 알려져 있다(압력굴착(shield tunnelling) 20%, 비압력굴착(conventional tunnelling) 30%). 미계측 거동 Δ_o, 측정거동 Δ_m인 경우, 계측기가 측정하지 못한 선행거동은

$$\Delta_p = \Delta_T \times (20 \sim 30)\% \ \text{또는} \ \Delta_T = \frac{1}{0.7 \sim 0.8}(\Delta_m + \Delta_o)$$

미계측 거동(Δ_o)은 굴착 후 측정 전까지의 시간적 구간에서 발생한 거동이며, 측정 전후 경계에서 거동이 급격하게 일어나 변곡점이 형성되는 구간이다. 비교적 굴착 후 조기에 측정이 이루어진 경우에는 굴착 직후 거동이 최초 계측 거동(Δ_m)과 같은 경향으로 발생하였다는 가정하여 가장 최근 측정변위의 추세(회귀)분석으로 추정할 수 있다.

CHAPTER 08

TBM 공법
Mechanized Tunnelling

TBM 공법
Mechanized Tunnelling

TBM(Tunnel Boring Machine)공법은 원통형 전단면 굴착기를 이용한 기계식 터널굴착공법(mechanized tunnelling)이다. 쉴드 TBM은 굴착에 이어 지상의 작업장에서 만들어진 세그먼트(segment) 부재로 라이닝을 조립하여 터널을 완성한다. TBM의 도입은 전통적인 '터널 건설'이 '터널 생산 플랜트' 개념으로 전환되는 의미를 갖는다. 영국의 Brunel이 1818년 쉴드 TBM의 원형이라고 할 수 있는 굴착장비를 개발한 이래, 점점 더 많은 터널 막장에서 TBM이 가동되고 있다.

이 장에서 다룰 주요 내용은 다음과 같다.

- TBM 굴착 메커니즘과 적용성
- TBM 공법의 장비 구성과 굴착성능 검토 방법
- Gripper TBM 공법의 설계와 시공
- 쉴드 TBM 공법의 설계와 시공

8.1 TBM의 굴착 메커니즘과 적용성

8.1.1 TBM의 굴착 원리

　TBM(tunnel boring machine)은 굴착에서 버력처리까지 기계화된 전단면 터널 굴착기를 말한다. 일반적으로 굴착면의 자립이 확보되는 견고한 암반에 적용되는 Gripper TBM과 밀폐 막장 압력조건에서 굴착하고 세그먼트 라이닝을 설치하는 Shield TBM으로 구분된다.

| (a) Gripper TBM(GTX-A 5공구, DL E&C) | (b) Shield TBM(별내선 2공구, 두산건설) |

그림 8.1 TBM의 예

　그림 8.2는 TBM 커터헤드의 회전축 골격을 보인 것이다. TBM 전면의 커터헤드(cutterhead)를 추력(thrust)과 토크(torque)로 밀며 회전할 때, 커터헤드에 장착된 굴착도구(cutting tools)가 지반을 절식(또는 압쇄)하고, 버력운반 설비가 굴착토를 후방으로 배토한다.

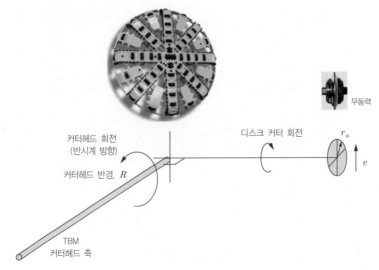

그림 8.2 커터헤드의 회전 굴착원리

TBM 굴착도구의 절삭 및 압쇄 메커니즘

커터헤드에는 굴착도구로서 암반용 디스크 커터(disc cutter) 또는 토사용 커터 비트(cutter bit 또는 pick)
가 장착된다. 커터헤드의 추력(thrust force)과 회전력(torque)으로 암반(지반)을 압쇄, 전단 굴착한다. 그림
8.3은 지반과 굴착도구에 따른 지반 굴착원리를 보인 것이다.

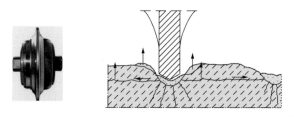

(a) 디스크 커터(disc cutter) : 암반 압쇄   (b) 커터 비트(cutter bit) : 토사 절삭

그림 8.3 커터의 절삭원리

Disc Cutter의 암반 압쇄 메커니즘. 디스크 커터는 동력으로 회전하는 커터헤드에 반경방향으로 직각인 무
동력 축에 장착된다. 반경 R인 커터헤드의 시간당 회전수가 N이고, 반경 r_o인 디스크 커터의 시간당 회전수
가 n이면, $2\pi r_o n = 2\pi RN$이므로, $n = RN/r_o$이다. 이때 커터의 선 속도(v)는 다음과 같다($R : 0 \rightarrow R$).

$$v = \frac{2\pi r_o n}{1\ \text{hour}} = 2\pi NR / hr \tag{8.1}$$

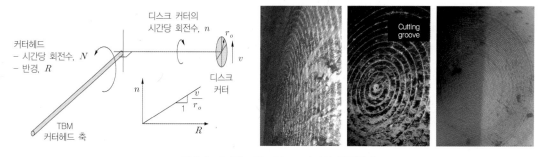

그림 8.4 커터헤드와 디스크 커터의 회전관계

회전 중인 디스크 커터의 날(blade)에는 그림 8.5와 같이 추력 p_c와 회전마찰력, p_r이 작용한다. 디스크 커
터 직경 D, 접촉 길이 w, 관입 심도가 P인 경우 디스크 커터의 1회 절삭 시 회전력에 대한 추력의 비율은 다
음과 같이 나타낼 수 있다.

$$\frac{p_c}{p_r} = \sqrt{\frac{D-P}{P}} \tag{8.2}$$

여기서 디스크 접촉길이는 $w/2 = \sqrt{D^2 + (D-P)^2}$ 이다. 디스크 접촉 폭이 접촉길이와 같다면, 접촉면적은 $A \approx wt = w\,2P\tan(\theta/2)$ 이다. θ는 디스크 모서리각이다.

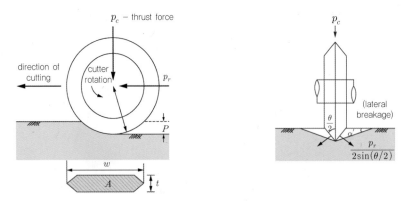

그림 8.5 디스크 커터의 압쇄절삭 메커니즘(A : 접촉면적)

암석의 일축압축강도가 σ_c 라면, 암반 절삭에 필요한 추력(p_c)과 회전력(토크), p_r 은 다음과 같다.

$$p_c = A\sigma_c = \sigma_c\,2wP\tan(\theta/2) = 4\sigma_c\sqrt{(D-P)P^3}\,\tan(\theta/2) \tag{8.3}$$

$$p_r = 4\sigma_c P^2 \tan\left(\frac{\theta}{2}\right) \tag{8.4}$$

Cutter Bit의 토사 절삭 메커니즘. 디스크 커터와 달리, 절삭날이 연속되지 않는 커터비트와 같은 굴착도구를 스크레이퍼(scraper)라고 한다. 커터비트의 절삭 메커니즘은 그림 8.6과 같이 **전단 또는 인장파괴이론**으로 설명할 수 있다. 커터비트(cutter bit 또는 pick)의 수직방향의 힘(추력, p_c)에 의해 관입(P : penetration)이 일어나고, 커터헤드 회전에 의한 전단력으로 지반을 절삭한다.

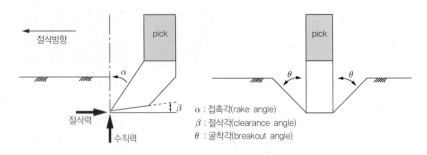

그림 8.6 커터비트의 토사 절삭 메커니즘

커터비트의 설계인자는 커터비트(또는 pick)의 폭(w), 절삭 깊이(P), 접촉각(α), 지반(암석)의 인장강도(σ_t)이며, 커터비트의 접촉각이 작을수록 절삭저항은 증가한다.

8.1.2 TBM 공법의 적용과 특성

TBM 터널공사의 작업범위

TBM 작업은 다공종(multi-disciplinary) 공사로서 토목, 기계, 전기, 전자, 재료, 지질 분야의 기술자 및 전문가 간 긴밀한 협업이 요구된다. 따라서 운영팀을 이끄는 관리자의 종합운영능력과 역할이 중요하고, 팀원 개인이 고도로 훈련되고 기술적 경험이 풍부해야 한다.

쉴드 TBM의 제작은 설계부터 공장의 가조립까지 약 6개월에서 1년이 소요된다. 특수하거나 직경이 증가할수록 제작기간은 늘어난다. 제작된 TBM 장비는 공장에서 가조립하여 시운전을 통해 성능을 확인한 다음, 운반이 가능한 규모로 분할하여 작업장으로 운반된다.

TBM 터널공사를 추진하기 위해서는 지상 작업장 확보, 발진 및 도달계획, 세그먼트의 제작(쉴드 TBM의 경우) 등을 검토해야 한다. 그림 8.7은 TBM 터널공사의 작업단위 구분과 시공흐름을 정리한 것이다.

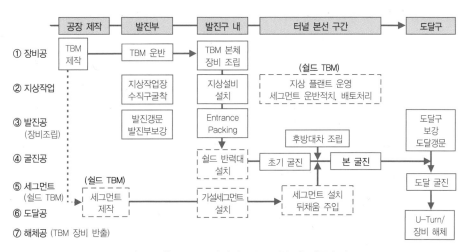

그림 8.7 쉴드 TBM 터널의 공종 구분 및 시공순서

발진구에서 TBM 장비 조립이 완료된 후, TBM의 후방설비가 터널 속으로 들어가기까지의 굴진 과정을 초기 굴진이라 하며, 이후 굴진을 본 굴진이라 한다. 초기 굴진은 본 굴진을 시작하기 전 장비의 적정성 검토, 설계의 타당성을 검증하여 효율적 굴진작업을 준비하는 과정이라 할 수 있다. 추진 작업 중 굴착상태, 기계의 이상 유무 등을 점검해야 하며, 추력, 토크, 토압 등 **각종 계기수치로 지반상태의 변화를 분석하고 굴진 기록부를 작성하여 이를 향후 굴진작업에 Feedback**하여야 한다.

관용터널공법이 다공종, 고(高)인력구조의 작업체계인 데 비해, TBM은 비교적 소수의 장비 운영팀과 지원인력으로 작업이 가능하다. 일반적으로 터널 작업은 하루 12시간, 일주일에 6~7일 가동된다. 굴착 계획 시 커터의 교환 시기 등을 판단하여, 부품 수급 계획을 마련해야 한다. 굴진 작업의 중단은 굴진 효율에 직접적인 영향을 미친다. 따라서 굴진 트러블로 인한 가동중지(downtime)를 줄이기 위한 대응 시나리오를 체계적으로 검토하여 준비해야 한다.

TBM 공법의 적용성

TBM 공법은 직경 15m 이상의 대형단면 터널 건설도 가능해지며 적용이 급격히 확대되어왔다. 특히 도심지역에서 소음, 진동 등 환경문제와 발파 안전에 대한 시민들의 우려, 그리고 지하수 환경보전과 관련한 대응책으로 기존의 관용터널공법을 쉴드 TBM 공법이 대체해가고 있다. 대심도 지하공간(40m 이상)의 이용 증가, 초대심도 산악터널 등 터널연장이 장대화하며 발파공법의 대체 굴착공법으로서 TBM의 적용이 확대되어왔다. 일반적으로 **TBM 적용이 바람직한 조건**은 다음과 같다.

- 곡선이 많지 않은 4km 이상의 수평터널
- 갱구부에서 버력처리 플랜트, 세그먼트 라이닝 적치 등 발진부지 확보가 가능한 경우
- 장대 터널로서 터널 중간에 접근터널 설치가 곤란한 경우
- 암반강도가 17~250MPa, 마모도(AVS)가 1.0~4.0 범위인 경우
- 불량암반 상태가 전체의 20%를 초과하지 않고, 고압지하수 및 대량용수의 위험이 없는 곳

터널공법을 선정하는 데 있어서, D&B를 주 굴착공법으로 하는 관용터널공법과 기계식 TBM 공법 중 어느 것을 선택할 것인가는 매우 중요한 기술적 이슈이다(Box 6.7 참조). 가장 중시되는 요소는 경제성이며, TBM 장비가격이 고가이므로, 일반적으로 터널연장이 길수록 TBM 굴착이 D&B 굴착보다 경제적인 것으로 알려져 있다. 하지만 장비성능이 개선되고 장비비는 상대적으로 내려가 TBM 적용의 경제성 분기점이 1982년 약 5~6km이던 것이, 2000년대 이후 약 2km 정도로 단축되었다. 공법 적용성에 대한 판단은 경제성 외에도 각 국가의 노동시장, 환경규제 여건 그리고 현장 특성에 따라 달라진다. 최근 경제성에서 다소 우위에 있던 관용터널공법이 임금 상승, 지하수 환경 영향, 그리고 굴착진동에 따른 사회적 비용 문제로 어려움을 겪으면서, TBM을 이용한 기계식 굴착공법의 적용성(특히, 도심지)이 관심을 받고 있다. **TBM 터널공법이 선호되고 수요가 증가하는 이유**는 다음과 같이 요약할 수 있다.

- 작업환경이 '굴착작업(mining)'이 아닌 '공장작업(factory work)'으로서 작업자의 편의와 안전 개선
- 작업의 기계화·자동화로 굴착속도가 빨라져 공기 단축
- 배토량, 막장압, 여굴, 지반거동 등의 공사내용과 굴착영향을 측정하고 제어가 가능
- 저소음, 저진동, 저분진 등 친환경적이며, 지하수 교란영향이 적음
- 세그먼트를 사용하는 경우 라이닝 품질을 확실하게 관리할 수 있음
- 임금상승, 규제기준 상향으로 관용터널 비용이 상승하여 상대적으로 비용 경쟁력 향상
- 기존 지상시설에 미치는 영향 최소화
- 어떤 형태의, 거의 모든 종류의 지하구조물 건설에 적용 가능
- 침하규제, 지하수 유출 제어 등 엄격한 건설 요구조건 수용 가능
- 사회적 파장이 큰 막장의 전반 전단파괴의 가능성을 피할 수 있음

유럽, 일본의 TBM 적용 비율은 60~80%, 미국은 50%, 중국은 40% 수준이며, 우리나라는 2009년 1% 미만 수준이었으나 점차 증가하고 있다. 유럽의 도시지역에서는 연결 터널과 같은 짧은 터널, 불가피한 비원형 터널을 제외하면 대부분 TBM 공법을 적용하고 있다. 현재 국내에서는 장비의 설계·제작을 거의 100% 외국에 의존하고 있어, 순 공사비만 비교할 경우 관용터널공법이 경제적인 경우가 많다. 또한, TBM의 경우 아

직 객관적인 공사비 산정 기준이 정착되어 있지 않고, 초기 장비투자비 과다, 재활용 제약의 문제가 있으며, 무엇보다도 숙련된 장비운영자(operator)가 절대 부족한 실정이다.

TBM공법의 적용 여부는 경제성은 물론, 공기 단축, 시공성, 민원 발생, 친환경성 등을 종합적으로 고려하여 결정하여야 한다. 그동안 시공 사례들로부터 확인된 **TBM 공법의 장점**을 정리하면 다음과 같다.

- 연장이 긴 선형 터널에 적용 시 시공효율이 높고 공기와 공사비를 절감할 수 있다
- 소음/진동, 지표침하, 분진 등 공사오염 유발이 적고, 지하수 환경 교란이 적다
- 인력 투입 저감 및 공사기간의 단축이 가능
- PC세그먼트의 채용으로(쉴드터널) 시공관리가 용이하며, 라이닝 품질관리가 확실하다
- 공장(factory)형 작업환경이므로 작업자의 안전관리가 용이하고, 수준을 높일 수 있다

한편, **TBM 터널공법의 단점 혹은 추가 비용소요 요인**이 다음과 같이 지적되고 있다.

- 적용 선형, 곡률반경(최소 곡률반경 : 40~80m) 및 경사구배(약 2% 이내)에 제한이 있다
- 비원형 터널, 대형 터널(현재 직경 약 17m 이상)의 시공이 어렵다(특수 커터헤드 장비 필요)
- 주로 원형 단면이므로 터널 용도에 따라 사공간이 증가할 수 있고, 단면 최적화가 어렵다
- 초기 투자비가 높고(장비비), 터널 연장이 길면 세그먼트 비용이 증가한다(쉴드터널)
- 시공 중 트러블(trouble) 발생 시 대처가 어렵고 장비의 후진이 어렵다
- (최근 다양한 지반에 적용 가능한 장비가 생산되고 있지만) 지반의 변동성 대응에 제약이 따른다
- TBM 장비의 조립과 발진은 지상 또는 지하에 대규모 공간(부지)을 필요로 한다
- 지반특성이나 상세 지하정보(방해물에 대한 위치, 기하학적 형상, 구조적 특성 등)에 대한 엄격한 조사가 필요하다. TBM은 비교적 안전하고, 고속 굴착의 이점이 있으나, 굴착 중 막장지질을 확인할 수 없어 지반변화 대응이 용이하지 않다. 따라서, 세밀한 사전 지반조사가 요구된다

TBM 굴착 기계장치는 운전자의 운영능력, 굴착 대상 지반의 이해 등에 따라 매우 다른 성과를 나타낼 수 있다. 훌륭한 의사들이 의료 전자장비의 도움을 받아 치료에 활용하듯이, 터널 기술자가 현장에 부합하는 장비의 제작을 유도하고, 기계가 커버하지 못하는 운전조건을 조성(conditioning)하고 제어(control)하여 정해진 기간 내에 트러블을 극복하고 경제적으로 터널 건설을 완성하는 것은 터널 기술자의 몫이다. 의료장비가 아닌 의사가 사람을 치료하고 살려내듯, TBM 장비가 아닌 터널 기술자가 양질의 터널을 적기에 건설하는 것이다. 따라서 TBM 공법의 주체도 여전히 '사람(operator)'임을 인식할 필요가 있다.

TBM 터널공법을 학습함에 있어, TBM의 기계적 구성과 원리에 대한 이해는 기본적인 요구 소양이며, 굴착계획, 마모 등 기기 관리, 지반 Conditioning, 트러블 해소(trouble shootings) 등 TBM 작업과 관련한 지반공학적 기여를 간과하여서는 안 된다. 지반 공학적 측면의 기계적 요구사항을 장비 제작에 효과적으로 반영토록 장비 제작자와 터널 기술자 간 긴밀하고 지속적인 소통이 필요하다.

8.2 TBM 공법의 장비구성과 굴착능력 검토

TBM은 기계 산업의 발전과 함께 적용지반, 추진방식, 막장안정방식 등에 따라 다양한 형태로 진화하여 왔다. TBM 공법은 주요 작업이 모두 기계화된 장비에 의해 이루어지므로 이에 대한 이해가 중요하다.

8.2.1 TBM의 유형과 분류

TBM 장비의 구분

TBM은 쉴드의 유무, 운영 모드, 추진방식, 막장지지방식 등에 따라 다양하게 분류된다. TBM 굴착공법의 유형을 그림 8.8에 보였다. 크게는 막장자립이 가능한 경암용 그리퍼(gripper, open) TBM, 밀폐구조의 막장압으로 연약지반 또는 고수압조건에 적용하는 쉴드(shielded, pressurized) TBM으로 구분된다.

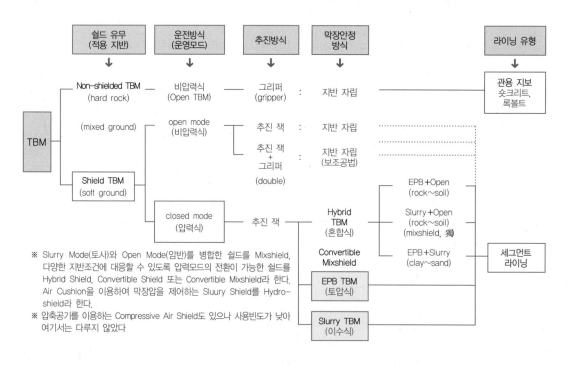

그림 8.8 TBM의 분류

추진 방식에 따른 TBM 구분. TBM은 전진을 위한 반력(추진력) 확보 방법에 따라 그림 8.9와 같이 3가지로 분류된다. 먼저, 암반 굴착면과 TBM의 그리퍼(gripper)를 이용한 마찰력으로 추진하는 방법(주로 Hard Rock TBM), 막 설치된 쉴드 TBM의 세그먼트를 지지대로 삼아 전진하는 추진 잭(thrust jack) 방법, 그리고 쉴드와 그리퍼를 모두 채용하여 그리퍼를 이용한 전진, 추진 잭을 이용한 세그먼트 설치 작업을 동시에 추진하는 더블 쉴드 방식이 있다. 더블 쉴드 방식은 관용지보와 세그먼트 라이닝 중 선택이 가능하다. 더블 쉴드 TBM은 장비가격이 다소 비싸나, 작업 시간을 절감하고, 터널 노선을 따른 지반의 변동성 대응에 유리하여 적용이 확대되는 추세이다. TBM은 일반적으로 전진만 가능하며, 쉴드 원통 중간에 관절 기능의 중절 잭 (intermediate jack)을 두어, 제한범위의 곡선부(반경 80m 이하) 굴착, 경사 굴착 및 방향 전환도 가능하다.

(a) 그리퍼 TBM　　　　　(b) 쉴드 TBM : 추진 잭　　　　(c) 더블 쉴드 TBM : 그리퍼＋추진 잭

그림 8.9 추진방식에 따른 TBM 구분

막장안정 방식에 따른 TBM 구분. TBM은 막장안정 방식에 따라 표 8.1과 같이 비압력식과 압력식으로 구분된다. 압력식 굴착에는 이토압식(EPB), 이수압식(slurry type), 그리고 모드 전환이 가능한 혼합식이 있다.

표 8.1 막장안정 방식에 따른 TBM 분류

막장안정 방식과 TBM의 종류			주요 특징
비압력식 (open TBM)	비지지 또는 기계식 지지 (mechanical support)	conveyer belt	커터헤드를 지반에 밀착시켜 압력을 유지하여 막장의 안정을 유지 • Skin Plate(쉴드) 있음 • Gripper 추진 잭에 의한 추진 • Open Mode 굴진(기계식 압력 가능)
압력식 (closed face TBM)	토압식 (earth pressure balanced machine)	screw conveyer 배토	커터로 굴착한 토사에 첨가재를 주입교반하여 소성 유동화한 이토압으로 막장 안정을 유지 • Skin Plate(쉴드) 있음 • 추진 잭에 의한 추진 • Closed Mode 굴진
	이수식 (slurry machine)	압력이수 이수 유입 이수 배토	이수(벤토나이트 슬러리액)에 소정의 압력을 가하여 막장의 안정을 유지 • Skin Plate(쉴드) 있음 • 추진잭에 의한 추진 • Closed Mode 굴진 (압력 Chamber 내에 격벽을 두어 공기 쿠션압으로 이수에 압력을 가해 막장압을 제어하는 장비를 Hydroshield라 한다)
	혼합식 (hybrid, or convertible shield)	압력이수 고농도이수 배토	이토압 및 이수가압식 쉴드의 밀폐모드와 Open TBM 기능을 복합적으로 갖추어 지반상태에 따라 모드전환이 가능한 쉴드 • Skin Plate(쉴드) 있음 • Closed 및 Open Mode 기능 겸비

8.2.2 TBM 장비의 주요 구성 부문

TBM 구성 개요

대표적 TBM인 Gripper TBM과 Shield TBM의 기본 구조를 그림 8.10에 예시하였다. TBM 장비의 주요 구성은 커터헤드, 메인 드라이브, 굴착도구(cutting tools)이다. Shield TBM은 여기에 세그먼트 라이닝 설치를 위한 쉴드원통, 추진 잭, 세그먼트 라이닝 이렉터, 그리고 백필주입을 위한 주입장비와 씰링 시스템이 추가된다. 그림 8.10에 주요 TBM 구성체계를 단순화하여 비교하였다.

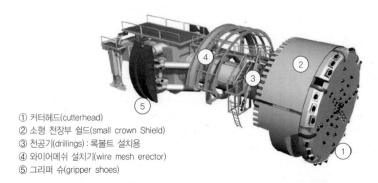

① 커터헤드(cutterhead)
② 소형 천장부 쉴드(small crown Shield)
③ 천공기(drillings) : 록볼트 설치용
④ 와이어메쉬 설치기(wire mesh erector)
⑤ 그리퍼 슈(gripper shoes)

(a) Gripper TBM : Non-shielded(open) TBM

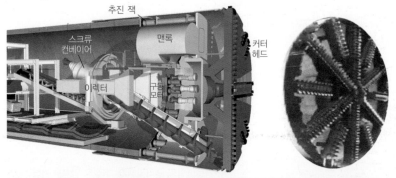

(b) 쉴드 TBM – EPB 쉴드(링 기어가 구동모터 외측에 위치하는 외주 지지방식)

(c) 쉴드 TBM – Slurry 쉴드

그림 8.10 주요 TBM 구조 비교

커터헤드 cutter head

커터헤드란 커터가 장착된 TBM의 회전 면판을 말한다. 커터헤드는 중앙 샤프트의 원반기어를 다수의 구동모터(drive motor)로 회전시킨다.

커터헤드는 지반과 접촉하여 굴착이 이루어지는 TBM의 핵심 부분이며, 굴착 저항력이 최소가 되도록 지반에 따라 커터헤드의 형상을 달리한다. 경암 또는 극경암인 경우에는 큰 추력을 가할 수 있고 압쇄와 절삭효과를 높일 수 있는 돔(dome)형, 암반이 연약할수록 편평한 형상인 심발(deep flat face)형 또는 평판(flat face)형이 굴착면 안정 확보에 유리하다.

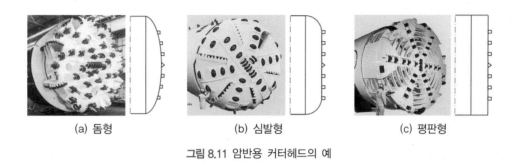

(a) 돔형   (b) 심발형   (c) 평판형

그림 8.11 암반용 커터헤드의 예

반면, 토사나 연암반과 같은 연약지반의 경우 그림 8.12에 보인 스포크(spoke)형 또는 면판(flat)형 커터헤드를 주로 적용한다.

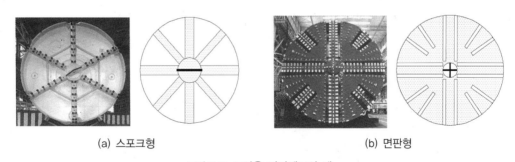

(a) 스포크형   (b) 면판형

그림 8.12 토사용 커터헤드의 예

커터헤드 개구율(opening ratio). 커터헤드에는 배토를 위한 개구부가 있다. 커터헤드 전체 면적(A_r)에 대한 개구부 총 면적(A_s, 커터비트의 투사 면적 배제)의 비를 커터헤드의 **개구율**이라 한다.

$$O_r = \frac{A_s}{A_r} \tag{8.5}$$

개구율이 너무 크면 막장지지에 불리하고, 너무 작으면 배토 흐름이 저해되므로 지반 조건에 따른 최적의 개구율 확보가 필요하다. EPB 쉴드의 개구율은 25~30%이나 Slurry TBM의 일반적인 개구율은 10~30%(50%를 상회할 수도 있다)이다. 점성토에서는 개구율을 증가시키는 것이 바람직하지만 너무 크면 굴착면의 붕괴 안정성이 위협될 수 있다. 점토가 커터헤드에 부착되는 Sticking 현상은 커터헤드 형상, 즉 개구율과 밀접한 관련이 있다. Sticking 현상은 회전속도가 느린 중앙부에서 시작되므로 중앙부의 개구율을 외곽보다 높이는 게 좋다.

TBM 운전을 중단하는 경우, 막장압이 소멸되어 개구부의 붕괴 또는 토사 유입이 일어날 수 있어, 개구부 개폐 장치인 슬릿(slit)을 구비하기도 한다.

커터헤드 지지구조와 메인 드라이브 main drive

커터헤드 지지구조. 커터헤드 반경이 증가하면 추력과 토크가 직경의 1~3제곱배로 증가하며, 진동 등 장비 불안정성도 크게 증가한다(TBM 터널 직경 확대의 제약 요인). 직경이 작은 TBM의 경우 구동모터가 링 기어 내측에 배치되는 센터샤프트 및 중앙 지지방식이 채용되나, TBM 직경이 클수록 커터헤드 지지구조가 회전축에 가까워져 불안정해지므로, 지지구조가 커터헤드 외곽을 지지하는 외주 지지방식이 유리하다.

메인 드라이브(main drive). 커터헤드를 작동시키는 장치를 메인 드라이브라 하며, 구동 모터, 링 기어, 메인 베어링, 씰링 장치 및 하우징 구조물 등으로 구성된다. 구동모터는 전동 또는 유압모터이며 모터축의 피니언 기어가 링 기어와 맞물려 커터헤드 지지축을 회전시킨다. 쉴드 고정부(내륜)와 커터헤드 회전축(외륜) 사이에 원통형 메인 베어링이 위치하여 구동모터의 회전력이 커터헤드에 전달되도록 한다. 구동부는 굴착 버력과 접촉이 일어나므로 토사가 메인 드라이브로 유입되지 않도록 씰링 시스템이 채용된다.

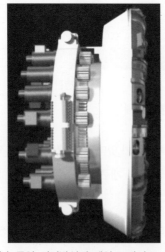
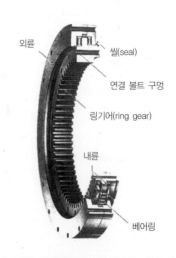

(a) 중앙 지지방식의 메인 드라이브 예   (b) 외주 지지방식의 링 기어와 메인 베어링 예

그림 8.13 지지방식에 따른 메인 드라이브 구조 예

고정부와 커터헤드 회전 접촉부에는 토립자가 침투하지 못하도록 토사 씰이 설치되어 있다. 회전상태에서 1,000kN/m^2 이상의 내압을 견디도록 립(rib) 타입으로 구성되어 기밀성을 유지하며, 유입수 차단과 원활한 회전을 위해 그리스(grease) 윤활제를 지속 주입한다.

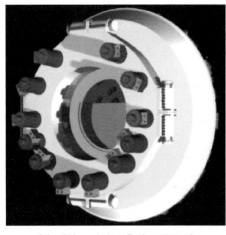

(a) 메인 드라이브 후면 : 구동모터　　　　　　　　(b) Tortional Ring

그림 8.14 커터헤드 챔버와 구동모터(중앙 지지방식)

구동모터. 구동모터의 피니언 기어가 커터헤드 회전축과 연결된 링 기어를 회전시킨다. 모터의 설치개수는 소요토크로부터 결정되며, 보통 8~16개로 구성된다.

굴착 절삭도구 cutting tools

굴착도구에는 **암반용 디스크 커터와 토사 또는 연암용 커터비트**가 있다. 커터비트는 회전력을 이용하는 절삭식, 디스크 커터는 회전 및 압축력에 의한 압쇄식 굴착도구이다. 디스크 커터는 일축강도가 1,000kgf/cm^2 이상인 경암반에 주로 적용하며, 커터비트는 일축압축강도가 300~800kgf/cm^2 정도인 연암 이하의 지반 절삭에 효과적이다.

절삭도구는 커터헤드에 장착된다. 그림 8.15는 커터헤드에 배치된 커터의 명칭을 예시한 것이다. 디스크 커터는 커터헤드에 장착되는 위치에 따라 중앙부의 Center Cutter, 외곽 굴착용 Gauge Cutter, 그리고 커터헤드 중앙과 외곽부 사이의 Face Cutter로 구분한다.

개구부에는 굴착 암편(버력, muck)이 잘 모아져 배토되도록 하는 Scraper를 둘 수 있다. 디스크 커터의 설치 간격은 직경에 따라 '14 in 커터'의 경우 대략 60~65mm, '19 in 커터'의 경우 대략 75~90mm이다. 절삭 효율 및 에너지 효율의 극대화를 위하여, 인접한 디스크 커터는 동시에 같은 궤적을 지나지 않도록 배치한다. 절삭 도구의 마모에 따른 교체는 굴진 정지가 필요한 작업으로서, 커터헤드는 신속한 절삭 도구 교체가 가능하도록 시설이 구비되어 있어야 한다.

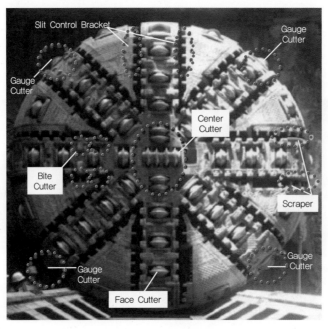

그림 8.15 커터헤드와 커터의 명칭 및 배치 예

암반용 디스크 커터(disc cutter). 디스크 커터(disc cutter 또는 roller cutter)란 그림 8.16과 같은 직경 12~19in(483mm)의 암반 굴착용 원판형 굴착도구를 말한다. 풍화암 등을 굴착하는 경우 커터 비트와 조합 설치되는데, 이 경우 선행 굴삭 및 티스 비트의 보호 기능도 갖는다.

(a) single　　　　(b) double　　　　(c) triple　　　(d) 디스크 커터 내부

그림 8.16 디스크 커터의 종류와 내부구조

디스크 커터는 일반적으로 일축강도(σ_c)가 70~274MPa인 암반에 적용한다. 연암 이하 굴착 장비인 **Road Header**의 절삭 도구인 Drag Pick은 $\sigma_c < 70$MPa 조건에 사용한다. 저강도 암반(연암)의 경우 회전력으로 절삭 효율을 높일 수 있으나, 고강도 암반일수록 추력에 의한 압쇄가 효과적이다. 하지만 초경암반의 경우 ($\sigma_c = 275$~415MPa), 암석을 갈아내는 방식의 커터(여기에는 Tooth Cutter와 Button Cutter가 있다)가 굴착 효율이 높다. 디스크 커터의 마모는 TBM 운영 경비를 증가시키므로 마모 관리는 매우 중요하다. 복합지반 에서는 커터헤드 회전속도를 줄여 디스크 커터의 파손을 막는 등 운전 경험의 노하우가 필요하다.

토사용 커터비트(cutter bit). 커터비트는 커터헤드에 배치되는 토사 굴착용 칼날이며, 역할에 따라 여러 종류가 있다. 커터비트의 본체는 크롬 몰리브덴강, 니켈크롬 몰리브덴강 등의 내마모 재료로 만들어지며, 굴착 팁(tip) 부분은 텅스텐, 코발트, 카본 등의 초경합금을 용접하여 제작한다. 곡선부 등 계획 굴착 외경 이상으로 확대 굴착하는 여굴용 커터를 **카피 커터**(copy cutter, over cutter)라 하며, 개구부에 접하여 굴착 암편을 개구부로 쓸어 담는 역할을 하는 굴착도구를 **스크레이퍼**(scraper) 비트라고 한다.

(a) 커터비트(cutter bits) : 고결성 점토 굴삭

(b) 쉘 비트(shell bits) : 자갈, 풍화대 지반의 선행굴삭 및 티스 비트의 보호

(c) 스크레이퍼 비트(scraper bits)(또는 티스 비트, teeth bits) : 절삭된 토사를 개구부로 쓸어 담는 역할

그림 8.17 토사용(풍화암) 커터비트의 예

커터의 배치, 개수와 간격. 일반적으로 디스크 커터는 단위 직경당 균등 배치된다. 커터 배치의 기본 원칙은 인접한 커터가 같은 궤적을 갖지 않도록 하는 것이다. 한 종류의 커터를 동일 간격으로 설치한다면, 커터 개수 N은 $N \approx D/2s$(D : 커터헤드 직경, s : 커터 간격)이다. 한편, 커터가 반경 방향으로 단위 직경당 받을 수 있는 힘을 f라 하면, f가 작용하는 최대 길이는 터널 직경 $2r_o$이므로 커터헤드에 작용하는 총 저항력 $F = 2r_o \times f$이다. 따라서, 소요 커터 개수는 개략적으로, '$N = F/$ 단위 커터당 허용하중'으로 평가할 수 있다. 만일 한 종류의 디스크 커터만 장착하는 경우, 커터직경 D, 커터간격 s라면 디스크 커터 개수(n)는

$$n \approx \frac{D}{2s} \tag{8.6}$$

디스크 커터 간 간격이 너무 크면, 커터 사이의 암석이 굴착되지 않는 미굴이 발생하며, 커터 간격이 좁을 경우 커터사이의 굴착이 과하게 이루어지는 여굴(overbreak)이 발생할 수 있다. 커터의 배치와 간격이 굴착 효율을 지배하므로 커터헤드 설계에 있어서 커터 간격을 결정하는 것은 중요하다.

암석시료에 대한 선형절삭시험(LCM, Box 8.1)을 시행하여 얻은 시험 단위 관입깊이(P) 및 커터 간격(s)에 소요되는 디스크 커터의 회전하중(P_r)을 **비에너지**(specific energy, $S_e = P_r/(s \times P)$)라 정의한다. 디스크 커터의 간격 s와 비에너지 S_e의 관계는 그림 8.18과 같이 나타난다. 선형절삭시험 결과에 따르면 비에너지가 최소가 되는 간격 s가 최적 배치 간격이다.

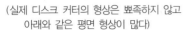

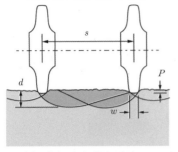

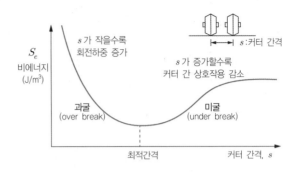

(a) 최적 커터 배치 간격   (b) 커터 간격(s)과 비에너지(S_e) 관계

그림 8.18 커터 최적 배치 간격(미굴 없이 암편이 분리되는 거리)

가급적 커터 1개가 미치는 영향이 균등하게 배치되어야 전단면이 원활하게 굴착된다. 커터 간격이 너무 크면 **미굴**(under break)이 발생하고, 작으면 **과굴**(over break)이 일어나므로, 커터 간격은 최적의 파괴쐐기 (chip formation)가 발생하도록 설정되어야 한다. 일반적으로 커터의 설계는 실험적 또는 경험적 방법을 이용하며, TBM 제작사의 시공실적과 운영 경험이 반영된다.

복합 지반용 커터헤드의 커터 배치. 지반이 복합적인 경우 그림 8.19(a)와 같이 커터 비트와 디스크 커터가 조합 설치된다.

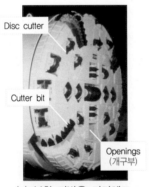

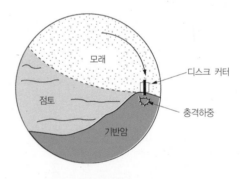

(a) 복합 지반용 커터헤드   (b) 복합 지반에서 커터 충격

그림 8.19 복합 지반조건의 커터헤드와 커터 충격 예

터널 단면이 상부 풍화토에서 하부 연암(경암)까지 변화하는 복합 지반(그림 8.19(b))의 경우에는 암반과 토사의 특성을 동시에 고려하는 커터헤드가 필요하다. 이러한 복합 지반의 경우 디스크 커터와 커터 비트를 조합 배치한 세미돔형 커터헤드가 사용된다. 토사용 커터 비트는 회전 중 암반에 부딪히면 쉽게 손상될 수 있으므로(치핑 마모, 그림 8.26(c) 참조), 복합 지반에서는, 굴착속도를 낮춰야 한다.

8.2.3 TBM 굴착 성능 검토 : 추력과 토크(회전력) thrust force & torque

TBM 커터헤드의 면판 형상, 커팅 툴(cutters)의 선정과 배치는 지반 특성에 따라 결정된다. 쉴드의 조달 계약조건에 따라 다양한 장비 선정 방법이 있지만, 신규 장비를 사용하는 경우 터널 설계자가 지반조건 및 터널굴착 계획에 대한 데이터를 제작사에 보내 검토의뢰하고, 제작사의 설계안이 제안되면, 설계자와 제작 자간 상호 세부협의를 통해 확정한다.

TBM은 대상 지반(암질, 지하수압, 광물구성 등)을 굴착하기에 적합한 기계적 능력을 지녀야 한다. TBM 장비는 주어진 지반 조건에 대하여 요구 추력 및 회전력을 충분히 감당할 수 있어야 한다.

추력 thrust force, propulsion

추력은 커터헤드를 굴착면을 향해 밀어 내는 힘으로 TBM 추진체의 주변마찰과 지반 굴착 저항력의 합 보다 커야 한다. 추력은 굴착도구에 작용하는 절삭에 필요한 수직력, 막장압, 쉴드(skin plate)의 마찰저항 (friction) 등을 고려하여 결정한다. 그림 8.20에 TBM에 작용하는 추력과 저항력의 작용체계를 예시하였다.

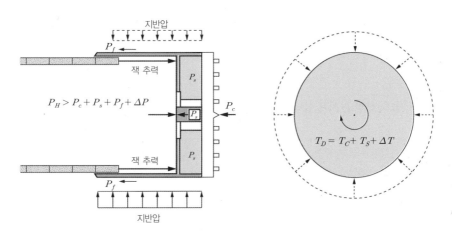

그림 8.20 밀폐형 쉴드 TBM의 추력 및 토크

그림 8.20에서 TBM 굴진방향에 대한 힘의 평형조건을 고려하면, 추력은 다음 조건을 만족하여야 한다.

$$P_H > P_c + P_s + P_f + \Delta P \tag{8.7}$$

여기서, P_c : 디스크 커터(혹은 커터 비트)에 작용하는 하중, P_s : 밀폐형 쉴드 TBM의 경우, 막장압에 해당 하는 하중(open mode에서는 '0'), P_f : 쉴드 외판(shield skin)과 지반 사이의 마찰력, ΔP : 여유 추력이다.

TBM의 이론 추력 산정. 추력은 커터헤드의 전진에 저항하는 요인들에 의해 결정된다. 추력 산정 시 고려 대상 요인들은 절삭 도구(cutters)의 저항, 막장압, 지반과 쉴드의 마찰저항 등이다.

① 커터헤드 전면 굴착도구(커터 비트 및 디스크 커터)에 의한 저항, P_c

커터헤드에 설치된 N개의 커터를 통해 지반에 전달되는 추력, P_c는 다음과 같다.

$$P_c = \sum_{i=1}^{N} p_{ci} = N p_{ci} \tag{8.8}$$

여기서 N은 커터의 개수, p_{ci}는 i번째 디스크 커터에 작용하는 수직 추력이며, 단위 커터당 추력으로서 절삭 시험을 통해 평가할 수 있다.

토사터널인 경우, 커터 비트만 장착되므로 P_c는 다음과 같이 토압을 이용하여 나타낼 수 있다.

$$P_c = a_b \times K \times p_v \tag{8.9}$$

여기서 a_b : 모든 커터 비트의 굴진 방향 투영 단면적 합, K : 토압계수(주동토압 계수와 수동토압 계수 사이, $K_a < K < K_p$), p_v : 막장 전면에서의 상재 압력이다($p_v = \sigma_v + q$).

암반터널의 경우, p_c는 소성 펀칭이론을 이용하여 산정할 수 있다. 탄성구간에서 디스크 펀칭력(p_c)과 관입깊이(P)는 다음의 선형 관계가 성립한다.

$$P = \frac{p_c}{w E_{rock}} k \tag{8.10}$$

여기서 $k = \frac{1}{\pi} \left[\lambda (1 - \mu_{steel}^2) + 1 - \mu_{rock}^2 \right]$ 이고, $\lambda = E_{rock}/E_{steel}$이며, w는 커터의 접촉두께이다.

p_c가 암석의 탄성한도를 초과하면, **소성 펀칭**(plastic punching)이 일어난다. 암석이 분쇄되어 내부 마찰각이 없어진다고 가정하고, 펀칭하중 $p_c \approx p_{cl}$라 하면 Prandtle 이론으로부터 (p_{cl} : 한계 펀칭 하중)

$$\frac{p_{cl}}{s\,w} \approx 5c \tag{8.11}$$

여기서, $s = 2\sqrt{r_o^2 - (r_o - P)^2} \approx 2\sqrt{2 r_o P}$, c : 암석의 점착력($c = \sigma_c/2$), w : 커터 블레이드의 폭이다.

$$p_{cl} \approx 5\,s\,w\,c \approx 10\sqrt{2 r_o P}\; w\,c \tag{8.12}$$

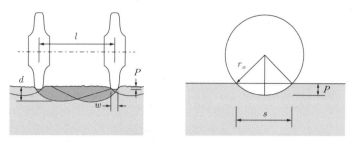

그림 8.21 소성 펀칭 이론

식(8.10)을 (8.12)에 대입하고, 파괴상태에서, $\epsilon = (1/2)\sigma_c\epsilon_l$ 이면(일축강도와 한계 변형률 σ_c, ϵ_l은 일축 압축시험으로 구할 수 있다) 커터당 펀칭 추력은 다음과 같이 산정할 수 있다.

$$p_c \approx 200\,kr_o\,s\,c^2/E_{rock} = 50\,kr_o\,s\,\sigma_c^2/E_{rock} = 100\,kr_o\,\epsilon \tag{8.13}$$

그림 8.22는 일축 압축강도에 따른 '**커터하중-관입깊이**' 관계를 보인 것이다. 커터하중 증가로 암석의 항복이 일어난 부분에서 변곡점을 나타낸다. 관입깊이를 증가시키면 절삭량은 증가하나 요구되는 쉴드의 토크가 증가한다. 커터하중과 관입깊이를 빗금 친 영역에 오도록 제어할 때 경제적인 것으로 알려져 있다.

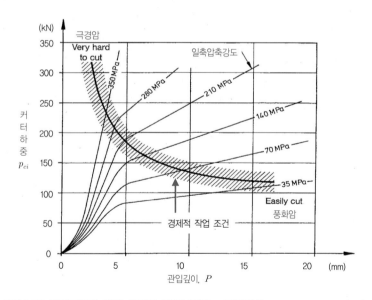

그림 8.22 암반강도에 따른 경제적 관입깊이와 커터하중(Robbins curves, 1970)

② (쉴드 TBM의 경우) **막장 지지압**(support pressure)에 따른 저항(P_s)은

면판의 수직저항은 TBM의 종류에 따라 다르다. Open TBM의 경우 커터헤드의 수직저항은 거의 대부분 디스크 커터에 발생할 것이다. 반면, 쉴드 TBM의 경우 커터 비트의 저항과 함께 막장압이 면판에 작용한다.

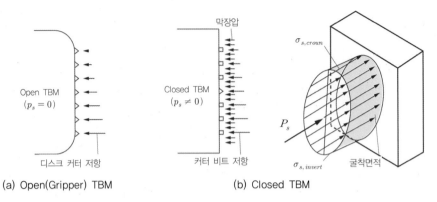

그림 8.23 커터헤드 작용 압력(막장압 p_s 는 전체 커터헤드 단면적에 작용)

(a) Open(Gripper) TBM   (b) Closed TBM

$$P_s > p_s + p_w \tag{8.14}$$

여기서, 굴착 단면적(쉴드기 단면적), $A_o = \pi R^2$

총 수압 저항, $p_w = (A_o \times \sigma_{w,crown} + \sigma_{w,invert})/2$

굴착면 단위 지지저항: $p_s = A_o \times (\sigma_{s,crown} + \sigma_{s,invert})/2$

③ (쉴드 TBM의 경우) 스킨 플레이트 원통의 마찰저항(P_f)

$$P_f = \mu \times [2\pi \times R \times l \times (p_v + p_h) \times 0.5 + W_S] \tag{8.15}$$

여기서, $\mu = \tan\delta$: 마찰계수(주면마찰각, δ의 함수), $2\pi R$: 주면장, σ_v : 상재 토압, l : 쉴드 길이, q : 상재 하중, p_v : 수직하중(kN/m^2), $p_v = \sigma_v + q$, p_h : 수평하중, $p_h = K_o p_v$, K_o : 정지토압(측압)계수, W_S : 쉴드의 자중(kN)이다. 표 8.2에 지반 유형에 따른 마찰계수를 예시하였다.

표 8.2 지반과 쉴드 원통(skin plate)과의 마찰계수 μ

지반 유형	마찰계수(friction coefficient) μ	지반 유형	마찰계수(friction coefficient) μ
gravel	0.55	marl	0.35
sand	0.45	silt	0.30
loam	0.35	clay	0.20

NB : 곡선부 굴착 시 쉴드 장비에 2차 휨모멘트가 걸릴 수 있다. 의도적 과굴, 테이퍼 쉴드 원통 사용(후미보다 선단부 직경을 크게), 벤토나이트 윤활제를 쉴드 외곽부에 주입 등의 방법으로 마찰을 저감시킬 수 있다. 벤토 나이트로 쉴드 외주면을 도포하면 마찰계수 μ가 0.1~0.2 수준으로 저감된다.

④ 안전여유($\varDelta P$)는 **Backup** 설비 견인력, 테일 씰과 라이닝 간 마찰저항, 이상 돌출물에 대한 커터 블레이 드의 추가적 저항, 그라우팅존의 추가저항, 팽창성 지반으로 인한 추가저항, 곡선부 굴착에 따른 추가 저 항 등을 고려하여 설정한다.

회전력(토크, torque)

커터헤드의 회전력(torque)은 굴착 절삭도구의 회전 저항력보다 커야 한다. 커터헤드의 소요 회전력은 다음과 같이 나타낼 수 있다.

$$T_D > T_c + T_s + \Delta T \tag{8.16}$$

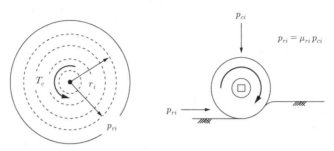

그림 8.24 디스크 커터의 마찰저항

여기서, T_D : 소요 토크, T_c : 디스크 커터의 회전저항을 극복하기 위한 토크, T_s : 밀폐형에서, 이수 또는 굴착토로 채워진 커터헤드를 회전시키는 데 필요한 토크, ΔT : 원활한 운전을 위한 여유 토크이다.

이론 토크의 산정. T_c는 굴착도구에 걸리는 커터헤드에 작용하는 모든 수평력에 모멘트 팔 길이(커터헤드 중심에서 수평력 작용위치까지의 거리)를 곱한 값이므로 다음과 같이 정의된다.

$$T_c = \sum_{i=1}^{N} p_{ri} r_i = \sum_{i=1}^{n} \mu_{ri} p_{ci} r_i \tag{8.17}$$

여기서, p_{ri} : i 번째 디스크 커터에 작용하는 (회전)수평력, r_i : 회전축에서 i 번째 디스크 커터까지의 거리이다. 디스크 커터의 회전(수평)하중 p_{ri}는 추력(수직)하중 p_{ni}에 회전 마찰계수, μ_{ri}를 곱한 것과 같다. 즉, $p_{ri} = \mu_{ri} p_{ci}$. μ_r은 관입깊이가 깊을수록 증가하며, 압입 깊이 10mm 이내인 경우, 0.02~0.14 정도이다.

TBM의 구동력(power)과 RPM. TBM을 움직이는 데 필요한 구동력은 TBM 토크(T_D)와 커터헤드의 분당 회전속도(RPM)의 함수로서 다음과 같이 산정할 수 있다.

$$HP = \frac{T_D \, 2\pi RPM}{60} (\text{kW}) \tag{8.18}$$

분당 회전수(RPM)는 최외곽 디스크 커터의 한계 회전속도로부터, RPM은 '(한계회전속도)/($\pi \times D$)' 이내이어야 한다. 미끄러짐이 일어나지 않는 커터 한계속도는 Open TBM의 경우 141(15.5in Disc), 155(17in), 173(19in) m/min; Closed TBM의 경우 95(15.5in), 100(17in), 115(19in) m/min 범위이다.

8.2.4 굴착도구의 마모도와 커터 교체 주기

TBM의 Downtime

TBM은 전단면 굴착기로서 관용터널공법에 비해 매우 빠른 굴착작업을 진행할 수 있다. 하지만, 기계식 굴착장비로서 장비의 성능 외에도 커터의 마모 등 각종 트러블로 장비의 작업 중단이 이루어지는 시간소모(downtime)가 많다. 특히 그리퍼 TBM은 지보설치 소요에 따라 커터헤드의 굴착속도가 크게 영향 받는다. 따라서 TBM 터널공사의 효율은 장비의 가동률(utilization)이 지배한다고 하여도 무방하다. 그림 8.25는 그리퍼 TBM 장비의 굴착작업이 중지되는 Downtime의 원인별 구성비를 보인 것이다.

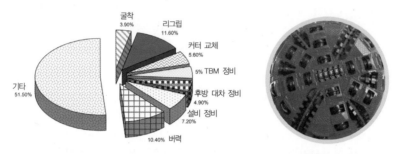

그림 8.25 TBM 작업시간 구성(FHWA, 2009)

이 중 Cutter 마모관리를 위한 Downtime은 장비유지관리의 핵심 사항 중 하나로 사전 예측과 준비를 통해 효과적으로 관리할 수 있다. 특히 쉴드 터널의 경우, 굴착도구 교체를 위해 굴착을 중단하는 경우(cutterhead intervention, CHI) 막장압 저하 상태에서 지반안정 유지에 실패하여 붕괴사고가 일어난 사례가 다수 있으므로 막장안정을 고려한 커터 교체 계획이 수립되어야 한다.

커터의 마모도 평가

디스크 커터의 이동 거리는 커터헤드 회전 거리와 정확히 일치되지 않으며, 마찰에 따른 커터 저항과 미끄러짐으로 인해 마모가 일어난다. 특히, 커터와 암석 사이의 **미끄러짐은 디스크 커터에 저항하는 반력을 야기하므로 마모의 주요 원인이다.** 그림 8.26은 디스크 커터의 손상 예를 보인 것이다.

(a) 정상마모   (b) 편마모   (c) 치핑 마모

그림 8.26 디스크 커터의 마모 손상 예

일반적으로 추력이 증가하면 회전 마찰력이 증가하여 마모도 증가한다. 커터의 선속도가 증가하면 진동이 발생하여 커터손상이 촉진되므로, 선속도를 9km/hr 이하로 제어하여야 하며, 이를 위해 커터헤드 회전수 N을 적절히 조절한다. 최근의 디스크 커터는 접촉부 마모 저항도를 높이기 위해 'V'자형 단면보다는 평면형 단면으로 설계된다.

커터의 소모는 장비 운영에 있어 비중이 큰 비용항목이므로 최적 커터의 선정 및 교체 주기는 중요한 검토사항이다. Cutter 수명에 영향을 미치는 인자는 지반 강성, 쉴드 형식, 광물성분 등이다. 광물의 경우 석영, 조장석, 운모, 백운모, 강옥 등의 구성비가 높을 경우 커터마모 속도가 20~30% 정도 빨라진다. 커터의 수명을 정확히 결정하기 어려워, 마모 감지 센서를 장착한 커터도 개발되었다.

Schimazek(1981)는 커터의 마모도 평가를 위해 마모계수(f_c)를 다음과 같이 제안하였다.

$$f_c = \frac{V d_Q \sigma_t}{100}$$
(8.19)

여기서, V : 석영의 체적 백분율, d_Q : 석영 입자의 평균 크기, σ_t : 암석의 인장강도이다. $f_c < 0.05$이면 마모가 거의 없고, $f_c > 2$이면 마모가 심한 경우이다.

디스크 커터와 커터비트의 수명평가

커터의 마모도는 일반적으로 암석의 마모 실험을 통해 평가한다. 암석 마모도 평가에는 프랑스 LCPC의 CERCHAR 시험법, NTNU의 마모시험(abrasion test) 등이 사용된다(Amund Bruland, 1998 : 8.2.5절).

디스크 커터 수명은 석영 함유량 및 기계적 변수를 커터 수명의 영향요인으로 고려하여, 커터 링의 평균 수명(커터헤드에 장착된 커터의 평균수명)을 다음과 같이 기간, 거리, 굴착량 등의 관점으로 평가한다.

$$\text{굴착 시간 기준 수명, } H_h = \frac{(H_o \times k_D \times k_Q \times k_{RPM} \times k_N)}{N} \text{ (hr/cutter)}$$
(8.20)

$$\text{굴착 거리 기준 수명, } H_m = H_h \times V \text{ (km/cutter)}$$
(8.21)

$$\text{디스크 커터 1개당 굴착량 수명, } H_f = \frac{H_h \times V \times \pi \times D_{tbm}^2}{4} \text{ (m}^3\text{/cutter)}$$
(8.22)

여기서, H_o : 기본 평균 커터 링 수명 시간, N : 커터 개수, V : 굴진속도, k_D : TBM 직경에 따른 보정계수, k_Q : 석영 함유량에 따른 보정계수, k_{RPM} : 커터헤드 RPM에 대한 보정계수(= $\{50/D\}$/RPM, D : 커터헤드 직경, RPM : 커터헤드 RPM), k_N : 커터 개수 차이에 따른 보정계수(= N_C/N_o, N_C = 실제 커터 개수, N_o = 평균 커터 개수)이다.

프랑스 Cerchar Institute에서 1986에 개발한 Cerchar 시험법은 약 7.17kg(70N)으로 재하한 핀(pin)을 회

전 암석체를 긁어 10mm를 관입했을 때(5개핀 5회 수행하여 평균) 마모된 핀의 직경(d_i)을 이용하여 세르샤 마모지수(Cerchar Abrasiveness Index), $CAI = (1/10)\sum d_i \times 10$를 산정한다. CAI를 이용하여 커터 마모 중량기준 수명($mg/cutter) = 0.65 \, CAI^{1.93}$(Maidl et al., 2001), 커터 절삭 거리기준 수명($km/cutter) = 2,054/432 \, CAI$ (Rostami, 2005) 등 커터수명 예측 식이 제안되었다.

커터 비트의 수명평가

토사지반에 대한 커터 비트의 수명 예측은 다음의 거리기준 경험식을 참고할 수 있다.

$$L = \frac{10P\lambda}{2\pi r_m}(\text{m}) \tag{8.23}$$

여기서, L : Cutter의 마모가 한계치에 이를 때까지의 굴진 가능한 터널 연장(m), λ : 디스크 수명 전주거리, r_m : Cutter의 절삭 반경(m), P : Cutter Head 1회전당 관입깊이(cm/Rev) 일반적으로 관입깊이는 1~2 cm/Rev.를 표준으로 한다.

8.2.5 굴진율 및 소요공기 산정 advance rate

굴진속도는 공기를 결정짓는 요인이므로 TBM 공법의 적용 여부와 관련하여 매우 중요한 검토사항이다. 굴진속도는 단위시간당 굴진속도인 순 굴진율(P_r, m/hr)과 가동률을 고려하여 평가한다.

순 굴진율(순 굴진속도), P_r

굴진율(속도)은 공사기간(공정계획)과 관련되므로 쉴드 TBM 적용성 평가에 매우 중요한 고려 사항이다. 순 굴진율(P_r, m/hr)은 암반 굴착 시 커터의 1회전당 압입 깊이 P(mm/rev)와 커터헤드의 회전속도 RPM (rev/min)을 이용하여 다음과 같이 산정한다.

$$P_r(\text{m/hr}) = P(\text{mm/rev}) \times \text{RPM}(\text{rev/min})\frac{60}{1000} \tag{8.24}$$

토사지반의 경우 일반적으로 단위 시간당 굴진율을 장비의 굴착 및 배토능력 그리고 기존 적용사례 분석 등으로 추정하며, 초기굴진 작업 과정을 통해 검증한다. 일반적으로 1.0~3.0m/hr 범위를 가정한다(통상 1.0 m/hr 이내 수준).

암반의 굴진율은 암반의 조성, 절리성상 등 여러 요인에 지배된다. 예비검토를 위한 단순 경험식도 제안되어 있으나, 실무 설계에서는 노르웨이 과학기술대의 NTNU 모델 또는 미국 콜로라도 공대의 CSM 모델을 이용한다. 암석에 대한 다양한 시험과 각 기관의 경험적 Know-how가 결합된 방법으로서 상표(trade mark) 등록된 지수들을 이용한다.

단순 검토법. 단순 굴진율(순 굴진속도, P_r)에 대한 다양한 예측 기법들이 제시되었다. Tarkoy(1985)는 일축 압축강도를 이용하여 암반의 순 굴진율을 다음과 같이 제안하였다.

$$P_r(\text{m/hr}) = -0.909\ \ln(\sigma_c) + 7.2349 \tag{8.25}$$

실제 커터의 압입 깊이는 암반경도(강성)에 따라 달라진다. 지반 강성의 지표인 합경도(슈미트해머 평균 반발 경도, H_T)와 순 굴진 속도의 경험적 상관관계는 다음과 같다.

$$P_r = -0.02H_T + 3.754(\text{m/hr}) \tag{8.26}$$

여기서, 합경도($H_T = H_R\sqrt{H_A}$)는 H_R과 암석 마모 경도 H_A(=1/마모중량(g))를 이용하여 산정한다.

NTNU 평가 모델. NTNU는 시추조사 결과와 암석 시험 결과를 이용하여 TBM 굴진성능과 디스크 커터 마모도 예측법을 제시하였다. 먼저 시추 시료에 대하여 취성도(brittleness) 시험(S20 : 낙하 파쇄시험 후 11.2mm 체 통과 백분율)과 Siever's-J value 시험(SJ 값 : 천공비트 200회 회전 천공깊이)을 시행하고, 이들 시험성 과인 SJ 값과 S20 값과의 상관도표로부터 DRI(Drilling Rate Index)를 구한다. DRI를 이용하여 관계도표로 부터 암반의 절리상태(k_c) 및 등가 절리계수(equivalant fracturing factor)를 파악하면, 그림 8.27의 관계를 이 용하여 TBM 굴착 성능인 단위 관입률을 산정할 수 있다. 관입깊이는 $P = f(k_c,\ \text{thrust force})$이며, 암반절리 상태를 나타내는 $k_c = f(\text{DRI, fracturing factor})$이다.

커터 마모도는 암석 시료에 대한 Siever's-J value 시험(SJ)과 NTNU 마모 시험(Abrasion Value cutter Steel, AVS) 결과를 이용하여 평가한 다음, 아래 경험식을 이용하여 CLI(Cutter Life Index)를 산정한다.

$$CLI = 13.84\left(\frac{SJ}{AVS}\right)^{0.3847} \tag{8.27}$$

CLI와 그림 8.28을 이용하면 커터 수명을 구할 수 있다. 이들 방법에 대한 구체적인 내용은 NTNU의 제공 자료를 참고할 수 있다(Amund Burland, 1998). TBM 굴진 성능 평가에 필요한 주요 **암석시험법과 평가 파 라미터**는 다음과 같다(Box 8.1 참고).

- 선형절삭시험(LCM, linear cutting machine) : 커터헤드의 절삭능력 직접평가
- 취성도 시험(brittleness test) → S20 (낙하 파쇄시험 후 11.2mm체 통과백분율)
- Siever's J-value test → SJ (천공비트 200회 회전 후 천공깊이)
- 마모시험 → AVS (Abrasion Value Cutter Steel)
- DRI (Drilling Rate Index) → SJ 값과 S20 값과의 상관관계로부터 결정
- CLI (Cutter Life Index) → $CLI = 13.84(SJ/AVS)^{0.3847}$

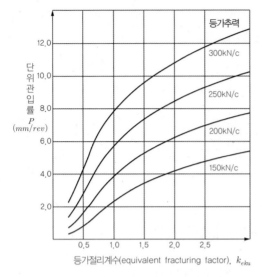

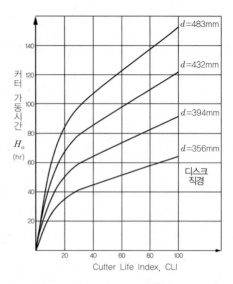

그림 8.27 굴착 성능(단위 관입률, NTNU, 1998)　　그림 8.28 디스크 커터 마모도 예측(Bruland, 1998)

CSM 모델. CSM 모델은 콜로라도 광업대학에서 개발한 경험법이다. 자체 시험에 의한 평가 기법으로서 장비 정보인 RPM, r_o, R, w, 최대 P, 최대 커터 하중, 순 커터 토크, 추력과 토크 효율이 필요하며, 암반 지질정보로서 일축압축강도, CAI(세르샤(Cerchar) 마모 시험 결과), 간극률 등이 요구된다.

굴진율(굴진속도), A_r

순 굴진율(P_r, Net Penetration Rate, m/hr)에 장비 효율이나 작업시간 등을 고려한 가동률(Utilization)을 곱하여 산정한 값을 굴진율(속도)이라 한다.

$$A_r = \frac{굴진거리}{작업시간} = 가동률(U) \times P_r(\text{m/hr}) = 가동률(U) \times P_r \times 24(\text{m/day}) \tag{8.28}$$

실제, 가동률은 추진, 커터 교환, TBM 정비, 이동 등 운영상 Downtime 요인에 따라 결정된다. 가동률은 장비의 개선, 트러블의 효율적 대응으로 향상되어 왔으며, 국내의 경우 지반변동성이 커 가동률이 비교적 낮은 수준이며 약 30~40% 이다.

TBM 굴착 소요 공기는 굴진율(A_r, gross advance rate, m/day, m/week, m/month)을 이용하여 다음과 같이 구할 수 있다.

$$총 굴착 소요 공기 = 총 터널길이 \times \left(\frac{1}{A_r}\right) \tag{8.29}$$

Grimstad and Barton(1993, 2000)은 Q-시스템 암반분류 기준을 이용하여 Q_{TBM}과 이에 기초한 Q_{TBM} - $P_r(A_r)$ 관계를 그림 8.29와 같이 제안하였다. 이를 수식으로 나타내면 다음과 같다.

$$Q_{TBM} = Q_o \frac{\sigma}{F^{10}/20^9} \frac{20}{CLI} \frac{q}{20} \frac{\sigma_\theta}{5} \tag{8.30}$$

$$\sigma = \sigma_{cm} = 5\gamma\, Q_c^{1/3} \qquad Q_c = Q_o \frac{\sigma_c}{100} \quad \text{(Bedding과 터널축 간 교각이 60° 이상인 경우)}$$

$$\sigma = \sigma_{tm} = 5\gamma\, Q_t^{1/3} \qquad Q_t = Q_o \frac{I_{50}}{100} \quad \text{(Bedding과 터널축 간 교각이 30° 미만인 경우)}$$

위 식에서 σ는 암석강도 특성을 고려한 것으로 일축압축강도(σ_c)와 인장강도(σ_t)를 고려한 것이다.

Barton(2000)은 보정된 Q_{TBM} 을 이용하여 다음과 같이 순 굴진율과 굴진속도를 제안하였다.

$$P_r = 5\, Q_{TBM}^{-1/5} \quad (m/h) \tag{8.31}$$

$$A_r = 5\, Q_{TBM}^{-1/5}\, T^m \quad (m/h) \tag{8.32}$$

m은 마모패턴 고려 감소계수($Q=0.001:m=0.9,\ Q=0.01:m=0.7,\ Q=0.1:m=0.5,\ Q>1.0:m=0.2$)

특정 지질구간 거리, L 통과 소요시간 $\ T = \left(\dfrac{L}{P_r}\right)^{\frac{1}{1+m}}$ \hspace{1em} (8.33)

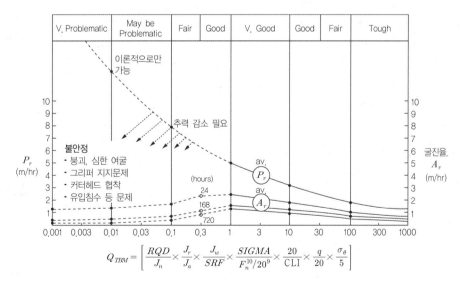

$SIGMA = 5\gamma Q_c^{1/3},\ \ Q_c = Q \times (\sigma_c / 100),$
σ_θ : 터널 막장에 유도된 이축응력(MPa),
σ_c(MPa) : 일축압축강도($\approx$150MPa),
γ(g/cm³) : 단위중량, CLI : Cutter Life Index, F_n : Average cutter force, q : 석영함유량(%)

그림 8.29 Q_{TBM}을 이용한 굴진율 산정(after Barton, 2000)

Box 8.1 | TBM 설계를 위한 암반조사와 시험

TBM 적용을 위한 주요 조사 항목

ITA Working Group(2000)은 TBM 장비 선정 시 고려하여야 할 지반 조건으로 지층 구성, 지반 강도, 지하수 등을 제시하였다. TBM설계에 요구되는 굴착 성능평가에 필요한 **암석시험 항목**은 아래와 같다.

TBM 설계를 위한 주요 지반조사 항목(◎: 활용도 높음, ○: 활용 가능)

주요 지질조사 항목	TBM 설계항목	기본 형식	그리퍼 압력	커터 설계	(순) 굴진속도	커터 소비량	세그먼트 계획
		TBM 형식 선정					
지형·지질조사·토질시험(강도,입도, 투수성)		○	○	○	○		○
일축압축강도(core)	N/mm²	○	○			○	
RQD	%	○					○
탄성파 속도(core, 암반)	km/s	○	○		◎		○
절리의 간격과 방향(암맥, 단층 등)		◎	○	◎	◎	○	
석영 함유율	%				◎	○	
굴진성능/마모시험(관입, 세르샤, NTNU 등)				◎	◎	○	
용수량·지하수위(수압, 투수성)		○					◎

주요 굴진 성능 평가 및 커터 마모도 시험법

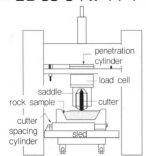

LCM(일정 관입 깊이로 디스크 커터
고정 후 암석시료 선형 이동으로 절삭)

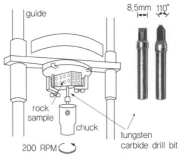
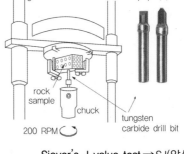

Siever's J-value test → SJ(암석 천공 깊이)

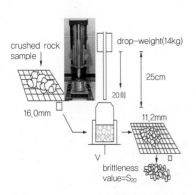

Brittleness test → S20(통과암석중량비)

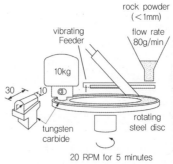
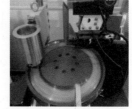

NTNU Abrasion test → AVS(1분간 Anvil의 중량손실량)

8.3 Gripper TBM 공법의 굴착시공과 지보재 설계

8.3.1 Gripper TBM의 장비와 적용범위

Gripper TBM의 분류

그리퍼 TBM은 막장압을 가하지 않는 Open 구조로서 자립능력이 충분한 암반(hard rock) 터널에 적용되며, Open TBM 또는 Hard Rock TBM이라고도 한다. 후미에 Hood(finger shield)나 소규모 지붕형 쉴드가 설치되는 경우가 많다.

그리퍼 TBM은 암반 굴착면과 TBM Gripper의 마찰저항을 이용하여 추진하며, 암반지력이 충분하므로 원통쉴드도 없고, 쉴드 TBM 공법과 달리 전단면 세그먼트 라이닝을 설치하지 않는다. 관용터널의 심발공 영역을 소형 TBM으로 굴착하고, 잔여단면을 발파로 굴착하는 확공용 TBM(reamer) 공법으로 적용하기도 한다.

커터헤드 천장부에 설치된 소규모 쉴드(small crown shield)는 커터헤드 후미에 위치하는 추진 설비를 암괴낙반으로부터 보호한다. 천장부 차폐를 위한 보호장치(쉴드)의 구비 여부에 따라 그림 8.30과 같이 Open TBM, Hood 채용 TBM, 소규모 부분 쉴드 채용 TBM, 커터헤드 보호 쉴드 TBM 등으로 구분할 수 있다.

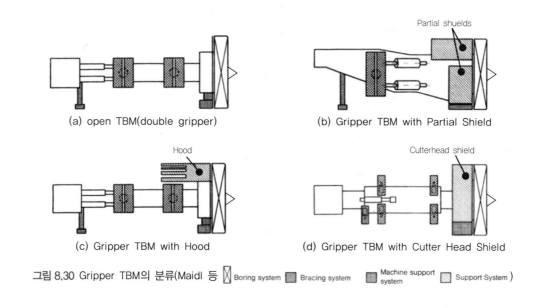

(a) open TBM(double gripper)

(b) Gripper TBM with Partial Shield

(c) Gripper TBM with Hood

(d) Gripper TBM with Cutter Head Shield

그림 8.30 Gripper TBM의 분류(Maidl 등 ▨ Boring system ▨ Bracing system ▨ Machine support system ▨ Support System)

Gripper TBM의 구성

Gripper TBM은 크게 커터헤드와 디스크 커터로 구성되는 굴착시스템(boring system), 유압잭 및 그리퍼로 구성되는 추진 및 지지 시스템(thrust and gripping system), 커터헤드 내부 버켓 및 콘베이어 벨트로 구성되는 배토시스템(mucking system), 그리고 소형 천공드릴 장치, 인버트 슈 등 선단지지 및 보호구조 등으로 구성되어 있다. 커터헤드 후미에 강지보 설치용 Ring Erector, 록볼트 천공을 위한 Drilling 장비 등 Support System이 구비된다.

추력 및지지 시스템 thrust and bracing(gripping) system

추진력을 얻기 위해 그리퍼를 굴착면에 접지시켜 압력을 가하는 작업을 Gripping, Bracing 또는 Clamping 이라 한다. Gripper TBM의 지지장치는 굴착추진을 위한 Bracing system인 Gripper 그리고 Re-gripping시 지지구조인 Rear Support(leg)가 있으며, 커터헤드 후미 하부에 보조 지지장치인 Invert shoe(sliding shoe, or front support(leg))가 있다. 그리퍼 형식은 좌우 1쌍, 1조의 그리퍼로 구성되는 싱글 그리퍼 TBM과 2조의 그리퍼로 구성되는 더블 그리퍼가 있다. 더블 그리퍼가 방향제어에 유리하다. 수평 지지 그리퍼는 천장부 균열이 있는 암반에 유리하며, 대각선 지지 그리퍼는 중량이 큰 TBM 지지에 유리하다.

그림 8.31 Single Gripper-Horizontal sideway bracing(Maidl 등)

그림 8.32에 그리퍼 TBM의 지지방식 및 추진 프로세스를 예시하였다. 그리퍼 지지상태에서 유압잭을 이용, 마찰 반력으로 굴착면에 추진력을 가하며 커터헤드를 회전(반시계방향)시켜 굴착한다.

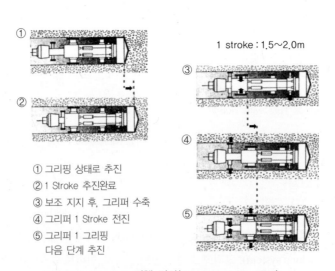

① 그리핑 상태로 추진
② 1 Stroke 추진완료
③ 보조 지지 후, 그리퍼 수축
④ 그리퍼 1 Stroke 전진
⑤ 그리퍼 1 그리핑
　　다음 단계 추진

1 stroke : 1.5~2.0m

그림 8.32 Gripping 진행 절차(Single gripper TBM)

굴착을 시작하여 추진잭의 최대 전진길이(1 stroke) 만큼 전진 후, 커터헤드의 회전을 멈추고, 그리퍼를 굴착면에서 이탈 수축시킨 후 후방지지대(rear support)로 지지한 상태에서 추진잭을 수축시킨 다음, Regripping을 준비한다. 전진된 그리퍼로 다시 굴착면을 지지하고, 후방 지지대를 수축시키면, 다음 단계 Stroke를 위한 작업 준비가 완료된다. 리그리핑 작업 중에는 커터헤드의 회전을 멈추게 되므로, 굴착작업은 정지된다. 단위 추진작업을 Stroke이라 하며, 1 Stroke은 보통 1.5~2.0m 범위이다.

Gripper TBM 적용 지반

Gripper TBM은 굴착면 자립능력이 확보되는 암반에 적용되며, 일축압축강도가 최소 40MPa 이상인 경우이다. 일반적으로 일축압축강도가 20MPa 이상이면 막장 지지력 관점에서 그리퍼 TBM 적용이 가능하나, 암반일축강도가 40MPa 이하이면 그리핑에 문제가 발생할 수 있다. 그리퍼 TBM의 경제적 적용범위는 암반 일축압축강도가 75~250MPa인 범위이다. 표 8.3에 그리퍼 TBM의 지반별 적용성을 예시하였다.

표 8.3 Hard Rock TBM 적용성(○: 적용 가능, △: 부분 적용)

지반분류	일축압축강도 (MPa)	Rock TBM 적용성		대표 지반
		Face stability	Gripping	
극경암 (very strong rock)	> 200	○	○	strong quartz(규암), basalt
경암 (strong rock)	200 ~ 120	○	○	very strong granite, porphyry, very strong sandstone and limestone
	120 ~ 60	○	○	granite, dolomitized sandstone and limestone, marble, dolomite, compace conglomerate
보통암 (moderately strong rock)	60 ~ 40	○	○	ordinary sandstone, silicious schist, schistose sandstone, gneiss
	40 ~ 20	○	△	clayey schist, moderately strong sandstone and limestone, compact marl, poorly cemented conglomerate
연암 (soft rock)	20 ~ 6	△		
풍화암 (weathered rock)	6 ~ 0.5			

Gripper TBM의 굴착성능 검토

정해진 공기 내에 굴착 가능 여부를 평가하기 위하여 TBM 굴착성능을 검토하여야 한다. TBM 성능예측(TBM performance prediction)은 장비의 성능 파라미터와 암반물성을 기초로 이루어지며, 암반 관입률(rate of penetration, ROP), 장비 가동률(utilization), 일평균 굴진속도(average daily advance rate, AR)로 평가한다.

Barton(2000)이 제안한 Q-시스템 암반분류 기준을 이용하여 (Q_{TBM}) 제시된 $Q_{TBM} - P_r (A_r)$ 관계를 이용할 수 있다(그림 8.29).

8.3.2 Gripper TBM의 지보설계

Gripper TBM 라이닝 계획

그리퍼 TBM의 굴착 지보 및 라이닝 개념은 관용터널공법과 거의 같다. 따라서 그리퍼 TBM 공법은 단지 관용터널의 굴착 방식에 불과하다고도 할 수 있다. 하지만, 굴착 트러블, 하부 반단면 세그먼트를 채용, 작업 인력 구성 등에 있어 기존의 관용터널공법과 구분된다. 그리퍼 TBM의 지보는 일반적으로 터널의 용도나 암질에 따라 그림 8.33과 같이 최종라이닝 없이 단순 국부보강, 숏크리트 마감(단일 구조 라이닝, one-pass liner), 방수 씰링 후 최종 콘크리트 라이닝(이중 구조 라이닝)의 3가지 개념으로 설계할 수 있다. 최종 콘크리트 라이닝은 굴착 완료 후 라이닝 폼을 이용하여 현장타설한다.

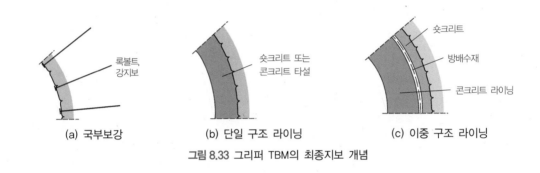

(a) 국부보강　　　　(b) 단일 구조 라이닝　　　　(c) 이중 구조 라이닝

그림 8.33 그리퍼 TBM의 최종지보 개념

Gripper TBM 공법의 굴착지보

그리퍼 TBM은 굴착속도가 D&B보다 빠르므로 그리퍼 TBM 적용 시 굴착속도에 부합하게 빠른 지지능력 확보가 요구된다. 지반이 불량한 경우 커터헤드 바로 후미에서 지보 설치가 필요하다. 그림 8.34에 보인 바와 같이 지보 소요가 많을수록 굴착이 간섭되어 TBM 작업속도는 현격하게 감소한다.

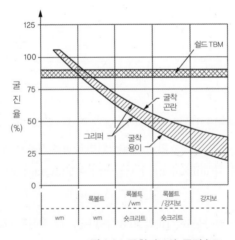

L1 : 머신 영역(Machine Area)
L2 : 후방대차 영역(Backup Area)

그림 8.34 굴착지보와 굴진속도

그리퍼 TBM의 지보설치작업은 지질 및 암반조건에 따라 지보 설치위치와 지보재 유형이 달라진다. 지보설치 위치는 굴착작업과의 간섭 여부에 따라 공기에 미치는 영향이 지대하다. 굴착지보의 설치 위치는 굴착 직후 장비영역(L1), 후방대차영역(L2), 후방대차 이후 영역(L3)으로 구분되는데, 암반이 불량한 경우, 장비영역 내에서 지보를 설치하여야 하므로, 전체 터널굴진 작업의 속도가 크게 떨어진다. 소요 지보작업의 규모가 굴진속도를 지배하며, 따라서 굴착공기 및 공사비도 이에 따라 달라진다.

Gripper TBM용 터널분류체계. 터널 등급분류체계는 D&B tunnelling에서 시작되었으나, 그리퍼 TBM 지보도 대부분 암반 등급 분류 방식을 따르고 있다.

그리퍼 TBM은 막장압 없이 굴착면 자립이 가능한 양호한 암반 구간에 주로 적용되며, 지보재는 관용터널과 같이 숏크리트 및 록볼트를 사용한다. 따라서 그리퍼 TBM 지보는 관용터널 지보설계법과 같이 암반등급에 기초하여 지보패턴을 정할 수 있다. Scolari(1995)가 제시한 암반 등급에 따른 그리퍼 TBM 지보패턴을 표 8.4에 예시하였다.

표 8.4 그리퍼 TBM 지보패턴 설계기준(Scolari, 1995)(표준단면 D=6m)

	F1	F2	F3	F4	F5	F6	F7
지보 단면							
Q	10~100	4~10	1~4	0.1~1	0.03~0.1	0.01~0.03	0.001~0.01
RMR	65~80	59~65	50~59	35~50	27~35	20~27	5~20
암반 상태	안정	소규모 낙석 발생 가능	소규모 낙석	소규모 붕락	잦은 붕락 발생 가능	광범위한 붕락 가능	자립 불가
지보재 (최소)	• rock bolt L=2.0m 0.5개/m (필요시)	• rock bolt L=2.0m 0.5개/m • wire mesh 1.0m² • shotcrete 5cm, 0.1m³ (필요시)	• rock bolt L=2.0m 1~3개/m • wire mesh 1~1.5m² • shotcrete 5cm (0.1~0.5)m³	• rock bolt L=2.5m 1~3개/m • wire mesh 1~1.5m² • shotcrete 8cm 0.5~1m³ • steel set 40~80kgf	• rock bolt L=2.5m 5~7개/m • wire mesh 9~18m² • shotcrete 8cm 1~1.8m³ • steel set 80~160kgf	• rock bolt L=2.5m 7~10개/m • wire mesh 18~27m² • shotcrete 8cm 1.8~3.0m³ • steel set 160~300kgf	굴착 전방 보강

불량한 암반일수록 지보설치에 소요되는 시간이 늘어나 단위 Stroke에 대한 굴진 소요시간이 증가한다. 기존 관용터널의 암반분류체계는 Stability만 고려하고 있으며, Cuttability가 반영되지 않았다. 따라서 TBM 적용을 위해 기존 암반등급분류체계를 Cuttability를 반영하여 수정할 필요가 있다. 이를 위해 기존의 RMR 과 Q를 보정하여 사용하는 변환식이 제안되었다. $RMR_{TBM} = 0.84RMR + 21$ (20 < RMR < 80인 경우,

Q_{TBM}은 그림 8.30 참조). TBM 굴착이 관용터널공법에 비해 지반교란이 적으므로 보정치가 기존 RMR이나 Q보다 약간 큰 값을 나타낸다. 지보의 암반등급분류체계는 공기산정 및 공사비 산정에 유용하다.

독일, 스위스, 오스트리아 등이 TBM용 터널등급분류체계를 도입하고 있으며, 특히 독일의 등급분류 개념에 기반하여 ITA Working Group이 검토하여 제안한 분류기준은 표 8.5와 같다.

표 8.5 Gripper TBM용 터널 분류체계

Tunnelling Class	Note
TBM 1	굴착 지보 불필요
TBM 2	굴착 지보 필요, 지보 설치로 굴착 중단 없음
TBM 3	굴착 직후 장비영역(machine area) 내에서 즉시 설치 굴착 지보 필요. 굴착 지보 설치 중 굴착 중단 필요
TBM 4	굴착 직후 커터헤드 직 후방에서 즉시 설치 굴착 지보 필요. 굴착 지보 설치 중 굴착 중단 필요
TBM 5	굴착 작업 시 특수 대책(장비지지, 이탈암반 제거, 프로브 드릴링, 지반보강대책 등) 필요

표 8.5 등급분류 중 TBM 2의 지보설치 개념을 그림 8.35에 예시하였다.

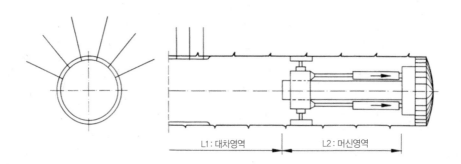

L1 : 대차영역   L2 : 머신영역

그림 8.35 터널굴착 등급 예 - TBM 2

8.3.3 Gripper TBM 시공관리

발진 및 도달계획

Gripper TBM의 경우, 후방대차가 길므로(150m 내외) 장비 조립을 위하여 비교적 긴 길이의 개착 갱구부 또는 대단면 터널이 필요하다. Gripper TBM의 경우 발진기지의 길이는 후방대차를 포함한 길이 이상 (100~150m)으로 확보되어야 한다. 발진기지는 개착 또는 터널로 형성할 수 있다. 초기 추진 시부터 굴착벽면과 그리퍼를 이용하여 추진한다. 그리퍼로 지지하여 추진하므로 반력대는 필요하지 않다.

터널 시점부 발진구와 종점부 도달구가 만나는 위치의 터널은 비구속 상태에 있다. 이 경우 지반이 적절하게 지지되지 않으면, TBM 형상대로 굴착이 안 되고 추력과 토크에 의해 주변 지반의 파괴가 일어날 수 있다. 특히, 도달부의 경우 콘크리트 보강벽체 등의 준비가 필요하다.

그리퍼 TBM이 패턴설계 개념을 따르므로, 굴진시공관리도 관용터널 시공관리와 유사하다. 굴착 중 확인되는 암반조건이 설계와 상이하면, 확인된 암반조건에 부합하게 굴착 및 지보계획은 수정하여야 한다.

Gripping(bracing, clamping) 시공관리

그리퍼 접지응력은 일반적으로 2~10MPa에 달하는데, 이는 암반의 원위치응력을 상당히 초과하는 응력이며, 추력의 2배에 가까운 수치이다. 최근에 많이 사용하는 대직경 디스크 커터는 매우 큰 추력을 사용하게 되고, 이때 암반응력의 증가가 그리퍼 지지에도 영향을 미치게 된다.

같은 직경의 TBM이라도 굴착 난이도에 따라 접지력의 변화 폭이 크며, 변화 정도는 TBM 직경이 커질수록 증가한다. 굴착이 어려운 지반일수록 요구 접지력이 커진다. 암반이 나빠질수록 굴착 진행을 위해 추력과 토크를 감소시켜야 하며, 추진을 위한 소요 접지력도 증가한다. 따라서 암질이 나빠질수록 굴착성과 막장안정성이 저하한다. Gripping 추진 중 발생 가능한 그리퍼 접지 트러블을 예시하면 다음과 같다.

- 연암반이나 단층대에서는 그리퍼 Shoe의 접지에 필요한 반력을 얻기 어렵다. 추가 접지판을 사용하여 접지 면적을 늘려 대응할 수 있는데, 추가 접지판으로 반력 지보재, 숏크리트 반력벽을 대안으로 검토할 수 있다.
- 극경암과 같이 굴진이 어려운 암반에서 추진을 위한 접지압의 증가는 주변으로 하중전이를 일으켜 암블록의 낙반 또는 암파열을 유발할 수 있다.
- 그리퍼 시스템의 교번 접지하중은 절리암반에 변형거동을 유발할 수 있으며, 때로 장비구간(machine area)에서 암반블록의 이탈 등을 유발할 수 있다.
- 암반등급과 굴착지보 간 역학적 매칭이 부적절한 경우, 지보재 파괴가 일어날 수 있다.

버력 반출(배토)

굴착된 버력은 커터헤드의 버킷에서 이송장비를 거쳐 TBM 외부로 반출된다. 터널 내 버력 이동은 광차, 덤프트럭, 콘베이어 벨트 등을 이용한다. 굴착토 배출과정에서 분진이 발생할 수 있으며, 이의 억제를 위해 커터헤드에서 물을 분사하거나 분진 제어 시스템을 갖추기도 한다. 콘베이어 벨트는 굴착진전에 따라 벨트 연장을 늘려야 하는데, 그림 8.36과 같이 벨트 저장 타워를 도입하여 배토의 연속성을 유지할 수 있다.

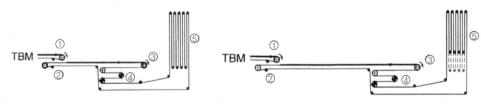

① Back Belt에서 버력 이송 재하
② 대차와 함께 이동하는 Tunnel Belt의 Tail Pully
③ Drive Station
④ Belt Storage Tower
⑤ Tunnel Belt 버력의 반출

그림 8.36 콘베이어 벨트 저장 타워와 장거리 연속 운영 원리(Maidl 등)

8.3.4 Gripper TBM의 트러블과 대응

그리퍼 TBM은 기계굴착공법이지만, 굴착면이 노출됨에 따라 지질학적 리스크는 관용터널과 큰 차이가 없다. 지반불확실성에 따른 작업자의 Risk가 존재하고, 이에 따른 가동중단(downtime)이 초래되기 쉽다. 주요 트러블 사례를 예시하면 다음과 같다.

커터선정 오류. 암석의 압축강도는 일반적으로 채취 코어로부터 측정되는데, 이는 원위치 구속압이 제거되어 수많은 미세균열이 진행된 상태로서 원위치 암반의 강도에 훨씬 못 미칠 수 있다. 이로 인해 실제 굴착 중에는 훨씬 더 큰 강도의 암반을 마주하게 되며, 시공 중 더 큰 커터하중이 요구될 수 있다. 특히, 암석의 인장강도가 큰 경우, 관입이 어려워 디스크 커터를 버튼 커터로 변경해야 할 수도 있다.

커터헤드 마모. 굴착 중 커터헤드를 교체하는 것은 비용과 시간소요가 크므로 보통 커터헤드의 Disc Mounting Bracket 또는 커터헤드의 가장자리(rim) 마모에 대한 경보장치를 도입하여 대비할 수 있다.

압착암반에서의 TBM 협착. 굴착 중 TBM 압착 관련 트러블은 단층대, 지하수 용출 구간에서 주로 발생한다. 압착의 유형은 그림 8.37과 같다. 심한 단층대에서 지반의 압착거동으로 TBM의 협착(jamming)이 야기될 수 있다. 이는 압착가능성을 평가하여(제3장 참조) 대비하여야 한다.

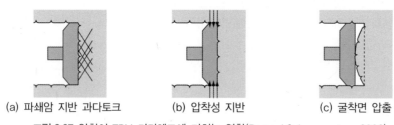

(a) 파쇄암 지반 과다토크   (b) 압착성 지반   (c) 굴착면 압출

그림 8.37 압착이 TBM 커터헤드에 미치는 영향(Ramoni & Anagnostou, 2008)

커터헤드 Blockage. 굴착면에서 이탈된 암괴에 의해 커터헤드의 버켓 또는 콘베이어 벨트에서 대형 암괴 활동에 의한 Blockage로 커터헤드 Jamming이 발생하면, 커터헤드의 회전이 방해된다. 이 경우 TBM을 후퇴(pull back)시켜 암괴를 제거하고 함몰부를 숏크리트나 몰탈로 채운다. 커터헤드에 개구부를 마련하여 협착 시 골재를 투입하여 마찰을 저감시킬 수 있다.

암파열로 인한 TBM 장비 협착. 양질의 고응력 암반굴착 시 응력해제에 따라 암파열이 일어날 수 있다. 따라서 굴착 전, 암반에 대한 암파열 평가를 수행해야 한다. 굴착면에서 암괴가 이탈이 발생하는 경우 TBM 장비의 Jamming이 일어날 수 있다. 우회터널(bypass tunnel)을 굴착, TBM 주변을 확공한다.

TBM 장비 매몰. 붕락과 지하수 유입이 함께 발생하는 경우 TBM 장비가 매몰될 수 있다. 구조팀을 투입하여 Bypass Tunnel을 굴착하여 장비를 회수하여야 한다. 시간과 비용 소요가 매우 큰 트러블이다.

지하수 과다 용출. 지하수의 과다 용출은 장비의 침수 또는 버력을 진창으로 만들어 배토작업에 지장을 초래할 수 있다. 장비 내 펌핑 시스템 구비, 막장면 수발공(drainage pipe) 등에 대한 사전 준비가 필요하다.

8.4 쉴드 TBM 공법의 장비선정과 세그먼트 라이닝 계획

8.4.1 쉴드 TBM 장비상세 및 설계일반

쉴드 TBM의 장비상세

쉴드 TBM은 막장안정 유지 방법, 세그먼트 라이닝 설치, 추진방식이 그리퍼 TBM과 크게 다르다. 그리퍼 TBM이 관용지보를 채용하는 기계굴착공법이라면, 쉴드 TBM은 현장에서 세그먼트 라이닝을 조립하므로 터널을 생산하는 플랜트 개념에 가깝다.

쉴드 TBM은 막장 안정 유지방식에 따라 일반적으로 그림 8.38과 같이 EPB 쉴드와 Slurry 쉴드로 구분된다(공기압 쉴드도 있으나 여기서는 다루지 않는다). 쉴드 TBM은 대체로 막장안정이 유지되지 않는 연약지반 터널에 주로 적용되지만, 고수압 대응 등 암반터널에 대하여도 적용된다. 지질조건에 따라 커터헤드에 장착되는 굴착도구의 종류와 배치가 달라진다.

(a) EPB 쉴드   (b) Slurry 쉴드

그림 8.38 대표적 쉴드 TBM의 예

쉴드 TBM의 장비 구성은 그림 8.39와 같이 일반적으로 **후드(hood)부, 거더(girder)부, 테일(tail)부**로 구성된다. 후드부는 디스크 커터, 커터 비트 등 각종 굴착도구가 부착된 회전면판인 **커터헤드**(cutter head), 그리고 커터헤드와 격벽(pressure bulkhead) 사이의 공간인 **Cutter Head Chamber**를 포함한다. 후드부는 지반 굴착과 굴착면의 안정을 유지하는 역할을 한다.

후드부 뒤로 쉴드 추진설비와 배토장치 등 막장압 제어 설비와 추진 잭이 위치하는 부분을 **거더부**라 한다. 거더부는 원통형 스킨 플레이트(skin plate) 구조체인 쉴드(shield)가 감싸고 있다. 토압을 지지하며 후드부와 테일부를 연결한다. 쉴드 원통의 직경은 마찰저항을 줄이기 위해 후미를 선단보다 약간 작게 제작한다.

테일부는 쉴드의 후면부로서 스킨 플레이트 내부에 세그먼트를 조립하는 **이렉터**(erector)가 위치한다. TBM 본체 이후에는 쉴드의 운전 및 세그먼트 설치 지원을 위한 펌프, 동력, 케이블 등의 **후방대차 설비**(back-up system)가 따라온다. 쉴드 TBM 장비구성은 '**터널 생산 플랜트**'라 해도 무방하다.

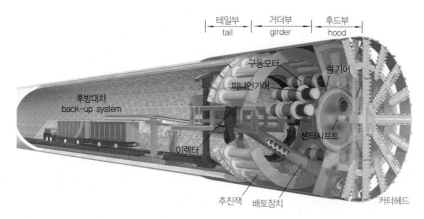

그림 8.39 쉴드 TBM의 구성(EPB Shield TBM의 예) : 링 기어가 구동모터 내측에 위치(중앙 지지방식)

쉴드 TBM은 지상공장에서 라이닝 제작이 이루어지므로, 이의 운반 조립 작업이 소요된다. 추진 장치인 추진 잭(thrust jack), 라이닝 조립 및 이렉터, 주면 그라우팅 주입장치, 테일 씰 등의 장비가 추가로 구성된다.

이렉터는 세그먼트를 인양하여 이동 및 회전을 통해 정위치에 조준, 삽입하는 장비이다(그림 8.40). **추진 잭**은 세그먼트 설치 중 세그먼트 각각에 대하여 힘을 가하여 정위치 세그먼트의 완전한 결합을 도우며, 링 조립이 완료되면 조립된 링을 반력대로 하여 다음 단계 추진을 위한 지지대로 제공된다.

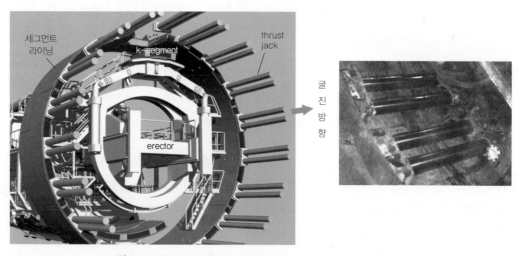

그림 8.40 이렉터(erector)와 추진 잭(thrust jack) : k-segment 조립 중

링 조립이 완료된 후, 지반과 세그먼트 외경 사이의 공극을 그라우트로 채우기 위한 주입장치가 그림 8.41과 같이 스킨 플레이트 끝단에 설치되어 있다. 주입 시 그라우트재의 쉴드 내 유입을 방지하기 위하여 3~4겹의 **테일 씰**(tail seal)이 스킨 플레이트 내부에 설치된다.

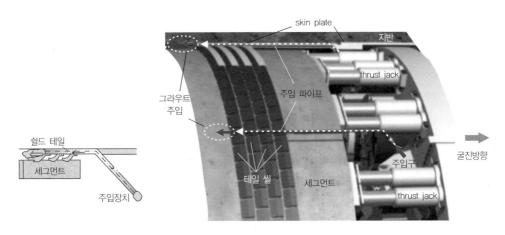

그림 8.41 백필 그라우팅 장치와 테일 씰

쉴드 TBM 공법의 설계

TBM 설계는 최적 시공성을 갖는 경제적 장비설계(선정)를 포함한다. 실제 쉴드 TBM의 설계는 유사 사례 분석을 기초로 제작 조건을 정해 제조업체에 주문하고, 제조업체와 협업으로 작업능력의 검토, 막장안정 조건 등을 설계(시공)자와 검토하는 방식으로 이루어진다. 쉴드 TBM 공법의 주요 설계 항목은 다음과 같다.

- 장비의 선정 및 작업능력 검토
- 막장 안정 검토(제3장 안정 검토 참조)
- 세그먼트 라이닝 설계(단면설계, 조인트 검토) (제2장 및 제5장 라이닝 구조해석 참조)
- 지원시설(back-up 설비 : 주입 플랜트, 동력설비, 부대시설 등) 검토

그림 8.42는 쉴드 TBM 공법의 주요 설계항목을 절차적으로 나타낸 것이다.

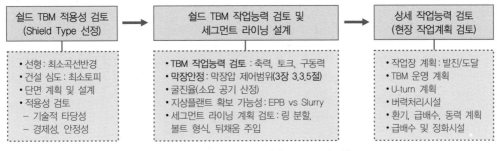

그림 8.42 쉴드 TBM 설계 절차와 주요 검토항목

쉴드터널의 안정문제와 라이닝 구조해석은 제3장 및 제2장에서 이미 다루었다. 따라서 이 장에서는 장비와 관련된 안정문제만 추가적으로 살펴본다.

쉴드 TBM 안정 검토

쉴드 원통체의 토압지지 안정 검토. 그리퍼 TBM은 막장압 없이도 굴착면의 안정이 확보되는 자립능력이 큰 지반에 주로 적용되므로 압착 등의 특별한 요인이 없는 한 별도의 장비 안정대책의 검토 필요성이 적다. 하지만, 쉴드 TBM은 전단면 굴착장비로서, 막장 전면에는 토압과 수압이 작용하게 되며, 쉴드가 전진하여 막장을 벗어나면 쉴드 원통인 강제 스킨 플레이트(steel skin plate)가 이완되는 지반하중을 지지하여야 한다. 따라서 쉴드 터널의 설계는 막장안정(제3장 참조) 그리고 세그먼트 라이닝의 구조안정 검토와 함께, 쉴드 원통체의 안정을 포함한다.

그림 8.43은 쉴드터널 굴착 시 작용하는 하중과 지지체계를 보인 것이다. 세그먼트 라이닝 설치 전 막장압과 쉴드 원통체의 구조강성은 굴착 중 작용 가능한, 모든 하중을 지지하여야 한다.

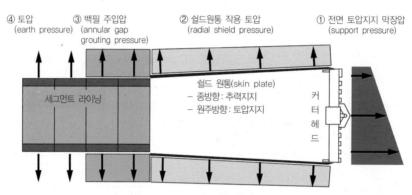

그림 8.43 쉴드 터널의 지지원리

원통 쉴드 **스킨 플레이트의 단면은 추력 및 토압 지지에 충분하여야 한다.** 그림 8.44는 쉴드 원통 및 세그먼트 라이닝의 구조안정 검토 모델과 작용하중을 예시한 것이다.

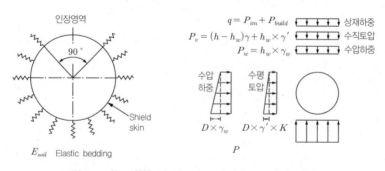

그림 8.44 쉴드 원통 및 세그먼트 라이닝 구조안정 모델

추진력에 대한 쉴드 원통체(skin plate)의 축방향 안정 검토. 쉴드 원통체는 반경 방향의 지반 이완압을 받으며, 동시에 추진잭의 반력으로 상당한 축력을 받게 된다. 쉴드 원통체(skin plate)가 지반 관입파괴를 일으키지 않으면서, 굴착방향에 대해 구조적으로 안정하도록 스킨 플레이트의 최대 단면 저항력(P_k)이 지반의 최대저항(Σq_u)보다 커야 한다.

$$P_k > 2\pi R q_u t \tag{8.34}$$

여기서, q_u(kN/m^2) : 지반의 최대 단위 저항력, $2\pi R$(m): 쉴드 주면장, t(m): 스킨 플레이트 두께이다. 최대저항 P_k 가 한계치를 초과하면 쉴드의 스킨 플레이트가 변형(좌굴손상)될 수 있다. 지반조건에 따른 최대 저항력(peak resistance), q_u 는 표 8.6을 참고할 수 있다. 스킨 플레이트의 터널 축방향 저항은 의도적인 과굴착으로 감소시킬 수 있다.

표 8.6 지반조건에 따른 최대저항력, q_u

지반조건	최대저항력, q_u (kN/m^2)	지반조건	최대저항력, q_u (kN/m^2)
암지반	12,000	이회암(泥灰岩)질 지반	3,000
자갈	7,000	제3기 충적점토	1,000
사질토 지반(조밀~느슨)	6,000~2,000	실트, 제4기 충적점토	400

쉴드 원통은 추진 중 Jamming이 일어나지 않고, 굴진이 용이하도록 쉴드 선단부 외경을 후단부 외경보다 약간 크게 제작한다. 스킨 플레이트의 두께는 쉴드 직경이 증가할수록 두꺼워지는데, 직경이 6~8m인 경우에 약 40mm, 직경이 10m 이상인 경우에는 60mm 이상이 된다.

굴착면 안정 검토(제3장 3.3절 참조). 쉴드 TBM의 막장은 밀폐형 구조를 채택하여 굴착면에 토압(p)과 수압(σ_w)을 상쇄시킬 만한 압력을 가해야 안정이 유지된다. 막장압은 이완토의 주동토압과 최저 수위의 수압의 합보다 커야 하고, 굴착면 정지토압과 최고 수위의 수압의 합보다 작아야 한다. 실무적으로 최소 막장압은 변동성(fluctuation)을 감안하여, 여유치 $\delta\sigma_m$($\approx$10~30kPa)를 두어 설정한다.

$$(0.6 \sim 0.65)K_a\sigma_v{'} + \sigma_w \leq p_s \leq K_o\sigma_v{'} + \sigma_w + \delta\sigma_m \tag{8.35}$$

막장압은 수압에 대응하여야 하므로 유체성(이수, 이토, 공기압 등) 유동성 매질로 가해져야 한다.

세그먼트 라이닝 구조안정 검토(제2장 2.5절 및 제4장 5.4절 참조). 굴착으로 인한 토압과 수압은 궁극적으로 세그먼트 라이닝이 지지하게 된다. 따라서 세그먼트 라이닝이 그림 8.44의 지반이완하중을 지지하도록 라이닝 단면이 결정되어야 한다. 세그먼트 라이닝의 구조적 취약부는 볼트 연결부이므로 구조해석 시 볼트 체결부의 단면력 감소 영향이 적절히 모델링 또는 고려되어야 한다.

Box 8.2   TBM 장비의 발전추세와 향후 전망

TBM은 1970년대 이후 기계적 성능개선은 물론 커터헤드의 크기가 획기적으로 증가하였다. 현재까지 적용된 그리퍼 TBM 터널의 최대규모는 12.2m, 쉴드 TBM 터널은 15.2m에 달한다. TBM 공법 적용의 제약요인이었던, 장비의 적용한계, 지반변동성 대응 등의 문제들이 다양한 방법으로 해소되고 있다.

변화하는 지층에 대응하기 위해 Open 모드와 Closed 모드 전환(convertible)이 가능한 쉴드가 개발되었고, 분기, 방향전환 형식이 개발되어 장비 교체 없이 다양한 터널 여건에 활용되고 있다. 또한 원형 터널에만 적용하던 쉴드 TBM 장비가 변단면, 타원형 및 사각형 단면 등의 터널굴착에 적용되고 있다. 쉴드의 기술발전에는 일본의 기술과 경험이 많이 기여하였다. 향후 장비기능의 융합과 로봇화, AI기능 탑재로 TBM 공법은 보다 적용범위가 넓어지고 다재다능한 터널공법으로 진화할 것으로 전망된다.

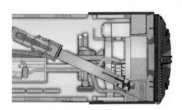

(a) 모드 전환(convertible) 쉴드

(b) Divergent 쉴드(분기 터널)

(c) 3심 쉴드(타원형 단면)

(d) 변단면 쉴드

(e) Branching 쉴드

(f) Cutter drive rotating head

특수 목적 쉴드 TBM

그리퍼 TBM은 관용터널공법의 단순한 굴착공법이 아닌 굴착 간섭이 없이 지보설치가 가능하도록 발전하고 있다. 지보지반의 불확실성에 대처하기 위한 전방탐사 장비, 관용지보(록볼트, 숏크리트, 강지보) 설치 로봇 등 다양한 지보설치 작업이 기계화되고 있다.

TBM 부대 장비의 개발(전방탐사기술, Shotcrete 타설 Robot 등)

현재, 커터헤드 중심부와 외곽의 속도차이에 따른 배토문제, TBM 장비의 운송문제, 고압의 추진 잭 도입 등의 문제로 TBM 커터헤드의 직경 증대가 제약되는 부분이 있다. 이들 제약요인들은 다양한 개선시도와 연구개발을 통해 해소되고 있으며, 향후 고속의 대단면 장대터널 건설에 점점 더 많은 TBM이 투입될 것으로 전망된다.

8.4.2 쉴드 TBM 장비 규모 결정 및 성능검토

쉴드 TBM의 굴착직경 결정

쉴드 TBM의 굴착 직경. TBM 굴착경은 소요내공과 세그먼트 라이닝 두께, 장비 특성, 지반변형 등을 고려하여 결정한다. 그림 8.45에 쉴드 TBM 단면구성 요소를 예시하였다.

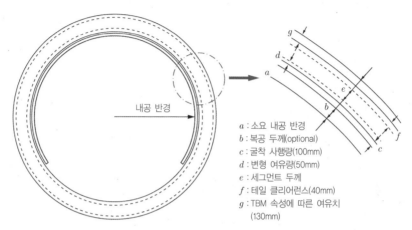

a : 소요 내공 반경
b : 복공 두께(optional)
c : 굴착 사행량(100mm)
d : 변형 여유량(50mm)
e : 세그먼트 두께
f : 테일 클리어런스(40mm)
g : TBM 속성에 따른 여유치 (130mm)

그림 8.45 쉴드 TBM 굴착경 결정 요소 : ( ) 안은 일반적인 치수

그림 8.46으로부터 쉴드 TBM의 굴착경(D)은 세그먼트 링의 외경(D_o), 테일 클리어런스(δ), 스킨 플레이트 두께(t_{sp})를 고려하여 다음과 같이 정한다.

$$D = D_o + 2(\delta + t_{sp}) \tag{8.36}$$

테일 클리어런스(tail clearance)란 강재 쉴드 원통인 테일 스킨 플레이트(tail skin plate)의 내면과 세그먼트 외면 사이의 간격(δ)을 말한다. 그 크기는 곡선 시공에 필요한 최소 여유, 세그먼트 조립 시 여유 등을 고려하여 결정하는데, 보통 20~40mm 정도이다. 테일 스킨 플레이트의 두께(t_{sp})와 테일 클리어런스(δ)의 합($\varDelta = t_{sp} + \delta$)을 **테일 보이드**(tail void)라 한다. 그림 8.47은 전력구 터널의 굴착경 산정 예를 보인 것이다.

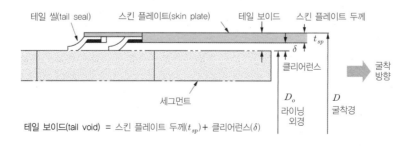

그림 8.46 세그먼트 라이닝 굴착경 및 테일부 상세

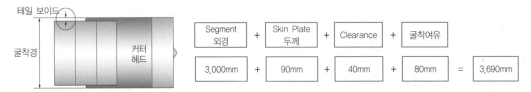

그림 8.47 TBM 터널의 굴착경 결정 예(전력구 터널)

쉴드 TBM 길이. 쉴드 TBM의 길이는 발진 및 수직구 계획 및 장비 운영에 중요한 요소이다. 쉴드의 크기는 현장 조건이나 장비 특성에 따라 크게 다르나 대체로 그림 8.48을 참고하여 평가할 수 있다. **쉴드 원통체의 길이는 쉴드 외경의 1~3배 수준**이다. 쉴드 길이가 길수록 적용 가능 최소 곡선반경이 커진다. 쉴드 터널의 최소 곡선반경은 소형 터널의 경우라도 일반적으로 약 150m 이상이다. 쉴드의 강재 원통 구조체는 토압뿐 아니라 추진력(축력)에 대하여 변형되거나 손상되지 않도록 적정길이를 유지하여야 한다.

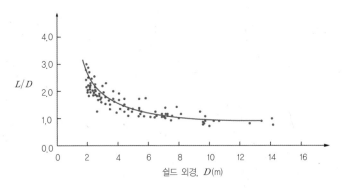

그림 8.48 쉴드 TBM 외경과 본체 길이(L)의 관계

쉴드 TBM의 굴착성능 검토

쉴드 TBM 추력의 경험적 추정. 추력은 8.2.3절의 이론적 검토는 물론, 지반 불확실성을 감안하여 유사 지반의 경험 사례를 검토하여 평가하는 것이 바람직하다. 그림 8.49는 쉴드 직경과 추력의 경험 사례를 정리한 것이다. 지반에 대한 정보는 담고 있지 않지만, 쉴드의 종류 및 크기만 아는 TBM 예비 검토 시 소요 추력 판단에 활용할 수 있다. 그림 8.49의 쉴드 직경-추력 관계는 수식으로도 나타낼 수 있다.

$$P_H = \beta \times D^2 \tag{8.37}$$

여기서 D(m)는 쉴드 직경, β(kN/m^2)는 경험계수로서 $\beta = 500 \sim 1,200$이며, P_H의 단위는 kN이다.

사례 분석 결과 쉴드 굴착 단면적당 추진력은 100~130ton/m^2 수준이며, 곡선부 시공 및 사행(snake action) 수정을 위해 총 추력에 대한 여유로 안전율 1.5~2.0을 적용한다.

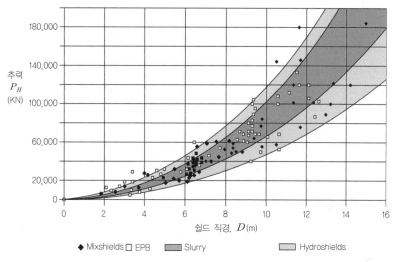

그림 8.49 최대 추력(P_H) – 쉴드 직경(D) 관계(data from Herrenknecht)

쉴드 TBM 토크의 경험적 추정법. 그림 8.50은 실제 적용 사례로부터 얻은 쉴드 직경과 토크의 관계를 보인 것이다. 쉴드 유형과 직경이 검토되었다면, 이를 이용하여 소요 토크를 추정할 수 있다.

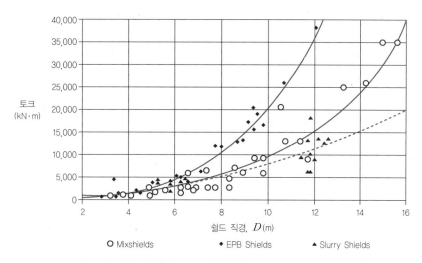

그림 8.50 쉴드 직경과 토크 상관관계(data from Herrenknecht)

수식으로 나타내면, 전 소요토크(ton-m) T_D와 쉴드 직경(D)의 관계는(BTS, 2005),

$$T_D = \alpha D^3 \tag{8.38}$$

여기서, α는 지반과 쉴드기의 마찰 특성에 관계되는 기계상수이다. EPB 쉴드에서는 α =2.0~3.0, Slurry에서는 α =0.75~2.0이다. EPB에 폼(foam)을 투입하면 계면활성작용으로 TBM의 소요 토크를 저감시켜준다.

8.4.3 쉴드 TBM 형식의 선정

토질 조건을 고려한 쉴드 형식 검토

지반 조건에 따른 장비 선정. 쉴드 TBM의 적용성 검토에 있어 가장 중요한 요소는 굴착 대상지반의 광물 성분(특히, 암반의 경우 석영 함유율)과 입도분포이다. 그림 8.51에 입도분포에 따른 쉴드 TBM의 종류별 적용 구간을 예시하였다. 세립분(#200체(75 μm) 통과량이 20% 이상)인 지반은, EPB 쉴드가 배토 Screw Plug 형성이 용이하여 압력 유출의 제어가 용이하고, 지하수 제어도 잘 되어 효과적이다. 이러한 지반에 Slurry Shield를 적용하면 지상 플랜트에서 Slurry와 굴착토(spoil)의 분리(separation)가 어려워지는 문제가 있다. 반면, 세립분(#200체 통과량)이 10% 이하인 경우(입도가 나쁘거나 세립이 아닌 경우)에는 챔버 압력을 유지하기 위하여 배토 Screw에 첨가재를 추가 주입하여야 하는데, 첨가재 소요가 크게 늘어나면 EPB 적용에 불리하다.

그림 8.51의 'EPB or Slurry' 영역은 지반의 유동화를 위해 점토 서스펜션 또는 고분자 포말의 첨가재가 필요하다. EPB는 2.0Bar 이하의 압력조건에서 투수계수가 10^{-5}m/sec보다 작은 경우 적합하다. 이 영역의 오른쪽은 투수성이 매우 높아, 첨가재를 많이 투입하여도 막장의 지지능력을 향상시키기 어려우므로 EPB 보다는 Slurry 쉴드가 유리하다.

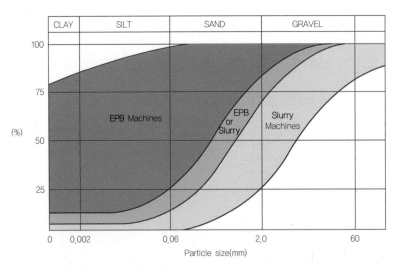

그림 8.51 입도분포에 따른 쉴드 TBM의 적용성(after BTS/ICE 2005)

그림 8.52에 지반 연경도($I_c = (w - PL)/PI$, w : 함수비(%), PL : 소성한계, PI : 소성지수)에 따른 EPB 의 운전모드와 첨가재 투입 범위를 보였다. I_c가 0.75 이하인 경우 밀폐 압력 운전이 바람직하며, 그 이상이면 오픈 모드(막장압 '0') 운영이 가능하다. $0.5 \le I_c \le 1.0$인 지반에서 커터헤드 **개구부 폐색 현상**(clogging) 방지를 위한 첨가재가 필요하며, $I_c > 1.0$ 경우에는 굴착토의 소성 유동화를 위한 첨가재가 필요하다.

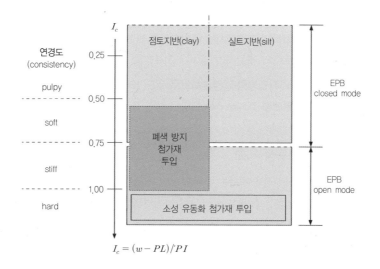

연경도
(consistency)

pulpy

soft

stiff

hard

I_c

0.25

0.50

0.75

1.00

점토지반(clay) 실트지반(silt)

폐색 방지
첨가재
투입

소성 유동화 첨가재 투입

EPB
closed mode

EPB
open mode

$I_c = (w - PL)/PI$

그림 8.52 지반 연경도(I_c)에 따른 EPB 쉴드의 적용성

소성지수(PI)가 크면(sticky clay), EPB 굴착부에서 **굴착토가 덩어리지는(balling) 현상**인 Clogging이 야기되기 쉬우므로 이를 방지하기 위한 첨가재를 선정한다(이런 지반에 Slurry Shield를 적용하면, 이수처리 플랜트에서 토사의 '분리(separation)'가 어렵다).

Slurry 쉴드장비는 점성토 비율이 낮은 사질토, 자갈 지반에 적용성이 높다. 하지만 자갈 비중이 큰 경우 이수의 막장 전면 침투가 과다해져, 이막(filter cake)이 형성되지 않으므로 농도 증가 등 추가적 대책이 필요하다.

BTS(British Tunnelling Society)는 쉴드 터널 공사 경험에 기초하여 지반에 따라 다음과 같은 쉴드 TBM의 적용성을 제안하였다.

- **입자 분리(흘러내리는) 지반**(raveling ground; 지하수위 아래의 모래, 실트, 자갈) : 굴착 교란에 따른 입자구조 붕괴가 여굴로 이어질 수 있다. 주입대책을 시행한 후 오픈 TBM을 적용하거나, 밀폐형 TBM을 적용한다.

- **압착성 지반**(squeezing ground; 연약점토, 장기간 노출된 강성점토) : 굴착으로 발생한 굴착 경계 응력이 막장에 소성유동을 야기하므로, 밀폐형 TBM이 바람직하나, 쉴드기가 지중에 교착될(trapped) 가능성이 있다.

- **팽창성 지반**(swelling ground) : 과압밀 점토, 팽창성광물 포함 지반 – 지하수 흡수로 체적이 팽창하는 지반으로, 밀폐형 TBM이 바람직하나, 굴착 중 쉴드기가 지중에 교착될 가능성이 있다.

- **연약암반**(weak rock, 풍화암) : 풍화암은 터널 굴착 관점에서는 연약지반(soft ground)에 해당한다. 단기적으로는 자립능력이 있어 밀폐형 쉴드 TBM이 필요하지 않을 수 있으나, 지하수 억제 및 정수압 대응이 필요한 경우 밀폐형 Slurry 쉴드 TBM이 유리하다.

- **복합 지반**(mixed ground; 풍화토 + 풍화암 + 경암) : 일반적으로 밀폐형 쉴드로 대응하기가 매우 어려운 지반이다. 복합 지반의 경우 지층의 구성 성분이 터널 축을 따라 구간별, 수직, 수평방향으로 변화할 수 있는데, 수직으로 변화하는 경우(하부 암반, 상부 토사) 특히 대응이 어려우므로, 가능하다면 선형 변경을 통해 해당

지층을 피하는 것이 바람직하다. 복합 지반은 모드(mode) 변경(open ↔ closed)이 가능한 전환형(convertible) TBM이 효과적이다. 수직으로 변화하는 지층에서는 굴착속도를 늦춰야 장비손상을 방지하며, 암반 대응이 가능하다. 이런 지반에서는 상부 토사의 과굴착이 일어나 지표침하, 붕괴 등의 가능성이 있다.

- **고수압 조건의 경암반**(hard rock) : 자립능력이 충분하므로 쉴드 TBM을 적용할 필요가 없지만, 수압 대응 및 유입을 제어하고자 하는 경우, 밀폐형 TBM을 적용한다. Slurry TBM이 막장압 유지에 유리하다.

EPB 쉴드와 Slurry 쉴드의 적용성 비교

EPB 쉴드는 미립분이 10% 이하인 지반에서는 컨디셔닝이 어려워 굴착성능이 저하하고, 막장안정 유지에 불리하다. 투수계수 10^{-5}m/sec 이하, 수압 3bar 이하가 최적 적용조건이라 할 수 있다. 혼합지반(mixed-face), 자갈(boulder) 등은 EPB 장비에 손상을 줄 수 있고, 배토문제도 야기할 수 있다. 점토성분이 높은 지반 또한 배토장애와 커터헤드 폐색문제를 야기할 수 있다.

EPB 쉴드의 적용 투수계수 범위는 $10^{-12} \sim 10^{-5}$m/sec, 슬러리 쉴드는 $10^{-6} \sim 10^{-2}$m/sec이다. 두 공법의 투수계수 적용 경계는 일반적으로 10^{-5}m/sec으로 보고 있다. EPB의 경우 첨가재량을 늘리면 더 높은 투수성 지반에도 적용할 수 있다. 터널 위치의 정수압은 TBM 선정에 중요한 요소이다. 고수압, 고투수성 조건에서는 배토관(screw)에서 Plug 형성이 어려워 챔버압 손실이 야기될 수 있다. 따라서 고수압 조건에서는 Slurry Shield가 EPB보다 유리하다. 표 8.7은 두 쉴드 TBM 장비특성을 비교한 것이다.

지반 조건에 따라 EPB 모드와 Slurry 모드를 선택할 수 있는 전환형 믹스 쉴드(convertible mixshield, 혹은 hybrid shield)도 개발되었다. 일반적으로 투수계수가 10^{-5}m/sec보다 큰 경우, Convertible Mixshield를 적용한다. $10^{-3} \sim 10^{-4}$m/sec보다 크면 Slurry 모드, 작으면 EPB 모드로 운전한다.

표 8.7 EPB 쉴드와 Slurry 쉴드의 장비 특성 비교

항 목	EPB 쉴드	Slurry 쉴드
커터헤드 구동력(cutterhead power)	High	Low
동력소요(site power requirement)	Moderate	High
초기 투자비(capital cost)	Low	High
부지 소요 규모(site size)	Moderate	Large
버력 처리(spoil disposal)	Easy	Complex
굴착 진도(spread of excavation)	Fast	Moderate
터널 청결상태(cleanliness of tunnel)	Poor	Good
침하억제 대책(settlement control)	첨가재 주입량 증가	슬러리 이수압 증가
큰 돌 등 처리(boulder measure)	Crusher 구비 여부	Crusher 구비 여부
보조공법 적용	사질층에서는 지반개량이 필요	원칙적으로 필요가 없음
버력 처리 문제	비교적 적음	이수처리의 능률이 관건

8.4.4 세그먼트 라이닝 계획

터널 단면의 크기는 해당 프로젝트의 설계 규정에서 정하는 건축한계와 내부 수용시설(환기설비, 대피로)을 포함하되 여유치를 감안하여 원형(circular shape)으로 계획한다. 세그먼트의 제작비는 터널연장에 따라 증가하며, 터널 공사비의 약 20~40%에 이르므로 세그먼트 라이닝 제작은 쉴드 터널 설계의 중요 검토항목이다(단면 설계는 라이닝 및 조인트의 구조검토를 포함하며, 이는 제2장 및 제5장에서 다루었다).

세그먼트 계획 segments and joints

그림 8.53에 세그먼트 상세를 보였다. 단위 세그먼트 링을 구성하는 조인트를 **세그먼트 조인트**(segment joints, longitudinal joints), 링간 연결 축 방향 조인트를 **링 조인트**(ring joints)라 한다.

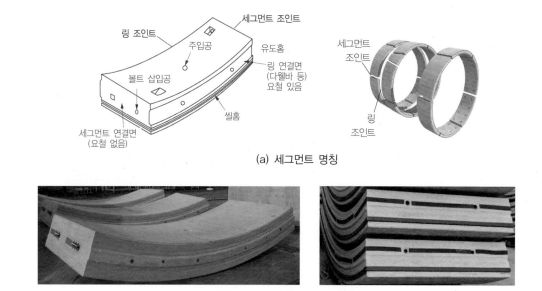

(a) 세그먼트 명칭

(b) 콘크리트 세그먼트

그림 8.53 세그먼트 상세 예

세그먼트 두께와 폭. 세그먼트 라이닝은 지반 이완하중에 대한 **수동지지** 개념으로 최대 모멘트에 저항할 수 있도록 설계한다(제2장 라이닝 거동해석 참조). 세그먼트 라이닝 설계에 있어서 관용터널공법과 가장 큰 차이는 세그먼트 조인트와 링 조인트에 의한 모멘트 감소효과이다. 조인트의 모멘트 감소영향을 고려하는 방법에는 완전 등가 강성법, 평균 등가 강성법, 다힌지계 링 검토법, 빔-스프링(예, 2-ring beam)법 등이 있다.

일례로 평균 등가 강성법은 링의 휨강성은 유효계수 ξ를 이용하여, $E_r = \xi E_c$, $E_r I_r = (1-\xi)E_c I_c$로 보정하고, 해석으로 얻은 모멘트가 M_c라면 조인트 모멘트 $M_j = (1-\xi)M_c$, 세그먼트 모멘트 $M_s = (1+\xi)M_c$를 적용한다. E_c는 콘크리트 강성, ξ는 영향계수로서 0.3~0.5 정도를 취한다(Japanese Tunnelling Association).

통계적으로 콘크리트 세그먼트의 두께는 세그먼트 외경의 4% 내외이다. 세그먼트의 폭은 운반 및 조립 용이성, 곡선부 시공성 등을 고려하여 결정하며, 작을수록 유리하나, 폭을 키우면 세그먼트 제작비 감소, 조립횟수 저감에 따른 시공속도의 향상, 그리고 지수성이 향상된다. 그림 8.54는 세그먼트의 철근배치를 예시한 것이다. 체결 볼트 홀(hole)은 하중 저항성 및 거동연속성을 갖도록 철근 내부로 엇물리게 배치한다.

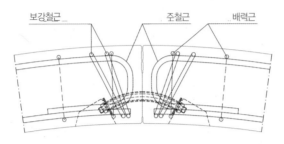

보강철근   주철근   배력근

그림 8.54 세그먼트의 철근, 조인트 볼트 공 배치 예

세그먼트 재질. 쉴드 TBM 터널 초기에는 강재 세그먼트가 많이 사용되었으나, 방청처리(부식 방지)로 인한 비용 증가로, 횡갱 연결부와 같이 향후 추가공사 시 제거하여야 하는 경우에만 제한적으로 사용된다. 콘크리트의 성능 향상에 따라 현재는 주로 철근콘크리트 세그먼트를 사용하고 있다. 철근콘크리트 세그먼트는 내부식성 및 내열성이 양호하며, 부식 염려가 없고 강재에 비해 제작비가 저렴하다.

(a) 강재 세그먼트(steel segments): 피난갱　　　(b) 콘크리트 세그먼트(concrete segments)

그림 8.55 세그먼트 라이닝의 종류

세그먼트 링의 구성. 세그먼트 라이닝의 축방향 단위 링을 **세그먼트 링(ring)**이라 한다. 터널 외경이 2,150~6,000mm의 경우는 5~6개의 세그먼트, 외경 6,300~8,300mm의 경우는 6~8개의 세그먼트로 분할한다. 이보다 단면이 큰 철도·도로터널에서는 8~11분할을 적용하기도 한다.

한 개의 링을 구성하는 세그먼트는 그림 8.56과 같이 보통 A, B 및 K-Type으로 구성된다. A-Type은 양단에 이음각을 주지 않는 사각형 형태이며, B-Type은 한쪽 면에 이음각을 둔 테이퍼(사다리꼴) 세그먼트이다. 맨 마지막으로 끼워 넣는 조각 세그먼트를 K-세그먼트라 한다. 링간 연결부를 **세그먼트 조인트**라 한다.

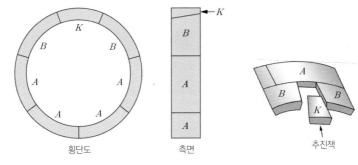

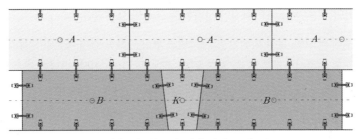

(a) 세그먼트구성(A, B, Key-세그먼트)

(b) 세그먼트의 배치 전개도 예

그림 8.56 세그먼트의 구성 및 배치

세그먼트 조인트 접촉 형식과 이음 볼트. 세그먼트 조인트 형상은 그림 8.57에 보인 바와 같이 Convex-Concave, Tongue and Groove은 형태가 있으며, 링 조인트는 Cam and Socket의 형태로 제작된다. 조인트 접촉면의 Groove에 방수를 위한 씰(seal)재 혹은 가스켓(gasket)이 설치된다.

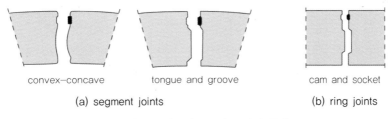

convex-concave   tongue and groove   cam and socket

(a) segment joints   (b) ring joints

그림 8.57 세그먼트 조인트 단면 상세

세그먼트 이음 볼트는 체결 형식에 따라 곡 볼트, 경사 볼트, 박스 볼트, 연결핀(dowel bar) 등이 있다(그림 8.58). 곡 볼트가 추진책의 추력에 대한 구조적 안정성이 높고 변형에 대한 허용 여유도 크다. 박스 볼트는 누수 방지 및 방청을 위한 몰탈 충진이 필요하며, 경사 볼트와 연결 핀은 조립이 용이하나 구조적으로 취약하다. 조인트는 응력집중 및 누수위험 개소로서 세그먼트 라이닝의 설계 시 역학적으로는 물론 재료적으로도 중요한 설계검토 항목이다.

(a) 곡 볼트

(b) 박스 볼트

(c) 경사 볼트

그림 8.58 주요 세그먼트 조인트의 종류

세그먼트 링의 유형과 선형계획

쉴드 굴착계획 시 지상의 구조물에 미치는 영향을 최소화하기 위해 소요 토피고는 일반적으로 굴착외경의 1.5배 이상으로 하고, 시공 중 용출수를 자연 유하시킬 수 있도록 0.2% 이상의 상향경사로 한다. 평면곡선과 종단곡선이 중첩되는 경우에는 3차원적인 정밀한 링 조합이 요구된다.

TBM은 쉴드 원통체의 길이, 굴착 회전반경, 세그먼트 형상 등으로 인해 곡선반경에 제약이 따른다. 일반적으로 시공 가능한 최소 곡선반경은 도로, 철도 등 대구경(직경 10m 이상) 터널의 경우, $R=250$m 이상, 상하수도, 전력구 등 중·소구경(직경 9m 이내) 터널의 경우에는 $R=80 \sim 120$m이다.

곡선부를 직선형 세그먼트 링으로 처리하기 위하여 세그먼트 링의 폭이 다른 테이퍼 링(tapered ring)을 도입한다. 그림 8.59(a)와 같이 폭이 일정한 표준형(standard)과 한쪽이 다른 쪽보다 좁은 테이퍼(tapered) 링을 연속적으로 조합하여 곡선터널을 형성할 수 있다. 그림 8.59(b)는 곡선부의 세그먼트 라이닝 배치 예를 보인 것이다. 테이퍼 링에 있어서 최대 폭과 최소 폭의 차이를 **테이퍼 량(Δ)**이라 한다.

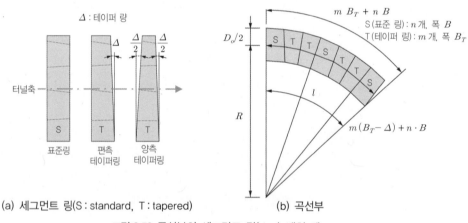

(a) 세그먼트 링(S : standard, T : tapered)

(b) 곡선부

그림 8.59 곡선부의 세그먼트 링(ring) 배치 예

세그먼트 라이닝의 방수

세그먼트 라이닝은 1차적으로 라이닝과 지반 사이의 뒤채움 그라우팅으로 방수성능을 확보하며, 조인트에 **씰재(seal)** 또는 **가스켓(gasket)**을 설치하는 싱글 라이닝 방수체계를 도입한다(내부 라이닝을 설치하는 경우 방수막 포설 방수체계를 도입할 수도 있다). 세그먼트 라이닝의 방수원리는 그림 8.60과 같이 씰재(가

스켓)의 접촉압력(σ_r)을 수압(p_w)보다 크게 하여 물의 침투를 방지하는 것이다. 따라서, 이론적 방수(지수) 조건은 $\sigma_r > p_w$이다.

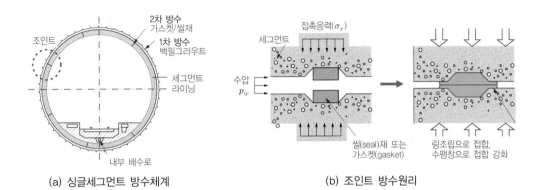

| (a) 싱글세그먼트 방수체계 | (b) 조인트 방수원리 |

그림 8.60 싱글 세그먼트 라이닝 방수원리

수압 상승에 따라 세그먼트 라이닝이 두꺼워지는데, 이에 따라 침투 저항을 키우기 위해 씰재 배열을 2중으로 늘리거나, 가스켓의 적층 높이와 강성을 증가시켜야 한다. 씰재는 주로 부착식으로 설치되며, 가스켓은 세그먼트 제작 시 콘크리트에 매입(anchored type) 또는 접합(glued type) 방식으로 설치된다. 접합부의 불일치 오차(offset)를 최소화하는 것이 라이닝 방수시공의 핵심이다. 표 8.8은 씰재와 가스켓의 방수 특성을 비교한 것이다.

표 8.8 씰재와 가스켓 방수재 특성

구분	수팽창성 씰재(sealing materials)	가스켓(gasket)
형상		
지수원리	• 씰재의 탄성 복원력에 의한 지수 • 재료의 흡수 팽창특성으로 지속성 유지	• 고무탄성 반발력으로 지수 • 공극의 회복 탄성력으로 지속성 확보
설치방법	• 세그먼트 이음면에 부착하여 이음부를 방수 • 수압이 높은 경우 2열 부착 • 수팽창 고무의 팽창 이용	• 홈에 앵커링(anchoring) 또는 접착(gluing) 부착 • 세그먼트 저장, 운반, 설치 및 운영 중 보호주의 • 탄성 고무의 압축성에 의해 방수
재질	수팽창성 고무 : 합성고무	탄성고무(EPDM, Ethylene Polythene Diene Monomer)
특징	• 가스켓에 비해 저렴하고 조립 용이 • 부착 시 밀림현상 적으나, 파손 우려 있음 • 시공오차에 의한 누수가능성 적으나 내구성 유의 • 고수압 작용 시 파손 우려 　(일본에서 많이 사용)	• 내구성이 우수함 • 세그먼트 조립 시 지수재 밀림 발생 가능성 높음 • 접합부 불일치(offset) 시공오차 관리 필요 • 시공오차 발생 시 누수가 지속될 우려 　(유럽에서 많이 사용)

8.5 쉴드 TBM의 시공

8.5.1 쉴드 TBM 발진 및 도달 계획

쉴드 TBM 작업 계획

쉴드 TBM 작업은 다공종(multi-disciplinary) 공사로서 토목, 기계, 전기, 전자, 재료, 지질 분야의 기술자 및 전문가 간 긴밀한 협업이 요구된다. 따라서 운영팀을 이끄는 관리자의 종합능력과 역할이 중요하고, 팀원 개인이 고도로 훈련되고 기술적 경험이 풍부해야 한다.

쉴드 터널공법은 발진구와 도달구를 중심으로 하는 지상 작업장이 필요하다. 지상 작업장에서는 장비 및 기자재의 반입 및 버력반출, 세그먼트 야적, 공사 중의 오·폐수 처리 등의 작업이 이루어진다. 그림 8.61은 쉴드 TBM 작업의 단계별 주요 공정을 예시한 것이다.

(a) 발진구 설치 (b) 갱문 엔트란스 설치 (c) TBM 받침대 설치 (d) TBM 장비 조립

(e) 반력대 설치 (f) 레일 받침대 부설 (g) 레일 및 발판 설치 (h) 후방 지원설비 반입

(i) 본 굴진 (j) 도달구 관통 (k) TBM 해체 반출 (l) 완성된 세그먼트 라이닝

그림 8.61 쉴드 TBM 시공 절차 예

쉴드 TBM은 비교적 소수의 장비 운영팀과 지원인력으로 작업이 가능하다. TBM 운전 작업팀은 장비에 따라 차이는 있지만, 약 10인 내외로 구성되며, 보통 2교대 또는 3교대로 운영한다. 일반적으로 터널 작업은 하루 12시간, 일주일에 6~7일 가동된다. 굴착 계획 시 커터의 교환 시기 등을 판단하여, 부품 수급 계획이 마련되어야 한다. 그림 8.62는 지상 작업장 배치 및 작업자 구성을 예시한 것이다.

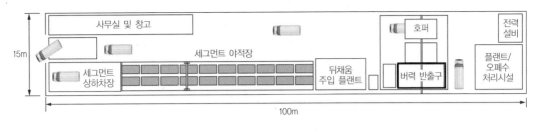

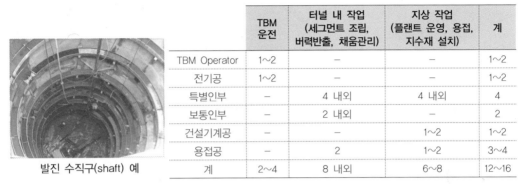

	TBM 운전	터널 내 작업 (세그먼트 조립, 버력반출, 채움관리)	지상 작업 (플랜트 운영, 용접, 지수재 설치)	계
TBM Operator	1~2	–	–	1~2
전기공	1~2	–	–	1~2
특별인부	–	4 내외	4 내외	4
보통인부	–	2 내외	–	2
건설기계공	–	–	1~2	1~2
용접공	–	2	1~2	3~4
계	2~4	8 내외	6~8	12~16

발진 수직구(shaft) 예

그림 8.62 쉴드 TBM 공사 작업장 및 단위 작업팀 구성 예(주간)

쉴드 TBM 발진구 작업

발진 작업구. 발진기지의 길이는 벽체반력 시스템과 TBM 본체의 길이($L=10$~15m)를 고려하여 정한다. 통상 직경이 약 10~20m 정도의 수직구(shaft)로 계획된다. 발진터널의 직경은 일반적으로 'TBM 구경＋30cm' 수준이다. 그림 8.63에 발진 수직구의 평면을 예시하였다.

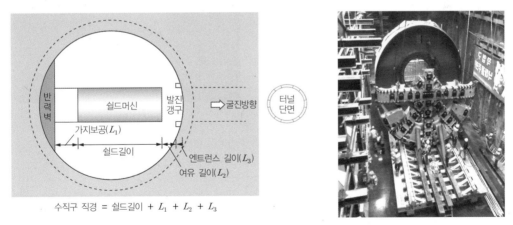

그림 8.63 발진 작업구(원형 수직구)의 평면도와 쉴드 TBM 조립작업(수직구 직경＝10~20m)

반력대. 발진 작업구에 쉴드 TBM 장비 하중을 지지할 수 있도록 하부 받침대를 설치하며, 초기 추진을 위한 추진책 수평 반력대를 설치하여야 한다.

쉴드 TBM의 최초 추진 반력은 가설 세그먼트, 반력대(혹은, 반력벽), 흙막이 벽체, 배면지반 순으로 전달된다. 반력벽은 쉴드 잭의 추력 하중을 균등하게 지지할 수 있어야한다. 그림 8.64에 발진구 내 받침대 및 반력대 설치 주요 단계를 예시하였다.

(a) 쉴드 하부 받침대 설치   (b) 반력대 설치 및 쉴드기 거치   (c) 가설 세그먼트 설치 및 추진

그림 8.64 발진구 내 받침대 및 반력대 설치

지반보강 및 엔트런스 패킹. 최초 굴진 시 구속력이 불충분한 경우, 터널 진입지반 시점부의 파괴가 일어날 수 있다. 이를 방지하기 위해 그림 8.65와 같이 콘크리트 가설 벽체에서 지반이 자립할 수 있는 범위까지 지반 보강 작업과 **엔트런스 패킹**(entrance packing)이 필요하다.

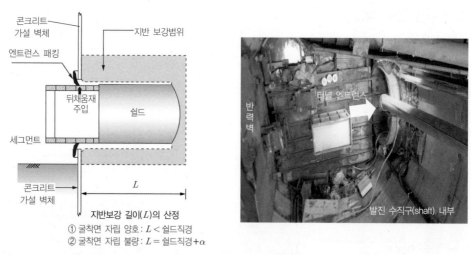

그림 8.65 발진구의 지반보강 범위

쉴드 TBM 굴진

쉴드의 발진 준비가 완료된 후, 쉴드의 후방설비가 터널 속으로 들어가기까지의 굴진 과정을 초기굴진이라 하며, 이후 굴진을 본 굴진이라 한다.

초기굴진. 초기굴진 과정에서는 쉴드 TBM 장비 및 각 기계설비(gauge 등)를 관찰하고, 굴진데이터를 분석하여 본 굴진 계획에 반영한다. 초기굴진은 비압력 모드가 압력모드로 변경되는 상황이므로, 막장압을 점진적으로 증가시키며 굴착안정성을 확인하여 막장압 관리기준의 적정성을 검토하여야 한다.

초기굴진거리는 세그먼트와 지층의 마찰저항이 쉴드의 전체 추력 능력과 같아지는 거리와 후방대차 설비를 터널에 설치할 수 있는 거리 중 큰 쪽으로 정한다. 일례로, 세그먼트 외경 2.8m, 쉴드 길이 8.2m, 후방대차 길이 54m, 쉴드 본체와 후방대차 사이의 길이가 8m인 경우, '추력=저항력' 거리가 약 52.2m, '장비의 길이＋후방대차의 길이＋본체와 후방대차 사이의 길이'가 70.2m인 경우, 초기굴진거리는 70.2m가 된다.

본 굴진. 초기굴진 후 가조립 세그먼트와 반력대를 해체하고, 받침대를 철거하며 환기설비, 동력설비, 버력처리 및 자재운반용 궤도(레일)를 설치한다. 그 다음, 후방설비를 터널 내 투입한다.

쉴드 TBM 운전 시 지반조건(굴착에 따른 예상 거동), 주변 건물 및 시설, 터널 선형 등의 운전조건을 숙지하고 있어야 하며, 선형과 굴착에 적정한 추력(thrust force, propulsion force)과 커터헤드 토크 유지 및 적정 막장압을 유지해야 한다. 이와 함께 커터의 마모관리와 교체, 첨가재 주입비와 슬러리 농도, 배토상태도 적절하게 관리되어야 한다. 그림 8.66은 쉴드기의 모니터링 화면정보를 예시한 것이다.

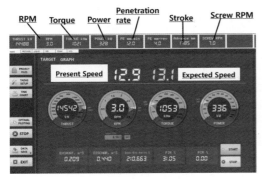

(a) TBM 운영정보 관리   (b) 굴착토 관리 정보

그림 8.66 쉴드 TBM 운전 및 운영 정보 모니터링 예(EPB 쉴드)

추진 시에는 링별 굴진기록부를 작성하여 굴착상태, 첨가재의 주입압과 주입량, 기계의 이상 유무 등을 점검해야 하며, 그림 8.67에 보인 추력, 토크, 토압 등 **각종 계기수치로 지반상태의 변화를 분석하고 이를 시공에 반영**하여야 한다.

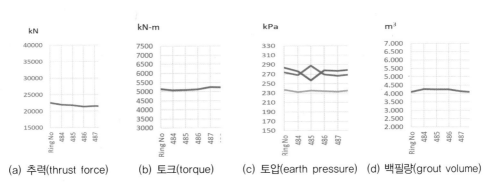

(a) 추력(thrust force)   (b) 토크(torque)   (c) 토압(earth pressure)   (d) 백필량(grout volume)

그림 8.67 굴진 데이터 예(실트질 점토지반, 터널심도 27m, 터널 중심수두 25m)

쉴드 TBM의 굴진속도는 약 40~100mm/min 수준이다. 암석 덩어리, 큰 자갈 등의 출현 시, 커터헤드의 손상을 줄이기 위해 추력과 회전력을 낮추어야 하는데, 암석을 깨는 경우 추가시간이 소요되므로 굴착속도가 10mm/min 수준까지 떨어질 수 있다. 최근 쉴드 TBM의 일 최고 굴진기록은 70m/day를 상회한다.

커터 교체 계획

굴착 전 시공 중 커터의 마모를 평가하여 커터 교체 계획을 마련하여야 한다. 커터 교체는 TBM 작업의 중단(Cutter Head Intervention, CHI)이 필요하고 막장안정대책이 요구되므로, 굴착 전 세심한 계획이 필요하다. 굴착 중단 후 커터헤드에서 교체작업을 수행하기 위해서는 막장압을 해제하여야 하므로 막장안정이 유지되는 지반조건에서 수행하면 바람직하다. 그렇지 않은 경우 지반안정과 지하수 유입을 방지하기 위한 막장보강 작업을 선행하거나 공기압(air pressure) 등 대체 압력장치로 막장안정을 유지해야 한다.

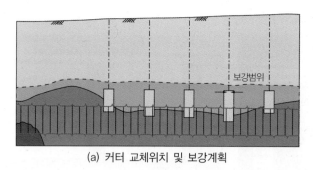
(a) 커터 교체위치 및 보강계획

보강범위 예
– 보강 높이 : 풍화암+2m
– 보강 폭 : 16m
– 보강 길이 : 16m

(b) CHI 위치 보강계획 예

그림 8.68 커터교체 및 보강계획 예

TBM의 도달 계획 : U-turn 또는 해체

도달구(reception shaft)에 도달한 TBM은 U-turn하여 인접터널을 굴착하던가 해체하여 반출한다. 터널과 도달구가 만나는 위치의 지반은 발진구와 마찬가지로 비구속 상태에 해당한다. 이 경우 도달부 지반이 적절하게 지지되지 않으면, TBM 형상대로 굴착이 안 되고 추력과 토크에 의해 주변 지반의 파괴가 일어날 수 있다. 따라서 발진부와 마찬가지로 도달부의 지반도 주입 및 벽체보강이 필요하다.

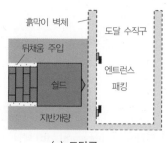
(a) 도달구

(b) 도달구 전면 패킹 현황

그림 8.69 도달구 보강단면 및 TBM 진출 엔트런스 전경

8.5.2 EPB 쉴드 TBM의 굴착시공 관리

EPB의 운영관리

그림 8.70에 EPB(Earth Pressure Balanced) 쉴드의 구조를 보였다. EPB의 굴착도구는 지반조건에 따라 디스크 커터나 커터비트(Cutter bit or pick)로 구성된다. EPB 쉴드는 **유동성 토사**를 이용한 막장압으로 굴착면을 지지한다. 막장압 유지 및 굴착 효율 제고를 위한 **첨가재** 투입 시스템이 장착되어 있으며, 스크류 콘베이어(screw conveyer)를 이용하여 굴착토를 배출한다.

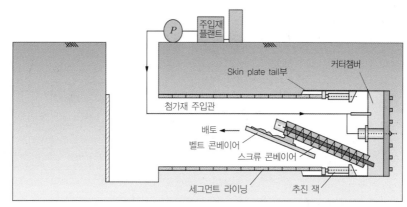

(a) EPB 쉴드 작업 개념도

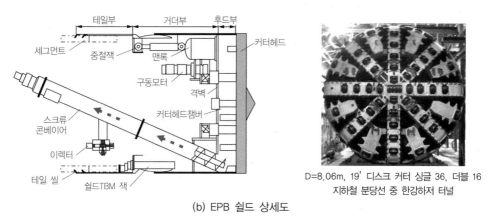

(b) EPB 쉴드 상세도

D=8.06m, 19' 디스크 커터 싱글 36, 더블 16
지하철 분당선 중 한강하저 터널

그림 8.70 EPB 쉴드 구성 예

EPB 쉴드의 막장안정 메커니즘은 굴착면에 작용하는 토압과 수압을 막장의 유동토의 이토압을 이용하여 내외압 간 균형을 이루게 함으로써 확보된다. **EPB 굴착토의 유동성이 충분하지 못하면 압력전달이 균일하지 못해 막장 불안정이 야기**될 수 있다. 토사를 유동화시켜 버력의 Workability를 증진시키고, 균일한 막장압을 유지할 수 있도록 하기 위해 굴착토에 첨가재를 투입한다. 굴진속도, 스크류 콘베이어 회전수, 추진잭 등을 이용하여 굴착면의 안정을 유지하며 굴진율을 극대화하는 것이 EPB 쉴드의 굴착관리의 요체이다.

그림 8.71은 EPB 쉴드의 굴착관리 흐름도를 보인 것이다. 굴토 배출량은 스크류 콘베이어 회전속도에 비례한다. 반면에, 굴착량은 TBM 관입률(penetration rate)에 의해 결정된다. 굴착토와 배토량 간 동적 평형은 스크류 콘베이어의 회전속도를 조절함으로써 커터헤드 챔버(plenary) 내에서 이루어져야 한다. 배토량 조정(스크류 게이트 개방조절)으로 막장압 유지에 기여할 수 있다. 스크류 콘베이어는 막장과 연결되는 마개(plug) 역할을 함으로써 막장압을 유지한다.

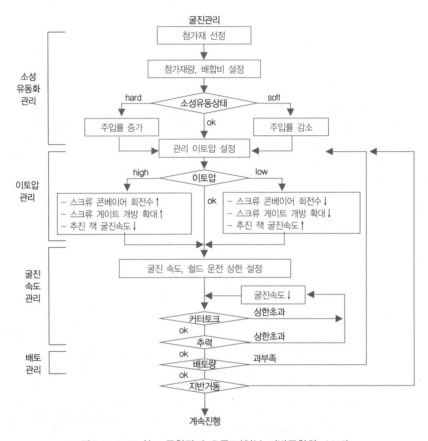

그림 8.71 EPB 쉴드 굴착관리 흐름도(일본 지반공학회, 2012)

EPB의 막장압 관리

그림 8.72는 커터 챔버 내 압력분포를 예시한 것이다. 유동성 토사가 스크류 콘베이어를 통해 배출될 때, 배출구에서 **압력 저하**가 일어나기 쉽다. 따라서 스크류 콘베이어에서 밀폐조건을 형성하여 유동 토사로 압력 손실을 막아주는 Plug 형성, 압력손실 방지를 위한 주입 등의 대책이 고려되어야 한다. 막장압은 3장에서 다룬 막장안정조건, 그리고 쉴드 운전효율 등을 고려하여 관리범위로 설정한다. 막장압이 과다하면, 지반이 융기하거나 굴진성능이 저하될 수 있다. 반면, 막장압이 과소하면 막장면 붕괴가 일어날 수 있다.

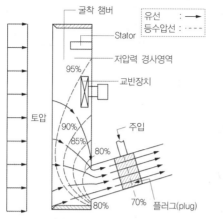

그림 8.72 EPB 쉴드 내 굴착토의 이동과 챔버 압력 분포(after Krause, 1987)

표 8.9는 실제 EPB TBM 프로젝트의 막장압 관리사례를 보인 것이다. 운영 막장압의 범위는 '주동토압~정지토압 + 수압 + 여유치'의 범위 내에서 이루어지고 있다.

표 8.9 EPB 막장압 운영사례(Kanayasu et al., 1995; Broere, 2001)

커터헤드직경(m)	지반조건	운영 막장압
7.45	연약실트	정지토압
8.21	사질토, 점성토	정지토압 + 수압 + 20kPa
5.54	세립모래	정지토압 + 수압 + 보정압력(fluctuating pressure)
4.93	사질토, 점성토	정지토압 + 30~50kPa
2.48	자갈, 기반암, 점성토	정지토압 + 수압
7.78	자갈, 점성토	주동토압 + 수압
7.35	연약실트	정지토압 + 10kPa
5.86	연약 점성토	정지토압 + 20kPa

저토피 구간, 연약토, 고수압 구간, 복합지반 등을 통과하는 경우 이토압 관리에 유의가 필요하다. 실제 막장압력을 가하지 않고도 운전을 통해 EPB 쉴드의 챔버 내 토압을 제어하는 방법으로 스크류 콘베어어 회전수 제어, 쉴드 추진 잭의 굴진 속도 제어, 그리고 이 두 조건을 조합하는 방법 등이 사용될 수 있다. **챔버 내 압력이 설정압보다 큰 경우 스크류 콘베이어 회전속도를 증가시키거나, 추진속도를 감소시키면 배토속도 증가효과로 압력을 낮출 수 있다.** 반대로 압력이 떨어지는 경우에는 배토량을 감소시키거나 추력을 증가시켜 압력을 상승시킬 수 있다.

지반 컨디셔닝과 첨가재 주입관리

지반의 투수성이 너무 낮으면 막장의 유동토사에 지하수의 배수 경로가 형성되는데, 첨가재를 투입함으로써 배수 경로 형성을 방지할 수 있다. 한편, 추력에 의한 지반압 p_s 가 과다하면 토사의 유동작용이 잘 일어나지 못해 막장안정, 챔버관리 및 배토에 문제가 발생한다.

EPB 운영의 핵심은 커터헤드 챔버의 압력 조절과 굴착토를 최적화 컨디셔닝(소성유동화)하는 것이다. 이를 위해 굴착토가 적절한 유동성을 갖지 못할 경우 계면활성 기능을 갖는 첨가재(conditioning agents)인 **기포제(foam), 폴리머(polymer)** 등을 주입하여, 막장압을 유지하고, 원활한 배토를 도모한다. 첨가재 주입은 압력 조절뿐 아니라 굴착토의 내부마찰각 감소, 커터의 소요 토크 감소, 굴착도구와 토립자 간 저항 감소, 투수성 저하, 기계 마모 저하 등의 효과도 제공한다.

일반적으로 투수계수가 크거나, 유동성이 부족할수록 첨가재 투입을 늘려야 안정유지에 유리하다.

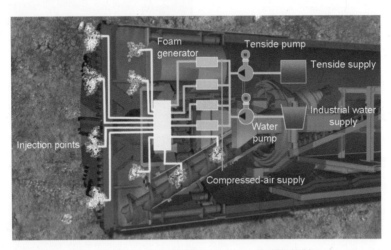

그림 8.73 EPB 쉴드 TBM 첨가재(foam) 주입계통도(tenside : 계면활성제)(Herren Knecht, 2006)

첨가재(conditioning agents). 첨가재는 굴착토와 재료 분리 없이 혼합이 용이하고, 생화학적으로 분해가 가능한 친환경재료이어야 한다.

가장 흔히 사용되는 첨가재는 계면활성제인 기포제(foam)이며, 폴리머계 슬러리(99.8% 물), 벤토나이트 슬러리(96% 물), 필러(filler), 물 등이 사용되기도 한다. 첨가재는 커터헤드 전면에 주입하거나 굴착챔버 또는 스크류 콘베이어에 주입한다. 그림 8.74에 주로 사용되는 첨가재를 예시하였다.

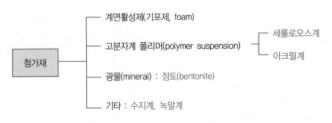

그림 8.74 EPB 쉴드 TBM 주요 사용 첨가재

폼(foam)재는 압축공기로 만들어진 계면활성제(특수 기포제)로서 굴착토에 주입하면 유동성이 좋아지고 지수성을 확보할 수 있다. 다만, 일정 시간이 지나면 기포가 소멸하므로 연속 투입이 필요하다. 실트질 모래에 유용하며, 점성토의 경우 Clogging 방지 첨가재를 섞어 주입하면 점토가 커터헤드나 굴착도구에 부착되는 문제를 해소해주는 효과가 있다.

폼은 공기가 녹아들어 팽창하여 버블형태로, 계면활성제 역할을 하는 특별한 물리적 상태라 할 수 있다. 폼 버블의 내압은 대기압보다 높다. 버블의 압력은 버블의 크기 그리고 버블 필름의 강도와 관련된다. 버블의 특성은 폼 팽창비(Foam Expansion Ratio, FER)와 폼 주입률(Foam Injection Rate)로 나타낼 수 있다. 기포는 시간이 지나면 소멸하므로 지속시간을 관리하는 것이 중요하다. 지속시간이 부족하면, 막장압 감소와 유동성 저하가 초래된다. 폼재의 안정성은 기포의 크기와 균일성에 지배된다. 가급적 작고 균등할수록 좋다. 큰 버블은 작은 버블을 포획할 수 있어, 급격히 소멸될 수 있다.

폼재를 사용하는 경우, 폼의 함수비, 단위중량, 입도, 투수성, 연경도 등 재료시험(agent testing)을 수행하고, Foam Injection Rate(FIR, 주입률), Foam Expansion Ratio(FER, 팽창비), Foam Stability(half-life, 폼의 내구성 : 3분~2시간), Foam Density, 그리고 생화학적 분해 특성 및 독성 시험 등의 재료시험을 수행한다. 주요 시험지수의 정의와 분포범위는 다음과 같다.

폼 농도계수(concentration factor, CF). 물 속의 폼 농도를 나타내기 위한 계수로 굴착 중 주입된 물과 자연지하수량을 고려하며(지하수량에 지배) 일반적으로 0.5~5% 정도이다.

$$CF = \frac{m_s}{m_f} \times 100\,(\%) \tag{8.39}$$

여기서 m_s는 용액 내 폼재 질량, m_f는 용액의 질량이다.

폼 팽창비(foam expansion ratio, FER). 용액 체적에 대한 가동압력 조건의 폼 체적의 비로 일반적으로 10~30의 범위이다.

$$FER = \frac{V_f}{V_F} \tag{8.40}$$

여기서 V_f는 가동압력 조건에서의 폼 체적, V_F는 용액 체적이다. FER은 기포 희석액에 대한 기포의 양이며, 공극이 큰 지반일수록 높은 FER을 적용한다. 농도를 높임으로써 FER을 증가시킬 수 있다. 일반적으로 FER은 점토지반의 경우 5~12, 실트질 모래 10~18, 조립모래 20~25를 적용한다. 모래, 자갈 등의 침투성 충적층에서는 높은 팽창성을 가진 작은 기포가 유리하다.

폼 주입비(foam injection ratio, FIR). 굴착토의 원위치 체적에 대한 가동압조건의 폼 체적비로 정의하며 10~80% 범위로 움직이나, 통상 30~60%이다.

$$FIR = \frac{V_f}{V_s} \times 100\,(\%) \tag{8.41}$$

여기서 V_s는 굴착토의 원위치 체적이다.

그림 8.75는 기포제 1,000리터를 만드는 배합비에 대한, 생산 공정을 예시한 것이다. 일반적으로 버력 체적의 30~60% 범위의 기포(foam)를 주입한다.

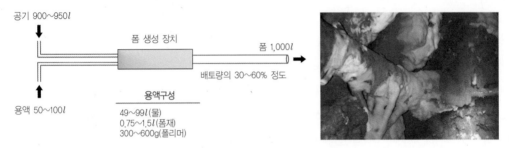

공기 900~950l

폼 생성 장치

폼 1,000l

배토량의 30~60% 정도

용액구성

용액 50~100l

49~99l(물)
0.75~1.5l(폼재)
300~600g(폴리머)

그림 8.75 기포제(foam) 생산 예

고분자계 폴리머는 수용성으로서 굴착토의 유동성을 증가시키고, 펌프의 압송성을 개선하는 효과가 있다. 보통 고분자계 폴리머는 폼재와 혼합하여 사용한다. 폴리머는 굴착토의 점성을 개선하므로 실트질 모래 지반에 유용하다. 점성토에 적용하면 커터헤드 부착을 감소시켜 작업 안정성 증진에도 기여한다. 1~3%의 농도로 사용하면, 미립자를 덩어리로 만들어 유동성이 개선된다. 흡수재 폴리머는 굴착토 중 과다 지하수를 흡수하여 배토가 용이하게 해준다. 라임이나 시멘트를 이용해도 폴리머와 같은 효과를 얻을 수 있다.

일반적으로 배토가 묽어지면 기포(폼)를 증가시키고 폴리머를 줄인다. 반대로 배토가 되어지면 유동토의 팽창성을 줄여야 한다. 자갈이 섞여 나오는 경우 폴리머를 증가시킨다.

EPB는 굴착토로 막장압을 가하므로 입도분포가 고른 조건일수록 유리하다. 스크류 콘베이어의 수밀성(water-tightness) 확보를 위하여 0.06mm 이하의 미립분이 10% 이상이 되도록 하여야 하며, 함수비는 소성한계와 액성한계 사이에 있어야 한다. 따라서 원지반의 미립분이 부족하거나, 이 조건이 만족되지 않은 조립모래의 경우, 미립 모래나 미립 석회석 등의 필러(filler)를 투입하면, 굴착토의 입도분포가 개선되어 안정성증진에 도움이 된다.

광물계 첨가재는 유동성과 지수성이 좋아 비교적 널리 사용되나 플랜트 수요가 크고, 주원료인 벤토나이트 액이 산업폐기물로 분류되어 처리 부담이 있다. 슬러리를 챔버에 주입하면 굴착토의 소성을 증가시키고, 투수성을 감소시키며, 커터헤드 전면에 주입하면 막장안정을 개선할 수 있다. 고흡수성 수지계는 지하수에 희석 열화될 가능성이 거의 없고, 고수압 조건에서도 분발현상(세립분 부족 등으로 버력과 물이 분리되어 스크류 콘베이어의 게이트가 열리며 압력이 분출하는 현상)을 방지하는 등의 이점이 있다. 그러나 염수조건에 부적합하고, 사용토 처리에 제약이 따른다.

원지반 점토의 팽창성을 감소시키려면, 물 흡수가 안 되는 상태로 변화시켜야 하는데, 이는 점토 구성광물을 변화시킴으로써 가능하다. 대표적으로 팽창성 점토는 대개 Montmorillonote를 함유하는데, Potassium Chloride를 주입하면 팽창성이 감소한다. 그림 8.76은 입도분포에 따른 첨가재 적용범위를 예시한 것이다. 장비 마찰저항이 매우 큰 토사 또는 암반에서는 커터헤드와 주변 장치, 스크류 콘베이어 등의 마모를 막기 위해 마모방지 첨가재(Anti-abrasion agents)를 사용하기도 한다.

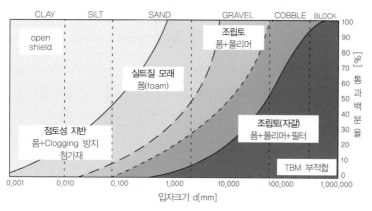

그림 8.76 입도분포에 따른 첨가재 적용 범위

EPB의 배토 관리

이토의 유동성 관리. 이토의 유동성 관리는 EPB 쉴드의 원활한 굴착을 위한 핵심조건이다. 이토의 유동성은 커터 챔버 내 압력, TBM 토크 부하, 배토 성상 등으로 판단할 수 있다. 먼저 챔버 내 토압계의 측정값이 크게 변동하지 않는다면, 이토의 유동성 부족 또는 Clogging 가능성을 예상할 수 있다. 커터헤드 토크, 스크류 콘베이어의 토크 등 기계부하의 경시변화, 회전수를 이용하여 산출한 배토량과 계산굴착량의 상관성으로도 유동성을 평가할 수 있다. 배출된 굴착토의 슬럼프 값 또한 유동성 판단의 중요한 정보이다. 슬럼프 값이 점성토 지반 3~10cm, 사질지반 8~15cm 정도일 때 적정 유동성이 확보되고 있다고 할 수 있다.

배토 흡입구는 챔버 하부에 위치하는데, 스크류의 토크를 줄이기 위해 스크류 콘베이어에서 첨가재를 주입하기도 한다. 스크류 콘베이어 내 Plug가 형성되지 않거나, 파괴되면 막장압 손실을 야기할 수 있으므로 유의하여야 한다.

배토관리. 배토량을 예측하여, 굴착 시 측정치와 비교하면, 굴착작업의 적정성, 과굴착, 공동(cavity) 생성 등의 문제를 조기에 파악할 수 있다. 하지만 EPB의 경우 굴착토의 토량변화율, 첨가재의 종류와 양에 따라 버력의 체적과 중량이 변화하므로 정확한 굴착토량을 산정하기가 용이하지 않다. 따라서 가능한 여러 방법을 동원하여 평가하고 이토압 및 지반변형 등의 시공관리 데이터와 연계한 분석이 필요하다.

배토량은 '**이론굴착량** × **토량환산계수+첨가재 주입량**'으로 설정할 수 있으며, 토량환산계수는 일반적으로 상한 관리기준 1.2, 하한 관리기준 0.8을 적용한다.

EPB의 배토량 측정은 용적 혹은 중량계측법을 이용할 수 있으며, 배토량 측정위치에 따라 막장 측정 방식과 후방 측정 방식이 있다. 그림 8.77은 EPB 쉴드의 배토량 측정방법을 예시한 것이다.

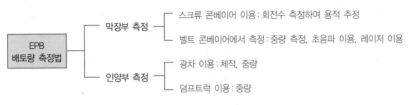

그림 8.77 EPB 배토량 측정법

큰 돌 처리 설비. 큰 돌 및 자갈의 출현은 배토 처리에 상당한 장애요인이 된다. 따라서 쉴드 TBM 내 큰 돌의 제거 및 파쇄 설비를 갖추는 것이 필요하다. 그림 8.78은 쉴드 TBM의 자갈 처리 방식을 예시한 것이다.

그림 8.78 큰 돌(버력) 처리 방식과 Crusher 예

배토처리는 벨트 콘베이어, 광차 또는 덤프트럭을 이용할 수 있으며, 이는 공사기간, 버력 발생량, 터널 내부 환경 등을 감안하여 결정한다. 배토량 측정법에는 중량측정법(conveyor scale method), 초음파 이용법 (ultrasound method), 레이저 스캐닝법(laser scanning method, or laser profiler) 등이 있다. 레이저 스캐닝보다는 중량측정법이 신뢰성이 높은 것으로 알려져 있다. 벨트 콘베이어 시스템은 측정 동선상 편리하기는 하나, 비용 소요가 크고, 굴진과 함께 연장 설치하여야 하는 번거로움이 따른다. 터널 직경이 작은 경우(약 7.0m 이하), '기관차＋광차'가 유리하며, 이보다 더 큰 직경의 터널은 덤프트럭이 경제적이다.

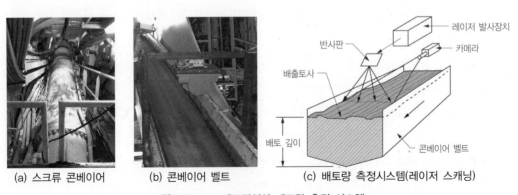

(a) 스크류 콘베이어　　　(b) 콘베이어 벨트　　　(c) 배토량 측정시스템(레이저 스캐닝)

그림 8.79 EPB 배토장치와 배토량 측정 시스템

EPB의 굴착 트러블 관리

EPB 작업속도가 낮은 이유의 대부분은 장비 가동 중단이 잦기 때문인데, 커터헤드 폐색(면판 디스크 커터에 토사가 엉겨 붙거나 암편이 Bit Box에 끼어 배토를 방해) 사례가 잦고, 굴착 주변토의 압착 거동에 따른 쉴드의 협착, 유출수 과다 및 이수 유출에 따른 막장 붕괴, 세그먼트 파손으로 인한 반력 부족 등도 주요 원인이다. 일반적인 EPB 쉴드의 실제 가동률은 30%에도 미치지 못하는 경우가 많으며, 특히 복합지반에서 가동률이 크게 떨어진다.

Clogging 관리. 점성토 지반은 비교적 양호한 유동성을 나타내지만, 유동토가 커터헤드에 부착되고 개구부를 폐색시키는 현상(clogging)이 야기될 수 있다. 보통 선속도가 느린 커터헤드 중앙에서부터 부착현상이 시작되므로 커터헤드 중심부의 개구율을 외곽보다 증가시키는 것이 유리하다. 그림 8.80은 컨시스턴시에 따른 Thewes & Burger's Criteria를 보인 것이다(슬러리 쉴드의 운영 경험에 근거한 것이나, EPB에도 적용 가능한 것으로 알려져 있다). 컨시스턴시인덱스(CI) = (LL$-w$) / (LL-PL).

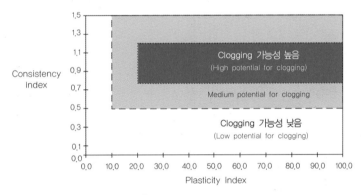

그림 8.80 점토뭉침현상 발생가능성(clogging potential criteria, Thewe and Burger, 2011)

한편, 사질토 지반의 경우 유동성이 부족하고 투수성이 큰 문제를 보완할 필요가 있다. 특히, 세립분 함유율이 30% 이하인 지반은 첨가재의 주입을 통해 유동성을 증가시키고 지수성을 확보할 필요가 있다.

8.5.3 Slurry 쉴드 TBM의 굴착시공 관리

Slurry 쉴드 TBM의 장비 개요

그림 8.81에 Slurry Shield의 상세구조를 나타내었다. Slury 쉴드는 이수압으로 막장을 지지한다. 굴착토를 이수와 함께 배토하여 지상플랜트에서 버력을 분리, 배출한다. 후방에는 유체(slurry)수송을 위한 P1(송니펌프), P2(배니펌프)의 Pump 대차와 굴착진행에 따른 배관연결을 위한 신축관 대차(cable reel 및 expansion) 등이 탑재된다.

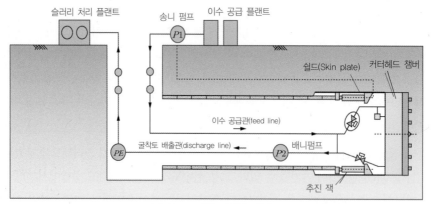

(a) Slurry 쉴드 작업 개념도

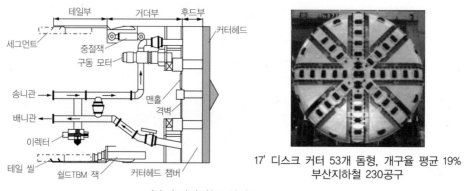

(b) 슬러리 쉴드 상세도

17' 디스크 커터 53개 돔형, 개구율 평균 19%
부산지하철 230공구

그림 8.81 Slurry 쉴드 TBM의 구성

그림 8.82는 슬러리 쉴드의 장비 가동 파라미터를 예시한 것이다. 최대 압력, 최대 속도, 메인 드라이브(구동모터)의 출력, 송니(feed line) 및 배니관(slurry line)의 규격 등의 굴착조건에 부합하여야 한다.

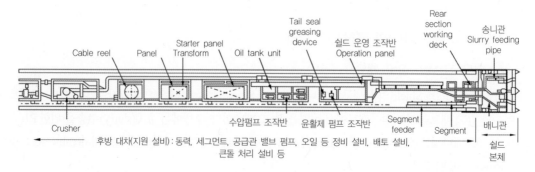

그림 8.82 Slurry 쉴드 장비 구성 예: Slurry Shield TBM 구성(backup gantry 포함)

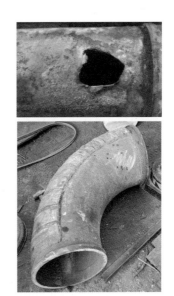

그림 8.83 Slurry 쉴드 장비 구성 예: Slurry Shield 배관, 관로손상 및 곡관부 손상대응 보강 예

Slurry 쉴드 TBM의 막장압 관리

슬러리 쉴드는 슬러리 안정액의 이수압으로 굴착면에 작용하는 토압과 수압을 지지한다. 슬러리액은 굴착지반의 성상에 따라, 얇은 **이막(filter cake, membrane)**을 형성하거나, 지반 침투력을 야기하며 침투층 (impregnation film)을 형성하여 막장안정에 기여한다.

지반의 투수성이 낮은 경우, 그림 8.84(a)와 같이 굴착면과 원지반 사이에 슬러리 이막이 형성된다. 이막에 의해 굴착면 내측의 막장압과 슬러리 액의 압력이 굴착면 외측의 수압 및 주동토압과 평형을 이루어 안정상태를 유지한다.

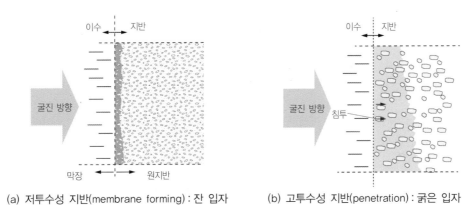

(a) 저투수성 지반(membrane forming) : 잔 입자   (b) 고투수성 지반(penetration) : 굵은 입자

그림 8.84 침투 및 이막(filter cake) 형성 메커니즘(after Maidl et al., 2012)

이막 형성은 가장 바람직한 Slurry 쉴드의 안정조건이나, 비교적 투수성이 낮은 세립실트나 점성토 지반에서만 가능하다. 너무 두꺼운 Cake는 안정에 유익하지 않고, 너무 얇은 Flim도 막장지지에 효과적이지 못하다.

투수성이 큰 사질토 지반에서는 그림 8.84(b)와 같이 어느 정도 침투가 일어나 침투막(impregnation flim)이 형성된다. 투수계수가 큰 경우, 막장압을 증가시키면 기형성된 침투막은 제거되고, 새로운 침투로 안정이 유지되는 과정이 반복되며 침투가 과다하게 일어날 수 있다. 이수가 과도하게 침투하면 이수압이 막장 지지에 유효하게 작용하지 않으며, 침투력도 발현되지 않는다. 오히려 간극수압이 상승하고 유효응력이 저하하여 막장안정이 저해될 수 있다.

Anagnostou & Kovari(1996)의 실험 결과에 따르면 세립토에서는 **슬러리 압을 올리면 안전율이 증가**한다. 하지만 지반의 d_{10}이 2mm 이상이면, 슬러리 압 증가는 침투거리만 증가시켜 용액손실을 초래하고 안정에 도움이 되지 않는다. 조립토인 경우에는 오히려 **슬러리 액의 농도를 증가**시키는 것이 안정 향상에 도움이 된다. 이수 농도의 증가는 슬러리 전단강도를 증가시켜 침투거리가 감소하므로 지지막 형성에 유리하다.

슬러리 쉴드의 Slurry 재료로 일반적으로 Bentonite를 사용하며, 경우에 따라서는 고분자 폴리머를 첨가하기도 한다. 작업 중 슬러리 쉴드 TBM의 작업을 중단(intervention)할 경우에도 굴착면에 Slurry Filter Cake를 형성시켜 안정에 기여한다. 챔버의 Slurry 수위가 낮아지면 **공기압**(air pressure)을 가하여 압력을 유지하기도 한다. 표 8.10은 슬러리 쉴드 TBM 프로젝트의 막장압 관리사례를 예시한 것이다.

표 8.10 슬러리 쉴드 막장압 운영사례(Kanayasu et al., 1995; Broere, 2001)

커터헤드 직경(m)	지반조건	운영 막장압
6.63	자갈	수압 + 10~20kPa
7.04	점성토	정지토압
6.84	연약점성토, 홍적사질토	주동토압 + 수압 + 보정압력(~20kPa)
7.45	사질토, 점성토, 자갈	정지토압 + 30~50kPa
10	사질토, 점성토, 자갈	수압 + 30kPa
7.45	사질토	이완토압 + 수압 + 보정토압
10.58	사질토, 점성토	주동토압 + 수압 + 보정토압(20kPa)
7.25	사질토, 자갈, 연약 점성토	수압 + 30kPa

Slurry 쉴드 이수관리

이수(泥水)는 굴진면 안정성 확보, 커터헤드 폐색방지, 굴진효율 개선에 중요한 관리요소이다. 굴착조건에 부합하도록 이수의 농도(또는 비중), 점성, 여과성에 대한 관리기준치를 설정하여야 한다. 이수의 주 기능은 굴진면 안정성 확보, 간극을 통한 이수유출 방지, 토사의 원활한 이송, 처리시설에서 배니수의 분리 용이성 등이다.

이수의 비중이 높으면 안정성은 유리하나, 배니관 폐색 가능성이 높아지고, 배니수 처리가 곤란해질 수 있다. 일반적으로 비중 1.05~1.3의 이수가 사용된다. 이수의 점성이 높으면 챔버 내에서 침전이 일어나거나, 이송을 위한 펌프용량 증대 및 굴착토 처리가 어려워진다. 하지만 높은 점성은 배니관 내에서 이수분리를 방지하는 이점도 있다. 고수압 조건, 해수 영향 지역에서는 다소 높은 점성의 이수가 유리하다.

이수는 콜로이드 현탁액을 형성하는 수용성 액체로서 주재료 조합에 따라 벤토나이트 이수(무기질 콜로이드), 폴리머 이수(유기질콜로이드), CMC 이수, 염수 이수 등으로 구분한다. 사용 빈도가 가장 높은 이수는 벤토나이트 혼합수이며 보통 CMC(Sodium Carboxy Methyl Cellulose), PAC(poly Aluminum Chloride) 등의 첨가재를 사용한다.

해수 영향 조건에서는 CMC 이수나 염수 이수를 주로 사용한다. 폴리머 이수는 분리성이 좋고, 염수 오염 가능성이 낮아 벤토나이트 이수보다 유리한 점이 있으나 생산단가가 높다. 이수 첨가재로 오염방지, 안정증진 및 분리성 향상을 위해 분산제(점성 감소제), 증점제(탈수 감소제, CMC) 등을 사용하며, 이수의 비중을 증가시키는 가중제, 이수 유출 방지를 위한 일니 방지제, 해수조건에서 점성을 증가시키는 염수 안정제 등을 첨가한다.

이수 품질관리를 위해 지반조건 또는 작업조건에 따라 이수관리를 위한 이수 성능지수(key performance index)를 도입하기도 한다. 일반적인 이수관리 항목은 비중, 밀도, 모래 함유량(sand contents), 점성(marsh fluid viscosity), pH 등이다. 점성(marsh funnel viscosity)은 슬러리 1,000cc가 규정된 깔때기를 통과하는 데 걸리는 시간으로 정의한다. 국내 적용한 이수 관리기준값을 예시하면 다음과 같다.

- 사례(국내) 사질토 비중 1.0~1.3, 점성 30~40sec, pH 7.5~11.5
- 점성토 비중 1.02~1.2, 점성 22~40sec, pH 7.5~11.5

침하가 예상되는 등 불확실성과 리스크 증가 시 여과성능 시험(filterability test), 필터케이크 시험(API cake test) 등을 추가하여 관리한다. 경우에 따라서 항복강도(콜로이드 입자가 겔을 형성하는 능력, yield point), 겔강도(10sec, 10min Gel strength), 소성점성(plastic viscosity)을 포함하여 관리하기도 한다.

Slurry 쉴드 TBM의 이수처리와 배토

배니관 흡입구의 폐색 방지와 이수의 원활한 교반을 위하여 챔버 내 벌크헤드부의 배니관 입구에 독립된 회전 날개 형식의 **아지테이터(agitator)**가 설치된다. 파쇄암석의 크기가 크거나 불균일할 경우 배니관의 막힘으로 굴착효율이 떨어지게 되는데, 이때 암편을 분쇄하여 배니관의 손상과 폐색을 방지하기 위하여 챔버와 배니관 사이에 크러셔(crusher)와 그리드(grid)를 설치한다. 크러셔에는 연암 이상 암반에 적합한 Jaw Crusher와 연암 이하 암반에 부합하는 Roller Crusher가 있다. 버력에 의해 배니관이 막혀 폐색현상을 일으키면 수리를 위해 작업을 중단하여야 하므로 리스크가 매우 커진다. 따라서 지반분석을 통해 TBM 설계 단계에서부터 크러셔와 그리드 선정에 대한 검토가 필요하다.

슬러리 TBM의 배토량은 송니관(in-bound pipeline) 및 배니관(out-bound pipeline)의 일정 위치에서 단위중량 및 유속을 측정하여 송니(공급)관과 배니(배출)관의 중량 차이로 산정한다. 전자기식 계측기 또는 초음파 도플러식 계측기로 유량를 측정하거나 비저항으로 유속을 알아내는 비저항 측정식 등이 이용된다. 그림 8.85는 Slurry 쉴드의 굴착토량 관리 계통도를 보인 것이다.

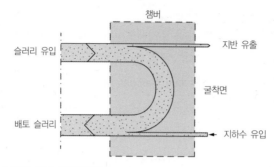

(a) 슬러리 유량 평형조건(after Bochon and Rescamps, 1997)

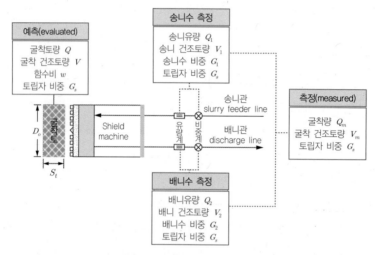

(b) 굴착토 흐름도(건사(乾沙) : 건조모래)

그림 8.85 Slurrry 쉴드의 유량평형조건과 굴착토 흐름도

쉴드 TBM의 굴착경이 D이고, 굴진 스트로크가 S_t이면, 여굴이 없는 경우, 원지반 굴착체적은

$$Q = \frac{\pi}{4} D^2 S_t \tag{8.42}$$

토립자의 비중 G_s, 함수비 $w(\%)$ 관계로부터, 원지반 굴착체적 V(계산 건조토량)는

$$V = Q \frac{100}{G_s w + 100} \tag{8.43}$$

송니관과 배니관에 계측기를 설치하면, 각각에 대하여 유량과 밀도를 측정할 수 있다. 측정 송니유량이 Q_1, 배니유량이 Q_2이면, 측정 굴착량은

$$Q_m = Q_2 - Q_1 \tag{8.44}$$

측정 송니 건조토량 V_1, 배니 건조토량 V_2이고, 측정 송니수 비중 G_1, 배니수 비중 G_2이라면, 측정 토립자의 체적, V_m(계측 건조토량)은 다음과 같다.

$$V_m = V_2 - V_1 = \frac{1}{G_s - 1}\left\{(G_2 - 1)Q_2 - (G_1 - 1)Q_1\right\} \tag{8.45}$$

원지반 굴착량 Q와 측정 굴착량 Q_m을 비교하여, $Q > Q_m$이면 이수의 지반침투, $Q < Q_m$이면 지하수의 터널 유입으로 판단할 수 있다. 한편, 원지반 체적(V)과 측정 체적(V_m)을 비교하여, $V > V_m$이면 이토의 유출, $V < V_m$이면 여굴로 판단할 수 있다.

Slurry 쉴드 이수(슬러리) 관리와 배토

Slurry 쉴드는 배토된 버력을 지상에서 분리 및 처분하므로 이에 따른 플랜트 설비가 요구되며, 슬러리 처리 플랜트를 위한 대규모 지상부지가 필요하다. 그림 8.86은 Slurry 쉴드의 굴진작업에 따른 이수처리 계통도를 보인 것이다.

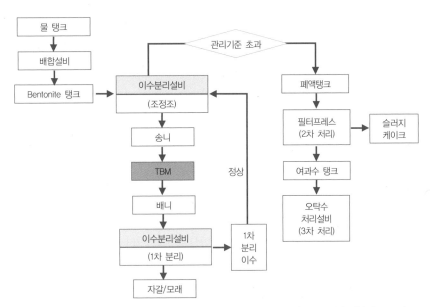

그림 8.86 Slurrry 쉴드의 굴진작업에 따른 이수처리 계통도(일본 지반공학회, 2012)

Slurry 쉴드의 시공관리 및 배니 처리 프로세스는 그림 8.87과 같이 '모래를 분리(desanding)하는 1차 처리 → 필터 프레스의 2차 처리 → 탁도 및 pH 관리를 위한 3차 처리'의 순서로 이루어진다.

• 0.074mm 이하 : 조정탱크로 이송
• 0.074mm 이상 : 진동탈수/사토

(a) 1차 처리 : 분리(desander)

• 여과를 통한 Cake를 형성 및 사토

(b) 2차 처리 : 압착(filter press)

• 슬러지와 상급수 분리(탁도 조정)
• pH 조정 후 방류

(c) 3차 처리 : 잔류수 조정

그림 8.87 Slurry TBM 이수처리 플랜트

Slurry 쉴드의 굴착 트러블 관리

씰링 트러블(sealing). 메인 드라이브의 고정부와 회전축과의 인터페이스 씰링(lip seals)이 적절하게 이루어지지 않으면, 굴착토의 유입으로 장비 손상이 야기되어 장기간 운전이 정지되는 피해가 발생할 수 있다. 씰링부에 그리스의 지속 공급이 중요하다. 또한, 테일 보이드 백필 주입 시 주입재가 쉴드 안쪽으로 침투하지 않도록 테일 씰을 적절히 관리하여야 하며, 이를 통한 지하수, 백필재, 이수 등의 유입 방지에도 유의하여야 한다. 백필재로 인한 테일 씰의 고결화를 방지하기 위하여 테일 그리스를 지속 충진하여야 한다.

디스크 커터 마모. 커터 마모예측을 통해 적절한 교체시기를 예측하지 못하면 TBM 굴진효율이 크게 저하된다. 마모 예측이 빗나간 경우 굴진을 중지하고, 챔버를 열어 확인하여야 하는 등 문제가 발생한다. 최근 커터의 온도 및 회전수 등을 이용하여 커터 마모 상태를 파악하는 마모감지 시스템으로 교체 주기를 산정하는 기술도 도입되고 있다. 일반적으로 고수압 상태에서 커터교체가 필요하여, 작업자는 맨록(man lock)을 통해 작업을 수행한다. 이 경우 작업의 위험성과 Shutdown 시간이 길어져 굴진효율이 떨어지게 된다. 보다 개선된 장비로, 후방 커터 교체 장치를 갖춘 커터헤드를 도입할 수 있다.

커터헤드 Clogging(sticking). 점성토 지반 굴착 시 Clogging에 의해 커터헤드 개구부에 발생하는 폐색과 회전장애는 중요한 트러블이다. 지반에 대한 사전 Clogging 평가가 중요하다. 일반적으로 외곽에 비해 센터부의 회전속도가 느려 디스크 커터의 폐색이 빈번히 발생하므로 센터 커터 주변의 개구율을 외곽보다 증가시키거나, 고압의 물을 분사하는 플러싱 노즐(flushing nozzle) 설치를 검토할 만하다.

배관 관리. 슬러리 쉴드의 트러블이 가장 많이 일어나는 항목으로서 중점관리 대상 중의 하나가 배관이며, 배관의 손상은 안전에 대한 위협은 물론, 굴진중단을 의미한다. 특히, 배니관의 곡관부는 충격과 마모가 커서 트러블이 일어나기 쉬우므로 사전 대비는 물론, 문제 시 대응 방안도 마련되어 있어야 한다. 사고로 인한 배관수리는 계획에 의한 교체작업보다 약 10~20배 긴 시간이 소요되는 것으로 알려져 있다. 파이프 플로우 루프시험을 통해 관의 마모량을 평가하여, 적정 교체 주기를 설정하여 관리하여야 한다.

8.5.4 세그먼트 라이닝 제작 및 설치

세그먼트 라이닝 제작과 품질관리

세그먼트는 공장 제작되므로 제작, 운반, 설치과정에서 다양한 영향을 받을 수 있다. 세그먼트의 제작과 설치, 전 과정에 걸쳐 세심한 품질관리가 요구된다. 그림 8.88에 거푸집과 스팀양생 과정을 예시하였다.

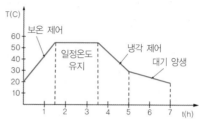

그림 8.88 세그먼트 제작용 거푸집 및 Steam curing cycle

세그먼트 라이닝 시공

세그먼트 설치는 **테일부 쉴드 원통체 내부**에서 이루어지며, '이렉터에 의한 부재 정위치 배치 → 추진잭 압입 조립 → 볼트체결'의 단계로 이루어진다. 일반적으로 **하부부터 순차적으로 좌우양측으로 교호하며 조립한 뒤 맨 마지막으로 K-세그먼트를 조립**한다. 그림 8.89에 세그먼트 설치과정을 예시하였다. 추진 잭의 압력 편심, 집중하중 등에 의한 세그먼트의 모서리 파손 등 손상에 유의하여야 한다.

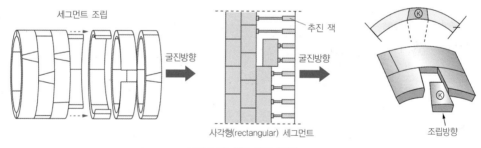

그림 8.89 세그먼트 조립

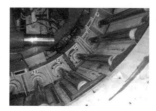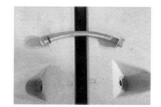

(a) 이렉터의 세그먼트 설치   (b) 추진 잭 추진   (c) 세그먼트 조립(볼트구멍, 곡볼트)

그림 8.90 쉴드터널 세그먼트 라이닝 작업 예

Box 8.3 세그먼트 공장제작 및 현장설치 품질관리

세그먼트의 '제작→운반→적치→이동→설치' 과정의 품질저하 특성 요인도는 아래와 같다.

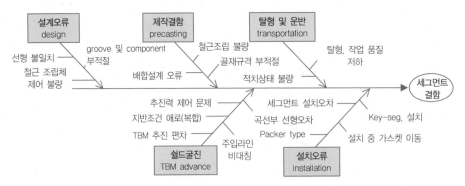

세그먼트 라이닝은 관용터널 라이닝과 달리 공장 제작 후 현장조립이므로, 공장제작, 운반, 설치까지 품질관리가 중요하다. 아래에 Life Cycle에 따른 세그먼트 손상 유형을 예시하였다. 취급과정에서부터 다양한 손상이 발생할 수 있으며, 가장 일반적인 손상 형태는 모서리 파손이다.

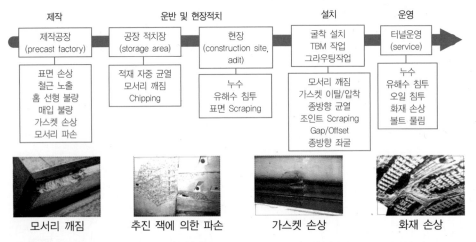

일반적으로 가스켓 손상, 세그먼트 관통균열, 철근 노출, 누수 또는 단면손실을 야기하는 구조적 손상은 보수하지 않고 재제작(reject)하여야 하며, 비구조적 부위인 모서리 또는 표면손상은 보수(repair)하여 사용한다. 구조적 손상은 건설공기에 상당한 영향을 미칠 수 있으므로 예방적 품질관리가 중요하다.

아래 예시한 바와 같이 세그먼트에 바코드를 부착하고, 작업의 주요 결절지에 스캐닝시스템을 설치하여 모니터링정보를 크라우드 저장 장치로 공유하면 체계적인 세그먼트 품질관리가 가능하다.

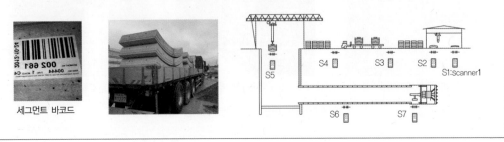

뒤채움재 주입시공 annular grouting, backfill grouting

쉴드 TBM 공법에서는 테일 보이드, 테이퍼 쉴드, 곡선부 과굴착에 따라 굴착경과 세그먼트 외경과 굴착면 사이에 그림 8.91과 같이 굴착 주변 공극(annular gap)이 발생한다.

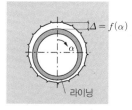
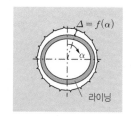
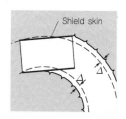

(a) 테일 보이드 영향   (b) 테이퍼드(tapered) 쉴드의 영향   (c) 곡선부 과굴착 영향

그림 8.91 세그먼트 공극 발생 특성

특히, 곡선부의 여굴량(δ)은 쉴드 본체 길이와 곡선의 회전반경에 따라 달라지는데, 곡선부 여굴량은 그림 8.92와 같이, $\delta \approx L^2/2R$ 로 산정된다. 쉴드 길이가 길어지거나 곡선반경이 작을수록 공극은 커진다.

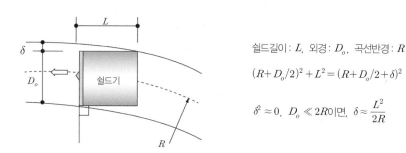

쉴드길이: L, 외경: D_o, 곡선반경: R

$$(R + D_o/2)^2 + L^2 = (R + D_o/2 + \delta)^2$$

$$\delta^2 \approx 0, \ D_o \ll 2R \text{이면}, \ \delta \approx \frac{L^2}{2R} \tag{8.46}$$

그림 8.92 쉴드 장비 전면이 회전중심인 경우의 여굴 특성

공극은 뒤채움 작업으로 메워야 한다. 뒤채움은 터널 주변 지반의 변형 방지는 물론, 터널 방수성능 확보에도 중요하다. 공극의 주 원인은 테일 보이드로서 약 70~120mm 수준으로 알려져 있다. 세그먼트가 중력작용으로 바닥에 밀착되는 것을 고려하면, 공극의 일반적인 형상은 그림 8.93과 같이 가정할 수 있다.

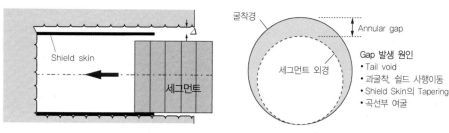

그림 8.93 세그먼트 공극 발생 원인

뒤채움 시 Tail void를 통한 주입재의 역류를 막기 위하여 Tail부 원통 주면에 그림 8.94와 같이 와이어 브러쉬 또는 우레탄 재질의 차단 커튼을 설치하는데, 이를 테일 씰(tail seal)이라 한다. **테일 씰은 주입재 침입에 따른 유연성 손상, 테일 클리어런스 과다에 따른 압력 저하 등 쉴드 운영의 트러블 요인이 되기 쉽다.**

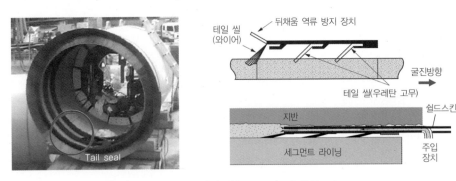

그림 8.94 테일 씰(tail seal) 및 주입

주입재료. 주입재료는 블리딩(bleeding) 등 재료분리를 일으키지 않는 재료, 유동성이 충분한 재료, 주입 후의 경화현상 등에 따라 체적 감소가 적은 재료, 조기에 설계강도 이상을 발휘할 수 있는 재료, 수밀성이 뛰어난 재료, 주변환경에 영향이 없는 재료이어야 한다. 그림 8.95는 주입재의 종류를 예시한 것이다. 쉴드 공법의 초기에는 모르타르, 시멘트, 벤토나이트 등의 1액 주입재료가 주로 사용되었으나, 최근에는 겔 타임(gel-time) 조정이 가능한 2액 주입재료(가소성재료, thixotropical gel mortar)를 주로 사용한다.

그림 8.95 뒤채움 주입재

NB : 가소성 주입재

에어 몰탈에 폴리머(가소제) 등을 첨가하여 유동성을 높인 주입재로서 유동성과 강도가 액체와 고체의 중간적 상태(가소상태)의 주입재료를 '가소성 주입재'라 한다. 가소성 주입재는 일반적으로 약 15~40분의 가소상 조건을 유지하며(배합설계를 통해 가소상 유지 겔타임을 설정할 수 있다), 용수가 있는 경우에도 재료분리가 일어나지 않는 장점이 있다. 가소상태의 강도는 약 0.001~0.01N/mm²로 분포한다.

경암지반 터널로서 간극이 큰 경우 자갈(pea gravel or graded gravel)을 채우고 그라우팅을 하기도 한다. 이 경우 건식 숏크리트 타설 장비를 이용할 수 있으며, 굴착 중 갭 공간이 유지되는 동안에 주입작업이 이루어져야 하므로 가급적 링 조립 후 바로 시행할수록 좋다.

주입 시기. 뒤채움 주입은 주입 시기가 빠를수록 충진율이 높고, 변형제어에도 효과적이다. 주입 방법으로는 **쉴드 추진과 동시에 주입하는 방식**과 **쉴드 추진 후 즉시 주입하는 방법**이 적용되고 있지만, 주입 시기가 빨라 지반 변형 억제에 유리한 동시주입이 최근 추세이다. 동시주입은 쉴드의 추진과 동시에 테일부에 설치된 주입관으로 주입한다. 즉시주입은 지반이완 야기, 주입공에 대한 사후 지수유입 문제가 야기될 수 있다.

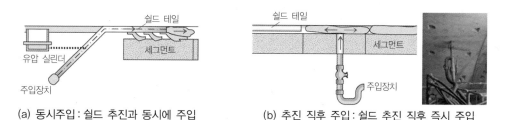

(a) 동시주입 : 쉴드 추진과 동시에 주입   (b) 추진 직후 주입 : 쉴드 추진 직후 즉시 주입

그림 8.96 주입방식 비교

주입압과 주입량. 이론 Tail Void 주입량(Q_f)은 굴착경과 세그먼트 외경을 이용하여 산정할 수 있다.

$$Q_f = \frac{\pi}{4(D_s^2 - D_o^2)} \times \alpha \times \beta \tag{8.47}$$

여기서 D_s : 굴착외경, D_o : 세그먼트 외경, α : 지반 및 주입재에 따른 주입률 계수(일반적으로 1.2~1.6, 모래자갈지반이면 1.6), β : 터널선형에 따른 주입률 계수(일반적으로 1.5~1.8, 곡선반경 800m 이상이면 1.5).

주입량은 지반침투, 압밀, 여굴 등에 따라 **Tail Void 양의 약130~150%**에 이르며, 200%를 넘는 경우도 있다. 일반적으로 '이론 Tail Void 량+할증'으로 계획한다. 주입 시공 관리는 압력 또는 량(量)으로 할 수 있는데, 두 변수 중 하나를 관리기준으로 하고, 다른 하나로 결과를 확인하는 방법이 바람직하다.

원지반 응력 수준의 압력으로 주입하고, 그라우트재가 수축되지 않게 경화시켜야 한다. 주입압은 세그먼트 주입구에서 2~4kgf/cm²가 일반적이지만, 세그먼트의 강도, 토압, 수압, 이수압을 고려하되, 완전한 충전이 가능한 압력으로 설정한다. **주입압이 너무 크면 세그먼트가 손상되고, 너무 작으면 주입이 불량해진다.** **주입압이 4~6kgf/cm² 이상이면 스킨 플레이트가 변형될 수 있고, 4kgf/cm²를 넘으면 세그먼트 조인트의 전단파괴가 일어날 수 있다.** 주입이 미흡하거나 이완영역의 확대방지를 위하여 2차 주입을 실시하기도 한다.

(a) 점성토지반(할렬주입)   (b) 사질토지반(침투주입)

그림 8.97 지반별 주입재 채움 형상의 예

8.5.5 쉴드 TBM 시공 중 지반 거동 관리

쉴드 굴진에 따른 지반거동 특성

TBM 굴진 시 터널 주변에 발생하는 체적손실(volume loss)은 지반손실(ground loss)로 이어진다. 쉴드 터널에 대한 계측 결과로부터 TBM 굴진 시 침하과정을 원인별로 5단계로 구분 지을 수 있는데, 단계별 침하 메커니즘은 그림 8.98(a)와 같다.

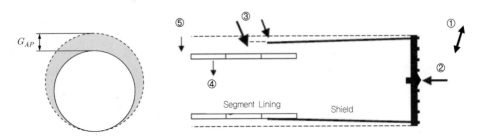

(a) 쉴드 TBM 터널의 지반침하 요인(화살표의 굵기와 방향은 거동의 크기와 방향을 의미)(Cording, 1991)

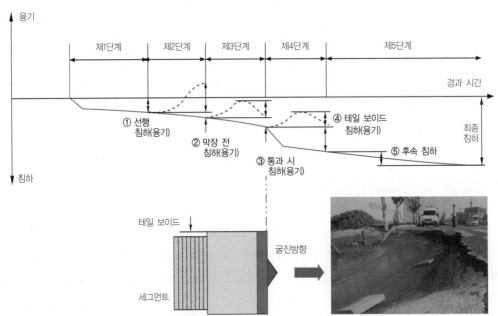

(b) 쉴드터널의 침하메커니즘(점선은 막장압 과다 시 일시적으로 나타날 수 있는 융기)

그림 8.98 쉴드 TBM에 의한 지반변형 특성

그림 8.98(b)의 제1, 2 및 5단계의 침하는 점성토 지반에서 주로 보이는 침하양상이다. 사질토 또는 단단한 점토에서는 이러한 단계가 명확히 관찰되지 않을 수도 있다. 충적 점성토 지반의 경우 지하수 영향에 따른 장기침하로 인해 5단계인 세그먼트 설치구간에서 발생되는 후속침하가 전체 침하량의 40~50%에 달할

수 있다. 반면, 충적 사질토 지반에서는 쉴드 장비부의 Tail Void 침하가 전체 침하량의 90% 정도를 차지하며, 즉시침하(탄성침하) 양상을 보인다. 표 8.11은 지층조건별, 굴착 단계별 침하비율을 비교한 것이다.

표 8.11 지층조건 및 굴진 단계별 침하비율

구분	① 선행침하	② 굴진면 전방	③ 쉴드 통과	④ Tail void 침하	⑤ 후속 침하
점성토	6%	5%	8%	34%	47%
사질토	≈0%	3%	31%	60%	6%

각 침하 단계별 원인 및 대책을 요약하면 다음과 같다.

① **제1단계 : 막장면 전면부 선행침하(융기)**

쉴드 막장의 전방에서 발생하는 침하로 지하수위 저하에 따른 유효응력 증가에 따른 압축(즉시) 또는 압밀침하이다(막장압 과다 시 융기 발생).

→ 챔버 내 압력을 '(토압＋수압)×1.10' 수준으로 관리하여 침하를 억제

② **제2단계 : 막장 도달직전 침하, 굴진면 전면부 침하(융기)**

쉴드 도달 직전에 발생하는 침하 또는 융기로서, 막장의 압력 불균형이 주 원인이다. 막장 용수나 세그먼트의 누수, 사행수정, 곡선 여굴 등도 이의 원인이다.

→ 챔버 내 토압, 버력 반출량, 스크류 콘베이어의 속도 제어, 막장압(face pressure) 등으로 부분 제어

③ **제3단계 : Shield 통과 시 침하**

쉴드가 통과할 때 굴착에 따른 응력해방, 스킨 플레이트 단면감소 영향 등으로 인해 발생하는 침하 또는 융기이다.

→ 굴진 시 폴리머(polymer)의 주입 및 점성 관리로 여굴부(상하 40mm) 침하를 부분 제어

④ **제4단계 : Tail void부 침하(융기)**

쉴드 테일이 통과한 직후에 생기는 침하 또는 융기로서, 스킨 플레이트로 지지되고 있던 지반이 테일 보이드의 응력해방으로 인해 유발되는 침하(침하의 대부분을 구성하며, 응력해방에 따른 탄소성 변형)이다.

→ 동시주입방식 채용 및 적절한 뒤채움 주입관리(주입압, 주입량)를 통해 침하 제어

⑤ **제5단계 : 세그먼트부 침하, 후속침하**

주로 연약 점성토 지반에서 나타나는 침하 또는 융기로서, 세그먼트 설치 후 지반응력 재배치, 과도한 주입압 등에 기인한다. 테일 통과 후 불균형 지압이 라이닝 변형을 야기하여 지반침하를 유발할 수 있으며, 특히, 세그먼트 이음 볼트의 조임이 불충분할 때 세그먼트 링의 변형이 쉽게 일어날 수 있다.

→ 2차 뒤채움 주입을 통해 침하 발생 억제

CHAPTER 09

특수 및 대안 터널공법
Special & Alternative Methods of Tunnelling

특수 및 대안 터널공법
Special & Alternative Methods of Tunnelling

터널 단면이 비교적 작거나, 토피가 얇은 경우, 중요한 지상 시설의 하부 또는 운영 중인 지중 구조물에 근접하여 통과하여야 하는 경우, 선박항행이 빈번한 해협을 저심도로 통과해야 하는 경우에는 일반적인 굴착 터널공법(bored tunnelling)을 적용하기 어렵다. 이런 경우 제약조건을 극복할 수 있는 대안적이거나 특수한 터널공법을 모색할 필요가 있다. 일반적으로 특수공법이 적용되는 구간은 전체 사업 또는 전체 터널연장에서 길이의 비중은 크지 않으나 높은 시공 난이도와 위험도, 기존 시설에 미치는 영향으로 인해 해당 터널프로젝트의 핵심사항으로 관리하게 된다.

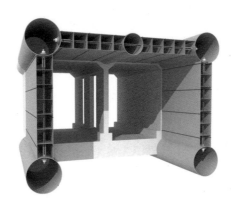

이 장에서 다룰 주요 내용은 다음과 같다.
- 소구경 터널(관로) 비개착기술(trenchless technology)
- 터널형 특수공법
- 특수구간 통과공법
- 대안 터널공법 : 개착 터널, 매입 터널, 침매 터널, 피암 터널

9.1 특수·대안 터널공법의 선정과 적용조건

관용터널공법이나, 쉴드 TBM 공법은 초저토피, 초 연약지반의 터널에 적용하기 어렵다. 또한 고층건물, 교량, 철도 등 운영 중 시설의 하부를 손상 없이 통과하기도 용이하지 않다. 이러한 제약요건에 적용할 수 있도록 개발된 특수하거나 대안적인 터널굴착기술을 특수 및 대안 터널공법으로 구분하였다.

특수·대안 터널공법

특수터널공법은 기술적 제약으로 인해 굴착 터널(bored tunnel) 또는 개착(cut & cover)이 불가한 구간에 사용되는 터널공법이며, 대안 터널은 터널 굴착공법을 사용하지 않으나, 완공 후 터널과 같은 개념으로 다뤄지는 지중 구조물공법을 말한다.

특수터널공법(special tunnelling method)은 굴착단면 규모가 얕은 심도의 중소구경 터널(관로) 건설공법인 **비개착공법**과 인접건물 보호를 위해 특별히 고안된 보조공법을 채용하는 **대구경 특수 터널굴착공법**으로 구분할 수 있다. 소구경 비개착공법은 대구경 특수터널공법의 요소기술로도 활용된다. 그림 9.1에 특수 및 대안 터널공법을 예시하였다.

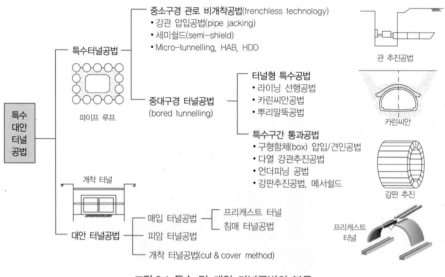

그림 9.1 특수 및 대안 터널공법의 분류

NB : 특수터널공법의 대부분이 상업적 신기술 또는 특허로 등록되어 다양한 상호로 통용되고 있다. 여기서는 관용적 표현을 제외한 특수공법의 상업적 표현은 가급적 배제하고자 하였다. 특수공법은 터널굴착 제약조건 해소를 위한 다양한 아이디어를 구현해가는 과정으로 신공법 개발의 간접경험으로서 의미가 있다.

비개착공법은 주로 중·소구경 프리캐스트 링(precast cylindrical ring) 터널을 설치할 때 적용하며, 강관 압입추진공법(pipe jacking)이 대표적이다. 강관추진 공법은 도심의 유틸리티 터널 건설에 주로 적용된다.

반면, 대구경 특수터널공법은 도로나 철도가 주요 시설의 하부 또는 근접 통과 시 구조물 보호를 위해 적용하며, 비개착기술인 강관추진공법을 요소기술로 사용하기도 한다.

대안 터널공법(alternative tunnelling method)은 지하굴착 방식은 아니나, 완공 후 터널로 운영되는 지중구조물 건설공법들을 말한다. 여기에는 개착 터널공법, 프리캐스트 터널공법, 피암 터널공법 등이 있다. 개착식 공법(cut & cover method)은 주로 토압을 지지하는 상자(box)형 구조물을 지상에서 개착하여 건설하는 방식으로 통상적인 굴착 터널 건설방식은 물론, 구조에 있어서도 큰 차이가 있다. 하지만, 일단 완성되면 이를 흔히 '**개착 터널**'이라고 하므로, 이를 대안 터널로 구분하였다. 한편, 산지의 비탈면에 건설되는 반(semi-) 지중, 반지상 방식의 개착터널을 **피암 터널(rock shed)**이라 한다.

최근 들어, 건설 중 도로 운영제약 최소화 등의 방안으로 터널구조물을 몇 개의 부재로 분할하여 이를 공장에서 제작하고 현장에 운반하여 가설하는 **프리캐스트 매입 터널공법**도 적용이 확대되고 있다. 선박통행이 많은 항구나 해협을 횡단해야 하는 경우, 터널구조물을 지상에서 제작하여 부상시켜 운반하여 해저 얕은 깊이에 설치하는 **침매 터널**도 일종의 매입터널로 분류할 수 있다.

특수·대안 터널공법의 적용조건

제약요인에 따른 특수·대안 터널공법의 일반적 선정절차를 그림 9.2에 예시하였다. 공법 선정은 터널심도, 개착 가능성, 하·해저 구간 등이 일차적인 판단기준이며, 경제성과 안정성을 고려하여 검토한다.

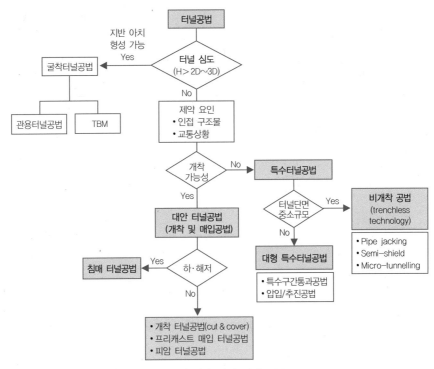

그림 9.2 특수 및 대안 터널 선정 흐름도

9.2 얕은 중·소규모 터널 비개착공법

9.2.1 비개착 기술 trenchless technology

비개착공법(trenchless technology)은 종래 지상에서 오픈 트렌치(open trench, cut & cover)로 건설하던 얕은 깊이에 계획된 관로 혹은 소형터널을 지상에서 개착하지 않고 압입(jacking) 등의 방식으로 지중에 설치하는 공법을 말한다. **완성된 관(pipe, precast ring)을 추진·관입하는 공법**으로서, 대구경 굴착터널(bored tunnel)공법과 구분된다. 그림 9.3은 비개착 기술이 주로 적용되는 유틸리티 터널(utility tunnel)로서, 상하수도, 통신구, 열공급관, 소규모 전력구 등이 이에 해당한다.

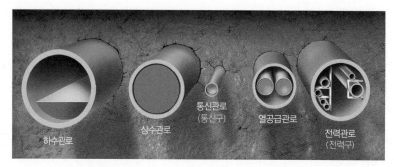

그림 9.3 비개착 기술 적용이 가능한 중·소규모 단면의 관로(터널)

비개착 기술은 1980년대부터 활성화되었는데, 이의 배경은 개착방식(cut & cover method)의 라이프 라인(life lines, 상하수, 전기, 통신 등 관로) 건설방식과 관련한 **사회적 갈등과 불편을 비용으로 인식**한 데 있다. 얕은 토피의 도심지 라이프 라인을 지상굴착 방식인 트렌치로 건설하는 경우, 공사로 인한 통행불편 민원과 비용증가, 공기지연, 중요 구조물통과의 기술적 어려움 등 많은 문제가 따른다. 비개착 기술은 공사불편을 초래하지 않고, 혼잡 및 갈등으로 초래되는 **사회적 비용을 획기적으로 줄일 수 있다**는 장점 때문에 선호되어 왔고, 추진 기술의 발전과 경제성이 개선되며 보편화되었다.

(a) 개착식(trench method) 공법

(b) 비개착식(trenchless method) 추진 공법

그림 9.4 중·소구경 관로의 건설방식: Trench 공법(cut & cover method)과 Trenchless 공법

비개착공법의 유형과 적용성

　비개착공법은 일반적으로 작업자가 터널 내에 들어가지 않는 방식(unmanned process)과 들어가서 작업을 하는 방식(manned process)으로 구분한다. 일반적으로 중구경(ϕ800~3000mm) 이상 관로의 추진공법은 작업자가 관 내부에 들어가 굴착작업이 가능하다. 반면, 소구경관(ϕ200~800mm)은 작업자가 들어갈 수 없으므로 굴착헤드를 지상에서 유도하는 방식으로 추진, 굴착한다. 직경 약 800~900mm 이하의 비개착공법을 **마이크로 터널링(micro-tunnelling)**이라고도 한다.

　굴착추진 **선도체**(굴착헤드, leading body)에 따라, 강관을 추진하는 **파이프잭킹(관 압입공법)**, 그리고 일반 쉴드 TBM 굴착방식과 동일하지만 완성된 원통형 관인 프리캐스트 링(precast ring)을 설치하는 **세미 (semi-shield) 쉴드 공법**이 있다. 소구경강관 추진공법에는 수평오거시추법(Horizontal Auger Boring method, HAB), 수평지향성 시추법(Horizontal Directional Drilling method, HDD) 등이 있다. 그림 9.5에 비개착공법의 분류를 예시하였다.

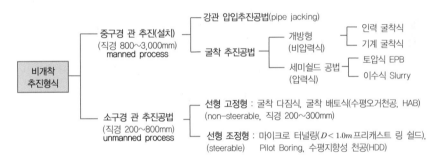

그림 9.5 비개착공법의 추진 형식에 따른 분류

　소단면의 비개착 강관압입공법은 **특수구간 횡단 대단면 터널공법(파이프루프공법)의 요소기술로서도 사용**한다. 강관을 먼저 계획 터널의 외곽에 조합 추진하여 지지벽체를 형성하면, 터널굴착 시 확실한 안정을 도모할 수 있다. 그 적용 개념을 그림 9.6에 예시하였다.

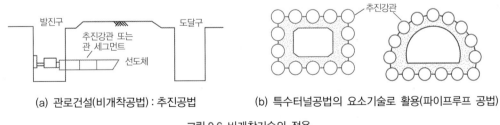

　(a) 관로건설(비개착공법) : 추진공법　　　　(b) 특수터널공법의 요소기술로 활용(파이프루프 공법)

그림 9.6 비개착기술의 적용

NB : 'Trenchless Technology'는 '개착(cut & cover)'으로 건설되는 Trench Technology 공법과 상대되는 개념의 용어로서 직경이 작은 중소관로의 '터널식 건설기술'이라 할 수 있다.

9.2.2 강관 압입추진 공법 pipe jacking

압입 추진공법은 유압을 이용하여 추진부(선도체)에 관입 칼날을 부착한 대구경 강제 원통형 관(ring segment)을 압입(jacking), 설치하는 공법으로 최소 관경이 100~180cm 이상인 경우에 주로 적용된다. 보통 시점부 수직구(drive shaft)를 굴착하여 발진 기지를 설치하고, 압입추진력으로 관과 지반 사이의 마찰저항을 극복하며 전진한다. 굴착된 흙(spoil)은 추진관을 통해 발진기지로 보내져 반출된다.

강관 선도체 Cutting Shoe의 칼날은 미소하게 하향 경사를 유지하며, 잭을 이용하여 조정할 수 있다. 지반과 강관 사이의 마찰력을 감소시키기 위하여 벤토나이트 주입장치를 갖출 수 있다. 추진 길이가 긴 경우, 기추진된 관로 중간에 중압잭(IJS)을 도입하여 추진 길이를 증가시킬 수 있다. 강관추진 공법의 선형은 선도관 (pilot casing)에 측량기인 Theodolite를 부착하여 관리할 수 있다.

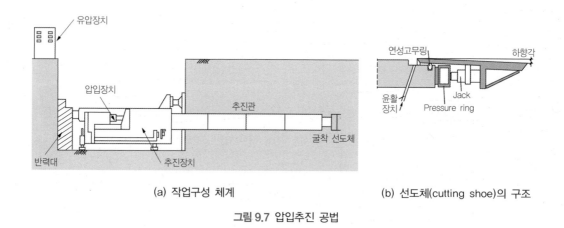

(a) 작업구성 체계   (b) 선도체(cutting shoe)의 구조

그림 9.7 압입추진 공법

추진 공법은 선형 정확도 개선, 관 연결 기술 향상, 관 재질 개선, 그리고 굴착 및 막장안정 기술 향상으로 대구경 상하수 관로, 전력구, 통신구 등 **유틸리티 터널(utilities tunnels)** 등에 적용이 확대되어왔다. 특히, 도로 등 지상시설의 평면 간섭을 피해 낮은 토피로 횡단하고자 하는 경우 유용하다.

굴착안정 확보 및 추진 효율제고를 위하여, 먼저 지반배제공법으로 소구경 선도(pilot) 관로를 형성하고, 이어 Auger로 공을 확대하며, 구조물 관을 설치하는 방식을 다단계 선도관 압입추진 공법이라 한다.

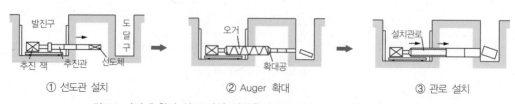

① 선도관 설치   ② Auger 확대   ③ 관로 설치

그림 9.8 다단계 확장 선도 강관 압입추진 공법(pilot boring(tube) method)

9.2.3 마이크로(세미)쉴드 굴착압입공법 micro(semi)-shield

중소형 관로 단면을 쉴드 TBM 굴착기를 이용하여 굴착하고, **원통형 관(세그먼트 링)**을 압입설치하는 공법을 마이크로 쉴드(micro-shield)공법 또는 세미 쉴드(semi-shield)공법이라 한다. 커팅 휠(cutting wheel)의 굴착원리는 대형 쉴드기와 유사하나, 관로설치는, 쉴드기 후미에서 세그먼트를 조립하는 쉴드 TBM 방식과 달리, 발진구(launching shaft)에서 추진 잭으로 완성된 **프리캐스트 원통 링(precast ring)**을 압입하는 방식으로 이루어진다. 그림 9.9에 세미쉴드의 굴착방식을 예시하였다. 굴착면 안정이 유지되는 양질 토사 지반의 경우 칼날형 기계식 굴착도구로 굴착하며, 암반의 경우 로드헤더식 선단굴착장비를 장착한 쉴드를 사용한다. 막장 안정이 어려운 연약지반의 경우 압력굴착방식인 EPB 또는 Slurry Type을 적용한다.

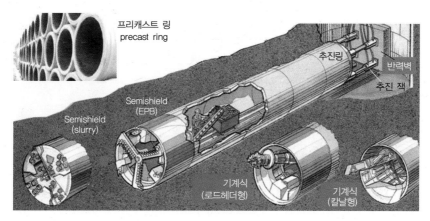

그림 9.9 마이크로(세미)쉴드 굴착방식

그림 9.10에 지반 입도분포에 따른 마이크로(세미)쉴드의 적용범위를 보였다. 투수계수가 10^{-5} cm/s 이상(세립모래)이며, 지하수위가 높은 모래·자갈질 지반의 경우, Slurry Type을 주로 적용한다.

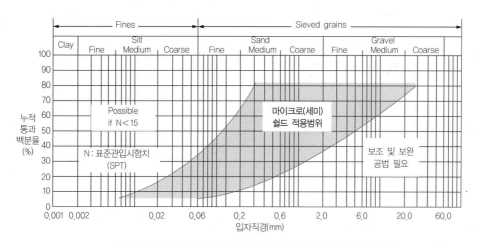

그림 9.10 입도분포에 따른 마이크로(세미) 쉴드의 적용 범위

그림 9.11에 마이크로(세미)쉴드의 발진구 작업체계를 예시하였다. 굴착작업은 '발진 수직구(launch shaft, driving shaft) 굴착 → 반력벽 설치 → 추진 잭 설치 → 굴착기 반입 및 반력대에 거치' 순으로 이루어지며, 이후 Jacking Track에 관(세그먼트 링)을 반입·거치하고 압력판을 밀착시켜 추진한다. 본 굴착이 시작되면 '**굴착 → 버력 반출 → 잭 후퇴 → 세그먼트 링 삽입 → 관 추진**'을 반복하며 굴진한다. Cutting Wheel에 장착된 Laser Beam이나 백업부에 장착된 Steering Cylinder로 선형을 조정한다.

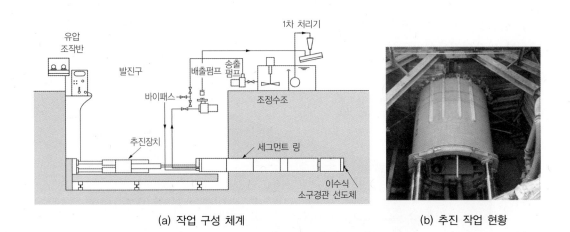

(a) 작업 구성 체계   (b) 추진 작업 현황

그림 9.11 이수식 마이크로(세미)쉴드 추진작업 현황

관의 마찰을 줄이기 위하여 관 주변에 주입 **윤활장치**(pipe lubrication system)를 도입하거나, 추진력을 증가시키기 위한 중간 압입 추진 장치(Intermediate Jacking System, IJS, 중압잭)인 **잭킹 스테이션(jacking station)**을 둘 수 있다. IJS를 이용함으로써 긴 길이의 관로 추진이 가능하다. 그림 9.12(a)에 IJS를 예시하였다.

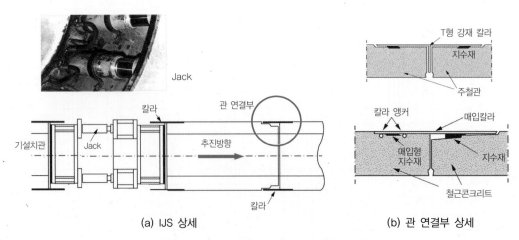

(a) IJS 상세   (b) 관 연결부 상세

그림 9.12 IJS 및 원통 세그먼트 링 연결부 상세

IJS(중압잭)는 관로 중앙의 두 연결관 사이에 원통주면을 따라 잭이 설치된 장치로, 일반적으로 추진 잭이 한계추진력의 약 80% 정도에 달했을 때 도입한다. 윤활장치를 이용하여 관과 지반의 접촉부에 벤토나이트 용액이나 폴리머를 주입하면 마찰저항을 줄여 추진력을 20~50% 저감시킬 수 있다. 그림 9.12(b)는 각 단계 굴착 중 프리캐스트 링의 연결부 상세를 예시한 것이다.

9.2.4 기타 비개착공법

수평오거 시추공법(HAB) horizontal auger boring method

수평오거 시추공법(HAB)은 오거의 추진력과 토크로 흙을 절삭하고 배토하며, 잭으로 밀어 넣는 중·소 규모 단면의 관로 추진공법으로 도로나 철도를 횡단하는 관로 건설에 유용하다. 그림 9.13에 보인 바와 같이 강관 케이싱(steel casing)을 추진하고, 강관 케이싱 내에 기성관를 설치한 후, 외관과의 이격공간은 시멘트 몰탈로 채워 완성한다. 직경 약 200~1,500mm 규모의 강관추진에 적합하며, 중간 이하 입도의 모래지반에 적용성이 높다.

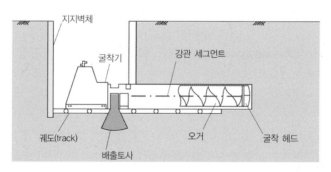

굴착 헤드, 오거

그림 9.13 수평오거 시추공법(track type HAB)

수평지향성 시추공법(HDD) horizontal directional drilling method

수평지향성 시추공법(HDD)은 **원격조정 시스템**을 이용하여 직경 25~120mm의 초소단면의 관로를 선형을 제어하며 추진하는 공법으로, 가늘고 긴 연장의 관로 설치에 적합하다. 작업은 보통 4단계로 구성되는데, 그림 9.14와 같이 첫 단계에서 계획노선을 따라 작은 직경의 선행 홀(pilot hole)을 천공하며, 이후 관로를 수용할 수 있는 크기로 선행 천공홀을 각각 전 방향 및 후 방향으로 확장한 후, 마지막 단계에서 관로를 설치한다. 선행 천공홀의 확장은 더 여러 단계로 나누어 시행할 수 있다.

HDD의 가장 큰 장점은 'Electromagnetic Telemetry(EMT)'라고 하는 시추경로 Tracking 시스템을 채용하여 조종키를 이용해 추진경로를 제어할 수 있다는 것이다. 복잡한 지하 상황에서 소구경관로를 설치하는 데 유용하며, 압력관이나 케이블 관을 설치하는 데 주로 사용한다.

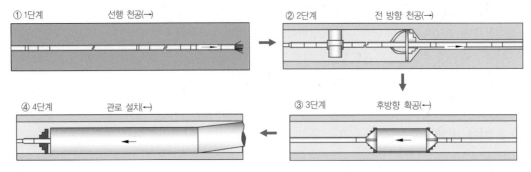

그림 9.14 HDD 작업 진행 단계

기타 소구경 강관 추진공법

공기압축기를 이용하여, 강관을 타격 관입하는 타입공법(ramming methods, PR), 지반에 보링 홀을 형성하고 관을 밀어 넣는 압입공법(Compaction Method, CM) 등의 소규모 관로 설치공법도 사용되고 있다.

9.2.5 비개착공법의 설계

비개착공법의 설계는 추진력 산정(**Jacking System** 설계), 추진 가능 길이 및 반력벽의 안정성을 검토, 그리고 설치된 관의 안정성을 확인하는 절차로 구성된다.

Jacking 추진력 산정

추진력. 그림 9.15는 추진 시 관에 작용하는 하중체계를 정리한 것이다. 관 추진 시 전면(선단)부 저항과 관의 마찰저항이 발생하며, 추진력이 이들 저항력의 합보다 클 때 관 외경과 지반의 접촉면에서 전단파괴가 일어나며, 추진이 이루어진다.

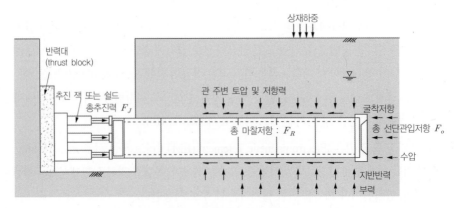

그림 9.15 추진관에 작용하는 힘의 체계

추진조건으로부터 강관추진공법의 **추진력**(jacking force), F_J는 다음과 같이 나타낼 수 있다.

$$F_J = F_o + F_R + \delta F \tag{9.1}$$

여기서 F_J : 총 추진력, F_o : 추진 굴착 헤드의 저항(관입저항), F_R : 관의 마찰저항(friction resistance), δF : 여유 추진력이다.

F_o는 굴착기계의 굴착 단면의 관입저항으로 지반 특성과 헤드의 형상, 운전 특성에 따라 달라진다. 사질지반 강관의 경우, 지지력 공식을 이용하여 다음과 같이 산정할 수 있다(N : 시추조사에 따른 표준관입 시험치).

$$F_o = 1.32\pi \cdot D_c \cdot N$$

세미 쉴드공법의 쉴드 추진력을 산정하는 경우라면(슬러리 쉴드), F_o는 다음과 같이 산정할 수 있다.

$$F_o = (p_e + p_w) \times \left(\frac{D_c}{2}\right)^2 \times \pi = p_e A_e + p_w \left(\frac{D_c}{2}\right)^2 \pi \tag{9.2}$$

여기서 p_e : 커터비트의 접촉(점)압($\approx 138\text{kPa}$), A_e : 커터비트 총 접촉면적, p_w : 슬러리압, D_c : (쉴드장비) 의 외경이다.

관의 마찰 저항력 F_R은 외주면 마찰저항(F_{fr})과 관로굴곡에 따른 부가 저항력(F_{tn})의 합이므로

$$F_R = F_{fr} + \sum F_{tn} \tag{9.3}$$

관의 외주면 마찰 저항력 F_{fr}은 다음과 같이 마찰력과 부착력으로 구성된다.

$$F_{fr} = \text{주면에 작용하는 수직력} \times \mu \times S \times L + \text{부착력} = (\pi D_c p_{ave} + W)\mu L + \pi D_c c L \tag{9.4}$$

여기서 S: 관의 지반접촉면적($=\pi D_c$, D_c=직경), L: 추진 길이, p_{ave} : 관 상하부 지압 평균, W : 관(링)의 단위 길이당 자중, μ : 관과 지반 접촉면의 마찰계수($\approx \tan\phi$), ϕ : 지반의 전단저항각, c : 관과 지반 접촉면의 부(점)착력이다.

관 세그먼트 n의 관로굴곡에 따른 부가 저항력, F_{tn}은 그림 9.16으로부터 다음과 같이 산정할 수 있다.

$$F_{tn} = (F_{n-1} + F_n + \mu T_n)\sec\theta \tag{9.5}$$

여기서, F_{tn} : 곡선부 n번째 링의 저항력, F_n : 직선의 경우 n번째 링의 저항력, T_n : 굴곡에 의한 부가적인 지반 주면저항력($= F_{rn}\sin\theta$), θ : 곡선부 관의 꺾임 각도(degree)이다.

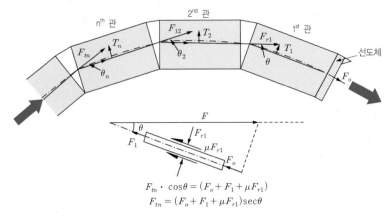

$$F_{tn} \cdot \cos\theta = (F_o + F_1 + \mu F_{r1})$$
$$F_{tn} = (F_o + F_1 + \mu F_{r1})\sec\theta$$

그림 9.16 관로 추진 시 곡선부의 부가 저항

최대 추진 길이(연장). 가능한 최대 추진 길이는 관의 허용 압축강도로부터 다음과 같이 산정할 수 있다.

$$L_a = \frac{F_a - F_i}{(\pi D_c q + W)\mu + \pi D_c c} \tag{9.6}$$

여기서, L_a : 허용추진 길이, F_a : 관의 허용강도, F_i : 관의 선단 저항이다. 추진력이 반력대의 저항한도를 초과할 수 없으므로, 지압벽의 지지력 R을 고려하면 허용추진 길이는 다음 식으로 표시된다.

$$L_a = \frac{R - F_i}{(\pi D_c q + W)\mu + \pi D_c c} \tag{9.7}$$

추진력은 F_a, R 중 작은 값보다 작아야 한다. 허용추진 길이를 초과하는 경우, 관로의 중간에 중절잭(Intermediate Jacking Station, IJS)을 도입하거나, 강관외주면에 윤활제를 주입하는 등의 방법으로 마찰저항을 감소시킬 수 있다.

한편, 추진 시 관이 파괴되지 않기 위해서는 추진력(F)이 관의 허용압축력(F_a)보다 작아야 한다.

$$F < F_a \tag{9.8}$$

여기서, F_a : 관의 허용 압축력($=\sigma_a A_c$, A_c : 관의 유효 단면적, σ_a : 콘크리트의 허용 평균 압축 응력).

반력대(지압벽) 안정 검토

반력대가 충분한 지지력을 갖지 못하는 경우, 수직구 벽체의 지지력 파괴가 일어날 수 있다. 따라서 반력대 지지력은 추진력보다 커야 한다.

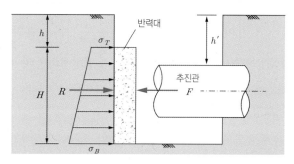

그림 9.17 반력대의 지지 체계

반력대 배면 지반의 수동 파괴를 가정하면 **반력대의 최대 저항력**은 다음과 같이 계산할 수 있다.

$$R_{ult} = \alpha D_c \frac{(\sigma_T + \sigma_B) H}{2} \tag{9.9}$$

σ_T 및 σ_B는 반력대 상단 및 하단의 지압으로서 $\sigma_T = K_p \gamma h + 2c\sqrt{K_p}$ 이고, $\sigma_B = K_p \gamma (h+H) + 2c\sqrt{K_p}$, γ : 흙의 단위중량, H : 지압벽의 높이, K_p : 수동토압계수($= \tan^2(45 + \phi/2)$), ϕ : 흙의 내부마찰각, c : 흙의 점착력, h : 지압벽 상부로부터 지표까지 거리, D_c : 추진관 외경 B : 지압벽의 폭, α : 계수(1.5~2.5)이다.

$$R_{ult} = \alpha B \left(\frac{1}{2} K_p \gamma H^2 + 2cH\sqrt{K_p} + \gamma h H K_p \right) \tag{9.10}$$

실제 지지력은 식(9.10)의 최대반력 R_{ult}에 안전율을 적용하여 다음과 같이 산정할 수 있다.

$$R_a = \frac{R_{ult}}{F_s} \quad (F_s \geq 1.0) \tag{9.11}$$

관로 안정성 검토

관로(pipes)는 설계 수명기간에 작용 가능한 최대 외부하중을 안전하게 지지하여야 한다. 주요 외부하중은 지반하중 그리고 지상의 교통하중과 같은 지표 상재하중이다. 터널의 라이닝 구조해석 개념과 마찬가지로 관에 대한 단면해석을 수행하여 안정성을 검토할 수 있다.

연직 지반하중. 연성관(flexible pipe)을 가정하면(예, PVC) 단위폭당 연직지반하중 p_v는 Terzaghi의 Trapdoor Theory(1943)를 이용하여 산정할 수 있다(제2장 참조).

$$p_v = \left(\gamma_t - \frac{2c}{B} \right) C_e \tag{9.12}$$

여기서, $C_e = \dfrac{B}{2K\mu}\left[1 - e^{-\left(\frac{2CK\mu}{B}\right)}\right]$ 이며, $B = B_t\left[1 + \dfrac{2}{\tan(45+\phi/2)}\right]$, p_v : 흙의 단위 폭당 연직 분포하중

(사하중), C_e : Terzaghi의 토압하중(soil load) 계수, B : 파이프 변형에 의한 파이프 상부 흙의 폭(전단파괴의 폭), γ_t : 흙의 단위중량, c : 흙의 점착력, K : 횡방향 토압계수, $\mu = \tan\phi$, C : 토피고(cover depth), $B_t = D_c + 0.1$, D_c : 추진관 외경, B_t : 관의 굴착직경이다.

지표 상재하중. 상재하중은 주로 도로의 윤(wheel)하중(P)이다. 하중을 그림 9.18(a)와 같이 가정하면,

$$q = \frac{2P(1+i)}{B_d(A + 2C\tan\theta)} \tag{9.13}$$

여기서, q : 관로(강관) 상부에 작용하는 분포하중, P : 최대 윤하중, i : 충격계수(impact factor; $C \le 1.5$m인 경우 0.65, $1.5 < C < 6.0$m인 경우 0.1~0.5, $C \ge 6.0$m인 경우 0), B_d : 차량 폭, A : 타이어 접촉 길이, C : 토피고, θ : 분포하중의 각도(angle of distributed load)이다.

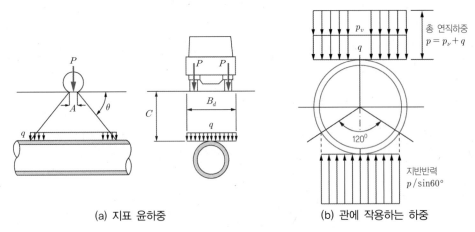

(a) 지표 윤하중   (b) 관에 작용하는 하중

그림 9.18 지표 윤하중과 관에 작용하는 하중

소구경 관로의 안정성 검토. 소구경 관로에 대한 간단한 안정 검토 이론식들이 제안되었다. 강관터널에 작용하는 연직하중은 지반하중(p_v)과 지표의 상재하중(q)의 합이다. 즉, $p = p_v + q$이다.

그림 9.18(b)와 같이 120°의 자유 받침 조건을 가정하면, 관의 횡단면에 발생하는 최대 휨모멘트는 다음과 같이 산정할 수 있다.

$$M = \beta p r_o^2 \approx 0.275 p r_o^2 \tag{9.14}$$

여기서 M : 관에 발생하는 단위길이당 휨모멘트(관 기초각이 120°일 때, $\beta = 0.275$), p : 관에 작용하는 수직하중, r_o : 관 두께 중심 반경이다.

외력에 의해 발생하는 관의 응력은 아래 식으로 계산할 수 있으며, 관의 허용강도보다 작아야 한다.

$$\sigma = \frac{M}{Z} \tag{9.15}$$

여기서 M : 단위길이당 휨모멘트($= 0.275\,p\,r_o^2$, $r_o = (D_c - t)/2$), Z : 단위길이당 단면 계수($= Lt^2/6 = t^2/6$, $L=1$), p: 관의 수직 분포 하중, D_c : 관의 외경, t : 관 두께, L : 길이이다.

예제 다음 강관의 압입추진 조건에 대하여 ① 추진 잭의 추진압력 및 허용 추진 길이, ② 중간 추진 잭 필요 여부, ③ 반력벽의 안정성을 검토해보자.

- 관 내경 D = 1.35m ; 외경 D_c = 1.60m · 지반 N값 = 15
- 흙의 내부 마찰각 : ϕ = 30°
- 추진구간 총 길이 : L = 140m
- 반력벽 심도 : h = 4.332m
- 흙의 점착력 : c = 0.0tf/m²
- 반력벽 높이 : H = 3.40m
- 흙의 단위 체적 중량 : γ_t = 1.8tf/m³
- 최대 윤하중 : P = 8.0tf
- 관로 토피두께 : C = 5.20m
- 충격계수 : i = 0.13
- 관의 단위길이당 중량 : W = 1.419tf/m
- 관의 허용내력 : F_{pa} = 624tf

풀이 (1) 추진 잭(jack) 추진압의 검토

    a) 관에 작용하는 수직하중

        ① 토압에 의한 수직하중(B_t : 굴착경, D_c : 관의 외경)

$$B_t = D_c + 0.1 = 1.60 + 0.1 = 1.70 \text{ m}$$

$$B = B_t \left[1 + \frac{2}{\tan(45 + \phi/2)} \right] = 3.66 \text{ m}$$

$$K = 1, \quad \mu = \tan\phi = \tan 30° = 0.577$$

$$C_e = \frac{1}{\dfrac{2K \cdot \mu}{B}} \left\{ 1 - e^{-\left(\frac{2\,CK \cdot \mu}{B} \right)} \right\} = \frac{1}{\dfrac{2 \times 1 \times 0.577}{2.94}} \left\{ 1 - e^{-\left(\frac{2 \times 5.2 \times 1 \times 0.577}{2.94} \right)} \right\} = 2.56$$

$$p_v = \left(\gamma_t - \frac{2c}{B} \right) C_e = \left(1.8 - \frac{2 \times 0.0}{2.94} \right) \times 2.56 = 4.6 \text{ tf/m}^2$$

        ② 활하중에 의한 수직 하중(차량폭 $B_d = 2.75$, 윤하중 분포계수 $A = 0.2$)

$$q = \frac{2P(1+i)}{B_d(A + 2h' \cdot \tan\theta)} = \frac{2 \times 8(1 + 0.13)}{2.75(0.20 + 2 \times 5.20 \times \tan 45°)} = 0.62 \text{ tf/m}^2$$

$$p = p_v + q = 4.61 + 0.62 = 5.23 \text{ tf/m}^2$$

    b) 발진부 추진 잭으로 추진 가능한 길이 산정 및 중간잭 도입 필요성 검토

        ① 초기 저항력

$$F_o = 1.32\pi \cdot D_c \cdot N = 1.32 \times \pi \times 1.60 \times 15 = 99.5 \text{ tf}$$

② 단위길이(1m)당 관주면 마찰저항력

관 직경 1.35m, 추진관의 단위길이당 중량 $W = 1.419 \, \text{tf/m}$ 이므로

$$f_o = (\pi \cdot D_c \cdot p + W)\mu = (\pi \times 1.60 \times 5.23 + 1.419)\tan 30° / 2 = 7.42 \, \text{tf/m}$$

③ 관의 허용내력으로 정해지는 총 허용 추진 길이

관의 허용내력 $F_{pa} = 624 \, \text{tf}$ 이므로

$$L_{pa} = \frac{F_{pa} - F_o}{f_o} = \frac{624 - 99.5}{7.42} = 70.6 \, \text{m} < L = 140 \, \text{m} \quad \text{NG}$$

④ 발진잭 추진기로부터 정해지는 허용 추진 총길이(발진잭 추진력 100t 규모 8대 가정)

유효추진력을 40%로 가정

$$F_{ma} = \frac{100t \times 8EA}{1.4} = 571 ≒ 570 \, \text{t}$$

$$L_{ma} = \frac{F_{ma} - F_o}{f_o} = \frac{570 - 99.5}{7.42} = 63.4 \, \text{m} < L = 140 \, \text{m} \rightarrow \text{NG}$$

∴ 관의 허용내력, 발진잭 추진능력 검토 결과, 총 추진 길이 $L=140$m를 만족하지 못하므로 IJS(중간잭 추진 공법) 도입 필요

(2) IJS(중간잭) 소요 단수 검토

  a) IJS 1단 주변 허용 추진 총길이

  중압잭 추력력 50t 규모 10대 가정하고, IJS 유효추진력을 20%로 적용하면

$$F_{na} = \frac{50t \times 10EA}{1.2} = 420 \, \text{t}$$

$$L_{na} = \frac{F_{na} - F_o}{f_o} = \frac{420 - 99.5}{7.42} = 43.2 \, \text{m}$$

  b) IJS 단수 산정

$$N_n = \frac{L - L_{ma}}{L_{na}} = \frac{140 - 63.4}{43.2} = 1.77 ≒ 2 \, \text{단}$$

  →IJS 2단 필요

  c) IJS의 스팬 비율

  ① 발진잭 총 허용추진길이는 63.4m이므로 60m로 가정하면, 중압잭은 $(140-60)/2 = 40\text{m/단}$

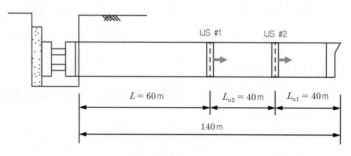

그림 9.19 IJS 2단 배치

② 발진잭 추진기에 걸리는 추진력(최대 800tf)

$$F = F_o + f_o \times L_m = 99.5 + 7.42 \times 70 = 560.8 \text{ tf}$$

③ IJS에 걸리는 추진력(중압 1단 주변)(최대 500tf)

$$F = F_o + f_o \times L = 99.5 + 6.59 \times 35 = 330.2 \text{ tf}$$

IJS 1단, 2단 추진 시 각 후속부에 대한 관입 저항(F_o)은 고려하지 않음.

(3) 반력벽 안정 검토

   a) 수동 토압 계수

$$K_p = \tan^2\left(45° + \frac{\phi}{2}\right) = \tan^2\left(45° + \frac{30°}{2}\right) = 3.0$$

   b) 수동 토압 강도

$$\sigma_T = K_p \cdot \gamma h + C \cdot \sqrt{K_p} = 3.000 \times 1.8 \times 4.332 = 23.39 \text{ tf/m}^2$$

$$\sigma_B = K_p \cdot \gamma(h+H) + 2c^2 \sqrt{K_p} = 3.0 \times 1.8(4.332 + 3.400) = 41.75 \text{ tf/m}^2$$

$$\sigma_M = 3.000 \times 1.8(4.332 + 1.935) = 33.84 \text{ tf/m}^2$$

   c) 지압벽 배면 반력($\alpha = 0.2$ 가정)

$$R = \alpha \cdot H(\sigma_T + \sigma_B)\frac{H}{2} = 2 \times 3.40(23.39 + 41.75)\frac{3.40}{2} = 753.0 \text{ tf}$$

지압벽 배면 반력은 20%의 여유로 가정하면,

$$R_a = \frac{753.0}{1.2} = 627.5tf > F_m = 560.8 \text{ tf} \rightarrow \text{OK}$$

   d) 지압벽 배면 반력의 작용 위치 검증

$$R_1 = R/2 = 2 \times 3.40(23.39 + 33.84)1.935/2 = 376.5 \text{ tf}$$

$$R_2 = R/2 = 2 \times 3.40(41.75 + 33.84)1.465/2 = 376.5 \text{ tf}$$

따라서 F와 R의 작용점이 일치하는 경우의 지압벽 위치는 지표면으로부터 깊이 $h = 4.332$m에 위치하면 안정이 확보된다.

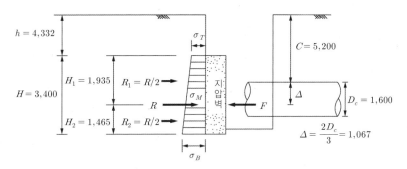

그림 9.20 반력벽 안정 검토(길이단위 : mm)

9.3 대형단면 특수터널공법

특수공법은 지형적, 지질적, 구조적 문제를 창의적으로 극복하는 기술로서 혁신적 접근이 필요하며, 많은 특허 및 신기술이 제안되는 분야이다. 대구경 특수터널공법에는 연약지반이나 초저토피를 통과하는 **터널형 특수공법**과 함체 혹은 강관을 이용하여 기존 구조물을 지지하며 하부를 통과하는 **특수구간 통과공법**으로 구분할 수 있다.

9.3.1 취약지반 통과 터널형 특수공법 special bored tunnelling

연약하거나 토피가 작은 취약조건의 난(難, difficult) 공사구간 통과를 위한 터널형 특수공법에는 선행지보공법, 카린씨안(Carinthian) 공법 등이 있다.

선행 지보 공법

터널의 지보는 통상 굴착 후 설치된다. 하지만, 만일 굴착 전에 지보를 미리 설치할 수 있다면, 터널굴착의 안정성을 획기적으로 향상시킬 수 있을 것이다.

록볼트 선행공법. 그림 9.21(a)는 록볼트를 이용한 선행 지보공법을 예시한 것이다. 지상에서 미리 터널위치에 록볼트(또는 nail, cablebolt)를 설치하거나, 계획 단면 내 소형 터널(pilot tunnel)을 굴착하여 계획 터널의 외주면에 부합하는 길이의 록볼트를 미리 시공하면, 본 터널 굴착 시 록볼트의 선지보 효과로 지반교란을 억제할 수 있어 굴착 안정성을 증가시킬 수 있다. 이때 굴착 시 절단이 용이한 FRP 소재의 록볼트를 사용하면 후속 공정 추진이 용이하다.

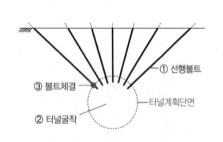

(a) 지상 록볼트(마이크로파일) 선행보강 공법

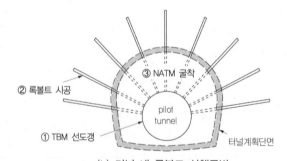

(b) 터널 내 록볼트 선행공법

그림 9.21 록볼트 선행지보공법 개념도

라이닝 선행공법(pre-cutting method, pre-vault method, perforex method). 터널의 라이닝은 굴착 후 설치되는데, 만일 라이닝을 굴착 전 미리 설치할 수 있다면, 선행 록볼트와 마찬가지로 굴착 중 안정성을 획기적으로 증진시킬 수 있을 것이다. 그림 9.22는 콘크리트 주열식 라이닝을 선행하여 시공하고, 이후 굴착을 진행하는 **라이닝 선행공법**을 예시한 것이다. 굴착면에서 시공하므로 **외향각**을 갖게 될 수밖에 없어, 그림 9.22(b)와 같이 종방향으로 톱니형 단차가 반복되는 형상으로 시공된다.

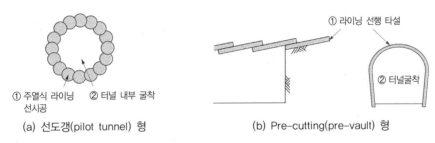

(a) 선도갱(pilot tunnel) 형   (b) Pre-cutting(pre-vault) 형

그림 9.22 라이닝 선행공법 개념도

Pre-vault 공법 또는 Perforex 공법(프랑스). 특별히 고안된 Chain Saw 장비를 사용하여 두께 19~35cm, 길이 5m 정도의 가늘고 길게 막장의 테두리를 먼저 굴착하고 여기에 콘크리트를 채워 라이닝을 형성한 후, 막장을 굴착하는 공법이다. 이 공법은 'Peripheral Slot Pre-cutting Method' 또는 'Sawing Method'라고도 일컫는다.

동결공법(ground freezing method). 투수성이 큰 단층대를 통과하는 경우 지반을 고결시키지 않고는 통과하기 어렵다. 일반적으로 그라우팅 공법을 이용하여 지반강도를 증진시키는 방법이 많이 사용되지만, 동결 파이프를 이용하여 터널 천장 및 측벽부를 고결시키면, 동결지반의 강성 및 차수성능으로 인해 일시적인 안정상태가 되어 굴착과 지보재 시공이 가능한 조건을 형성할 수 있다. 일반적으로 많은 비용이 들어 대상 지반의 형상이 복잡하여 지반개량이나 연속차수벽 형성이 어려운 경우 주로 적용한다. 그림 9.23은 스위스 Zurich시에서 적용한 동결공법의 예를 보인 것이다.

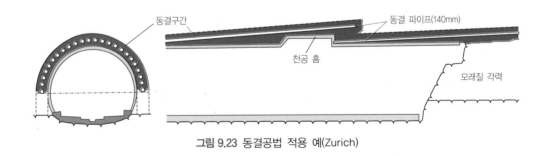

그림 9.23 동결공법 적용 예(Zurich)

동결공법을 단지 터널의 차수기능으로 사용하고자 하는 경우, 그림 9.24를 참고할 수 있다. 차수성능에 있어 그라우팅과 동결공법의 차이는 그라우팅이 지속적인 기능인 데 비해, 동결공법은 일시적이라는 점이다. 동결공법의 냉매로서는 액화질소나 염수(brine)를 주로 사용한다.

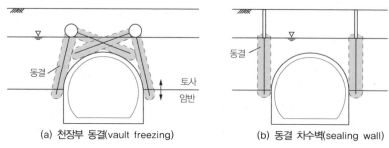

(a) 천장부 동결(vault freezing) (b) 동결 차수벽(sealing wall)

그림 9.24 동결공법을 이용한 터널 차수원리

압기공법(compressed air method). 막장부를 밀폐구역으로 차단하고, 수압을 상회하는 공기압을 가하여 지하수를 배제하며 터널을 굴착하는 공법이다. 일반적인 **케이슨 공법의 원리를 터널굴착에 적용한 것**으로, 압력의 기밀성 유지가 중요하며, 투수성이 커 지하수 대응이 관건인 지반에 매우 유용하다.

카린씨안(Carinthian) 공법

저(低)토피 지반은 자립능력이 작고, 아칭이 확보되지 않아 굴착 안정성을 확보하기 어렵다. 이 경우 그림 9.25와 같이 **터널 상부를 미리 개착하여 크라운 아치를 시공**하고, 이를 되메워 안정을 확보한 후 터널을 굴착하는 방법을 Carinthian 공법이라 한다.

미리 설치한 상부 크라운 아치가 종방향 보강효과를 발휘하여 안전한 터널굴착이 가능하다. 상자(구)형 터널의 시공도 가능하다.

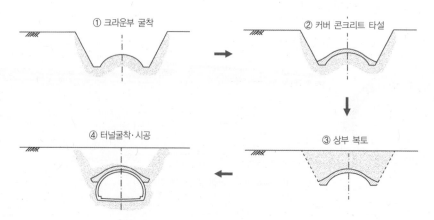

① 크라운부 굴착 ② 커버 콘크리트 타설

④ 터널굴착·시공 ③ 상부 복토

그림 9.25 카린씨안(Carinthian) 공법의 원리

9.3.2 기존 구조물 하부통과를 위한 특수터널공법

기존시설물 하부 통과는, 굴착에 따른 영향을 최소화하기 위하여, 미리 제작된 콘크리트 함체를 관입시키며 굴착하는 프리캐스트 **함체 압입추진방식**과 구조물 외주면에 연해 먼저 강관을 추진하여 종방향 지지체를 형성하고, 주변 강관 내부를 함체를 견인하며 굴착하는 **함체 견인추진공법**이 있다.

구형 함체 추진공법 jacked box tunnelling method

압입추진 공법. 전단면 프리캐스트 혹은, 현장 제작 구형(박스형, 상자형) 터널구조물을 유압잭을 사용하여 압입 전진시키는 공법을 **비개착 박스추진 공법** 또는 **박스 잭킹 공법**(box jacking method)이라 한다. 이때 추진부의 방향 및 경사도 제어를 위해 로프 등을 이용한 Anti-Drag System(ADS) 등이 채용된다. 박스 잭킹 (box jacking) 공법은 구체가 프리캐스트 콘크리트이므로, 추진 중 대규모 방향 전환 또는 구배 변경이 용이하지 않다. 이 공법은 터널이 도로 및 철도의 하부에 위치하며, 충분한 토피를 확보하지 못하는 경우에 유용하다. 그림 9.26에 도로 하부를 낮은 토피로 근접 통과하는 구형 함체의 압입추진 공법을 예시하였다.

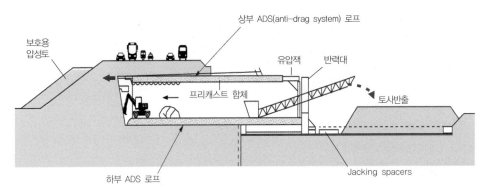

그림 9.26 비개착 박스 함체추진 공법(Anti-Drag System(ADS)을 채용한 jacked box tunnelling)

함체 견인추진 공법. 먼저, 기존 시설 양측에 예정된 프리캐스트 박스 외주면에 강관을 추진(수평, 수직)하여 구조물 함체 견인을 위한 공간(또는 벽체)을 만든다. 별도의 작업장에서 콘크리트 함체를 제작한 후 통과구간 양측에 위치시키고, 함체를 견인할 PC 강선을 관통시키기 위한 수평방향 천공을 한다. 다음, PC 강선을 관통시켜 프론트 잭과 함체를 연결한 후 견인, 전진시키면서 함체 내부의 토사를 굴착·제거한다.

견인모드에 따라 크게 편측견인 공법, 상호견인 공법으로 분류한다. 그림 9.27(a) 상호견인 공법의 예를 보인 것이다. 함체구조물을 횡단구간 양측에 위치시켜 함체를 지지대로 하여 상호견인한다. 이 방식은 양면 굴착이 가능하므로 공사기간 단축에 유리하나 상대적으로 지상영향도는 편측견인에 비해 증가할 수 있다. 그림 9.27(b)는 철도 하부를 견인추진 공법으로 시공 중인 현황을 보인 것이다. 함체와 매우 근접하여 열차가 통과하고 있다.

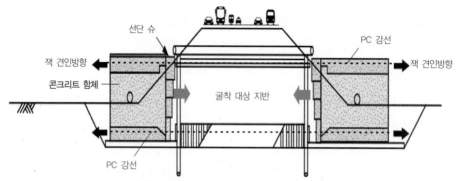

(a) 구형함체 견인추진 공법(상호견인 방식)

(b) 견인추진 공법의 시공 현황(Front Jacking Method, 일본)

그림 9.27 구형함체 견인추진 공법

다열 강관추진 공법(파이프 루프 공법) pipe roof method

강관추진 공법은 상당한 개발역사를 갖고 있는데, 다양한 조건에 적용이 시도되면서 정교해지고, 대형화되어왔다. 이 공법의 기본 개념은 미리 제작한 강관을 터널 주변에 굴착 전에 선추진하여 강관으로 둘러싼 지지구조를 형성하는 것이다. 그다음 강관지붕으로 지지력이 확보된 내부를 굴착하고, 콘크리트 구조물을 타설하여 완성한다. 이 공법은 9.2절에서 살펴본 **비개착 강관 설치공법을 요소기술로 이용**한다. 추진요소의 형상, 결합조건, 시공순서, 사용재료, 구조물 타설 방식 등에 따라 다양한 명칭의 공법들이 제안되었다.

파이프 루프 공법(pipe roof method). 터널 통과구간에 건물이 위치하여 보호가 필요하거나, 지반이 연약하여 안정 확보가 어려운 경우, 터널 단면 계획 외곽선상에 터널선형과 일치하는 방향으로 강관을 미리 추진하여 지지 지붕(roof)을 형성함으로써 굴착안정을 확보하고, 굴착하며 지지구조물을 타설하는 공법을 파이프 루프 공법이라 한다. 여굴이 거의 없어, 주변 지반의 침하나 융기거동 제어에 유리하다. 그림 9.28 및 9.29에 박스형 구조물의 파이프 루프 시공절차와 시공현황을 예시하였다. 작업 완료 후 강관은 **에어몰탈 등 가볍고, 내구성이 있는 재료**를 채워 마감한다.

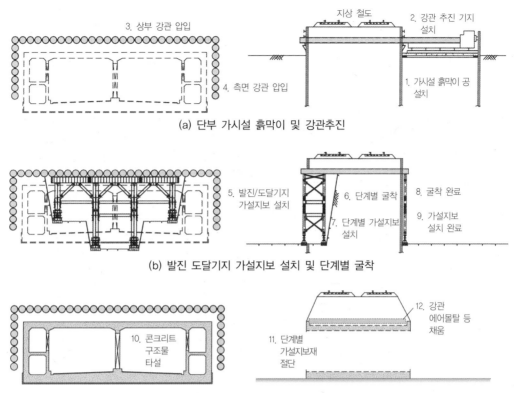

(a) 단부 가시설 흙막이 및 강관추진

(b) 발진 도달기지 가설지보 설치 및 단계별 굴착

(c) 가설지보재, 흙막이공 철거 및 콘크리트 타설

그림 9.28 파이프 루프공법의 주요 시공순서

(a) 강관추진 및 굴착

(b) 굴착내부 지보

그림 9.29 파이프루프 공법 시공 예(풍납동-한강공원 연결 올림픽대로 횡단통로)

튜브형 강관루프공법(tubular roof method). 튜브형 강관루프공법의 원형인 TRM(Tubular Roof Method)은 벨기에의 Smet Boring사가 개발한 지하구조물 축조공법이다. 이 공법은 발진작업구에서 유압잭으로 대형 강관을 압입하여 터널 형상(루프형)의 지지체를 형성한 후, 강관 내부를 굴착하여 터널 라이닝 구조물을 타설한다. 9.2절에서 다룬 강관 압입추진공법을 요소기술로 활용하며, 강관배열 형태에 따라 아치(arch), 박스

(box) 등 다양한 형태의 터널 단면에 적용할 수 있다. 이 공법은 강성강관으로 굴착공간을 만들고, 철근콘크리트로 구조물을 완성하므로 상부구조물의 침하 방지에 유리하다. 그림 9.30은 아치형 강관 추진에 의한 대단면 터널 건설을 예시한 것이다. 서울지하철 9호선 강남고속터미널 통과구간에 적용되었던 공법으로 세부 내용을 Box 9.1에 기술하였다.

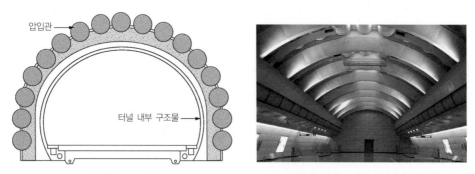

그림 9.30 강관추진 공법을 이용한 아치형 대단면 터널(서울지하철 9호선 고속터미널역)

이 외에도 국내의 경우 도시지역에서 지하철 터널의 환승정거장 구간에 아치형, 고층건물 지하통과에 구형(박스, 상자형)이 적용된 사례가 있다. 그림 9.31은 강관을 이용한 박스구조물 시공 사례를 예시한 것이다.

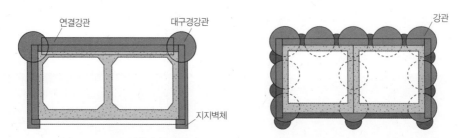

그림 9.31 박스형 터널 단면의 강관추진 공법 시공 개념도

천단의 지붕을 형성하는 방식, 용접 및 콘크리트를 타설하는 형식에 따라서 다양한 강관루프 공법이 제안되었다. 강관추진 공법은 강관 간 연결 및 협소한 공간에서의 고난도 작업, 콘크리트 타설 여건의 제약이 따르므로 **방수작업과 구체콘크리트의 품질 확보**에 유의하여야 한다.

강판(steel plate)추진 공법

강판모듈추진 공법. 강관형상 및 연결요소 등을 수정, 개선한 다양한 형태의 강판추진 공법들이 개발되었다. 그림 9.32의 Sheet Pile과 같은 강판으로 **상자형 모듈**을 구성하여 압입 추진함으로써 지중에 박스형 라멘구조물 또는 터널을 구축할 수 있다. 일반적으로 모듈의 강재가 인장력을 부담하고, 콘크리트가 압축력을 부담하는 개념으로 설계한다.

| (a) 터널형 | (b) 상자형 | (c) 단위모듈 연결 상세 |

그림 9.32 강판추진 공법 : 조립모듈과 단위모듈의 연결 상세

메서쉴드 공법(messer shield), 블레이드 터널링공법(blade tunnelling). 그림 9.33에 보인 메서 플레이트라는 강 널판을 굴착주면에 병렬 배열한 후, 유압잭으로 한 번에 약 50~100cm씩 관입시킨다. 관입부를 굴착하고 동시에 지보공을 설치하며 전진하는 공법이다('messer'란 칼을 뜻하는 독일어이다).

굴착 대부분의 주면을 단계적으로 압입, 굴착하므로 비원형의 소단면에 유리하며, 방향 조정이 용이하여 곡선터널에도 적용 가능하다. 장비 취급이 간단하며 미숙련자도 시공이 가능하나 선행 관입심도가 제한적이어서 지하수 유출, 지반침하 우려가 있는 연약지반, 그리고 자갈층 및 전석층에서는 붕락 가능성에 대한 유의가 필요하다.

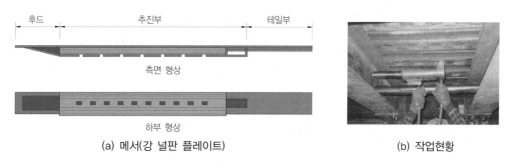

| (a) 메서(강 널판 플레이트) | (b) 작업현황 |

그림 9.33 굴착 블레이드(메서) 단면도와 작업현황

블레이드 터널 공법은 굴착주면을 메서로 지지한 상태에서 로드헤더, 굴착기 등으로 내부토사를 굴착 후, 주로 현장 콘크리트를 이용하여 지보한다. 메서는 강판형 지지구조이기는 하나 반복 사용되는 굴착도구로서, 강판이 터널 구조체를 구성하는 모듈형 강판추진 공법과는 구분된다. 블레이드 터널 공법은 주로 토피가 작은 토사터널에 적용되고 있으며, 막장안정을 위하여 최소토피고 1.5D 이상을 확보하는 것이 바람직하다. 메서를 쉴드 원통체와 조합하기도 하는데, 이를 Blade Shield 또는 Messer Shield라 한다.

언더피닝 공법 underpinning method

언더피닝 공법은 기존 구조물의 손상을 방지하며, 하부에 터널구조물을 축조하는 공법이다. 이 공법은 기존구조물의 하부를 파이프루프, 파일 등으로 지지하고, 단계별로 굴착하면서 터널구조물을 설치하는 공법이다. 협소한 작업공간에서 인력 및 소규모 장비로 시공을 해야 하므로, 일반 굴착공사에 비하여 공사비용 및 기간 소요가 크다.

그림 9.34(a)에 터널이 기존 구조물 하부를 통과하는 언더피닝 공법을 예시하였다. 좌측은 상부하중을 직접 지지하는 방식이며, 우측은 상부하중을 외부(외곽)으로 전이시키는 언더피닝 개념이다. 그림 9.34(b)는 기존 구조물 하부를 직접지지하는 강관추진 공법의 적용 예를 보인 것이다.

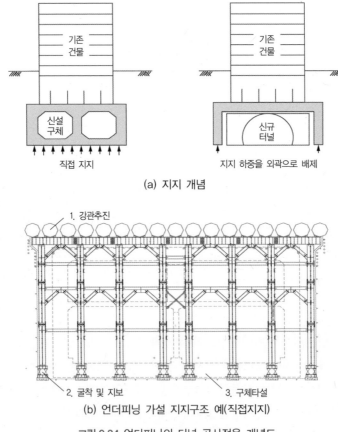

(a) 지지 개념

(b) 언더피닝 가설 지지구조 예(직접지지)

그림 9.34 언더피닝의 터널 공사적용 개념도

도시개발이 고밀도화되면서 터널 건설작업의 난이도도 크게 증가하고 있다. 서울시의 예를 보면 최근 건설되는 신규노선은 심도가 깊어지고, 기설치된 지하철, 지하상가, 초고층건물 등과의 간섭도 빈번히 발생한다. 따라서 특수공법을 적용하여야 할 상황이 늘어난 것이다. Box 9.1은 서울지하철 9호선 건설 시 지하상가와 운영 중인 지하철 3호선 하부를 근접 통과한 특수공법 적용사례를 예시한 것이다.

Box 9.1   특수터널공법 적용사례 : 서울지하철 9호선 고속터미널역

서울지하철(도시철도) 강남 고속버스터미널역 현황

강남 고속버스터미널역은 3호선, 7호선, 9호선이 교차한다. 3호선과 9호선이 교차하는 신반포로 상부는 지하상가가 위치하며 그 아래로 지하철 3호선이 위치한다. 9호선은 3호선 지하철 구조물과 30cm 이격되어 통과한다.

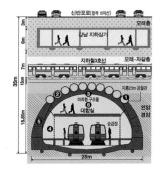

특수터널공법의 적용

지층 구성은 3호선 바로 아래, 즉 9호선 천장부는 자갈층이며, 그 아래로 풍화암과 연암이 위치하고 터널 중심선 하부는 일축강도 150~180MPa인 경암이 출현하였다. 터널상부 강관추진을 위한 작업구 설치를 위해 먼저, 강관추진 공법을 이용하여 터널 단면에 수직한 방향으로 길이 38m, 단면 15x15m의 터널 단면 강관추진을 위한 작업갤러리를 설치하였다. 여기서 직경 2.0m의 강관 13개를 정거장 천단부에 추진하여 3호선 지하철 구조물에 대한 지지구조를 확보하였다. 터널 하부부터 단계굴착 후 라이닝을 타설하였다. 진동 영향을 저감하기 위하여 자갈층 하부 암반 굴착 시 무진동 파쇄공법을 도입하였다.

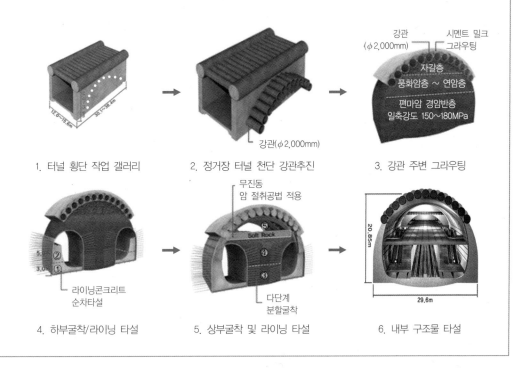

1. 터널 횡단 작업 갤러리

2. 정거장 터널 천단 강관추진

3. 강관 주변 그라우팅

4. 하부굴착/라이닝 타설

5. 상부굴착 및 라이닝 타설

6. 내부 구조물 타설

9.4 대안 터널공법 – 개착 및 매입형 터널공법

완성 후 터널 형태의 지중 구조물이 되지만, 건설방식이 굴착터널(bored tunnel)과 다른 지중 구조물 건설 공법을 '대안 터널공법(alternative tunnelling method)'으로 구분하였다. 특정 조건에서는 대안 터널공법의 경제성 및 안정성이 굴착터널보다 유리한데, 주로 사용되는 대안 터널공법은 다음과 같다.

- 개착식 터널공법(cut & cover tunnelling method)
- 프리캐스트 터널공법(precast tunnelling method)
- 피암 터널공법(rock shed)
- 침매 터널공법(submersed tunnel)

9.4.1 개착 터널공법 cut & cover tunnelling

개착공법은 지중 구조물을 설치하고자 하는 심도까지 지상에서 굴착하여 구조물을 시공하고, 되메워서 지상을 복원하는 공법이다. 개착 터널은 굴착공법과 구조물 형상에 있어(상자형) 지중 굴착방식의 터널 (bored tunnel, mined tunnel)과 구분되지만, 일단 건설이 완료되면, 관리는 일반 터널과 거의 동일하다.

토피가 얇은 경우 지상연결 정거장 건설 등 터널식 굴착이 불가능한 경우 개착공법이 불가피하다. 개착 터널공법은 지상굴착이므로 굴착공법과 흙막이 가시설 공법이 중요하다.

터파기(굴착) 및 흙막이 공법

개착공법의 터파기(굴착) 방법은 주변토사의 영향을 배제하는 방식에 따라 가설지지구조를 이용하는 **흙막이 공법**과 지지구조를 사용하지 않는 **비탈면 공법**이 있다. 굴착부지가 한정되는 도심지에서는 개착형 흙막이 공법의 적용이 불가피하다. 그림 9.35에 개착공법의 터파기 방식을 정리하였다.

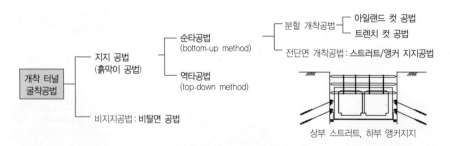

그림 9.35 개착 터널의 굴착방식

개착 터널 구조물은 보통 상자형(box)으로 계획되며, 토압과 수압에 저항하도록 설계한다. 흙막이 가시설은 그림 9.36과 같이 **흙막이 벽체**와 벽체 **지지구조**로 구성되며, **지하수대책**을 포함한다. Box 9.2에 흙막이 벽체공법 및 지지구조에 대해 설명하였다.

그림 9.36 흙막이 가시설 공법

개착 터널의 설계

개착 터널은 상자(구)형 철근콘크리트 구조물이다. 그림 9.37은 개착 터널에 대한 작용하중 고려 개념을 예시한 것이다. 가시설 철거 직후의 작용 하중은 주동조건과 유사하지만, 되메움 후 시간 경과와 함께 정지 지중응력 조건으로 회복되어 하중이 증가하는 특성이 있으므로 유의하여야 한다.

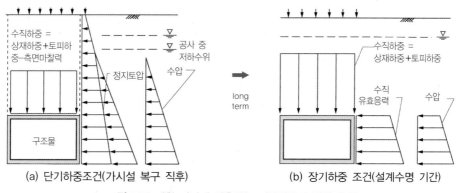

(a) 단기하중조건(가시설 복구 직후)

(b) 장기하중 조건(설계수명 기간)

그림 9.37 개착 터널에 작용하는 지반하중의 변화 특성

그림 9.38에 개착 터널 구조물에 대한 대표단면의 형상과 전형적 구조해석 결과를 예시하였다.

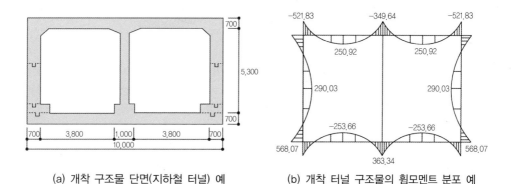

(a) 개착 구조물 단면(지하철 터널) 예

(b) 개착 터널 구조물의 휨모멘트 분포 예

그림 9.38 구조해석 모델링 및 해석 결과 예

Box 9.2   개착공법의 흙막이 벽체조성공법과 벽체지지공법

개착터널 건설을 위한 흙막이 공법

A. **H-Pile+토류판+그라우팅**. 먼저, 오거(auger) 및 T4 장비로 천공하여 엄지말뚝(soldier pile)을 삽입, 설치하고, 굴착하면서 토류판을 설치하는 공법이다. 토류판은 풍화암 상단 일부 구간까지만 적용 가능하며, 양호한 암반은 숏크리트를 타설하고 록볼트로 보강하여 암괴의 탈락을 방지한다.

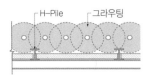

B. **주열식 벽체공법**(C.I.P). 굴착 전 현장 콘크리트 타설말뚝으로 주열식 가벽의 구조체를 형성한 후 지지구조로 지반의 거동을 억제하면서 굴착하는 공법이다. 풍화암 약 1m 정도까지 시공이 가능하다. 벽체 강성이 크나 공사기간이 많이 소요된다. 단면의 연접 시공 시 Tangent Pile, 일부 겹침 시공 시 Secant Pile이라 한다.

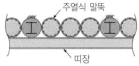

C. **지중연속벽, 슬러리 월**(slurry wall). 먼저, 굴착경계를 따라 철근 콘크리트 벽체를 형성하고, 단계별로 굴착하며 지지한다. 차수성과 강성이 양호하며, 깊은 심도(연암)까지 시공가능하나 공기가 길고 공사비 소요가 크다.

D. **쏘일 시멘트 월**(soil cement wall). 굴착 전 굴착경계를 따라 고결제를 고압분사교반(JSP, Jet Grouting)하여 주열식 벽체를 설치한 후 굴착하는 방법이다. 차수효과가 좋고, 저소음, 저진동의 우수한 공법이나 강성이 작으며, 암반층 시공이 어렵다.

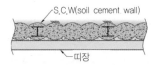 

벽체 지지공법

흙막이 벽체 지지에 Strut, Earth Anchor, Soil Nail, Raker 등을 사용할 수 있다. Strut는 굴착부 작업 간섭이 심하므로 여건상 가능하면 Earth Anchor(또는 soil nail)를 주로 사용한다. Raker는 앵커지지가 불가한 경우 주로 사용하나, 후속 작업굴착 지장, 경사지지에 따른 역학적 손실이 커 제한적으로 사용한다.

| Strut | Earth Anchor | Soil Nail | Raker |

9.4.2 매입형 프리캐스트 터널공법 precast tunnel

터널을 몇 분절의 프리캐스트 구조로 제작하여 현장에서 신속히 조립하고, 배면을 흙으로 되메움하여 완성하는 공법을 **매입형 터널공법** 또는 **프리캐스트 터널공법**이라 한다. 개착 터널의 현장타설 콘크리트를 프리캐스트 세그먼트로 대체할 수 있다. 일반적으로 지상도로를 얕은 깊이 또는 **반지하로 터널화**함으로써 주변 환경을 개선하거나 지상공간을 활용하고자 하는 경우에 주로 적용한다. 차량이 통과하지 않아 큰 하중을 받지 않는 지상 도로를 횡단하는 **생태통로 터널 등의 건설에 유리**하다.

그림 9.39는 콘크리트의 중량 및 강성을 이용한 콘크리트 프리캐스트 터널의 분절(segment)구성과 시공 예를 보인 것이다. 공장에서 부재를 제작하므로 매우 짧은 기간에 시공할 수 있다는 장점이 있다. 되메움 시 터널구조물 좌우의 토압 균형 유지(balancing)에 유의하여야 한다.

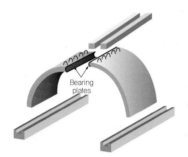

(a) 분절형 콘크리트 프리캐스트 터널   (b) 시공 예

그림 9.39 분절형 프리캐스트 터널의 부재 분할과 시공 예

주름형(파형, corrugated plate) 강관을 터널 형태로 제작하여, 주변 및 상부를 채움하여 터널 형태로 완성시키는 그림 9.40과 같은 터널공법도 적용되고 있다. 강관을 현장에서 조립하므로 공정이 간단하고 경제적이다. 다만, 시공 중 배면 채움 하중의 좌우 평형유지 등 **하중의 균형(balance) 관리가 매우 중요**하다.

그림 9.40 파형강판(corrugated steel plate) 이용 프리캐스트 터널의 시공 예(Chungamenc.co.kr)

9.4.3 피암 터널공법 rock shed

산 허리를 일부 우회하는 터널을 계획하는 경우, 토피 부족, 지질여건 취약 등의 제약조건으로 인해 굴착 터널의 건설이 용이하지 않다. 개착으로 계획하더라도, 절성토에 따른 사면 불안정, 낙반위험, 그리고 산지 절개에 따른 환경문제가 대두될 수 있다. 이러한 경우, 산지의 일부만 제거하고, 터널의 일부는 지하로 일부는 지상으로 건설하여 산지 경사면을 부분 유지하는 터널 형식을 도입할 수 있는데, 이를 피암(避岩) 터널 (rock shed)이라 한다.

피암 터널은 전체 구조물의 약4분의3이 원지반에 접하는 개착형 터널로서, 한 측을 개방하므로, 터널 구조의 **경관제약을 극복**하는 이점이 있으며, 경우에 따라서는 불안정한 산지사면을 보강하는 기능도 부여할 수 있다. 다만 설계·시공 시, 지상과 지하공간이 복합된 구조물로서 하중 비대칭에 대한 고려가 중요하다.

그림 9.41 피암 터널의 예

피암 터널 단면은 기하학적 형태에 따라 상자형(라멘형)과 터널형(아치형)으로 구분한다. 일반적으로 상자형이 시공상 유리하나, 구조적으로는 터널형이 바람직하다. 특히, 피암 터널이 굴착터널과 연결되는 경우 터널형이 구조물의 원활한 접속에 유리하다. 피암 터널의 측벽은 개방 형식에 따라 기둥형 또는 아치형으로 구분된다. 아치형이 개방감이 좋으며, 외부에서 보는 경관도 우수하다. 기둥형의 경우, 미관 제고를 위하여 V형 기둥을 채택하기도 한다.

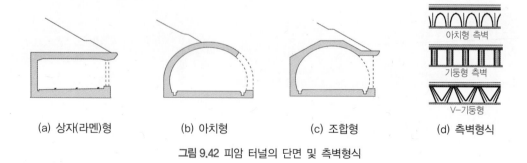

(a) 상자(라멘)형   (b) 아치형   (c) 조합형   (d) 측벽형식

그림 9.42 피암 터널의 단면 및 측벽형식

9.4.4 침매 터널공법 immerged tube tunnel

침매 터널은 지상에서 제작한 상자형 구조물을 하·해저 바닥의 낮은 토피구간에 설치하는 매입형 터널이다. 지반이 취약하고, 토피가 충분히 확보되지 않으며, 빈번한 선박항행으로 인해 교량 설치가 제한되는 해협, 항만 등 수변구간에 유리하다. 침매 터널은 충분한 피복(rock cover)을 확보하여야 하는 굴착터널과 달리 해저에 얕게 건설할 수 있어 굴착식 터널보다 구조물 길이가 크게 줄어드는 장점이 있다. Calana Kanal의 횡단구조물(도로) 계획 시 여러 대안을 비교 분석한 결과, 교량 2,500m, 굴착터널 2,250m, 침매 터널 1,500m로 검토된 바 있는데, **침매 터널의 연장은 굴착터널의 67%, 교량의 60% 수준**이었다.

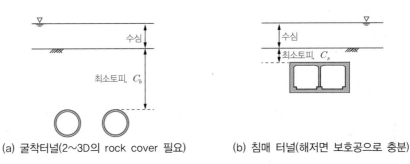

(a) 굴착터널(2~3D의 rock cover 필요)   (b) 침매 터널(해저면 보호공으로 충분)

그림 9.43 굴착터널과 침매 터널의 최소토피 비교($C_b \gg C_s$)

최초의 침매 터널은 미국 미시간-온타리오 간 철도 터널로서 1910년에 건설되었고, 이후 지금까지 세계적으로 약 100여 개 이상의 침매 터널이 건설되었다. 우리나라의 경우 부산의 거가 연육로의 해저구간 일부가 침매 터널로 건설되었다. 그림 9.44는 침매 터널의 주요 단면구성을 예시한 것이다. 해저에서 낮은 토피로 건설되므로 상부에 보호층이 포설된다.

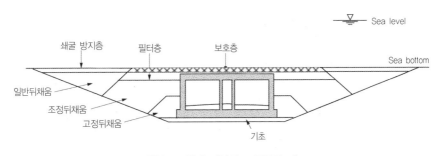

그림 9.44 침매 터널의 표준단면 예

침매 터널의 건설 절차

해저터널이 설치되는 위치에서는 Trench 준설, 지반개량, 기초 조성 등 기초지반 형성을 위한 선행공정을 진행한다. 한편, 육상의 Dry dock(물이 없는 건조 작업장을 말하며, 제작 후 물을 채워 구조물을 부상시킬 수 있다) 제작장에서 여러 개의 함체를 동시에 제작한다.

함체 제작이 완료되면 계류장에서 부상시켜 침설현장까지 예인한다. 침설위치에 함체가 도착하면 함체 내부에 설치된 Ballast Tank에 물을 채워 함체를 서서히 가라앉힌다. 접합면을 기설 함체에 근접시켜 기초에 안착시키고, 접속부의 물을 배제함으로써 반대쪽 단면의 수압을 이용하여 기설치된 함체에 접합시킨다. 그림 9.45에 침매 터널의 건설 절차를 예시하였다.

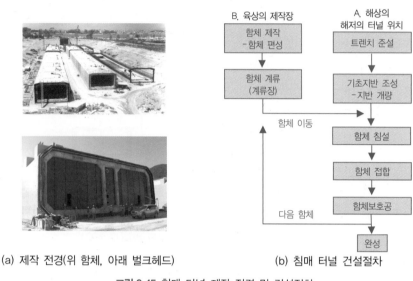

(a) 제작 전경(위 함체, 아래 벌크헤드)　　　(b) 침매 터널 건설절차

그림 9.45 침매 터널 제작 전경 및 건설절차

침매 터널 함체의 제작과 조인트 계획

침매 터널의 핵심기술 중의 하나는 조인트의 설계이다. 조인트에는 각 세그먼트를 연결하는 **세그먼트 조인트**와 여러 개의 세그먼트를 한 단위로 묶은 함체를 연결하는 **함체 조인트**가 있다.

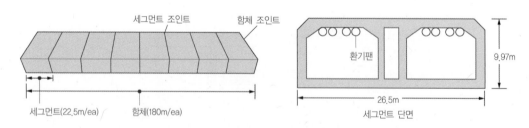

그림 9.46 세그먼트(22.5m)와 함체(180m)의 예(거제 연육로 침매 터널)

함체는 약 5~10개의 세그먼트로 구성되며, 각 세그먼트는 **세그먼트 조인트(segment joint)**라고 하는 시공 이음으로 연결되어 있다. 세그먼트 조인트는 그림 9.47과 같이 세그먼트의 양 끝단 시공이음부에 콘크리트 타설 시 설치되며, 주입성 지수재(injectable waterstop)와 Omega Seal로 수밀성을 유지한다. 각 세그먼트는 철근으로 연결되지 않으므로 어느 정도 변형이 일어나나 지수재가 허용할 수 있는 거동은 매우 제한적이다.

지진 시 과도한 수압 영향을 저감시키기 위해 충격흡수장치(shock absorber)가 설치되고 슬래브와 벽면에 전단키가 설치된다.

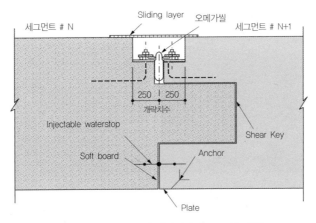

그림 9.47 세그먼트 조인트(바닥슬래브, 시공이음)

함체(약 180m) 간 연결조인트를 **함체 조인트** 또는 **침설 조인트(immersion joint)**라 하며, 기침설된 선행 함체와 연결되는 부분이다. 함체 조인트는 고무재료로 제작되며 Gina Gasket(joint)과 Omega Seal로 구성된 방수 시스템이 함체의 양단 경계를 따라 설치된다. Gina Gasket은 양 단부 사이에 작용하는 압축력을 이용하여 수압에 저항하며, 터널의 시공오차, 부등침하, 크리프에 대해 안정성을 확보하고 기온변화에 따른 온도하중, 크리프, 지진에 대해 저항하는 역할을 한다(그림 9.48). Gina Gasket은 드라이도크 제작 단계에서 함체 단부에 설치된다.

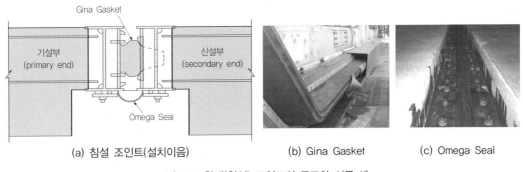

(a) 침설 조인트(설치이음)   (b) Gina Gasket   (c) Omega Seal

그림 9.48 함체(침설) 조인트의 구조와 시공 예

함체의 침설(immersion) 및 접합

침설 위치의 기초 조성작업이 마무리되면, Pontoon을 이용하여 함체를 침설 위치까지 이동시킨다. 앵커로 Pontoon을 고정시키고, 함체를 기설 함체에 근접시켜 Ballast Tank에 물을 채워 해저에 침설시킨다.

그림 9.49 계류와 침설 작업(Pontoon 방식)

함체 침설 후, 견인잭(pulling jack)으로 기설함체와 1차 접합시킨다. 두 함체 연결부의 격벽 사이에 있는 물을 배수하여 연결부를 대기압 상태로 만들면 침설함체의 반대쪽 수압에 의해 연결부의 Gina Gasket이 밀착된다. 접합 완료 후 뒤채움 및 보호공 작업을 순차적으로 진행한다.

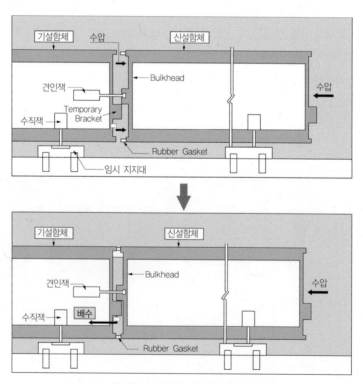

그림 9.50 함체의 수중접합 원리(수압 압접방식)

침매 터널 기초형성 및 바닥 채움

침매함체는 그림 9.51과 같이 Trench 준설면 하부에 설치된다. 함체를 설치하기 위해서는 해저면에 대한 Trench 준설작업이 필요하다. 준설작업 시 TSHD(Trailing Suction Hopper Dredger) 등을 이용한다. 종래는 기초저면에 모래를 포설하였으나, **자갈을 포설하여 골재층 기초를 형성**하는 공법도 최근에 개발되었다.

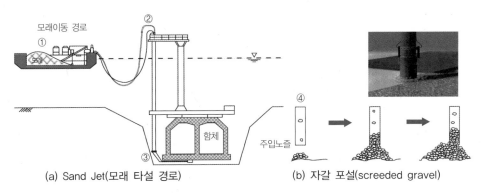

(a) Sand Jet(모래 타설 경로)   (b) 자갈 포설(screeded gravel)

그림 9.51 침매 터널 바닥채움

Box 9.3 부유식 터널(submerged floating tunnel)

부유식 터널은 해중터널이라고도 하며, 침매 터널의 대안 유형으로 검토되고 있다. 해류의 영향이 크지 않는 깊은 해안이나 호수 횡단 등의 환경에서 교량이나 해저터널 건설의 대안으로 검토되기도 한다. 부력을 받는 터널구조물의 지지개념과 구상도를 아래 예시하였다.

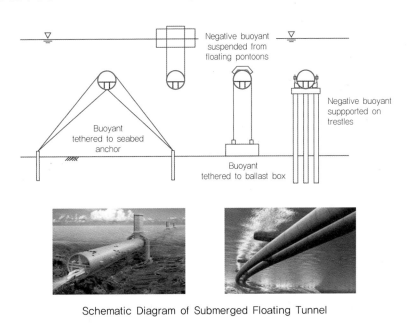

Schematic Diagram of Submerged Floating Tunnel

CHAPTER 10

터널의 운영과 유지관리
Operation and Maintenance of Tunnels

터널의 운영과 유지관리
Operation and Maintenance of Tunnels

터널연장이 늘어나면서 유지관리와 관련한 사업비가 기하급수적으로 증가하여 왔고, 관련 고용 수요도 크게 늘었다. 국가성장기의 기술역량이 새로운 터널의 건설에 집중되었다면, 이제는 운영 중 터널의 건전성 유지에 관심을 가져야 할 때가 되었다.

운영 중 터널의 유지관리는 콘크리트 라이닝 등 노출 구조물이 주 대상일 수밖에 없으며, 따라서 균열관리에 집중되는 경향이 있다. 터널 유지관리와 관련하여 이 장에서 다룰 주요 내용은 다음과 같다.

- 터널의 유지관리 체계
- 터널변상의 원인과 특성
- 터널의 변상대책과 안정성 평가 : 역학적, 수리적 변상과 대책
- 운영 중 터널의 근접영향 관리

10.1 터널의 운영과 유지관리 체계

10.1.1 터널 유지관리의 필요성과 의의

터널의 설계수명과 유지관리

대부분의 터널은 국가의 주요 인프라인 도로와 철도를 구성하는 구조물로서 터널 본체 구조물의 **설계수명을 100~150년**으로 계획된다(BTS 100년, AASHTO 150년). 반면, 터널 부속시설의 내구성은 그림 10.1에 보인 바와 같이 터널 본체 구조물의 수명에 훨씬 못 미치며, 교체 주기가 빠르고 관리수요도 훨씬 더 크다.

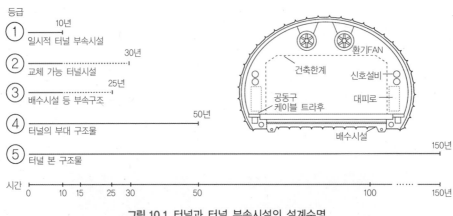

그림 10.1 터널과 터널 부속시설의 설계수명

터널의 구조적 변상을 방치하면 기능 저하가 일어나고 공용성(public use)이 상실될 수 있다. 따라서 변상이 발생하기 전에 미리 보수·보강함으로써 터널을 건전한 상태로 유지할 수 있고, 내용 년수도 신장시킬 수 있다. 유지관리의 기본개념은 그림 10.2와 같이 **지속적으로 보수·보강하여 건전성을 유지**하는 것이다.

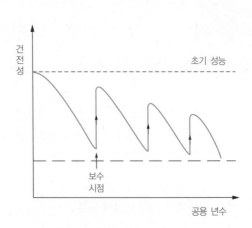

그림 10.2 유지관리와 터널의 건전성 변화

Box 10.1 　우리나라 지하 인프라의 유지관리 체계

우리나라 지하 인프라 현황

직접적인 산업 활동은 아니나 산업 활동을 가능하게 하는 기능이나 서비스를 사회간접자본(social overhead capital)이라 하며, 도로, 철도, 공급 및 처리시설들의 역할이 이에 해당한다. 사회간접자본 시설을 통상 '기반시설(infrastructure)' 또는 '인프라'라 칭한다. 인프라 중 터널이 도입되는 시설은 다양하며, 도로 및 철도의 지하구간, 상하수도, 전력 및 전기통신 시설, 가스 및 난방공급 시설, 공동구 등이 지하공법으로 건설될 수 있다.

「지하안전관리에 관한 특별법」에 근거한 조사, 통계에 따르면 우리나라에는 2018년 기준 15종류(용도기준)의 지하시설물이 약 5,900개소가 운영 중인 것으로 조사되었고, 터널 총 연장은 2,000km를 상회하는 것으로 나타났다. 철도의 17%, 도로의 3%, 상하수도의 19%, 그리고 공동구의 26%가 터널 등 지하구조로 건설되어 있으며, 이는 법에서 규정하는 1, 2종 시설물의 약 6%에 해당한다. 최근 들어 지상 시설물의 지하화 및 터널 건설 추세가 가속화되어 그 구성비도 가파르게 증가하고 있다.

시설물 유지관리의 법적 체계

운영 중 시설물에 대한 안전관리가 이슈화된 계기는 1994년 성수대교 붕괴사고이며, 이어 1995년 삼풍백화점 붕괴 등 대형사고로 안전에 대한 시민적 관심이 고조되었다. 1995년 「시설물의 안전 및 유지관리에 관한 특별법」이 제정되었고, 이에 의해 주요 인프라(1, 2종 시설)에 대한 주기적인 안전진단과 보수보강의 의무화로 체계적인 유지관리제도가 도입되었다. 2014년 지하철 9호선 터널 건설 현장인 석촌동에서 대규모 공동이 발생한 이후 지하 안전관리를 위해 지하 굴착에 따른 지하안전영향 평가제도가 도입되었다. 최근에는 성능관리에 기초한 「지속가능한 기반시설 관리 기본법」과 내진 안정성을 포함한 「건축물관리법」이 제정되면서 시설물 유지관리에 대한 절차와 의무사항이 크게 강화되었다.

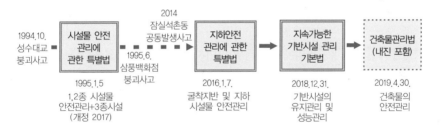

유지관리 개념의 진화

최근 제정되어 2020년 1월부터 시행된 「지속가능한 기반시설 관리 기본법」은 종래의 피동적 안전 확보 개념을 예방적 성능관리 개념으로 전환하는 의미를 갖는다. 「시설물안전관리법」이 주요 인프라(1,2종 시설)에 대한 안정성 평가와 보수보강대책을 마련한 것이라면, 기반시설관리법은 계획단계에서부터 안전, 내구, 사용성능에 대한 목표를 설정하여 생애(life time)주기적 시설물 유지관리를 목적으로 하고 있다.

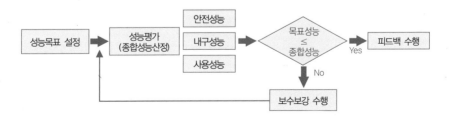

완공 이후의 터널은 시간 경과에 따른 재료열화와 외부영향에 의해 구조적 위협을 받게 된다. 따라서 터널 건전성의 지속이 유지관리의 관건이다. 터널의 유지관리는 터널 구조물뿐만 아니라, 터널 내 부대시설의 안전한 운영도 포함한다. 터널의 궁극적 건설 목적이 인프라 서비스를 제공하여 국가 경쟁력과 시민의 생활편의를 향상시키는 것이므로 터널의 유지관리는 이용자의 목소리를 듣고, **운영 중 발견된 문제점이나 개선점을 터널의 계획과 설계로 피드백(feedback)하는** 기회로도 활용해야 한다.

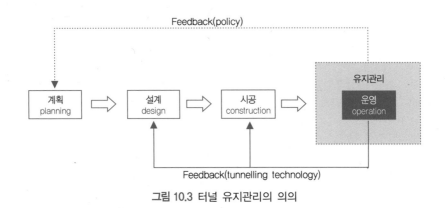

그림 10.3 터널 유지관리의 의의

10.1.2 터널의 유지관리 체계 tunnel maintenance system

터널의 유지관리 절차

터널은 건설 후 100년 이상 사용이 가능한 구조물로서 운영 중 재료 열화, 그리고 설계 시 설정했던 외부조건의 변화 등으로 구조성능의 저하가 일어날 수 있다. 우리나라는 시설물의 체계적이고, 효과적인 유지관리를 위하여 「시설물의 안전 및 유지관리에 관한 특별법(이하 '시특법')」을 두고 있다. 교통 인프라의 일부를 구성하는 대부분의 터널도 그 관리대상이다. 시특법에서 정하는 터널의 안전점검 및 진단(safety evaluation)의 내용과 체계는 그림 10.4와 같다. 터널 안전점검(safety inspection)은 터널에 대한 정기 건강검진이라 할 수 있다.

NB : 터널은 「시특법」 제2조(정의) 및 「시행령」 제2조(시설물의 범위)에서 규정에 따라 1~2종 시설물에 해당한다. 터널 관련 1종 시설은 도로터널의 경우, 1km 이상의 터널과 3차선 이상의 터널로 규정하며, 철도터널은 1km 이상의 터널로 규정하고 있다. 2종 시설은 도로터널의 경우 고속국도, 일반국도 및 특별시도, 광역시도의 터널로서 1종에 해당되지 않는 터널로 규정하며, 철도터널의 경우, 특별시 또는 광역시 안에 있는 터널로서 1종에 해당되지 않는 터널로 규정하고 있다.

터널의 안전점검

터널 안전점검은 점검 시기 및 기간에 따라 수시점검, 긴급점검 및 정기점검으로 구분한다. **수시점검**은 유지관리자 또는 관리 주체의 일상적인 유지관리 업무이며, **긴급점검**은 자연재해가 발생 후 또는 관리 주체가 필요하다고 판단하는 경우에 실시하는 부정기 점검이다. **정기점검**은 터널변상을 조기에 발견하기 위한 정기적 육안점검으로서 반기별 1회 이상 실시하여, 변상 판정기준에 따른 상태등급을 파악한다. 그림 10.4는 시특법에서 정한 구조물 안전점검 및 안전진단에 대한 업무 흐름을 정리한 것이다.

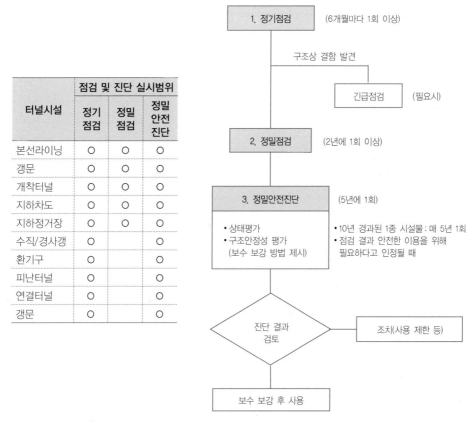

터널시설	점검 및 진단 실시범위		
	정기점검	정밀점검	정밀안전진단
본선라이닝	○	○	○
갱문	○	○	○
개착터널	○	○	○
지하차도	○	○	○
지하정거장	○	○	○
수직/경사갱	○		○
환기구	○		
피난터널	○		○
연결터널	○		○
갱문	○		○

그림 10.4 터널 시설물의 점검 및 진단범위와 시설물 유지관리 체계(시특법)

주요 교통 인프라의 대부분 터널 구조물은 시특법 시행령에서 정한 1종 시설물로서(1km 이상, 3차로 이상의 터널), 터널 관리 주체는 2년에 1회 이상 **정밀점검**(초기점검 포함)을 실시하여야 한다. 특히, 초기점검은 준공 후 6월 이내에 시행하는 정기점검으로서 신설구조물의 경우 육안 및 장비를 이용하여 점검한다. 변상부위 및 변상종류, 변상의 정도 등 조사 세부내용을 시설물 관리대장에 기록하여 관리하여야 한다.

터널의 안전진단(안정성 평가) safety assessment

점검이 드러난 문제점을 발견하는 것이라면, 진단은 터널의 안정성을 적극적으로 평가하는 작업이다. 국가의 교통 인프라를 구성하는 1종 터널 시설의 정밀안전진단은 준공 10년 경과 매 5년마다 또는 안전점검을 시행한 결과, '**이상**(abnormalities)'이 발견된 경우에 실시한다. 터널의 안정성 평가는 터널의 **상태평가**와 **라이닝 구조 안정성 평가**로 이루어지며, **구조재인 터널 라이닝의 안정성을 확인하는 것이 주요 내용**이다. 그림 10.5에 터널의 안정성 평가 절차를 예시하였다.

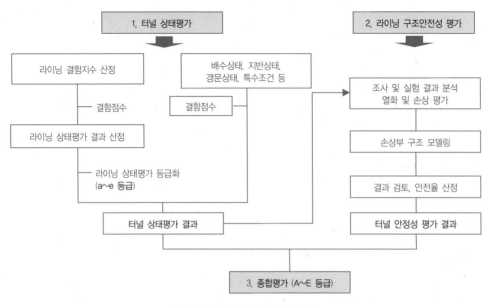

그림 10.5 터널 안정성 평가 절차

터널의 상태평가. 터널 상태조사는 그림 10.6과 같이 기존의 시공자료 조사, 주변환경 조사 그리고 터널 내부 조사를 포함한다. **라이닝의 결함, 배수상태, 지반상태를 종합한 터널상태를 a~e 등급으로 평가**하며, 구조 안정성 평가의 기초자료로 활용한다.

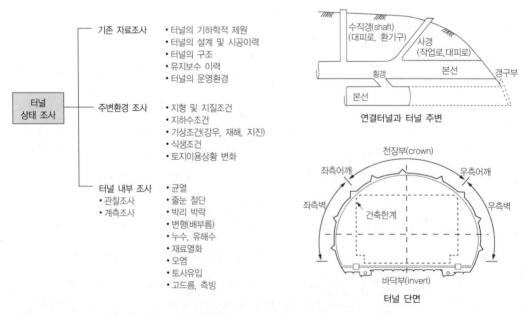

그림 10.6 터널 상태 조사의 범위와 내용

터널 라이닝 구조 안정성 평가: 상태 조사로부터 확인된 결함이 구조물 안정성에 영향을 미칠 수 있다고 판단되면, 구조 안정해석 등을 통해 터널의 안정성을 검토(10.3.4절)하고, 필요시 보수·보강대책을 시행하여야 한다. 그림 10.7은 터널 라이닝의 안정성 평가 절차와 체계를 예시한 것이다.

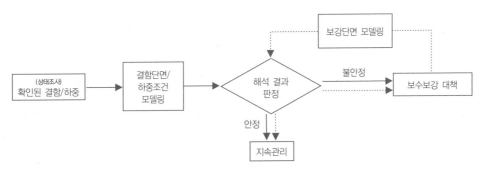

그림 10.7 터널 라이닝 구조 안정성 평가 체계

상태조사와 안정성평가 결과를 종합하여 터널의 안전등급을 도출하고, 이를 정밀안전진단의 결과로 제시한다. 터널평가 등급은 A~E로 분류하며, B등급 이하이면 정도에 따라 보수 여부를 검토하여야 하고, 등급이 E인 경우는 즉각 사용을 금지한 후, 보강 또는 개축하여야 한다.

터널 공사의 하자와 유지관리

'하자(瑕疵, defects)'란 법률 또는 당사자가 예상하는 '정상적인 요구조건을 충족하지 못하는 흠이나 결함'을 말한다. 건설공사가 만족해야 할 '충족요건'은 품질, 규격, 성능, 기능, 안전성, 사용성, 미관, 편리함 등이다. 계약상 하자는 준공 후 터널의 운영 중 발견되는 시공 미흡사항으로서 터널에서 나타나는 주요 하자는 균열, 백태 및 누수, 박락, 배면 공동(cavity), 라이닝 두께 부족, 처짐, 규격 불일치, 타일 균열 및 탈락, 배수구멍 막힘, 누수, 파손, 줄눈부 손상 등이다. 고가의 물건을 사는 경우 보증기간이 있듯 완성된 구조물에 대하여도 시공결함에 대하여 시공자가 발주자에게 보상을 보증해주는 '하자보증' 제도가 있다.

하자의 조건은 공사계약에 따라 정해지며, 하자보증기간 중에 하자로 인정된 보수보강비용은 시공자가 부담한다. 원활한 하자처리를 위해 공사계약에 구조물별로 하자담보 책임기간을 설정하고, 시공자가 불이행 시 대집행을 위한 하자보증금의 확보를 규정하고 있다(「건설산업기본법」 및 「국가계약법」 : 터널 등 주요 구조물은 계약금액의 100분의5). 따라서 시공자는 준공 후 일정 기간(하자담보책임기간) 동안 발생하는 목적물의 흠결에 대해 운영자의 요구에 따라 담보된 하자보증금으로 이를 보수하여야 한다(하자보증보험을 이용할 수도 있다). 터널의 철근 콘크리트 및 철골구조물에 대한 하자보증 기간은 10년, 그 외 공종은 5년, 터널 내 전문공사(의장, 도장, 포장 등)는 1~3년이다. 하자보증금 비율은 구조물의 용도나 중요도에 따라 계약조건으로 달리 설정할 수 있다.

Box 10.2　운영 중 터널의 붕괴 사례

일본 사사고 터널 붕괴사고

2016년 8월, 영화 〈터널〉이 누적관객 수 1,000만 명을 돌파하며 박스오피스 1위를 기록했다. 갑자기 무너진 터널에 갇힌 주인공의 사투와 구출과정을 다룬 영화로서, 부실공사와 전시적 행정, 그리고 정치적·지역적 이기심과 관련한 의미 있는 메시지가 붕괴된 터널현장을 통해 전달되었다. 영화 흥행과 함께, 운영 중 터널이 과연 안전한가에 대한 우려가 제기되어 많은 시민이 터널을 지날 때 불안감을 느꼈다는 보도도 잇달았다.

"건물은 재료를 더해 건설하지만 터널은 덜어(파)냄으로써 건설된다. 이런 차이로 인해 태풍·지진과 같은 최악의 상황에 취약한 지상 구조물과 달리 터널은 굴착 중, 지지부재를 설치하기 직전의 상태가 가장 위험하다. 터널(NATM)의 형성원리는 지반이 원래 가지고 있는 지지능력을 최대한 이용하는 것이다. 이를 효과적으로 유지시키기 위해 굴착 후 암반에 볼트를 박고, 굴착면에 숏크리트를 뿌려 굳히며, 콘크리트 아치(arch) 벽체로 마감한다. 그때서야 터널은 취약한 고비를 넘기고 안정한 평형상태에 도달한다. 따라서 완성된 터널은 일부 미흡시공이 있더라도 운영 중 대규모 붕괴로 이어질 수 있는 가능성은 희박하다. 오래된 동굴, 화산재 더미 속에서 온전하게 발견된 폼페이의 터널형 아치구조가 입증하듯, 터널은 가장 안전한 구조 형상 중 하나이다.

(조선일보 발언대, 2016, 신종호)

영화 〈터널〉 포스터

운영 중 터널붕괴 사고로는 일본 중앙고속도로의 사사고 터널붕괴 사례를 살펴볼 만하다. 2012년 12월 2일 아침 8시, 터널의 출입구에서 약 1.7km 떨어진 위치에서 100m 구간의 Precast Concrete Slab(풍도슬래브)가 떨어지면서 3대의 통행 차량을 덮쳤고 그중 1대에서 불이 나, 9명의 생명을 앗아가고 2명 이상의 부상자가 발생하였다.

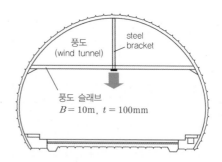

운영 중 터널의 붕괴 사례(일본 사사고 터널)

사사고 터널은 1977년에 건설된 단선병렬터널로서 높이 7m, 폭 6m, 총연장 4.7km이며 도쿄에서 80Km 서쪽에 위치한다. 붕괴 구조물은 터널의 본구조물이 아니라 공기 덕트(air duct, 풍도)용 슬래브로 터널바닥으로부터 5.5m 높이에 설치된 폭 5m, 두께 100mm의 콘크리트 판이었다. 슬래브의 양측은 터널 측벽에서 받침으로 지지되고 중앙은 Steel Bracket으로 매단 구조였다. 전문가들은 이 Steel Bracket의 부식이 사고 원인임을 밝혀냈다. 사사고 터널은 붕괴사고 불과 2개월 전에 안전진단을 받은 바 있어 터널 유지관리체계에도 문제점을 던졌다.

Box 10.3 유지관리 용어 정의

유지관리와 관련한 원활한 기술적 의사소통을 위하여 관련 용어에 대한 정확한 이해가 필요하다

- **건축한계**(architectural limit) : 터널 이용목적을 원활하게 유지하기 위한 한계이며 열차 또는 차량을 위한 건축 한계 내에는 시설물을 설치할 수 없는 경계를 말한다.

- **결함**(缺陷, defect) : 시설물이 자체적인 열화 또는 외부의 작용에 의해 불완전하게 된 상태를 말한다.

- **내용년수**(耐用年數, design life time) : 시설물이 신설된 후 각 부분에 있어서 위치, 형상, 구조 등이 정상이 아니어서 제 기능을 발휘하기 곤란하게 되는 상태까지의 기간을 말한다.

- **박락**(spalling) : 콘크리트가 균열을 따라서 원형 형태로 떨어져나가는 층분리 현상의 진전된 형상을 말한다. 깊이 2.5cm 이상 직경 15cm 이상이면 대형 박락이라 한다.

- **박리**(scaling) : 콘크리트 표면의 몰탈이 점진적으로 손실되는 현상으로 끝마무리 및 양생이 부적절한 경우 주로 발생한다. 2.5cm 이상의 조골재가 손실되는 경우 극심한 박리라 한다.

- **변상**(變狀) : 사용목적에 따른 기능이 저하되어 있는 상태 또는 방치하면 기능 저하의 가능성이 있는 상태를 말한다.

- **보강**(補强, reinforcement) : 손상된 구조물 보수와 관련하여 원래 기능 이상으로 기능향상을 꾀하거나, 적극적으로 기존 구조물의 기능 향상을 목적으로 행하는 작업을 말한다.

- **보수**(補修, repair) : 일상적인 조치로는 감당치 못할 정도로 크게 변상된 시설물을 수리를 통해 시설물의 기능 또는 내구성을 설계 목적대로 회복시키기 위한 작업을 말한다.

- **복구**(復舊, recovery) : 재해 등의 요인으로 변형되어 본래의 기능을 상실한 시설물을 원형으로 재시공하여 본래의 기능이 발휘될 수 있도록 보수하는 작업을 말한다.

- **안전점검**(安全點檢, safety review) : '경험과 기술'을 갖춘 자가 '육안 또는 점검도구 등'을 이용하여 시설물의 위험요인을 조사하는 행위를 말한다.

- **유지관리**(維持管理, maintenance) : 시설물과 부대시설의 기능을 보존하고 이용자의 안전을 도모하기 위하여 일상적 또는 정기적으로 시설물의 상태를 조사하고 변상부에 대한 조치를 취하는 일련의 행위를 말한다.

- **정밀안전진단**(精密安全診斷, safety assessment) : 시설물의 물리적·기능적 결함을 발견하고 그에 대한 신속하고 적절한 조치를 취하기 위해 구조적 안전성 및 결함의 원인 등을 조사·측정·평가하여 보수·보강 등의 방법을 제시하는 행위를 말한다.

- **콜드 조인트**(cold joint) : 콘크리트 타설 시 운반 및 타설이 지연되어 먼저 타설된 콘크리트가 경화를 시작한 후에 새로 타설된 콘크리트가 일체가 되지 않아 형성된 불연속 분리면을 말한다.

- **터널 1종 시설** : 도로터널의 경우 1km 이상의 터널, 3차선 이상의 터널, 철도터널의 경우 1km 이상의 터널이다.

- **터널 2종 시설** : 도로터널의 경우 고속국도, 일반국도 및 특별시도, 광역시도의 터널로서 1종에 해당되지 않는 터널이다. 철도터널의 경우, 특별시 또는 광역시 안에 있는 터널로서 1종에 해당되지 않는 터널이다.

- **터널의 중대한 결함**(「시설물의 안전 및 유지관리에 관한 특별법 시행규칙」) : 벽체균열 심화 및 탈락, 복공부위의 심한 누수 및 변형을 말한다.

- **층분리**(delamination) : 철근의 부식에 따른 팽창작용으로 철근의 상부 또는 하부에서 콘크리트가 층상으로 분리되는 현상을 말한다.

10.2 터널의 변상 원인과 특성

완공 후 터널관리는 접근이 가능한 라이닝에 집중될 수밖에 없다. 따라서 유지관리 단계에서 터널의 열화와 변상조사는 **콘크리트 라이닝**이 주 대상이 된다. 하지만 만일, 복공 라이닝이 비구조재로 설계된 경우라면, 배면의 굴착지보가 터널 안정을 담당하므로 이에 대한 열화와 변상도 검토되어야 한다.

10.2.1 터널변상의 원인

터널변상의 요인과 특성

운영 중 확인 가능한 터널의 변상은 대부분 터널 라이닝에 한정되며, 그림 10.8에 보인 바와 같이 시공 부적정, 시간경과에 따른 **재료열화** 등의 **내적 영향**, 그리고 터널 주변 지반의 활동 등의 **외부영향**에 기인한다.

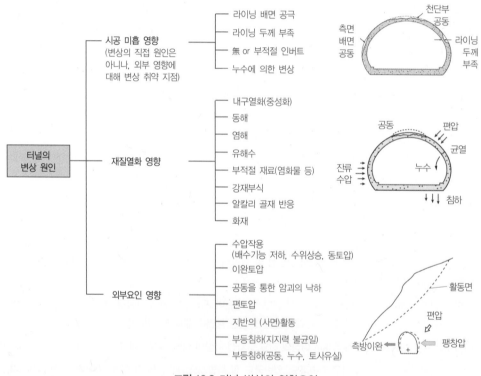

그림 10.8 터널 변상의 영향요인

대부분의 열화는 초기에 경미하게 시작되나, 시간 경과와 함께 심화되고, 열화요인들이 상호 복합적으로 영향을 미쳐, 진행속도가 가속화된다. 터널변상은 시공상 미흡 등 내적 취약개소가 외부영향을 받을 때 촉진된다. 그림 10.9는 변상의 심화과정을 예시한 것이다.

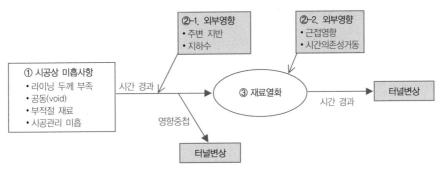

그림 10.9 변상의 심화과정

내재적 결함(시공미흡(부적정) 요인)에 따른 변상

배면 공동(cavity). 라이닝 배면 공동은 주로 천단부에서 라이닝 콘크리트 타설 불량으로 인해 발생한다. 또한 토사유출, 방해석 용해 등 준공 후 라이닝 균열을 통한 지하수와 토사유출에 의해서도 발생할 수 있다. 라이닝 배면과 지반 사이의 공동은 지반이완을 야기할 수 있고, 이완압은 라이닝에 구조적 부담을 초래할 수 있다. 토피고가 작은 경우 배면 공동은 지표침하의 원인이 될 수도 있다.

라이닝 두께 부족. 라이닝 콘크리트를 타설할 때 강재 거푸집(slip form) 내에 콘크리트가 충분히 충진되지 않는 경우, 라이닝 두께가 설계값보다 작아져, 두께 부족이 발생한다. 또한 미굴(under break)로 콘크리트 타설 두께가 얇아지거나, 지반이 터널 내부로 밀려들어와 라이닝 타설 두께가 잠식되는 경우도 있다. 라이닝 두께 부족 위치에서 외부 압력증가 등의 영향이 중첩될 경우 터널변상을 촉진시킬 수 있으며, 이러한 위치에서 누수가 발생하거나, 재료 열화도 빨리 진행된다.

콘크리트 시공결함. 시공관리 미흡으로 야기될 수 있는 가장 일반적인 라이닝 변상은 '**균열(cracks)**'이다. 불균질한 콘크리트 타설은 재료 분리, 양생 불충분 및 콜드 조인트(콘크리트 타설경계면) 등에 따른 균열이 형성될 수 있으며, 균열이 일어나면 재료 열화가 쉽게 촉진된다. 그림 10.10은 균열 변상을 수반하는 대표적 시공 미흡요인인 콜드 조인트와 재료분리를 예시한 것이다.

그림 10.10 콘크리트 라이닝 균열 변상요인 예

NB : 복공이 없는 경우, 굴착 지보재에 대한 육안관찰 등 안정평가를 위한 조사가 용이하다. 하지만, 비구조재 무근 라이닝이 설치된 관용터널의 이중구조 라이닝의 경우 라이닝 배면의 굴착 지보재의 조사가 용이하지 않다. 비파괴 탐사 등을 활용할 수 있지만 많은 제약이 따르며, 정확도도 떨어진다.

콘크리트 재료열화에 의한 라이닝 변상

염해(salt damages). 염해는 대기 중의 염분입자 또는 염분이 남아 있는 해사 사용, 염화칼슘계 혼화제의 부적절한 사용에서 비롯된다. 염소이온(Cl^-)과 나트륨이온(Na^+)이 시멘트 수화물과 작용하여 열화물질을 발생시키거나, 강재를 부식시키고, **알칼리 골재 반응**을 일으켜 콘크리트의 내구성을 저하시킨다.

해수 중의 염소이온은 시멘트 수화물에 있는 수산화칼슘과 반응하여 염화칼슘($CaCl_2$)과 칼슘-클로로알루미네이트를 생성한다. 이는 콘크리트를 다공성화 또는 팽창시키는데, 이로 인해 표면의 박락, 균열 등이 야기된다. 또한 해수 중의 Cl^-과 SO_4^{2-}은 강재표면에 붙어 있는 **부동태 피막을 파괴하여 철근에 부식층을 형성**할 수 있다. 부식층의 체적은 철의 경우 보통 2.5배에 달할 수 있어 콘크리트 덮개(피복두께)에 균열 또는 들뜸을 야기할 수 있다.

알칼리 골재반응. 골재에 함유된 반응성의 실리카 광물과 시멘트의 수산화알칼리가 물과 반응하여 알칼리-실리카겔(알칼리-실리카 반응)이 생성되는데, 겔이 물을 흡수할 때 팽창이 일어나 콘크리트에 균열, 박리 등을 야기할 수 있다.

중성화(neutralization). 콘크리트에 지하수가 침투하면 수산화칼슘이 용해되고, 공극 내 탄산가스와 반응하는 중성화 작용이 일어난다. 중성화는 라이닝 내 철근 부식을 야기하고, 체적팽창을 초래한다. 경과년수가 t일 때, 중성화 깊이 D_n은 다음 식으로 평가할 수 있다.

$$D_n = \sqrt{t/k} \tag{10.1}$$

여기서 $k = 0.3\{1.15 + 3w\}/\{(w-0.25)^2\}$이며, w는 콘크리트의 물시멘트비이다.

유해수의 영향. 탄산가스 용해 수, 식물의 불완전 분해로 생성된 부식 산을 함유한 지하수, 온천수 및 광천수와 같이 낮은 pH의 용출 지하수(산성수)는 복공 라이닝의 열화를 야기할 수 있다. pH가 6 이하이면 콘크리트 표면에 영향을 미칠 수 있고, 4 이하이면 시멘트를 용해시킬 수 있다.

연해(smoke damages). 차량의 배기가스에는 질소산화물(NOx)과 아황산가스(SO_2)가 포함되어 있다. 이들이 터널 유입수에 용해되면 강한 산성수가 되어 콘크리트나 줄눈 몰탈을 열화시킬 수 있다.

외부영향에 의한 터널 라이닝 변상

터널에 작용하는 외부영향은 주변 지반과 지하수의 이동이 주가 되는 자연적 원인, 인접공사 또는 지하수 경계조건 변경 등의 인위적 원인이 있다. 인위적 영향은 통상, 터널 운영기관과 인접 사업자 간 협의를 통해 사전 검토하여 손상을 제어할 수 있다. 터널에 대한 외부 건설영향은 10.5절 근접영향관리에서 다룬다.

| Box 10.4 | 콘크리트 라이닝 열화조사 |

콘크리트 강도 조사

콘크리트 강도는 일축압축강도시험(한 장소에서 3개 이상 코어($d=50$mm, $l=100$mm 기준)를 채취), 슈미트 해머를 이용한 표면 반발경도시험(콘크리트 표면의 반발경도로 콘크리트의 압축강도를 추정), 초음파속도법 등을 이용하여 조사할 수 있다. 초음파속도법은 재료 내 초음파속도가 콘크리트 밀도 및 탄성계수와 관련되는 특성을 이용하며, 콘크리트 탄성계수도 구할 수 있다($G=\rho V_s^2$, 구속탄성계수 $M=\rho V_p^2$).

T_X : Source, R_X : Response

초음파시험

중성화 조사

경화 콘크리트는 시간 경과와 함께 표면에서부터 서서히 탄산화하며, 이에 따라 pH 값이 12~13에서 8~10 이하로 감소하는데, 이를 중성화라고 한다. 중성화 반응식은 다음과 같다.

$$CaO + H_2O \rightarrow Ca(OH)_2; \quad Ca(OH)_2 + CO_2 \rightarrow CaCO_3 + H_2O$$

탄산화가 바로 콘크리트 성능의 저하를 의미하는 것은 아니다. 탄산화가 진전되어 피복 두께를 초과하여 철근에 도달하면, 철근 표면에 부식을 야기하게 된다. 탄산화 정도는 콘크리트 구조에 구멍을 뚫고, 1% 페놀프탈레인 용액을 분무했을 때 변색 여부로 판단한다. 중성화된 부분은 보라색(적자색)으로 착색이 되지 않는다.

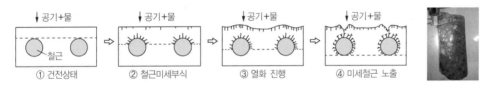

탄산화에 의한 철근부식 과정(보라색은 중성화되지 않음을 의미)

철근 부식도(염화물 조사)

콘크리트에 침투한 염화물은 철근에 산소접촉을 차단하는 부동태막을 파손하여 철근 표면의 부식을 야기한다. 부식 방지를 위해 굳지 않은 콘크리트의 경우, 염화물을 0.30kg/m^3 이하로 제한하고 있다. 염화물 시험은 현장에서 채취한 콘크리트 분말 약 40g을 물 200mL에 넣어 30분간 교반하고 5분간 존치 후, 상부에서 160mL를 채취하여 염화물 농도를 측정하는 것이다. 이 밖에도 분말 X-선 회절분석, 열분석 등을 통해 수산화칼슘 그리고 탄산칼슘의 양도 조사할 수 있다.

염화물 시험 : 코어드릴링 및 분말채취   염분측정기

외부영향에 의한 터널의 변상 형태는 지형 경사에 따른 편압 및 지반활동에 의한 균열, 지반 이완압에 의한 하중 증가로 인한 균열, 터널의 종방향 또는 횡방향 침하로 인한 균열, 갱구부 침하 또는 지반이동에 따른 변상 및 균열, 지하수위 변화에 따른 누수 및 바닥부 융기변상, 그리고 석회암 지반의 공동 영향에 의한 융기변상 등을 들 수 있다. 그림 10.11에 이를 예시하였다.

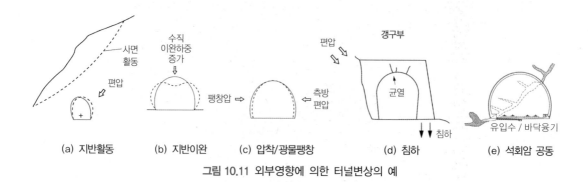

그림 10.11 외부영향에 의한 터널변상의 예

10.2.2 터널의 구조적 변상의 유형과 특성

터널 라이닝의 변상 유형

터널의 구조적 변상의 유형은 발생 원인과 손상 형태에 따라 크게 **균열, 박리, 박락, 변형, 침하, 단차, 배부름, 들뜸, 박리** 등으로 구분할 수 있다. 터널의 각 부위에서 주로 발견되는 구조적 변상의 형태를 그림 10.12에 예시하였다(수리적 변상은 10.5절에서 다룸).

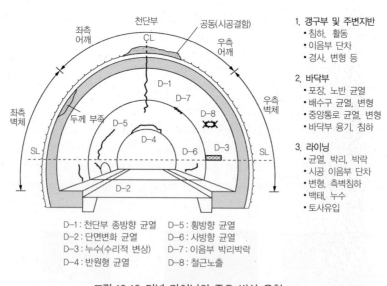

그림 10.12 터널 라이닝의 주요 변상 유형

Box 10.5　　**콘크리트 라이닝 균열조사**

균열폭. 콘크리트 균열폭은 아래와 같이 균열 게이지(crack gauge)를 이용한다. 균열 측정기를 설치하면 장기간 균열폭 변화를 측정할 수 있다.

균열 게이지를 이용한 균열폭의 측정　　　　　균열깊이 측정

균열깊이. 초음파시험을 이용하여 초음파의 통행경로와 도달시간으로부터 균열깊이를 추정할 수 있다. 균열이 없는 건전부의 초음파 도달시간을 T_o, 균열부 초음파 전달속도를 T_c라 하면, 균열깊이 h는, $h = (L/2)\sqrt{(T_c/T_o)^2 - 1}$

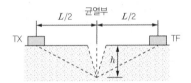

L : 발진 – 수진기 간 이격거리
TX : 송신단자
TF : 수신단자

균열깊이 측정(초음파속도법)

균열의 진행성. 균열은 발견 그 자체보다 진행성 여부가 중요하다. 아래에 균열의 진행 여부를 파악하기 위한 간단한 방법을 예시하였다. 균열의 진행성 여부는 구조적 손상 예방에 중요하다. 균열선단의 진행성 여부, 폭 및 깊이, 단차(어긋남)의 시계열적 조사가 필요하다.

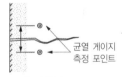

관찰일자 기입법　　　　　　몰탈 관찰법　　　　　　　균열 게이지 설치

　균열의 진행성 여부 조사에 Mortar Pat을 이용할 수 있다. 시멘트 : 모래=1 : 1(중량비)의 비율로 반죽한 Mortar Pat를 브러쉬로 청소한 균열부에 도포한 후 시간 경과에 따른 변화를 관찰함으로써(σ_{pt} : Pat의 인장강도, σ_{pc} : Pat의 압축강도, τ_p : Pat와 라이닝 부착강도) 진행 여부를 판정할 수 있다.

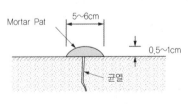

Mortar Pat을 이용한
균열의 진행성 판별법

라이닝 균열	Pat 상태	
인장 균열이 진행	Pat에 인장균열 발생($\sigma_{pt} < \tau_p$)	
	편측이 박리($\sigma_{pt} > \tau_p$)	
압좌, 어긋남 진행	압좌, 어긋남 균열 발생($\sigma_{pc} < \tau_p$)	
	편측이 박리($\sigma_{pc} > \tau_p$)	

스케일링과 팝 아웃 scaling and pop-out

시간 경과와 함께 콘크리트 라이닝은 열화하기 마련이다. 재료 열화로 야기되는 대표적 변상은 표면열화 현상인 **스케일링**(scaling)과 체적팽창으로 콘크리트 표면부가 튀듯 떨어져 나가는 **팝 아웃**(pop-out)을 들 수 있다. 스케일링은 주로 겨울철 0℃ 이하에서 시멘트 내의 공극수가 동결 팽창하여 시멘트가 서서히 떨어져 나가거나, 산 또는 염류의 화학작용으로 시멘트의 부착 강도가 상실되면서 발생한다(그림 10.13).

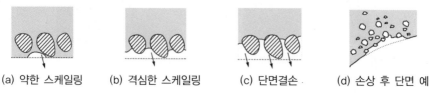

(a) 약한 스케일링   (b) 격심한 스케일링   (c) 단면결손   (d) 손상 후 단면 예

그림 10.13 스케일링(scaling : 주로 한랭지에서 발생하는 시멘트 풀(cement paste) 열화)

콘크리트 조각이 떨어져 나가는, 팝 아웃 역시 겨울철 동해로 인해 발생할 수 있으며, 저품질 골재와 유해 광물의 함유, 알칼리 골재 반응 등에 의해서도 야기될 수 있다(그림 10.14).

그림 10.14 한랭지 누수, 동결영향에 따른 팝 아웃 현상(pop-out)

박리·박락 spalling and sliced fall

철근이 부식되고 부피가 팽창하여 콘크리트 표면이 얇게 들뜨는 현상을 **박리**(spalling)라 한다. 박리의 진행으로 철근을 덮고 있는 콘크리트 표층이 떨어져나가는 현상을 **박락**(sliced-fall)이라 한다.

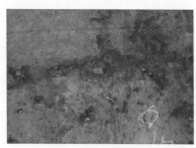
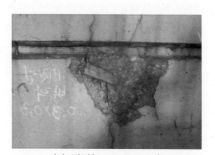

(a) 박리(A=0.3×2.0m)   (b) 박락(A=0.3×0.3m)

그림 10.15 박리와 박락의 예

균열(콘크리트 라이닝)

유지관리 단계에서 가장 관심이 집중되는 변상 형태는 균열로서 이는 가장 흔한 변상 형태이며, 물리적 결함(defect)으로서 중점 유지관리 대상이다. 균열의 원인은 매우 다양하고, 여러 가지 원인이 복합되어 나타나는 경우가 많으므로 원인 분석이 용이하지 않다. 그림 10.16은 터널공법과 라이닝 유형에 따라 흔히 나타나는 균열패턴을 예시한 것이다.

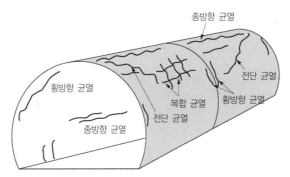

(a) 관용터널 라이닝(현장타설 콘크리트 라이닝)

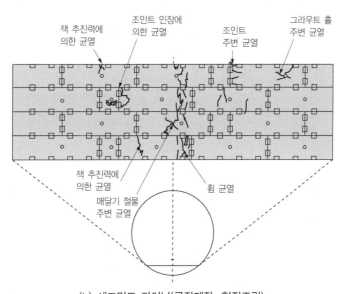

(b) 세그먼트 라이닝(공장제작, 현장조립)

그림 10.16 라이닝 유형에 따른 균열 형태

일반적으로 '**균열**'이라 함은 어떤 원인에 의한 매질의 부분적 분리거동을 말한다. 단차가 있는 균열은 '**어긋남**'이라 하며, 전단응력에 의해 발생한다. 인장응력에 의한 균열은 '**개구(開口, opening)**', 압축응력으로 인한 균열은 '**압좌(押挫, crushing)**' 특성을 보인다. 인장균열의 파괴면은 보통 명확히 정의되나, 압좌의 경우 파괴면이 불명료(불규칙)하고(부스러짐), 조각 이탈이 발생할 수 있다. 압좌는 보통 모멘트 회전방향에 따라 라이닝 단면 내측 또는 외측에서 발생한다. 종방향 균열이 발생하는 위치는 대부분 스프링 라인 상부의 아치 구간(라이닝 천단부)이다. 그림 10.17에 콘크리트 라이닝의 균열 발생 특성을 정리하였다.

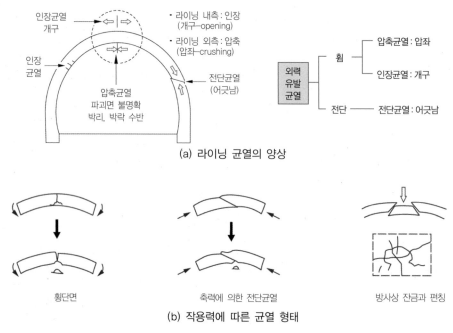

(a) 라이닝 균열의 양상

횡단면   축력에 의한 전단균열   방사상 잔금과 편칭

(b) 작용력에 따른 균열 형태

그림 10.17 외력에 의한 콘크리트 라이닝 균열 특성

균열의 유형. 콘크리트 라이닝의 잔균열은 주로 건조수축, 온도변화, 변위구속 등의 시공 및 외적인 영향에 의하여 발생한다. 균열 폭이 0~3mm 이상이며, 일정한 경향성을 나타내는 경우 하중, 침하 등 역학적 원인에 의한 구조 균열일 가능성이 크다. 균열의 형상과 패턴을 분류하면 그림 10.18과 같다.

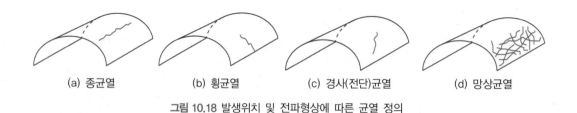

(a) 종균열   (b) 횡균열   (c) 경사(전단)균열   (d) 망상균열

그림 10.18 발생위치 및 전파형상에 따른 균열 정의

구조적으로 유의해야 할 균열의 유형은 최대 모멘트 위치와 일치하는 천장부 종방향 균열, 벽체부 횡방향 및 사방향 균열, 시공 이음부 주변 횡방향 균열이다. 유형에 따른 균열의 주된 발생 요인은 다음과 같다.

① **종방향 균열** : 터널 중심선과 평행하게 터널 천장부와 어깨에 터널 종단 방향으로 발생하는 직선상의 균열로서 시공상의 원인은 콘크리트의 급격한 타설, 온도응력, 거푸집의 조기 탈형, 거푸집 침하 등을 들 수 있으며, 외부영향으로는 하중 증가, 침하 등이 원인일 수 있다.

② **횡방향 균열** : 터널 중심선에 직교하여 횡방향으로 발생하는 균열형태이며, 시공 이음부 전 주변장과 터널어깨, 천장부에 주로 발생(배면 공동영향)한다. 콘크리트 경화 시 수축에 따른 배면지반의 구속영향, 온도응력(스팬 중앙에 규칙적), 그리고 **종방향 부등침하**(라이닝 타설 시의 지지력 부족) 등이 횡방향 구조균열을 야기할 수 있다.

③ **경사균열** : 터널 중심선에 대각선 방향으로 나타나는 균열형태로서 부등침하, 국부침하가 원인이며, 주로 터널 어깨부에서 발생한다.

④ **망상균열**(복합균열, 불규칙균열) : 터널 천단에서 발생한 종방향 균열이 전단균열의 형태로 진전되거나 종방향 균열이 횡방향 균열과 복합적으로 연결되어 그물망처럼 나타나는 균열형태이다. 시멘트 응축이상, 알칼리 골재 반응, 황산염광물의 성장, 양생 중 급격한 건조, 중성화에 의한 철근 부식, 동해(주로 귀갑상(거북등) 균열이 발생), 화재(미세한 망상 균열이나 박리) 등이 원인이다.

그림 10.19 망상균열의 예

원인별 균열패턴

균열패턴은 균열의 원인을 분석하는 데 매우 중요한 정보이다. 하지만 대부분의 균열이 한 가지 요인이 아닌, 다수 요인에 기인하는 경우가 많으므로 분석 시 이를 유의해야 한다.

시공관련 균열(내재균열). 시공미흡(부적정)으로 발생된 (내적)균열은 운영 중 외적 영향에 의한 균열과는 구분되지만, 보통 내적 균열의 발생 위치가 외적 영향의 취약개소가 되므로 외적 영향은 기존 시공균열의 확대 및 심화를 초래하기 쉽다. 시공균열은 주로 콘크리트 급속 타설, 콜드 조인트, 재료 분리, 건조수축, 수화열에 의해 발생한다. 그림 10.20에 시공요인에 따른 대표적 균열양상을 예시하였다.

(a) 급속타설(침강영향)　　(b) 콜드조인트　　(c) 건조수축(온도차)　　(d) 수화열 영향($t \geq 80cm$)

그림 10.20 시공요인에 따른 라이닝 균열 유형

환경요인에 따른 균열. 외부 환경요인에 의해 발생하는 균열의 형태를 그림 10.21에 예시하였다. 동결융해에 따른 균열은 모서리나 조인트에 집중된다. 산(acid)이나 염류작용에 의한 균열은 주로 철근 위치에서 발생하며, 표면 침식을 동반한다. 중성화에 따른 균열도 철근을 따라 발생하며, 심하면 박락으로 이어진다.

(a) 동결융해 반복　　(b) 산, 염류의 화학작용　　(c) 안팎의 온도/습도 차이　　(d) 중성화 철근 팽창 균열

그림 10.21 환경요인에 따른 라이닝 균열 유형

외부하중에 의한 균열. 운영 중 터널은 다양한 형태의 외부하중 조건에 놓일 수 있다. 대표적인 외부의 역학적 영향은 천단부 지반이완, 터널주변 지반 활동에 의한 편압이다.

지반이완은 터널 상부 또는 측벽 지반의 소성영역 내 전단 활동파괴에 의한 지반하중으로서 천장부나 측벽에 종방향 인장(개구)균열을 야기할 수 있고, 특히 터널 상부에 공동이 있는 경우 이완토괴의 낙하가 일어나면 충격 위치를 중심으로 **방사형 균열을 형성**할 수 있다.

지반활동으로 터널 어깨에 편압이 작용하면, 터널 어깨부에 개구(opening) 균열이 야기될 수 있다. 압착거동이 일어나는 경우 측벽 종균열, 내공축소, 터널하부 융기(인버트 등) 등을 수반할 수 있다.

라이닝 모형에 대한 재하실험으로부터 외부하중의 작용 위치 따른 라이닝 균열양상을 그림 10.22에 보였다. 실선은 인장균열, 음영부는 압축파괴(압좌)부를 의미한다.

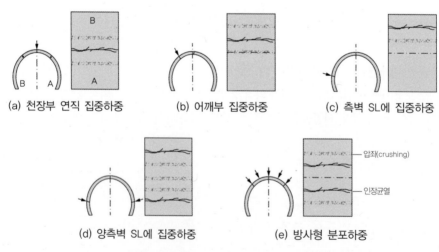

(a) 천장부 연직 집중하중　　(b) 어깨부 집중하중　　(c) 측벽 SL에 집중하중

(d) 양측벽 SL에 집중하중　　(e) 방사형 분포하중

그림 10.22 외부지압의 형태에 따른 라이닝 균열패턴(일본철도종합연구소)

침하에 의한 균열. 침하는 라이닝에 구조균열을 야기할 수 있다. 침하의 범위, 부등침하의 정도에 따라 그림 10.23과 같이 다양한 형태의 균열이 발생한다. 특히, 종방향 침하는 라이닝에 횡균열을 야기할 수 있다.

(a) 횡단면 부등침하　　(b) 터널 갱구부 침하　　(c) 축(종)방향 부등침하　　(d) 3차원 국부침하

그림 10.23 침하에 의한 라이닝 균열패턴

Box 10.6　쉴드 TBM 공법의 세그먼트 라이닝의 변상

세그먼트 라이닝은 공장에서 제작되고 운반과 조립과정을 거치게 되어, 다양한 유형의 손상을 받을 수 있다. 세그먼트 변상은 손상 정도가 경미하여 보수하여 사용 가능한 **기술적 손상**과 구조적 저항능력이 감소하거나 방수기능이 상실되어 교체가 필요한 **구조적 손상**으로 구분할 수 있다.

A. **기술적 손상(technological damages) → 결함부 보수**

- 표면손상 : 홈 선형불량(hollow), 철근노출, 골재노출, 표면박리
- 매입불량 : 매입(소켓 등) 설치불량, 기름 유입, 조인트 볼트 풀림
- 가스켓 손상 : 모서리 변형, 가스켓 이탈(expulsion), 가스켓 압착
- 추진 잭 작업 중 모서리(edge, coner) 깨짐

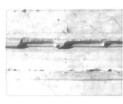

Hollow　　　　　Gasket expulsion　　　　Damaged corner　　　Exposed aggregates

B. **구조적 손상(structural damages) → 세그먼트 교체 검토**

- 종방향, 횡방향(원주상) 균열
- 상당한 모서리 깨짐(chipping)
- 세그먼트 조인트 / 링 조인트 주변 / 외부표면 심각한 Scraping / 누수

Spalling cracks　　　Longitudinal crack　　　Corner chipping　　　　Leakage

10.3 터널의 구조적 변상대책

터널변상에 대한 보수·보강대책의 첫 단계는 정확한 조사로 변상의 원인을 바르게 진단해내는 일이다. 변상 원인별 적절한 대책이 수립되어야 하며, 각 대책은 구조해석을 통해 안정성을 확인하여야 한다.

10.3.1 구조적 변상대책 일반

점검을 통해 확인된 결함에 대해 보수보강 대책의 필요 여부, 대책 필요시 응급(임시) 또는 본 대책 여부를 먼저 검토하여야 한다. 응급대책은 사고를 방지하거나 결함의 확산을 막기 위한 긴급한 조치이며, 이후 결함의 정도와 성상에 따라 보강설계를 포함하는 본 대책이 이루어져야 한다. 보수보강대책은 터널 운영 중 시행되므로 공법의 선정은 시설의 운영, 작업가능시간, 작업공간의 제약 등을 고려하여야 하며, 대책 후 '대책-사후관리' 개념을 포함하여야 한다.

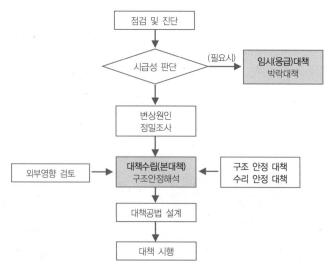

그림 10.24 변상 대책의 시급성 검토 절차

응급대책. 사고예방을 위한 일시적이며, 잠정적인 조치를 말한다. 일례로 작은 규모의 낙하 우려가 있을 때, 파손물의 낙하를 방지하는 **철망(wire mesh, net) 설치공법** 등이 이에 해당한다.

본대책. 터널의 구조적(역학적) 성능을 보수 보강하는 작업을 본 대책이라 한다. 본 대책은 일반적으로 구조적 안정성과 수리적 안정성을 모두 검토하여 결정한다. 주요 **구조안정대책**으로는, 보강판 설치, 록볼트 보강(내압효과, 지반 전단저항 보강), 라이닝 보강, 새들(saddle, 아치형 강지보) 보강 등이 있으며, **수리적 안정대책**으로는 터널 주변 그라우팅 보강, 방수복공 등이 고려될 수 있다.

10.3.2 터널의 구조적 변상 요인별 대책

편압 및 지반활동 대책

설계 시 고려하지 못한 영향인 편압 및 지반활동이 터널 외부로부터 초래되어 터널에 구조적 부담을 주는 경우, 이에 대한 구조적 안정성을 검토하고, 적절한 대책을 반영하여야 한다. 편압 및 지반활동은 주로 갱구부 주변, 경사지의 얕은 토피의 터널에서 발생하기 쉬우며, 다음의 보강대책들을 적용할 수 있다.

- 편압의 경감 : 터널 상부(산지 측) 절취 제거, 하부(계곡 측) 압성토, 사면보호, 지하수위 저하
- 지보반력 증대 : 부벽식 콘크리트 벽체, 압성토, 경사 하부 벽체 각부 보강, 인버트 설치, 기초보강
- 복공의 보강 : 배면 그라우팅, 새들(saddle, 아치형 강지보) 보강, 록볼트/숏크리트 추가 및 라이닝 개축

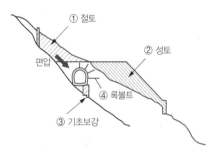

그림 10.25 편압 대책의 예

지반의 압착(융기)거동 대책

압착(squeezing)거동은 일반적으로 건설 후 시간 경과에 따른 지반 점착력 감소로 소성영역의 증가와 이에 의해 초래되는 소성압에 의해 야기되며, 지하수 영향을 받는 단층 취약대에서 주로 발생한다. **인버트가 설치되지 않은 터널의 경우 지지저항이 부족하거나 수압이 직접 작용하여 운영 중 바닥부 융기거동이 나타날 수 있다.** 그림 10.26에 대표적인 압착(소성압) 대책을 예시하였다.

- 인버트 설치(미설치인 경우), 스트러트(strut) 설치
- 인버트(측벽 하부)에 록볼트(마이크로 파일) 시공
- 직선형 측벽 개량(축력 전달 가능 구조로 보완 재시공)

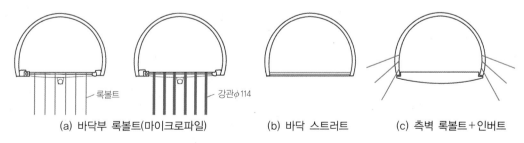

(a) 바닥부 록볼트(마이크로파일)　　　(b) 바닥 스트러트　　　(c) 측벽 록볼트+인버트

그림 10.26 터널 바닥부 압착(소성)거동 대책 예

압착거동이 터널 자체의 **시공결함과 중첩**될 경우 손상 영향이 심각해질 수 있다. 복공의 지지능력이 충분하면 **주입**(cement mortar, air mortar 주입) 보강으로 족할 수 있으나, 복공의 지지력이 부족한 경우에는 '보강 새들 + 내부 라이닝'을 시공한다. 하지만, 건축한계에 여유가 없다면, '저판(base plate) + 록볼트(마이크로파일)' 로 보강한다. 지하수로 인한 수압작용과 결부되는 경우, 벽체의 내측변형 또는 바닥부의 융기가 발생하므로, 수압 해소공을 병행 설치하여 수압감소를 도모하여야 한다.

NB : 이완압 vs 소성압

지반이 터널 라이닝에 가하는 압력(하중)을 이완압과 소성압으로 구분하기도 한다. 라이닝 구조물 설계 시 고려하는 지반하중은 터널굴착에 따른 소성영역의 지반이완에 의해 지보재에 가해지는 지반압력으로 이를 이완압이라고 하며, Kommerell, Protodyakonov, Bierbaumer 모델, Terzaghi 등이 이완압 산정모델을 제안하였다. 반면, 소성압은 터널 운영 중 점착력 감소, 광물팽창 등으로 인한 주변지반의 시간의존성 거동이나 시공 후 외적 영향(단층대 지하수 변동 등)에 의해 소성영역이 추가적으로 확대되어 라이닝에 부가되는 압착(squeezing, extrusion) 하중을 지칭한다. 터널 바닥이 구속되지 않은 경우(인버트가 없는 경우), 소성압은 터널 바닥의 융기(heaving)를 야기할 수 있다.

터널 라이닝 배면 수압증가 대책

배수터널에서 원활한 배수가 제약되는 경우, 라이닝 배부름이나, 바닥부의 융기변상이 야기될 수 있다. 단층대나 석회암 공동 지대에서 점토질 토사가 터널주변 배수로 폐색을 일으킬 때, 구조물 하부나 배면의 지하수 유도처리가 불량하면 양압력이 발생하여 융기변상이 발생할 수 있다. 이런 경우 수압 해소공을 설치하면 수압을 소산시킬 수 있다. 하지만, 배수로가 막히는 현상이 우기마다 되풀이될 수 있으므로 어느 정도의 수압은 지지 가능하도록 록볼트나 마이크로 파일을 이용한 구조적 대책이 함께 고려되어야 한다.

(a) 터널 바닥부 누수 및 수위 상승 예(철도, 지하철 터널)　　　(b) 수압 해소공

그림 10.27 수압 영향과 수압 해소공 예

지반침하 및 지지력 부족 대책

터널침하 보수대책으로는 터널외부의 지하공동 충진, 연약부 보강, 되메우기 등을 먼저 검토한다. 그다음 인버트 설치, 새들 및 내부 라이닝 보강, 복공개축 등의 터널 내부 보강방안을 검토한다. 측벽하부 지지력 보강을 위해서는 인버트 또는 스트러트 설치, 지반 그라우팅, 측벽단면 확대 등을 고려할 수 있다.

갱구부는 하중, 지반강성, 온도 환경 등이 급격히 변화되는 구간으로 침하 또는 지지력에 의한 문제가 발생하기 쉬운 곳이다. 변상 원인별로 다음과 같은 보수·보강 대책이 고려될 수 있다.

- 갱문의 기울음 변형 : 갱구연장 및 면벽길이 확장, 갱구부 하부지반 치환
- 갱구부 부등침하 : 터널 기초부 지반개량, 새들 보강, 인버트 및 스트러트 시공
- 편압 변형 : 라이닝 내공 보강, 지보 및 기초지반 개량, 새들 및 인버트 보강, 스트러트 시공 등

10.3.3 라이닝 보수·보강공법

라이닝 표면 보수공법

매연, 유리석회, 백태, 박테리아 슬라임(주로 맨홀 또는 배수로 저면에 형성), 유지관리를 위한 부착물 등은 복공의 열화를 촉진시키므로 제거하여야 한다. 얇은 박락 등은 해머(hammer)를 이용하여 먼저 제거한다. 표면 청소는 구조 보수·보강공법의 사전처리로서 중요하며, 모래분사(sand shot), 고압살수(water jet), 압축공기, 와이어 브러쉬(wire brush) 등을 이용한다.

표면에 단면손실이 있는 경우, 고분자 재료(epoxy 수지 등)를 혼입한 몰탈을 이용하여 손실부를 충진하는 **단면복원 작업**이 필요하다. 신·구부재 접합부는 접착력 및 강도를 확보하여 일체화하여야 한다. 모재는 건전하지만 줄눈재가 열화한 경우, 줄눈재를 제거하고, 그 부위에 몰탈 등을 충진하는 **줄눈보수공법**(pointing)을 적용한다. 줄눈보수는 향후 열화 진행을 차단하는 데 도움이 된다.

균열 주입공법

먼저 균열상황을 정확히 파악하고, 필요 시 균열로 인한 박락 피해를 예방하기 위하여 (응급대책으로서) Crimp 금속망, 에스판도 메탈, FRP 그리드, 수지 Net 등의 낙하 방지책을 라이닝 콘크리트에 앵커로 고정 설치한다. 균열보수 대책으로 일반적으로 에폭시 수지나 초미립 시멘트를 균열에 주입한다(그림 10.28). 균열이 진행성인 경우, 주입시공만으로는 불충분하므로, 구조 안정성을 검토하여 필요 시 구조적으로 보강한다.

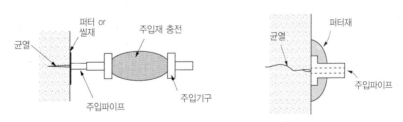

그림 10.28 균열 주입시공

배면 공동 주입 공법

배면 공동은 시멘트몰탈(에어몰탈), 우레탄(용수 있는 곳), 물유리, 폴리머시멘트(고분자계의 가소성 주입재) 등을 주입하여 보수한다. 주입압력은 0.1~0.2MPa(수압 없는 경우) 범위로 한다. 그림 10.29에 주입시

공 순서를 예시하였다. 좌우 양측에서 낮은 위치에서 높은 천장부 쪽으로 주입한다. 배수터널의 경우, 라이닝 천공에 따른 방수기능 저하, 그라우트재 침투에 따른 배수층 막힘을 유의하여야 한다.

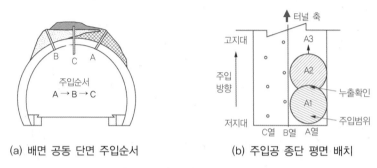

(a) 배면 공동 단면 주입순서   (b) 주입공 종단 평면 배치

그림 10.29 배면 공동 주입 시공

섬유시트(fiber sheet) 부착 공법

탄소섬유(전기적인 특성 때문에 철도(지하철) 터널에 대한 적용은 재검토되고 있다), Aramid 섬유, 유리섬유(glass fiber)로 FRP를 제작하여(Young 계수 $2.0 \times 10^6 kgf/cm^2$, 인장강도 $25,000kgf/cm^2$ 이상), 라이닝 내면에 **토목용 접착제(보통 에폭시 수지)**로 부착하는 공법이다. 인장균열과 라이닝의 변형을 억제하는 공법으로, 내공단면의 여유가 없는 경우 적합하다. 그림 10.30에 부착공법의 원리를 예시하였다.

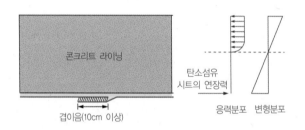

그림 10.30 섬유 부착공법의 보강 메커니즘

먼저, 모래 블러스터, 고압살수 등으로 표면의 오염과 박리층 제거, 평탄화 작업 등 표면 처리를 하고, 폴리머 시멘트 몰탈, 에폭시 수지 몰탈, 에폭시 퍼티(putty) 등을 사용하여 요철을 보수한다. 균열 및 누수가 있는 경우 주입재/지수재를 이용한 사전 방수 작업이 필요하다. 그림 10.31에 섬유시트 시공 단면을 예시하였다.

수작업으로 섬유를 함침·접착하므로 장비 동원이 필요 없고, 공간 제약도 거의 없다. 보강면적 대응이 유연하며, 적층 층수의 증감으로 보강량 조절도 가능하다. 하지만, 압축력을 받는 부위에서는 보강 효과를 기대하기 어렵고, 함침·접착수지가 가연성이며, 표면에 부착 시공하므로, 열화가 진행되기 쉬운 단점이 있다.

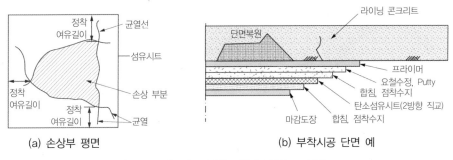

| (a) 손상부 평면 | (b) 부착시공 단면 예 |

그림 10.31 섬유시트 부착공법(탄소섬유 보강공)

강판 부착공법

강판(steel plate)을 콘크리트 앵커볼트와 수지(주로 에폭시 3~5mm)로 라이닝에 부착하여 강판의 전단강도로 박락된 콘크리트 부위를 보강하는 방법이다. 강판(steel plate) 대신 강재 띠(steel strap)를 이용할 수도 있다. 내공단면 잠식이 섬유보강 공법보다는 크지만, 거의 없는 편이다. 강철판(t ≈ 4.5mm)을 사용하는 경우 전기 전도성과 녹 방지에 유의할 필요가 있다.

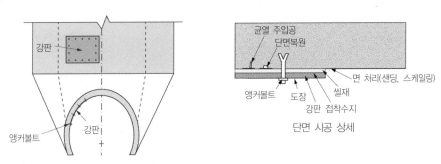

단면 시공 상세

그림 10.32 강판(steel plate) 부착공법

내부 라이닝 추가 설치 공법

콘크리트(숏크리트) 라이닝 타설공법. 라이닝 열화부가 $10m^2$ 이상으로 광범위하고, 내공단면의 여유가 있는 경우, 내부 라이닝 추가 타설공법을 적용할 수 있다. 그림 10.33(a)에 추가 라이닝 타설공법을 예시하였다. 현장 타설공법은 내공 두께를 최소한 125mm 이상 확보 가능할 때 적용할 수 있다. 인장강도의 증가가 필요한 경우 콘(숏)크리트에 유리섬유나 강섬유를 추가할 수 있다. 현장 타설의 경우, 기존 라이닝과 신설 라이닝 간 접촉부의 연결처리(insert 철근)와 시공이음이 중요하다. 기존 라이닝면을 정으로 쪼아(chipping) 요철화한 후, 접착재를 도포하고, 측면을 천공하여 연결 철근을 삽입한다.

새들 보강공. 지압에 대응하거나 대규모로 블록화한 라이닝 아치부의 붕락방지를 위해 **강아치(steel arch)** **지보인 새들**(saddle, 아치형 강지보)을 설치할 수 있다. 그림 10.33(b)와 같이 휨 가공한 소단면 H형 강재를 복공내면에 따라 일정 간격(1.0~1.5m)으로 설치한다.

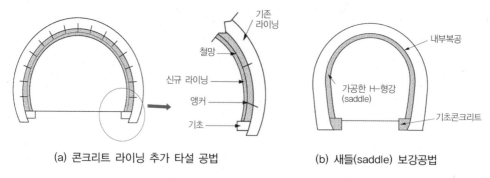

(a) 콘크리트 라이닝 추가 타설 공법   (b) 새들(saddle) 보강공법

그림 10.33 콘크리트 현장타설 보강공법

10.3.4 라이닝 변상에 대한 구조 안정 검토 및 대책 적정성 검토

운영 중 터널이 하중, 침하 등의 영향을 받았거나 결함이 확인된 경우, 터널 라이닝의 구조적 안정성을 평가하고, 필요시 보강 대책을 반영하여 대책의 적정성을 확인하여야 한다. 그림 10.34에 구조안정 검토가 필요한 대표적 상황을 예시하였다.

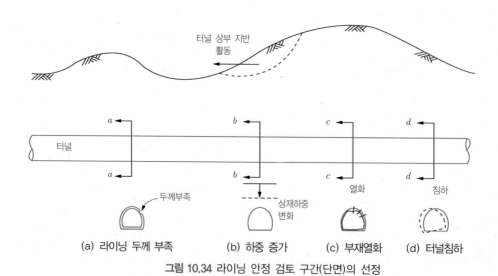

(a) 라이닝 두께 부족   (b) 하중 증가   (c) 부재열화   (d) 터널침하

그림 10.34 라이닝 안정 검토 구간(단면)의 선정

운영 중 터널의 구조 안정 검토는 **설계하중 변화 없이 구조물 결함이 발생하여 결함단면에 대한 안정성을 검토하는 경우(A)**와 **하중변화, 침하 등에 따른 외부영향이 확인된 경우(B)**에 수행한다. 그림 10.34의 a-a 단면의 두께부족, c-c 단면의 열화는 단면결함으로, 그림 10.35의 'A' 절차에 따라 단순 결함에 대한 구조안정 해석을 수행할 수 있다.

반면 b-b 단면의 터널하중 증가 그리고 d-d 단면의 침하는 외부영향 요인으로, 그림 10.35의 'B' 절차에 따른 '하중변화' 영향에 대한 해석이 필요하다. 만일, 두 현상을 모두 겪는 단면이라면 A, B 영향을 모두 고려하는 해석이 필요할 것이다.

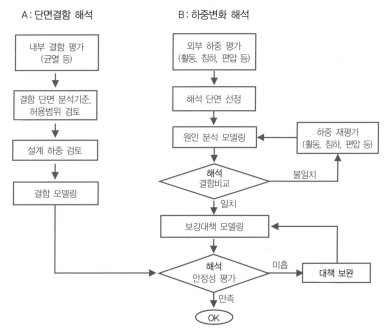

그림 10.35 유지관리단계의 터널 라이닝 구조안정성 해석 절차

A. 단면결함(재료열화, 시공미흡) 해석. 설계하중의 변화 없이 발생한 단면결함(예, 재료열화, 시공 미흡사항이 원인인 변상)에 대해서는 **결함을 고려한 모델에 설계하중을 작용**시킨 해석 결과가 허용응력기준을 초과하는지 여부를 평가한다. 결함단면의 응력이 허용응력을 초과하면 규정된 안전율 여유를 갖도록 보강대책을 반영하여야 한다. 라이닝 해석은 일반적으로 **빔-스프링 모델**을 이용하며, 라이닝은 보통 **선형 탄성 보요소**로, 지반은 **탄성스프링**으로 모델링한다(제5장 수치해석의 라이닝 구조해석 참조). **발생한 균열은 소성힌지로서 구조해석에서는 일반적으로 Pin 절점으로 모델링**한다.

B. 외부영향변화(하중, 침하 등) 해석. 운영 중 터널에서 외부하중 영향, 침하 등이 확인된 경우, 터널이 구조적으로 안정 상태에 있는지 검토하여야 한다. 이를 위해, 먼저 현재 내력상태를 확인한다. 그다음, 상태조사에서 확인된 외부영향을 모사하는 해석을 수행하여 구조 안정성을 확인할 수 있다. 일반적으로 외부영향 조건이 하중, 지반활동, 침하 등으로 다양하고, 이들 영향이 복합적으로 작용할 수도 있어, 원인을 특정하기 어려운 경우도 많다. 따라서 현장의 상태를 면밀하게 조사하고, **시행착오적 가정과 해석을 반복수행**하여 원인을 추정하여, 설계모델을 확정한다. 그림 10.36에 외부영향 조건의 유형에 따른 수치해석적 모사(simulation)의 예를 보인 것이다.

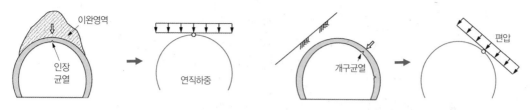

(a) 이완하중 증가 모델링　　　　　　　　(b) 지반거동에 따른 편압 모델링

그림 10.36 외부하중 영향의 모사 예(인장 균열점은 힌지조건으로 전환함으로써 모사)

대책공의 구조 모델링

결함해석 결과 지지능력이 부족(허용기준 초과)이 확인되면, 10.3절에서 다룬 적절한 보강대책을 반영하여야 한다. 보강대책의 적정성을 확인하기 위하여 **대책공을 라이닝 모델에 반영하여 안정해석을 수행**한다. 보강대책별 수치해석 모델링은 다음을 참고할 수 있다.

- 뒤채움 주입공 : 뒤채움으로 지반과 연결되므로 지반 스프링으로 모사
- 록볼트 보강공 : 선단을 고정한 바(bar) 요소로 모사
- 콘크리트 라이닝 보강공(새들보강) : 보요소로 고려하고 기존 라이닝과 압축력만 전달하는 요소 간 스프링을 도입(전단 스프링은 생략 가능)
- 라이닝 내면 보강공 : 라이닝 내면 보강공은 인장균열에 대한 보강대책이므로, 균열은 결함해석에서 힌지로 모사하지만, 보강 후 강결 조건으로 전환. 다만, 섬유시트대책은 휨강성을 배제하기 위하여 멤브레인 요소로 모사

그림 10.37은 대표적 보강대책에 대한 모델링 방법을 예시한 것이다.

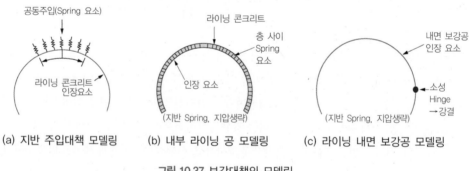

(a) 지반 주입대책 모델링　　　(b) 내부 라이닝 공 모델링　　　(c) 라이닝 내면 보강공 모델링

그림 10.37 보강대책의 모델링

10.4 터널의 수리열화와 손상대책

10.4.1 터널의 수리적 열화거동

수리열화는 서서히 진행되며 구조적 영향을 미치지는 않지만, 터널의 사용성을 저하시키고, 이용자들에게 불편을 초래할 수 있다. '누수'는 대표적인 수리열화 거동이다.

누수와 백태 leakage, efflorescence

터널을 유지 관리하는 데 있어서 가장 흔하게 마주하는, 그러나 **완전한 대책이 마련되기 어려운 문제가 바로 누수**이다. 누수의 원인에는 콘크리트 라이닝 균열을 야기하는 변형, 하중 등의 외적 요인과 재료의 치밀성 부족, 콘크리트의 배합, 시공 방법, 물–시멘트비 등의 부적절에 따른 재료적 요인이 있다. 누수는 터널의 구조적 기능 저하(배수기능 저하 및 열화 촉진), 터널 이용 편의 저해, 박테리아 발생 등에 따른 건강유해 상황 야기 또는 구조물 부식을 촉진 등의 영향을 미칠 수 있다.

 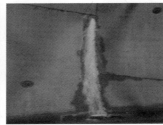 

(a) 콘크리트 라이닝 누수 (b) 세그먼트 라이닝 조인트 누수 (c) 백태

그림 10.38 누수와 백태

백태란 누수 시 유입된 콘크리트 중의 황산칼슘, 수산화칼슘 등이 물에 녹아 침출된 칼슘이 대기나 물속의 이산화탄소와 반응하여 콘크리트 표면에 생성된 **백색의 탄산칼슘 결정체**를 말한다. 주로 균열, 시공 이음부에서 누수와 동반된 형태로 발생하며, 몰탈 방수 구간에서도 발생한다.

결빙 및 동상 freezing, frost heaving

터널 동해는 주로 갱구부에서 발생하며, 라이닝 배면 지하수의 동결에 따른 체적팽창이 라이닝 변상을 유발할 수 있다. **터널 주변 지반의 일축압축강도가 50kgf/cm^2 이하, 포화 습윤 밀도 2.0g/cm^2 이상, 실트 크기 입자 함유량 20% 이상인 조건에서 주로 발생**한다. 동해가 배면 공동, 라이닝 두께 부족 등의 시공 불량 위치와 중첩되는 경우 구조적 터널 손상이 야기될 수 있다. 동상에 따른 라이닝 변상은 측벽 콘크리트 압출, 종방향 인장균열, 천단부 압축파괴(압좌) 등의 형태로 나타날 수 있다. **동해에 따른 변상은 일반적으로 터널 외부 온도와 약 1개월 정도의 시차를 갖고 나타나는 것**으로 알려져 있다.

배수시스템 열화

배수터널에서는 배수재의 **폐색**(clogging)과 **블라인딩**(blinding : 토립자의 선형침적(bridging)으로 흐름 경로가 차단되는 현상)에 의해 배수기능이 저하되는 현상이 일어날 수 있다. 배수재 침전물의 주성분은 산화칼슘(시멘트 용탈), 탄산칼슘(콘크리트 중성화), 산화철(강재부식), 벤토나이트(토사유입) 등으로 알려져 있다. 특히, 배수관에 퇴적된 소결(sintered)체의 약 95%가 탄산칼슘($CaCo_3$)이며, 대부분 숏크리트나 그라우트재로부터 용탈된 칼슘과 지하수에 용해된 이산화탄소가 결합하여 생성된다. 용해도가 낮은 산화칼슘과 산화철은 배수재 표면에 퇴적되어, **이막**(filter cake)을 형성함으로써 배수 흐름을 저해한다. 반면, 용해도가 높은 탄산칼슘과 벤토나이트는 지하수와 함께 터널로 흘러들어 배수층에 퇴적된다. 이는 배수재의 투수성능 저하를 야기하고, 잔류수압을 증가시켜 라이닝에 구조손상을 초래할 수 있다.

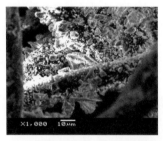 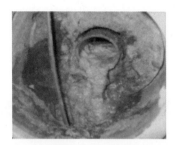

(a) 배수재 주 침전물(탄산칼슘)　　　　(b) 배수공 퇴적 및 막힘

그림 10.39 배수터널의 수리열화 요인과 수리열화의 결과 예

수위변화의 영향

장기 강우 또는 터널 주변 댐의 담수, 저수지 수위상승 등으로 터널상부 지하수위가 상승하면 침투력이 증가하여, 터널 내 유입량 증가, 토사 유입 등이 야기될 수 있다. 특히, **지하수 상승으로 증가한 자유유입량이 터널 배수시스템의 통수능력을 초과하면 배수층 내 잔류수압이 증가하여 콘크리트 라이닝에 구조적 부담을 초래**할 수 있다. 수압증가에 대한 문제는 추가 배수공 설치와 맹(blind)배수공 설치 등 원활한 배수체계 도입으로 해소할 수 있다.

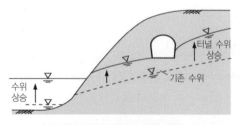 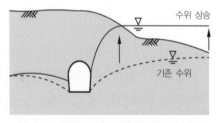

(a) 하류 인접 저수지 수위 변화　　　　(b) 상류 인접 저수지 수위 변화

그림 10.40 터널 주변 지하수 변동요인과 터널영향 : 유입량 증가 및 잔류수압 증가

10.4.2 운영 중 터널의 잔류수압 평가

터널의 안전진단 시, 라이닝에 작용하는 잔류수압의 확인이 필요할 때가 있다. 하지만, 대부분의 터널은 수압계가 설치되어 있지 않고, 방수막 훼손 우려로 새로운 수압계의 설치도 용이하지 않다. 이 경우 **수압-유입량 관계** 및 **수압 특성곡선**을 이용하여, 라이닝 배면의 잔류수압을 근사적으로 추정할 수 있다.

수압-유입량 관계를 이용한 잔류수압 예측

터널의 어느 구간에서 유입되는 유량(q_{lm}), 지반투수계수(k_s), 지하수위(H_w)를 알 수 있다면, 제4장에서 다룬 다음의 수압-유입량 관계로부터 라이닝 작용수압 즉, 잔류수압의 크기를 산정할 수 있다.

$$p_{lm} = p_o \frac{q_o - q_{lm}}{q_o} \tag{10.2}$$

여기서, p_o는 정수압, q_{lm}은 측정 유입량이다. q_o는 자유유입량으로서 Goodman 식 등을 이용하여 지반투수 계수와 수위 그리고 터널 직경으로부터 결정할 수 있다. 즉, $q_o = 2\pi k H_w / \ln(2H_w/r_o)$.

수압 특성곡선 이용법

지반과 라이닝의 상대 투수성을 알면 그림 10.41의 상대 투수성-잔류수압 특성곡선을 이용하여 잔류수 압을 산정할 수 있다. 라이닝 상대 투수성은 Fernandez(1994) 공식을 이용하여, 다음과 같이 나타낼 수 있다.

$$\frac{k_l}{k_s} = \frac{1}{C}\left\{\frac{q_{lm}}{q_o - q_{lm}}\right\} \tag{10.3}$$

위 식의 C는 터널과 지반의 기하학적 특성으로 결정되는 상수이다(4.2.2절 참조). 일례로 $k_l/k_s = 0.2$이면, 그림 10.41을 이용하여 정수압의 약 14%에 해당하는 잔류수압이 라이닝에 작용함을 추정할 수 있다.

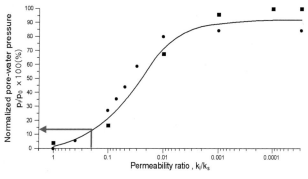

그림 10.41 수압특성곡선을 이용한 잔류수압 평가

예제 터널 심도, 수위, 지반 투수계수와 아래와 같은 터널에 누수가 있어, 유도배수를 위해 밸브시설을 갖춘
배수 파이프를 설치하였다. 밸브를 완전히 잠근 상태(Case A), 밸브를 완전히 연 상태(Case B), 각각에
대하여 24시간 평형 조건에서 각각 유입량, 배면수압, 지하수위를 측정하였다. 배면 잔류수압을 추정하여
측정치와 비교해보자.

Case	터널수위 h_o(m)	측정유입량 q_{lm}(m³/day/m)	측정수압 p_{lm}(MPa)
A	27.8	0.025	0.240
B	24.3	0.200	0.015

원지반 투수계수: k_s(측정치) 0.016
측정수두: $h_l = p_{lm}/\gamma_w$

$$C = \left\{ \left[1 - \left(\frac{r_o}{2h_o} \right)^2 \right] \ln\left(\frac{2h_o}{r_o} \right) - \left(\frac{r_o}{2h_o} \right)^2 \right\} / \left\{ \left[1 - 3\left(\frac{r_o}{2h_o} \right)^2 \right] \ln\left(\frac{r_o}{r_i} \right) \right\}$$

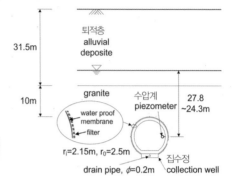

풀이 Goodman 식 이용 자유유입량; $q_o = 2\pi k H_w / \ln(2H_w/r_o)$, 라이닝투수계수; $k_l = q_l \ln(r_o/r_i)/2\pi h_l$이므로,
정수압, 자유유입량, 상대투수성은 다음과 같이 산정된다.

Case	터널수위 h_o(m)	정수압 p_o(MPa)	자유유입량 q_o(m³/day/m)	측정유입량 q_{lm}(m³/day/m)	측정수두 h_{lm}(m)	상대투수성 k_l/k_s
A	27.8	0.272	0.901	0.025	24.5	0.0015
B	24.3	0.238	0.823	0.200	1.530	0.1336

1) 수압-유입량 관계이론을 이용한 이론해(제4장 참조)

Case A : $p_l = p_o(q_o - q_l)/q_o = 0.272(0.091 - 0.025)/0.091 = 0.264$

Case B : $p_l = p_o(q_o - q_l)/q_o = 0.238(0.823 - 0.200)/0.823 = 0.180$

2) 수치해 : 정규화 $(p/p_o) - (k_k/k_s)$ 관계(특성곡선) 이용(제4장 참조)

Case A : $k_l/k_s = (1/C)\{q_{lm}/(q_o - q_{lm})\} = 0.001$

Case B : $k_l/k_s = (1/C)\{q_{lm}/(q_o - q_{lm})\} = 0.134$

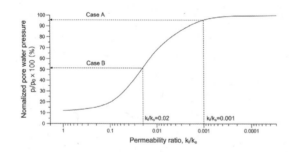

Case	측정수압 p_{lm} (MPa)	계산수압, p_l (MPa)	
		이론해	수치해
A	0.240	0.264	0.260
B	0.015	0.180	0.071

※ Case B의 경우, 오차가 크게 나타났으나 간극수압의 크기가 무시할 만큼 작으므로 의미를 부여할
만한 결과는 아니다(Shin(2010), Géotechnique 60(2) 참조).

잔류수압의 의한 라이닝 손상 및 보수 사례

배수형 터널의 수압 증가요인은 배수재의 막힘, 라이닝 타설 시 콘크리트 압력에 의한 압착, 강우로 인한 수위 증가에 따른 통수능 부족으로 흐름저항 발생 등이다. 그림 10.42는 여름철 강우 중 지하수위 증가에 따른 터널 주변 수압과 터널 내 균열 변화거동을 보인 것이다. 수위 증가에 따라 라이닝 균열 폭이 증가하는 거동으로부터 잔류수압이 라이닝에 미치는 구조적인 영향을 확인할 수 있다.

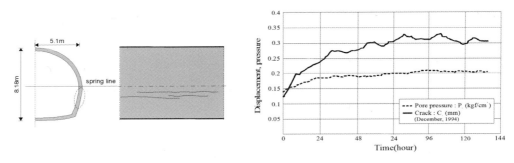

그림 10.42 강우에 따른 지하수위 변동의 영향

그림 10.43 좌측은 우기에 발생한 NATM터널의 콘크리트 라이닝 파괴 예를 보인 것이다. 균열을 통해 물이 압력 유출되다가 파손과 함께 압력수가 함께 터져 나왔고, 지하수가 한동안 유입된 것으로 보고되었다. 손상부는 라이닝 헌치 70cm 상단이며, 손상규모는 2m×2.5m×0.5 = 2.5m²로 조사되었다. 방수막의 손상이 발견되었으며, 굴착지보의 손상은 확인되지 않았다. 방수막 손상으로 보아 해당 위치에 이미 균열 등 취약성이 존재하였을 가능성이 있고, 배수기능 미흡과 우기의 수위 증가와 이에 따른 통수능력 부족으로 잔류수압이 증가하여 라이닝이 파손된 것으로 분석되었다.

그림 10.43 잔류수압에 의한 콘크리트 라이닝 손상 및 보수 과정 예

보수작업은 그림 10.43 오른쪽에 보인 바와 같이 파손부 라이닝을 제거 후 철근을 배치하고, 기존 복공콘크리트와 접합을 위한 보강 앵커를 설치한 후 콘크리트를 타설하였다. 콘크리트 라이닝에 수압이 작용하지 않도록 5개의 배수공(수발공)이 설치되었다.

10.4.3 수리열화에 대한 보수보강 대책

터널의 대표적 수리적 변상문제는 '누수(leakage)'이다. 여러 누수 대책 공법들이 개발, 제안되었으나 완벽하고, 영구적으로 누수를 차단하는 공법은 없으며, **보수 후 시간 경과와 함께 누수가 재발**하는 경우가 대부분이다. 따라서 누수대책은 누수상황, 대책공법의 효과, 내구성 등 제반 사항을 충분히 고려하고, 수압발생 및 차 취약부를 통한 누수 재발 가능성을 염두에 두고 결정하여야 한다.

누수 대책은 그림 10.44와 같이 대책의 역학적 기능 여부에 따라 구조적 및 비구조적 대책으로 구분할 수 있으며, 대책의 임시성 여부에 따라 응급 대책과 본 대책으로도 구분한다.

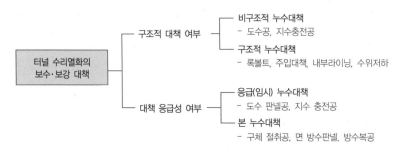

그림 10.44 터널 누수대책의 구분

백태의 예방과 처리

일반적으로 콘크리트를 완전히 건조시킨 후 백태를 제거하고 **폴리머 몰탈** 등으로 마감처리한다. **희석한 염산**(1 : 5~1 : 10) 또는 **인산**으로 표면을 처리하거나 **모래를 분사**하여 제거할 수도 있다. **포졸란계 미세 분말**로 미세 공극을 채운 후 표면에 **침투성 발수제**를 도포하거나 분무처리하는 방법도 유용하다.

NB : 백태는 발생 후 조치보다, 예방에 주력하는 것이 바람직하다. 콘크리트 타설 시 다음과 같은 시공관리를 통해 백태를 예방하거나 최소화할 수 있다.
- 물-시멘트비와 단위수량의 최소화
- 콘크리트의 표면의 충분히 다짐
- 경화촉진제, 백태방지제, 방수제나 발수제 등 사용
- 방수제(아크릴산 수지계, 실리콘계, 유지계 등)를 이용한 박막 처리(도포)

유입수(누수)의 유도처리

대표적 비구조적 대책은 터널 유입수를 원활하게 유도하는 것으로 이를 도수(導水) 공법이라 한다. 도수 공법은 라이닝에 선상(線狀, line 형태)으로 물길을 만들어 유도배수하는 공법으로 누수확산을 차단하는 효과가 있다. 도수 판넬공, 구체 절취공, 지수 충전공, 면 방수 판넬공, 방수 시트공, 방수 복공 등이 있다.

구체 절취공. 선(線)상 누수대책이며 본 대책으로만 적용한다. 라이닝 표면을 V-형 또는 U-형으로 절취하여 배수관로를 설치하고, 표면을 시멘트계 또는 고무계 씰재(sealing materials)로 마감 처리한다.

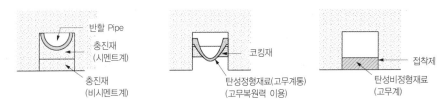

그림 10.45 구체 절취공

지수 충전공. 균열을 따라 라이닝을 절취한 후 배수 파이프를 설치하고, 몰탈 등으로 충전하는 본 대책공법이다. 시간 경과와 함께 충전재가 열화되면 박락 또는 재누수의 가능성이 있다.

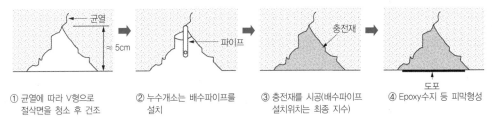

그림 10.46 지수 충전공

도수 판넬/시트공, 방수 복공. 염화비닐, 합성수지계 판넬을 복공 표면에 앵커볼트로 고정하는 방법으로 광범위한 면 누수 대책으로 유용하다. 주로 응급대책으로 사용하며, 본 대책으로도 가능하다. 내공단면이 충분한 경우 '시트(sheet)+앵커' 대신 '판넬(panel)+형강' 또는 콘크리트 복공을 적용할 수도 있다. 새로운 방수막을 설치하고 추가 라이닝을 설치할 수도 있는데, 이를 '**방수 복공**'이라 한다.

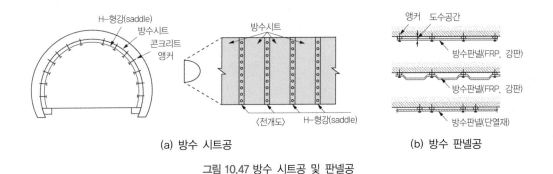

(a) 방수 시트공   (b) 방수 판넬공

그림 10.47 방수 시트공 및 판넬공

차수 및 지수 공법

주입공법(그라우팅 공법). 시멘트계 또는 화학 재료를 배합한 그라우트액을 누수경로를 포함하는 주변 지반에 주입하여 누수를 저감시키는 공법이다. 주입압이 라이닝에 부담을 주지 않도록, 라이닝의 변위와 주입압력을 적절히 관리하여야 하며, 라이닝 천공에 따른 방수막 훼손 대책이 필요하다.

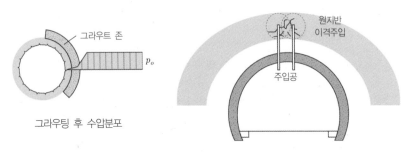

그림 10.48 터널 주변 그라우팅 지수

배수공법. 배수로 깊이를 저하시키면 주변 수위를 낮추어 지하수와 터널 간 접촉을 차단하는 **배수로 깊이 저하법**(배수구 수위도 함께 낮춰야 한다)과 집중누수를 정해진 경로로 유도배수시키는 **수발 보링 공**(drain pipe)이 있다. 수발 보링 공은 라이닝을 관통하여 설치되므로 주로 방수막이 설치되지 않은 오래된 터널의 누수대책으로 유용하다.

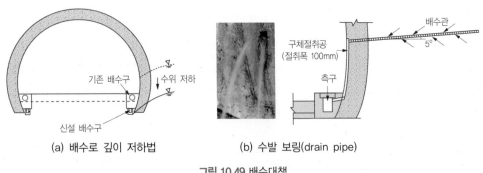

(a) 배수로 깊이 저하법   (b) 수발 보링(drain pipe)

그림 10.49 배수대책

갱구부 동해대책

갱구부(portal)에 집중되는 누수와 이에 따른 동해(凍害)를 방지하기 위하여, 터널 외부 대책으로 주변토 치환(동상(frost heave)의 영향 없는 자갈 등으로), 발포성 수지 등 단열재 시공 등을 검토할 수 있다. 터널 내부대책으로는 배면주입(정체수 동결방지), 측벽개축(변상이 현저한 경우) 등의 대책을 고려할 수 있다.

10.5 운영 중 터널의 근접영향 관리

10.5.1 운영 중 터널의 근접영향의 관리

기존 터널에 인접한 건설공사는 터널 주변 지반의 응력 증가 및 재배치를 초래하여 운영 중 터널에 손상을 야기할 수 있다. 운영 중 터널에 손상을 초래할 수 있는 주요 근접영향은 다음과 같다.

- 신규 터널의 병설 및 교차
- 기존 터널 상부 개착, 건물의 축조
- 터널 주변의 건설공사로 인한 응력제거 및 지반변형 거동
- 지하수위 변동을 야기하는 터널 주변 건설공사로 인한 지반진동 및 지하수 변동
- 기존 터널 근접 주입(그라우팅)공사

근접영향의 검토체계

근접영향은 운영 중 터널 관리 주체의 자체 시설확장 계획 등에 따라 수반될 수도 있지만, 대부분이 터널에 인접해 계획된 다른 건설공사로 발생한다. 일반적으로 원인 제공자인 인접건설 사업자가 운영 중 터널에 대한 영향을 검토하고, 대책을 수립하여, **터널 운영기관과 협의**하게 된다.

협의과정에서 인접 건설 사업자는 경제적 비용으로 사업을 추진하고자 하는 반면, 터널 운영자는 엄격한 대책과 조치를 요구하게 되므로, 터널 전문가들이 참여하여 최적방안을 도출하는 논의 체계를 활용하는 것이 바람직하다. 근접영향의 예와 관리절차를 그림 10.50에 예시하였다.

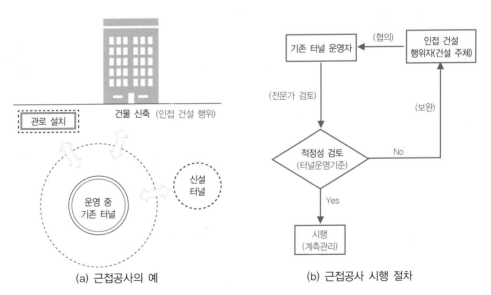

(a) 근접공사의 예   (b) 근접공사 시행 절차

그림 10.50 근접공사의 예와 수행 체계

터널의 보호영역

터널은 지지 지반 없이 유지될 수 없고, 특히 관용터널공법의 경우 지반과 지보재가 일체화된 지지링 개념이므로 터널로부터 일정 지반영역은 터널의 일부로서 보호되어야 한다. 운영 중 터널의 보호를 위하여 터널관리 기관들은 나름의 **보호영역 기준과 근접영향 관리**에 대한 지침을 두고 있다.

그림 10.51은 근접영향 관리를 위한 터널 주변의 보호영역을 예시한 것이다. 일반적으로 터널 주변 약 6m(록볼트 5m+여유 1m)는 근접굴착이 제한되며, 그로부터 터널직경의 약 2배 영역에서는 대책을 반영할 경우 제한적으로 허용된다. 근접 터널 건설, 성토 및 절토 등 개별영향에 따른 보호영역과 관리대책은 Box 10.7을 참고할 수 있다.

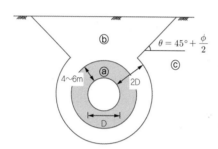

ⓐ 시공 불가 또는 적극적인 대책 수립
   (excavation is not allowed)
ⓑ 대책 필요 영역(제한적 시공 가능 영역)
   (limited excavation)
   (excavation with reinforcement)
ⓒ 안전영역(시공 가능)

그림 10.51 터널 주변 근접영향에 대한 보호영역 예

터널과 인접하게 계획되는 구조물의 경우, 터널운영기관에서 요구하는 안정성 검토가 필요하다. 근접영향에 대한 안정성검토는 운영 중 터널보호대책을 수립하는 것으로, 적정 굴착공법의 선정, 수치해석 등을 통한 지반거동평가, 발파 등 건설 진동영향 추정, 지하수위 저하 및 침투 등 배수시스템 영향 등의 검토를 포함하며, 검토 결과에 따라 저감 대책 수립, 계측 계획 등을 제시하여야 한다.

근접영향으로부터 터널을 보호하는 대책은 크게 **터널 보강대책**과 **주변 보강대책**으로 구분할 수 있다. 터널 보강대책으로 라이닝보강(받침판, 단면보강, 철망 등), 단면 두께 보완 등을 고려할 수 있고, 주변 보강대책으로는 배면 보강재 주입, 록볼트 시공 등을 검토할 수 있다.

10.5.2 터널 근접공사의 대표적 유형과 영향

터널 상부 굴착 및 성토. 터널의 상부 개착에 의해 하중이 제거되어 연직토압이 감소하고, 측압계수가 커지면 터널 천장부가 붕괴될 수 있다. 반면, 터널 상부의 건물 축조는 라이닝에 수직하중을 증가시키며, 성토가 균등하지 않은 경우, 라이닝에 편압을 야기할 수도 있다. 그림 10.52는 터널 상부 하중 변화 요인을 예시한 것이다.

터널 상부에 신설 구조물을 건설하기 위하여 굴착하는 경우, 굴착 중에 터널 작용하중이 감소하지만 신축과 함께 하중이 증가하므로, 하중 변화 전 과정에 대한 영향이 검토되어야 한다(Lee Y.J. & Basstte, 2007).

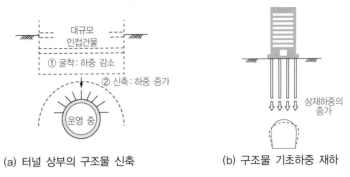

(a) 터널 상부의 구조물 신축   (b) 구조물 기초하중 재하

그림 10.52 터널 상부의 건물과의 간섭 영향

터널의 교차 및 병설. 기존 터널에 인접하여 새로운 터널을 굴착하는 경우, 굴착 이완 효과로 인해 신설터널 쪽으로 변형되는 거동이 일어난다. 신설터널이 기존 터널 상부를 통과하는 경우, 이격거리가 가까우면 기존 터널의 **지반 아칭효과가 소멸**되어 라이닝에 작용하는 하중이 증가할 수 있다. 반면, 신설터널이 기존 터널의 하부를 통과하는 경우에는, 지반 이완이 일어나 기존 터널에 변형이나 침하를 야기할 수 있다.

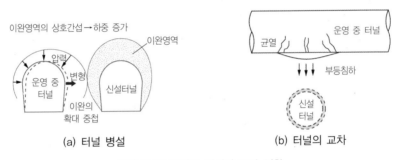

(a) 터널 병설   (b) 터널의 교차

그림 10.53 터널의 병설과 교차 영향

터널 주변 기타 건설공사의 영향. 터널 주변의 토사 제거는 터널형성의 근간이 되는 **지반 아치작용을 소멸**시켜 터널에 구조적 영향을 미칠 수 있다. 터널 주변의 발파작업, 앵커 정착 등 주변의 건설공사도 인접터널에 변형을 야기할 수 있다. 또한 댐 건설, 지하수보호 대책 시행(예, New York시) 등으로 터널 주변의 수위가 상승하면, 터널에 작용하는 수압의 크기가 변화하여 터널에 구조적 영향을 미칠 수 있다.

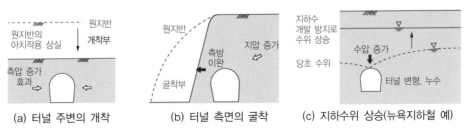

(a) 터널 주변의 개착   (b) 터널 측면의 굴착   (c) 지하수위 상승(뉴욕지하철 예)

그림 10.54 터널 주변 건설작업의 영향

Box 10.7　터널 근접영향의 유형과 관리대책

운영 중 터널의 근접영향 관리대책은 주변 건설공사 유형에 따라 다음을 참고할 수 있다.

A. 터널 근접영향의 관리 일반

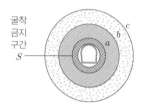

S : 라이닝~6.0m : 굴착 금지
a : 6m ~ $2.0D_e$: 굴착 제약
b : $2.0D_e$ ~ $3.0D_e$: 보강 굴착
c : $3.0D_e$ 이상 : 주의 굴착
D_e : 터널의 등가직경

※ Rock Bolt 길이 6.0m 이상인 경우 :
　→ Rock Bolt 길이+1.0m 굴착 금지

B. 병행 및 교차터널구간의 보호영역과 관리대책(신·구 터널 주면간 거리 관리기준, D′ : 신설터널 직경)

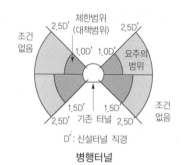

병행터널

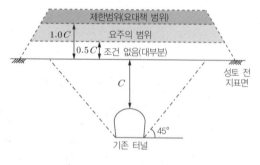

교차터널

C. 터널 상부 성토에 따른 관리대책 : $C > 3D$이면, 높이 1.0C까지 조건 없이 성토 허용)

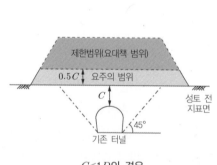

$C < 1D$의 경우

$1D \leq C < 3D$의 경우

D. 터널 상부 절토에 따른 보호영역과 관리대책

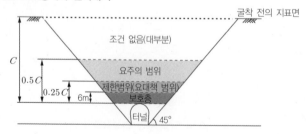

10.5.3 근접영향의 검토 및 대책 예

서울을 비롯한 대도시의 경우, 지하철 망이 촘촘해지면서 초고층 빌딩건설을 위한 깊은 굴착과 기존 지하철 터널과 간섭영향이 발생하는 경우가 흔하다. 터널 주변의 깊은 굴착의 예를 통해 근접영향의 검토와 대책을 살펴볼 수 있다.

운영 중 터널에 근접한 깊은 굴착과 흙막이 계획

그림 10.55는 지하철 2-Arch 터널에 인접하여 터널 바닥 심도에 이르는 깊은 굴착 계획(38.7m)을 예시한 것이다. Top Down 방식의 지하연속벽, 흙막이 공사 계획이 수립되었다. 상부 연암까지의 콘크리트 연속벽은 스트러트로 지지하고, 하부 암반은 '숏크리트+네일(nail)' 지지로 계획하였다.

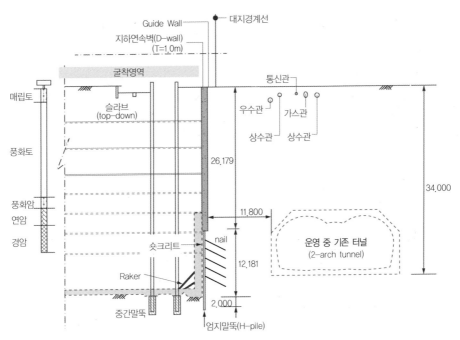

그림 10.55 운영 중 터널 인접 깊은 굴착의 흙막이 계획 예(그림 10.58의 A-A 단면, 단위 m)

터널 안정 검토

수평 자유지반의 초기응력 상태를 설정하고, 먼저 터널 시공을 모사하는 해석을 수행하여, 굴착 전 지반과 터널의 초기 상속응력(inherited stress) 상태를 재현한다. 상속응력을 유지한 상태에서 터널 굴착으로 인한 지반변위를 모두 '0'으로 초기화하고, 굴착 계획에 따라 '슬러리 월 설치 → 단계적 굴착 및 지지'의 순서로 굴착 해석을 수행한다. 단계별 해석 결과가 흙막이 및 터널의 허용거동 이내에 있는지 확인한다. 그림 10.56은 해석 흐름도를 예시한 것이다. 그림 10.57에 해석 결과를 예시하였다.

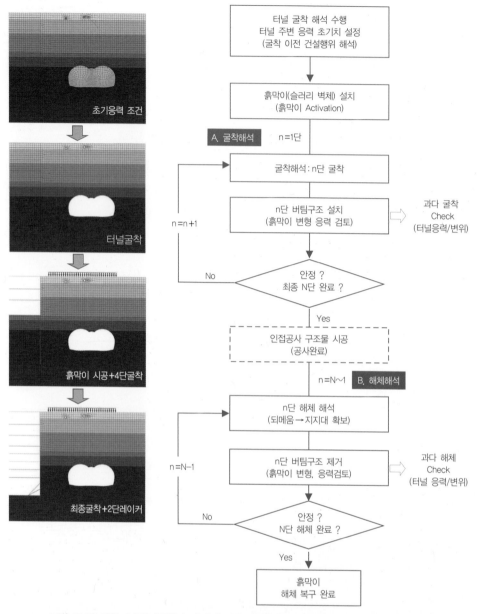

그림 10.56 해석 흐름도(굴착과 해체에 따른 응력 이완이 터널에 미치는 영향을 평가)

해석결과, 굴착으로 발생한 거동은 모두 변위허용기준, 부재 허용응력 기준 이내로서 별도의 지지구조 보강 등 흙막이 설계를 변경할 요인은 발생하지 않았다. 허용기준 초과 시 추가적인 구조보강이 필요하다.

개착구조물 완공 후 되메움과 함께 진행되는 흙막이 해체작업은 구속되었던 토압이 해제되는 과정으로서, 벽체변형이 일어나며 터널안정에도 영향을 미칠 수 있다. 흙막이 구조물의 경우 지지구조(스트러트, 앵커 등) 해체 시 과다해체에 따른 붕괴사고가 일어난 다수의 사례가 보고되었다. 따라서 굴착해석의 역으로 진행되는 해체과정의 단계별 해석을 실시하여 가시설 제거와 뒤채움 복구과정의 안정을 검토하여야 한다.

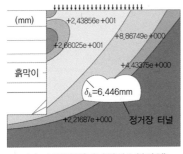

(a) 수평변위(터널최대수평변위)

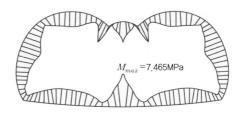

(b) 휨응력 분포도

그림 10.57 해석 결과 예

안전 관리 계획(계측 계획)

　공사 중 지반불확실성의 대응, 설계 적정성 확인 등 리스크를 관리하기 위하여 모니터링 계획(계측 계획)을 수립한다. 그림 10.58에 해석 결과에 따른 구조물 중요도 등을 고려한 계측의 범위와 계측기의 배치를 보였다. 작업 전·중·후에 걸쳐 지반에 대하여 지표변위, 지중변위, 그리고 터널구조물에 대하여 라이닝 변위, 응력, 경사, 균열폭 변화 등을 계측하여 안정성을 검증한다. 굴착에 따른 지하수의 영향은 별도 수리해석으로 검토하여야 하며, 이에 기초하여 모니터링 계획에 지하수위 측정도 포함하여야 한다.

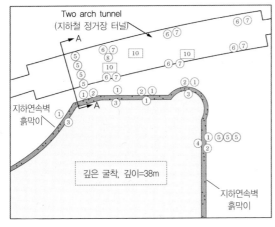

(a) 계측기 배치 평면도

구분	명칭	설치 위치 및 측정 대상	수량
①	지중 경사계	토류벽의 수평변위 계측	18
②	지하수위계	지하수위의 계측	9
③	변형률계	부재의 변형률 측정	7
④	네일(nail)축력계	네일 축력 측정	19
⑤	지표침하핀	지표면에 침하 측정	25
⑥	경사계	기울기 측정	6
⑦	균열측정계	구조물 균열 측정	6
⑧	내공변위계	지하철터널의 변위 측정	1
	3D TARGET 측정	흙막이 벽체 변위 측정	6
⑩	진동 측정계	발파 등 건설진동 측정	6

• 계측기간 : 굴착 – 해체까지
• 계측빈도 : 굴착/해체 시 1회/일(위험 시 빈도 증가)

(b) 계측요소와 계측기

그림 10.58 계측 계획 예

APPENDIX

터널 설계 해석 실습

터널 설계 해석 실습
: 터널의 작도, 수량산출, 굴착안정해석, 라이닝 구조해석 및 터널 수리해석

실습개요

터널 설계해석 실습의 범위는 터널단면 작도와 수량산출, 굴착안정해석, 라이닝 구조해석 그리고 수리해석으로 설정하였다. 단면작도를 위한 CAD 프로그램과 터널굴착안정해석 및 라이닝 구조해석을 위한 S/W(예, MIDAS GTS NX)가 구비된 전산실을 확보하여야 한다. 라이닝 해석은 구조해석이므로 굴착해석과 다른 프로그램을 사용할 수도 있다. CAD나 수치해석에 대한 기본 소양을 갖춘 경우, 도면 작도 2시간, 굴착 안정해석 3시간, 구조해석 2시간, 수리해석 2시간 이상이 확보되어야 한다(시간여건에 맞게 실습의 양과 범위를 조정할 수 있다).

A.1 터널의 단면 작도(CAD)

터널의 크기 결정 : 건축한계

터널의 크기는 설계대상 프로젝트에서 요구하는 건축한계와 안전여유를 포함하여 결정한다(여기서는 도로시설기준에 따른 2차선 도로터널의 건축한계). 아래와 같이 기본 좌표를 설정하고, 배수 구배가 없는(수평바닥) 3심원 마제형 터널단면을 작도한다.

- 차로폭 3.5m인 2차로 터널로서 좌우측으로 1.0m의 측방여유폭 적용
- 시설한계(도로시설기준) : 폭 9.0m, 높이 4.8m
- R1의 중심점 높이 1.0m 적용

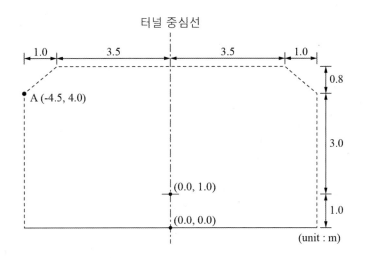

① R1의 작도 : 안전여유 고려

- 중심점에서 가장 길이가 긴 시설한계의 끝점을 기준으로 안전여유, 시공오차를 포함하여 R1을 결정한다.
- 중심점 높이 1.00m와 중심각 120°를 확보한다.
- 케이블, 대피로 등의 설치를 위한 하부 시설대를 작도한다.

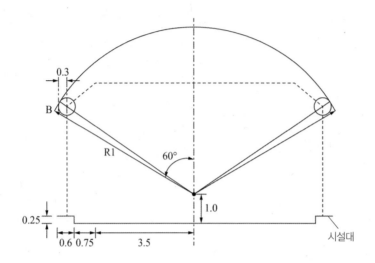

② 시설대 및 R2 작도

- R1의 끝점과 시설대의 끝점을 연결한 선분 BC의 수직 이등분선과 R1이 만나는 점 D를 구한다.
- D를 중심으로 하고 B점과 C점을 지나는 반경 R2의 호를 작도한다.

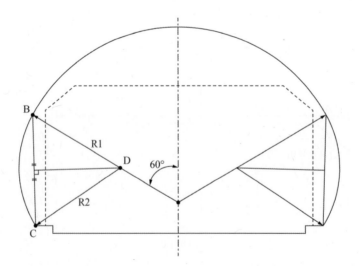

③ 라이닝 두께 결정 및 R3 작도

- 라이닝콘크리트 두께를 고려한 라이닝 외곽선을 작도한다(라이닝 두께 0.3m 가정).
- 라이닝 외곽선의 끝점을 E, 터널 하단 공동구 여유폭을 고려한 R2의 연장선의 끝점 F를 결정한다.
- 선분 EF의 수직 이등분선과 R1이 만나는 D′을 구한다.
- D′을 중심으로 하고 E점와 F점을 지나는 반경 R3의 호를 작도한다.

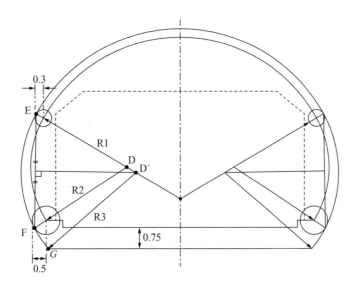

④ 록볼트 작도

- 록볼트 길이 4m, 간격을 1.5m로 설정하고, 부채꼴 길이 계산식을 이용해 θ와 θ'을 구하여 반경방향으로 록볼트를 작도한다.
- R1을 이용한 원과 R3를 사용한 원의 길이가 다르므로 주의하여 길이를 계산한다.

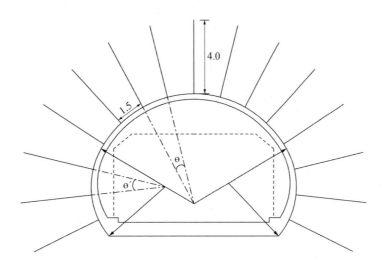

좌표(x, y)계산 : 단면 작성 후 좌표 확인

① R1의 산정 : 라이닝과 건축한계 간 최소거리, 즉 안전여유는 0.3m로 설정한다.

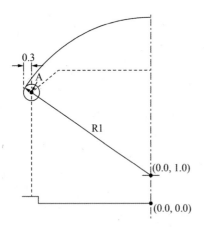

1) R1 계산

$$R1 = \sqrt{\left\{x_A^2 + (y_A - \text{중심점 } y\text{좌표})^2\right\}} + 0.3 = 5.7083$$

② R2의 산정

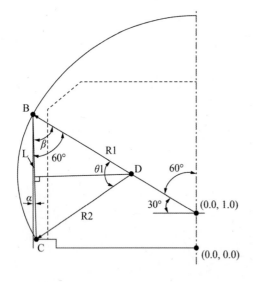

1) B(x, y) 좌표계산

$$B(x, y) = (-R1 \times \sin(60°),\ R1 \times \cos(60°) + 1.0)$$
$$= (-4.9435, 3.8542)$$

2) C(x, y) 좌표계산

$$C(x, y) = (-4.850, 0.250)$$

3) R2 및 θ1 산정

$$L = \frac{1}{2} \times \overline{BC} = 0.5 \times \sqrt{\left\{(x_C - x_B)^2 + (y_C - y_B)^2\right\}} = 1.8027$$
$$\alpha = \operatorname{atan}\{(x_C - x_B)/(y_C - y_B)\} = -1.4860$$
$$\beta = 60° + \alpha = 58.5140$$
$$R2 = L/\cos\beta = 3.4515$$
$$\theta 1 = 180° - 2\beta = 62.9720$$

③ R3의 산정

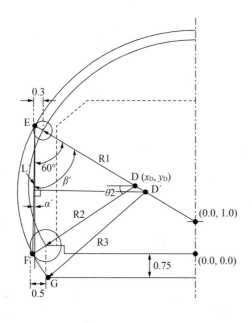

1) E(x, y) 좌표계산

$$E(x, y) = (-(R1+0.3) \times \sin(60°),$$
$$(R1+0.3) \times \cos(60°)+1)$$
$$= (-5.2033, 4.0042)$$

2) D(x, y), F(x, y) 및 θ2 계산

$$D(x, y) = (-(R1-R2) \times \cos(30°),$$
$$((R1-R2) \times \sin(30°)+1)$$
$$= (-1.9544, 2.1284)$$
$$\theta2 = \text{asin}\{(y_D - 0.250)/R2\} = 32.9719$$
$$x_F = x_D - (R2+0.50) \times \cos(\theta2) = -5.2695$$
$$y_F = y_D - (R2+0.50) \times \sin(\theta2) = -0.0221$$
$$F(x, y) = (-5.2695, -0.0221)$$

3) R3 산정

$$L' = \frac{1}{2} \times \overline{EF} = 0.5 \times \sqrt{\{(x_F - x_E)^2 + (y_F - y_E)^2\}} = 2.0134$$
$$\alpha' = \text{atan}\{(x_F - x_E)/(y_F - y_E)\} = 0.9420$$
$$\beta' = 60° + \alpha' = 60.9420$$
$$R3 = L'/\cos\beta' = 4.1454$$

A.2 굴착 수량산출

단면 작성이 완료되면 작업물량(굴착량과 버력처리량)을 산정할 수 있다. 굴착총량은 여굴량을 적용하여 '설계굴착량+여굴량'으로 산정한다(품셈기준 15cm).

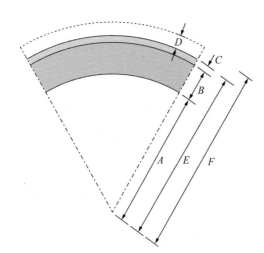

A : 라이닝 내공반경=R1

B : 콘크리트 라이닝 두께=0.3m

C : 숏크리트 두께=0.08m

D : 여굴=0.15m

E : 설계굴착=A+B+C

F : 굴착총량=E+D

① 상부 반단면 굴착량

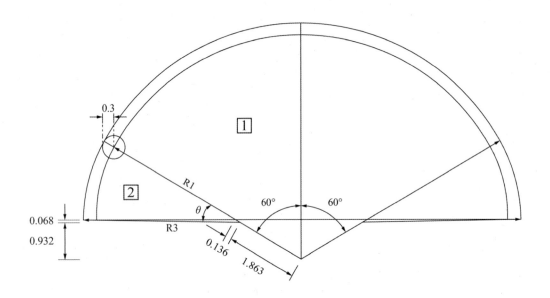

구분	산출 근거	수량
총굴착 (굴착 총량)	$F1 = (R1 + 0.3 + 0.08 + 0.15) = 6.2383$ $F3 = (R3 + 0.08 + 0.15) = 4.3754$ $\theta = 30° - \sin^{-1}(0.068/F3) = 29.1095$ $\boxed{1}\ F1^2 \times \pi \times 120/360 - 1.732 \times 1.00 \times 1/2 \times 2 = 39.0211$ $\boxed{2}\ (F3^2 \times \pi \times \theta/360 - 0.136 \times F3 \times \sin\theta \times 1/2) \times 2 = 9.4368$	여굴 고려
	계	$48.4579\text{m}^3/\text{m}$
설계굴착	$E1 = (R1 + 0.3 + 0.08) = 6.0883$ $E3 = (R3 + 0.08) = 4.2254$ $\theta = 30° - \sin^{-1}(0.068/E3) = 29.0779$ $\boxed{1}\ E1^2 \times \pi \times 120/360 - 1.732 \times 1.00 \times 1/2 \times 2 = 37.0849$ $\boxed{2}\ (E3^2 \times \pi \times \theta/360 - 0.136 \times E3 \times \sin\theta \times 1/2) \times 2 = 8.4863$	
	계	$45.5712\text{m}^3/\text{m}$
여유굴착	총굴착−설계굴착	$2.8867\text{m}^3/\text{m}$

② 하부 반단면 굴착량

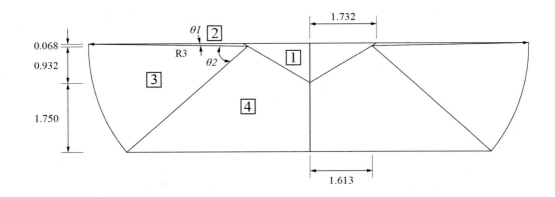

구분	산출 근거	수량
총굴착 (굴착 총량)	$F3 = (R3 + 0.08 + 0.15) = 4.3754$ $\theta1 = \sin^{-1}(0.068/F3) = 0.8905$ $\theta2 = \sin^{-1}(2.682/F3) = 37.8047$ 1️⃣ $1.732 \times 1 \times 1/2 \times 2 = 1.732$ 2️⃣ $(0.136 \times F3 \times \sin\theta1 \times 1/2) \times 2 = 0.0092$ 3️⃣ $(F3^2 \times \pi \times (\theta2/360)) \times 2 = 12.6312$ 4️⃣ $(2.682 \times F3 \times \cos\theta2 \times 1/2 + (1.750 + 2.682) \times 1.613 \times 1/2) \times 2 = 16.4206$	여굴 고려
	계	30.7934m³/m
설계굴착	$E3 = (R3 + 0.08) = 4.2254$ $\theta1 = \sin^{-1}(0.068/E3) = 0.9221$ $\theta2 = \sin^{-1}(2.682/E3) = 39.4002$ 1️⃣ $1.732 \times 1 \times 1/2 \times 2 = 1.732$ 2️⃣ $(0.136 \times E3 \times \sin\theta1 \times 1/2) \times 2 = 0.0092$ 3️⃣ $(E3^2 \times \pi \times (\theta2/360)) \times 2 = 12.2775$ 4️⃣ $(2.682 \times E3 \times \cos\theta2 \times 1/2 + (1.750 + 2.682) \times 1.613 \times 1/2) \times 2 = 15.9058$	
	계	29.9245m³/m
여유굴착	총굴착 - 설계굴착	0.8689m³/m

③ 총 굴착량

구분	총굴착	설계굴착	여유굴착
상부	48.4579m³/m	45.5712m³/m	2.8867m³/m
하부	30.7934m³/m	29.9245m³/m	0.8689m³/m
총계	79.2513m³/m	75.4957m³/m	3.7556m³/m

③ 숏크리트 물량(용도에 따른 규격차를 고려하여야 함) - 강섬유 보강 숏크리트 등

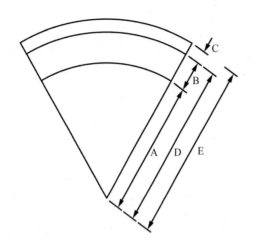

A : 라이닝 내공반경

B : 콘크리트 라이닝 두께

C : 숏크리트 두께

D : (여굴 포함 라이닝 외공반경)
   = A+B+여굴 두께/2

E : (여굴 포함 숏크리트라이닝 외공반경)
   = C+D+여굴 두께/2

숏크리트 총량

$$= \{ 총굴착 - \pi \times \frac{\theta}{360} \times D^2 \} \times 1/(1 - 0.15 \ or \ 0.1)$$

* 여굴량 및 리바운드량 포함(탈락율 상부 15%, 하부10%)

* 숏크리트 리바운드량 = 숏크리트량 × [1/{1−(0.15~0.10)}−1]

(적용 기준 : Shotcrete 두께 : 8cm → 적용 두께 : 15.5cm)

④ 록볼트 물량

설치개수 : 15.5개(교번 배치에 따른 평균 값 적용), 길이 : 4m

록볼트 설치 물량 = 4m@15

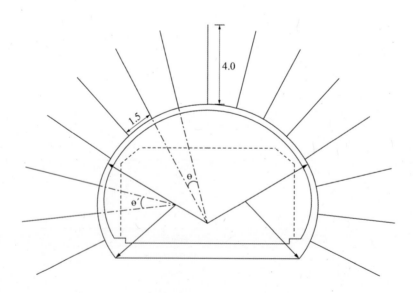

A.3 굴착안정해석

굴착지반안정해석

터널안정해석은 통상 3차원 굴착거동을 경험파라미터를 이용한 2차원 평면변형해석으로 수행한다. 실습을 위해 터널해석(교육용) S/W(예, MIDAS GTS NX)가 준비되어 있어야 한다. CAD로 작성한 터널단면을 수치해석 데이터로 읽어 모델링한다. 수치해석법의 구체적인 내용은 TM4장을 참고한다.

지반 프로파일과 터널 모델링

A.1에서 작도한 터널이 토피(cover depth) 25m인 풍화암 내 위치하는 것으로 가정하였다. 모델의 경계는 (1~1.5)H 또는 (6~11)D로 설정한다. 터널 D(11.57m)의 6.5배를 적용해 그림과 같이 폭 150m, 깊이 70m로 설정하였다. 터널단면은 앞 절에서 작도한 CAD의 설정좌표를 활용한다.

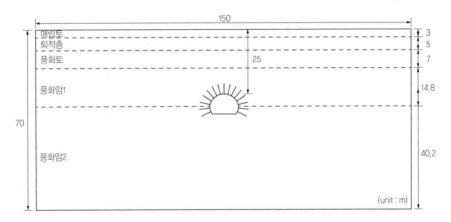

지반 프로파일과 터널단면

지층경계는 시추조사로 파악된 설계패턴 자료를 활용하고, 설정패턴에 부합하는 지보재를 모델에 고려하였다. 숏크리트와 록볼트가 지보재로서 터널모델에 포함되었다(분할 굴착인 경우, 터널굴착 단계를 고려하여 단면 분할선이 고려되어야 한다).

메쉬(요소)화는 제5장의 수치해석이론에서 살펴본 고려요인을 검토하여 결정한다. 터널해석 전 프로그램에서 제공하는 따라하기 등을 이용하여 먼저, 간단한 형상의 문제를 메쉬화하는 연습을 수행하면 도움이 된다. 여기서는 수평지반의 마제형 터널 그리고 숏크리트와 록볼트를 고려하였다. 메쉬화를 위한 기준좌표를 입력하고 Mesh Generation 기능을 이용하여 최종 Mesh를 완성한다.

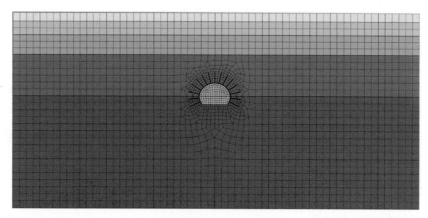

해석모델 – Mesh Profile

초기응력

초기응력은 정지지중응력조건을 고려하여 수직 및 수평응력을 각각 다음과 같이 정의한다.

$$\sigma_{vo} = \gamma_t z, \ \sigma_{ho} = K_o \gamma_t z$$

초기응력 정의에 필요한 물성은 단위중량 γ_t와 측압계수 K_o 이다.

재료거동 모델과 입력파라미터

① 지반모델링

매립층, 퇴적층, 풍화토, 풍화암 층별 구성모델과 모델이 요구하는 물성을 결정한다. 지반은 탄소성거동을 하므로 지반 거동모델은 탄성모델(Pre-yield Model)과 소성모델(Post-yield Model)로 구분하며, 여기서는 탄성거동의 등방선형탄성모델로, 소성거동은 Mohr-Coulomb 모델을 적용한다.

- Pre-yield 거동 : 선형탄성 모델(평면변형조건)

$$\begin{Bmatrix} \Delta\sigma_{xx} \\ \Delta\sigma_{zz} \\ \Delta\tau_{xz} \end{Bmatrix} = \frac{E}{(1+\nu)(1-2\nu)} \begin{bmatrix} (1-\nu) & \nu & 0 \\ \nu & (1-\nu) & 0 \\ 0 & 0 & \dfrac{(1-2\nu)}{2} \end{bmatrix} \begin{Bmatrix} \Delta\epsilon_{xx} \\ \Delta\epsilon_{zz} \\ \Delta\gamma_{xz} \end{Bmatrix}$$

위 구성식에서 요구되는 지반물성은 탄성계수(E)와 포아슨비(ν)이다.

- Post-yield 거동 : Mohr-Coulomb (MC) 모델

$$\tau_f = c + \sigma_n \tan\phi \ \text{또는}$$

$$\sigma_\theta = k_\phi \sigma_r + 2c \frac{\cos\phi}{1-\sin\phi} = k_\phi \sigma_r + \sigma_c \ \text{여기서} \ k_\phi = (1+\sin\phi)/(1-\sin\phi)$$

위 MC 소성모델에 요구되는 지반물성은 점착력(c)과 내부마찰각(ϕ)이다.

• 지반물성

구분	단위중량(kN/m³)	점착력(kPa)	내부마찰각(°)	변형계수(kPa)	측압계수	포아슨비(ν)
매립토	17	0	25	10,000		0.40
퇴적층	17	15	29	10,000		0.40
풍화토	19	15	31	20,000	0.5	0.35
풍화암1	21	30	33	200,000		0.32
풍화암2	23	200	33	1,000,000		0.27

② 지보 모델링

지보재는 지반에 비해 상대적으로 강성과 강도가 현저히 크며, 따라서 일반적으로 선형탄성거동재료로 고려한다. 숏크리트는 보요소, 록볼트는 트러스(bar) 요소로 모델링한다. 숏크리의 시간에 따른 강성증가특성을 고려하여 타설 직후의 Soft Shotcrete와 시간 경과 후 Hard Shotcrete로 구분하여 모델링하였다.

• 숏크리트 구성식(보요소)

$$[D] = \begin{bmatrix} \dfrac{EA}{1-\nu^2} & 0 & 0 \\ 0 & \dfrac{EI}{1-\nu^2} & 0 \\ 0 & 0 & KGA \end{bmatrix}$$

위 구성식에서 숏크리트의 단면정보와 탄성계수, 포아슨비 및 전단탄성계수(E, ν를 알면 계산 가능, 입력 불필요)가 필요하다. 전단보정계수 K는 사각형보의 경우 $K = 5/6$를 사용한다.

• 록볼트 구성식(바 요소)

$$[D] = \dfrac{EA}{L}$$

록볼트는 길이, 단면 정보와 탄성계수의 입력이 필요하다.

• 지보재 단면특성

구분	모델링 요소	단면	규격(m)	
숏크리트	보	Soild Rectangle	두께(H)	0.080
			폭(B)	1.000
록볼트	트러스(bar)	Solid Circle	직경(D)	0.025

- 지보재 물성

구분	탄성계수(kPa)	포아슨비(ν)	단위중량(kN/m³)
Soft S/C	5,000,000	0.2	24
Hard S/C	15,000,000	0.2	24
Rock bolt	210,000,000	0.2	78

터널굴착의 2차원 모델링

① 3차원 굴착의 2차원 모델링 : 시공과정의 모델링

하중 분담률법을 이용하여 3차원 터널굴착을 2차원으로 모델링하였다.

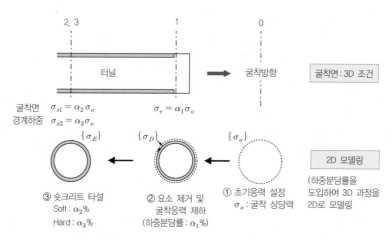

터널굴착의 2차원 모델링 하중분담률

- 시공단계별 하중분담률 설정

하중 분담률은 유사지반의 계측 결과 역해석, 유사설계사례 등을 참고하여 결정할 수 있다. 여기서는 유사해석 사례를 참고하여 아래와 같이 하중분담률을 3단계로 구분 설정하였다.

굴착진행단계	내용	하중분담률(%)
STEP 0	초기응력이용 굴착상당력	
STEP 1	굴착 단계	$\alpha_1 = 40$
STEP 2	Soft Shotcrete 타설	$\alpha_2 = 30$
STEP 3	Hard Shotcrete 경화	$\alpha_3 = 30$
		$\alpha_1 + \alpha_2 + \alpha_3 = 100\%$

② 증분해석 단계와 하중분담 관계

탄소성해석이므로 전체 굴착력을 여러 단계로 나눠 재하하는 비선형 해석이 수행된다. 각 해석단계를 증분해석이라 한다. 만일 전체하중을 20단계로 나누어 증분해석한다면, 각 증분해석 단계의 하중 크기는 같으므로 증분해석 단계(n)와 하중분담률 관계를 설정할 수 있다. 각 증분단계에서 굴착면에 부과되는 굴착하중은 $\Delta\sigma = \{\sigma_o\}/20$ 이다. 하중 증분단계를 위 표와 같이 40%, 30%, 30%로 설정하였다.

- 1단계 $\alpha_1 = 40\%$ 이므로,

  $n = 1 \sim 8$까지 매 단계마다 $\Delta\sigma = \{\sigma_o\}/20$씩, 총 $\Delta\sigma = (\{\sigma_o\}/20) \times 8 = 0.4\{\sigma_o\}$을 재하

- 2단계, $\alpha_2 = 30\%$ 이므로,

  $n = 9$ 에서 Soft Shotcrete가 타설(activated)되고,

  $n = 9 \sim 14$까지 매 단계마다 $\Delta\sigma = \{\sigma_o\}/20$씩, 총 $\Delta\sigma = (\{\sigma_o\}/20) \times 6 = 0.3\{\sigma_o\}$을 재하

- 3단계, $\alpha_3 = 30\%$ 이므로,

  $n = 15$에서 Hard Shotcrete가 발현(activated)되고,

  $n = 15 \sim 20$까지 매 단계마다 $\Delta\sigma = \{\sigma_o\}/20$씩, 총 $\Delta\sigma = (\{\sigma_o\}/20) \times 6 = 0.3\{\sigma_o\}$을 재하

③ 경계조건

모델 측면경계는 터널굴착영향을 배제할 정도로 충분한 간격을 설정하였으므로, 수평변위만 구속하고 수직변위는 허용하는 롤러지점을 도입하였다. 모델 바닥부는 굴착영향을 배제할 수 있도록 수직, 수평 변위를 구속하는 힌지지 지점을 도입하였다.

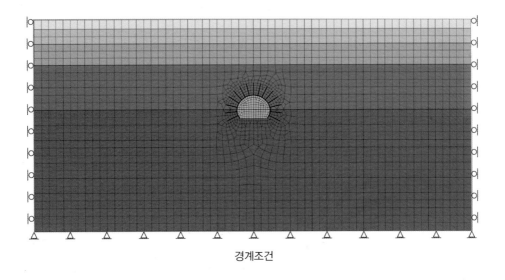

경계조건

해석 결과

터널굴착안정성해석으로부터 터널의 안정성(지반 및 지보)과 지표인접 건물의 안정성을 분석할 수 있다. 이에 필요한 해석결과는 터널주변 변형, 지표변형, 지보재 단면력 등이다.

① 터널주변 지반변형

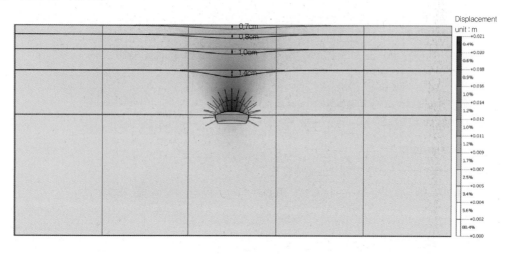

② 지표침하

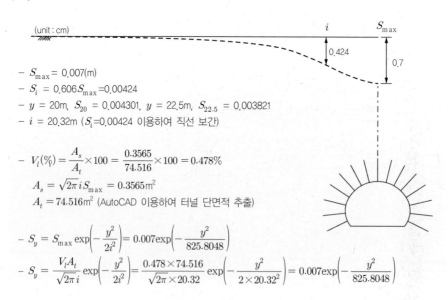

- $S_{max} = 0.007(m)$
- $S_i = 0.606 S_{max} = 0.00424$
- $y = 20m$, $S_{20} = 0.004301$, $y = 22.5m$, $S_{22.5} = 0.003821$
- $i = 20.32m$ ($S_i = 0.00424$ 이용하여 직선 보간)

- $V_l(\%) = \dfrac{A_s}{A_t} \times 100 = \dfrac{0.3565}{74.516} \times 100 = 0.478\%$

$A_s = \sqrt{2\pi}\, i S_{max} = 0.3565 m^2$

$A_t = 74.516 m^2$ (AutoCAD 이용하여 터널 단면적 추출)

- $S_y = S_{max} \exp\left(-\dfrac{y^2}{2i^2}\right) = 0.007 \exp\left(-\dfrac{y^2}{825.8048}\right)$

- $S_y = \dfrac{V_l A_t}{\sqrt{2\pi}\, i} \exp\left(-\dfrac{y^2}{2i^2}\right) = \dfrac{0.478 \times 74.516}{\sqrt{2\pi} \times 20.32} \exp\left(-\dfrac{y^2}{2 \times 20.32^2}\right) = 0.007 \exp\left(-\dfrac{y^2}{825.8048}\right)$

③ 터널변형

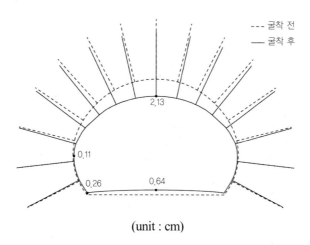

(unit : cm)

④ 소성영역

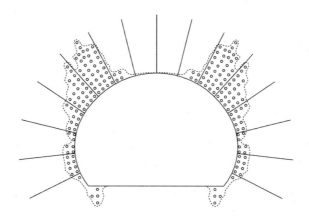

⑤ 숏크리트 축력

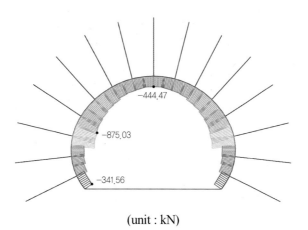

(unit : kN)

⑥ 숏크리트 휨응력 및 모멘트

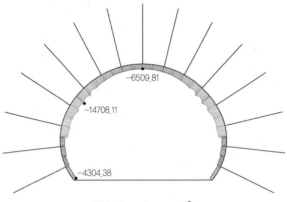

휨응력 (unit : kN/m^2)

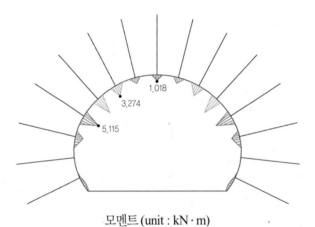

모멘트 (unit : kN · m)

⑦ 록볼트 축력

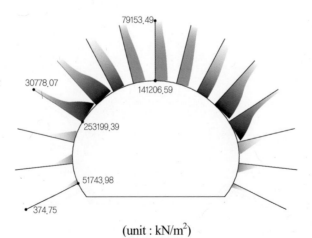

(unit : kN/m^2)

A.4 터널 라이닝 구조해석

라이닝 구조해석 실습

터널 라이닝 구조해석은 최종지보인 콘크리트 라이닝을 대상으로 한다. 이 부분은 구조해석 영역이므로 다른 구조 교과목에 해석실습이 있다면 이 과정은 생략 가능하다. 하지만 터널 엔지니어로서 곡선 구조물인 터널 라이닝에 분포하는 단면력(모멘트, 축력)의 경향과 추이를 가늠해볼 수 있는 좋은 기회이므로 실습을 권장한다. CAD로 작성한 터널단면을 수치해석 데이터로 읽어 모델링하거나, 앞의 굴착 안정해석 모델에서 숏크리트 라이닝을 추출하여 콘크리트 라이닝 모델링에 사용할 수 있다. 또는 별도의 구조해석용 프로그램으로도 해석이 가능하다.

콘크리트 라이닝 구조해석 개요

콘크리트 라이닝에 대한 라이닝 구조해석은 지반을 포함하는 전체 수치해석 모델 및 보-스프링 모델을 이용할 수 있다. 전체 수치해석 모델은 구조설계 기준에서 정하는 하중 조합 등을 고려할 수 없으므로, 보-스프링 모델을 이용한다.

해석단면은 앞에서 다룬 터널의 콘크리트 라이닝으로서 높이 7.76m, 폭 11.57m 라이닝을 대상으로 하였다. 일반적으로 라이닝 두께는 30~40cm 이며, 여기에서는 라이닝 두께를 40cm로 가정하였다.

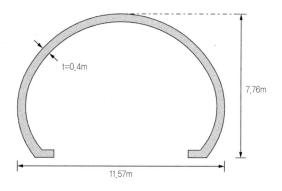

라이닝 해석 단면 및 치수

라이닝 구조해석은 다음 사항을 포함한다.

- 설계하중 산정
- 라이닝 구조 모델링
- 지반 스프링 상수 산정 및 입력파라미터 결정

설계하중

① 지반 이완하중

이완하중 산정방법은 Terzaghi 이완 하중식(2장 2.5.2절, 그림 2.49 참조)을 이용한다.

$$H_p = (0.35 \sim 1.10)(t_B + t_H),$$

$$B = B_t + \frac{2H_t}{\tan(45 + \phi/2)}$$

여기서, H_t : 터널 굴착 높이, B_t : 터널 굴착 폭, ϕ : 지반 내부마찰각, H_p, B : 이완영역의 높이와 폭이다.

주변지반의 내부마찰각 33°, 터널 폭(B_t) 11.57m, 높이 H_t는 7.76m이므로, 이를 적용한 이완하중 높이는 14.50m로 산정된다.

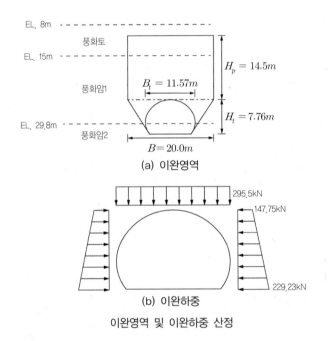

(a) 이완영역

(b) 이완하중

이완영역 및 이완하중 산정

② 하중 조합

본 실습에 사용한 하중조합은 **강도설계법**에 따라 수평 지반하중 : 2.5, 수평지반하중 : 1.5, 자중 : 1.8을 적용하였다. 터널이 지하수위 아래에 위치하면 잔류수압이 작용하는데, 본 터널의 수리해석 결과 지하수위가 터널 측벽부 까지 하강하므로, 수압으로 인한 하중은 고려하지 않는다.

해석단면 모델링

① 라이닝 모델링

라이닝은 주요지점, 단력 분포의 연속성 확인 등을 고려하여 적정 크기의 요소로 분할한다. 라이닝은 통상 선형탄성 재료로 고려한다. 허용응력을 설정하고 이를 초과하면 불안정으로 평가한다(일종의 elastic overstress analysis 개념).

• 라이닝 단면가정 및 물성

라이닝	탄성계수(kPa)	포아슨 비(ν)	단위중량(kN/m³)	규격(m)	
콘크리트	15,000,000	0.2	24	두께(H)	0.4
				단위폭(B)	1.0

※ 관용터널 라이닝 설계 파라미터 예

재료	설계 조건
콘크리트	설계기준 강도 : $f_{ck} = 24\text{MPa}$ 탄성계수 : $E_c = 8500\sqrt[3]{f_{cu}} = 8500\sqrt[3]{f_{ck}+8} = 26,986\text{MPa}$ 단위중량 : $\gamma_c = 25\text{kN/m}^3$
철근(SD 300)	항복강도 : $f_y = 300\text{MPa}$ 탄성계수 : $E_s = 200,000\text{MPa}$
지반	단위중량 : $\gamma_t = 18\text{kN/m}^3$(토사), $\gamma_w = 10\text{kN/m}^3$(지하수) 탄성계수 : $E_g = 280\text{MPa}$(터널 천단부 및 어깨부 : 풍화암) $E_g = 1,200\text{MPa}$(터널 측벽부 및 바닥부 : 연암)

② 지반 스프링 모델링

지반스프링은 절점에서 수직 및 전단거동을 고려하기 위하여 접선스프링과 반경방향 스프링으로 모사할 수 있다. 여기서는 단순한 경우로서 반경방향 스프링만 고려한다.

반경방향 스프링(k_r)은

$$k_r = \frac{E_g}{(1+\nu_g)}\frac{L}{r_e}$$

여기서 E_g : 주변 지반의 탄성계수, ν_g : 주변 지반의 포아슨비, L : 스프링 요소 중심 간 거리(접선방향 거리), r_e : 라이닝 등가반경이다.

라이닝 기초의 수직(k_v) 및 수평(k_h) 지반반력계수는 다음의 식을 이용하여 계산한다.

$$k = k_o\left(\frac{B}{30}\right)^{(-3/4)}$$

여기서 k_o : 직경 30cm의 강체원판에 의한 평판재하시험에 상당하는 지반반력계수로서 다음과 같다.

$$k_o = \alpha E_g / 30$$

여기서, B : 기초의 (수직 또는 수평방향)환산재하폭($B = \sqrt{A}$), $\alpha = 1$(상시), A : 재하면적이다. B는 수직방향에 대하여 1.0m, 수평방향에 대하여 0.4m를 적용하였다.

위 식에 의해 주어진 메쉬에 대하여 계산된 모델 스프링상수는 다음과 같다.

- 라이닝 반경방향: $k_r = 30,877$kN/m^3
- 터널 하부(수직): $k_v = 65,896,100$kN/m^3
- 터널 하부(수평): $k_h = 13,422,222$kN/m^3

지반과 라이닝이 유효한 부착력을 갖는다고 보기 어려우므로 지반스프링은 인장에 저항하지 못한다고 보는 것이 타당하다. 따라서 지반 스프링은 라이닝이 지반을 밀어내는 거동일 경우에만 작동한다(즉 수동지지 개념에서만 작동한다). 인장을 허용하면, 지반이 터널을 잡아당기는 거동이 되므로 불합리한 거동이 된다. 일반적으로 침하가 일어나는 천장부는 인장상태가 되므로 지반스프링의 역할이 무시된다. 지반스프링을 압축상태에서만 Activation되도록 하는 Option을 채택하거나, 천정부 약 90° 영역에 스프링을 달지 않는 방법들이 사용된다.

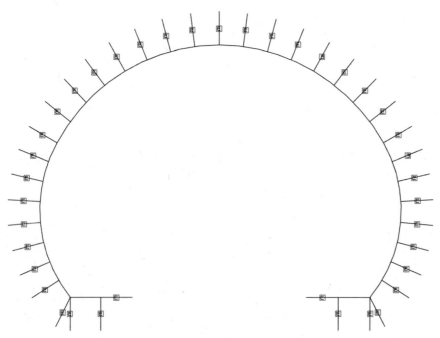

빔-스프링 라이닝 모델

해석결과

① 라이닝 변형

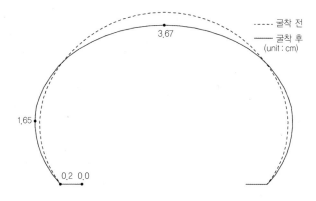

② 라이닝 축력

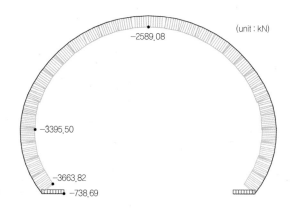

③ 라이닝 모멘트

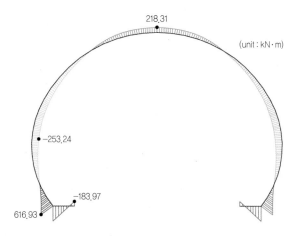

※ 축력 및 모멘트 이용하여 부재단면 검토(제5장 5.4절)

A.5 터널의 수리해석

터널 수리해석 실습

터널 수리해석은 배수터널을 대상으로 한다. 수리모델링 및 세부사항은 제4장을 참고한다. 일반적으로 터널에 발생 가능한 최고의 수위조건을 대상으로 한다. 수리해석으로부터 터널 내 유입량, 주변지반의 수위 및 수압변화 거동을 확인할 수 있다.

터널의 수리해석 모델링

정상류(steady-state flow) 조건에서 터널 수리해석을 수행한다. 해석단면은 앞에서 다룬 그림 A.1 단면을 사용하나, 모델링 영역을 다르게 적용한다. 수리해석에서는 모델링 영역을 (15~20)D로 설정한다. 터널 D(11.57m)의 19.8배를 적용해 그림과 같이 폭 460m, 깊이 70m를 고려하였다. 지하수위는 지표면과 일치한다. 투수계수모델은 일정투수계수를 사용하였다.

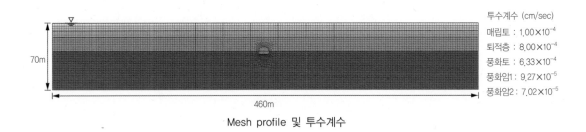

투수계수 (cm/sec)
매립토 : $1.00×10^{-4}$
퇴적층 : $8.00×10^{-4}$
풍화토 : $6.33×10^{-4}$
풍화암1 : $9.27×10^{-5}$
풍화암2 : $7.02×10^{-5}$

Mesh profile 및 투수계수

수리경계조건

해석 단면의 양 끝의 모델경계에는 절점수위(70m)를 설정하며, 수압이 항상 일정하게 적용된다. 터널 내 유입량을 계산하기 위해 터널 주면에 굴착경계를 설정하며, 수압이 '0'으로 설정된다.

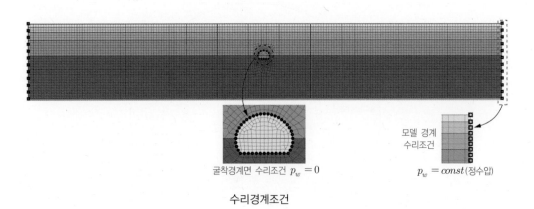

굴착경계면 수리조건 $p_w = 0$

모델 경계 수리조건

$p_w = const$ (정수압)

수리경계조건

해석결과 : 장기 평형조건해

① 장기평형조건에서의 유입량

- 터널 내 유입량 : 2.65×10^{-5} m³/sec/m (0.0265 l/sec/m)

- 시간당 유입량 : 0.0954 m³/h/m (95.4 l/h/m)

- 일일 유입량 : 2.289 m³/day/m (2289 l/day/m)

② 유속벡터

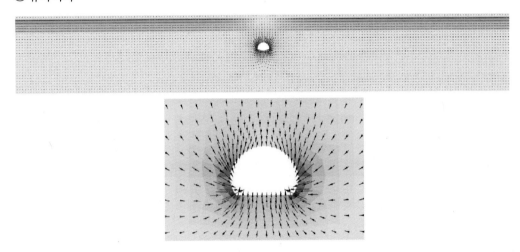

③ 수압분포 등고선

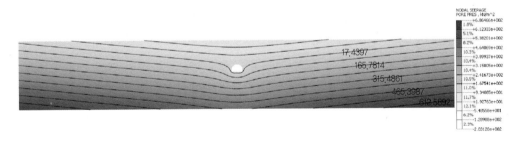

④ 지하수위

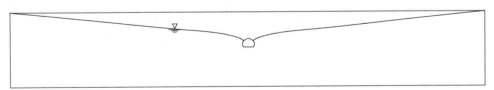

참고문헌

신종호 (2015), "지반역공학 I, Geomechanics and Engineering – 지반 거동과 모델링", 도서출판 씨아이알.

신종호 (2015), "지반역공학 II, Geomechanics and Engineering – 지반 해석과 설계", 도서출판 씨아이알.

신종호, 마이다스아이티 (2015), "전산지반공학 Computational Geomechanics", 도서출판 씨아이알.

신종호 (2020), "터널역학", 도서출판 씨아이알.

신종호 (2020), "터널공학", 도서출판 씨아이알.

Anagnostou, G., and Kovári, K. (1996), "Face stability conditions with earth-pressure-balanced shields", Tunnelling and underground space technology, **11**(2), 165-173.

Barratt, D. A., O'Reilly, M. P., and Temporal, J. (1994), "Long-term measurements of loads on tunnel linings in overconsolidated clay", In Tunnelling'94, Springer, Boston, MA, 469-481.

Barrett, S. V. L., and McCreath, D. R. (1995), "Shortcrete support design in blocky ground: Towards a deterministic approach. Tunnelling and Underground Space Technology", **10**(1), 79-89.

Barton, N. R. (2000), "TBM tunnelling in jointed and faulted rock", Crc Press.

Barton, N., Lien, R., and Lunde, J. (1974), "Engineering classification of rock masses for the design of tunnel support. Rock mechanics", **6**(4), 189-236.

Barton, N., Grimstad, E., Aas, G., Opsahl, O. A., Bakken, A., and Johansen, E. D. (1993), "Norwegian method of tunnelling", World Tunnelling, **5**(6).

Bieniawski, Z. T.(1976), " Rock Mass Classification in Rock Engineering", Exploration for Rock Engineering Symposium, Capetown.

Bieniawski, Z. T. (1989), "Engineering rock mass classifications: a complete manual for engineers and geologists in mining, civil, and petroleum engineering", John Wiley & Sons.

Biot, M. A. (1941), "General theory of three-dimensional consolidation", Journal of Applied Physics, 12(2), 155-164.

Bjerrum, L. (1963), "Allowable settlement of structures. In Proceedings of the 3rd European Conference on Soil Mechanics and Foundation Engineering", Wiesbaden, Germany, 2, 135-137.

Booker, J. R., and Small, J. C. (1975), "An investigation of the stability of numerical solutions of Biot's equations of consolidation", International Journal of Solids and Structures, **11**(7-8), 907-917.

Boscardin, M. D., and Cording, E. J. (1989), "Building response to excavation-induced settlement", Journal of Geotechnical Engineering, ASCE, **115**(1), 1-21.

Broere, W. (2002), "Tunnel face stability and new CPT applications", ph.D Thesis, Technical University of Delft.

Broms, B. B., and Bennermark, H. (1967), "Stability of clay at vertical openings", Journal of Soil Mechanics and Foundations Division, **93**(1), 71-94.

Brox, D. (2017), "Practical Guide to Rock Tunneling", CRC Press.

BTS/ICE (2005), "Closed-face Tunnelling Machines and Ground Stability", Thomas Telford

Carranza-Torres, C., and Fairhurst, C. (2000), "Application of the convergence-confinement method of tunnel design to rock masses that satisfy the Hoek-Brown failure criterion", Tunnelling and Underground Space Technology, **15**(2), 187-213.

Chambon, P., and Corte, J. F. (1994), "Shallow tunnels in cohesionless soil: stability of tunnel face", Journal of Geotechnical Engineering, **120**(7), 1148-1165.

Curtis, D. J. (1976), Discussions of Muir Wood (1975), Geotechnique, **26**(26), 231-237.

Davis, E. H., Gunn, M. J.,Mair, R. J., and Seneviratine, H. N. (1980), "The stability of shallow tunnels and underground openings in cohesive material", Geotechnique, **30**(4), 397-416.

Deer, D. U., and Miller, R. P. (1966), "Engineering classification and Index properties of rock", Technical Report No. AFNL-TR-65-116, Albuquerque, NM: Air Force Weapons Laboratory.

Diederichs, M. S. (2000), "Instability of hard rockmasses, the role of tensile damage and relaxation".

Duddeck, H., and Erdmann, J. (1982), "Structural design models for tunnels", Tunnelling'82, London, 83-91.

El Tani, M. (2003), "Circular tunnel in a semi-infinite aquifer", Tunnelling and underground space technology, **18**(1), 49-55.

Fernandez, G. (1994), "Behavior of pressure tunnels and guidelines for liner design", Journal of Geotechnical Engineering, **120**(10), 1768-1791.

Goodman, R.E., Moye, A., Schalwyk, V., and Javendel, I. (1965), "Groundwater inflow during tunnel driving", Engineering Geology, **2**, 39–56.

Hansell, M., Reily M., and Perry S.(1999), "The animal constrution", Hunterian museum and art gallery.

Heuer, R. E. (1974), "Important ground parameters in soft ground tunneling", Subsurface exploration for underground excavation and heavy construction, ASCE, 41-55.

Hoek, E., Kaiser, P. K., and Bawden, W. F. (1995), "Support of Underground Excavations in Hard Rock", Rotterdam/Brookfield: Rotterdam, The Netherlands.

Hoek, E., and Marinos, P. (2000), "Predicting tunnel squeezing problems in weak heterogeneous rock masses", Tunnels and tunnelling international, **32**(11), 45-51.

Horn, N. (1961), "Horizontaler erddruck auf senkrechte abschlussflächen von tunnelröhren. Landeskonferenz der ungarischen tiefbauindustrie", 7-16.

Jethwa, J. L., and Dhar, B. B. (1996), "Tunnelling under Squeezing Ground Condition", Proceedings, Recent Advances in Tunnelling Technology, New Delhi, 209-214.

Joo, E. J., and Shin, J. H. (2014), "Relationship between water pressure and inflow rate in underwater tunnels and buried pipes", Géotechnique, **64**(3), 226.

Kanayasu, S., Kubota, I., and Shikubu, N. (1995), "Stability of face during shield tunnelling-A survey on Japanese shield tunneling", In Underground construction in soft ground, 337-343.

Kaiser, P. K., Diederichs, M. S., Martin, C. D., Sharp, J., and Steiner, W. (2000), "Underground works in hard rock tunnelling and mining", In ISRM International Symposium, International Society for Rock Mechanics and Rock Engineering.

Kim, K. H., Kim H. J., Jeong, J. H., and Shin , J. H. (2019), "Significance of nonlinear permeability in the coupled-numerical analysis of tunneling" , Geomechanics and Engineering **21**(2).

Kim, K. H., Park, N.H., and Kim H. J., and Shin , J. H. (2019), " Modelling of hydraulic deterioration of geotextile filter in tunnel drainage system", Geotextiles and Geomembranes **48**, 210-219.

Karlsrud, K. (2001), "Water control when tunnelling under urban areas in the Olso region", NFF pub, **12**(4), 27-33.

Kastner, H. (1962), "Statik des Tunnel-und Stollenbaues auf der Grundlage geomechanischer Erkenntnisse", Springer.

Kirsch, C. (1898), "Die theorie der elastizitat und die bedurfnisse der festigkeitslehre", Zeitschrift des Vereines Deutscher Ingenieure, **42**, 797-807.

Kim, S. H. (2005), "Final report on water proof ing measures for Yeungseo- yeongdeungpo Electrical Utility Tunnel", Seoul: Korean Tunnelling Association(KTA).

Kolymbas, D. (2005), "Tunnelling and tunnel mechanics: A rational approach to tunnelling", Springer Science & Business Media.

Kommerell, O. (1912), "Statische Berechnung von Tunnelmauerwerk: Grundlagen und Anwendung auf die wichtigsten Belastungsflle", Ernst.

Krause, T. (1987), "Schildvortieb mit flüssigkeits-und erdgestützer Ortsbrust", No. 24 in Mitteilungdes Instituts fur GrundbauundBodenmechanikder Technischen Universität Braunschweig.

Lame, G. (1852), "Lecons sur la Theorie Mathematique des Corps Solides".

Lake, L. M., Rankin, W. J., and Hawley, J. (1996), "Prediction and effects of ground movements caused by tunnelling in soft ground beneath urban areas", CIRIA(Construction Industry Research and Information Association) Project Report 30, London.

Leca, E., and Dormieux, L. (1990), "Upper and lower bound solutions for the face stability of shallow circular tunnels in frictional material", Geotechnique, **40**(4), 581-606.

Lee, I. M., and Nam, S. W. (2001), "The study of seepage forces acting on the tunnel lining and tunnel face in shallow tunnels", Tunnelling and Underground Space Technology, **16**(1), 31-40.

Lee, K. M., Rowe, R. K., and Lo, K. Y. (1992), "Subsidence owing to tunnelling. I. Estimating the gap parameter", Canadian geotechnical journal, **29**(6), 929-940.

Lee, Y. J., and Bassett, R. H. (2006), "A model test and Numerical investigation on the shear deformation patterns of deep wall-soil-tunnel interaction", Can Geotech. J. **43**: 1306-1323.

Lombardi, G. (2000), "Entwicklung der Berechnungsverfahren im Tunnelbau. Bauingenieur", **75**(7/8), 372-381.

Maidl, B., Herrenknecht, M., Maidl, U., and Wehrmeyer, G. (2012), "Mechanised shield tunnelling 2nd edition", Ernst & Sohn.

Maidl, B., Thewes, M., and Maidl, U. (2013), "Handbook of Tunnel Engineering II Basic and Additional Services for Design and Construction", Ernst & Sohn, a Wiley Brand.

Mair, R. J., and Taylor, R. N. (1997), "Theme lecture: Bored tunnelling in the urban environment", In Proceedings of the fourteenth international conference on soil mechanics and foundation engineering, Rotterdam, 2353-2385.

Martin, C. D., Kaiser, P. K., and McCreath, D. R. (1999), "Hoek-Brown parameters for predicting the depth of brittle failure around tunnels", Canadian Geotechnical Journal, **36**(1), 136-151.

Matsumoto, Y., and Nishioka, T. (1991), "Theoretical tunnel mechanics", University of Tokyo Press.

Majumder, D., Viladkar, M. N., and Singh, M. (2017), "A multiple-graph technique for preliminary assessment of ground conditions for tunneling", International Journal of Rock Mechanics and Mining Sciences, **100**, 278-286.

Moon, J. S., and Fernandez. G. (2010), "Effect of excavation-induced groundwater level drawdown on tunnel inflow in a jointed rock mass", Engineering Geology, **110**(3-4), 33-42.

Müller, L. (1978), "Der Felsbau, Band 3: Stuttgart: Enke Verlag".

Murayama, S., Endo, M., Hashiba, T., Yamamoto, K., and Sasaki, H. (1966), "Geotechnical aspects for the excavating performance of the shield machines", In: The 21st Annual Lecture in Meeting of Japan Society of Civil Engineers, 265.

Oreste, P. (2009), "The convergence-confinement method: roles and limits in modern geomechanical tunnel design", American Journal of Applied Sciences, **6**(4), 757.

Panet, M., and Guenot, A. (1982), "Analysis of convergence behind the face of a tunnel", Proc. Tunnelling'82, London, The Institution of Mining and Metallurgy.

Panet, M. (1995), "Le calcul des tunnels par la méthode convergence-confinement", Presses de L'ècole Nationale des Ponts et Chaussées, Paris.

Pacher, F. (1975), "Underground Opening-Tunnels: Review and Comments", the 16th USRMS, Minneapolis

Peck, R. B. (1969), "Deep excavations and tunneling in soft ground", Proceedings, 7th ICSMFE, 225-290.

Ports, D. M., and Zdravković, L. (2001), "Finite element analysis in Geotechnical engineering: Application", Thomas Telford.

Rabcewicz, L. (1944), "Gebirgsdruck und Tunnelbau", Springer: Wien.

Rankin, W. J. (1988), "Ground movements resulting from urban tunnelling: predictions and effects", Geological Society, London, Engineering Geology Special Publications, **5**(1), 79-92.

Rowe, R. K., Lo, K. Y., and Kack, G. J. (1983), "A method of estimating surface settlement above tunnels constructed in soft ground", Canadian Geotechnical Journal, **20**(1), 11-22.

Russo, G. (2014), "An update of the "multiple graph" approach for the preliminary assessment of the excavation behaviour in rock tunnelling", Tunnelling and Underground Space Technology, **41**, 74-81.

Schimazek, J. (1981), "Verschleib der Abbauwerkzeuge beim Einsatz von Teil- und Vollschnittmaschinen im Tunnel- und Bergbau" Forchung + Praxis 27, 41-45.

Seo, D. H, Lee, T. H, Kim, D. R., and Shin, J. H. (2014), "Pre-nailing support for shallow soft ground tunneling", Tunnelling and Underground Space Technology, **42**, 216-226.

Shin, H. S., Youn, D. J., Chae, S. E., and Shin, J. H. (2009), "Effective control of pore water pressures on tunnel linings using pin-hole drain method", Tunnelling and Underground Space Technology, **24**(5), 555-561.

Shin, J. H. (2008), "Numerical modeling of coupled structural and hydraulic interactions in tunnel linings", Structural Engineering and Mechanics, **29**(1), 1-16.

Shin, J. H. (2010), "Analytical and combined numerical methods evaluating pore water pressure on tunnels", Geotechnique, **60**(2), 141-145.

Shin, J. H., Addenbrooke, T. I., and Potts, D. M. (2002), "A numerical study of the effect of groundwater movement on long-term tunnel behaviour", Geotechnique, **52**(6), 391-403.

Shin, J. H., Lee, I. K., Lee, Y. H., and Shin, H. S. (2006), "Lessons from serial tunnel collapses during construction of the Seoul Subway Line 5", Tunnelling and Underground Space Technology, **21**(3), 296-297.

Shin, J. H., Lee, I. M., and Shin, Y. J. (2011), "Elasto-plastic seepage-induced stresses due to tunneling", International Journal for Numerical and Analytical Methods in Geomechanics, **35**(13), 1432-1450.

Shin, J. H., and Potts, D. M. (2002), "Time-based two dimensional modelling of NATM tunnelling", Canadian Geotechnical Journal, **39**(3), 710-724.

Shin, J. H., Potts, D. M. and Zdravkovic, L. (2002), "Three-dimensional modelling of NATM tunnelling in decomposed granite soil", Geotechnique, **52**(3), 187-200.

Shin, J. H., Potts, D. M., and Zdravkovic, L. (2005), "The effect of pore-water pressure on NATM tunnel linings in decomposed granite soil", Canadian Geotechnical Journal, **42**(6), 1585-1599.

Shin, J. H., Moon, J. H., Lee, I. K., and Hwang, K. Y. (2006), "Bridge construction above existing underground railway tunnels", Tunnelling and Underground Space Technology, **21**(3-4), 321-322.

Shin, J. H., Choi, Y. K., Kwon, O. Y., and Lee, S. D. (2008), "Model testing for pipe-reinforced tunnel heading in a granular soil", Tunnelling and Underground Space Technology, **23**(3), 241-250.

Shin, J. H., Kim, S. H., and Shin, Y. S. (2012), "Long-term mechanical and hydraulic interaction and leakage evaluation of segmented tunnels", Soils and Foundations, **52**(1), 38-48.

Shin, J. H., Lee, I. K., and Joo, E. J. (2014), "Behavior of double lining due to long-term hydraulic deterioration of drainage system", Structural Engineering and Mechanics, **52**(6), 1257-1271.

Shin, J. H., Moon, H. G., and Chae, S. E. (2011), "Effect of blast-induced vibration on existing tunnels in soft rocks", Tunnelling and Underground Space Technology, **26**(1), 51-61.

Shin, Y. J., Kim, B. M., Shin, J. H., and Lee, I. M. (2010), "The ground reaction curve of underwater tunnels considering seepage forces", Tunnelling and Underground Space Technology, **25**(4), 315-324.

Sowers, G. B., and Sowers, G. F. (1951), "Introductory soil mechanics and foundations", LWW, **72**(5), 405.

Son, M., and Cording, E. J. (2006), "Tunneling, building response, and damage estimation", Tunnelling and Underground Space Technology incorporating Trenchless Technology Research, 3(21), 326.

Song, K. I., Cho, G. C., and Lee, S. W. (2011), "Effects of spatially variable weathered rock properties on tunnel behavior", Probabilistic Engineering Mechanics, **26**(3), 413-426.

Swoboda, G. A., Mertz, W. G., and Beer, G. (1986), "Application of coupled FEM-BEM analysis for three-dimensional tunnel analysis", Proceeding Conference In Boundary Elements, Pergamon, 537-550.

Terzaghi, K. (1946), "Introduction to tunnel geology", Rock tunnelling with steel supports, 17-99.

Szechy, K. (1966), "The Art of Tunneling;(Die Kunst des Tunnelbaus)", refs, Akadémiai Kiadó, Budapest, 891.

USACE(U.S. Army Corps of Engineers) (1982), "Proposed standard for pressiometer tests of soft rock-Rock Testing Handbook", Vicksburg, 362-381

Vlachopoulos, N., and Diederichs, M. S. (2009), "Improved longitudinal displacement profiles for convergence confinement analysis of deep tunnels", final report on water proofing measures forRock Mechanics and Rock Engineering, **42**(2), 131-146.

Wood, A. M. (1975), "The circular tunnel in elastic ground", Geotechnique, **25**(1), 115-127.

Yoo, C. (2016), "Hydraulic deterioration of geosynthetic filter drainage system in tunnels-its impact on structural performance of tunnel linings", Geosynthetics International, **23**(6), 463-480.

터널 역공학
TUNNELLING
MECHANICS and ENGINEERING

초판 인쇄 | 2023년 7월 21일
초판 발행 | 2023년 7월 28일

지은이 | 신종호
펴낸이 | 김성배
펴낸곳 | (주)에이퍼브프레스

책임편집 | 최장미
디자인 | 백정수, 엄해정
제작 | 김문갑

출판등록 | 제25100-2021-000115호(2021년 9월 3일)
주소 | (04626) 서울특별시 중구 필동로8길 43(예장동 1-151)
전화 | 02-2274-3666(대표) **팩스** | 02-2274-4666
홈페이지 | www.apub.kr

ISBN 979-11-981030-6-2 (93530)